Stanztechnik

Ihr Bonus als Käufer dieses Buches

Als Käufer dieses Buches können Sie kostenlos unsere Flashcard-App „SN Flashcards“ mit Fragen zur Wissensüberprüfung und zum Lernen von Buchinhalten nutzen. Für die Nutzung folgen Sie bitte den folgenden Anweisungen:

1. Gehen Sie auf **https://flashcards.springernature.com/login**
2. Erstellen Sie ein Benutzerkonto, indem Sie Ihre Mailadresse angeben, ein Passwort vergeben und den Coupon-Code einfügen.

Ihr persönlicher „SN Flashcards“-App Code FD9A0-48BAD-96A04-BA638-2C3E9

Sollte der Code fehlen oder nicht funktionieren, senden Sie uns bitte eine E-Mail mit dem Betreff **„SN Flashcards“** und dem Buchtitel an **customerservice@springernature.com**.

Matthias Kolbe

Stanztechnik

Grundlagen – Werkzeuge – Maschinen

13., vollständig überarbeitete Auflage

Matthias Kolbe
Institut für Produktionstechnik
Westsächsische Hochschule Zwickau
Zwickau, Deutschland

Ursprünglich erschienen unter dem Titel „Spanlose Fertigung Stanzen“

ISBN 978-3-658-30400-3 ISBN 978-3-658-30401-0 (eBook)
https://doi.org/10.1007/978-3-658-30401-0

Die Deutsche Nationalbibliothek verzeichnet diese Publikation in der Deutschen Nationalbibliografie; detaillierte bibliografische Daten sind im Internet über http://dnb.d-nb.de abrufbar.

Springer Vieweg
© Springer Fachmedien Wiesbaden GmbH, ein Teil von Springer Nature 1967, 1973, 1987, 1990, 1994, 1996, 2001, 2006, 2009, 2012, 2015, 2018, 2020
Das Werk einschließlich aller seiner Teile ist urheberrechtlich geschützt. Jede Verwertung, die nicht ausdrücklich vom Urheberrechtsgesetz zugelassen ist, bedarf der vorherigen Zustimmung des Verlags. Das gilt insbesondere für Vervielfältigungen, Bearbeitungen, Übersetzungen, Mikroverfilmungen und die Einspeicherung und Verarbeitung in elektronischen Systemen.
Die Wiedergabe von allgemein beschreibenden Bezeichnungen, Marken, Unternehmensnamen etc. in diesem Werk bedeutet nicht, dass diese frei durch jedermann benutzt werden dürfen. Die Berechtigung zur Benutzung unterliegt, auch ohne gesonderten Hinweis hierzu, den Regeln des Markenrechts. Die Rechte des jeweiligen Zeicheninhabers sind zu beachten.
Der Verlag, die Autoren und die Herausgeber gehen davon aus, dass die Angaben und Informationen in diesem Werk zum Zeitpunkt der Veröffentlichung vollständig und korrekt sind. Weder der Verlag, noch die Autoren oder die Herausgeber übernehmen, ausdrücklich oder implizit, Gewähr für den Inhalt des Werkes, etwaige Fehler oder Äußerungen. Der Verlag bleibt im Hinblick auf geografische Zuordnungen und Gebietsbezeichnungen in veröffentlichten Karten und Institutionsadressen neutral.

Lektorat: Thomas Zipsner
Springer Vieweg ist ein Imprint der eingetragenen Gesellschaft Springer Fachmedien Wiesbaden GmbH und ist ein Teil von Springer Nature.
Die Anschrift der Gesellschaft ist: Abraham-Lincoln-Str. 46, 65189 Wiesbaden, Germany

Vorwort zur 13. Auflage

Tradition bewahren – Zukunft gestalten!

Vor mehr als 50 Jahren verfasste Oberstudienrat Dipl.-Ing. Erwin Semlinger ein Lehrbuch mit dem Titel **„Spanlose Fertigung: Stanzen“** und begründete eine bis heute andauernde erfolgreiche Entwicklung dieses Buches. In dieser Zeit entwickelten sich Werkstoffe, Werkzeuge und Anlagen für das Stanzen, Feinstanzen und Hochleistungsstanzen deutlich weiter. Die Komplexität der Teile stieg, ganze Baugruppen entstanden, die Hubzahlen erhöhten sich bei gleichbleibend hervorragender Teilequalität. Mit umfangreichen Aktualisierungen erfolgt hier eine grundlegende Überarbeitung, was sich auch im neuen Buchtitel **„Stanztechnik“** widerspiegelt.

Die gegenwärtige Revolution in der Produktionstechnik, umschrieben mit „Industrie 4.0“, wird weitere ganzheitliche Entwicklungen und Innovationen auch von den Produzenten komplexer Multifunktionsteile und integraler Baugruppen der Stanz-Biegetechnik, der Feinstanztechnik sowie den Herstellern von Präzisionsbauteilen der Hochleistungsstanztechnik erfordern. Die modular aufgebauten Systeme können teilweise oder vollständig automatisiert werden, so dass komplex gestaltete Bauteile aus Bändern oder Drähten komplett in einem Arbeitsgang hergestellt werden können. Voraussetzung sind jedoch noch immer grundlegende Kenntnisse zu den Verfahren der Stanztechnik sowie zur Konstruktion von Stanzwerkzeugen.

Das Buch gibt einen Überblick über Grundlagen der Fertigungsverfahren Schneiden, Biegen, Tiefziehen sowie weiterer Verfahren, die mit dem in der Praxis üblichen Begriff „Stanzen“ verbunden werden. Das Stanzen ist zu einer integrierten Fertigung geworden, die diese Verfahren in einem Arbeitsablauf ausführen kann. Somit eignet sich dieses Buch auch weiterhin als praxisbasiertes Lehrbuch für Auszubildende und Studierende der Produktionstechnik im Automobil- und Maschinenbau, zur Weiterbildung in der Industrie sowie als Ideengeber für neue Produktionsmöglichkeiten im Management.

Die Grundlagen der wesentlichen Umformverfahren, der Aufbau von Schneid-, Biege- und Ziehwerkzeugen werden den Studierenden und Praktikern verständlich und praxisbezogen dargestellt. Eine vielfältige Mediennutzbarkeit gewährleistet einen umfassenden Zugang zu den Buchinhalten.

Diese neue Auflage des Lehrbuchs wurde grundsätzlich überarbeitet, was auch zur Änderung des Buchtitels führte. Aktualisierungen betreffen in neuen Kapiteln den Einbezug der Stanz-Biege-Technik, es wurden weitere Inhalte inhaltlich neugestaltet, Abbildungen auch als farbige Darstellungen und mit verbesserter Aussagekraft einbezogen. Es konnten wiederum berufene Fachleute aus der industriellen Praxis und der Wissenschaft zur Mitwirkung gewonnen werden, so dass eine unmittelbare Beziehung zwischen Theorie und Praxis gewährleistet ist. Gerade für diese umfassenden Überarbeitungen bin ich auf die auskunftsbereiten Firmen angewiesen, es wird auch in dieser Ausgabe für die Anregungen und die Überlassung von Unterlagen zur Bearbeitung des Buches gedankt.

Hervorheben und ausdrücklich für ihr persönliches Engagement zur Entstehung dieser Auflage bedanken möchte ich mich bei:

- dem traditionsreichen Hersteller von Hochgeschwindigkeits-Stanzautomaten (BRUDERER AG Frasnacht, Schweiz), Herrn Dipl. Ing. HTL **Josef Hafner** und Frau **Miriam Geisser** für die inhaltliche Anreicherung der Thematik des Hochleistungsstanzens (1.; 17.5; 17.9; 17.10);
- Herrn **Dr. Stefan Etzold** (Feintool Technologie AG, Lyss, Schweiz) für die vielen Angaben aus der Praxis und zur Anlagentechnik des Feinstanzens (1.; 13.2; 17.6);
- der Otto Bihler Maschinenfabrik GmbH&Co. KG (Halblech, Deutschland) für das Erarbeiten völlig neuer Kapitel zur Stanz-Biege-Technik, Herrn M.Eng. Dipl.-Ing. (FH) **Christoph Schäfer** und Herrn **Reinhard Böck** (1.; 10.2; 17.1; 17.7);
- Herrn Dipl.-Math. **Gunter Otto** und Herrn **Ekkehard Fluck** (OTTO Vision Technology GmbH, Jena, Deutschland) für die intensive Überarbeitung der Kapitel zur Überwachung von Stanzwerkzeugen, Pressen, Stanzteilen und Stanzprozessen (16.);
- Herrn Prof. Dr. **Joachim Schulz** (FUCHS WISURA GmbH, Bremen, Deutschland) für viele neue Impulse und umfangreiche Ausarbeitungen auf dem Gebiet der Schmierung beim Tiefziehen (8.2) und Feinschneiden (13.4);
- der Firma René Gerber AG (Lyss, Schweiz), Herrn **Marc Schori** und Frau **Tanja Orsinger** für den Einbezug der Schneidkantenpräparation sowie des Entgratens zur Qualitätsverbesserung von Stanzteilen in mehreren Kapiteln (1.; 4.9; 18.4)
- Herrn **Mathias Langner** (TOPOCROM GmbH, Stockach, Deutschland) für die Erweiterung des Kapitels 17.9 zu Vorschubapparaten um die Beschichtung von Einzugwalzen (17.9);
- Frau Prof. Dr.-Ing. habil. **Verena Kräusel** (TU Chemnitz, Deutschland) für die Aktualisierung des Kapitels zum Genauschneiden (4.8);
- meinem Lektor, Herrn Dipl.-Ing. **Thomas Zipsner** (Verlag Springer Vieweg, Wiesbaden, Deutschland) für die sehr konstruktive Unterstützung dieser Neuauflage.

Möge das Buch weiterhin den Auszubildenden, Studierenden, Konstrukteuren und der Fachwelt als anerkanntes Werk der Stanztechnik dienen.

Zwickau, Deutschland
Dezember 2020

Matthias Kolbe

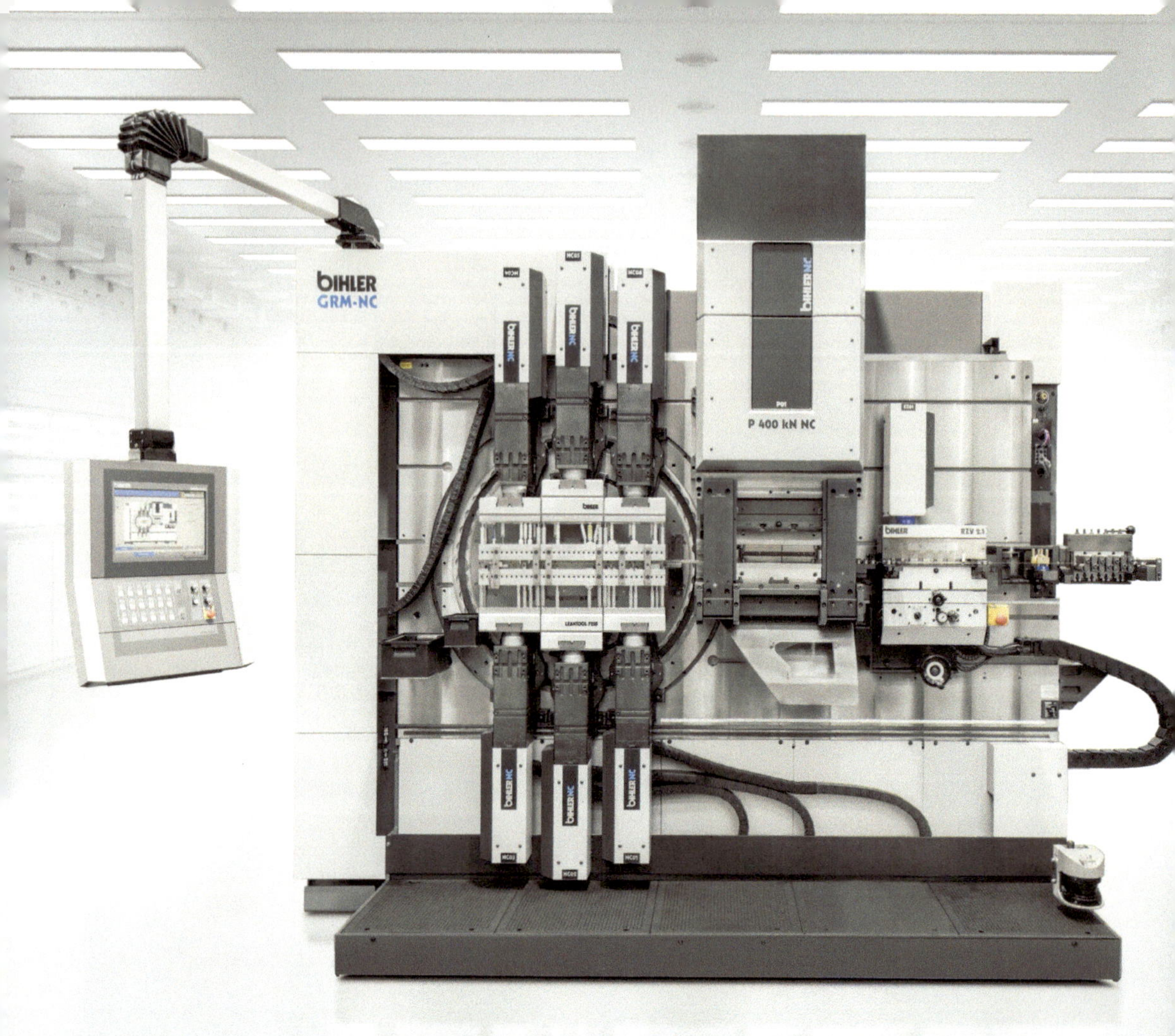

EINFACH
EFFIZIENTER
SEIN

GRM-NC mit LEANTOOL
passt sich Ihren Aufgaben an.

bihler

www.bihler.de/grm-nc

Inhaltsverzeichnis

1 Was bietet die Stanztechnik der globalen Wirtschaft? 1
Literatur 5

2 Verfahren und Begriffe der Stanztechnik 7
Literatur 17

3 Werkstoffe für Stanzteile 19
3.1 Werkstoffe für Stanzteile der Hochleistungsstanztechnik 19
3.1.1 Nichtmetallische Werkstoffe 19
3.1.2 Metallische Werkstoffe 19
3.2 Werkstoffe für Stanzteile der Feinstanztechnik 20
3.2.1 Stähle 20
3.2.2 Nichteisenmetalle 22

4 Grundlagen des Schneidens 23
4.1 Schneidvorgang und Schneidarten 23
4.2 Oberflächenbeschaffenheit von Schnittflächen 27
4.3 Maßtoleranzen geschnittener Teile 27
4.4 Schneidkraft 28
4.4.1 Bestimmung der Schneidkraft 28
4.4.2 Wirkung der Schneidkraft auf Werkzeug und Maschine 34
4.4.3 Minderung der Schneidkraft durch geneigte Schneiden 36
4.4.4 Minderung der Schneidkraft durch versetzte Stempelhöhen 37
4.4.5 Abstreifkraft 38
4.4.6 Ringzackenkraft beim Feinschneiden 38
4.4.7 Gegenkraft beim Feinschneiden 39
4.5 Schneidarbeit 39
4.6 Schneidleistung 40
4.7 Grundlagen und Richtlinien für Schneidwerkzeuge 41
4.7.1 Schneidspalt und Stempelspiel 41
4.7.2 Hochreißen der Lochabfälle 43
4.7.3 Steg- und Randbreiten 44

4.8 Alternative Schneidverfahren zur Erzielung hoher Schnittflächenqualitäten . . . 47
4.9 Qualitätsverbesserung durch prozesssicheres Entgraten . . . 51
Literatur . . . 52

5 Schneidwerkzeuge . . . 55
5.1 Schneidwerkzeuge ohne Führung . . . 55
5.1.1 Grundlagen . . . 55
5.1.2 Ausschneidwerkzeuge . . . 58
5.1.3 Lochwerkzeuge . . . 58
5.2 Ausklinkwerkzeuge mit Schneidplattenführung . . . 60
5.3 Schneidwerkzeuge mit Plattenführung . . . 62
5.3.1 Formgebung der Bauteile . . . 62
5.3.2 Ausgegossene Stempelführungs- und Halteplatte . . . 65
5.4 Säulengeführte Werkzeuge . . . 68
5.4.1 Grundlagen . . . 68
5.4.2 Säulenführungen . . . 70
5.4.3 Führungselemente . . . 71
5.4.4 Schneidwerkzeuge mit Säulenführung . . . 72
5.4.5 Ausschneidwerkzeuge in Gesamtbauweise . . . 72
5.4.6 Gesamtschneidwerkzeuge . . . 74
5.4.7 Nachschneid- und Kantenglättezugwerkzeuge . . . 82
5.4.8 Führungen für Werkzeuge in Modulbauweise . . . 85
5.5 Streifenführung und Vorschubbewegung . . . 87
5.5.1 Streifenführung und Streifenzentrierung . . . 87
5.5.2 Vorschubbegrenzung einfacher Streifen . . . 90
5.5.3 Vorschubbegrenzung bei Wendestreifen . . . 98
5.6 Stempel- und Schneidplattenausführungen . . . 99
5.6.1 Abschneidwerkzeuge . . . 99
5.6.2 Mehrteilige Stempel und Schneidplatten . . . 102
5.6.3 Schneidwerkzeuge mit Hartmetallbestückung . . . 104
5.7 Einspannen von Werkzeugen . . . 107
5.7.1 Grundlagen . . . 107
5.7.2 Einspannzapfen . . . 108
5.7.3 Schrauben . . . 108
5.7.4 Ziehende Spannelemente . . . 110
5.8 Lagebestimmung der Kraftresultierenden . . . 110
5.8.1 Allgemeines . . . 110
5.8.2 Lagebestimmung mit Schneidkräften einzelner Stempel . . . 111
5.8.3 Lagebestimmung mit den Längen der Schnittlinien . . . 112
5.8.4 Lagebestimmung mit Linienschwerpunkten . . . 114
5.8.5 Lagebestimmung bei Mehrfachschneidwerkzeugen . . . 114

5.9 Streifeneinteilung und Stückzahlberechnung je Tafel 115
Literatur. 122

6 Grundlagen des Biegeumformens 123
6.1 Biegeverfahren und -kräfte 123
6.2 Spannungen im Band beim Biegen 126
6.3 Rückfederung beim Biegen 128
6.4 Berechnung der Zuschnittlänge 130
Literatur. 133

7 Biegewerkzeuge 135
7.1 Grundlagen. 135
7.1.1 Aufnahme der Umformkräfte im Werkzeug 135
7.1.2 Einlaufkante 136
7.1.3 Aufnahmeformen für Zuschnitte 138
7.2 Federeinbau 140
7.3 Anwendung von Kunstharzen 145
7.4 Waagerechtbewegung im Werkzeug 147
7.5 Rollbiegen 153
7.6 Lage des Einspannzapfens 155
Literatur. 156

8 Grundlagen des Tiefziehens 157
8.1 Tiefziehverfahren und -kräfte 157
8.1.1 Prinzip des Tiefziehens 157
8.1.2 Tiefziehverhältnis. 158
8.1.3 Ziehspalt. 161
8.1.4 Ziehkantenradius beim Ziehen mit Blechhalter. 162
8.1.5 Tiefziehkraft. 165
8.1.6 Niederhalterkraft 166
8.1.7 Tiefziehenergie. 166
8.1.8 Tiefziehleistung 167
8.2 Schmierung beim Tiefziehen 167
8.3 Wärmebehandlung zwischen Folgezügen 170
8.3.1 Allgemeines 170
8.3.2 Rekristallisationsglühen. 171
8.4 Abhängigkeit des Werkzeugaufbaus von der Pressenart 173
8.5 Der Blechhalter beim Werkzeugentwurf 177
8.6 Ziehen über Wülste 180
8.7 Ermittlung der Zuschnitte für Tiefziehteile 181
8.7.1 Zuschnittgröße runder Näpfe 182
8.7.2 Zuschnittform unrunder Ziehteile mit senkrechten Zargenwänden 184
Literatur. 188

9 Ziehwerkzeuge . . . 189
9.1 Werkzeuge für doppelt wirkende Ziehpressen . . . 189
9.1.1 Bauteile . . . 189
9.1.2 Ausführungsformen von Napf-Ziehwerkzeugen . . . 191
9.2 Werkzeuge für einfachwirkende Pressen mit Ziehkissen . . . 203
9.2.1 Ziehen zylindrischer, runder Näpfe . . . 203
9.2.2 Ziehen unrunder Hohlteile mit senkrechten Zargenwänden . . . 203
9.2.3 Berechnungsgrundlagen zur Werkzeugkonstruktion . . . 208
9.3 Ziehfehler beim Ziehen mit Blechhalter . . . 210
9.4 Blechhalterloses Tiefziehen . . . 217
9.5 Abstreckziehen . . . 225
9.6 Werkstoffe für Tiefziehwerkzeuge . . . 228

10 Verbundwerkzeuge . . . 231
10.1 Grundlagen . . . 231
10.1.1 Einteilung und Bauweisen der Werkzeuge . . . 231
10.1.2 Richtlinien für den Aufbau der Folgeverbundwerkzeuge . . . 236
10.1.3 Lage des Druckmittelpunktes (Kraftresultierende) . . . 249
10.2 Ausführung einiger Folgeverbundwerkzeuge . . . 250
10.2.1 FVW in Plattenbauweise . . . 250
10.2.2 FVW in Modulbauweise . . . 273
10.2.3 Stanzbiegewerkzeuge . . . 275
Literatur . . . 278

11 Verbundwerkzeuge „Schneiden-Ziehen“ . . . 279
11.1 Auswahl des geeigneten Werkzeuges . . . 279
11.2 Verbundwerkzeug Ziehen-Beschneiden . . . 279
11.3 Verbundwerkzeug Ausschneiden-Ziehen-Lochen . . . 281
11.4 Verbundwerkzeug Lochen-Ausschneiden-Kragendurchziehen . . . 283
11.5 Verbundwerkzeug Ausschneiden-Ziehen-Flanschbeschneiden . . . 284
11.6 Verbundwerkzeug Formbiegen-Ziehen-Lochen-Beschneiden . . . 286
11.7 Verbundwerkzeug Ausschneiden-Ziehen-Lochen-Beschneiden . . . 288

12 Werkstoffe für den Werkzeugbau . . . 291
12.1 Aufbau und Umformwerkstoffe . . . 291
12.2 Formgebung gehärteter Teile . . . 296
12.3 Hartmetalle im Werkzeugbau . . . 298
12.3.1 Sorten und deren Anwendungsbereiche . . . 299
12.3.2 Verarbeitung . . . 300
12.3.3 Oberflächenbeschichtung von Hartmetallen . . . 302
12.3.4 Hinweise zur Befestigung von Hartmetallen . . . 302
12.3.5 Hochtitancarbidhaltige Hartmetalle (CERMETS) . . . 303

13 Werkzeuge der Feinschneidtechnik . . . 305
13.1 Werkzeugarten . . . 305
13.2 Werkzeugausführungen . . . 305
13.2.1 Gesamtschneidwerkzeug System beweglicher Stempel . . . 306
13.2.2 Gesamtschneidwerkzeug System fester Stempel . . . 307
13.2.3 Folgewerkzeuge und Folgeverbundwerkzeuge . . . 307
13.3 Werkstoffe für Feinschneidwerkzeuge . . . 309
13.4 Schmierung beim Feinschneiden . . . 311
13.5 Berechnung ausgewählter Werkzeugwerkstoffe . . . 311
Literatur . . . 313

14 Federn im Werkzeugbau . . . 315
14.1 Einbau von Druckfedern . . . 315
14.1.1 Federanordnung . . . 315
14.1.2 Federführung . . . 316
14.1.3 Spielraum über dem Kopf der Hubbegrenzungsschraube . . . 319
14.1.4 Federüberbeanspruchung . . . 319
14.2 Zylindrische Schraubendruckfedern . . . 321
14.3 Tellerfedern . . . 323
14.4 Elastomer-Druckfedern . . . 332
14.5 Gasdruckfedern . . . 334
Literatur . . . 334

15 Kriterien für Hochleistungswerkzeuge . . . 335
15.1 Allgemeine Anforderungen und Konstruktionshinweise . . . 335
15.2 Berücksichtigung hoher Hubfrequenzen . . . 337
15.3 Schneidwerkstoffe . . . 339
15.4 Hinweise zur Modulbauweise . . . 341
15.5 Maßnahmen bei hoher Hubfrequenz . . . 342
15.6 Erprobung und Abnahme der Werkzeuge beim Hersteller . . . 342

16 Überwachung des Stanzprozesses . . . 345
16.1 Überwachung des Stanzwerkzeuges und der Presse . . . 345
16.1.1 Auswertbare Messgrößen . . . 345
16.1.2 Messstellen für das Überwachen . . . 346
16.1.3 Abschätzen der Messgrößen . . . 348
16.1.4 Anforderungen und Auswahlkriterien . . . 349
16.1.5 Kraftmessungen . . . 349
16.2 Überwachung der Stanzteile mit Bildverarbeitung . . . 350
16.2.1 Freifallende Teile im und am Werkzeug prüfen . . . 350
16.2.2 Stanzteile am Band prüfen . . . 351
16.2.3 Prüfmöglichkeiten der Bildverarbeitung . . . 352

16.3 Regelung des Stanzprozesses . . . 354
Literatur . . . 355

17 Hochleistungsstanzautomaten, Feinstanzpressen, Stanzbiegeautomaten . . . 357
17.1 Allgemeine Anforderungen . . . 357
17.2 Berechnungsgrundlagen . . . 358
17.2.1 Stanzkraft . . . 358
17.2.2 Verfügbares Arbeitsvermögen . . . 359
17.2.3 Erforderliche Antriebsleistung . . . 360
17.3 Statische Genauigkeit von Pressen . . . 361
17.3.1 Statische Genauigkeit ohne Last . . . 361
17.3.2 Statische Genauigkeit unter Last . . . 361
17.4 Dynamische Genauigkeit der Presse . . . 361
17.4.1 Dynamische Genauigkeit ohne Last . . . 361
17.4.2 Dynamische Genauigkeit unter Last . . . 362
17.5 Konstruktive Lösungen für schnelllaufende Hochleistungspressen . . . 363
17.5.1 Hochleistungspresse mit Massenausgleich für hohe Hubfrequenzen . . . 363
17.5.2 Führungen für den Stößel in der Bandlaufebene . . . 365
17.5.3 Thermisch neutrale Führungen . . . 366
17.5.4 Vierpunktantrieb des Pressenstößels . . . 367
17.6 Konstruktive Lösungen für Feinstanzpressen . . . 368
17.6.1 Mechanischer Antrieb . . . 368
17.6.2 Hydraulischer Antrieb . . . 368
17.6.3 Servoantrieb . . . 369
17.7 Konstruktive Lösungen für Stanzbiegeautomaten . . . 371
17.7.1 Mechanische Stanzbiegeautomaten . . . 371
17.7.2 Servo-Stanzbiegeautomaten . . . 371
17.7.3 Servo-Produktions- und Montagesystem . . . 372
17.8 Pressengestelle . . . 373
17.9 Peripheriegeräte und Stanzzentren . . . 374
17.10 Vorschubapparate . . . 376
17.11 Steuerung von Stanzprozessen . . . 381
Literatur . . . 385

18 Einbezug verschiedener Technologien in den Stanzprozess . . . 387
18.1 Stanzpaketieren mit Durchsetzungen . . . 387
18.2 Stanz-Laser-Paketieren . . . 389
18.3 Berechnung der erforderlichen Laserleistung . . . 391
18.4 Schneidkantenpräparation durch Bürsten . . . 394
Literatur . . . 396

Appendix A. Glossar 397

Appendix B. Weiterführende Literatur 401

Stichwortverzeichnis 403

1 Was bietet die Stanztechnik der globalen Wirtschaft?

Die Fertigungstechnik bestimmt weitgehend den Stand der technischen Entwicklung. Fertigungstechniker bestimmen, ob ein erdachter Gegenstand verwirklicht werden kann und mit welchen Verfahren er optimal hergestellt wird. Die überwiegenden Fertigungsaufgaben sind jedoch, die existierenden Werkstücke durch ein neues oder anderes Fertigungsverfahren zu verbessern und preiswert auf den Markt zu bringen. Dem nach Fertigungsmöglichkeiten suchenden Praktiker soll eingangs an einigen Beispielen gezeigt werden, welche Vielfalt von Werkstücken, d. h. **Stanzteilen**, mit der ***Hochleistungs-***, der ***Stanz-Biege-*** und der ***Feinstanztechnik*** produziert werden kann. Die mit der Hochleistungsstanztechnik erzeugten Werkstücke werden beispielsweise in der Elektro-, Computer-, Telekommunikation-, Fernsehgeräte-, Video-, Automobil-, Uhren-, Messgeräte-, Haushaltsgeräte-, Leuchten-, Getränke- und Konservenindustrie sowie im allgemeinen Maschinenbau und der Feinwerktechnik verwendet. Stanzteile sind in fast allen Geräten des täglichen Gebrauchs, aber auch im Schmuck anzutreffen.

Mit der Feinstanztechnik werden Präzisionsteile aus Blechen bis zu 15 mm Dicke mit glatten Schnittflächen vorwiegend für hoch belastbare Teile im Fahrzeug-, Getriebe und Gerätebau, in der Hausgeräte- und Schlosstechnik sowie Bestecke hergestellt.

Eine Aufzählung kann hier nur unvollständig sein. Sie soll aber die Fantasie zu weiteren Anwendungen der Stanztechnik anregen, die in einem Arbeitsgang mehrere Fertigungsverfahren integrieren kann. Abb. 1.1, 1.2 und 1.3 zeigen einige Beispiele für charakteristische Stanzteile. Die Bildunterschriften geben technische Hinweise zur Einsatzfähigkeit der abgebildeten Teile. Stanzteile dieser Art werden in Millionenlosgrößen in der Weltwirtschaft verwendet.

Das **Stanzen** ist ein spanloses Fertigungsverfahren, das mit *optimaler* Werkstoffausnutzung bei *geringem* Abfall große Mengen von sehr präzisen und komplizierten Werkstücken aus Metall oder anderen Werkstoffen in kurzer Zeit herzustellen erlaubt und das in der globalen Wirtschaft eine wachsende Bedeutung erlangt.

© Springer Fachmedien Wiesbaden GmbH, ein Teil von Springer Nature 2020
M. Kolbe, *Stanztechnik*, https://doi.org/10.1007/978-3-658-30401-0_1

Abb. 1.1 Präzisionsbauteile der Hochleistungsstanztechnik aus der Elektroindustrie (STOCKO CONTACT, Frankreich), hergestellt auf Hochleistungspressen (BRUDERER AG, Schweiz)

Abb. 1.2 Feinschneidteil für eine Ventilpumpe, entgratet durch Bürsten (Feintool Technologie AG; René Gerber AG, Lyss, Schweiz)

Stanzteile werden aus Bändern, Platten oder Drähten in einer oder mehreren Arbeitsfolgen innerhalb einer Stanzmaschine spanlos gefertigt. Das gesamte Verfahren Stanzen kann sich aus ***Trennen*** (Schneiden) und ***Umformen*** zusammensetzen, wobei zum Umformen das *Biegen*, *Ziehen* und *Prägen* gehört (Tab. 2.1, Kap. 2). Aber auch das *Fügen*, *Nieten*, *Gewindeschneiden*, *Widerstands-* und *Laserschweißen* wird darin einbezogen, sodass sehr komplexe Teile in einer Stanzfolge vollständig bearbeitet werden. In den meisten Fällen erfolgt eine Komplettbearbeitung bis zum fertigen Werkstück. Die formgebenden **Werkzeuge** sind zweiteilig. In der Regel bestehen sie aus einem Ober- und Unterwerkzeug. Sie werden ggf. durch querwirkende Werkzeuge ergänzt.

Als Arbeitsmaschinen werden mechanische, hydraulische und servomechanische **Pressen** verwendet, die eine *geradlinige* Hubbewegung ausführen. Für die Fertigungsgenauigkeit der Stanzteile ist die Form- und Maßgenauigkeit des Werkzeuges und die

Abb. 1.3 Einfache und komplexe Stanzbiegeteile und Baugruppen, hergestellt auf Stanzbiegeautomaten (Otto Bihler Maschinenfabrik Gmbh & Co.KG)

Führungsgenauigkeit der Maschine in der Arbeitsebene maßgebend. Um eine Komplettbearbeitung mit vielen Folgen zu ermöglichen, werden immer längere Pressen in Richtung des Bandlaufs gefordert. Dies hat eine Weiterentwicklung der Pressen und der Vorschubapparate zur Folge.

Die ***konventionelle Stanztechnik*** produziert Stanzteile mit mittleren Toleranzanforderungen bei mittleren Hubfrequenzen und wird noch oft in Handwerksbetrieben und in der Kleinindustrie praktiziert. Bei kleineren Losgrößen werden Werkzeugstähle in den Werkzeugen eingesetzt. Die Maschinenrahmen sind wegen der besseren Zugänglichkeit oft auch als C-Rahmen ausgeführt.

Die ***Stanzbiegetechnik***, als Kombination von trennenden und umformenden Fertigungsverfahren, verarbeitet ein oder mehrere Halbzeuge (Band, Draht) auf einem Stanzbiegeautomaten (System Bihler [1]) zu komplexen Einzelbauteilen oder ganzen Baugruppen. Es können unterschiedliche Prozesse und Prozessschritte flexibel und voll automatisiert verknüpft werden (z. B. Stanzen, Biegen, Schweißen, Montieren …). Die Stanzbiegetechnik findet Einsatz in unterschiedlichsten Industriezweigen wie Automobilindustrie, Elektro- und Elektronikindustrie, Kommunikationstechnik und Medizintechnik (Abb. 1.3).

Die ***Hochleistungsstanztechnik*** erzeugt Stanzteile mit engen Toleranzen aus Blechen bis etwa 3 mm Dicke mit Hubfrequenzen bis zu 2500 Hüben/min. Es wird vorwiegend mit Hartmetallwerkzeugen auf mechanischen Pressen in O-Rahmenbauweise gestanzt. Mit einem Werkzeug können bis zu 500 Millionen Stanzteile produziert werden. Die Hochleistungsstanztechnik hat sich in den letzten Jahren hervorragend entwickelt. Dank der hohen Produktivität liefern spezialisierte Stanzwerke ihre Produkte weltweit. Der Markt für Präzisionsteile z. B. der Computer- oder der Automobilindustrie ist sehr stark gewachsen. Anstoß dazu gab in den 1970er-Jahren die Entwicklung des Hochleistungsstanzautomaten mit Massenausgleich (System BRUDERER), der die hohen Hubfrequenzen ermöglicht. Darauf erfolgte die Anwendung von Hartmetallen für die Stanzwerkzeuge sowie das Präzisions-Drahterodieren und Präzisionsschleifen dieser Werkstoffe. Die Weiterentwicklung der Peripheriegeräte wie Haspeln und Vorschubapparate sowie der Prozessüberwachung, mit der mehrere Funktionsmaße oder der gesamte Stanzprozess kontrolliert werden kann, erhöht die Produktivität und senkt die Fertigungskosten. Verlangt wird oft eine Null-Fehler-Produktion.

Die ***Feinstanztechnik***, auch *Feinschneidtechnik* genannt, stellt einbaufertige, dreidimensionale Multifunktionsteile aus Blechen von etwa 0,5 bis 15 mm Dicke in sehr engen Toleranzen (bis IT8) und feinen (bis Ra 0,4) Schnittflächen her [2]. Sie wird dort eingesetzt, wo Funktionsflächen mit kleinsten Maß- und Formtoleranzen und hoher Oberflächengüte verlangt werden. Zudem ist die Ebenheit wesentlich besser als beim Scherschneiden. Die geschnittenen Oberflächen sind gegenüber dem Grundwerkstoff verfestigt und können ohne Nachbereitung (ggf. nur noch Entgraten) als Funktionsflächen dienen. Bürst- und Polieranlagen (René Gerber AG, Lyss, Schweiz) finden dabei Einsatz, um flache oder Werkstücke mit Durchstellungen mit hoher Präzision zu entgraten und definiert in einem engen Toleranzfeld zu verrunden [4] (Abb. 1.2). Beim Entgraten werden die Grate entfernt, die Kanten verrundet und die Spitzen in der Oberfläche geglättet. Die Oberfläche wird poliert, ohne die Blechdicke massgeblich zu beeinflussen. Auch können beim Feinstanzen Außen- und Innenformen in einem Arbeitsgang erzeugt werden, was zu sehr guten Lagetoleranzen (außen zu innen) führt. Vielfach kann diese Technik aufwendige spanende Bearbeitungsverfahren ersetzen. In den vergangenen Jahren hat die Weiterentwicklung von geeigneten Werkstoffen sowohl für Stanzteile als auch für Werkzeuge die Feinstanztechnik außerordentlich befruchtet. Vor allem durch die Pulvermetallurgie konnte die Formenvielfalt der Stanzteile und die Standzeit der Werkzeuge erhöht werden. Auch das Beschichten mit Hartstoffen hat zur Erhöhung der Standzeit beigetragen. Eine gegenüber konventionellen Feinschneidpressen nahezu doppelte Ausbringleistung lassen die modernen Feinschneidpressen mit mechanischen Servoantrieb zu. Ein servogeregelter Torquemotor wirkt direkt auf den Kniehebel und steuert den Bewegungsablauf des Stößels flexibel an (System Feintool [3]).

Die ***Nibbel- und Laserschneidtechnik*** eignet sich für Werkstücke aus Blech mit Durchbrüchen, die aus größeren Blechplatinen hergestellt werden. Mit CNC-gesteuerten Maschinen können sehr komplizierte Formen ausgeschnitten werden. Die Entscheidung, ob mit Schneidwerkzeugen ausgeschnitten (genibbelt) oder mit Laserstrahl getrennt wird, ist von der Kompliziertheit der Form und der Wirtschaftlichkeit abhängig. Anschließende Blechbiegeeinrichtungen erlauben die Herstellung von z. B. Gehäusen und Schaltkästen.

Mit der ***Großteilstanztechnik*** werden große Blechplatten, z. B. Karosserieteile hergestellt. Außer dem Beschneiden der Teile werden dabei hauptsächlich Biege- und Ziehoperationen angewendet. In der neuzeitlichen Fertigung wird auch der Laser für das Trennen (Ausschneiden) eingesetzt. Besondere Vorteile hinsichtlich der Beanspruchung der fertigen Teile bietet das Umformen von Platinen verschiedener Dicke (so genannte Tailored Blanks), die durch Schweißen der Teile formgerecht vorbearbeitet werden.

Numerische Steuerungen gehören heute zu jeder Pressensteuerung.

Nachdem zuerst in der spanabhebenden Fertigung numerische Steuerungen eingesetzt wurden, sind diese Steuerungen ebenso in der Stanztechnik in angepassten Variationen voll integriert. Diese Steuerungen sind sehr flexibel und gut an jede Aufgabe anpassbar, intuitiv bedienbar und netzwerkfähig.

Dieses Buch behandelt die konventionelle Stanztechnik, die Hochleistungstechnik und die Feinstanztechnik. Nibbel- und Laserschneidtechnik sowie Großteilstanztechnik werden darin nicht einbezogen.

Literatur

1. Bihler on Top.: Magazin der Otto Bihler Maschinenfabrik GmbH & Co.KG, Halblech (2018)
2. Deller, M., Schiess, F.: Firmenschrift Fritz Schiess AG. Lichtensteig, Schweiz (2017)
3. Birzer, F., Maurer, C., Schaltegger, M., Schneeberger, M.: Feinschneiden und Umformen. Bibliothek der Technik, Band 134 (Feintool Technologie AG). Verlag moderne industrie, Landsberg (2014)
4. Schori, M.: Prozesssicheres Entgraten von Stanz- und Feinschneidteilen und reproduzierbare Schneidkantenpräparation auch im Hinblick auf alternative Antriebstechniken, René Gerber AG, Lyss Schweiz. Forum Stanztechnik, Nürtingen (2018)

2 Verfahren und Begriffe der Stanztechnik

Das **Stanzen** integriert mehrere Fertigungsverfahren in einem Arbeitsgang innerhalb einer Hubbewegung einer Presse. Der Begriff Stanzen ist nicht genormt, hat sich aber in der Praxis nicht nur erhalten, sondern – wie bereits erwähnt – erweitert. Die einzelnen in das Stanzen einbezogenen Fertigungsverfahren nach DIN 8580 und weitere Unterteilungen zeigt die Tab. 2.1. Jedem Verfahren ist eine Ordnungsnummer zugeteilt.

Die hauptsächlich angewandten Verfahren des Zerteilens sind Scherschneiden und Keilschneiden (Abb. 2.1). Beide Verfahren werden kurz mit Schneiden bezeichnet, hierfür erforderliche Werkzeuge erfasst man unter dem Oberbegriff Schneidwerkzeuge. Benennungen am Werkzeug werden von der Stammsilbe „Schneid“ abgeleitet (z. B. Schneide, Schneidkeil, Schneidspalt). Benennungen am Werkstück, das durch Schneiden hergestellt wurde, bildet man mit der Stammsilbe „Schnitt“ (z. B. Schnittteil, Schnittkante, Schnittfläche, vgl. Abb. 4.1). Tab. 2.2 gibt über einige Schneidarten und über dazugehörige Werkzeuge Auskunft. Die beim Schneiden auftretenden Kräfte werden als Schneidkräfte und die dazu erforderliche Energie als Schneidarbeit bezeichnet.

Das **Feinschneiden** (Abb. 2.2) ist ein Ausschneiden oder Lochen, bei dem die Scherzone auf der gesamten Schnittfläche erzeugt wird. Es läuft nach folgendem Prinzip [2] ab: Der Werkstoff wird vor dem Schneidvorgang mittels der Ringzacke, auf die die Ringzackenkraft F_R wirkt, außerhalb der Schnittlinie auf die Schneidplatte gespannt. Die Gegenkraft F_G spannt den Werkstoff innerhalb der Schnittlinie gegen den Schneidstempel. Der Schneidvorgang erfolgt im eingespannten Zustand. Nach Beendigung des Schneidvorganges werden Ringzackenkraft und Gegenkraft zurückgenommen, das Werkzeug öffnet sich, und die Funktionen dieser beiden Kräfte kehren sich um. Die Ringzackenkraft F_R wirkt als Abstreiferkraft F_{RA}. Sie streift das Stanzgitter vom Schneidstempel und stößt die Innenformabfälle aus demselben. Die Gegenkraft F_G wirkt als Auswerferkraft

© Springer Fachmedien Wiesbaden GmbH, ein Teil von Springer Nature 2020
M. Kolbe, *Stanztechnik*, https://doi.org/10.1007/978-3-658-30401-0_2

F_{GA} und stößt das Teil aus der Schneidplatte. Das Fertigungsverfahren Umformen gliedert sich nach DIN 8582 (Tab. 2.1) in fünf Gruppen, jede Gruppe hat eine eigene DIN-Nummer (DIN 8383 … 8387). Für die jeweilige Gruppenbenennung ist die Beanspruchungsart maßgeblich, die den plastischen Zustand im umzuformenden Körper wesentlich herbeigeführt hat. Die fünf Gruppen sind in mehrere Untergruppen aufgeteilt;

Tab. 2.1 Ordnungssystem nach DIN 8580

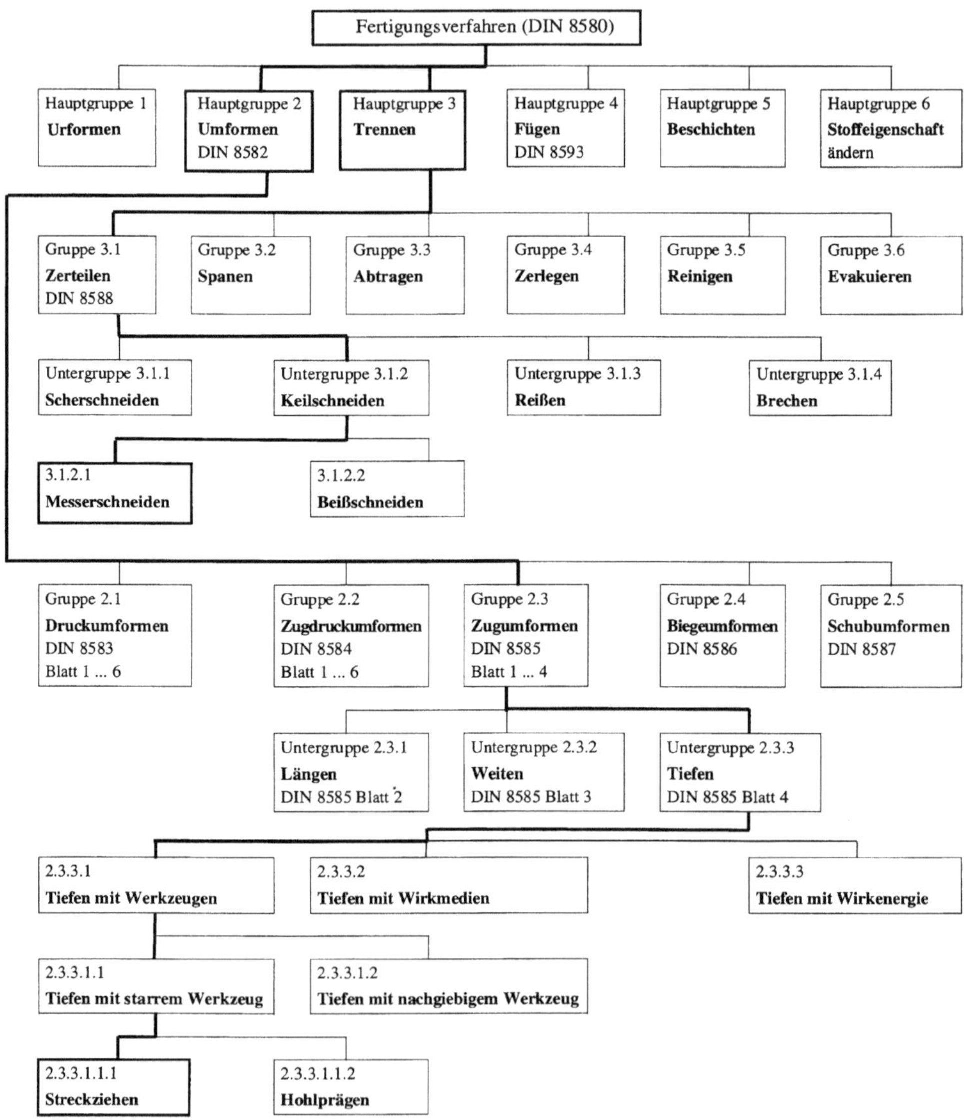

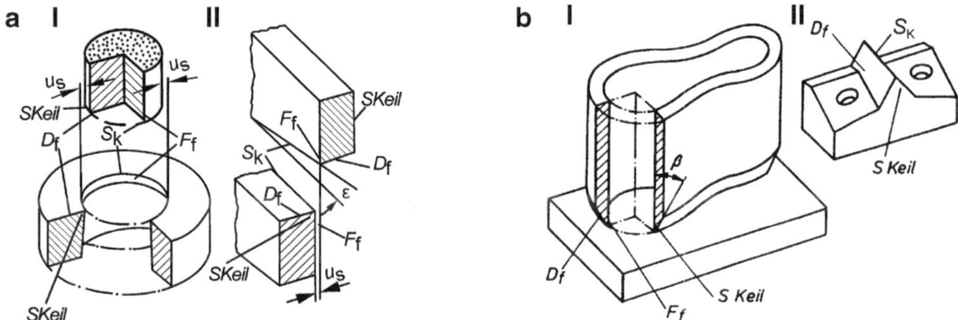

Abb. 2.1 Verfahren des Zerteilens. **a** Scherschneiden. **I** Loch- oder Ausschneidwerkzeug, **II** Abschneidwerkzeug (Scherenprinzip). **b** Keilschneiden. **I** Messerschneidwerkzeug (z. B. Dichtungen ausschneiden), **II** Abfalltrenner (vgl. Abb. 5.2e, Teil 7). D_f Druckfläche, F_f Freifläche, S_k Schneidkante, S_{Keil} Schneidkeil, u_s Schneidspaltweite, ε Neigungswinkel der Schneidkante, β Schneidkeilwinkel

einzelne Untergruppen untergliedern sich noch weiter. Mehrere umformende Arbeitsverfahren mit der jeweils maßgeblichen Untergruppe zeigt Tab. 2.3, 2.4 und 2.5.[1]

Wie z. B. das Arbeitsverfahren „Streckziehen" (DIN 8585 Blatt 4, Ordnungsnummer 2.3.3.1.1.1) im Ordnungssystem eingegliedert ist, wurde auf der Tab. 2.1 mit dargestellt.

Bei Biegeumformungen wird unterschieden zwischen Biegen mit gerader und mit gekrümmter Biegeachse, je nach Anzahl der Biegeachsen zwischen Einfach- und Mehrfachbiegen (Tab. 2.5).

Als sinnvolle Ergänzung zu den konventionellen Schneid- und Umformverfahren wird das Fügen oder Verkrallen mit Durchsetzungen benutzt.

Eine andere Erweiterung erfährt das Stanzen durch das Schweißen. Beispielsweise werden Kontaktwerkstoffe aus Edelmetall auf vorgestanzte Erhebungen mittels Widerstandsschweißen aufgebracht. Auch das Laserschweißen hat den Eingang in die Hochleistungs-Stanztechnik gefunden. So werden beim Stanzpaketieren die aufeinander gestanzten Bleche an den Kanten mittels Laserstrahlen innerhalb des Stanzhubes bei Hubfrequenzen bis zu 600 H/min verschweißt.

---

[1] Zur besseren Übersicht sind im DIN-Blatt 8582 „Fertigungsverfahren Umformen" alle bis jetzt erfassten Arbeitsverfahren der Hauptgruppe Umformen alphabetisch geordnet, zusätzlich mit DIN-Nummer und Ordnungsnummer versehen, aufgeführt. Trotzdem können beim Einordnen vereinzelt Schwierigkeiten auftreten. Zum Beispiel kann bei der Formgebung eines Werkstückes, das Vertiefungen aufweist, je nach Größe des Blechhalterdruckes eine Zugumformung (DIN 8585 Blatt 1 … 4) oder eine Zugdruckumformung (DIN 8584 Blatt 1 … 6) vorliegen. Wird ein Werkstück in einem Werkzeug mit Kunststoffdruckkissen gefertigt, ist es ebenfalls schwierig festzustellen, ob durch Zugdruckbeanspruchungen oder durch reine Zugbeanspruchungen der plastische Zustand wesentlich herbeigeführt wurde.

Tab. 2.2 Schneidarten

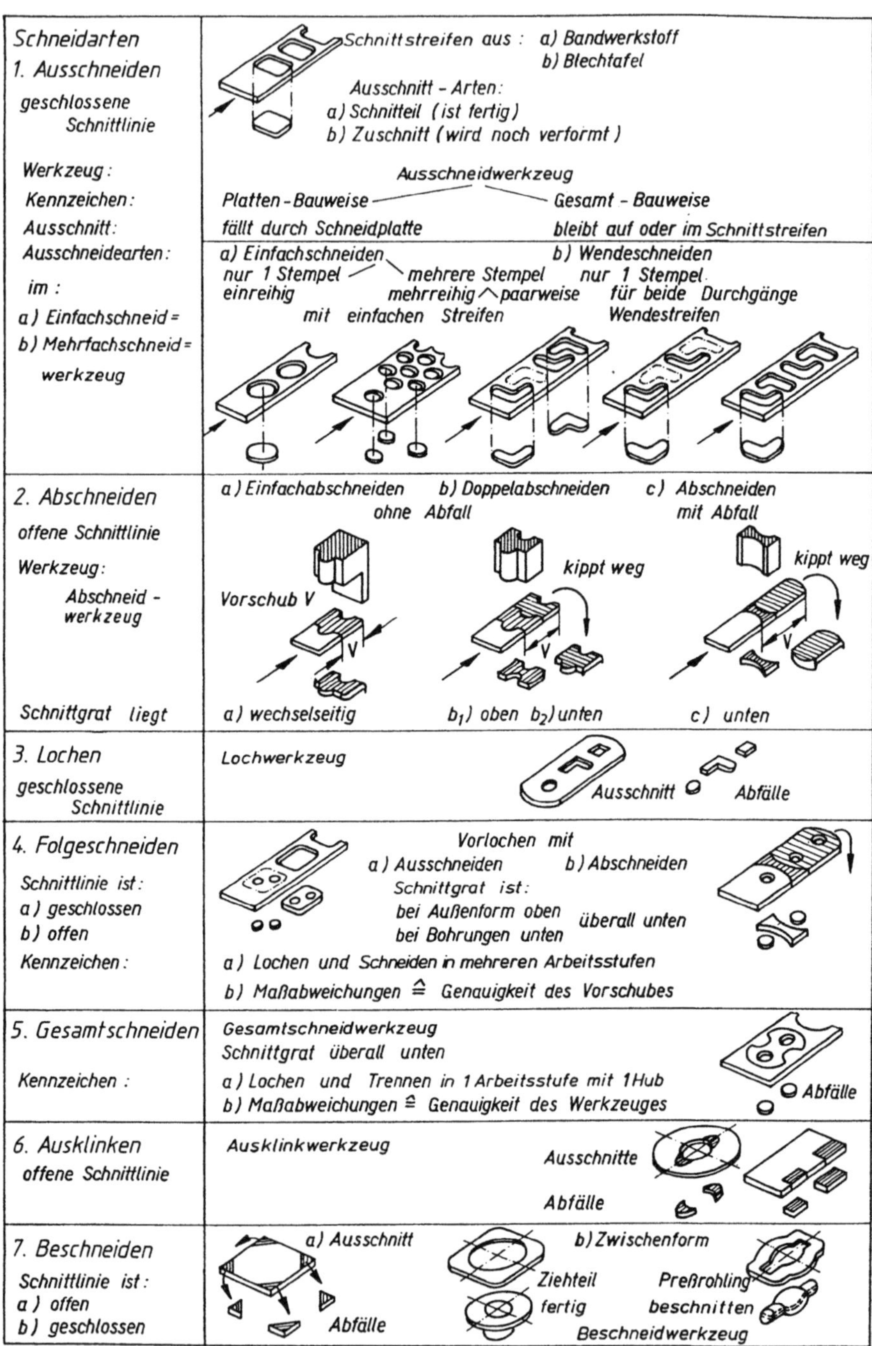

Schneidarten	
1. Ausschneiden geschlossene Schnittlinie	Schnittstreifen aus: a) Bandwerkstoff b) Blechtafel Ausschnitt-Arten: a) Schnitteil (ist fertig) b) Zuschnitt (wird noch verformt)
Werkzeug: Kennzeichen: Ausschnitt:	Ausschneidwerkzeug Platten-Bauweise — Gesamt-Bauweise fällt durch Schneidplatte — bleibt auf oder im Schnittstreifen
Ausschneidearten: im: a) Einfachschneid= b) Mehrfachschneid= werkzeug	a) Einfachschneiden — nur 1 Stempel einreihig / mehrere Stempel mehrreihig, paarweise — mit einfachen Streifen b) Wendeschneiden — nur 1 Stempel für beide Durchgänge — Wendestreifen
2. Abschneiden offene Schnittlinie Werkzeug: Abschneid-werkzeug	a) Einfachabschneiden b) Doppelabschneiden ohne Abfall c) Abschneiden mit Abfall Vorschub V kippt weg kippt weg
Schnittgrat liegt	a) wechselseitig b_1) oben b_2) unten c) unten
3. Lochen geschlossene Schnittlinie	Lochwerkzeug Ausschnitt Abfälle
4. Folgeschneiden Schnittlinie ist: a) geschlossen b) offen Kennzeichen:	Vorlochen mit a) Ausschneiden b) Abschneiden Schnittgrat ist: bei Außenform oben / bei Bohrungen unten — überall unten a) Lochen und Schneiden in mehreren Arbeitsstufen b) Maßabweichungen ≙ Genauigkeit des Vorschubes
5. Gesamtschneiden Kennzeichen:	Gesamtschneidwerkzeug Schnittgrat überall unten a) Lochen und Trennen in 1 Arbeitsstufe mit 1 Hub b) Maßabweichungen ≙ Genauigkeit des Werkzeuges Abfälle
6. Ausklinken offene Schnittlinie	Ausklinkwerkzeug Ausschnitte Abfälle
7. Beschneiden Schnittlinie ist: a) offen b) geschlossen	a) Ausschnitt Abfälle b) Zwischenform Ziehteil fertig Preßrohling beschnitten Beschneidwerkzeug

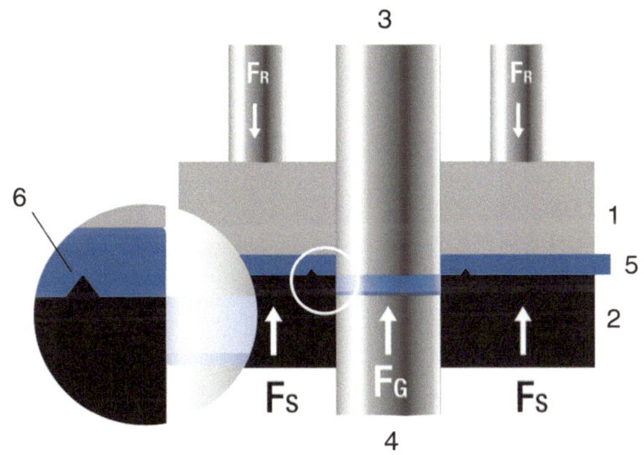

Abb. 2.2 Verfahren des Feinschneidens mit charakteristischen Kräften. F_S Schneidkraft, F_R Ringzackenkraft , F_G Gegenkraft. *1* Führung (Pressplatte), *2* Schneidplatte, *3* Schneidstempel, *4* Auswerfer, *5* Feinschneid-Werkstoff, *6* Ringzacke (System Feintool [1])

Tab. 2.3 Kaltschubumgeformte Teile (im Querschnitt) aus Blechen bis 15 mm Dicke im Prozess des Feinstanzens [3]

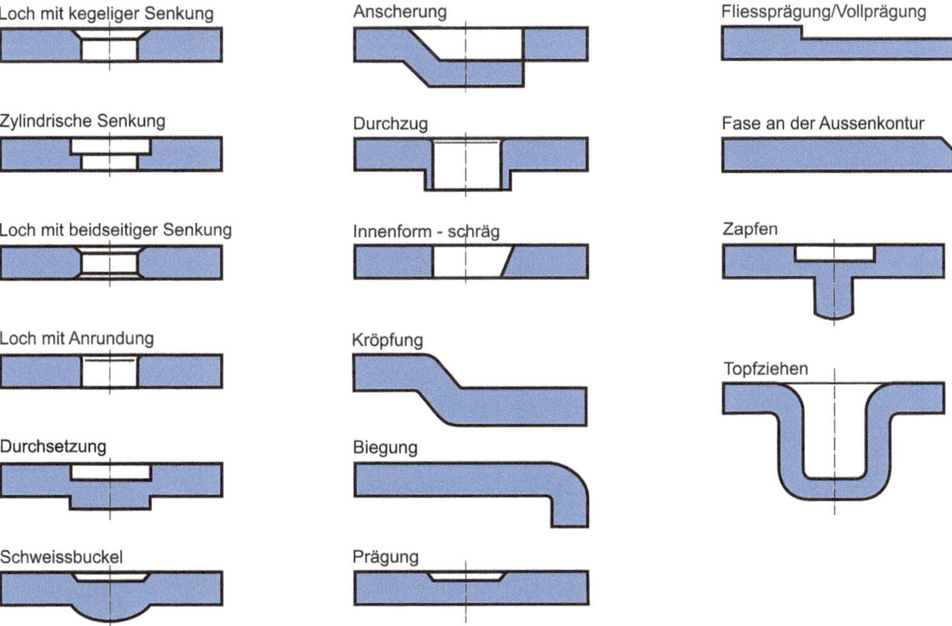

Eine weitere Anwendung findet dieses Verfahren bei der Herstellung elektrischer Kontakte, indem zu einem Röhrchen vorgebogene Teile an den Stoßkanten miteinander verschweißt werden.

Auch Gewinde bis M8 können in Stanzteile und Feinschneidteile, allerdings mit Sondervorrichtungen, innerhalb eines Hubes geschnitten bzw. gedrückt werden (siehe Tab. 2.6).

Tab. 2.4 Umformverfahren

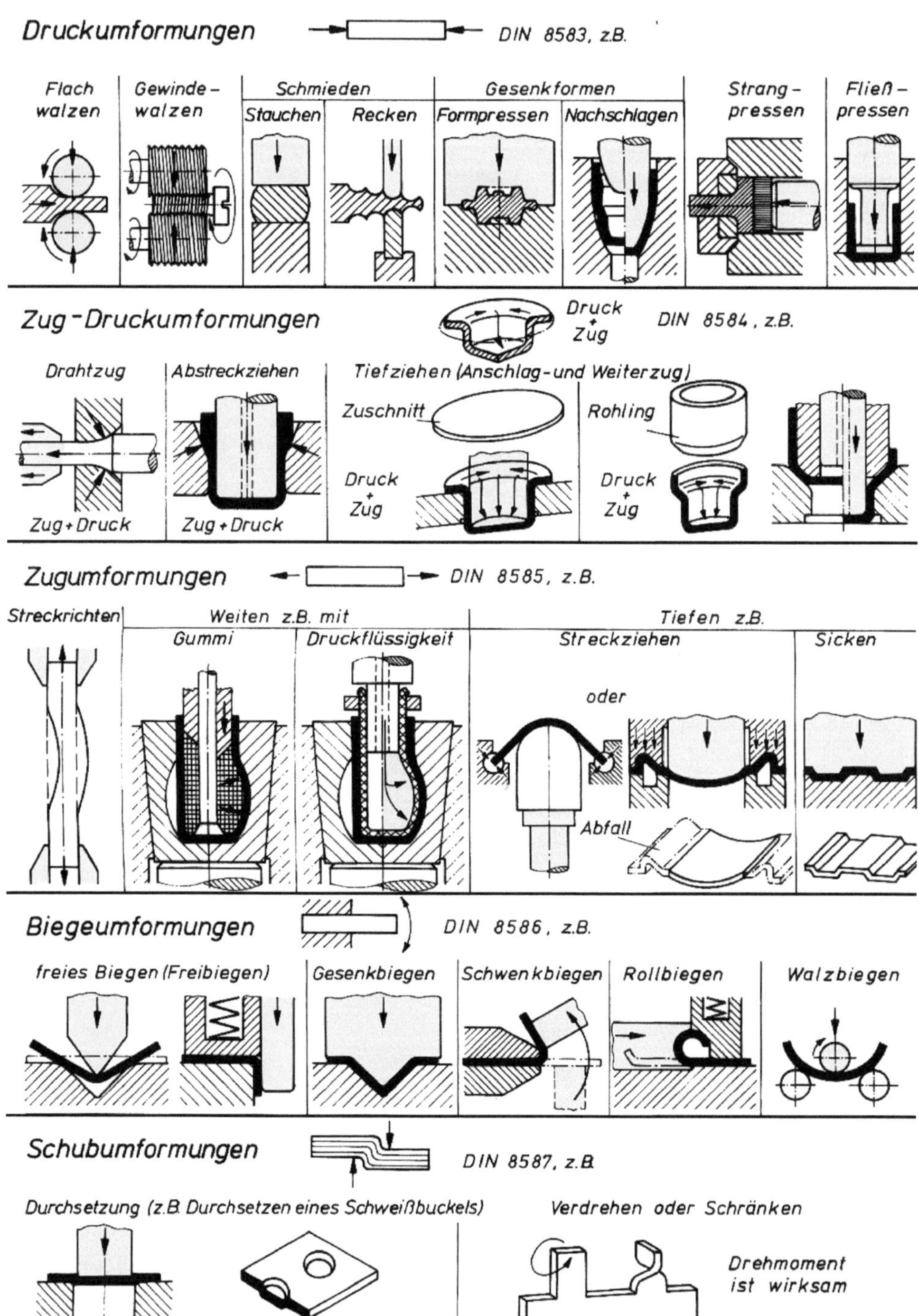

Tab. 2.5 Biegeumform-Verfahren

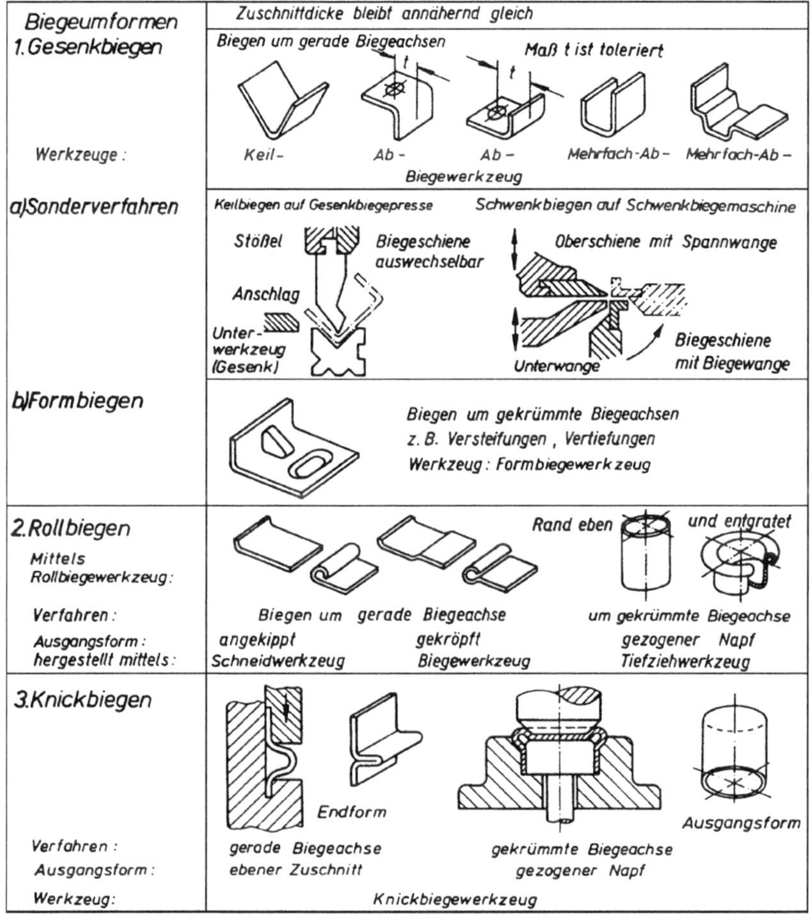

DIN 9870 Blatt 3, ersetzt die bisher übliche Benennung V-Biegen durch *Keilbiegen*, Abwärtsbiegen und Hochbiegen durch *Einfach-Abbiegen*, U-Biegen durch *Mehrfach-Abbiegen.* Entsprechend den Erläuterungen zum Normblatt sagen die früheren Benennungen zu wenig über das Kennzeichnende des eigentlichen Biegevorganges aus, da jedes Biegen zu einem Winkel führt und Hochbiegen (Abwärtsbiegen) eine Richtungsangabe trifft, die nicht angegeben sein muss. Die neuen Benennungen Keil- und Abbiegen sind aussagegenauer: „Beim Keilbiegen wird ein keilförmiger Stempel verwendet, der *jeweils beide Schenkel* zu einem Winkel umformt; beim *Abbiegen* wird *nur ein Schenkel* aus seiner Ursprungslage abgebogen.“ Sind im Biegewerkzeug gleichzeitig mehrere Biegungen auszuführen, bezeichnet DIN 9870 Blatt 3 diese Formgebung als *Mehrfach-Keilbiegen*

Tab. 2.6 In der Stanzfolge integrierte Verfahren (siehe Kap. 18)

1. Fügen	*Paketieren mit Durchsetzungen* 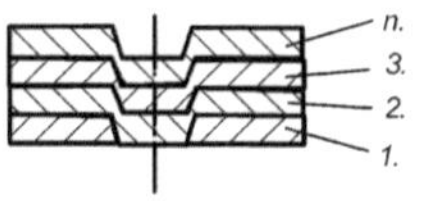 *Blechpaket aus 1. bis n. Blech*	*Blechteile miteinander verbinden*
2. Nieten	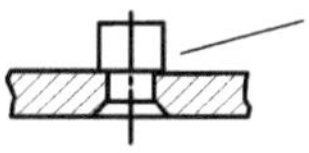 *Niet aus Draht*	
3. Schweißen	*Widerstandsschweißen* 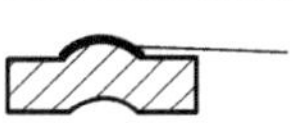 *Schweißpunkt aus Edelmetall*	
	Schweißen mit Laserstrahl *Schweißpunkte innen und außen* 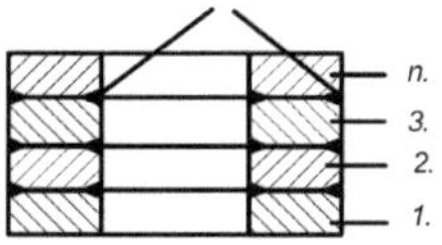 *Schweißpunkt* 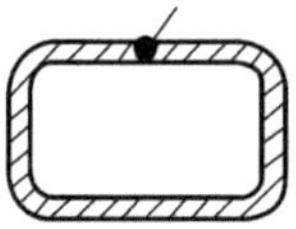	*Blechpaket aus 1. bis n. Blech* *gebogene Blechteile miteinander verschweißen*
4. Gewindeherstellung	*Gewindeschneiden oder Gewindeformen* 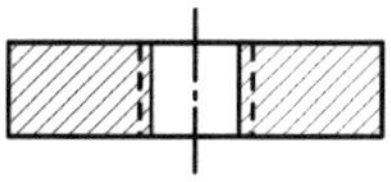	*vom M2 bis M8*

oder als *Mehrfach-Abbiegen*, das dazu erforderliche Werkzeug als Mehrfach-Keilbiegewerkzeug oder als Mehrfach-Abbiegewerkzeug.

Werden Schenkel von Werkstücken durch Schwenken von Biegewangen um gerade Biegeachsen winklig gestellt, dann liegt *Schwenkbiegen* vor (Schwenkbiegemaschinen, Baugrößen DIN 55220).

Im Normblatt DIN 8582, Gliederung der Umformverfahren (Tab. 2.1), erscheinen die im früheren Normentwurf DIN E 9870 Blatt 3, Ausgabe April 1958, unter dem *Sammelbegriff „Stanzen"* erfassten Verfahren wie Stanzbördeln, Stanzsicken, Flachstanzen,

Stanzstauchen usw. mit neuer Benennung ohne die Stammsilbe „Stanz“[2] als Gesenkbördeln, Gesenksicken, Vollprägen, Formstauchen usw. in den Gruppen Zugumformen, Zugdruckumformen, Druckumformen oder Schubumformen (DIN 8583 … 8587).

Werden Schneiden, Umformen und andere Verfahren in einem einzigen Werkzeug vereinigt, erhält man ein *Verbundwerkzeug* .

Werkzeuge sind wirtschaftlich, wenn sie bei niedrigen Herstellungs- und Instandhaltungskosten zur Fertigung der geforderten Werkstückanzahl den geringsten Kostenaufwand je Werkstück ergeben. Zum Vergleich zweier Herstellungsmöglichkeiten ist die größte Werkstückanzahl zu ermitteln, die mit dem einen Verfahren noch wirtschaftlich gefertigt werden kann; diese Anzahl nennt man *Grenzstückzahl*,[3] bzw. Gesamt-Standmenge. Tab. 2.7 gibt zu Gesamt-Standmengen mehrere kennzeichnende Betriebsmittel an.

Bei Werkzeugkonstruktion en ist die geforderte Werkstückanzahl zu berücksichtigen. Nach ihr richtet sich die *Werkzeugausführung,* der hierfür verwandten *Werkstoffe* und deren *Verarbeitung.* Großserienwerkzeuge sind weitgehend automatisiert (Einlege-, Auswerfereinrichtungen usw.); Lebensdauer und zügiger Fertigungsablauf sind entscheidend. In Werkzeugen für mittlere Stückzahlen können Werkstückaufnahmen sowie Führungsflächen für Stempel und Säulen mit Kunstharzen ausgegossen sein. Kleine Stückzahlen bis 500 … 5000 Stück fertigt man in Behelfswerkzeugen, auch wenn die Herstellung der Werkstücke länger dauert. Für Kleinststückzahlen bis 500 Stück bevorzugt man Fertigungshilfsmittel (Schablonen usw.) oder für das Schneiden CNC-Laserschneidanlagen. Bei allen Werkzeugtypen sind möglichst Normteile, auch Werknormteile, anzuwenden.

Bleche aus Nichteisenmetallen sowie Stahlbleche unter 1 mm Dicke können bei kleinen bis mittleren Stückzahlen auch mittels weichen elastischen Kunststoffen geschnitten, gebogen (vgl. Abb. 7.1c) oder bei geringen Ziehtiefen gezogen werden. Ein Stempel aus Stahl dringt bei gleichzeitiger Umformung des Zuschnittes in den elastischen Stoff, der damit die Gegenform (Matrize) darstellt, ein. Für derartige Kunststoffdruckkissen eignen sich hydraulische Pressen am besten.

Anmerkung: In Übereinstimmung mit DIN 1301 und DIN 1304 werden folgende Abkürzungen und Maßeinheiten verwendet:

Größe	Fläche Querschnitt	Volumen	Kraft	Druck	Energie Arbeit	Leistung
Formelzeichen	A	V	F	p	W	P
Maßeinheiten	mm^2, cm^2	mm^3, cm^3	N, kN	$\frac{N}{mm^2}$	Nm	$\frac{Nm}{s} = W, kW$

[2] Nach DIN 9870 Blatt 1 und 2 umfasst der Sammelbegriff *„Stanztechnik“ alle Vorgänge und Erfordernisse zur Herstellung von Stanzteilen,* auch durch Verfahren des Zerteilens. Es ist daher nicht vertretbar, einzelne Fertigungsverfahren, wie z. B. das Biegen mit „Stanzen“ zu bezeichnen, bzw. das hier für eingesetzte Werkzeug „Biegestanze“ zu nennen.

[3] Berechnungsbeispiel der Grenzstückzahl (Abschn. 5.2).

Tab. 2.7 Werkzeuge und Maschinen für bestimmte Standmengen und Losgrößen beim Stanzen kleiner Teile

Gesamt-Standmenge[a]	Werkzeuge	Maschinen und Systeme		Mindest-Losgrößen[c]
		konventionelle	num. gesteuerte	
Bis 500	Handwerkzeuge und Blechbearbeitungsgeräte Nibbelwerkzeuge Laserstrahl Erodierdraht	Übliche mechanische Handwerkzeuge und Blechverarbeitungsmaschinen	Laserschneid-[b] und Nibbelmaschinen Erodiermaschinen	Nullserien Versuchs-Losgrößen bis 500
500 … 5000	einfache Formwerkzeuge mit Stahlbestückung ohne und mit genormten Führungselementen Lochwerkzeuge Ziehwerkzeuge aus Kunstharz	einfache Pressen (Handeinlegearbeiten)	Präzisionsstanzmaschinen für Präzisionsteile Laserschneid- und Nibbelmaschinen	500 … 5000
5000 … 50×10^3	Universalwerkzeuge mit Platten- und teilweise Säulenführungen, stahlbestückt	Pressen mit Vorschubapparaten Haspeln Richtmaschinen und Stapeleinrichtungen	Präzisionsstanzmaschinen mit UT-Konstanthaltung und eventuell mit autom. Werkzeug- und Bandwechsel sowie Band- und Werkzeugmagazinen und Entsorgungseinrichtungen (Stanzzentren und Stanzsysteme)	Auftragsgebunden in computergesteuerten Stanzzentren bzw. -systemen ab 5×10^3 bei konvent. Pressen ab 5×10^4
50×10^3 … 10^6	Verbundwerkzeuge mit Säulenführung Stahl- und (oder) Hartmetallbestückung	Präzisionsstanzautomaten für hohe Hubfrequenzen und Schnellläuferpressen mit Vorschubapparaten, Bandzuführungen und Stapelvorrichtungen		
10^6 … 10^7	Hartmetallbestückte Spezial- und Verbundwerkzeuge mit Präzisionssäulen-Führungen			

[a]Ist die mit einem Werkzeug bei ev. mehrmaligem Nachschärfen herstellbare Stanzteil-Stückzahl
[b]Bei größeren Teilen auch für größere Stückzahl, bei kleinen Stanzteilen ist die Flexibilität vorteilhaft
[c]Wirtschaftlich noch herstellbare Anzahl der Stanzteile pro Auftrag

Literatur

1. Feintool Schulungs-Kit: Grundlagen und Möglichkeiten des Feinschneidens. Feintool Technologie AG, Lyss (2014)
2. Birzer, F., Maurer, C., Schaltegger, M., Schneeberger, M.: Feinschneiden und Umformen. Bibliothek der Technik, Bd. 134 (Feintool Technologie AG). Verlag moderne industrie, Landsberg (2014)
3. Birzer, F.: Umform- und Feinschneidtechnik. In: Hochleistungswerkzeuge in der Stanztechnik. Lehrgang Nr. 25972/62.249 der Technischen Akademie Esslingen am 09./10.11.2000 (2000)

3 Werkstoffe für Stanzteile

3.1 Werkstoffe für Stanzteile der Hochleistungsstanztechnik

Stanzteile können aus fast allen Werkstoffen, die als Bänder, Platten, Drähten oder Folien vorliegen und nicht splittern, hergestellt werden. Neben Metallen, die den Hauptanteil stellen, werden nichtmetallische Werkstoffe verarbeitet.

3.1.1 Nichtmetallische Werkstoffe

Die nichtmetallischen Werkstoffe dürfen nicht zu weich sein und nicht schmieren, d. h. nicht am Werkzeug oder Zuführeinrichtungen haften. Sie dürfen nicht zu spröde sein und nicht splittern. Die unter diesen Gesichtspunkten geeigneten Werkstoffe sind: Papiere, Pappen, Laminate, Hartfaserstoffe, Kunststoffe z. B. PVC, faserverstärkte Kunststoffe, Filz, besonders ausgerüstete und beschichtete Textilien.

Die spezifische Schneidkraft (auch Schneidwiderstand) k_S ist bei diesen Werkstoffen relativ klein (für PVC siehe Tab. 4.1), sodass die Werkzeuge aus Werkzeugstahl hergestellt werden können.

3.1.2 Metallische Werkstoffe

3.1.2.1 Eisenwerkstoffe

Für Werkstücke, die vorwiegend durch *Schneiden* hergestellt werden, eignen sich nahezu alle zu Bändern oder Blechen verarbeiteten Stähle bis zu einer spezifischen Schneidkraft von k_S = 1500 N/mm^2 (siehe Tab. 4.1). Je feiner die Karbidkornverteilung und -größe, desto kleiner der Verschleiß der Werkzeuge und weniger Verformung der erzeugten Stanzteile.

© Springer Fachmedien Wiesbaden GmbH, ein Teil von Springer Nature 2020

M. Kolbe, *Stanztechnik*, https://doi.org/10.1007/978-3-658-30401-0_3

Bei gehärteten Stählen liegt die Dehngrenze $R_{p0,2}$ nahe an der Zugfestigkeit R_m. Auch bei anderen Stahlwerkstoffen, bei denen dies zutrifft, muss bei der Werkzeugauslegung mit einem Dynamikfaktor gerechnet werden (siehe Abschn. 4.4.2).

Für Werkstücke, die durch *Tiefziehen* hergestellt werden, eignen sich Werkstoffe, die hohe Umformgrade zulassen. Es werden neben den unlegierten weichen Stählen, Tiefziehbleche mit Kohlenstoffgehalt bis zu 1 %, sowie mit Chrom, Nickel, Mangan und Molybdän legierte Vergütungsstähle, ferner rostfreie Stähle, aber auch mit Mangan und Silizium legierte Baustähle verwendet. Mikrolegierter Feinkornstahl wird als kaltgewalztes Feinblech für Automobile eingesetzt. Angaben für Feinbleche in DIN 1623-2.

3.1.2.2 Nichteisenmetalle

Kupfer und Kupferlegierungen in Form von Blechen und Bändern werden vorwiegend für Stanzteile in der Elektro- und Elektronikindustrie eingesetzt. Sowohl Kupfer als auch Messing können im weichen als auch im harten Zustand verarbeitet werden (siehe Tab. 4.1). Angaben über Bleche und Bänder aus Kupfer für die Elektrotechnik enthält DIN EN 13599.

Auch Aluminium und Aluminiumlegierungen eignen sich sehr gut zum Stanzen. Den größten Anwendungsbereich findet dieser Werkstoff in der Verpackungsindustrie. Eigenschaften von kalt- und warmgewalzten Blechen und Bändern aus Aluminium und Aluminiumlegierungen enthält DIN EN 485-2/1.

3.2 Werkstoffe für Stanzteile der Feinstanztechnik

Grundsätzlich können auch Feinstanzteile aus allen gut umformbaren Metallen hergestellt werden.

3.2.1 Stähle

Stähle sind in Form von Streifen oder als Band vom Coil die meist verwendeten Werkstoffe in der Feinschneidtechnik. Sie müssen jedoch besondere metallografische Werkstoffeigenschaften aufweisen und werden nach der Funktion des daraus entstehenden Werkstückes ausgesucht. Es können weiche Tiefziehstähle bis zu hochfesten Feinkornstählen fein geschnitten werden. Tab. 3.1 zeigt eine Auswahl von feinschneidbaren Stählen.

Dabei wird unterschieden in Stähle mit Feinschneidgüten (AC) mit einer sehr hohen Zementit-Einformung (wenigstens 95 %) und extrem weichen Güten (EW) mit einem Dehngrenzenverhältnis von maximal 60 % für unlegierte C-Stähle sowie bis zu 70 % für niedriglegierte Stähle. Die EW-Güten weisen einen sehr hohen Reinheitsgrad auf.

Tab. 3.1 Mechanisch-technologische Eigenschaften und Feinschneidverhalten ausgewählter kaltgewalzter Stähle (nach Brockhaus, Feintool und Schiess)

Stahlsorte	Werkstoff-Nr.	Zugfestigkeit in N/mm²		Feinschneidfähigkeit
		Ausführung + AC	Ausführung + AC EW	
Mikrolegierte Feinkornstähle – EN 10149, EN 10268				
H280LA	1.0480	480		2
H320LA	1.0545	530		2
H360LA	1.0550	600		2
H400LA	1.0556	620		2
S420MC	1.0980	480		2
S500MC	1.0984	550		2
Einsatzstähle – EN 10084, EN 10132-2				
C10E	1.1121	390	370	1
C15E	1.1141	410	390	1
16MnCr5	1.7131	500	440	1
17Cr3	1.7016	440	410	2
Vergütungsstähle – EN 10083-1, EN 10132-3				
C35E	1.1181	490	460	2
C45E	1.1191	510	480	2
C60E	1.1221	710		2
51CrV4	1.8159	580	500	2
42CrMo4	1.7225	450		1
Federstähle – EN 10132-4				
C75S	1.1248	610	570	2
C67S	1.1231	640		2
C100S	1.1274	640	600	2
C125S	1.1224	650	620	3
51CrV4	1.8159	1100		2
58CrV4	1.8161	590	560	3
Nitrierstähle-EN 10085				
31CrMo12	1.8515	640	600	2
34CrAl6	1.8504	780		2
34CrAlMo5	1.8507	800		2
Werkzeugstähle – EN ISO 4957				
C70W1	1.1520	230		2
C80U	1.1525	520		2
102Cr6	1.2067	620	580	
125Cr2	1.2002	750		2
Borstähle DIN EN 10083-3				
20MnB5	1.5528	600	480	2
27MnCrB5-2	1.7182	900		2
30MnB5	1.5531	700		2

(Fortsetzung)

Tab. 3.1 (Fortsetzung)

Stahlsorte	Werkstoff-Nr.	Zugfestigkeit in N/mm²		Feinschneidfähigkeit
		Ausführung + AC	Ausführung + AC EW	
Nichtrostende Stähle – EN 10088 T1–T3				
X2CrNi12	1.4003	450		2
X20Cr13	1.4021	580	560	2
X46Cr13	1.4034	800		2
X5CrNi1810	1.4301	750[a]	700[a]	2
X5CrNi19-11	1.4306	460		2

Feinschneidfähigkeit: 1 = gut; 2 = mittel; 3 = schwierig
[a]lösungsgeglüht und abgeschreckt
Ausführung + AC: Feinschneid-Güte; EW-Ausführung + AC EW: Extrem-Weich-Güte

Bei der Auswahl des Werkstückwerkstoffes muss die Zugfestigkeit und Härte, die Dehngrenze und Bruchdehnung, die Karbidkorngröße und -verteilung und die Ferritkorngröße betrachtet werden. Kohlenstoffstähle bis etwa 0,12 % C sind problemlos. Werkstoffe mit höherem C-Gehalt und höheren Legierungsanteilen werden vor dem Feinschneiden weichgeglüht, um die Qualität der Schnittflächen zu verbessern. Wenn das Stanzteil den Festigkeitsanforderungen genügt, aber ungenügende Oberflächenhärte hat, so kann es nachträglich nitriert, carbonitriert oder aufgekohlt und gehärtet werden.

Besondere Vorteile bieten die mikrolegierten Feinkornstähle. Sie weisen bei perlitarmen bis perlitfreien Gefügeausbildungen Festigkeitswerte bis $R_{p0,2}$ = 500 N/mm² und R_m = 650 N/mm² auf.

3.2.2 Nichteisenmetalle

Reines Aluminium, nicht aushärtbare Aluminium-Magnesium-Legierungen (z. B. AlMg1 und AlMg3), reines Kupfer sowie Messing bis zu einem Zinkgehalt von 30 % lassen sich sehr gut zu Feinschneidteilen verarbeiten. Die Feinschneidfähigkeit hängt von der chemischen Zusammensetzung, dem Kaltwalzgrad und dem Aushärtegrad des Bleches ab. Im Allgemeinen gilt, dass Messing bis zu einer Festigkeit von R_m = 460 N/mm² (das entspricht CuZn 40) noch gut bearbeitbar ist. Beim Feinschneiden von Kupfer-Beryllium- und Aluminium-Kupfer-Mangan- sowie Aluminium-Zink-Magnesium-Legierungen sind besondere Maßnahmen zu berücksichtigen, da sie schwieriger zu bearbeiten sind. So müssen z. B. Schmiermittelzusätze und die Sprödigkeit bzw. Zähigkeit des Werkstoffes aufeinander abgestimmt werden. Oft ist eine Abklärung mit dem Lieferanten über die Struktur des gelieferten Bandes notwendig.

Grundlagen des Schneidens 4

4.1 Schneidvorgang und Schneidarten

Schneiden ist ein spanloses Zerteilen von Werkstoff entlang einer Schnittlinie (siehe Tab. 2.2), die beim Ausschneiden einer Außen- oder Innenform (Scherschneiden) in sich geschlossen (**geschlossene Schnittlinie**), beim Abschneiden bzw. Ausklinken dagegen offen (**offene Schnittlinie**) ist. Das dazu verwendete Werkzeug hat als Hauptbestandteile **Schneidstempel** und **Schneidplatte** bzw. Matrize. Deren Schneidkanten S_k, **Schneiden** genannt, bilden sich aus den beiden Schneidflächen, der Druckfläche A_D und Freifläche A_F (Abb. 4.1). Die **Druckflächen** A_D des Stempels und der Matrize üben die Schneidkraft auf den zu trennenden Werkstoff aus, sie sind der Werkstückoberfläche zugekehrt. Nach dem Trennen gleiten die Schnittflächen des Werkstoffes entlang den **Freifläche** A_f.

Beim **Ausschneiden** (geschlossene Schnittlinie) wirken auf den Werkstoff durch den eindringenden Schneidstempel Druckkräfte F_S (Abb. 4.1).

Beim Schneidvorgang wird der zu trennende Werkstoff zunächst elastisch verformt. Beim Zusammendrücken weicht er auch seitlich aus. Daraus entstehen Seitenkräfte F_F. Danach erfolgt eine plastische Verformung ohne Trennung. So entsteht eine abgerundete Kante. Nun folgt durch vorauseilende Rissbildung ein Trennvorgang, wobei die Werkstoffteile aufeinander gleiten. Folge davon ist die Gleitfläche, auch Glattfläche genannt (Abb. 4.4), in der der Werkstoff fließt.

Nach Beendigung des Fließvermögens entstehen Kerbrisse, denen der Bruch und somit die Bruchebene (Bruchfläche, Abb. 4.4) folgt.

Der Schneidvorgang kann hinsichtlich des Werkstoffverhaltens in drei Abschnitte gegliedert werden:

1. Elastisches Verformen mit seitlichem Ausweichen (Abb. 4.1a).
2. Plastisches Verformen durch Druck (Einziehkante).

© Springer Fachmedien Wiesbaden GmbH, ein Teil von Springer Nature 2020
M. Kolbe, *Stanztechnik*, https://doi.org/10.1007/978-3-658-30401-0_4

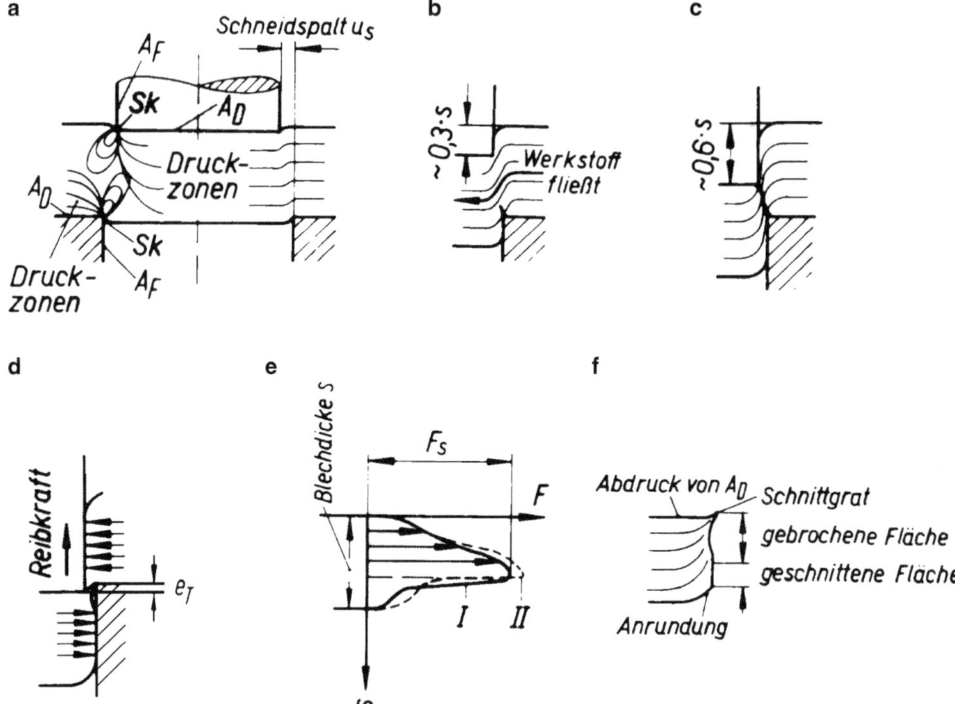

Abb. 4.1 Schneidvorgang beim Lochen (geschlossene Schnittlinie) Erklärungen: Schneide S_k (Schneidkante) ist die Durchdringungslinie der Schneidflächen A_D und A_F, die den Schneidkeil bilden. Bildfolge: **a** Schneidbeginn nach elastischer Verformung; Beginn des Fließens (plastische Verformung), **b** Ende des Fließens, Bruchbeginn, **c** Bruchende, Trennung beendet, Reibkraft wirkt noch, **d** Ende des Arbeitshubes, Stempel dringt in die Öffnung der Schneidplatte ein (e_T = Eintauchtiefe), **e** Kraft-Weg-Diagramm, Stempelspiel s_p bei I normal; bei II klein, **f** Schnittflächenaufteilung. S_k = Schneide, u_S = Schneidspalt, F_S = maximale Umform- und (oder) Schneidkraft, F_F = Freiflächen-(Seiten)kraft senkrecht dazu, s_p = Stempelspiel = $2u_s$

3. Fließen entlang der Gleitebenen (Abb. 4.1b). Hier sind die Teile noch nicht getrennt.
4. Abreißen (Bruch) durch Überschreitung der Brechkraft (Abb. 4.1c).

Diese drei Teilvorgänge sind auf der Schnittfläche des Stanzteils als drei unterschiedliche Bereiche zu erkennen:

Bereich 1: Anrundung: Schmale Rand- und Stegbreiten etwas gekippt.

Bereich 2: Scherzone, Schnittfläche glänzend glatt. Im Fließzustand wird hier der Werkstoff an die Freiflächen A_F gepresst.

Bereich 3: Bruchzone, Bruchfläche mit Kerbrissen und anschließendem Abriss, matt, körnig.

Die Anteile an den einzelnen Bereichen sind von mehreren Bedingungen abhängig:

1. Schneidspalt u_S
   a. Je kleiner der Schneidspalt, desto größer der Anteil der Schnittfläche.
2. Verformungsverhalten des Werkstoffes
   a. Je duktiler (fließfähiger) der Werkstoff, desto größer der Anteil der Schnittfläche.
3. Tribologisches Verhalten von Schneid- und Bandwerkstoffen sowie Schmiermitteln.

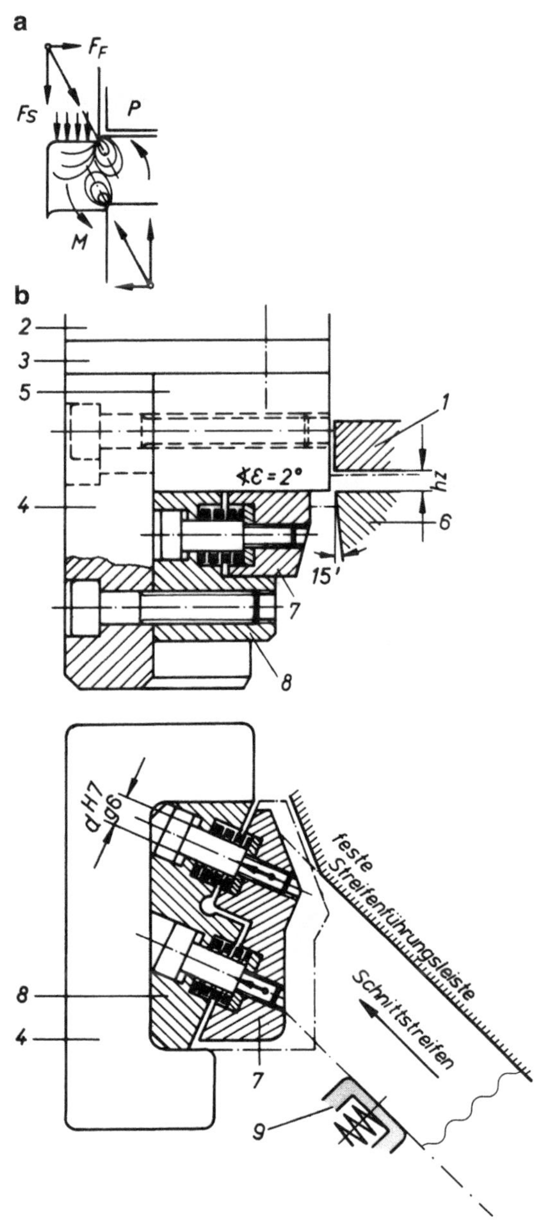

Abb. 4.2 Offene Schnittlinie. **a** Schema: *M* Drehmoment, hervorgerufen durch Schnittkraft F_S, Gegenhalterplatte *P* nimmt *M* auf, **b** federnder Längenanschlag zum Schneiden dicker Bleche (Abschneidwerkzeug). *1* feste Abstreifplatte, zugleich Gegenhalterplatte *P*, *2* Kopfplatte, *3* Druckplatte, *4* Stempelführung einsatzgehärtet, im Werkzeug seitlich und rückwärts geführt, *5* Schneidstempel, mit Kopfplatte (*2*) und Stempelführung (*4*) verschraubt, Neigung der Druckfläche (Schneide) quer zum Streifen, *6* Schneidplatte, lichte Höhe zwischen den Teilen (*1*) und (*6*), h_z = Blechdicke + (0,3 … 0,5) mm, *7* federnder Anschlag, einsatzgehärtet, mit zwei Schraubenfedern je ≈300 N Vorspannkraft zur Aufnahme der Streifenanschlagskraft, *8* Halter, einsatzgehärtet, mit Teil 4 verschraubt und verstiftet, *9* federnde Streifenführung

Beim **Abschneiden** (offene Schnittlinie) entsteht durch die gleichgroßen, parallel und gegensinnig gerichteten Druckkräfte des Schneidstempels und der Schneidplatte ein Kräftepaar, d. h. ein Drehmoment M (Abb. 4.2a); eine feste oder federnde Gegenhalterplatte P soll das Moment aufnehmen. Durch die Seitenkraft F_F werden bei dickem Blech während des Abtrennens schmaler Abschnitte Werkstoffteilchen seitlich weggedrückt, wodurch der Einbau eines **federnden Längenanschlages** notwendig wird (Abb. 4.2b). Dieser verbessert die Schnittflächengüte und erhöht zugleich Standmenge sowie Lebensdauer des Werkzeuges.

Der Schneidstempel (Abb. 4.2b, Teil 5) wird zum Schärfen ausgebaut. Damit er nachher auf dem Halter (8) wieder satt aufliegt, ist die Stempelführung (4) ebenfalls kopfseitig abzuschleifen.

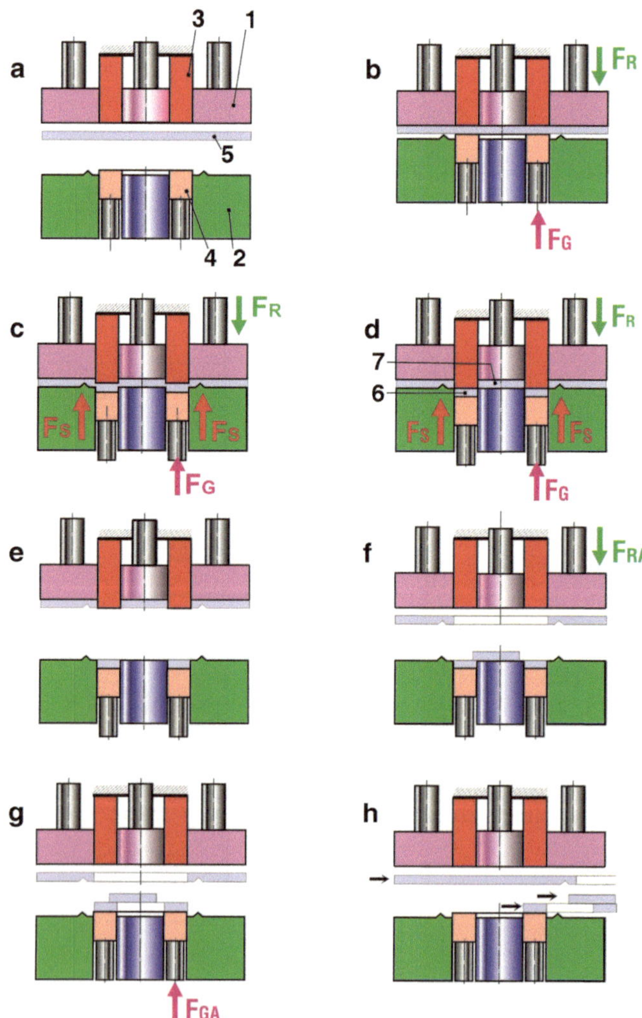

Abb. 4.3 Ablaufschema mit acht verschiedenen Werkzeugstellungen beim Feinschneiden (Feintool [1, 2])

Beim **Feinschneiden** werden Bleche über 1 mm Dicke mit einem Schneidspalt u_s von 0,5 bis 0,6 % der Blechdicke bei gleichzeitiger Behinderung des seitlichen Einzugs des Werkstoffes mit der Ringzacke oder einer Blechklemmung geschnitten. So entsteht eine Scherzone (Glattfläche) auf der ganzen Schnittfläche, die glänzend ist. Abb. 4.3 zeigt das Ablaufschema im Feinschneidwerkzeug. Nach dem Einschieben des Bandes (a) wird die Ringzackenkraft F_R und gleichzeitig die Gegenkraft F_G aufgebracht (b). Dann folgt die Schneidkraft F_S für Durchsetzungen (c) oder zum Lochen (d). Sodann wird die Matrize nach unten bewegt (e) und das Werkstück mit der Kraft F_{RA} ausgestoßen (f), sowie das Band und das Werkstück F_{GA} ausgeschoben (g und h).

4.2 Oberflächenbeschaffenheit von Schnittflächen

Beim normalen Schneiden und Hochleistungsschneiden mit Schneidspalten u_s von 3 bis 5 % der Blechdicke entsteht nach dem Einzug (Abrundung) der Glattschnitt und danach der Bruchbereich. Je nach Werkstoff und Schneidspalt beträgt der Glattschnittbereich 20 bis 60 % der Blechdicke. Bei duktilen Werkstoffen ist dieser Bereich größer als bei spröden.

Beim Feinschneiden eines geeigneten Werkstoffes erreicht man mit einem Schneidspalt von 0,5 % der Blechdicke auf der gesamten Schnittfläche einen Glattschnitt (Abb. 4.4). Dabei wird das Werkstoffgefüge stark verformt. Die Kristalle werden in Schnittrichtung verfestigt bzw. kalt aufgehärtet. Abb. 4.4 zeigt die Strukturen an der Oberfläche und die Härte in verschiedenen Abständen von der Oberfläche. Dies ist günstig für Funktionsteile mit höherer Flächenpressung wie bei Zahnrädern, Schnappschlössern usw.

4.3 Maßtoleranzen geschnittener Teile

Beim Hochleistungsschneiden dünner Bleche erreicht man Maßtoleranzen an Stanzteilen von ±0,003 mm. Beispiele dazu sind die Chipträger oder lead frames (Abb. 4.5). Diese Anforderungen treiben jedoch die Werkzeugkosten in die Höhe. Beim Feinschneiden gelten für Werkstücke von 2 bis 12 mm Dicke und bis 20 mm Breite Maßtoleranzen von ±0,025 mm. Ein Beispiel für die Bemaßung eines Feinschnittteils zeigt Abb. 4.6. Hohe Anforderungen sind nur an die besonderen Funktionsmaße zu stellen. An den Rauhheitsangaben sind die Anteile der Glatt- zu Bruchfläche (Abb. 4.7) angegeben.

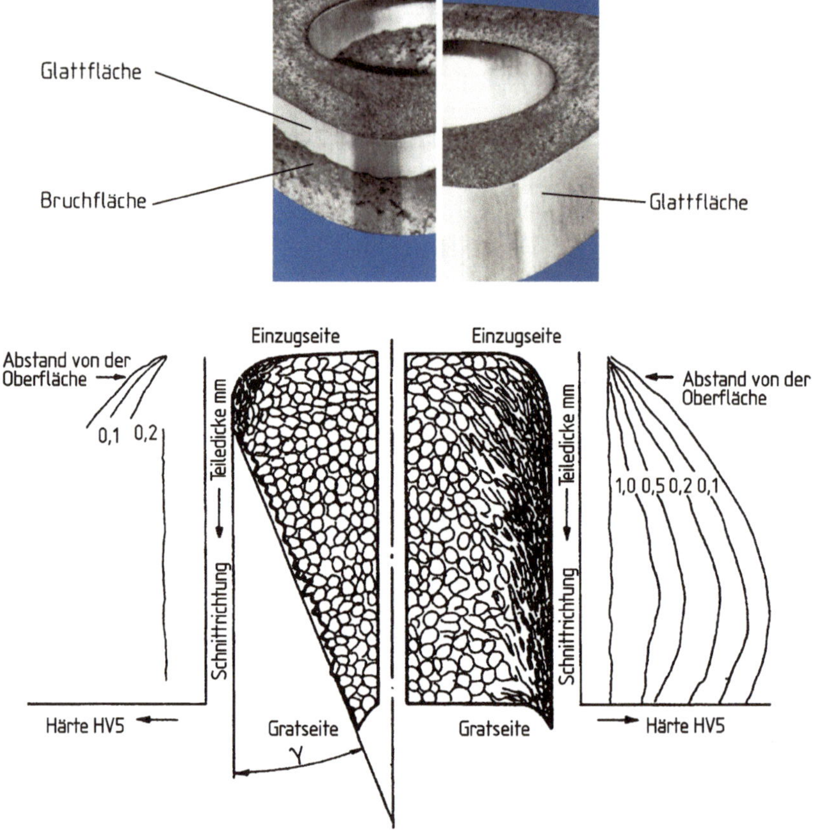

Abb. 4.4 Schnittflächen mit Kaltaufhärtung beim Normalschneiden (*links*) und Feinschneiden (*rechts*) (Feintool [1, 2])

4.4 Schneidkraft

4.4.1 Bestimmung der Schneidkraft

Die erforderliche Schneidkraft F_S (N) ist hauptsächlich abhängig von

- Länge (mm) der Schnittlinien bei Berücksichtigung der Schnittform,
- Blechdicke s [mm],
- Schneidwiderstand oder spezifische Schneidkraft des Werkstoffes k_S (N/mm^2) Tab. 4.1,
- Schärfe der Schneiden,
- Größe des Schneidspaltes,
- Oberflächengüte der Druck- und Freiflächen (siehe Abb. 4.1a) des Stempels und der Schneidplatte,
- Art der Schmierung.

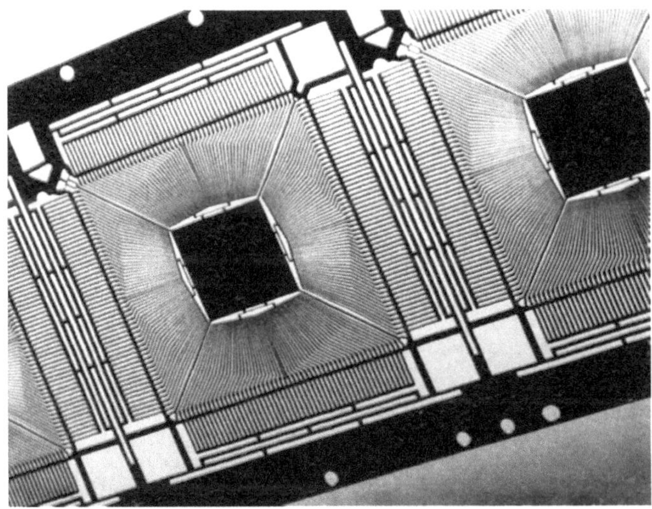

Abb. 4.5 Stanzteil für Elektronikindustrie: Chipträger (lead frame) mit 208 Anschlüssen (Leitungsträger), Strangdicke 0,14, Strangbreite 0,13 mm, Abstand 0,1 mm, Werkstoff: Kupferlegierung, Toleranzen +0 … 0,003 mm, Hubfrequenz $n = 250$ H/min (Feintool [2])

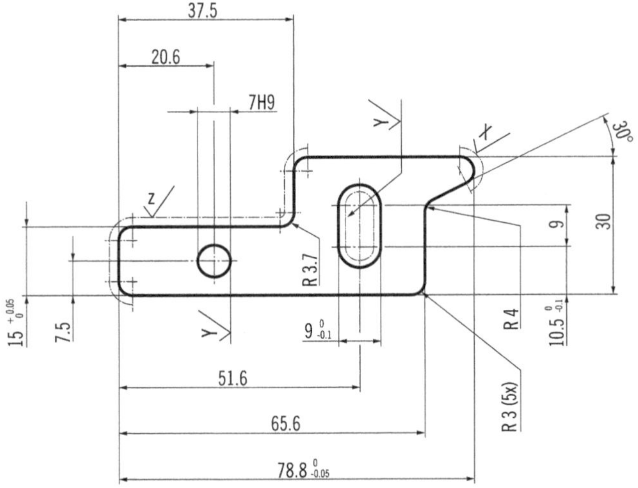

Abb. 4.6 Bemaßung von Feinschnittflächen (Feintool [2])

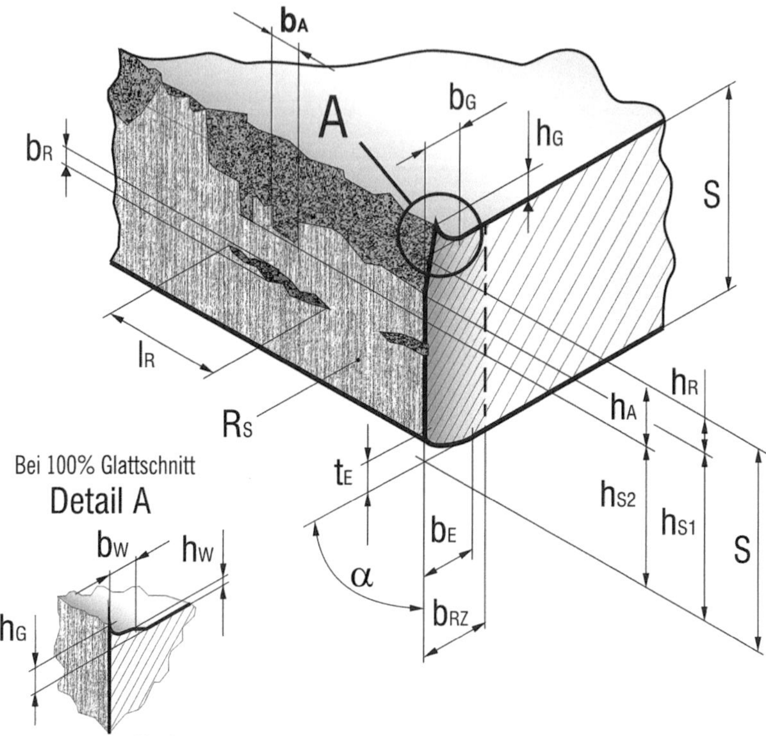

Werkstoffdicke	S [mm]	Gratbreite	b_G [mm]
Kanteneinzugbreite	b_E [mm]	Grathöhe	h_G [mm]
Kanteneinzugtiefe	t_E [mm]	Schnittflächenwinkel	α [°]
Abriss	h_R [%]	Rauhigkeit der Glattschnittfläche	R_S [Ra]
Glattschnittanteil	h_{S1} [%]	Verfestigter Randbereich	b_{RZ} [mm]
Glattschnittanteil	h_{S2} [%]	Wulstbreite	b_W [mm]
Einrisslänge	l_R [mm]	Wulsthöhe	h_W [mm]
Schalenförmige Abrisshöhe	h_A [mm]		
Schalenförmige Abrissbreite	b_A [mm]		

Abb. 4.7 Festlegungen der Schnittflächenqualität an Feinschneidteilen (Feintool [2], nach VDI 2906 Blatt 5)

Rechnerisch werden in der Praxis nur die drei ersten Einflüsse erfasst. Die Schneidkraft F_S ist:

$$F_S = l \cdot s \cdot k_S \quad \text{in N} \tag{4.1}$$

l Länge der Schnittlinie in mm
s Blechdicke in mm
k_S spezifische Schneidkraft in N/mm² (Tab. 4.1).

Ist die spezifische Schneidkraft k_S nicht bekannt, so rechnet man überschlägig beim Stempeldurchmesser zur Blechdicke von $d{:}s > 2$

Tab. 4.1 Richtwerte für die spezifische Schneidkraft verschiedener Werkstoffe (Vom Bandlieferanten anfordern)

Werkstoff	spez. Schneidkraft k_S $\left(\frac{N}{mm^2}\right)$ weich … hart	Werkstoff	spez. Schneidkraft k_S $\left(\frac{N}{mm^2}\right)$ weich … hart
Stahlblech		Al 99,5 weich	70
ST 12.03	250 … 320	Al Mn weich	100
Trafoblech 0,5 % C	250 … 300		
S 235 JR G2	250 … 300	Al Mg 3 … 7	140 … 250
		Al Cu Mg	
C 10	280 … 340	kalt aushärtbar	320
C 20	320 … 380	lösungsgeglüht	180
C 30	400 … 500	Messing Ms 60[a]	300 … 400
C 40	500 … 600	Messing Ms 63 federhart	450 … 600
C 50	550 … 650	Neusilber	300 … 500
C 10 OS	800	Kupfer weich geglüht	270 … 400
Federstahl	1200 … 1500	Kupfer hart gewalzt	300 … 400
nichtrostende Stähle		PVC weich	25 … 40
Gruppe:		PVC hart	70 … 100
austenitisch	450 … 600		
ferritisch	400 … 550		

[a]In der Praxis Angabe Ms 60 mit 60 % Cu, Ms 63 mit 63 % Cu noch üblich. Nach DIN 17660 (DIN 1700) wird Ms 60 mit Cu Zn 40 bezeichnet (Zn wird hier mit 40 %; Cu mit 60 % angezeigt); z. B. Messingblech: Cu Zn 37

$$k_S = 0{,}65\ldots0{,}9 \cdot \mathrm{R_m} \quad \text{in N/mm}^2 \tag{4.2}$$

wobei R_m (N/mm²) die Zugfestigkeit des Werkstoffes ist.

Bei Stahlblechen gilt für kleinere Zugfestigkeiten (ab 350 N/mm²) der größere Wert, für größere (bis 700 N/mm²) der kleinere Wert.

Die spezifische Schneidkraft k_S nimmt ebenfalls mit der Blechdicke s ab, z. B. von $k_S = 400$ N/mm² bei Blechdicke $s = 1$ mm auf $k_S = 320$ N/mm² bei Blechdicke $s = 16$ mm. Er nimmt auch mit dem bezogenen Schneidspalt u_s/s ab. Hierzu kann als Richtwert gelten:

Bei Änderung des bezogenen Schneidspaltes von 1 % auf 5 % fällt die spezifische Schneidkraft k_S um ca. 15 % ab, bleibt aber dann bei größeren Schneidspalten konstant. Für überschlägige Berechnungen wird

$$k_S = 0{,}8 \cdot R_m \quad \text{in N/mm}^2 \tag{4.3}$$

eingesetzt.

Bei kleinem Lochstempeldurchmesser ist k_S höher einzusetzen, da der Reibungsanteil gegenüber der Trennkraft ansteigt.

Die tatsächlich auftretende Schneidkraft kann bis zu ±20 % von der nach dieser Beziehung gerechneten abweichen, weil nicht alle Einflussgrößen exakt erfassbar sind. Diese Berechnung reicht jedoch bei Berücksichtigung der positiven Toleranz zur Auswahl von Werkzeug und Maschine aus. Ist einmal das Werkzeug erstellt, kann in der Maschine die gesamte Stanzkraft gemessen werden. Die Schwankung dieser gemessenen Kraft ist relativ klein, sodass sie in der Steuerung zur Anzeige der Verstumpfung oder des Werkzeugbruchs verwendet werden kann.

Berechnungsbeispiel 4.1
Werkstücke aus 1,25 mm dickem Stahlblech C 10 sind mit abgesetzten Lochstempeln (Abb. 4.8), $d = 1{,}4$ mm Durchmesser, zu lochen. Wie groß ist je Stempel die Schneidkraft F_S und die davon abhängige Druckbeanspruchung auf die Stempeldruckfläche σ_{dDf} bzw. auf die Stempelkopffläche s_{dk}? Wie groß ist je Stempel die Abstreifkraft F_{Ab} und die im kleinsten Stempelquerschnitt (1,4 mm Durchmesser) dadurch verursachte Zugbeanspruchung σ_z?

Lösung
Für Stahlblech C10 ist nach Tab. 4.1 die spezifische Schneidkraft $k_S \approx 300 \frac{\text{N}}{\text{mm}^2}$ (Mittelwert). Bei Lochstempeldurchmesser $d = (1 \ldots 1{,}5) \cdot s$ ist $k_S' = 1{,}5 \cdot R_m$ (Tab. 4.2) $= 1{,}5 \cdot 360 \frac{\text{N}}{\text{mm}^2} = 540 \frac{\text{N}}{\text{mm}^2}$ maßgeblich.

Entsprechend Gl. 4.1 ist Schneidkraft beim Lochen

$$F_S = l \cdot s \cdot k_S' = \pi \cdot 1{,}4 \text{ mm} \cdot 540 \frac{\text{N}}{\text{mm}^2} \approx 3000 \text{ N}$$

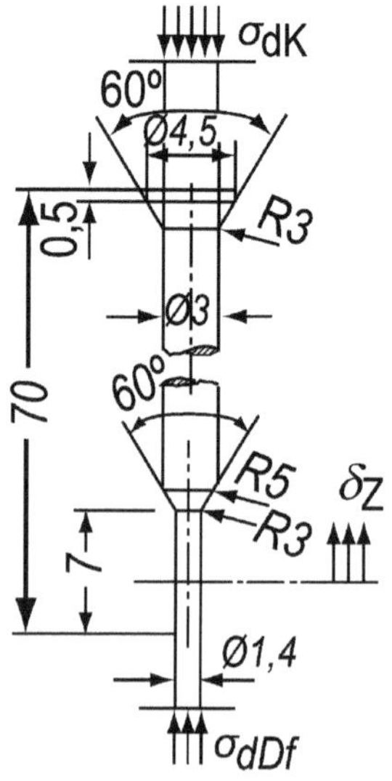

Abb. 4.8 Abgesetzter Lochstempel

Tab. 4.2 Richtwerte für erhöhte spezifische Schneidkraft k_S beim Lochen mit kleinen Stempeldurchmessern

Lochstempeldurchmesser	erhöhte spez. Schneidkraft
$d = (1{,}5 \ldots 2) \cdot s$	$k_S' \approx R_m$
$d = (1 \ldots 1{,}5) \cdot s$	$k_S' \approx 1{,}5 \cdot R_m$
$d = (0{,}7 \ldots 1) \cdot s$	$k_S' \approx 2 \cdot R_m$

Druckbeanspruchung auf Stempeldruckfläche $\sigma_{dDf} = \dfrac{\text{Schneidkraft } F_S}{\text{Stempeldruckfläche } A_{DF}}$.

Die in Abb. 4.8 dargestellte geneigte Stempeldruckfläche wirkt als projizierte Fläche, somit

$$A_{DF} = \frac{\pi}{4} \cdot d \cdot d = \frac{\pi}{4} \cdot 1{,}4\ \text{mm} \cdot 1{,}4\ \text{mm} = 1{,}54\ \text{mm}^2$$

$$\sigma_{dDF} = \frac{F_S}{A_{Df}} = \frac{3000\ \text{N}}{1{,}54\ \text{mm}^2} \approx 2000\ \frac{\text{N}}{\text{m}^2}$$

Sobald die Druckbeanspruchung auf die Stempeldruckfläche $\sigma_{dDf} = 1200\ \dfrac{\text{N}}{\text{mm}^2}$ überschreitet, sind unlegierte oder niedriglegierte Werkzeugstähle als Stempel Werkstoff ungeeignet, es ist ein hochlegierter Werkzeugstahl, besser ein Schnellarbeitsstahl (siehe Tab. 12.2 und 12.3) vorzuschreiben.

Auf den Lochabfall wirken ebenfalls $\sigma_{dDF} \approx 2000\ \dfrac{\text{N}}{\text{mm}^2}$ ($\hat{=} \approx 5 \cdot R_m$ des Blechwerkstoffes!).

Man erkennt, dass bei dieser hohen Druckbeanspruchung zwischen Blech Werkstoff und Stempeldruckfläche bei mangelnder Schmierung *Kaltschweißungen* auftreten können.

Druckbeanspruchung auf Stempelkopffläche $\sigma_{dK} = \dfrac{\text{Schneidkraft } F_S}{\text{Druckfläche } A_K}$.

Zur Berechnung der Stempelkopf-Druckfläche A_K wird aus Gründen der Sicherheit nicht der Außendurchmesser des Stempelkopfes, sondern der Stempelschaftdurchmesser eingesetzt.

$$\text{Somit } A_K = \frac{\pi}{3} \cdot 3\ \text{mm} \cdot 3\ \text{mm} = 7{,}07\ \text{mm}^2$$

$$\sigma_{dK} = \frac{F_S}{A_K} = \frac{3000\ \text{N}}{7{,}07\ \text{mm}^2} = 420\ \frac{\text{N}}{\text{mm}^2}$$

Bei dieser hohen Druckbeanspruchung würde sich der Stempelkopf in die weiche Kopfplatte des Werkzeugoberteiles (Abschn. 5.3.1) oder in das säulengeführte Gestelloberteil (Abschn. 5.4.4) einarbeiten; es ist zwischen Stempelhalteplatte und Oberteil eine gehärtete Druckplatte, z. B. aus 90 Cr3 bis 110 Cr2 (Tab. 12.2) vorzuschreiben.

Stempelbrüche infolge Knickung sind bei abgesetzten Lochstempeln nicht zu befürchten, wenn die Lochstempel in der Stempelhalteplatte sicher gehalten und in der Stempelführungsplatte einwandfrei geführt sind (vgl. Abb. 5.6).

Die Abstreifkraft ist nach Abschn. 4.4.5 ≈12 … 18 % der Schneidkraft F_S. Da sehr kleine Lochstempel ($d < 2 \cdot s$) vorliegen, muss man mit einer Abstreifkraft $F_{Ab} \approx 25 \ldots 30$ % von F_S = 30 % von 3000 N 900 N rechnen.

Zugbeanspruchung im kleinsten Stempelquerschnitt A (mit 1,4 mm Durchmesser)

$$\sigma_z = \frac{F_{Ab}}{A} = \frac{900\ \mathrm{N}}{1{,}54\ \mathrm{mm}^2} \approx 600\ \frac{\mathrm{N}}{\mathrm{mm}^2}$$

Diese Zugbeanspruchung halten gehärtete hochlegierte Werkzeugstähle und Schnellarbeitsstähle mit Sicherheit aus, sofern sämtliche Übergänge des Stempels gut gerundet sind, die Härtung nach Vorschrift erfolgte und die Stempeloberfläche riefenfrei ausgeführt wurde.

Ergebnis
Die Schneidkraft $F_S \approx 3000$ N bewirkt im Lochstempel eine Druckbeanspruchung auf seine Druckfläche $\sigma_{dDf} \approx 2000\ \frac{\mathrm{N}}{\mathrm{mm}^2}$, auf seine Kopffläche $\sigma_{dK} \approx 420\ \frac{\mathrm{N}}{\mathrm{mm}^2}$. Die Abstreifkraft F_{Ab} = 900 N erzeugt im kleinsten Stempelquerschnitt eine Zugbeanspruchung von $\sigma_z \approx 600\ \frac{\mathrm{N}}{\mathrm{mm}^2}$.

4.4.2 Wirkung der Schneidkraft auf Werkzeug und Maschine

Die Schneidkraft F_S wirkt auf das Werkzeug und die Maschine bei quasistatischen, d. h. bei kleinen Schnittgeschwindigkeiten bis etwa 0,1 m/s. In der Hochleistungs-Stanztechnik werden aber Auftreffgeschwindigkeiten auf das Band bis v_a = 0,9 m/s erreicht. Die mittlere Schnittgeschwindigkeit beträgt etwa v_S = 0,5 bis 0,7 m/s. Bei diesen Geschwindigkeiten wird der Stößel mit dem Oberwerkzeug beim Auftreffen auf das Band sehr stark abgebremst. Dabei ergibt sich eine starke dynamische Kraft F_{dyn} auf das Triebwerk der Stanzmaschine. Die Abbremsung ist desto höher, je höher die Dehngrenze $R_{p0,2}$ des Bandwerkstoffes an dessen Zugfestigkeit R_m liegt, bei sog. stanztechnisch harten Werkstoffen, da hierbei der Kraftanstieg sehr steil ist.

Diese dynamische Kraft F_{dyn} wird zur richtigen Wahl der Stanzmaschine benutzt. Eine theoretische Erfassung von F_{dyn} ist infolge vieler Einflussgrößen sehr schwierig. Deshalb gelten folgende Erfahrungswerte entsprechend Tab. 4.3:

$$F_{dyn} = a \cdot F_S \quad \text{in N} \tag{4.4}$$

Unter der Voraussetzung einer spielarmen Hochleistungs-Stanzmaschine ist a von der Auftreffgeschwindigkeit v_a und dem Verhältnis $\Phi = R_{p0,2}/R_m$ abhängig.

Tab. 4.3 Dynamikfaktor a zur Bestimmung der auf die Antriebsteile wirkenden dynamischen Kraft

a ↓ V_a [m/s] / $\Phi = \frac{R_{p0,2}}{R_m}$ →	0,4	0,5	0,6	0,7	0,8	0,9	1,0
0,1	1,02	1,1	1,2	1,35	1,5	1,6	1,8
0,3	1,05	1,2	1,32	1,5	1,65	1,85	2,0
0,5	1,1	1,26	1,45	1,66	1,92	2,2	2,5
0,7	1,2	1,44	1,72	2,0	2,5	3,0	3,6
0,9	1,4	1,65	2,0	2,4	2,85	3,4	4,0

(grau hinterlegt) nicht empfohlen

Die ermittelte dynamische Kraft F_{dyn} darf die Nennkraft der Stanzmaschine nicht überschreiten. Die Auftreffgeschwindigkeit v_a ist unter Vernachlässigung des Verhältnisses von Exzenterradius zur Pleuellänge:

$$v_a = \frac{H \cdot n}{9{,}55} \sqrt{\frac{s}{H} - \left(\frac{s}{H}\right)^2} \quad \text{in m/s} \tag{4.5}$$

H = Stößelhub (m)
n = Hubfrequenz (1/min)
s = Banddicke (m).

Berechnungsbeispiel 4.2
Mit der Lösung aus Aufgabe 4.1, in der zunächst für das Stanzen mit mittleren Hubfrequenzen gerechnet wurde, soll das Blech mit einer Hubfrequenz von n = 1200/min gestanzt werden. Weitere Angaben als Ergänzung zu Aufgabe 4.1: R_m = 360 N/mm²; $R_{el} = R_{p0,2}$ = 220 N/mm²; Hub H = 19 mm.

Lösung

$$\Phi = \frac{R_{el}}{R_m} = \frac{220}{360} = 0{,}61 \quad (\text{Tab. 4.3})$$

$$v_a = \frac{H \cdot n}{9{,}55} \cdot \sqrt{\frac{s}{H} - \left(\frac{s}{H}\right)^2} = \frac{0{,}019 \cdot 1200}{9{,}55} \sqrt{\frac{1{,}25}{19} - \left(\frac{1{,}25}{19}\right)^2} = 0{,}59 \ \frac{\text{m}}{\text{s}} \tag{4.6}$$

$$F_{dyn} = a \cdot F_S = 1{,}6 \cdot 3000 = 4800 \text{ N}$$

mit $a = \frac{1{,}45 + 1{,}72}{2} \approx 1{,}6$ interpoliert.

Ergebnis
Bei der Hubfrequenz n = 1200 H/min muss in Aufgabe 4.1 F_S durch F_{dyn} ersetzt werden. Die höhere Hubfrequenz verursacht eine höhere Wirkung auf Werkzeug und Stanzmaschine.

4.4.3 Minderung der Schneidkraft durch geneigte Schneiden

Wird bei *offener Schnittlinie* eine Schneide (Druckfläche D_f) unter einem Öffnungswinkel ε geneigt (Abb. 4.2 und 4.9a), so verkleinert sich die Schneidkraft, da nicht die gesamte Schnittfläche gleichzeitig getrennt wird. Nachteilig ist, dass der Schneidweg größer wird und die abgeschnittenen Streifen (Abschnitte) sich verformen.

Beim *Lochen* kann die Schneidkraft gemindert werden, indem man die Druckfläche der Stempel dachförmig nach innen, runde oder ovale Lochstempelformen auch nach außen, neigt (Abb. 4.9b); dabei verformen sich die Lochabfälle. Zugleich verhindern dachförmig geschliffene Stempel, dass Lochabfälle durch den hochgehenden Stempel mitgerissen werden. Die Neigungshöhe h_n der Druckfläche muss mindestens 0,7 · Blechdicke, besser (1 ... 1,5) · Blechdicke betragen. Einseitig angeschrägte Lochstempel bilden durch ihre schräge Druckfläche eine waagerecht wirkende Seitenkraft, wodurch der Streifen verschoben bzw. im Stempel eine Biegebeanspruchung verursacht wird.

Soll beim Ausschneiden die Schneidkraft gemindert werden, schleift man die Druckfläche der Schneidplatte quer zum Streifendurchgang aus (Abb. 5.32c); die Ausschnitte bleiben eben, der Abfallstreifen wird verformt.

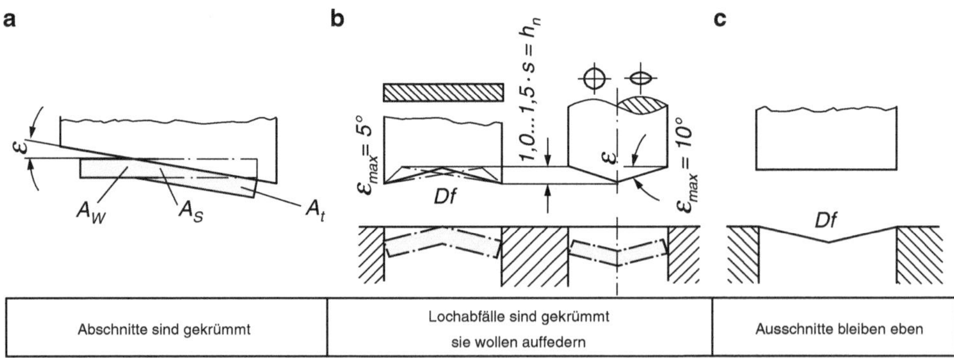

Abb. 4.9 Möglichkeiten zur Schneidkraft minderung. **a** bei offener Schnittlinie: oberes Messer mit Schneidenöffnungswinkel ε; A_W Werkstoff noch nicht getrennt, A_S augenblicklicher Schnittquerschnitt, A_t getrennter Werkstoff, h_n Neigungshöhe; **b** beim Lochen: Stempeldruckfläche D_f ist ausgespart; bei mehreren nebeneinander sitzenden Lochstempeln gelten strichpunktierte Formen (vgl. Abb. 5.31c); **c** beim Ausschneiden: Druckfläche D_f der Schneidplatte ist quer zum Streifendurchgang ausgespart

Die erforderliche Schneidkraft wird bei Schneidkanten (Druckflächen), die um die Neigungshöhe h_n = (1,0 … 1,5)· Blechdicke geneigt sind, bis 30 % kleiner. Damit ist die Schneidkraft beim Schneiden mit geneigter Schneide

$$F_S \approx 0,7 \ldots 0,8 \cdot (l \cdot s \cdot k_S) \quad \text{in N} \tag{4.7}$$

Der kleinere Wert gilt für größere Neigung.

4.4.4 Minderung der Schneidkraft durch versetzte Stempelhöhen

Durch abgestufte Stempelhöhen erfolgt ein zeitlich versetztes Eingreifen der Schneidkraft. Damit wird eine plötzliche Kraftbelastung auf Stanzwerkzeug und -maschine verringert. Die Abstufung der Stempel muss so erfolgen, dass die resultierende Schneidkraft jeder Abstufung in der Werkzeugmitte ist. Die Abstufung Δs hängt vom Werkstoff und der Banddicke s ab (Abb. 4.10).

$$\Delta s = 0,2 \ldots 0,4 \cdot s \quad \text{in mm} \tag{4.8}$$

Der obere Wert ist für duktile, der untere für stanztechnisch harte Werkstoffe zu wählen. Bei Mehrfachstempeln ist das Absetzen nach Abb. 4.11 vorzunehmen. Die Kraftresultierende soll in der Mitte des Pressentisches wirken.

Kleine Lochstempel (d < 2s), ebenso ungeschmierte Stempel, erfordern noch höhere Abstreifkräfte.

Entsprechend der Abstreifkraft werden die Befestigungsschrauben (vgl. Abb. 14.4a), ebenso die Federn für federnde Abstreifer und Ausstoßer (Federkraft gespannt) festgelegt. Für die Gewindegröße der Hubbegrenzungs- und Ansatzschrauben (Kap. 14) ist jedoch die Vorspannkraft der Federn maßgebend, die mindestens die Hälfte der Abstreifkraft betragen soll.

Geläppte oder fein geschliffene Freiflächen sind bei Stempeln und Schneidplatten wegen Abstreifen der Schmierung ungünstig; im Vergleich zur grobgeschliffenen Oberfläche mit „Schmierrillen" wird die Abstreifkraft bei glatten Flächen vergrößert, wodurch sich deren Standzeit vermindert.

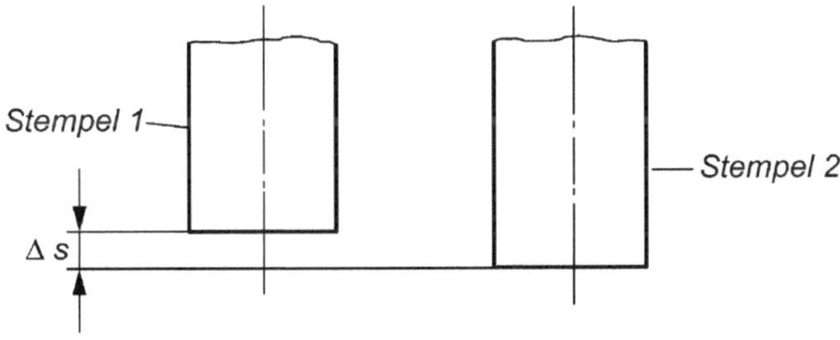

Abb. 4.10 Abstufung der Stempel

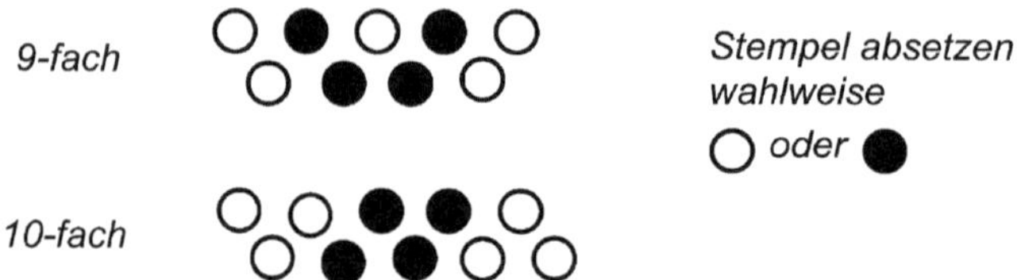

Abb. 4.11 Absetzen der Stempel am Beispiel einer 9- bzw. 10-fach Stempelanordnung

4.4.5 Abstreifkraft

Während des Schneidens wird Werkstoff innerhalb der Schneidzone auch elastisch verformt, wobei kleinste Werkstoffteilchen auf die Stempelfreiflächen A_f ringförmig gepresst werden (Abb. 4.1d). Infolge des Rückfederungsvermögens des zu trennenden Stoffes bleibt diese Radialpressung, ähnlich einer Schrumpfspannung, auch während des Stempelrückzuges erhalten, bis das Werkstück abgestreift ist.

Die Größe der Abstreifkraft F_{RA} rechnet man überschlägig je nach Stempelform:

Blechdicke (mm)	Abstreifkraft F_{RA} in % der Schneidkraft F_S beim Ausschneiden	beim Lochen	
bis 2,0	10 … 15	12 … 18	(4.9)
2,0 … 3,5	12 … 20	20 … 25	
über 3,5	15 … 20	25 … 30	

Der kleinere Prozentsatz gilt für runde und ovale Stempelformen sowie beim Schneiden harter spröder Werkstoffe $\frac{\text{Zugfestigkeit } R_m}{\text{Dehngrenze } R_{p0,2}} < 1{,}2$ bzw. $\frac{R_{p0,2}}{R_m} > 0{,}833$.

Für das Feinschneiden werden nach Feintool bzw. SCHIESS Abstreifkräfte F_{RA} mit 10 … 15 % der Schneidkraft F_S angegeben. Beim Feinschneiden wirkt sich die glatte Oberfläche und die kleinere Querkraft günstig auf die Abstreifkräfte aus. Durch geeignete Schmiermittel und Oberflächenbeschichtung der Werkzeuge kann die Abstreifkraft weiter herabgesetzt werden (auf ca. 1 bis 5 %).

4.4.6 Ringzackenkraft beim Feinschneiden

Die Ringzacke in der Form nach Abb. 2.2 wird mit der Ringzackenkraft F_R in den Werkstoff eingepresst. Die Kraft F_R ist von der Festigkeit des Werkstoffes R_m (N/mm^2), der Ringzackenlänge l_R (mm), der Ringzackenhöhe h (mm) und einem Faktor f_2 abhängig.

$$F_R = f_2 \cdot l_R \cdot h \cdot R_m \quad \text{in N} \tag{4.10}$$

$6 \leq f_2 \leq 12$ ist von der Form der Ringzacke abhängig [3].

4.4.7 Gegenkraft beim Feinschneiden

Die Gegenkraft F_G klemmt das Stanzteil während des Schneidens zwischen den Stempeln und verhindert somit Verformungen des Werkstoffes. Sie ist von der Fläche A_s (mm^2) und der spezifischen Gegenkraft q_G (N/mm^2) abhängig.

$$F_G = A_S \cdot q_G \quad \text{in N} \tag{4.11}$$

Der Wert q_G liegt zwischen 20 und 70 (u. U. bis 150) (N/mm^2), wobei der kleinere für dünne, kleinflächige und der größere für dicke, großflächige Teile gilt. Im Allgemeinen ist $F_G \approx 0{,}15 \ldots 0{,}25\ F_S$.

4.5 Schneidarbeit

Bei Verbundwerkzeugen, Ausschneiden-Ziehen (siehe Abb. 9.6b), die auf Exzenterpressen arbeiten, ist vielfach die Schneidarbeit W_s[1] pro Hub zu berücksichtigen. Sie wird errechnet aus der Kraft F_S (N), mit der der Stempel durch den zu stanzenden Werkstoff auf dem Weg s (m) gedrückt wird. (Darstellung als Fläche in Abb. 4.12)

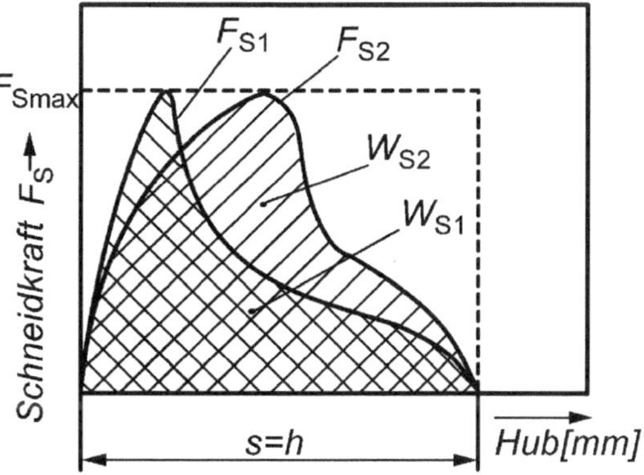

Abb. 4.12 Schneidkraftverlauf F_S und Schneidarbeit W_s pro Hub bei niedriger Hubfrequenz (F_{s1}, W_{s2} stanztechnisch harter F_{s2}, W_{s2} stanztechnisch weicher Werkstoff gleicher Bruchspannung)

[1] Entsprechend dem „Internationalen Einheitensystem" (SI-Einheiten), werden Energie, Arbeit, auch Wärmemenge mit Joule (J) oder mit Newtonmeter (Nm) angegeben. 1 Nm ist die Arbeit, die verrichtet werden muss, wenn der Angriffspunkt der Kraft 1 N in Richtung der Kraft um 1 m verschoben wird.

$$W_s = \frac{F_S \cdot h_s \cdot k}{1000} \quad \text{in Nm} \tag{4.12}$$

F_S Schneidkraft in N.

h_s Schneidweg in mm; bei ebenen Schneidkanten h_s = Blechdicke s. Bei geneigten Schneidkanten vergrößert sich der Schneidweg um den Höhenunterschied der geneigten Schneiden, $h_s = (2{,}0 \ldots 2{,}5) \cdot$ Blechdicke s. Dagegen wird die Schneidkraft in diesem Falle kleiner (siehe Gl. 4.7).

k Korrekturfaktor = 0,3 … 0,5; er berücksichtigt, dass die Kraft Fs während des Schneidens ansteigt und wieder abfällt (Abb. 4.12). Ein stanztechnisch harter Werkstoff erfordert einen kleineren Arbeitsaufwand als ein duktiler Werkstoff gleicher Bruchfestigkeit. Deshalb wird für ersteren der kleinere Korrekturfaktor gewählt. Auch das Stempelspiel beeinflusst den Korrekturfaktor. Bei kleinen Stempelspielen ist der größere Wert zu wählen.

Die Stanzmaschine muss die errechnete Schneidarbeit W_s pro Hub aufbringen. Sie wird bei Exzenterpressen aus der Schwungradenergie entnommen. Diese Energieentnahme erfolgt in der Regel über ca. 30° einer Kurbelwellenumdrehung und äußert sich in einem entsprechenden Drehzahlabfall des Schwungrades. Wird im Dauerhubbetrieb gearbeitet, so muss der Antriebsmotor jeweils innerhalb einer Kurbelwellenumdrehung die entnommene Energie wieder zuführen. Der Drehzahlabfall muss dabei in gewissen Grenzen bleiben. Er sollte auch bei minimalen Hubfrequenzen im Dauerbetrieb 13 % nicht überschreiten. Es gilt:

$$W_s < W_v \quad \text{in Nm/h} \tag{4.13}$$

wobei W_v die verfügbare Energie der Maschine ist (Abschn. 17.2.2).

4.6 Schneidleistung

Neben der Schneidkraft beeinflusst die Schneidleistung die Konstruktion einer Stanzmaschine. Die Schneidleistung ist:

$$P_s = \frac{F_S \cdot h_s \cdot k \cdot n}{6 \cdot 10^7} \quad \text{in kW} \tag{4.14}$$

F_S Schneidkraft (N)

h_s Schneidweg (mm)

n Hubfrequenz der Presse (1/min)

k Korrekturfaktor (siehe Abschn. 4.5, Abb. 4.12).

Für die Auslegung der Antriebsleistung des Antriebsmotors einer Stanzmaschine müssen jedoch noch weitere Leistungsanteile und der Gesamtwirkungsgrad einer Maschine berücksichtigt werden.

4.7 Grundlagen und Richtlinien für Schneidwerkzeuge

4.7.1 Schneidspalt und Stempelspiel[2]

Die Schnittflächengüte der Werkstücke und die Standmenge der Schneidwerkzeuge wird u. a. wesentlich von der Größe des Schneidspaltes u_s (vgl. Abb. 4.1a) beeinflusst; dieser ist der kleinste Abstand zwischen den Schneiden (von Schneidplatte und Stempel), der sich während des Schneidvorganges ergibt. Bei offener Schnittlinie werden hierfür $u_s \approx 3 \ldots 4\,\%$ der Blechdicke angenommen. Bei geschlossener Schnittlinie ist das Stempelspiel ($s_p = 2 \cdot u_s$) maßgebend, dessen Größe abhängig ist von

1. Werkstoffdicke und spezifische Schneidkraft,
2. Gewünschte Glattlänge (geschnittene Fläche) des Stanzteils,
3. Oberflächengüte der Freiflächen am Werkzeug,
4. Innenform des Durchbruches in der Schneidplatte, ob kegelig oder zylindrisch (Abb. 4.13).

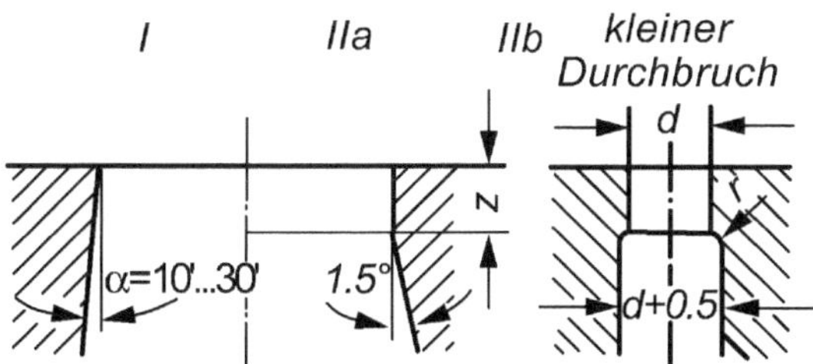

Abb. 4.13 Innenform des Schneidplattendurchbruches. Bei $\alpha = 10'$ ist Durchmesservergrößerung je mm Abschliff 0,006 mm, bei $\alpha = 30'$ ist Durchmesservergrößerung je mm Abschliff 0,017 mm. Form I üblich, Form II für eng tolerierte Ausschnitte; Maß Z ergibt größtmöglichen Abschliff:

Blechdicke in mm	Abschliff Z in mm
1	3 … 4
1 … 3	5 … 6
3 … 5	8 … 10

[2] In VDI-Richtlinie 3368 wird Schneidspalt mit s_p benannt. Da Spaltweiten üblich mit u bezeichnet sind (z. B. VDI 3175), wurde die allgemeine Kennzeichnung u_s für Schneidspaltweite, s_p für Stempelspiel beibehalten.

Tabelle zu Abb. 4.13. Richtlinien für Stempelspiele zu verschiedenen Blechdicken:

Erfahrungswerte für Stempelspiel s_p bei		Form I	Form II
Blechdicke s in mm	$s < 4$	$s_p = \frac{1}{120} \cdot s \cdot \sqrt{\frac{k_S}{10}}$	$s_p = \frac{1}{75} \cdot s \cdot \sqrt{\frac{k_S}{10}}$
	$s > 4$	$s_p = \frac{1}{160} \cdot s \cdot \sqrt{\frac{k_S}{10}}$	$s_p = \frac{1}{100} \cdot s \cdot \sqrt{\frac{k_S}{10}}$

k_S spezifische Schneidkraft in N/mm^2.

Die Tabellenwerte in Abb. 4.13 kann man zum Lochen um 20 … 30 % verkleinern; die Lochwandungen fallen glatter aus, die Krafterhöhung bleibt gering. Weitere Angaben sind in VDI-Richtlinie 3368 enthalten.

Das Stempelspiel wird zum Messen sichtbar, wenn man eine Zelluloidplatte, ≈ 1 mm dick, bis 0,3 mm tief anschneidet und diese unter einen Projektor legt.

In Abb. 4.14 sind die Richtlinien für den Schneidspalt angegeben.

Allgemein gilt für geschlossene Schnittlinien:

$$\left.\begin{array}{ll} \text{beim Hochleistungsschneiden} & u_s = 3 \ldots 4\,\% \\ \text{beim Feinschneiden} & u_s = 0{,}5 \ldots 0{,}6\,\% \end{array}\right\} \text{der Blechdicke } s \tag{4.15}$$

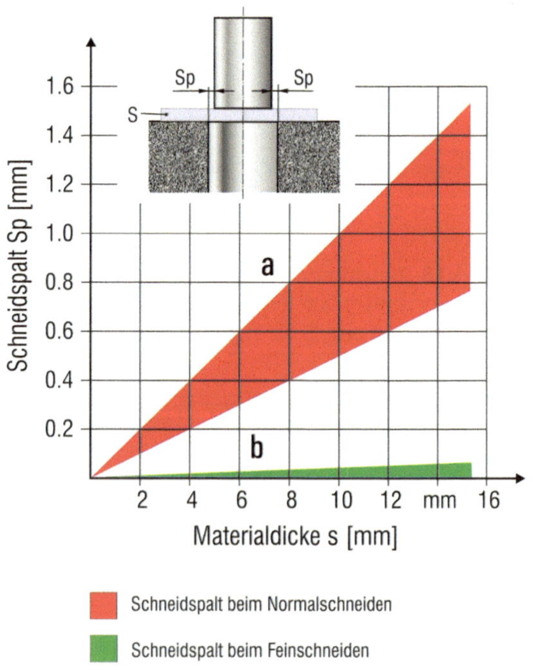

Abb. 4.14 Schneidspalt beim Schneiden mit geschlossener Schnittlinie und Feinschneiden in Abhängigkeit von der Werkstoffdicke [1, 2]

Will man z. B. beim Schneiden von Messing halbhart eine Glattlänge von 40 … 60 % erreichen, muss man einen Schneidspalt von 4 % beim Hochleistungsstanzen einhalten.

Beim Schneiden dünner Bleche ergeben sich theoretisch Stempelspiele unter 0,01 mm. Die kleinsten zur Zeit erreichbaren Stempelspiele betragen $s_p = 0{,}003$ mm oder Schneidspalte $u_s = 0{,}0015$ mm. Dafür sind besondere Fertigungsgenauigkeiten und konstruktive Maßnahmen vorzusehen. Die Formgenauigkeit und Maßtoleranz von Stempel und Matrize muss in einer Toleranz von 0,001 mm liegen, die Führungen von Werkzeug und Presse müssen spielfrei, thermoneutral angeordnet sein und sich in der Bandlaufebene befinden.

Berechnungsbeispiel 4.3 (Schneiden-Stanzen)
Ein rechteckiges Schnittteil ($l = 25$ mm, $b = 40$ mm) soll aus 2,5 mm dickem Stahlblech (S 245 JR) mit einer Zugfestigkeit von $R_m = 510\,\text{N/mm}^2$ durch Stanzen hergestellt werden. Das Rohteil hat die Abmessungen $l = 35$ mm, $b = 45$ mm.

a) Wie groß ist die Schneidkraft (geschlossener Schnitt, gerade Schneidmesser) für das Ausschneiden?

$$F_s = A \cdot k_s$$
$$k_s \approx 0{,}8 \cdot R_m = 0{,}8 \cdot 510 = 408 \text{ N/mm}^2$$
$$A = U \cdot s = (2 \cdot 40 + 2 \cdot 25) \cdot 2{,}5 = 325 \text{ mm}^2$$
$$F_s = 325 \cdot 408 = 132.600 \text{ N} = 132{,}6 \text{ kN}$$

b) Wie groß sind die Stempelmaße für das Ausschneiden, wenn der Schneidspalt $u = 0{,}06$ mm betragen soll?

$$l_{st} = l - 2 \cdot u = 25 - 2 \cdot 0{,}06 = 24{,}88 \text{ mm}$$
$$b_{st} = b - 2 \cdot u = 40 - 2 \cdot 0{,}06 = 39{,}88 \text{ mm}$$

4.7.2 Hochreißen der Lochabfälle

Beim Schneiden kleiner Stempelformen können während des Stempelrückzuges Lochabfäll e mit dem Stempel hochgerissen werden. Die Ursache bei dünnen Blechen ist die Adhäsions- bzw. Saugwirkung auf das ausgeschnittene Teil. Bei dickeren Blechen können infolge von hohen Drücken Kohäsionserscheinungen auftreten. Beim Lochen eines 10 mm dicken Bleches wirkt bei einem Stempeldurchmesser von 12 mm und einer spezifischen Schneidkraft von $k_S = 1{,}5 \cdot R_m$ (nach Abschn. 4.4.1) ein Druck von $\sigma_{Druck} = 1500\,\text{N/mm}^2$.

Das Hochreißen der Lochabfälle kann nach Kramski [4] durch folgende Maßnahmen verhindern werden:

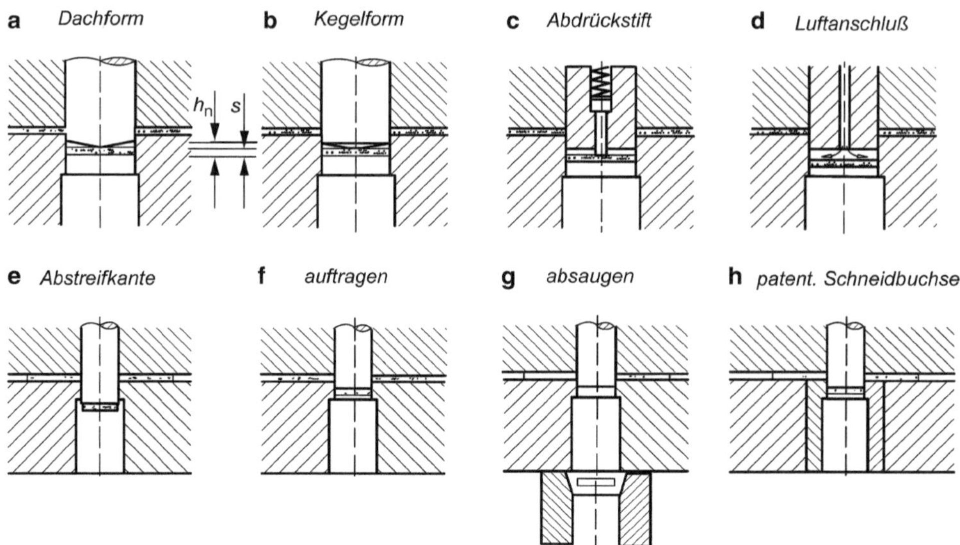

Abb. 4.15 Maßnahmen zur Verhinderung des Hochreißens von Lochabfällen [4]

1. Dach- oder Kegelform von runden Stempeln (Abb. 4.15a, b) $h_n = 0{,}3 \cdot s$. Die Lochabfälle verformen sich beim Schneiden und federn abgetrennt wieder auf, verklemmen sich also im Schneidplattendurchbruch.
2. Abdrückstift (Abb. 4.15c) oder Abdrücken mit Druckluft (Abb. 4.15d).
3. Abstreifkante, wobei das Stempelspiel, wenn möglich, verkleinert wird (Abb. 4.15e). Die Stempelschneide dringt dabei tiefer in die Schneidplatte ein (2 … 3 · Blechdicke *s*), wodurch sich die Standmenge durch höheren Schneidenverschleiß mindert.
4. Durch Auftragen von Trennmitteln kann vor allem bei dicken Blechen die Adhäsion verhindert werden.
5. Absaugen (Abb. 4.15g). Die Saugwirkung ist hierbei jedoch begrenzt. Unterdruck max. 0,7 bar.
6. Durch eine patentierte Schneidbuchse mit einer flachen, leicht gewendelten Rille (Abb. 4.15h) (Patent Kramski).
7. Durch Stempel mit Noppe auf der Stirnseite oder Noppe in der Matrize unter der Eintauchtiefe.

4.7.3 Steg- und Randbreiten

Durch die beim Schneiden wirksamen Druckkräfte verformt sich die Blechoberfläche (Ausrundung der Anschnittkanten, siehe Abb. 4.15h). Im Schnittstreifen verdrehen sich schmale

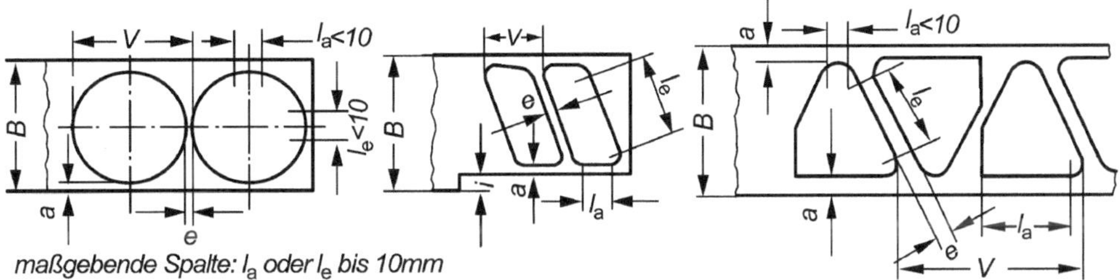

Abb. 4.16 Bezeichnungen am Schnittstreifen. Im Schnittstreifen sind bei einfachen Streifen und bei Wendestreifen: a Randbreite in mm, l_a Randlänge in mm, B Streifenbreite in mm, e Stegbreite in mm, l_e Steglänge in mm, V Vorschub in mm, i Seitenschneiderabfall in mm. Die Steg- und Randstreifenbreiten sind von folgenden Gegebenheiten abhängig: der Blechdicke, dem Werkstoff der Form des Stanzteils, der Genauigkeit der Führungsplatte, dem Druck des Niederhalters bzw. der Führungsplatte

Stege und Ränder, was zu Störungen oder Werkzeugausbrüchen führen kann. Wegen der Miniaturisierung der Stanzteile sind aber schmale Stegbreiten gefordert (Abb. 4.16).

Beim ***Hochleistungsschneiden*** duktiler Werkstoffe von 0,1 … 2 mm Dicke kann man mit Hartmetall Werkzeugen folgende Stegbreiten e in Abhängigkeit von der Blechdicke s erreichen:

$$e = 0{,}6 \ldots 1{,}6\,s \quad \text{in mm} \tag{4.16}$$

wobei der größere Wert für dünne (0,1 … 0,5 mm), der kleinere für dickere Bleche (0,5 … 2 mm) gilt. Die Stegbreite e vergrößert sich mit der Steglänge l_e = 10 bis 100 mm ansteigend von 5 bis 50 %. Die Randbreite a wird für Bleche bis 0,5 mm Dicke mit $a = 1{,}2e$ und ab 0,5 mm mit $a = e$ ausgeführt. Der Seitenschneidenabfall i ist $i = 1{,}2 \ldots 2e$ zu wählen.

Die Werte gelten für Werkzeuge mit Niederhaltern. Für Werkzeuge ohne Niederhalter erhöhen sich diese Werte um den Faktor 1,5 … 2. Für spröde metallische Werkstoffe, sowie faserige Werkstoffe, Papiere und Hartgewebe erhöht sich der Wert um den Faktor bis 1,5. Hartpapier, mit Phenol und Epoxidharz getränkte Papiere oder Gewebe werden oft auf 60 … 110 °C erwärmt und mit einem federnden Niederhalter während des Schneidens geklemmt. Die Federkraft sollte 20 … 30 % der Schneidkraft betragen, um ein seitliches Ausweichen des Werkstoffes zu verhindern.

Beim ***Feinschneiden*** hängt die Steg- und Randbreite von der Werkstoffdicke, der geometrischen Form wie Lochdurchmesser, Radius, Schlitzbreite und Zahnmodul ab (Abb. 4.17). Die Fertigungsmöglichkeiten werden in sog. Schwierigkeitsgrade eingeteilt. Die Festlegung des Schwierigkeitsgrades des einzelnen Formelementes des Schnittteils in S3 = schwierig, S2 = mittel und S1 = einfach geschieht nach Erfahrungen [5]. Der höchste Schwierigkeitsgrad eines einzigen Formelementes bestimmt den Gesamtschwierigkeitsgrad des Teils. Im Abb. 4.17 sind jeweils über der Materialdicke s der Lochdurchmesser d, die Stegbreite a, der Zahnmodul m, der Radius $ar = AR$, der Schlitz a und der Steg b aufgezeichnet.

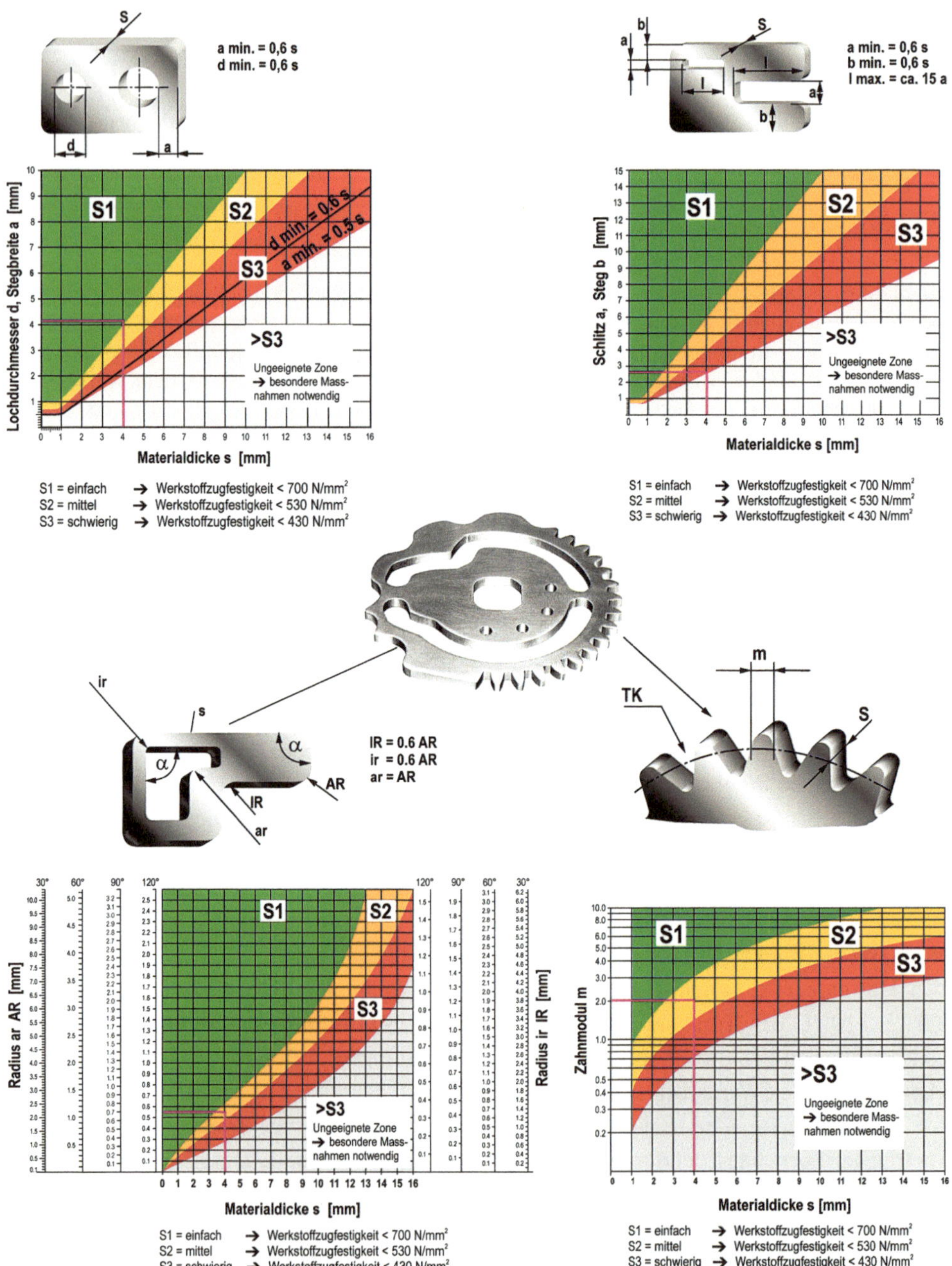

Abb. 4.17 Abhängigkeit des Schwierigkeitsgrades eines Feinschnitteiles von dessen Dicke und geometrischer Form wie Lochdurchmesser, Zahnmodul, Radien, Schlitze und Stege (Feintool [1, 2])

Das Verhältnis Werkstoffdicke s zu Lochdurchmesser d hängt von der spezifischen Schneidkraft k_S des Feinschneidstoffes ab. Je höher die spezifische Schneidkraft, desto größer der Druck auf den Lochstempel und demzufolge niedriger das s/d-Verhältnis:

$$s/d = \frac{R_{p0,2}}{4,4 \cdot k_S} \tag{4.17}$$

Dabei ist

$R_{p0,2}$ (N/mm²) die 0,2-Grenze des ***Lochstempel***-Werkstoffes
k_S (N/mm²) der spezifischen Schneidkraft des ***Feinschneid***-Werkstoffes

Die Bewertung der Schnittteilform erfolgt durch Formzerlegung und des Schwierigkeitsgrades (siehe Berechnungsbeispiel zu Abschn. 4.7.3).

Berechnungsbeispiel 4.4
Welcher minimale Lochdurchmesser d kann in einem Blech der Dicke s = 10 mm und einer spezifischen Schneidkraft von k_S = 500 N/mm² fein geschnitten werden, wenn der Lochstempel aus Schnellarbeitsstahl mit der Elastizitätsgrenze von $R_{p0,2}$ = 3000 N/mm² (HRC 63) besteht?

Lösung

$$\begin{aligned} \frac{s}{d} &= \frac{R_{p0,2}}{4,4k_S} = \frac{3000}{4,4 \cdot 500} = 1,364 \\ d &= \frac{s}{1,364} = 0,733\ s \end{aligned} \tag{4.18}$$

Ergebnis
Der Lochdurchmesser kann ab $d \geq 0{,}733s$ (mm) gewählt werden.

4.8 Alternative Schneidverfahren zur Erzielung hoher Schnittflächenqualitäten

Von Prof. Dr.-Ing. habil. Verena Kräusel

Genauschneiden
Als Schneidverfahren zur Erzielung hoher Genauigkeiten an Blechbauteilen lässt sich neben dem Schneiden mit sehr kleinem Schneidspalt, dem Feinschneiden oder Nachschneiden auch das Genauschneiden anwenden. Es ist in Bezug auf die erreichbare Maßtoleranz am geschnittenen Teil sowie hinsichtlich der werkzeugseitigen Kosten zwischen den Verfahren Scherschneiden und Feinschneiden einzuordnen. Mit relativ einfacher Werkzeugtechnik (Abb. 4.18) können an Blechbauteilen hohe Glattschnittanteile im Bereich von 60 bis 90 %

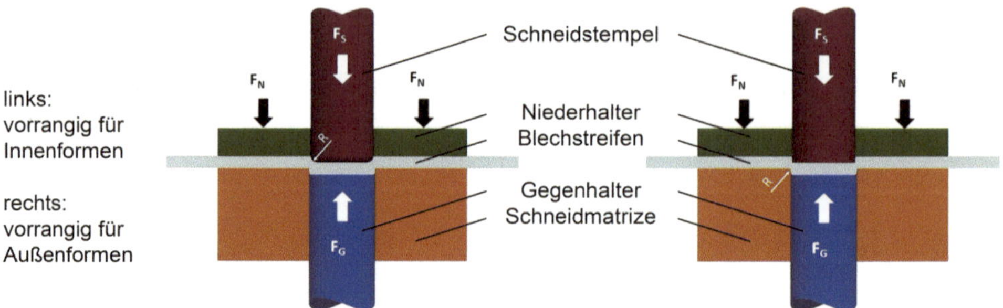

Abb. 4.18 Prinzip des Genauschneidens (in Anlehnung an [6])

der Blechdicke auf konventionellen, einfachwirkenden Umformmaschinen erzielt werden. Die erreichbaren Bauteiltoleranzen liegen im Bereich zwischen IT 7 und IT 11.

Im Unterschied zum konventionellen Scherschneiden wird durch einen integrierten Gegenhalter ein Durchbiegen des Schnittteiles beim Eindringen des Stempels in den Blechwerkstoff verhindert und die gezielt verrundeten Schneidkanten an den Werkzeug-Aktivelementen (Stempel oder Matrize) führen in Kombination mit einem sehr kleinen Schneidspalt zur gewünschten Verbesserung der Schnittflächenqualität. Die erforderliche Niederhalterkraft lässt sich ebenso wie die Gegenhalterkraft durch geeignete Federelemente werkzeugseitig erzeugen.

Wesentliche Verfahrensmerkmale sind somit:

- Radius an den Schneidkanten: 0,5 mm
- mit ebenem Niederhalter und Gegenhalter
- Schneidspalt: 1,3 % der Blechdicke
- Glattschnittanteil: 60 bis 90 % der Blechdicke
- Gegenhalterkraft F_G: 15 % der Schneidkraft
- Niederhalterkraft F_N: 20 % der Schneidkraft

Prinzipiell kann das Genauschneiden in Gesamtschneidwerkzeugen (Prinzip beweglicher oder fester Stempel) realisiert werden. Darüber hinaus ist auch die Integration von Genauschneidstufen in Folgeschneid- oder Folgeverbundwerkzeuge möglich. Da bis auf die Schneidkraft die benötigten Prozesskräfte im Werkzeug erzeugt werden, ist der Einsatz dieser Werkzeuge nicht an den Wirkkreis der Druckzylinder gebunden, wie es in der Regel bei den dreifachwirkenden Feinschneidpressen der Fall ist.

Hochgeschwindigkeitsscherschneiden

Ausgelöst durch einen Impuls erfolgt beim Hochgeschwindigkeitsscherschneiden (HGSS) der Trennvorgang nach dem Prinzip der adiabaten Scherung [6]. Das Erreichen hinreichend hoher plastischer Verformungen verursacht einerseits ein dehnratenabhängiges Verfestigungsverhalten des Materials und andererseits eine lokale, thermische Entfestigung des Werkstoffes durch den kurzzeitig sehr hohen, verformungsinduzierten Anstieg der

Temperatur (in weniger als 100 µs auf mehrere hundert °C). Überwiegt aufgrund der lokal hohen Temperaturen in einem eng begrenzten Materialvolumen der Effekt der Werkstoffentfestigung, kommt es zu Verformungslokalisierungen in Form von „adiabatischen Scherbändern", die bevorzugte Materialversagensorte darstellen.

Wie bei allen Varianten des einhubigen Scherschneidens hat auch beim HGSS die Auslegung der Werkzeugaktivteile einen wesentlichen Einfluss auf das Schneidergebnis. Die wichtigsten Verfahrensmerkmale sind:

- Schneidgeschwindigkeit (Stempel): ≥ 3 m/s
- Schneidspalt: 2 bis 4 % der Blechdicke
- Glattschnittanteil: ≤ 20 % der Blechdicke
- mit ebenem Niederhalter
- Niederhalterkraft F_N: 40 kN (nur gültig für ADIA 7®)

In der nachfolgenden Abbildung (Abb. 4.19) ist zu erkennen, dass im Vergleich zum herkömmlichen Scherschneiden bzw. zum Feinschneiden der Stempel beim adiabatischen Trennen nach dem Prinzip von Adiapress [6] nicht in die Matrize eintaucht. Bei genügend hoher Energie durch den Schneidimpuls wird das ausgeschnittene Bauteil bzw. der Butzen durch die Matrizenöffnung bewegt und muss nicht mit Hilfe des Schneidstempels durchgeschoben werden.

Der Werkzeugaufbau zum Schneiden von ebenen Blechbauteilen unterscheidet sich bis auf die Werkzeug-Aktivteile grundlegend vom Prinzip herkömmlicher Schneidwerkzeuge. Der Schneidstempel steht vor dem Beginn des Schneidvorganges auf dem Blechstreifen. Wirkt wie bei der ADIA 7® ein hydraulisch erzeugter Impuls auf den Zylinder, dann bewegen sich die den Schneidstempel haltenden Platten gemeinsam zur Matrize hin und kommen durch integrierte Dämpfungselemente oberhalb der Matrize zum Stehen. In der Regel genügt es, wenn der Stempel bis zur Hälfte der Blechdicke in das Material eindringt, um es vollständig zu trennen.

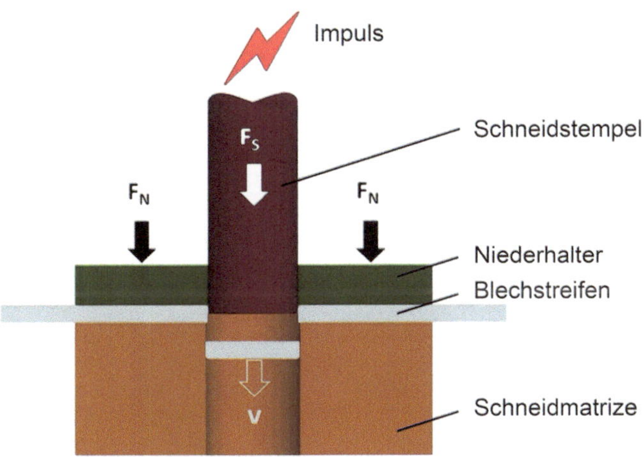

Abb. 4.19 Prinzip des Hochgeschwindigkeitsscherschneidens (schematisch, in Anlehnung an [6])

Verfahrensvergleich

Die Entscheidung, ob z. B. das Genau- oder das Feinschneiden als Schneidverfahren zur Anwendung gelangt, ist von der expliziten Vorgabe eines Glattschnittanteils auf der Bauteilzeichnung und von der vorhandenen Maschinentechnik beim jeweiligen Unternehmen abhängig.

Wird in Bezug auf den Glattschnittanteil keine Vorgabe auf der Zeichnung vermerkt, ist für ebene Blechbauteile bei hohen Toleranzforderungen das HGSS mit mechanischen Werkzeugen zu favorisieren, da es in Bezug auf die Qualität der Schnittfläche, den ressourcenschonenden Materialeinsatz durch die realisierbaren minimalen Stegbreiten sowie der Eliminierung von Nachfolgeoperationen aufgrund des äußerst geringen Gratanteils und des schmiermittelfreien Prozesses deutliche Vorteile bietet.

Sollen geschnittene Bauteilkonturen als Funktionselemente bzw. -flächen dienen, ist der Einhaltung der geforderten Maßtoleranzen sowie der Rauheit hohe Priorität einzuräumen. Während beim konventionellen Scherschneiden sowie beim Fein- und Genauschneiden die Glattschnittfläche eine Funktionsfläche darstellt, kann beim HGSS die durch eine feinstrukturierte Oberfläche gekennzeichnete Bruchzone ebenfalls als eine solche betrachtet werden. In Tab. 4.4 sind die wesentlichen Merkmale der Scherschneidverfahren zusammenfassend gegenübergestellt.

Tab. 4.4 Gegenüberstellung der Merkmale einhubiger Scherschneidverfahren

Merkmale	Einhubige Scherschneidverfahren			
	Scherschneiden	Hochgeschwindigkeitsscherschneiden (HGSS)	Genauschneiden	Feinschneiden
• Struktur der Schnittfläche	= 40 % Glattschnitt 60 - 80 % Verformungsbruch	= 20 % Glattschnitt = 80% Verformungsbruch	60 - 90 % Glattschnitt	bis 100 % Glattschnitt
• erreichbare Teilegenauigkeit	IT 10 bis IT 12	IT 8 bis IT 11	IT 7 bis IT 11	IT 6 bis IT 9
• Rechtwinkligkeit der Schnittfläche	nein	ja	überwiegend	ja
• Schneidspalt	5 % - 10 % von s	2 % - 4 % von s	1,3 % von s	0,5 % von s
• Schneidgeschwindigkeit	≤ 1 m/s	3 - 10 m/s	0,08 - 0,10 m/s	0,08 - 0,10 m/s
• Antriebsprinzip der Anlage	einfachwirkend	Impuls (z. B. durch Hydraulik erzeugt)	einfachwirkend	dreifachwirkend

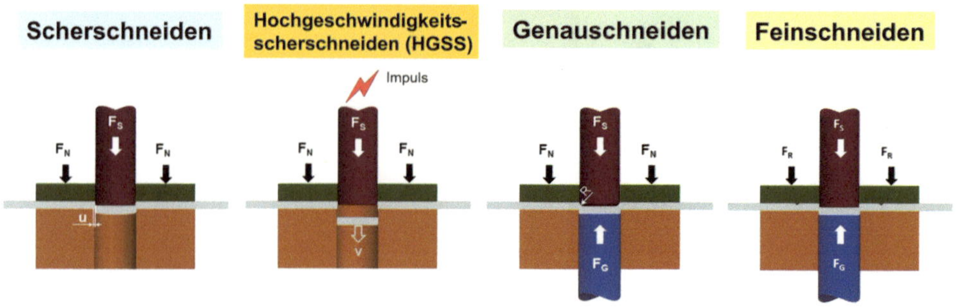

Scherschneiden | Hochgeschwindigkeitsscherschneiden (HGSS) | Genauschneiden | Feinschneiden

4.9 Qualitätsverbesserung durch prozesssicheres Entgraten

Der beim Schneiden entstehende Grat am Schnittteil stellt sich bezüglich der Masshaltigkeit, bei der Montage und Nutzung von Stanzteilen als nachteilig dar. In der Praxis übliche Verfahren zur Gratentfernung sind:

- Bürstentgraten
- Elektrochemisches Entgraten
- Hochdruckwasserstrahlentgraten
- Maschinelles Entgraten (Entgratfräsen)
- Gleitschleifen/Trowalisieren
- Thermisches Entgraten

Das Bürstentgraten (Abb. 4.20) lässt eine Bürste, die mit einem Schleifmittel bestrichen ist oder die aus Borsten mit eingearbeiteten Schleifkörnern besteht, über das Stanzteil gleiten. Beim Entgraten werden die Kanten verrundet und die Oberfläche geglättet, ohne die Werkstückdicke massgeblich zu beeinflussen. Das bedeutet, die Oberfläche wird poliert und führt zu einer Reduktion der Rauheit, zur optischen Oberflächenverbesserung und hat keinen Einfluss auf die Abmessungen des Stanzteiles. Ein Sekundärgrat entsteht nicht. Wesentlich für dieses Verfahren ist die definierte und prozesssichere Gratentfernung, da die Einstellparameter auf die Bauteilgeometrie und den Werkstoff angepasst werden können. Der kleinstmögliche Kantenradius entspricht der Gratfussbreite (Abb. 4.21).

Die Stanzteile werden mit den ausgerichteten 360°-Bürsten auf Gratfreiheit bearbeitet und erhalten zusätzlich eine gleichmässige Verrundung der Kanten sowie eine regelmässige Politur.

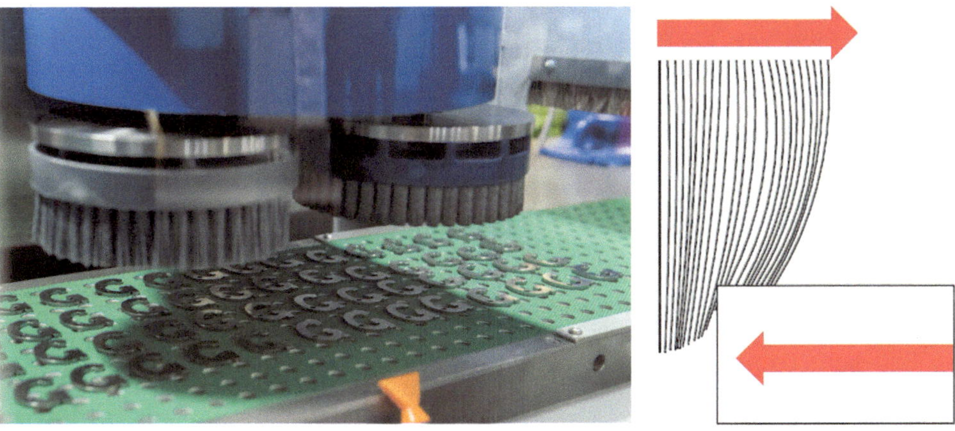

Abb. 4.20 Bürstentgraten von Stanzteilen (René Gerber AG, Lyss, Schweiz [7, 8]), rechts: Kraftwirkung der Bürste auf die Stanzteilkante beim Entgraten

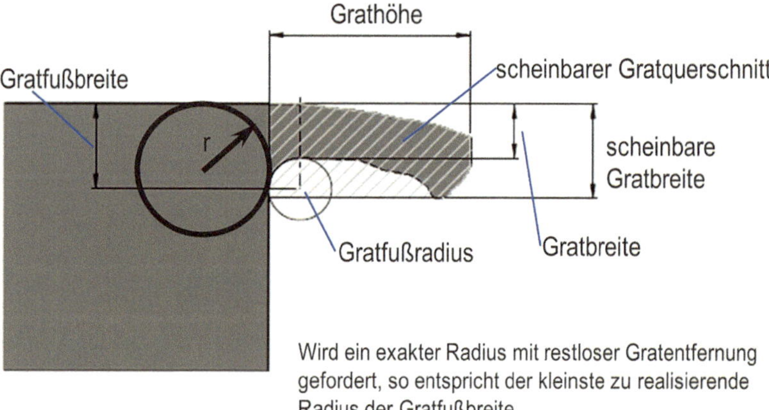

Abb. 4.21 Definition der Gratkontur am Stanzteil, kleinster Kantenradius entspricht der Gratfußbreite (René Gerber AG, Lyss, Schweiz [9])

Die Bürstpoliermaschine BS400 Double Power verfügt über Planetenbürstköpfe mit drei Tellerbürsten und bildet einen Flugkreis von 570 mm. Es sind feine Blechteile von 0,5 mm bis zu Blechteilen mit 30 mm Dicke bearbeitbar, die auch Schlitze und Bohrungen mit minimaler Abmessung von 0,1 mm besitzen können. Zur weiteren Verkürzung der Taktzeit werden Stanzteile mehrreihig auf Bürstentgratanlagen mit bis zu 400 mm Bandbreite aufgelegt (Abb. 4.20) und mit mehreren Planetenköpfen behandelt [10].

Literatur

1. Birzer, F., Maurer, C., Schaltegger, M., Schneeberger, M.: Feinschneiden und Umformen. Bibliothek der Technik, Bd. 134 (Feintool Technologie AG). Verlag moderne industrie, München (2014)
2. Feintool Schulungs-Kit: Grundlagen und Möglichkeiten des Feinschneidens. Feintool Technologie AG, Lyss (2014)
3. Kasparbauer, M.: Optimierte Bestimmung der Prozesskräfte beim Feinschneiden. Hieronymus, München (1999)
4. Mössner, M.: Ausgewählte Werkzeuge der Hochleistungsstanztechnik, Firma Kramski. In: Hochleistungswerkzeuge in der Stanztechnik. Lehrgang Nr. 25972/62.249 der Technischen Akademie Esslingen am 09./10.11.2000 (2000)
5. Birzer, F.: Umform- und Feinschneidtechnik. In: Hochleistungswerkzeuge in der Stanztechnik. Lehrgang Nr. 25972/62.249 der Technischen Akademie Esslingen am 09./10.11.2000 (2000)
6. Kräusel, V.: Gestaltung und Bewertung einhubiger Scherschneidverfahren mit starren Werkzeugen unter besonderer Berücksichtigung der Schnittflächenqualität an Blechbauteilen. Habilitationsschrift TU Chemnitz, Berichte aus dem IWU, Bd 76. Wiss. Scripten, Auerbach/V (2013)
7. Schori, M.: René Gerber AG, Lyss, Schweiz und J. Wagner, MAW Werkzeugmaschinen GmbH, Deutschland: Bürstentgraten von Stanz- und Feinschneidteilen, in René Gerber AG: Themenspezial, 6.2017, Lyss, Schweiz (2017)

8. Schori, M.: Bürstentgraten von Fräs-, Dreh-, Sinter- und Stanzteilen, in René Gerber AG: Themenspezial, 1.2018, Lyss, Schweiz (2018)
9. Schori, M.: Prozesssicheres Entgraten von Stanz- und Feinschneidteilen und reproduzierbare Schneidkantenpräparation auch im Hinblick auf alternative Antriebstechniken. René Gerber AG, Lyss, Schweiz. Forum Stanztechnik (Nov. 2018), Nürtingen (2018)
10. Schori, M.: René Gerber AG, Lyss, Schweiz und J. Wagner, MAW Werkzeugmaschinen GmbH, Deutschland: Doppelte Standzeit beim Stanzen und Feinschneiden dank der Schneidkantenpräparation, in René Gerber AG: Themenspezial, 6.2017. Lyss (2017)

Schneidwerkzeuge 5

5.1 Schneidwerkzeuge ohne Führung

5.1.1 Grundlagen

Bei kleinen Stückzahlen werden zum Ausschneiden oder Lochen *Schneidwerkzeuge ohne Führung*[1] angewandt. Der Schneidstempel (Lochstempel) ist zum Werkzeugunterteil innerhalb des Werkzeuges nicht geführt. Die Führung des Stempels zur Schneidplatte erfolgt nur über die Stößelführung der Presse. Man gibt deshalb der Stößelführung ein kleines Führungsspiel.

An Hochleistungsstanzmaschinen mit hoher Präzision sind die Führungen in der *Bandlaufebene* angeordnet und nahezu spielfrei eingestellt. Außerdem sind die Führungen so konstruiert, dass sich auch bei unterschiedlichen Temperaturen von Stempel und Stempelplatte die Mitte der Werkzeughälften nicht gegenseitig verschiebt. Unter diesen Voraussetzungen können Präzisionswerkzeuge auch ohne eigene Führungen für große Stückzahlen verwendet werden. Vor dem Einspannen der Werkzeuge in der Presse müssen Ober- zu Unterwerkzeug möglichst exakt, z. B. mittels hydraulischen Dornen ausgerichtet und dann mit verdrehfreien Spannmitteln nur ziehend gespannt werden.

Bei einfachem Werkzeug wird die Schneidplatte nach dem bereits eingespannten Stempel ausgerichtet. Der Schneidspalt ist gleichmäßig eingestellt, wenn ein Papier auf dem ganzen Umfang angeschnitten wird; dann erst erfolgt das Festspannen des Werkzeugunterteils auf dem Pressentisch. Um ein Verschieben während der Arbeit zu vermeiden, wird vor dem Ausrichten zwischen Werkzeug und Tisch dünnes Papier gelegt.

Zum Schneiden weicher Werkstoffe mit spez. Schneidkraft bis $k_S \approx 250\,\mathrm{N/mm^2}$, härtet man nur die Stempel (Wasserhärter); Schneidplatten aus E 335 oder C 100 bleiben weich.

[1] Werkzeug-Einteilung und Benennung nach DIN 9869 Blatt 1 und 2; danach entfallen die seither üblichen Benennungen (wie Freischnitt, Plattenführungsschnitt, Gesamtschnitt usw.).

© Springer Fachmedien Wiesbaden GmbH, ein Teil von Springer Nature 2020

M. Kolbe, *Stanztechnik*, https://doi.org/10.1007/978-3-658-30401-0_5

Schneiden können auch arcatom[2] auftraggeschweißt sein. Im Grundwerkstoff E 295 oder St 60 wird eine Aussparung eingearbeitet, damit die etwas spröde auftraggeschweißte Schneidkante einen guten Halt bekommt (Abb. 5.2a IV). Vor dem Schweißen ist das Werkstück auf ≈300 °C vorzuwärmen.

Bei höheren Anforderungen an Stückzahlen sind Werkzeugstähle erforderlichenfalls mit TiN/TiC-Beschichtung einzusetzen.

Zum Abstreifen des Bleches vom Stempel dient ein *fester geschlossener Abstreifer*, der am Pressengestell oder auf dem Werkzeugunterteil befestigt ist. Während des Schneidens wird das Blech noch manchmal von Hand gehalten; die Verwendung der Zweihandeinrückung oder eines Schutzgitters ist kaum möglich.

Um Unfälle zu vermeiden, soll, der Stößelhub $H_{max} = 8$ mm betragen; bei größerem Hub sind entsprechend AWF 5902 für Abstreifer die in Abb. 5.1 angegebenen Richtwerte ein-

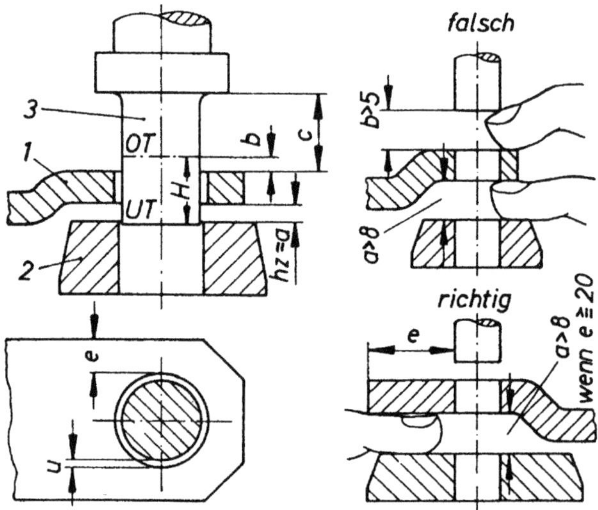

Abb. 5.1 Richtwerte, nur für geschlossene Abstreifer, gültig bei Stößelhub $H > 8$ mm, Größte lichte Höhe zwischen Schneidplatte und Abstreifer $h_z = a_{max} = 8$ mm, Höchstlage der Stempelschneide im *OT* bis Abstreifer $b_{max} = 5$ mm, Mindestabstand der Unterkante des Stempelfußes (bzw. der Stempelhalteplatte) im *UT* bis Abstreifer, bei neuem Werkzeug $c_{min} = 22$ mm, Mindestabstand der Abstreifervorderkante bis Stempel $e_{min} = 10 \ldots 15$ mm. *Beachte*: bei $e > 20$ mm kann a_{max} auf 8 … 10 mm erhöht werden. *1* fester Abstreifer, umschließt allseitig Stempelschneide mit Spaltweite $u = 0{,}5 \ldots 1$ mm, *2* Schneidplatte, *3* Schneidstempel

[2] Puhrer [1]. Beim *Arcatomschweißen* wird ein Lichtbogen zwischen zwei Wolframelektroden, denen Wasserstoff durch Ringdüsen zugeführt wird, gezogen. Das Gas spaltet sich im Lichtbogen in Atome und vereinigt sich danach wieder zu molekularem Wasserstoff; dadurch entstehen hohe Temperaturen und gleichzeitig Schutz gegen Oxidation.

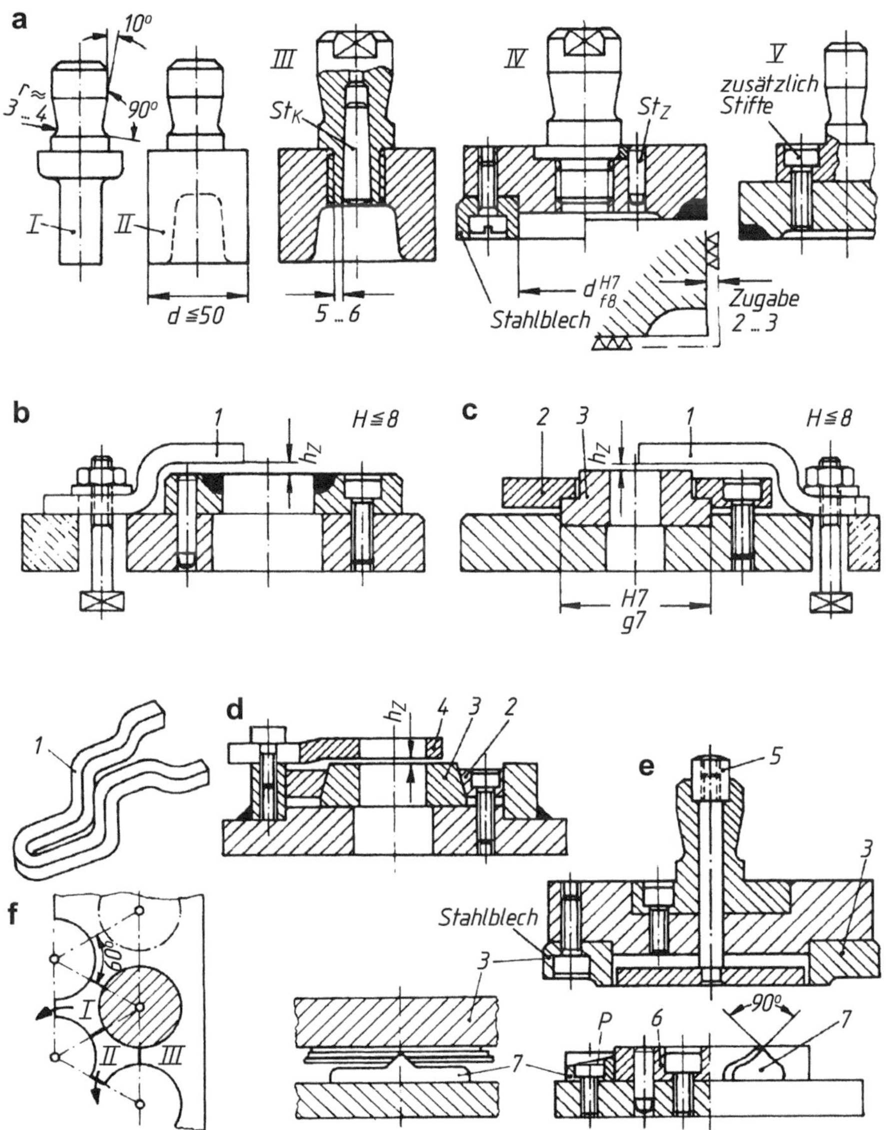

Abb. 5.2 Ausschneidwerkzeuge ohne Führung. **a** Oberteile, Formen I und II, aus einem Stück ($d<50$ mm), Formen III–V zusammengesetzt: Zapfenform nach DIN 9859. Bei Form III ist der Gewindezapfen geglüht, St_K ist ein Kegelstift DIN EN 22339, dessen Aufnahmebohrung nur gebohrt ist; bei Form IV ist der Einspannzapfen in der Kopfplatte mittels Zylinderstift St_z, bei einem Werkzeugoberteil aus Grauguss mittels Schaftschraube DIN ISO 2342 oder Gewindestift DIN EN 24766, gegen Lösen gesichert, **b-d** Unterteile mit auswechselbaren Einsätzen: *1* gekröpftes Spanneisen zugleich offener Abstreifer, nur zulässig bei Stößelhub $H \leq 8$ mm, *2* Spannring, *3* Schneidplatte, *4* geschlossener Abstreifer, wenn Stößelhub $H>8$ mm **e** Oberteil mit Schneidplatte (*3*) und Zwangsausstoßer (*5*), dazu Unterteil mit Schneidstempel (*6*) und vier seitlichen Abfalltrennern (*7*), wenn aus rechteckigen Blechen ausgeschnitten wird; *P* Plastilin, zum Ausfugen der Schraubenköpfe, **f** Blechtafel mit Abfallstücken, abgetrennt durch drei Abfalltrenner (*7*) Nr. I–III; Abfalltrenner arbeiten nach dem Verfahren „Keilschneiden" (siehe Tab. 2.1 und Abb. 2.1); h_z aus Abb. 5.1

zuhalten.[3] Offene Abstreifer (Abb. 5.2, Teil 1) sind nur bei *Stößelhub* $h \geq 8$ mm zulässig (Unfallschutzvorschrift).

5.1.2 Ausschneidwerkzeuge

Die Werkzeuge werden einfach und billig, wenn man *auswechselbare Schneidplatten* sowie *Stempel mit auswechselbarem Einspannzapfen* verwendet (Abb. 5.2). Der *Einspannzapfen* stellt eine feste Verbindung des Werkzeugoberteiles mit dem Pressenstößel dar; er soll den Vorschriften der Berufsgenossenschaften entsprechend eine Einkerbung oder besser eine Eindrehung erhalten, damit das Oberwerkzeug nicht unbeabsichtigt beim Lockern der Befestigungsschrauben am Klemmdeckel des Pressenstößels (siehe Abb. 5.3d) herunterfällt. Außerdem muss bei Werkzeugen ohne Führung der Einspannzapfen mit dem Werkzeugoberteil entsprechend Abb. 5.2a III–V *gegen Lösen gesichert* sein. Das Gewinde bei Ausführung III ist mit Kupfervitriol bestrichen; durch den Kegelstift St_K verkeilen sich die Gewindegänge, ohne Kupfervitriol würde das Gewinde beim Auseinanderschrauben trotz ausgebautem Stift anfressen. Bei großen Ausschnittformen, die nicht mehr durch den Pressentisch abgeleitet werden können, ordnet man den Stempel im Unterteil, die Schneidplatte im Oberteil an (Abb. 5.2e). Die Schnittteile werden durch einen Zwangsausstoßer, dessen Wirkungsweise Abb. 5.3 zeigt, aus der Schneidplatte abgeworfen.

5.1.3 Lochwerkzeuge

Für Lochungen sind vielfach handelsübliche *Lochereinheiten* nach AWF 500.14 einsetzbar (Abb. 5.4a). Man kann z. B. zum Lochen ebener Bleche mehrere dieser gleich hohen Einheiten mittels Einstellschablonen (Stahlplatte mit Aufnahmebohrungen für Passstifte) einspannen und alle Löcher mit einem Hub schneiden. Zum Auswechseln eines Schneidstempels wird seine federnde Haltekugel mittels eines Drückers zurückgedrückt. Nachteilig ist deren hohe Rüstzeit.[4]

Für Lochwerkzeuge werden bei Kleinserien oft Lochschablonen eingesetzt (Abb. 5.4c); das eingelegte Blech halten Blattfedern, Spannnasen oder Klemmschrauben. Die Lochstempel, deren Hub zur Unfallverhütung mit $H_{\max} = 7 \ldots 8$ mm einzustellen ist, sind von einer federnden Abstreifplatte umgeben. Die Dicke der gewichtsmäßig möglichst leicht zu

[3] Bei Einlegearbeiten in Schneid- und Umformwerkzeuge entstehen etwa 3/4 aller Unfälle infolge Nichteinhaltung der Richtwerte (Abb. 5.1) bzw. infolge fehlender oder falsch angeordneter Schutzgitter (vgl. Abb. 5.6). Im AWF-Blatt 5902 ist als Maß $c < 12$ mm angegeben. Rechnet man beim neuen Werkzeug mit je 5 mm Abschliff des Stempels und der Schneidplatte, ergibt sich das bei der Werkzeugkonstruktion zu berücksichtigende, in Abb. 5.1 angegebene Maß $c = 12\text{ mm} + 2 \cdot 5\text{ mm} = 22$ mm.

[4] Sehr kurze Rüstzeiten ermöglichen Werkzeugeinheiten, deren auswechselbare Schneidstempel und Schneidbuchsen in einen gemeinsamen c-förmigen Bügel eingebaut sind.

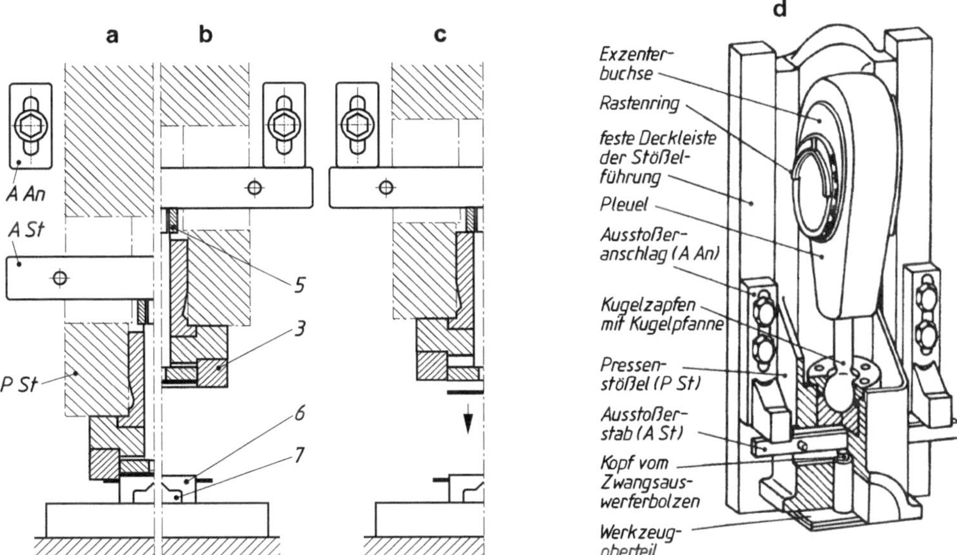

Abb. 5.3 Wirkungsweise des Zwangsausstoßers im Werkzeug, Abb. 5.2e. **a** Ausschneidwerkzeug ist geschlossen, Pressenstößel in tiefster Lage (*UT*), **b** Ausstoßbeginn, **c** Ausschneidwerkzeug ist geöffnet, Pressenstößel in höchster Lage (*OT*), das Schnittteil fällt gerade aus dem Schneidplattendurchbruch; *AAn* Ausstoßeranschläge, auf den beiden festen Deckleisten der Stößelführung sitzend; *ASt* Ausstoßerstab, in einer querliegenden Öffnung des Pressenstößels *PSt* sich bewegend. Teile *3*, *5*, *6*, *7* sind vom Ausschneidwerkzeug, Abb. 5.2e, übernommen, **d** Pressenstößel mit Zwangsausstoßer einer Exzenterpresse, die eine querliegende Exzenterwelle enthält

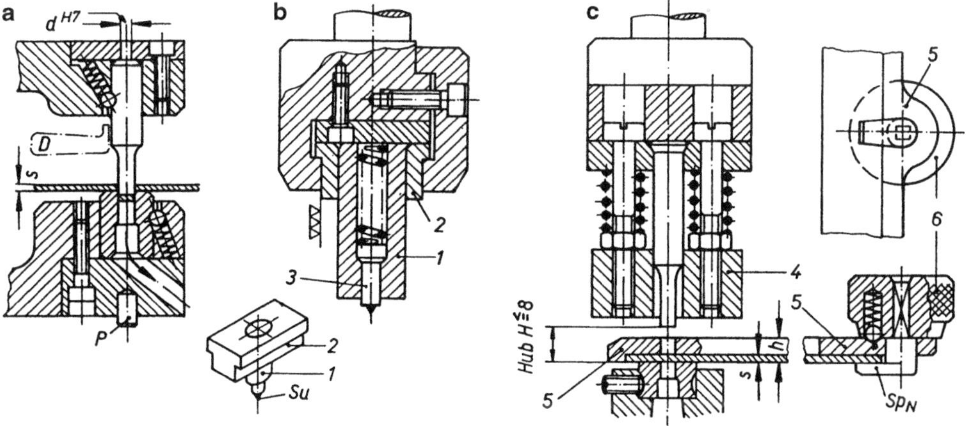

Abb. 5.4 Lochwerkzeug ohne Führung. **a** Lochereinheit, Passstift P im Unterteil (bzw. Aufnahmebohrung d^{H7}) dient zur Lagefestlegung des Lochers mittels Einstellschablone; unrunde und eckige Lochstempelformen erfordern zwei Passstifte bzw. zwei Aufnahmebohrungen, **b** Lochstempel (*1*) mit Halteeinsatz (*2*) auswechselbar, Stempel haben Sucherspitze, die angeschliffen (*Su*) oder federnd (*3*) ist, **c** Locher mit federnder Abstreifplatte (*4*) zum Arbeiten nach Lochschablone (*5*), Festspannen des Bleches mittels Griff (*6*) mit Spannnase (Sp_N)

gestaltenden Schablone darf daher höchstens $h=4$ mm sein. Man kann auch mittels einer Blechschablone die Lochmitten ankörnen und einen auswechselbaren *Lochstempel* mit federnder oder angeschliffener *Sucherspitze* verwenden (Abb. 5.4b). Um ein schnelles Auswechseln der Stempel zu erzielen, werden Lochstempel im Halteeinsatz auf Lager gelegt.

5.2 Ausklinkwerkzeuge mit Schneidplattenführung

Zur Weiterbearbeitung größerer Blechteile, die auf Maschinenscheren vorgeschnitten wurden, bewährt sich oft ein Universal-Ausklinkwerkzeug (Abb. 5.5).

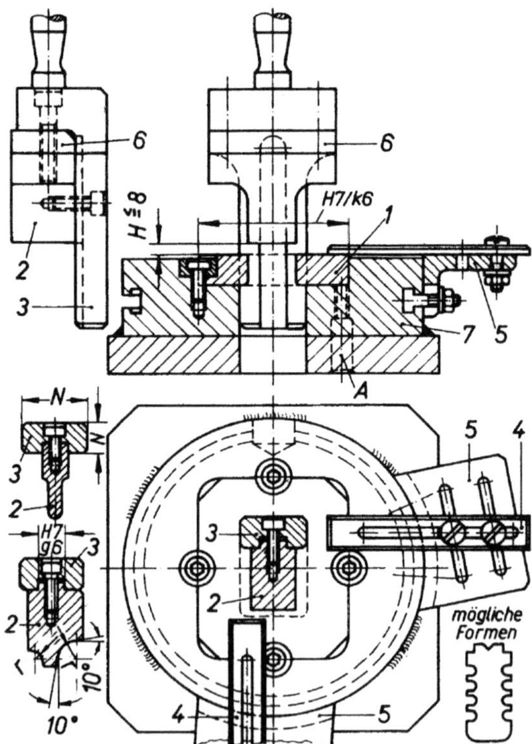

Abb. 5.5 Universalausklinkwerkzeug. *1* Auswechselbare Schneidplatte, *2* auswechselbarer Schneidstempel, in Rückenführung (*3*) eingepasst, *4* verstellbare Anschlagschienen auf zwei Spannwinkeln (*5*), *6* gehärtete Zwischenlage, *7* Grundplatte, gleichzeitig Führung (Maße *N*) für Teil (3), Ausdrückgewinde *A* zum Auswechseln der Schneidplatte. Die Schneidplatte (*1*) ist in eine rechteckige Ausfräsung der Grundplatte (*7*) eingepasst, der Schneidstempel (*2*) in einer Passnute gehalten; beide sind schnell auswechselbar. Durch das einseitige Ausschneiden wirken seitliche Kräfte auf den Schneidstempel; er erhält eine kräftige Rückenführung (*3*), die zugleich die Stempelführung innerhalb der Schneidplatte übernimmt. Eine Säulenführung ist daher nicht erforderlich. Zur Vermeidung von Unfällen darf der Stößelhub *H* höchstens 8 mm betragen

Anmerkung: Zur *Überprüfung der Grenzstückzahl*, die z. B. mit einem Universalschneidwerkzeug im Vergleich zu einem Serienwerkzeug noch wirtschaftlich gefertigt werden kann, wird meist die aus der Betriebskostenrechnung bekannte Beziehung (ohne Berücksichtigung von Abschreibung und Zinsen) angewandt. Danach ist die Grenzstückzahl

$$i_G = \frac{(k_{w1} - k_{w2}) + (k_{r1} - k_{r2})}{k_{e2} - k_{e1}} \tag{5.1}$$

Index 1 Serienwerkzeug;
Index 2 Hilfswerkzeug (bzw. Universalwerkzeug),
i_G Grenzstückzahl,
k_w Werkzeug-Herstellungskosten,
k_r Kosten für Rüstzeitaufwand; dabei $k_r = t_r$ Arbeitsplatzkosten mit Einsteller (t_r Rüstzeit),
k_e Kosten für Zeitaufwand je Einheit (Stück); dabei $k_e = t_e$ Arbeitsplatzkosten ohne Einsteller (t_e Zeit je Einheit)

Berechnungsbeispiel 5.1

Es sind an rechteckigen Zuschnitten vier Ecken mit gleicher Schnittlinienform auszuklinken: Zur Verfügung stehen zwei Ausklinkwerkzeuge mit

$$k_{w1} = 20.000{,}00 \text{ EUR}, \quad k_{w2} = 2000{,}00 \text{ EUR}$$
$$t_{r1} = 30 \text{ min}, \quad t_{r2} = 45 \text{ min}$$
$$t_{e1} = 0{,}005 \text{ min}, \quad t_{e2} = 0{,}03 \text{ min}$$

Arbeitsplatzkosten (einschließlich allg. Betriebskosten) mit Einsteller je Stunde = 200,00 EUR, ohne Einsteller je Stunde = 150,00 EUR.

Die Grenzstückzahl ist zu bestimmen.

Lösung

$$k_{r1} = \frac{30 \text{ min}}{60 \text{ min}} \cdot 200{,}00 \text{ EUR} = 100{,}00 \text{ EUR}$$

$$k_{r2} = \frac{45 \text{ min}}{60 \text{ min}} \cdot 200{,}00 \text{ EUR} = 150{,}00 \text{ EUR}$$

$$k_{e1} = \frac{0{,}005 \text{ min}}{60 \text{ min}} \cdot 150{,}00 \text{ EUR} = 0{,}0125 \text{ EUR}$$

$$k_{e2} = \frac{0{,}03 \text{ min}}{60 \text{ min}} \cdot 150{,}00 \text{ EUR} = 0{,}750 \text{ EUR}$$

Grenzstückzahl

$$i_G = \frac{(k_{w1} - k_{w2}) + (k_{r1} - k_{r2})}{k_{e1} - k_{e2}} = \frac{(20.000 - 2000) + (100 - 150)}{0{,}750 - 0{,}0125} = 24.338$$

Ergebnis

Ab etwa 25.000 Stück ist für obigen Zuschnitt ein einfaches Serienwerkzeug wirtschaftlicher.

5.3 Schneidwerkzeuge mit Plattenführung

5.3.1 Formgebung der Bauteile

Plattenführungswerkzeuge[5] (Abb. 5.6) bestehen aus Unterteil und Oberteil (Stempelkopf). Die mit dem Werkzeugunterteil fest verbundene *Führungsplatte* übernimmt die Stempelführung und zugleich das *Abstreifen des Bleches* von den Stempeln. Entsprechend der Abstreifkraft werden die Innensechskantschrauben ausgewählt, die im Stempelkopf von oben, im Unterteil von oben oder unten eingeschraubt sind.

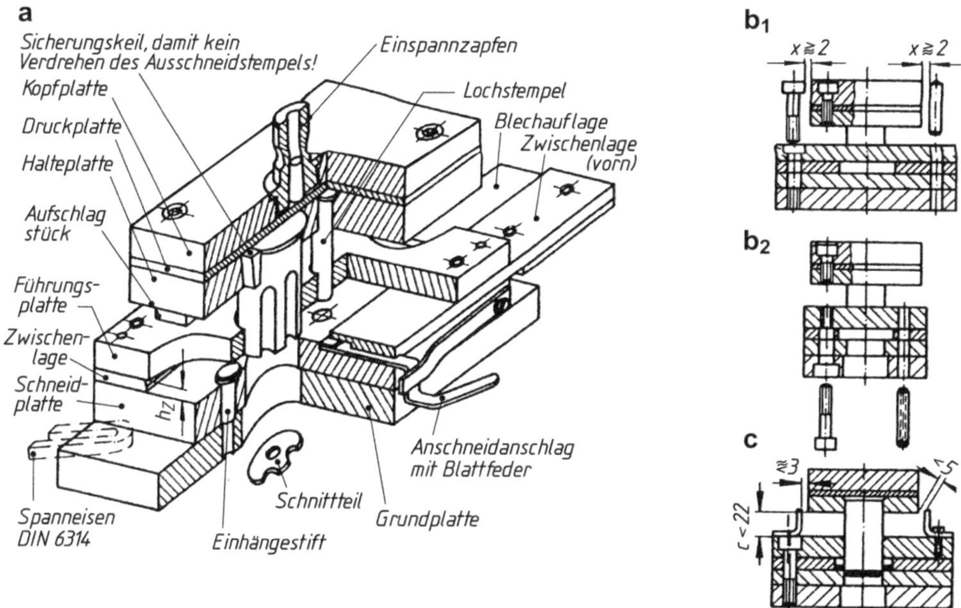

Abb. 5.6 Folgeschneidwerkzeug (geschlossene Plattenbauweise). **a** Darstellung ohne Schutzgitter, $\mathbf{b_1}$ Mindestabstände x der Schraubenköpfe und Stifte von der Kopfplatte, wenn Unterteil von oben her verschraubt und verstiftet ist, $\mathbf{b_2}$ Werkzeug mit Unterteil von unten her verschraubt u. verstiftet (Zylinderstifte EN ISO 8733 gehärtet), **c** Richtwerte für festes Schutzgitter; es ist bei Aufschlagstücken und im neuen Werkzeug bei Maß $c < 22$ mm erforderlich; h_z aus Abb. 5.1

[5] Gestaltung gehärteter Teile (Schneidplatten und Stempel) sowie Werkstoffe siehe Abschn. 12.1 und 12.2; übliche Stempellänge 70 mm (in Sonderfällen 35 mm, 60 mm, 90 mm).

Nach Angreifen der Abstreifkraft F_{RA} (Abschn. 4.4.5) sollen Befestigungsschrauben noch eine Restvorspannung behalten. Diese Forderung bedingt Schrauben aus hochfestem Stahl der Festigkeitsklasse 8.8 bis 12.9 DIN EN ISO 898-1. Im Werkzeugbau berechnet man Schrauben entsprechend der Abstreifkraft F_{RA}, setzt jedoch einen höheren Sicherheitsfaktor ein. Für den erforderlichen Spannungsquerschnitt A_s, des Gewindes in mm^2 (DIN 13-21 bis 26) gilt die Beziehung:

$$A_s = \frac{F_{RA} \cdot \nu}{R_{eL}} \quad \text{in mm} \tag{5.2}$$

F_{RA} Abstreifkraft in N,
R_{el} Streckgrenze des Schraubenwerkstoffes EN ISO 898-1 in N/mm^2,
ν Sicherheitsfaktor, für Befestigungsschrauben der Festigkeitsklasse 10,9 ≈ 6

Gehärtete Zylinderstifte mit Innengewinde gehärtet EN ISO 8735 Ausgabe 1988-03 sichern im Unterteil die Lage der Führungsplatte zur Schneidplatte; sie verhindern zugleich, dass sich die Zwischenlagen verschieben. Im Oberteil sind durch die Führungsplatte keine Zylinderstifte erforderlich; der Einspannzapfen kann, wie bei Schneidwerkzeugen ohne Führung, gegen Lösen gesichert sein.

Stempel müssen auch beim Schärfen ihrer Schneiden in der Halte- und Führungsplatte verbleiben; deshalb ist die Größe der Stempelköpfe so zu wählen, dass im Werkzeugunterteil Schrauben und Zylinderstifte ausgebaut werden können, ohne die Stempel aus der Führungsplatte ziehen zu müssen. Die in Abb. 5.6b_1 mit x bezeichneten Abstände sind bei Werkzeugunterteilen, die von oben her verschraubt sind, einzuhalten. In Werkzeugunterteilen, die von unten her verschraubt wurden (Abb. 5.6b_2), setzt man gehärtete Zylinderstifte mit Innengewinde (EN ISO 8735) ein. Mittels des Gewindes lassen sich diese Stifte nach unten herausziehen; das Werkzeugunterteil kann damit kleiner gestaltet werden.

Lochstempel aus Federstahldraht (siehe Tab. 12.1) werden durch zusätzlich in die Führungsplatte eingepresste gehärtete Buchsen (ähnlich Abb. 10.10, Teile 10) geführt; diese stützen zugleich die Lochstempel während des Schneidens bei Knickbeanspruchung ab.

Aussparungen in der Führungsplatte, an der Ein- und Auslaufseite des Streifens, erleichtern das Einführen des Bleches und das Sauberhalten des Einhängestiftes.

Die Stempelführungsplatte erhält eine Dicke zwischen 18 und 23 mm, bei mehrteiligen Stempeln (Abschn. 5.6.2) 28 mm; je dicker sie ist, desto besser ist die Stempelführung, doch um so zeitraubender wird die Herstellung. Zur Schmierung der Stempel sind in die Führungsplatte *Schmierbecken* eingearbeitet (Abb. 5.7).

Die *Zwischenlagen* (Zwischenleisten) erhalten für den Durchgang der Streifen und Bänder den Abstand *hz* zwischen Schneidplatte und Führungsplatte, sie geben gleichzeitig dem Streifen beim Vorschieben seitliche Führung. In Werkzeugen ohne vordere Zwischenlage werden Blechabfälle verarbeitet (vgl. Abb. 10.7). Man spricht nun von *offener Plattenbauweise*, im Gegensatz zur *geschlossenen Plattenbauweise* mit zwei Zwischenlagen.

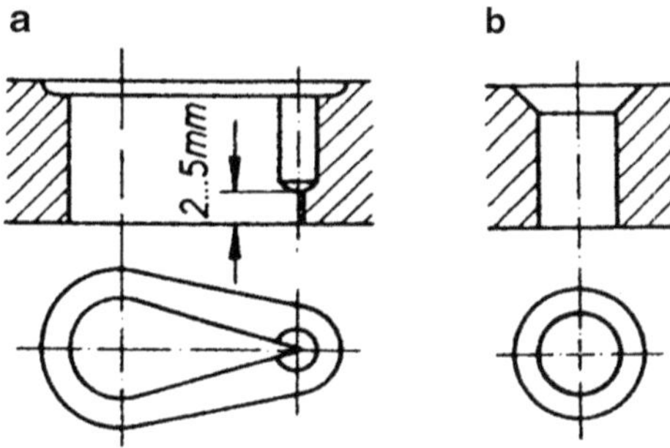

Abb. 5.7 Schmierbecken in Stempelführungsplatte. **a** Ausgefräst, spitzwinklige Ecke angebohrt, **b** gesenkt

Die *Stempelhalteplatte* dient zur Aufnahme der Stempel; diese passt man in die Durchbrüche der Halteplatte stramm ein und überschleift dann die Platte mit den Stempelköpfen. Abgesetzte Formstempel mit runder Passform können sich trotz strammen Einpassens verdrehen; deshalb werden sie (ähnlich eingesetzten Schneidbuchsen) in der Stempelhalteplatte mittels Keil gesichert (Abb. 12.4a und 5.6).

Bei abgesetzten Lochstempeln und Schaftstempeln (vgl. Abb. 12.5b, c) werden oft *Aufschlagstücke* auf die Stempelführungsplatte geschraubt; diese erfordern ein *Schutzgitter*. Über runde Aufschlagstücke können als Fingerschutz auch schwache Druckfedern gestülpt werden; die lichte Weite zwischen den Windungen muss < 6 mm sein. Ein Schutzgitter ist auch erforderlich, wenn beim neuen Werkzeug in tiefster Stellung *UT* die lichte Höhe zwischen Führungsplatte und Stempelhalteplatte $c < 22$ mm wird (Abb. 5.6c); sobald nach 8 … 10 mm Abschliff das Maß $c < 12$ mm ist,[6] könnten ohne Schutzgitter bei Unachtsamkeit Verletzungen auftreten. Aus gleichen Gründen soll die lichte Höhe des Streifendurchganges (zwischen Schneid- und Führungsplatte) $hz \leq 8$ mm ausgeführt sein. Kopfplatte und Stempelhalteplatte werden in Klein Werkzeugen 12 mm, meist 18 mm oder 23 mm dick gewählt. Bei mehrteiligen Stempeln (Abschn. 5.6.2) ist die Stempelhalteplatte 28 mm dick.

Eine *Druckplatte* zwischen Kopf- und Stempelhalteplatte ist für kleine Stempelformen ($d < 5$ Blechdicke) nötig, ebenso wenn sich unter dem Durchgangsgewinde des Einspannzapfens ein Stempel befindet. Bei zu großer Flächenpressung ($p > 200$ N/mm^2) bezogen auf den Stempelschaftquerschnitt) würden sich ohne Druckplatte die Stempelköpfe in die Kopfplatte eindrücken und dadurch ihren festen Sitz in der Stempelaufnahmeplatte verlieren. Die Druckplatte ist 4 mm dick und beidseitig geschliffen. Sie wird aus unlegiertem Werkzeugstahl (z. B. C 70 W 1) hergestellt, gehärtet und blau angelassen, sodass sie noch eine Rockwellhärte HRC = 58 ± 2 besitzt. Bei zu harter Druckplatte neigen Lochstempelköpfe zum Ausbrechen. Berechnungsbeispiel im Anhang.

Die *Grundplatte* des Werkzeugunterteils wählt man 23 mm, meist 28 mm, 38 mm oder 48 mm dick. Damit Abfälle und Ausschnitte durch die Grundplatte fallen können, hat sie einen oder mehrere *Durchbrüche*, die um 2 … 5 mm je Seite größer ausgesägt sind.

[6] Nach AWF-Blatt 5902 sind Werkzeuge erst bei $c < 12$ mm mit einem Schutzgitter zu sichern. Rechnet man beim neuen Werkzeug mit je 5 mm größtmöglichem Abschliff des Stempels und der Schneidplatte, ergibt sich das bei der Konstruktion zu berücksichtigende, in den Abb. 5.1 und 5.6c angegebene Maß $c = 12$ mm + 2 · 5 mm = 22 mm.

Bei Folgewerkzeugen können Abfälle oft schlecht durch das Durchfallloch der üblichen Aufspannplatten (DIN 55184) des Pressentisches abgeleitet werden. Folgende Möglichkeiten kann man nun überprüfen:

1. Das Werkzeug wird auf Leisten gestellt; Abfälle sowie Schnittteile fallen auf eine Blechauflage oder in Blechschubladen. Damit die elastische Durchbiegung der Grundplatte gering bleibt, ist sie 38 mm oder 48 mm dick.
2. Die Grundplatte erhält schräge Durchfallöffnungen oder es werden Blechrutschen eingesetzt (Abb. 5.8a).
3. Die Abfälle, z. B. von Seitenschneidern, leiten schräge Durchbrüche nach außen ab (vgl. Abb. 10.9c).

Ergänzende Angaben über Schneidstempel, Schneidbuchsen und Platten für Werkzeuge enthalten Norm- und Richtwertblätter im Anhang.

5.3.2 Ausgegossene Stempelführungs- und Halteplatte

Bei Werkzeugen für kleinere und mittlere Stückzahlen wird Einpaßarbeit erspart, wenn man die Stempelführungs- und Halteplatte mit Kunstharz ausgießt (Abb. 5.8). Die Schrauben in den Schneidstempelköpfen übernehmen die Abstreifkraft (Abschn. 4.4.5); sie bestimmt die Größe dieser Schrauben. Deren Schraubenköpfe können in der Kopfplatte (wie in Abb. 5.8 dargestellt) oder in einer dicken Druckplatte oder in einer zusätzlichen Zwischenplatte, die zwischen Kopfplatte und dünner Druckplatte liegt, untergebracht werden. Zum Schärfen darf man *Schneidstempel nicht aus den gegossenen Stempelführungen herausziehen*. Deshalb werden alle Innensechskantschrauben von außen her eingeschraubt und die in Abb. $5.6b_1$ angegebenen Entfernungen x eingehalten.[7] Muss man bei späteren Reparaturen Stempel ausbauen, werden vor dem Wiedereinführen scharfe Schneidkanten mit einem Ölstein angefast; die ausgegossene Führung wird dadurch beim Zusammenbau nicht ausgeschabt. Beim nachträglichen Schärfen der Schneiden wird die Einführfase abgeschliffen.

Zuerst wird die Stempelhalte- und Führungsplatte nach Anriss so ausgesägt, dass die auszugießende Spaltweite je nach Art des Gießharzes $u_g \approx 0{,}5 \ldots 3$ mm beträgt (Abb. 5.8a). Je rauer die Oberfläche der Innenform ist, desto besser haftet nachher das Gießharz. Deshalb werden runde Innenformen oft mit einem Gewindebohrer Nr. 1 oder mit Nutenmeißel zusätzlich aufgeraut. Einen besonders guten Sitz erhalten eingegossene Stahlteile in einer kegelig erweiterten Gießform, da sich in ihr das Kunstharz verkeilt. Zum Gießen müssen die gehärteten, fertiggeschliffenen Stempel *genau senkrecht* in der Schneidplatte stehen. Meist werden Innenformen (Freifläche *Ff*) der noch weichen Schneidplatte ohne Stempel-

[7] Das Werkzeugunterteil wird klein, wenn man die Befestigungsschrauben und die gehärteten Zylinderstifte mit Innengewinde DIN EN ISO 8733 und 8735 von der Unterseite her einführt (vgl. Abb. $5.6b_2$).

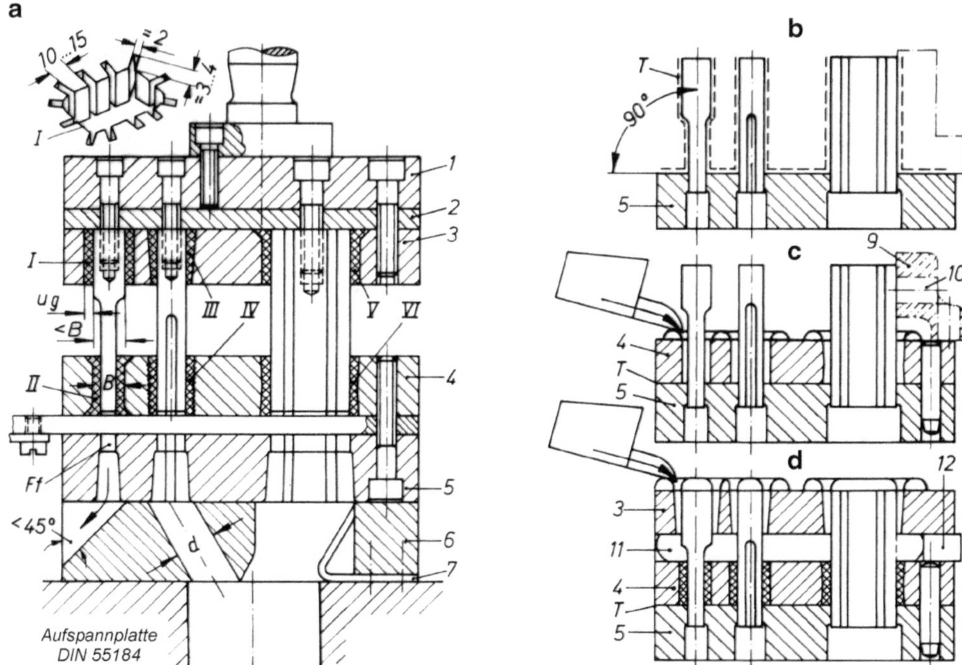

Abb. 5.8 Plattenführungswerkzeug. *Grundplatte mit verschiedenen Formen für Durchfallöffnung*: *1* Kopfplatte 5 Schneidplatte, *2* Druckplatte 4 mm dick, *6* Grundplatte, *3* Stempelhalteplatte, *7* Rutsche aus Blech, an Grundplatte angeschraubt, *4* Führungsplatte. *Durchbrüche mit Kunstharz ausgegossen*: **a** Gestaltungsmöglichkeiten für Durchbrüche zum Ausgießen: **I** zylindrisch ausgesägt, zusätzlich senkrecht dazu kurze Sägeschlitze, **II** zylindrisch ausgesägt, zusätzlich zwei Schrägen, **III** kegelig ausgesägt, **IV** Bohrung mit Gewindebohrer Nr. 1 aufgeraut, **V** wie **I**, noch zusätzlich eine Schräge eingearbeitet, **VI** beidseitig kegelig ausgesägt, u_g Gießspaltweite 0,5 … 3 mm je nach Art des Gießharzes, **b** Stempel senkrecht in Schneidplatte (*5*) stehend mit Trennmittel (*T*) bestrichen oder besprüht, **c** Ausgießen der Stempelführungen in Führungsplatte (*4*), *9* Anschlagwinkel mit Haftmagneten (*10*), **d** Ausgießen der Stempelhalteplatte (*3*), *11* Plastilin, *12* Abstandstücke

spiel vorgearbeitet und die Stempel mit einer Handspindelpresse genau senkrecht eingedrückt. Damit sie sich in die Durchbrüche der Schneidplatte hineinsuchen können, sind deren Schneidkanten mit einem Ölstein etwa 0,5 mm angefast. Man kann auch bei einfachen Stempelformen die Schneidplatte fertig herstellen und das Stempelspiel für dünne weiche Bleche mittels Lacküberzug bzw. für dicke harte Bleche mittels einigen schmalen Streifen aus Stahlblechfolien ausgleichen. Einen zusätzlichen Halt in der fertigen Schneidplatte erhalten lose sitzende Stempel nach dem Aufsetzen der Führungsplatte durch Anschlagwinkel mit Haftmagneten (Dauermagnete Abb. 5.8c, Teil 10).

Nun werden Stempel und Schneidplatte mit einem Trennmittel möglichst dünn überstrichen oder besprüht (Abb. 5.8b). Das Gießharz soll an ihnen nicht ankleben. Die auszugießenden Innenformen der Platten müssen einwandfrei entfettet sein, damit das Harz darin gut anhaften kann. Ist die Stempelführungsplatte mit der Schneidplatte ohne Zwischenlagen verschraubt sowie verstiftet und sind die Eingießwulste aus Plastilin geformt, dann ist die Führungsplatte (Abb. 5.8c, Teil 4) gießfertig. Flüssiges *Kunstharz*, dem vorteilhaft feinstes Eisenpulver oder Grafitstaub beigemengt ist, und flüssiger Härter werden in einem bestimmten Mischungsverhältnis mittels Rührwerk miteinander vermischt und vergossen. Soll die Stempelführungsplatte noch eine Schmierwanne zur späteren Aufnahme der Schmiermittel erhalten, dann wird der Gießspalt nur bis etwa 1 … 2 mm unterhalb der Plattenoberfläche gefüllt. Nach dem Aushärten des Gießharzes wird die Stempelhalteplatte aufgelegt; deren parallele Lage erhalten Abstandsstücke (Abb. 5.8d, Teile 12). Den Zwischenraum füllt man mit Plastilin aus. Das auf den Stempelköpfen anhaftende Trennmittel darf man zuvor nicht entfernen, wenn beim Zusammenbau die Stempel mit dem Werkzeugoberteil (Kopfplatte) verschraubt werden. Bei späteren Reparaturen lassen sich dann die Stempel ausbauen, ohne die Oberflächen des Gießharzes zu beschädigen; neu einzusetzende Stempel haben im Bereich der ausgegossenen Stempelhalteplatte ≈0,03 mm größere Abmessungen, sodass wieder fester Sitz gewährleistet ist.

Nach dem Ausgießen wird, zur Schneidplatte fluchtend, die Stempelhalteplatte mit den Stempelköpfen plangeschliffen.

Berechnungsbeispiel 5.2

In einem Werkzeug sind glatte (nicht abgesetzte) Lochstempel eingebaut. Bis zu welchem Verhältnis $\frac{\text{Lochstempeldurchmesser}\,d}{\text{Blechdicke}\,s}$ ist für Bleche mit $k_S = 250\frac{\text{N}}{\text{mm}^2}$ eine gehärtete Druckplatte erforderlich, wenn zulässige Flächenpressung auf Kopfplatte mit $\sigma_{\text{dzul}} = 200\frac{\text{N}}{\text{mm}^2}$ angenommen wird?

Lösung

Nach Gl. 4.1 ist Schneidkraft

$$F_S = l \cdot s \cdot k_S = \pi \cdot d \cdot s \cdot k_S \frac{\text{N}}{\text{mm}^2}$$

Stempelschaftquerschnitt $A = \frac{\pi}{4} \cdot d^2$, somit gilt die Bedingung:

$$\frac{\text{Schneidkraft}\,F_S}{\text{Stempelschaftquerschnitt}\,A} \le \sigma_{\text{sdzul}};$$

obige Werte eingesetzt

$$\frac{\pi \cdot d \cdot s \cdot 250\,\text{N/mm}^2}{\pi / 4 \cdot d \cdot d} \le 200\frac{\text{N}}{\text{mm}^2}; \text{gekürzt}$$

$$\frac{s \cdot 1000}{d} \le 200; \text{ umgeformt bei Verhältnis}$$

$$\frac{d}{s} \ge \frac{1000}{200} \ge \frac{5}{1}$$

ist obige Bedingung $\sigma_{\mathrm{dzul}} \leq 200 \dfrac{\mathrm{N}}{\mathrm{mm}^2}$ erfüllt.

Ergebnis
Bis Verhältnis $d : s = 5 : 1$ ist beim Lochen von Stahlblechen mit $k_\mathrm{S} = 250 \dfrac{\mathrm{N}}{\mathrm{mm}^2}$ eine gehärtete Druckplatte erforderlich.

5.4 Säulengeführte Werkzeuge

5.4.1 Grundlagen

Bei *Säulengestellen* wird die Führung des Werkzeugoberteils zum Unterteil auf zwei oder vier Säulen übertragen. Im *Vergleich zur Plattenführung* ergeben sich folgende Vorteile [3]:

1. Bohrungen einer Säulenführung sind einfacher herzustellen als Durchbrüche in der Plattenführung.
2. Säulenführungen sind *am genauesten.*
3. Bei Präzisionswerkzeugen übernehmen die Säulengestelle ein genaues Ausrichten von Ober- zu Unterwerkzeug beim Spannen in der Presse. Sie führen nicht das Werkzeug beim Stanzen, ersetzen also nicht die viel steifere Führung einer Presse, die auch sehr präzise sein muss.
4. DIN-Gestelle (Tab. 5.1) und von Herstellern genormte Gestelle sind kurzfristig lieferbar.
5. Das Einrichten erfordert weniger Zeitaufwand.

Für Säulengestelle sind Einspann- und Kupplungszapfen nur geeignet, wenn die Lagebestimmflächen in Werkzeug und Presse sehr genau übereinstimmen. Sonst benutzt man ziehende Spannelemente, die nach dem Ausrichten durch die Werkzeugsäulenführungen die Werkzeuge nur kraftschlüssig am Tisch und Stößel spannen.

Werden Säulengestelle aus Stahlplatten selbst hergestellt, dreht man die Aufnahmebohrungen für Säulen und Führungsbuchsen (vielfach auf einem Lehren-Bohrwerk) in einer Aufspannung gemeinsam aus und presst die einsatzgehärteten Säulen aus Ck 15 oder Ck 25 sowie Führungsbuchsen aus Bronze (auch Sinterbronze), einsatzgehärtetem Stahl, Grauguss GG 26 oder Sonderaluminiumbronze (vgl. Abschn. 9.6) ein. Hierbei wird die Innenbohrung der Führungsbuchsen etwas enger, weshalb zum Ausdrehen der Führungsbuchsen des Werkzeugoberteils die Passung G 6 vorgeschrieben wird, falls die Buchsen für Säulen mit Passung h 5 bestimmt sind. Mit Stahlbuchsen erzielt man hohe Führungsgenauigkeit; sie sind allerdings gegen Metallstaub äußerst empfindlich.

Um Arbeitszeit einzusparen, werden handelsübliche Säulen in das Unterteil eingepresst und Führungsbuchsen mit Kunstharz eingegossen (Abb. 5.12b, vgl. auch Abschn. 5.3.2).

Säulengestelle mit Kugelführung (Abb. 5.19) ergeben die höchste Laufgenauigkeit, da die Kugeln leicht vorgespannt spielfrei abrollen. Im Durchmesser sind die Kugeln um

Tab. 5.1 Säulengestellformen

Säulengestelle in Gussausführung Übersicht DIN 9811 Führungssäulen DIN 9825 Blatt 2						
Arbeitsfläche	Führungssäulen stehen	Oberteil		Säulengestell	Säulengestell mit dickem Oberteil	Säulengestell mit Führungsplatte
		mit	ohne			
		Gewindeanschluss				
		Form	Form			
rund	mittig	*DG*	– DIN	9812	–	9814
		–	*D* DIN	9812	9816	9814
					und mit beweglicher Führungsplatte	
			DF DIN		9816	
rechteckig	mittig	*CG*	*C* DIN	9812	–	9814
	Übereck	*CG*	*C* DIN	9819	–	–
	hinten	–	*C* DIN	9822	–	–
Einspannzapfen DIN ISO 10242					abgestimmt mit Säulengestell	
mit Gewindeschaft Blatt 3, 7					Form *DG*, *CG*	
mit runder Kopf platte Blatt 5					Form *D*, *DF*	
mit eckiger Kopfplatte Blatt 6					Form *C*	
Kupplungszapfen mit Aufnahmefutter Abb. 5.35a					abgestimmt mit Säulengestell Form *DG*, *CG*, auch DIN 9816	

etwa 0,0025 mm größer als die Spaltweite zwischen Säule und Laufbuchse. Die Kugel-Aufnahmebohrungen der Käfighülse werden auf einer steilen schraubenförmigen Linie angeordnet, sodass jede Kugel ihre eigene Laufbahn hat. Es sind auch *Kugelführungseinheiten zum Selbsteinbau* im Handel; sie bestehen aus Säule, Laufbuchse und vollständigem Kugelkäfig. Die Außenform der Laufbuchse hängt davon ab, ob sie zum Eingießen mit Kunstharz (geringster Arbeitsaufwand) oder mit Breitflansch zum Einschrauben und Verstiften (im Großwerkzeugbau gebräuchlich) oder zum Einpressen vorgesehen wird. Einpressen ist umständlich; die auf dem Lehren-Bohrwerk zusammen mit dem Unterteil eingearbeitete und zusätzlich gehonte Aufnahmebohrung im Gestelloberteil darf zur Laufbuchse nur 0,003 … 0,004 mm Vorspannung haben, da höhere Vorspannung die Kugelaufnahmebohrung verkleinert und somit zu vorzeitigem Verschleiß führt. Beim Einsetzen der Kugelkäfighülsen ist zu beachten, dass die Käfighülsen während des Werkzeughubes noch eine Zusatzbewegung ausführen, die durch die spielfrei sich abrollenden Kugeln bedingt ist.

Bei Säulengestellen[8] ist zu beachten, dass die *Verbindungsgerade der Säulenmitten* nicht senkrecht, sondern *schräg zum Streifendurchgang* verläuft (Abb. 5.9). Dadurch erzielt man folgende Vorteile:

[8] Übersicht DIN 9811 legt für Gestelle Kurzbezeichnungen fest; z. B. heißt Säulengestell DG 80 DIN 9814: Säulengestell mit mittigstehenden Führungssäulen und bewegliche Führungsplatte, runde Arbeitsfläche 80 mm ∅; mit Gewindeanschluss im Oberteil, DIN 9814.

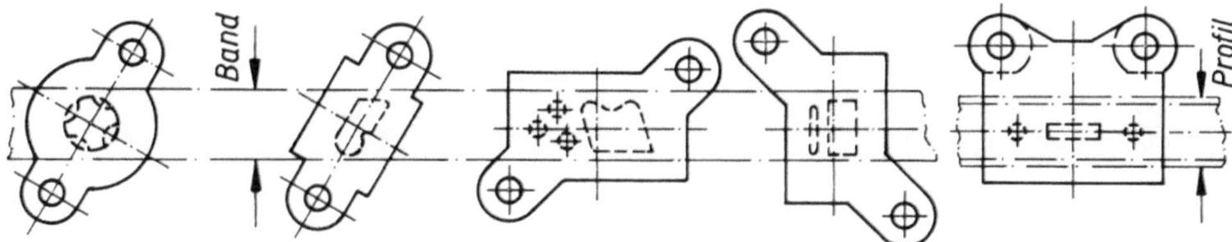

Abb. 5.9 Säulenanordnung in Gestellen

1. Sichtverhältnisse werden besser.
2. Einlegemöglichkeiten sind günstiger.
3. Liegen die Säulenmitten auf der Längsachse der Ausschnitte, fällt meist die Gestellgröße kleiner aus, die wirksamen Kräfte sind zu den Säulenmitten günstiger verteilt (kleinere Hebelarme).
4. Bei Schneidwerkzeugen mit Zwangsausstoßer können die fertigen Teile mittels Druckluft weggeblasen werden.
5. Auch größere Gestelle eignen sich noch für kleine Pressen.

Gestelle mit hinten stehenden Säulen ermöglichen die Verarbeitung von Profilen, Blechabfällen (siehe Abb. 5.16) und langen Blechteilen.

5.4.2 Säulenführungen

Die Säulen werden entweder an der Führungsplatte, dem Unterteil oder dem Oberteil befestigt (Abb. 5.10) [2]. Sie müssen exakt winklig stehen. Die Säulenbefestigung in der

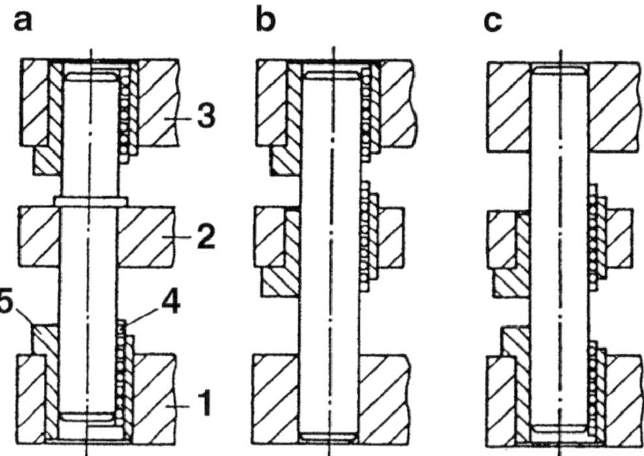

Abb. 5.10 Säulenanordnung und -befestigung. **a** Befestigung in der Führungsplatte, **b** Befestigung im Unterteil, **c** Befestigung im Oberteil. *1* Unterteil, *2* Führungsplatte, *3* Oberteil, *4* Wälzführung, *5* Gleitführung

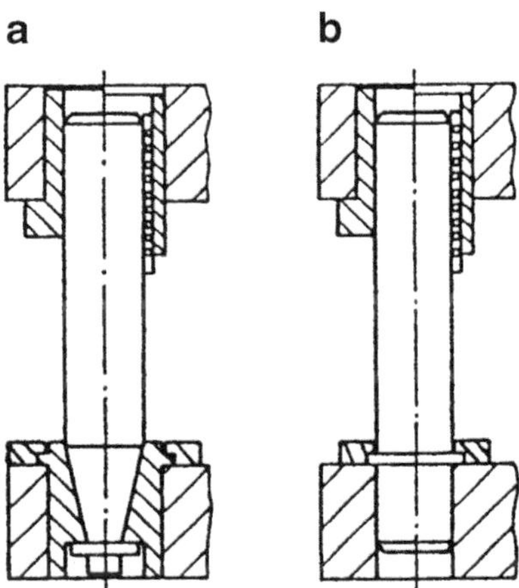

Abb. 5.11 Befestigungsmöglichkeiten von Führungssäulen. **a** Schnellwechselsäule mit Konus, **b** Säule mit Bund

Führungsplatte ist günstig für die Werkzeugmontage. Beim Stempelwechsel wird die Führungsplatte abgezogen und wieder einfach eingesetzt. Nachteilig ist die kurze Aufnahme und daher besteht dabei die Gefahr von Unwinkligkeit. Die Befestigung im Oberteil ist von Vorteil beim Nachschleifen des Unterteils, was besonders bei Folgewerkzeugen sinnvoll ist; die Handhabung während der Werkzeugherstellung ist jedoch schwieriger und beim Hochleistungs-Stanzen wird die Masse des bewegten Teils größer.

In den meisten Fällen werden die Säulen im Unterteil eingepresst. Beim Einpressen ist auf die Rechtwinkligkeit der Bohrung besonders zu achten. Ein Vorteil dabei ist, dass das Gewicht der Säulen nicht beschleunigt und abgebremst werden muss. Ein Nachteil jedoch ist, dass im demontierten Zustand keine Führung der Stempel mehr besteht. Die Befestigungsmöglichkeiten von Führungssäulen zeigt Abb. 5.11 [2]. Bei Schnellwechselsäulen mit Konus handelt es sich um zwei Passflächen. Deshalb muss hier auf die Herstellgenauigkeit besonders geachtet werden. Am genauestens ist die eingepresste Säule mit Bund.

Bei Präzisionswerkzeugen sollte die Abweichung 1–2 µm auf 100 mm nicht überschreiten.

5.4.3 Führungselemente

Als Führungselemente werden Kugel- oder Profilrollen-Führungen, aber auch Gleitführungen verwendet. Bei schnellen und kurzen Hubbewegungen werden Kugelführungen mit einer Vorspannung von 2–4 µm verwendet. Die Lebensdauer beträgt bis zu 60 Millionen Hüben. Die Profilrollenführung en sind steifer als die Kugelführungen. Allgemein ist die Lebensdauer der Profilrollenführungen bis zu fünfmal höher als die der Kugelführungen, allerdings sind die Kosten auch höher. Bei ungenügender Fertigungsgenauigkeit der Führungsbahnen kann es zu vorschnellem Ausfall kommen. Nach hydrodynamischen Gesichtspunkten ausgeführte Gleitführungen mit Bronzebelag können ebenfalls bei Präzisionswerkzeugen eingesetzt werden. Das Führungsspiel beträgt 3–5 µm, das sich jedoch bei Bewegung infolge des hydrodynamischen Schmierfilms nicht bemerkbar macht. Die Führungen sind nach vorsichtiger Inbetriebnahme und bei ausreichender Ölversorgung praktisch verschleißfrei. Bei höheren Hubfrequenzen (über 1000 H/min) ist eine Ölzuführung unter Druck vorzusehen. Abb. 5.11 [2] zeigt hälftig eine Wälz- und eine Gleitführung.

5.4.4 Schneidwerkzeuge mit Säulenführung

Zum Schneiden dünner Bleche mit zusammengesetzten, geschliffenen Schneiden (siehe Abschn. 5.6.2), ebenso bei größeren Stückzahlen, setzt man oft säulengeführte Schneidwerkzeuge ein. Die einteilige oder mehrteilige Schneidplatte ist im Werkzeugunterteil verschraubt und verstiftet oder zusätzlich eingelassen. Im Oberteil werden ähnlich Plattenführungswerkzeugen kleine Stempelformen in einer Stempelhalteplatte, deren Lage Zylinderstifte sichern, aufgenommen. Größere Stempel werden kopfseitig angeschraubt und verstiftet; vereinzelt nimmt man sie in einer Zentrierung oder Passnute auf (ISA Passung H7/m6) und sichert sie mit einem Zylinderstift gegen Verdrehen oder Verschieben. In der Regel lässt man entweder den Stempel oder nur die Schneidplatte ein.

Feste Abstreifer sind auf der Schneidplatte angeschraubt (vgl. Abb. 10.9). Man kann auch im Oberteil eine federnde Abstreifplatte (Druckfedern siehe Kap. 14 Abstreifkräfte, vgl. Abschn. 4.4.5 oder ein Säulengestell mit beweglicher Führungsplatte (Gestell DIN 9814, Tab. 5.1) einsetzen. Hierbei sind zum Schneiden dünner Bleche (weiche Buntmetalle) in der Schneidplatte zusätzlich Abhebestifte günstig, denn federnde Abstreif- und Führungsplatten drücken während des Werkzeugrücklaufes den Streifen auf die Schneidplatte, bis die Schneidstempel vom ausgeschnittenen Blech zurückgezogen sind. Bei geringstem Schnittgrat haften daher Schnittstreifen an der Schneidplatte; das Weiterschieben dünner Streifen wäre ohne Abhebestifte behindert. Als Federhub reichen ≈0,5 mm aus.

In Säulengestellen mit beweglicher Führungsplatte wird oft zur besseren Abstützung dünner Lochstempel eine gehärtete Stempelführungsleiste in eine Passnute der Führungsplatte eingelassen (siehe Abb. 5.19 und 14.4). Beim Schärfen der Schneidstempel werden statt dieser gehärteten Führungsleiste die Auflagescheiben der Abstreifer-Druckfedern abgeschliffen (Abb. 5.19, Teile 8) und damit die säulengeführte Platte nachgestellt.

5.4.5 Ausschneidwerkzeuge in Gesamtbauweise

Zum Beschneiden großflächiger formgezogener Teile und zum Ausschneiden großer Werkstücke, die nicht mehr durch den Pressentisch abgeleitet werden können, setzt man entweder Ausschneidwerkzeuge ohne Führung nach Abb. 5.2e oder säulengeführte Ausschneidwerkzeuge in Gesamtbauweise ein.

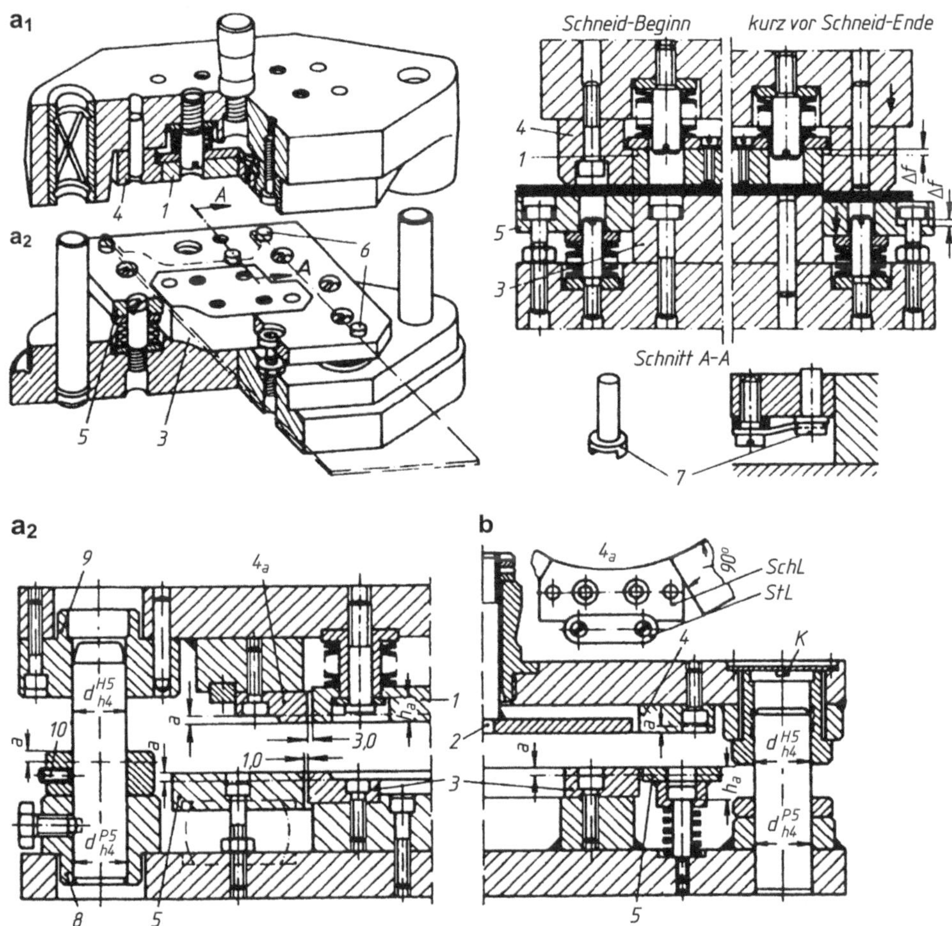

Abb. 5.12 Ausschneidwerkzeuge in Gesamtbauweise **a** mit federnder Ausstoßerplatte (*1*); $\mathbf{a_1}$, $\mathbf{a_2}$ unterschiedliche Ausführungen: **b** mit Zwangsausstoßer (*2*). *a* möglicher Abschliff für Schneidkanten und Platten, *3* Schneidstempel, *4* Schneidplatte, *4a* geteilte Schneidplatte, bestehend aus Schneidleisten *SchL* mit Stützleisten *StL*, *5* Abstreifplatte, *6* feste Streifenführungsstifte, *7* federnder Anschlagstift für Streifenanfang (mit Blattfeder), bei $\mathbf{a_2}$ Führungssäule, in Säulenlagern (*8*, *9*) nach AWF 500.10.01 aufgenommen; da sehr großer Pressenhub, hat jede Säule Einführschräge und Aufschlagring (*10*), befestigt mit zwei Gewindestiften, bei **b** Führungsbuchse für Säulen (Lüftungskanal *K*), mittels Kunstharz eingegossen

Bei Schneidwerkzeugen in Gesamtbauweise ist im Unterteil der Stempel von einer Abstreifplatte umschlossen. Diese Platte kann federnd sein (Abb. 5.12); sie kann auch unter dem Druck eines Federdruckgerätes oder eines Ziehkissens[9] stehen. Letzteres ist im Pres-

[9] Ziehkissen auch mit „Druckluftziehgerät" oder „pneumatischer Druckapparat" bezeichnet, sind wie Federdruckgeräte in Schneid- und Umformwerkzeugen vielseitig einsetzbar (Prinzip siehe Abb. 8.6).

sentisch eingebaut, seinen Druck übertragen Bolzen oder Hubbegrenzungsschrauben. In der Schneidplatte, die im säulengeführten Oberteil verschraubt und verstiftet ist, bewegt sich ein Ausstoßer. Ist er federnd (Abb. 5.12a), drückt er die Ausschnitte in den Abfallstreifen zurück; er kann auch zwangsbetätigt (Abb. 5.12b) wirken, vorausgesetzt, dass sich im Pressenstößel ein querliegender Ausstoßerstab befindet (Prinzip Abb. 5.3).

Zwangsausstoßer werfen die Ausschnitte kurz vor dem oberen Umkehrpunkt des Pressenstößels aus, dadurch können die Teile bei neigbaren Pressen mittels Druckluft weggeblasen oder lose auf dem Streifen liegend, besser beiseite gelegt werden. Außerdem ist die Vorschubbegrenzung des Streifens durch Einhängestifte möglich. Zwangsausstoßer setzt man daher besonders bei Streifenvorschub von Hand bevorzugt ein, obwohl sie etwas härter arbeiten. Beim Schärfen der Schneiden werden federnde Ausstoßer und Abstreifplatten meist mit abgeschliffen. Schraubenköpfe, die zur Hubbegrenzung dienen, erfordern in der Abstreifplatte (Abb. 5.12b, Teil 5) bzw. im Ausstoßer (siehe Abb. 5.16, Teil 4) eine Mindestlochtiefe h_a= Federhub + Kopfhöhe der Ansatzschraube + (3 … 5 mm) Mindestspielraum über deren Kopf + Abschliffmaß a zum Schärfen.

Abstreif- und Ausstoßplatte führt man gleich dick aus; dadurch entstehen beim autogenen Brennschneiden die Abstreifplatte (mit Brennspaltweite 3 … 4 mm) und zugleich die Ausstoßplatte. Die brenngeschliffenen Flächen werden nicht nachgearbeitet (vgl. Abb. 5.12b).

Stempel und Schneidplatte werden aus Werkzeugstahlblech hergestellt. Sie können auch entsprechend Abb. 5.12 auftragsgeschweißte Schneiden haben oder aus Schneidleisten *SchL* (Abb. 5.12) zusammengesetzt sein. Zum Schneiden dünner Bleche werden diese Leisten nur angeschraubt und verstiftet; bei großer Schneidkraft wird die Seitenkraft durch Stützleisten *StL* in Nuten aufgenommen. Das Einfräsen dieser Nuten erfolgt erst nach dem Zusammenpassen der Schneidleisten.

Im Abb. 5.12a$_2$ wurden für die Führungssäulen je zwei Säulenlager (8) und (9) vorgesehen, die verschraubt und verstiftet sind; die Lager könnten auch mit Kunstharz (Abb. 5.12b) eingegossen sein.

5.4.6 Gesamtschneidwerkzeuge

Diese Werkzeuge, zum gleichzeitigen Lochen und Ausschneiden in einem Stößelhub, bedingen *hohe Herstellungs- und Wartungskosten.* Sie werden nur angewandt, wenn die Außen- zur Innenform gleichmäßig ausfallen muss (Toleranz ±0,01 … 0,03 mm). Grundsätzlich sollte man vor der Wahl eines Gesamtschneidwerkzeuges einen Vergleich mit einem plattengeführten Werkzeug anstellen. Mit Plattenführungswerkzeug en kann bei entsprechender Blechdicke ebenfalls hohe Genauigkeit (±0,05 mm) erzielt werden, wenn eine federnde Streifenführung und zwei Seitenschneider im Zusammenwirken mit Suchstiften (Abschn. 5.5.2) eingebaut sind (siehe Abb. 5.27). Die Plattenbauweise ermöglicht außerdem höhere Hubzahlen der Presse, bessere Überwachung der Stempel, kräftigere Bauweise und damit weniger Werkzeugstörungen; der Schnittgrat des Werkstückumrisses liegt zu den Bohrungen jedoch wechselseitig. Bei Gesamtschneidwerkzeugen haben die gelochten Bohrungen und der Werkstückumriss den Schnittgrat auf der Unterseite des Schnittteiles.

Die Konstruktion eines Gesamtschneidwerkzeuges (Abb. 5.13, 5.14 und 5.16) ist der eines Ausschneidwerkzeuges in Gesamtbauweise (Abb. 5.12) ähnlich; die Bauelemente können sinngemäß übernommen werden. In der Schneidplatte (Oberteil) befinden sich ein Ausstoßer und noch zusätzlich Lochstempel; die entsprechenden Schneiddurchbrüche Gegenschneiden der Lochstempel) enthält der Ausschneidstempel im Unterteil. Um diesen Stempel ist die federnde Abstreifplatte angeordnet. Sollte diese Platte über ein Ziehkissen wirken, müsste man die Abfälle der Lochstempel mittels elektro-pneumatisch gesteuerter Schieber durch waagerecht liegende Kanäle ableiten. Auch bei Gesamtschneidwerkzeugen werden im Oberteil Zwangsausstoßer bevorzugt; sie sind im Einspannzapfen (Abb. 5.14 II) oder im Kupplungszapfen (Abb. 5.15) eingebaut. Die Wirkungsweise innerhalb des Werkzeuges zeigen Abb. 5.15a–d, die Betätigung durch den im Pressenstößel querliegenden Ausstoßerstab (Abb. 5.3).

Gestaltungsrichtlinien für den Werkzeugentwurf (Abb. 5.13, 5.14, 5.15 und 5.16)

1. Das *Oberteil wird durch Einbauteile* weniger geschwächt, wenn man entsprechend Abb. 5.14 ein Säulengestell mit dickem Oberteil DIN 9816 Form D oder DF (Tab. 5.1) wählt. Werden Gesamtschneidwerkzeuge in Normalgestelle eingebaut, so nimmt im Oberteil eine angeschraubte und verstiftete Zwischenplatte die Lochstempel und die Schneidplatte auf (Abb. 5.16, Teil 2).
2. *Große Ausschneidstempel* schraubt man auf das Unterteil und verstiftet sie. *Kleine Stempel* werden in einer Stempelhalteplatte aufgenommen; sie können auch einen Stempelfuß für die Schraubenköpfe erhalten.
3. *Schneidplatten*, besonders zusammengesetzte Schneidplattenteile, sind weniger rissempfindlich, wenn in ihnen die Schraubenköpfe vorgesehen sind (Abb. 5.16); doch werden ihre Außenmaße und damit das Säulengestell größer. Deshalb wird trotz erhöhter Rissgefahr oft die Schneidplatte aus hochchromhaltigem Werkzeugstahl angefertigt, dann vom Oberteil her angeschraubt[10] und verstiftet, teilweise auch eingelassen; zur Zentrierung kann deren Außendurchmesser (Abb. 5.14) oder ein Durchmesser, abgestimmt mit der Halteplatte für Lochstempel (Abb. 5.13), gewählt werden. Beim Einbau der Schneidplatte sind die Befestigungsschrauben gleichmäßig anzuziehen. In der Regel lässt man entweder die Schneidplatte oder den Stempel ein und hält deren Lage zueinander durch Zylinderstifte fest.
4. Die Außenform der *Aufschlagfläche des Ausstoßers* soll einfach sein, damit die Gegenaussparung in der Schneidplatte nicht rissfördernd wirkt und leicht herstellbar ist. Man unterscheidet ein- und zweiteilige Ausstoßer (Abb. 5.13). Je nach Ausschnittform wer-

[10] Werkzeuge, deren Schneid (Umform)elemente von außen verschraubt sind, lassen sich meist leichter auseinanderbauen, falls bei Stempelbruch (und dgl.) das Oberteil nicht mehr von den Säulen abgezogen werden kann. Der Zusammenbau des Werkzeuges ist aber etwas umständlicher.

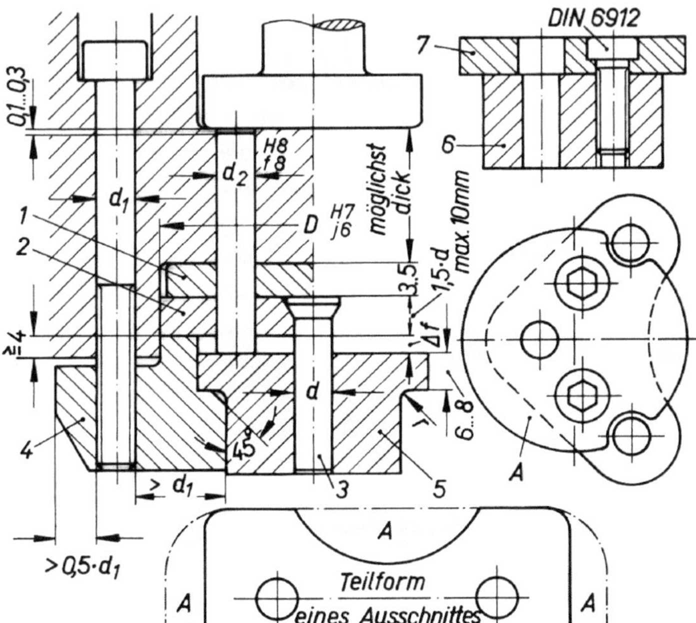

Abb. 5.13 Richtmaße für Gesamtschneidwerkzeuge. *1* Druckplatte, *2* Halteplatte für Lochstempel (*3*), *4* Schneidplatte, *5* einteiliger Ausstoßer mit gefrästen Aufschlagflächen *A*, *6* zweiteiliger Ausstoßer mit angeschraubter Aufschlagplatte (*7*). Hub des Ausstoßers Δf= Blechdicke + Eintauchtiefe der Schneiden + Sicherheitsweg. Teile (*4*) und (*5*) aus hochchromhaltigem Werkzeugstahl

den bei einteiligen Ausstoßern die Aufschlagflächen (Abb. 5.5) auf einer Vertikalfräsmaschine oder Stempelstoßmaschine ausgearbeitet. Zur Minderung der Bruchgefahr sind die Übergänge zur Aufschlagfläche ausgerundet; dementsprechend ist auch die Kante in der Schneidplatte anzuschrägen. Die Umrissform eines zweiteiligen Ausstoßers wird mit dem Stempel als ein Stück hergestellt und trenngesägt; nach dem Härten schraubt man die Aufschlagplatte an. Nachteilig dabei ist, dass zweiteilige Ausstoßer durch die Gewindelöcher rissempfindlich sind und sich deren Schrauben lockern können. Bei größeren Ausschnittformen kann man Aufschlagflächen am Auswerfer weglassen und zur Hubbegrenzung 2 … 3 Anschlagschrauben einbauen (Abb. 5.16); für deren Schraubenköpfe ist wie bei Abstreifplatten (siehe Abschn. 5.4.5) auf genügende Lochtiefe h_a (Abb. 5.12) zu achten.

5. Zur *Lagebestimmung des Einspannzapfens* ist die Innen- und Außenform des Schnittteiles maßgebend. Um diesen Schweißpunkt werden für den Ausstoßer drei Druckbolzen angeordnet; diese sind um 0,1 … 0,3 mm kürzer, damit vom Ausstoßer her keine Druckkräfte auf die Schneidplatte übertragen werden.
6. Die *Abstreif- und Ausstoßkraft* (Prozentsätze, siehe Abschn. 4.4.5) der zusammengepressten Federn wird für die Abstreifplatte (Abb. 5.14, Teil 6) aus der Schneidkraft der Außenform, für den Ausstoßer (4) aus der gesamten Schneidkraft (für Innen- und Au-

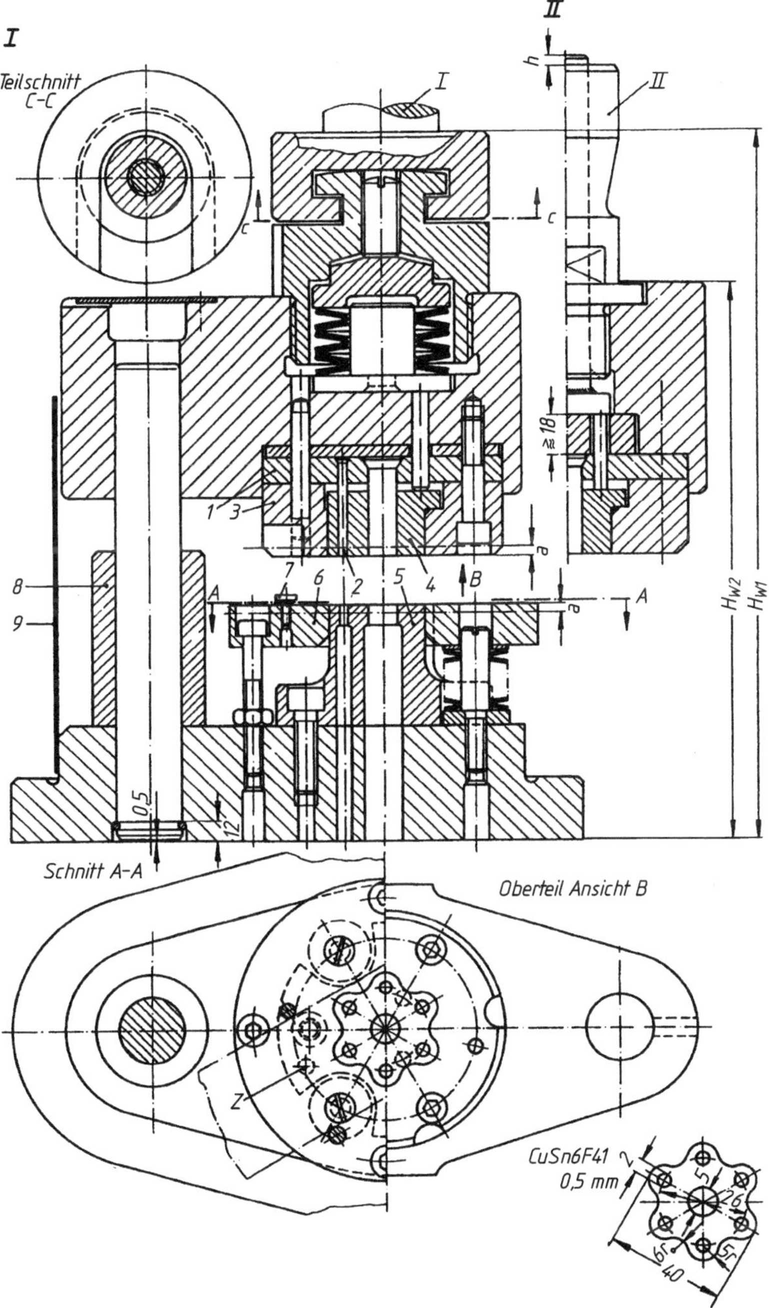

Abb. 5.14 Gesamtschneidwerkzeug, *a* möglicher Gesamtabschliff zum Schärfen. Ausführung I mit federndem Ausstoßer und Kupplungszapfen, Ausführung II mit Zwangsausstoßer und Einspannzapfen. Hw1 und Hw2 sind Werkzeughöhen bei der Ausführung I und II. *Wichtigste Bauteile* im Oberteil: *1* Halteplatte für Lochstempel, (*2*), *3* Schneidplatte mit Ausstoßer (*4*). Im Unterteil: *5* Stempel mit Stempelfuß für Außenform mit Durchbrüchen für Lochstempel (Zylinderstift *Z*), *6* federnde Abstreifplatte, *7* Streifenführungsstifte, *8* Aufschlagring, *9* Schutzgitter. Maße *h* je nach Presse verschieden groß

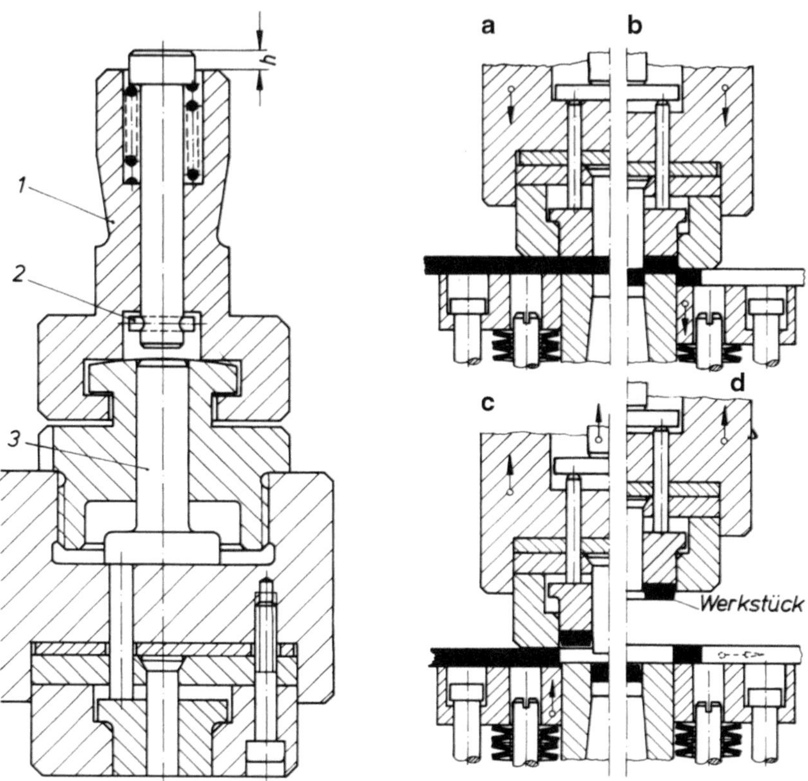

Abb. 5.15 Oberteil eines Gesamtschneidwerkzeuges mit Zwangsausstoßer, in Kupplungszapfen eingebaut. *1* Zwangsauswerferkopf mit schwacher Druckfeder, *2* Zylinderstift, *3* Druckplatte, *h* ist je nach Presse verschieden groß. *Wirkungsweise* der Werkzeugbauteile: **a** bei Schneidbeginn, **b** während des Schneidens, **c** während der Schnittstreifen vom Ausschneidstempel abgestreift wird **d** während des Ausstoßens durch den Zwangsausstoßer

ßenform) bestimmt. Man überprüft noch, ob die Vorspannkraft der Druckfedern $F_1 \geq$ die Hälfte der Abstreifkraft ist.

a. Die gleichen Kräfte übertragen sich auf die Befestigungsschrauben. Die Stempelschrauben müssen die Abstreifkraft der Außenform, die Schrauben für die Schneidplatte die Abstreifkraft der Außen- und Innenform aufnehmen.

7. Sind *Blechabfälle im Gesamtschneidwerkzeug* zu verarbeiten, ist ein Gestell mit hintenstehenden Säulen einzusetzen (Abb. 5.16), außerdem muss der Werkstoff auf der Abstreifplatte eine genügend große Auflagefläche erhalten. Die Dicke dieser großflächigen Abstreifplatte soll gering gehalten werden (Gewichtsminderung). Man muss sie daher nach mehrmaligem Schärfen der Schneiden nachstellen; unter den Druckfedern sind gehärtete Scheiben (Abb. 5.16, Scheibenhöhe *h*) erforderlich, die beim Schärfen ebenfalls abgeschliffen werden.

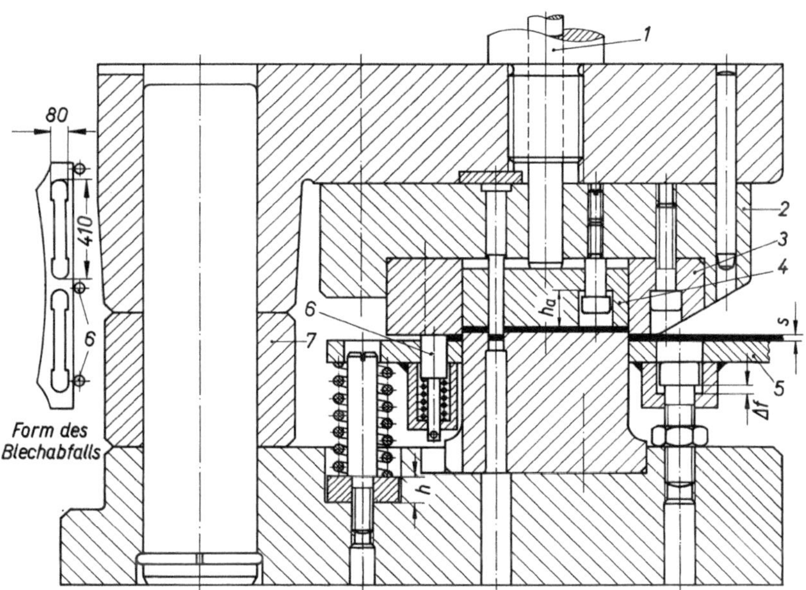

Abb. 5.16 Gesamtschneidwerkzeug zur Verarbeitung von Blechabfällen mit Gestell mit hinten stehenden Säulen. *1* Zwangsausstoßer, *2* Zwischenplatte (E 295) zur Aufnahme der Lochstempel, der geteilten Schneidplatte (*3*) und der Anschlagschrauben für Ausstoßer (*4*), *5* Abstreifplatte, zugleich Auflagefläche für Blechabfall mit angeschweißten Augen für Hubbegrenzungsschrauben und federnde Anschlagstifte (*6*), Scheibenhöhe *h* beim Schärfen durch Abschleifen, *7* Aufschlagringe

8. Die *Führung der Streifen* und Bänder übernehmen feststehende Stifte (Abb. 5.14, Teile 7) oder federnde Bolzen (Abb. 5.16, Teile 6). Stifte sind billiger, erfordern aber in der Schneidplatte Aussparungen, welche die Rissbildung begünstigen.
9. *Für Streifen* ist in der Einlaufseite eine vergrößerte Auflagefläche von Vorteil; sie kann an die Abstreifplatte als Winkel angeschraubt oder stirnseitig stumpf angeschweißt sein.

Zur Fertigung von kleinen bis mittleren Stückzahlen werden in Ausschneidwerkzeuge in Gesamtbauweise, auch in Gesamtschneidwerkzeuge, als *Abstreifer* und *Ausstoßer* oft Platten aus *Gummi oder aus hochelastischem Kunststoff* (Abb. 5.17) eingeklebt. Die Gummiplatten stehen drucklos zu den Schneiden bei Aluminium 0,5 … 0,8 mm, bei Stahlblechen etwa 1 mm vor. In Gesamtschneidwerkzeugen dürfen nur 1 bis 2 einfache Lochstempel eingebaut sein, sonst bringt die im Oberteil eingeklebte Gummiplatte die Ausstoßkräfte nicht mehr auf. Lässt man die Schneiden tiefer als 0,1 … 0,3 mm in die Schneidplattendurchbrüche eintauchen, werden die Gummiplatten stärker zusammengepresst, sie weiten sich mehr als die in Tabelle Abb. 5.17 angegebene Spaltweite aus.

Nur das Werkzeugunterteil wird auf den Pressentisch gespannt. Zum Schneiden drückt der Stößel das mittels zwei Zylinderstiften (verschiedene Durchmesser) geführte Werkzeugoberteil abwärts. Nach dem Schneidvorgang drücken die Gummiplatten das Werkzeug auseinander; die beiden Druckfedern heben das Oberteil während des Streifenvorschubes ab. Die drei *Anschneidanschläge* (Teile 7 … 9) sind in der gleichen Anordnung auch für die üblichen Gesamtschneidwerkzeuge und Ausschneidwerkzeuge in Gesamtbauweise, jeweils mit federndem Ausstoßer, geeignet.

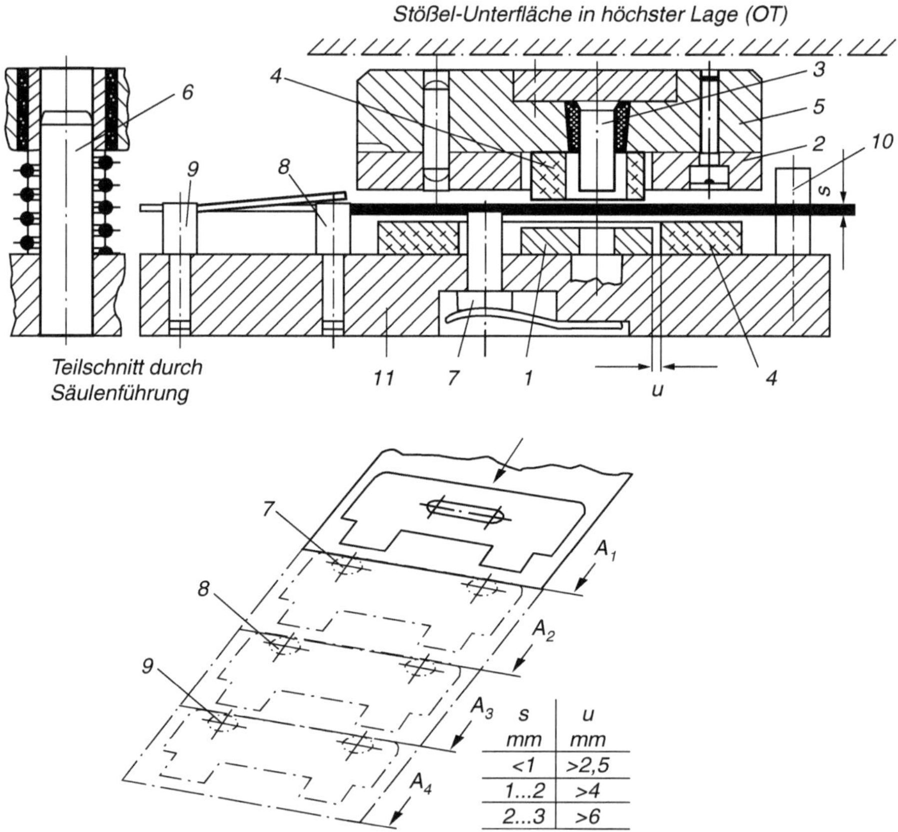

s mm	u mm
<1	>2,5
1...2	>4
2...3	>6

Abb. 5.17 Gesamtschneidwerkzeug mit Gummiabstreifer und -ausstoßer, *1* Schneidstempel für Außenform, mit Unterteil verschraubt und verstiftet, *2* Schneidplatte (Teile *1* und *2* je etwa 7,5 mm dick), *3* Lochstempel, *4* aufgeklebte Gummiplatte, etwa 8 mm dick, zum Schneiden von Aluminiumblechen: Shorehärte 60 … 70°, von Stahlblechen: Shorehärte 75 … 80°, *5* Oberteil, etwa 18 mm dick mit Einfräsungen oder Abdrückgewinde zum Abnehmen der Schneidplatte, ohne Einspannzapfen, *6* Säulenführung, bestehend aus zwei Zylinderstiften, zwei Bohrbuchsen mit zwischengelegten Druckfedern, *7* federnder Anschneidanschlag für Streifenlage A_1, *8* fester Anschneidanschlag für Streifenlage A_2, nach Streifen Vorschub wird (*8*) ein Ausdrückstift, *9* fester Anschneidanschlag für Streifenlage A_2, nach Streifen Vorschub ist (*9*) ein Einhängestift, *10* Stifte zur seitlichen Streifenführung, *11* Werkzeugunterteil, etwa 18 mm dick, Lochstempel (*3*) und Säulenführungsbuchsen sind mittels Kunstharz eingegossen

Berechnungsbeispiel 5.3
Die wirksamen Kräfte im Gesamtschneidwerkzeug (Abb. 5.14) und die Stößelpresskraft sind zu ermitteln. Der Umfang des Ausschneidstempels beträgt 131 mm, derjenige der sieben Lochstempel 53 mm (Werkstoff: $s = 0{,}5$ mm; $R_m = 410 \frac{\text{N}}{\text{mm}^2}$).

Lösung
Spezifische Schneidkraft nach Gl. 4.2

$$k_S = 0{,}8 \cdot R_m = 0{,}8 \cdot 410 \frac{\text{N}}{\text{mm}^2} \approx 330 \frac{\text{N}}{\text{mm}^2}$$

Nach Gl. 4.1 ist Schneidkraft

$$F_{S1} = l \cdot s \cdot k_S = 131\,\text{mm} \cdot 0{,}50\,\text{mm} \cdot 330 \frac{\text{N}}{\text{mm}^2} \approx 21.600\,\text{N}$$

Entsprechend Abschn. 4.4.5 werden für die Federn im Unterteil als Abstreifkraft 18 % der Schneidkraft gewählt; F_2 = 18 % von 21.600 N = 3900 N, mit 10 % Sicherheitszuschlag wird F_2 = 4300 N. Die Tellerfedern sind im Beispiel 14.3 berechnet.

Schneidkraft zum Lochen

$$F_{S3} = l \cdot s \cdot k_S = 53\,\text{mm} \cdot 0{,}50\,\text{mm} \cdot 330 \frac{\text{N}}{\text{mm}^2} \approx 8700\,\text{N}$$

Somit gesamte Schneidkraft

$$F_{S4} = F_{S1} + F_{S3} = 21.600\,\text{N} + 8700\,\text{N} = 30.300\,\text{N}$$

Die Ausstoßerkraft für die Druckfedern im Oberteil wird mit 26 % der gesamten Schneidkraft angenommen. Somit F_5 = 26 % von 30.300 N 8000 N, mit 10 % Sicherheitszuschlag ≈8800 N. Die Tellerfedern sind im Beispiel 14.3 berechnet.

Erforderliche Stößelpresskraft F = gesamte Schneidkraft F_{S4} + Federkraft gespannt als $F_{Aufwand}$ der unteren und der oberen Federsäulen (aus den Berechnungsbeispielen 14.3 und 14.3 entnommen), dazu kommen noch 30 % Sicherheitszuschlag. Somit

$$F = 1{,}3\left(30.300\,\text{N} + 3 \cdot 1430\,\text{N} + 10.400\,\text{N}\right) \approx 60.000\,\text{N} = 60\,\text{kN}$$

Ergebnis
Bei einer Einständer-Exzenterpresse mit festem Tisch (DIN 55171) und Aufspannplatte (DIN 55187) muss man *wegen der erforderlichen Werkzeugbauhöhe* bei Ausführungen mit Kupplungszapfen eine Presse mit 400 kN vorsehen; bei Verwendung von Einspannzapfen und Zwangsausstoßer ist eine 160 kN-Einständer-Exzenterpresse aus Steifheitsgründen vorzusehen. Rein kräftemäßig würde eine 60 kN-Presse gerade noch ausreichen.

5.4.7 Nachschneid- und Kantenglättezugwerkzeuge

Sind am Werkstück glatte Schnittflächen nötig, z. B. bei Innen- oder Außenzahnformen, bei Schaltnasen usw. und ist ein Feinschneiden (Abschn. 4.1 und 4.2) nicht möglich, so werden zuvor die Teile in einem Schneidwerkzeug mit Bearbeitungszugabe ausgeschnitten und nachfolgend auf einer Exzenterpresse mittels Nachschneidwerkzeug oder Kantenglättezugwerkzeug nachgearbeitet. Bei beiden Verfahren entstehen feine Späne; trotz des säulengeführten Schneidwerkzeuges liegt ein spanendes Verfahren vor.[11]

Als *Bearbeitungszugabe i je Schnittfläche* rechnet man bei Stahlblechen für Innenformen $i \approx 4$ %, für Außenformen $i \approx 8$ % der Blechdicke s; als Erfahrungsformel kann auch gelten:

$$i = 0{,}3\,\%\ \text{von}\ \left(s \cdot k_S\right)\ \text{in mm} \tag{5.3}$$

i Bearbeitungszugabe je Schnittfläche in mm
s Blechdicke in mm
k_S spezifische Schneidkraft des Bleches in N/mm²

Stahlbleche ab 3 mm Dicke werden meist zweimal nachgeschliffen, um eine riefenfreie Oberfläche zu erhalten.

Die Innenform der geteilten Schneidplatte ist geschliffen, geläppt und poliert, der Stempel nur geschliffen. Beide müssen genau zueinander fluchten, weshalb kugelgeführte Gestelle üblich sind.

Nachschneid- und *Kantenglättezugwerkzeuge* sollen *unter einer kräftemäßig reichlich bemessenen Presse mit O-Gestell*[12] arbeiten, damit durch die Pressenauffederung keine Ungenauigkeiten auf die Schneiden bzw. Schnittflächen übertragen werden. Die Schneidplattenteile aus 12 %igem Chromstahl hergestellt, werden in einem *Spannrahmen oder Schrumpfring* zusammengehalten. Der Spannrahmen (Abb. 5.18, Teil 3) ist innen um 10 Winkelminuten kegelig erweitert; dadurch schnäbeln die Plattenteile vor dem Einpressen gerade noch an. Der Pressdruck des Spannrahmens ist nötig, da sich innerhalb der Schneidplatte immer 4 … 6 nachgeschnittene Teile befinden. Den Stempelhub begrenzen *Aufschlagstücke oder Ringe*. Die Stempelschneide taucht bei einem Kantenglättezugwerkzeug ≈0,1 mm, beim Nachschneidwerkzeug aber nicht ein.

[11] Nachschneiden von Schnittflächen VDI-Richtlinie VDI 2906-1 … 10 Schrifttum für Sonderverfahren unter Sonderpressen (Feinschneiden, Repassiernachschneiden) ist in Kap. 4 aufgeführt.

[12] Durch die Winkelauffederung einer Presse mit C-Gestell fluchtet der Stempel nicht mehr mit der Schneidplatte; die Schneiden nutzen sich ungleich ab und können stellenweise ausbrechen (Abschn. 17.7).

Einlegerichtung der Ausschnitte

Beim *Kantenglättezug* soll man Ausschnitte aus Blechen, $s < 3$ mm, entgegen ihrer Ausschneidrichtung einlegen. Infolge der kleinen Schneidkantenabrundung ($Sr \approx 0{,}2 \ldots 0{,}3$ mm) der Schneidplatte wird das Werkstück im Bereich der Schneidplatte nicht nachgeschnitten, sondern die Schnittflächen werden verquetscht, also kalibriert. Außerdem wird durch das Glätten die untere Kante des Werkstückes leicht verzogen. Dieses Verfahren lässt sich deshalb nur für einfache Außenformen anwenden.

Beim *Nachschneiden* ist die Einlegerichtung der Ausschnitte ($s < 3$ mm) aus Werkstoffen mit hohem Formänderungsvermögen ohne Einfluss auf die Güte der nachgeschnittenen Flächen. Teile aus harten spröden Werkstoffen sowie dicke Zuschnitte ($s > 3$ mm) sollen nur in ihrer Ausschneidrichtung eingelegt werden. Während des Nachschneidens schält sich dann auf der Schneidplattendruckfläche anfangs ein dicker Spanquerschnitt ab, der dem Schneidende zu dünner wird[13] und daher weniger zum vorzeitigen Abbrechen neigt; die Oberflächengüte der nachgeschnittenen Fläche wird besser. Die Schnittflächen haben scharfe Kanten, hohe Oberflächengüte und hohe Maßgenauigkeit.

In der Regel wird für Nachschneidwerkzeuge (Tabelle, Abb. 5.18) der Schneidstempel kleiner als der Schneidplattendurchbruch ausgeführt. Ist der Stempel größer, dann soll bei tiefster Werkzeuglage *UT* zwischen Stempelschneide und Schneidplattendruckfläche noch mindestens ein Abstand von etwa 1 / 20 der Blechdicke vorhanden sein; nachfolgend eingelegte Ausschnitte schieben noch nicht fertig geschnittene Teile in den Schneidplattendurchbruch. Entstehende Späne fließen unbehindert ab, erhält die Innenform der Einlegeschablone eine Aussparung (Abb. 5.18a) und wird die lichte Weite zwischen Einlegeschablone und Schneidplattendruckfläche ≥ 1 mm ausgeführt; zusätzlich ist die Druckfläche der Schneidplatte etwa 2 … 3 mm eben, dann seitlich um $\approx 30°$ abgeschrägt. Die fest klemmbare Einlegeschablone schwenkt man zur öfteren Werkzeugreinigung weg.

Durch reichliches Schmieren (Petroleum, Seifenwasser) werden Späne weggeschwemmt; auch wird die Güte der nachgeschnittenen Flächen verbessert. Bei runden Stempelformen kann die Stempeldruckfläche konkav freigespart sein (Neigung der Druckfläche an Schneidkante $\sphericalangle \alpha \approx 10°$); Keilwinkel und somit Schneidkraft werden kleiner, Schnittflächengüte besser.

Ausschnitte mit Bohrungen werden zum Nachschneiden in ihren Lochwandungen aufgenommen. Der Stempel mit den Aufnahmestiften sitzt im Unterteil, die Schneidplatte im Oberteil (Abb. 5.18b). Die Späne behindern nicht mehr. Während des Nachschneidens schiebt die Schneidplatte entstehende Späne vor sich weg. Ein stark gefederter Ausstoßer,

[13] Da der Span von der Schnittfläche „abgeschabt“ wird, bezeichnet man Nachschneidwerkzeuge oft noch mit Schabeschneidwerkzeug (entgegen DIN 9870 Blatt 2).

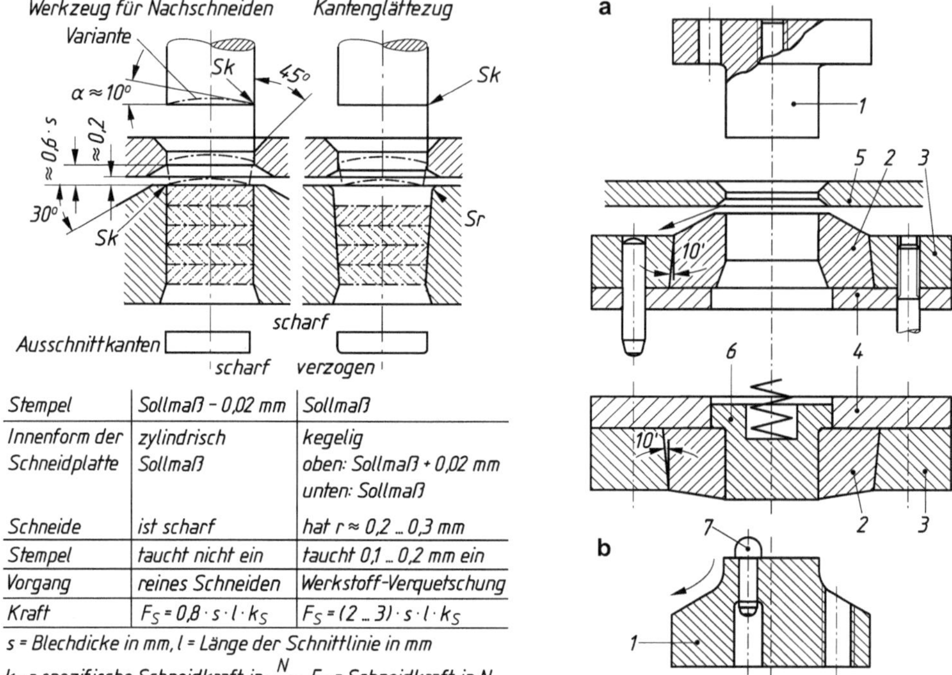

Stempel	Sollmaß − 0,02 mm	Sollmaß
Innenform der Schneidplatte	zylindrisch Sollmaß	kegelig oben: Sollmaß + 0,02 mm unten: Sollmaß
Schneide	ist scharf	hat r ≈ 0,2 ... 0,3 mm
Stempel	taucht nicht ein	taucht 0,1 ... 0,2 mm ein
Vorgang	reines Schneiden	Werkstoff-Verquetschung
Kraft	$F_S = 0{,}8 \cdot s \cdot l \cdot k_S$	$F_S = (2 \ldots 3) \cdot s \cdot l \cdot k_S$

s = Blechdicke in mm, l = Länge der Schnittlinie in mm

k_S = spezifische Schneidkraft in $\frac{N}{mm^2}$, F_S = Schneidkraft in N

Abb. 5.18 Nachschneidverfahren auf Exzenterpresse. Nachschneiden von Schnittteilen: **a** ohne Bohrung, **b** mit Aufnahmebohrung. *Sk* Schneide, scharf geschliffen, *Sr* Schneidkantenabrundung (vereinzelt auch 45°-Fase ≈ 0,1 … 0,2 mm breit). *1* Stempel, *2* geteilte Schneidplatte, *3* Spannrahmen oder Schrumpfring, *4* Druckplatte, *5* Einlegeschablone ausschwenkbar, *6* Ausstoßer, *7* Einhängestift

Federkraft zusammengepresst ≈ (0,6 … 0,8) · Schneidkraft, drückt nach jedem Hub das Werkstück aus der Schneidplatte heraus. Beim Nachschneiden weicher Werkstoffe mittels runder Stempelform entsteht meist ein ringförmiger Span, den zwei oder drei Abfalltrenner (ähnlich Abb. 5.2e, Teile 7) zerkleinern.

Sind *Nachschneidstempel in einem Folge- oder Verbundwerkzeug* (Abb. 5.19) eingebaut, so müssen im Werkzeug während des Nachschneidens Erschütterungen und Rückfederungen vermieden werden; diese mindern die Oberflächengüte der nachgeschnittenen Flächen. Folglich sind Säulengestelle mit Kugelführung und ein kräftiges Pressengestell (O-Gestell) unerlässlich. Damit die Schneid- und Umformvorgänge vor Nachschneidbeginn bereits beendet sind, lässt man die Druckflächen der Ausschneid- und Lochstempel zu den Nachschneidstempeln um ≥ 1 · Blechdicke vorstehen. Formschlüssige Biegestempel sind federnd zu gestalten, meist werden sie an der Führungsplatte des Gestells befestigt. Während des Nachschneidens darf sich der Werkstoff durch seitlich *wirkende* Kräfte nicht verschieben, weshalb man einzelne einseitig schneidende Nachschneidstempel vermeiden soll. Auch wenn symmetrisch sitzende einseitig schneidende Nachschneidstempel eingebaut sind, müssen zusätzlich noch starke Druckfedern, Federkraft zusammengepresst F_2 mindestens (0,5 … 0,8) · $F_{\text{Nachschneiden}}$, über die bewegliche Führungsplatte des Säulengestells auf die Blechoberfläche wirken. Die Druckfläche der Nachschneidstempel ist bei offener Schnittlinie unter $\sphericalangle\alpha \approx 5 \ldots 10^\circ$ geneigt; bei runden Lochstempeln wird sie konkav, (Neigung der Druckfläche an Schneidkante $\sphericalangle\alpha \approx 10^\circ$) freigespart. Ihr Abstand zur Schneidplatte wird bei tiefster Werkzeuglage durch Aufschlagstücke oder Aufschlagschrauben mit Feingewinde eingehalten.

Im Verbundwerkzeug, Abb. 5.19, werden gleichzeitig zwei Teile gefertigt; man erzielt symmetrisch sitzende Nachschneidstempel und symmetrische Biegeform, wobei sich Seitenkräfte aufheben. Das Streifenende kann sich im Werkzeug seitlich nicht verschieben, da außer der federnden Streifenführung und den beiden Seitenschneidern noch zusätzlich rechteckige Suchstifte (1) und (3) und im Streifenauslauf Gleitstücke (5) eingebaut sind. Späne der Nachschneidstempel müssen durch reichlich bemessene Kühlmittelstrahlen (in Wasser lösliche Seifen oder Öle, siehe Tab. 8.1), die auf Schabestellen gerichtet sind, weggeschwemmt werden. Während der Werkstoff um eine Vorschublänge weitergeführt wird, muss er durch federnde Bolzen abgehoben sein, damit gleichzeitig Kühlmittelstrahlen die gesamte Schneidplattenoberfläche überspülen. Der Federhub dieser Abhebebolzen ist daher größer ($\Delta f_{\text{min}} = 0{,}2$ mm) als in üblichen Schneidwerkzeugen ($\Delta f \approx 0{,}5$ mm). Damit die reichlich bemessene Kühlflüssigkeit mitgeschwemmte Spänchen aus dem Werkzeug sicher ableitet, wird oft die Schneidplattendruckfläche nach den Schabestufen zur Werkzeugaußenseite hin geneigt ausgeführt, damit der Streifenwerkstoff auf ihr nicht mehr voll aufliegt. Auch in die Schneidplattendruckfläche eingearbeitete, oben offene Ablaufkanäle, die zur Werkzeugaußenkante hin tiefer werden, erleichtern das unbehinderte Abfließen feinster Spänchen zusammen mit dem Kühlmittel, besonders wenn die Kanalflächen riefenfrei ausgeführt sind und sauber gehalten werden. Damit Kanäle keine Abdruckstellen auf der Blechoberfläche hinterlassen, müssen die Übergänge von den Kanalseitenflächen auf die Schneidplattendruckfläche abgerundet sein. Die Erfahrung zeigt, dass ohne derartige Maßnahmen polierte Blechoberflächen vereinzelt durch feinste Nachschneidspänen beschädigt würden (z. B. Kratzerbildung, eingedrückte Spänchen).

5.4.8 Führungen für Werkzeuge in Modulbauweise

Die in Abschn. 10.2.2 (siehe Abb. 10.18) beschriebenen Module der Folgewerkzeuge haben eigene Säulenführungen, die nach den hier beschriebenen Gesichtspunkten konstruiert werden. Diese Führungen haben die Aufgabe, das Werkzeug nur beim Einbau in das Muttergestell zu führen und brauchen deshalb nicht sehr steif ausgeführt zu werden.

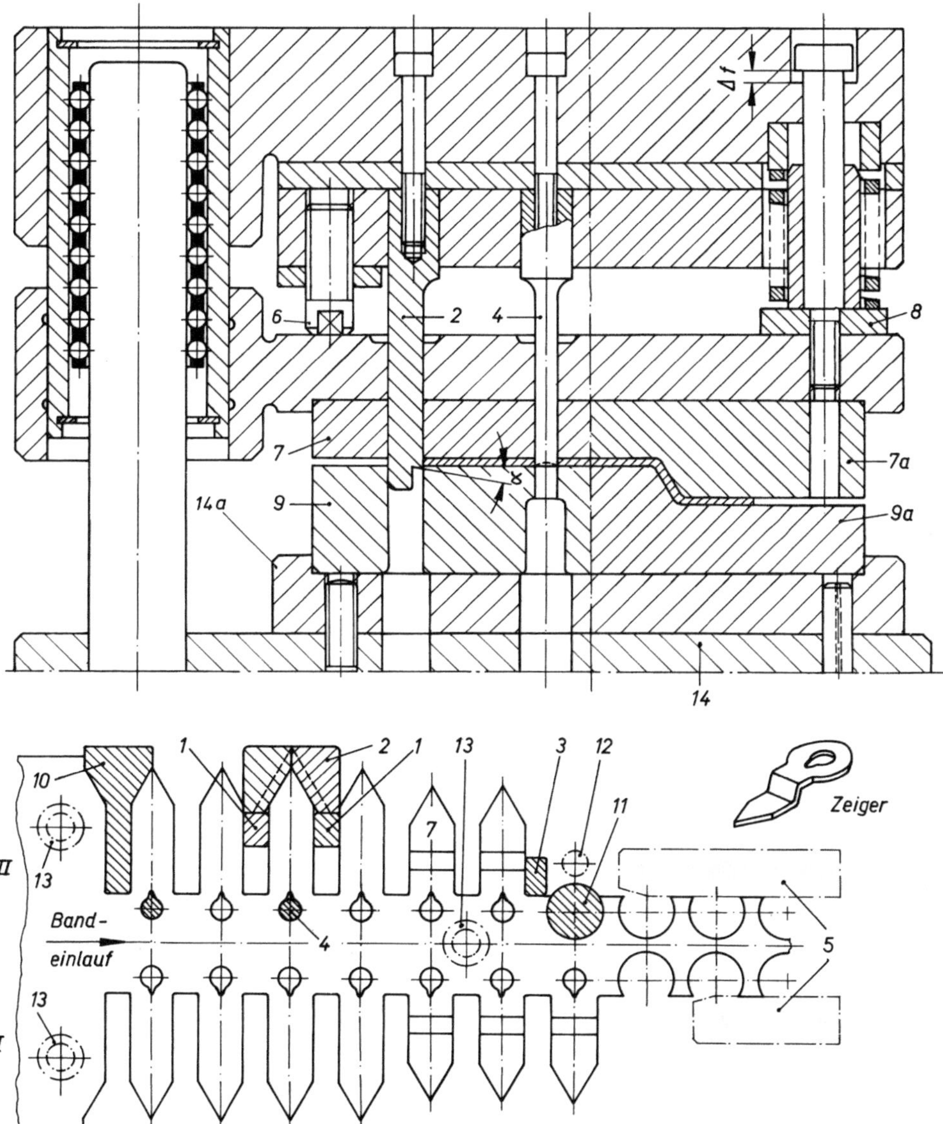

Abb. 5.19 Nachschneiden im Verbundwerkzeug. *1* Suchstempel, *2* geteilter Nachschneidstempel, *3* Suchstempel, *4* runder Nachschneidstempel, *5* Gleitstücke, *6* einstellbare Aufschlagschraube mit Feingewinde (1 mm Steigung) und Gegenmutter, *7* Führungsleiste für Schneid- und Nachschneidstempel, *7a* Biegestempel, beide in Nute der Führungsplatte eingepasst, *8* Zwischenringe, beim Schärfen der Schneidstempel nur untere Ringe abschleifen, *9* geteilte Schneidplatte, *9a* Gegenstempel, beide sitzen in einer Passnute der Zwischenplatte (*14a*), die mit dem Unterteil verschraubt und verstiftet ist, *10* Formseitenschneider, *11* Ausschneidstempel, *12* federnder Abstoßer (Federraum im Oberteil), *13* federnder Abhebestift für Streifen (Federraum im Unterteil, Federhub ≈ 2 mm), *14* handelsübliches Säulengestell mit Führungsplatte und durchgehender Kugelführung; Federkraft vorgespannt $F_1 > F_{\text{Biegen}}$, Federkraft gespannt $F_2 > F_{\text{Abstreifen}}$. Schnittstreifen ist *I* ohne, *II* mit Stempel dargestellt

5.5 Streifenführung und Vorschubbewegung

5.5.1 Streifenführung und Streifenzentrierung

Die zu verarbeitenden Bänder und Streifen haben genormte Breitentoleranzen;[14] diese erfordern im Werkzeug je nach gegebenen Werkstückabmaßen (Umfang zu Bohrungen) besondere Führungselemente. Man unterscheidet feste und federnde Streifenführung sowie Streifenzentrierung.

Beim Stanzen dünner, eng tolerierter Bänder verwendet man in der Hochleistungsstanztechnik feste oder in Hubrichtung federnde Bandführungselemente (Abb. 5.20).

Bei *fester Streifenführung* übernehmen die beiden Zwischenlagen (Zwischenleisten) die Führung des Streifens (Abb. 5.6 und 5.21); sie wird ohne zusätzliche Führungselemente angewandt, wenn die Breitentoleranz auf die Maßhaltigkeit der Ausschnitte keinen Einfluss hat, z. B. in Ausschneidwerkzeugen. Die nach oben um 3 … 5° erweiterten Gleitflächen der Zwischenlagen (siehe Tabelle in Abb. 5.21) ermöglichen ein störungsfreies Durchschieben des Streifens. An der Einführseite werden beide oder nur eine Zwischenlage verlängert und daran das Streifenauflageblech (Dicke 2 mm, 3 mm oder 4 mm) befestigt. Bei mechanischer Vorschubeinrichtung (z. B. Walzen- oder Zangenvorschub) ist der Werkstoff von der linken Seite aus einzuführen; werden Streifen oder Flachstäbe nur von Hand durch das Werkzeug geschoben, kann man auch rechts als Einführseite wählen (kürzere Arbeitszeiten).

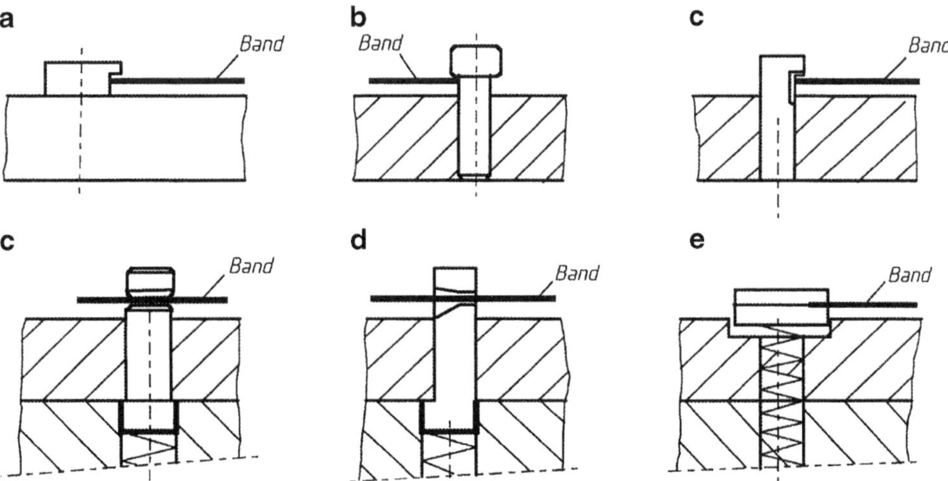

Abb. 5.20 Bandführungselemente für dünne Bänder. **a** Feste Leisten, **b** feste Stifte, **c** feste Stifte mit Bandeinlauf, **d** federnde Stifte, **e** federnde Stifte mit Einlauf schräge, **f** federnde Leiste

[14] Breitentoleranz für Bandstahl, warm gewalzt, DIN EN 10048 Kaltband, mit Naturkante (NK) oder geschnittener Kante (GK) DIN EN 10140.

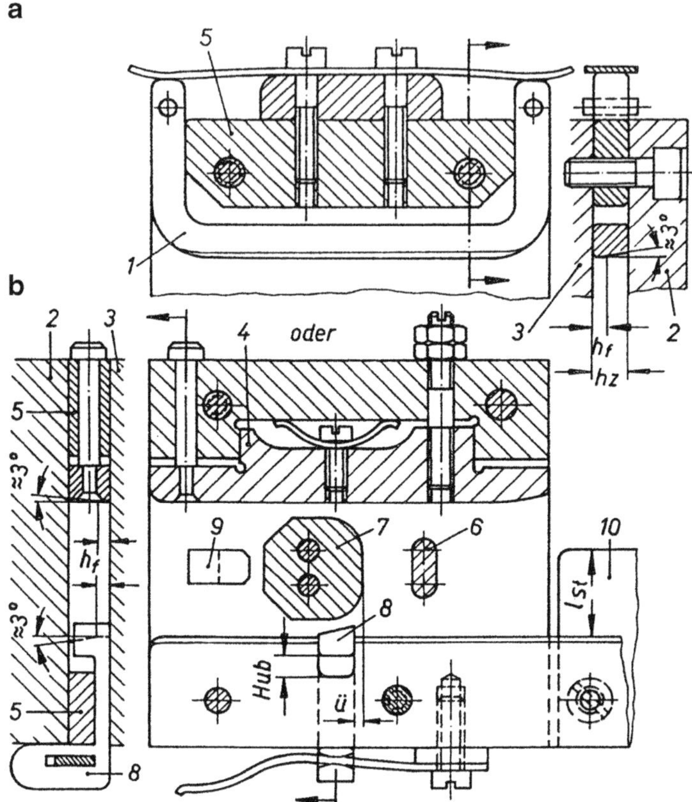

Abb. 5.21 Federnde Streifenführung en. Alle Flächen zur Streifenführung sind bis Maß h_f senkrecht, dann um 3° geneigt. **a** Mit Führungsbügel: *1* federnder Bügel, *2* Stempelführungsplatte, *3* Schneidplatte, **b** mit federndem Führungseinsatz (*4*): *5* Zwischenlage, *6* Lochstempel (nur weiche dünne Streifen anschneiden), *7* Ausschneidstempel mit zwei Suchstiften, *8* Anschneidanschlag (*An*), *ü* Überschneidung, *9* Einhängestift, *10* Streifenauflageblech $l_{St} \approx 3/4$ der Streifenbreite

Blechdicke s (mm)	Maß h_f (mm)
0,5	1
0,5 … 1	2
1 … 2	3
2 … 3	4
3 … 5	6

Bei federnden Streifenführungen, die im Werkzeug vor dem Seitenschneider (außerhalb des Werkzeuges im Streifeneinlauf) sitzen, ist Teil 3 ein 3 … 4 mm dickes Streifenauflageblech (Breite entspricht Werkzeugbreite) und Teil 2 eine Deckleiste (in Abb. 5.25 dargestellt).

Die *federnde Streifenführung* (Abb. 5.21) soll bei allen Folgewerkzeugen gewählt werden. Die Feder drückt den Streifen an die feste Zwischenlage; die Umrisse zu den Löchern fallen trotz seiner Breitentoleranz gleichmäßig aus. Meist zieht man den Streifen beim

Durchschieben unbewusst an sich heran. Deshalb wird vielfach für die federnde Streifenführung die rückseitig liegende Zwischenlage vorgesehen und dort innerhalb des Werkzeuges angeordnet. Von Nachteil ist, dass die auf den Streifen seitlich wirkende Blattfeder der Streifenvorschubbewegung bremsend entgegenwirkt. Übernehmen Seitenschneider (vgl. Abb. 5.26) die Vorschubbegrenzung des Streifens, dann sitzt die *federnde Streifenführung im Streifeneinlauf neben dem Seitenschneider* (vgl. Abb. 5.26, 5.28c und 10.12); beide Zwischenlagen sind nun als Trägerleisten für das Streifenauflageblech erforderlich.

Federnde Streifenzentrierungen (Abb. 5.22) werden angewandt, wenn *Streifenmittigkeit* gefordert ist, obwohl der zu verarbeitende Werkstoff große Breitentoleranz hat, z. B. bei Flachstäben und Bändern mit kalt gewalzten Kanten.

Abb. 5.22a zeigt eine Zentrierungsmöglichkeit über zwei Keiltriebstempel (*K*) mit Zentrierschiebern (*SZ*), die den Streifen mittels seiner Seitenflächen zentrieren und gleich zeitig festklemmen. Dadurch wird einwandfreie Streifenmittigkeit erzielt. Nachteilig jedoch ist, dass der zu verarbeitende Werkstoff bei beginnendem Stößelruckzug noch festgeklemmt ist.

Dadurch eignet sich diese Konstruktion nur, wenn im Werkzeug die lichte Durchgangshöhe (in Abb. 5.22 das Maß *hz*) etwa 1,3 … 1,5 · Blechdicke beträgt. Zur Vorschubbegrenzung sind bei dieser geringen Durchgangshöhe Hakenanschläge (vgl. Abb. 5.25) einzusetzen.

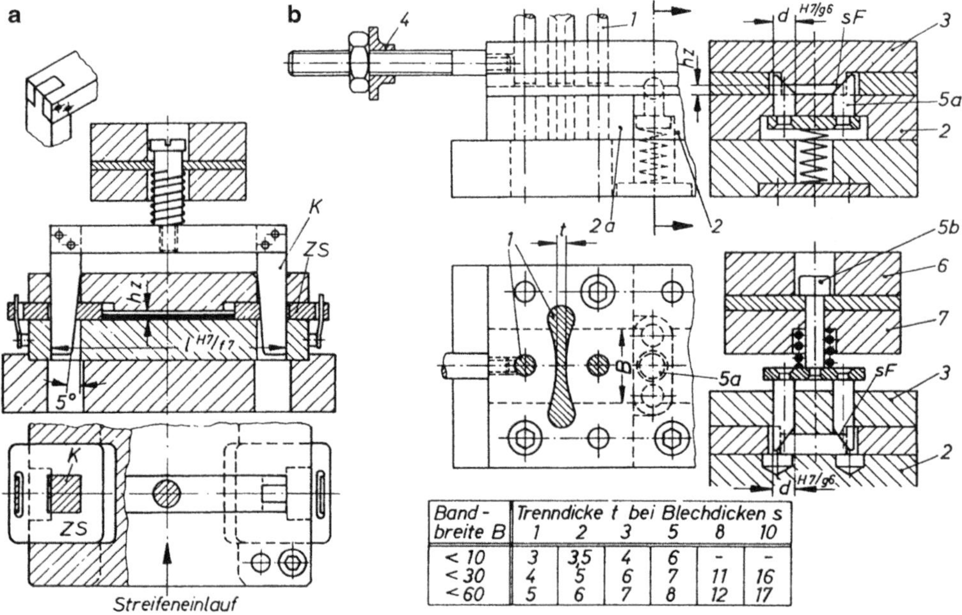

Band-breite B	Trenndicke t bei Blechdicken s 1	2	3	5	8	10
< 10	3	3,5	4	6	-	-
< 30	4	5	6	7	11	16
< 60	5	6	7	8	12	17

Abb. 5.22 Federnde Streifenzentrierungen, dargestellt im Plattenführungswerkzeug. **a** Zentrierung über Seitenflächen des Werkstoffes mittels Keiltriebstempel (*K*) und Zentrierschieber (*ZS*), **b** Zentrierung über Werkstoffkanten mittels zwei schrägen Flächen (*sF*). *1* Schneid- und Lochstempel, *2* Streifenauflageplatte (E 295), *2a* Schneidplatte, *3* Stempelführungsplatte, lichte Höhe für Streifendurchgang *hz* ≈ Blechdicke *s* + (0,5 … 1) mm, *4* einstellbarer, nicht-federnder Längenanschlag, *5* je eine federnde Zentriereinheit an der Einführseite und im Werkzeug kurz vor den Schneidstempeln *5a* von unten her wirkend, *5b* von oben her wirkend, *6* Kopfplatte, *7* Halteplatte

Für Folgeverbundwerkzeuge darf man keilbetätigte Zentrierschieber (Abb. 5.22) nur vorsehen, wenn obige Voraussetzungen erfüllt sind und zusätzlich die Streifen während der Umformung ihre Höhenlage beibehalten. Von Vorteil sind möglichst kleine Umformwege der Stempel. Die auf den Keilstempelbügel mittig wirkende Druckfeder muss im vorgespannten Zustand die beiden Schieber an die Seitenflächen des Werkstoffes heranführen und dann als Federhub noch den gesamten Umformweg der Stempel mitmachen. Große Umformwege erfordern große Federwege, die wiederum lange Druckfedern und damit hohe Werkzeuge.

Bei der Ausführungsart nach Abb. 5.22b wird der Werkstoff entlang seiner Kanten mittels zwei schrägen Flächen *sF* der Zentrierstempel (Teile 5), die von oben oder von unten her unter Federdruck stehen, zentriert. Diese Konstruktion kann man bei allen Werkzeugen anwenden, auch ist sie unabhängig von der Art des Werkstoffvorschubes. Nachteilig ist, dass in Werkzeugen mit mehreren Arbeitsfolgen je eine Zentriereinheit im Streifeneinlauf und im Auslauf erforderlich ist und dass die Zentrierung je nach Kantengüte unterschiedlich ausfällt; Schnittgrate geschnittener Streifen dürfen daher nicht in Richtung der Zentrierstempelflächen *sF* zeigen.

5.5.2 Vorschubbegrenzung einfacher Streifen

Einfache Schnittstreifen werden im Gegensatz zum Wendestreifen nur einmal durch das Werkzeug (Einfach- und Mehrfachschneidwerkzeuge, Tab. 2.2 in Kap. 2) geführt. Die Genauigkeit des Streifenvorschubes (Tab. 5.2) ist von der Art der Vorschubbegrenzung und vom vorhandenen Schnittgrat der Anschlagflächen abhängig. Besonders wichtig ist, ob mit oder ohne federnde Streifenführung gearbeitet wird.

Zuerst muss im Werkzeug der eingeführte Streifenanfang zum Anschneiden angeschlagen werden, um unnötigen Werkstoffverbrauch zu vermeiden. Bei Ausschneidwerkzeugen versucht man ohne Anschneidanschlag auszukommen, indem der Streifen am Einhängestift (Abb. 5.23a), an einer Einhängeplatte (Abb. 5.23b), oder am Anschlagwinkel (Abb. 5.23c) angeschlagen sind. Sind *Anschneidanschläge An* (Abb. 5.24) erforderlich, werden diese Anschläge in Ausschneidwerkzeugen in der Regel ohne Feder (Abb. 5.24a), in Folgewerkzeugen mit Feder eingebaut. Die Feder kann den Anschneidanschlag vom Streifen wegdrücken, sodass er erst durch Fingerdruck in Anschlagstellung kommt (Abb. 5.24b). In Werkzeugen mit einem oder mit mehreren Suchstiften (Abb. 5.29g) soll zu deren Schutz die Feder den Anschlag immer auf den Streifen drücken (Abb. 5.24c, 5.6 und 5.21); den eingeführten Streifen kann man nach dem Anschneiden erst weiterschieben, wenn der Anschlag von Hand zurückgezogen ist. Meist sind zwei Anschneidanschläge erforderlich, da bei eingebauten Suchstiften der Streifenanfang bereits gelocht sein muss, bevor er den ersten Sucher erreicht. Behindert ein Stempel den Einbau eines waagerecht liegenden Anschneidanschlages, kann man einen *senkrecht wirkenden Anschneidstift* in die Stempelführungsplatte (Abb. 5.31f, Teile 2 und 3) oder in die Grundplatte einbauen. Die Streifen Vorschubbegrenzung erfolgt bei Handvorschub im Schnittstreifen durch *Einhängestift* oder *Einhängeplatte* (Abb. 5.23); beide sind billig in der Herstellung und im Einbau, doch müssen sie vor jedem Schärfen der Schneidplatte ausgebaut werden.

Tab. 5.2 Kleinstwerte verschiedener Vorschubbegrenzungsarten

Vorschubbegrenzung		Genauigkeit[a] in mm
Streifenvorschub von Hand	nur Einhängestift, Einhängeplatte Anschlagwinkel	±0,1
	nur Hakenanschlag	±0,08 … 0,1
	nur Seitenschneider	±0,07 … 0,08
	zusätzlich Suchstift (je nach Blechdicke)	±0,06 … 0,07
Bandvorschub maschinell	nur Walzenvorschub	±0,05 … 0,1
	zusätzlich Seitenschneider	±0,03 … 0,04
	und noch dazu Suchstift	±0,025 … 0,03
	nur Zangenvorschub	±0,03 … 0,04
	zusätzlich Seitenschneider	±0,025 … 0,03
	Walzen-Zangen-Vorschub	±0,015 … 0,02
	und noch dazu Suchstift	±0,01

[a]in Abhängigkeit von der Hubfrequenz (H/min) und der Vorschublänge

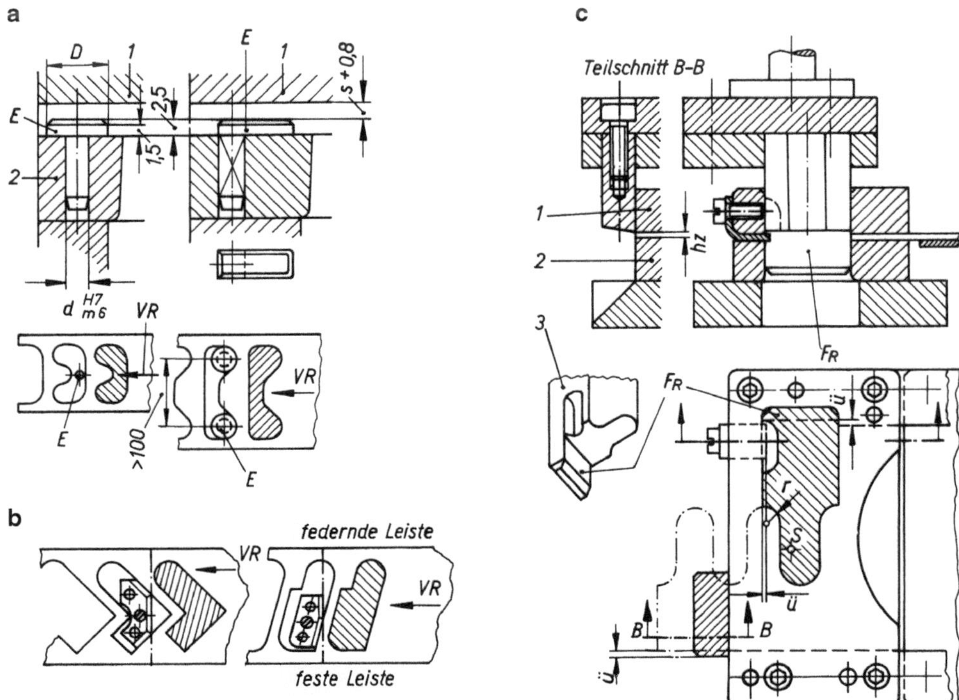

Abb. 5.23 Vorschubbegrenzung. **a** Einhängestift (*E*) für runde oder quadratische Aufnahmebohrung, *1* Führungsplatte, *2* Schneidplatte, **b** Einhängeplatte, gleichzeitig Anschneidanschlag, **c** Anschlagwinkel bei abfalllosem Trennen von Blechen 3 … 8 mm dick, Maß hz = Blechdicke s + 0,5 mm, *ü* Überschneidung, damit gratfreie Ausschnitte (scharfgeschnittene Ecken), *3* Ausschneidstempel mit Rückenführung F_R, *VR* Vorschubrichtung des Schnittstreifens

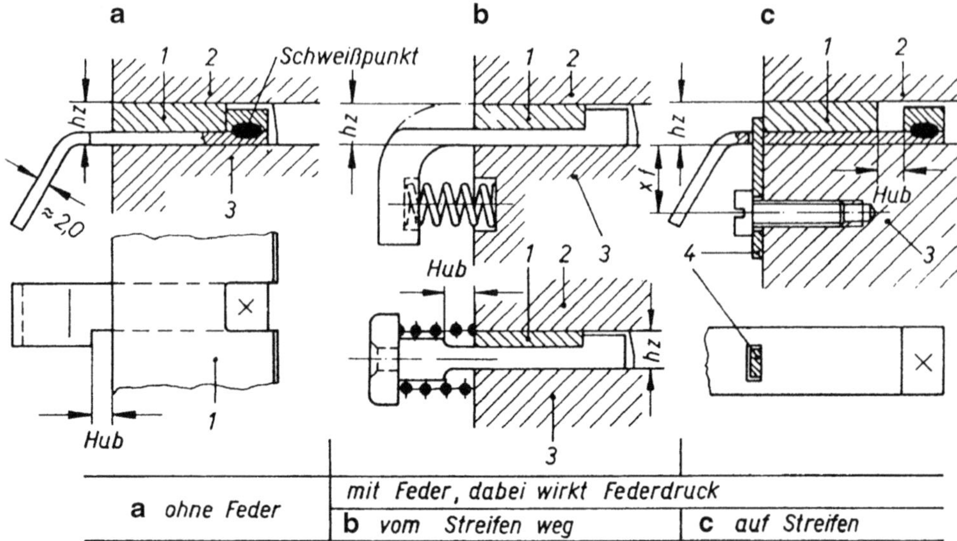

Abb. 5.24 Anschneidanschläge *An*. **a** Ohne Feder, **b**, **c** mit Feder. *1* Zwischenlage Höhe *hz*, *2* Führungsplatte, *3* Schneidplatte, *4* Blattfeder 0,5 mm dick, Federlänge x_f möglichst groß

Anschlagwinkel (Abb. 5.23c) sind *mit einem abfalllos trennenden Schneidstempel abgestimmt*, dadurch können Anschlagwinkel bei allen Streifenvorschubarten eingesetzt werden. Abfalllos trennende Stempel schneiden einseitig; zum Trennen dicker Bleche erfordern diese Stempel zusätzlich eine Rückenführung, die zur Abstützung innerhalb der Schneidplatte und zur Entlastung der Stempelführungsplatte dient (Abb. 5.23, Teil 3). Das Schnittteil hat wechselseitig liegende Schnittgrate; seine Ecken sind einwandfrei geschnitten, sofern die Stempelschneiden um die Maße *ü* verlängert wurden (vgl. auch Abb. 12.3b, c).

Mit *Hakenanschlägen* (Abb. 5.25) erreicht man bei lichter Durchgangshöhe hz = Blechdicke s + (0,5 … 1) mm die kürzeste Zeit für Streifenvorschub von Hand; sie sind auch in Verbindung mit Walzenvorschubgeräten gut einsetzbar. Die während des Schneidens sich abwärts bewegende Druckplatte (2) des Werkzeugoberteils hebt über eine einstellbare Anschlagschraube die Nase *N* des Hakenanschlages (1) um etwa 1,5 · Blechdicke ab (Lage *II*). Gleichzeitig verschiebt die Schenkelfeder (8a) die Hakenanschlagnase *N* innerhalb des Durchbruches der Führungsplatte (4) und um das Maß *u*. Während des Stempelrückzuges kommt die Nase auf den inzwischen geschnittenen Steg des Abfallstreifens mit der Auflagebreite *u* zu liegen (Lage *III*). Bei der nachfolgenden Vorschubbewegung des Streifens fällt die Nase durch den Druck der Schenkelfeder (8a) in den ausgeschnittenen Schnittstreifen (Lage *IV*) und begrenzt den Streifenvorschub, indem sie in der Führungsplatte auf der gegenüberliegenden Fläche des Durchbruches anschlägt (Lage *I*). Anstatt der Schenkelfeder (8a) kann auch auf der Stempelführungsplatte (4) eine Blattfeder (8b) vorgesehen werden.

Seitenschneider (Abb. 5.26) klinken Streifen um ihr Vorschubmaß *V* aus, die Streifen sind daher um das *Abfallmaß i* (Abschn. 4.7.3) breiter. Die freigemachten Schnittflächen schlagen nach jedem Vorwärtsschieben des Streifens an einem Anschlageck an; diese Ecke kann in der Zwischenlage gehalten sein oder auftraggeschweißt werden. Die Stempelführungsplatte nimmt die beim Ausklinken entstehende Seitenkraft auf. Seitenschneider sind so anzuordnen, dass Anschneidanschläge wegfallen und die Sicht auf die Lochstempel nicht behindert wird. Zum Ausklinken von Stahlblechen ab 2,5 mm Dicke können Seitenschneider zur zusätzlichen Abstützung innerhalb der Schneidplatte noch eine Rückenfüh-

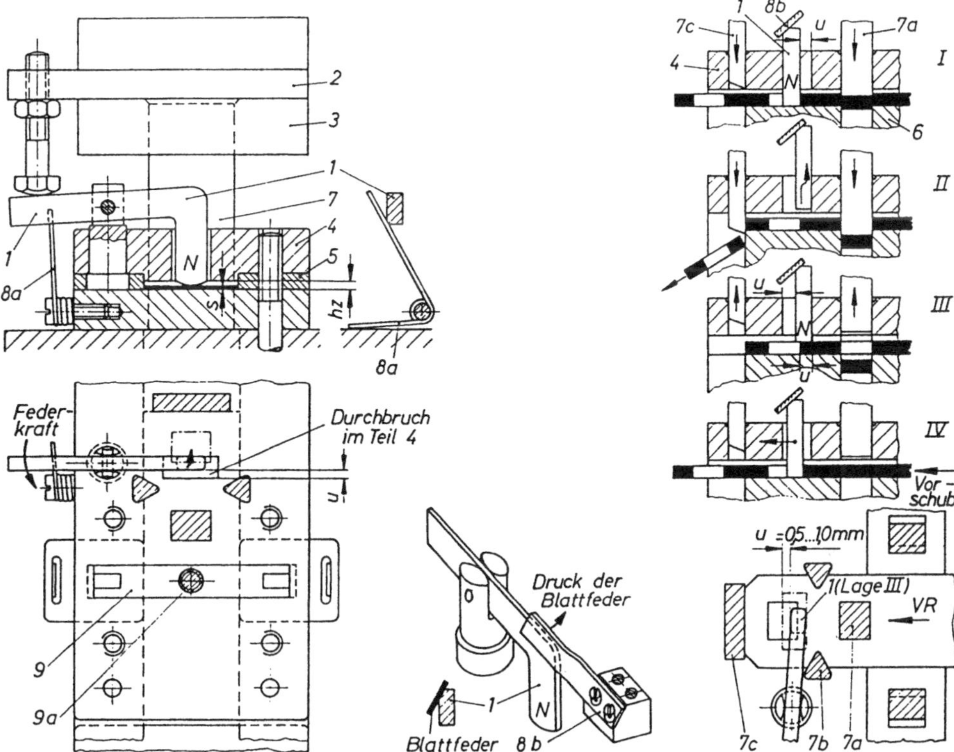

Abb. 5.25 Hakenanschlag. *1* Hakenanschlag, *2* Druckplatte mit Anschlagschraube zum Anheben von Teil *1*, *3* Stempelhalteplatte, *4* Führungsplatte mit Durchbruch für Teil *1* mit Spielraum Maß *u*, *5* Zwischenlagen, die eine lichte Höhe im Streifendurchgang Maß $hz_{max} \leq 1{,}3 \cdot s$ oder bei dicken Blechen $hz_{min} = s + (0{,}5 \ldots 1)$ mm ergeben, *6* Schneidplatte, *7* Schneidstempel, *7a* rechteckiger Lochstempel, *7b* seitliche Einschneidstempel, *7c* Trennstempel, *8a* Schenkelfeder oder, *8b* Blattfeder mit Halteklotz, der auf Führungsplatte (*4*) befestigt ist (beide Federn drücken Hakennase *N* abwärts), *9* federnde Streifenzentrierung mit Hubbegrenzungsschraube (*9a*) entsprechend Abb. 5.22, Lage *I*: Schnittstreifen wurde vorwärtsgeschoben, Hakenanschlagnase *N* hat ihn bereits angeschlagen, Schneidbeginn, Lage *II*: Ende des Schneidvorganges, Hakenanschlagnase *N* wurde durch Anschlagschraube der Kopfplatte (*2*) angehoben, Lage *III*: Ende des Stempelrückzuges, Hakenanschlagnase *N* wird durch Federn (*8a* oder *8b*) abwärtsgedrückt, Streifenvorschub beginnt, Lage *IV*: kurz vor Ende des Streifenvorschubes

rung erhalten. Den Streifenanschlag in Verbundwerkzeugen verbessern Seitenschneider mit Seitenführungsstempel; nachteilig ist, dass in der Schneidplatte die Durchbrüche größer werden, wodurch sich deren Rissgefahr erhöht.

In der Regel lässt man vor dem Seitenschneider eine federnde Streifenführung wirken. Die beim Ausklinken entstehende Seitenkraft drückt, wie die Federn der Streifenführung, den zu verarbeitenden Werkstoff auf die gegenüberliegende feste Zwischenlage; dadurch bleiben die Lochabstände zum Schnittteilumriss trotz Bandbreitentoleranz maßhaltig. Sind breite Streifen mit kleinem Vorschub durch ein Werkzeug zu führen, ordnet man an der Einführungsseite zwei sich gegenüberliegende Seitenschneider an; die federnde Streifenführung entfällt.

Vorschubrichtung:

- beim automatischem Vorschub von links üblich
- beim manuellen Vorschub in beiden Richtungen möglich

Bei gerader Seitenschneiderform (Abb. 5.26a_1) kann der Streifendurchlauf durch Grate gehemmt werden. Diese entstehen durch Runden der Ecken des Seitenschneiders bei Abnutzung. Auch bleiben vereinzelt Schnittabfälle an der Druckfläche des Seitenschneiders haften, weil sie nicht von der geradlinigen Freifläche der Schneidplatte abgestreift wurden; die Abfälle können auf den Schnittstreifen fallen und so zu Stempelbrüchen führen. Beide Mängel treten bei ausgesparten Seitenschneidern (Abb. 5.26a_2) nicht auf. Seitenschneider mit Vorschneidnase (Abb. 5.26a_3) erhöhen die Genauigkeit des Streifen vor Schubes und ergeben am Werkstück eine scharf geschnittene Ecke.

Bei Folgewerkzeugen mit mehreren Arbeitsstufen schlägt der Streifenrest am Anschlageck des Seitenschneiders nicht mehr an. Zum Anschlagen der letzten Teile wird ein *zweiter Seitenschneider* (Abb. 5.27), vereinzelt auch ein *Einhängestift* eingebaut. Den zweiten Seitenschneider ordnet man im Streifenauslauf, jedoch übereck stehend, mit beliebigem Abstand vom ersten Seitenschneider an. Der Einhängestift ist billiger; da er das zügige Durchführen des Streifens behindert, baut man in der Regel noch zusätzlich einen ausgesparten Stempel ein, der den Steg nach dem Anschlagen trennt (siehe Abb. 5.36).

Bei entsprechender Ausschnittform ist es möglich, in auszuschneidende größere Innenformen (Abb. 5.27) oder in den Abfallstreifen ein kleineres Schnittteil zu legen. Rotor- und Statorbleche werden regelmäßig mit Folgeschneidwerkzeugen im Streifen gemeinsam ausgeschnitten, wobei der Werkstoff mittels Vorschubeinrichtung vorwärts bewegt und durch Suchstifte lagenmäßig gesichert wird. Magazine nehmen die Ausschnitte auf und scheiden damit Abfälle aus.

Formseitenschneider ergeben einfachere Formen des nachfolgenden Ausschneidstempels. Wie bei Seitenschneidern kann ohne Vorschneidnase (Abb. 5.28c) an der Trennfläche ein Grat entstehen. Auch haben die Schnittflächen am Werkstück wechselseitig liegende Schnittgrate; daher sind Formseitenschneider nicht immer anwendbar (Abb. 5.28e).

Oft sind Werkstoffe nicht als Band, sondern nur als Tafel (damit als Streifen) vorrätig. Sind weiche Werkstoffe $\geq$ 1 mm Blechdicke in einem Folgeschneid Werkzeug mit letzter

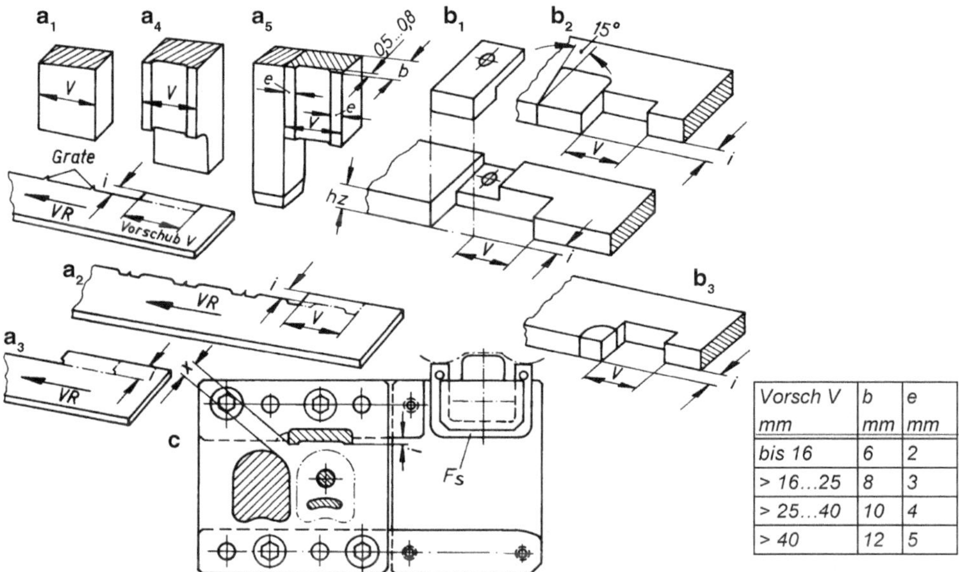

Vorsch V mm	b mm	e mm
bis 16	6	2
> 16...25	8	3
> 25...40	10	4
> 40	12	5

Abb. 5.26 Seitenschneider. Maß *V* entspricht dem Streifenvorschub, Seitenschneiderabfall *i* aus Abschn. 4.7.3, *VR* ist Vorschubrichtung des Streifens, bei Bandvorschubeinrichtungen von links. **a** Seitenschneiderformen: $\mathbf{a_1}$ gerade, $\mathbf{a_2}$ ausgespart, $\mathbf{a_3}$ gerade mit Vorschneidnase, $\mathbf{a_4}$ ausgespart mit Rückenführung, $\mathbf{a_5}$ ausgespart mit Streifenanschlagstempel, **b** Anschlageckformen für Zwischenlagen: $\mathbf{b_1}$ aufgesetzt, $\mathbf{b_2}$ eingesetzt, $\mathbf{b_3}$ auftraggeschweißt, **c** Ausführungsbeispiel (Draufsicht ohne Werkzeugoberteil): *x* nicht zu klein, sonst Rissgefahr der Schneidplatte, *Fs* federnde Streifenführung, auf der gleichen Seite wie der Seitenschneider sitzend

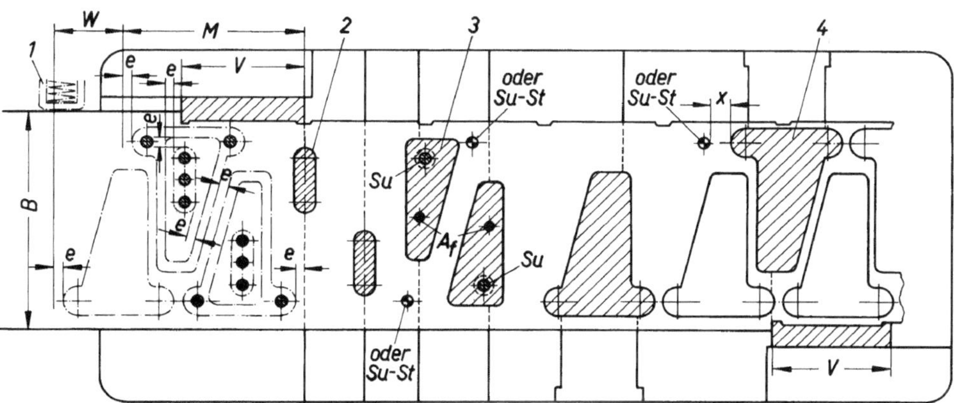

Abb. 5.27 Stempelanordnung mit Streifenbild eines Folgeschneidwerkzeuges für zwei verschiedene Ausschnittform en mit übereck stehenden Seitenschneidern. Schneidplatte ist in Formstücke unterteilt und wird in einer rechteckigen Ausfräsung der Grundplatte aufgenommen, Gewinde- und Stiftlöcher sind nicht dargestellt. Stegbreiten *e*, siehe Abschn. 4.7.3; Maße *B*, *M*, *W*, *V* sind zur Stückzahlenberechnung (5.10) erforderlich. *1* federnde Streifenführung, *2* Ausschneidstempel für Schnittteil *I*, *3* Lochstempel mit eingesetztem Suchstift *Su* und federnder Abstoßnadel *Af* (vgl. Abb. 5.29e), *4* Ausschneidstempel für Schnittteil *II*. Anstatt der Teile *Su* und *Af* können auch Suchstempel *Su-St* (vgl. Abb. 5.29f, II) eingesetzt werden

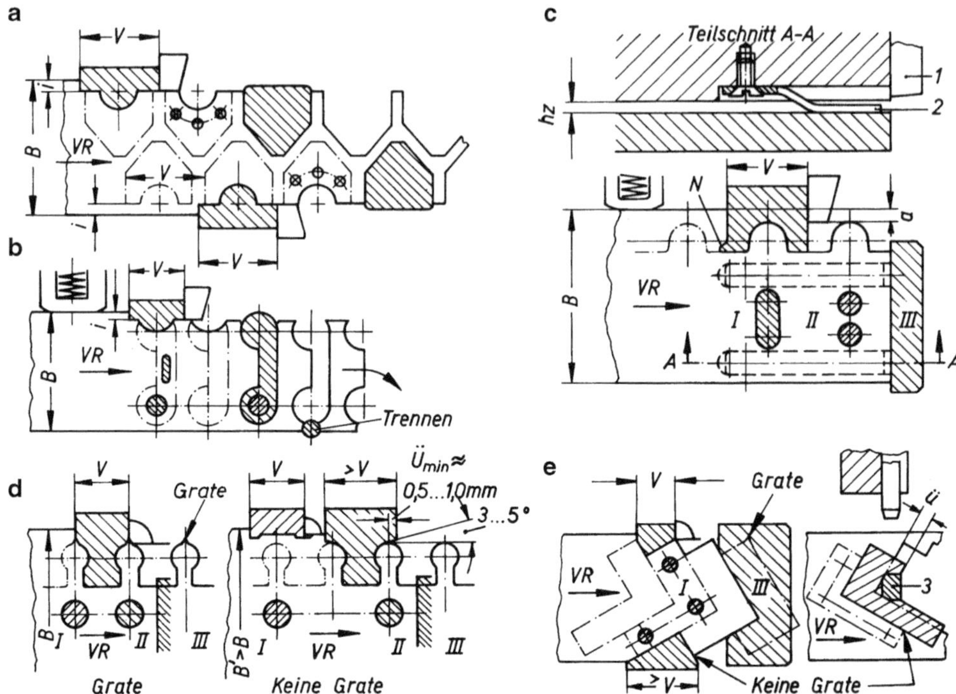

Abb. 5.28 Formseitenschneider **a** und **b** ergeben einfache Formen für Ausschneidstempel, **c** durch Vorschneidnase *N* entstehen scharfe Ecken am Schnittteil, **d**, **e** Gratbildung und Behebung; nach federnder Streifenführung, die Arbeitsfolgen. *I* Lochen, *II* Suchen, *III* Trennen, *1* Trennmesser, *2* Schleppfeder, *3* Streifen-Anschlagstempel, im Ausschneidstempel geführt. Maße *a* und *i* siehe Abschn. 4.7.3, *VR* ist Vorschubrichtung des Streifens bzw. Bandes, Überschneidung *ü* ergibt scharfgeschnittene Ecken an Schnittteilen, $hz_{max} \leq 1{,}3$ Blechdicke *s*, bei dicken Blechen $hz_{min} \approx$ Blechdicke $s + (0{,}5 \ldots 1)$ mm

Arbeitsstufe „abfallloses Trennen“ zu verarbeiten, so kann man mit dem neuen Schnittstreifen den Rest des vorherigen Streifens durch das Werkzeug schieben. Hierbei darf die lichte Weite zwischen Schneid- und Stempelführungsplatte nur $hz_{max} \approx 1{,}3$ Blechdicke *s* betragen. Zusätzlich muss dann noch vor dem Abtrennstempel eine Blattfeder sitzen, die auf den Streifenrest bremsend wirkt (Teilschnitt A-A in Abb. 5.28c).

Suchstifte (Abb. 5.29) sichern zusammen mit Vorschubelementen die Streifenlage; sie sind bei Stahlblechen ab 0,5 mm Dicke, bei Aluminium und anderen weichen Werkstoffen ab 1,25 mm Dicke mit Erfolg anwendbar. Für dünnere Bleche eignen sich Suchstifte nicht; anstatt die Streifenlage zu sichern, weiten sie die Lochränder einseitig auf. Sind im Schnittteil nur kleine Bohrungen vorhanden, versucht man in den Schnittstreifen besondere Durchbrüche für *Suchstempel* zu schneiden (Abb. 5.29f, g).

Bei Ausschneidstempeln mit eingesetztem Suchstift muss man vor jedem Schärfen der Stempel den Sucher herausdrücken. Die Ausführung nach Abb. 5.29b verursacht dabei

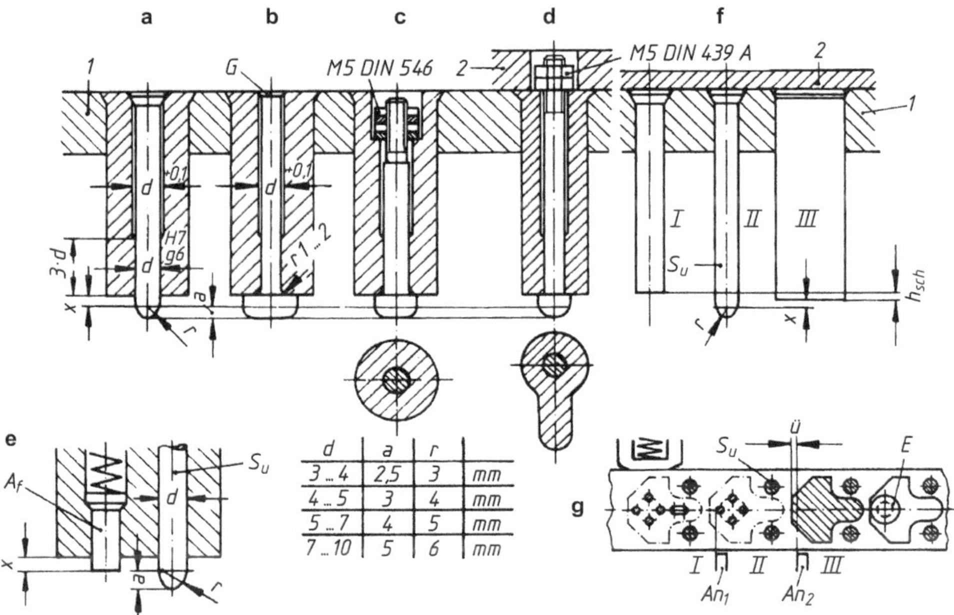

d	a	r	
3 ... 4	2,5	3	mm
4 ... 5	3	4	mm
5 ... 7	4	5	mm
7 ... 10	5	6	mm

Abb. 5.29 Suchstifte in Plattenführungswerkzeugen, Sucher im Ausschneidstempel: **a** gut, **b** schlecht, Suchstift schwierig entfernbar, da kopfseitig schwache Stauchung *G* erforderlich, **c**, **d** gut; Muttern können auch auf Zwischenplatte (*2*) sitzen, **e** Ausschneidstempel mit Sucher *Su* und federndem Abstoßstift A_f oder federnder Abstoßnadel mit Federraum in Kopfplatte (Federhub ≈1 … 2 mm); federnde Sucher werden nach Art des federnden Abstoßstiftes A_f mit kegel- oder halbkugelförmigem Suchteil ausgeführt. Dieses Suchteil taucht bei der Abwärtsbewegung des Stempels in ein vorgestanztes Loch ein. **f** Suchstempel *Su*: dünne Lochstempel stehen um $h_{sch} = (0{,}5 \ldots 1) \cdot$ Blechdicke dem Ausschneidstempel gegenüber zurück; **g** Streifen mit Arbeitsfolgen: *I* Lochen, *II* Suchen mit zwei Suchstempeln *Su*, *III* Ausschneiden; zusätzlich sind federnde Streifenführung, Anschneidanschlag An_1, An_2 und Einhängestifte *E* erforderlich, durch Überschneidung *ü* wird Anschlagfläche für *E* angeschnitten (weiche Werkstoffe). Maß *x* bei Streifenvorschub von Hand = 1,3 · Blechdicke, bei Walzenvorschub = Blechdicke + 1,0 mm

Schwierigkeiten. Infolge des eingesetzten Suchstiftes können auch Ausschnitte unter dem Ausschneidstempel vereinzelt hängen bleiben und so zu Werkzeugstörungen führen. Um dieses Anhaften zu vermeiden, lässt man Ausschneidstempel tiefer in die Schneidplatte eintauchen, damit die Ausschnitte trotz des Suchers durch den zylindrischen Schneidplattendurchbruch abgestreift werden (vgl. Abb. 5.21b). Allerdings nützen sich dadurch die Schneiden der Stempel und der Schneidplatte schneller ab. Ausgeschnittene Teile bleiben am Ausschneidstempel nicht haften, wenn man in die Stempel zum Suchstift zusätzliche federnde Abstoßstifte A_f (Abb. 5.28e) oder Abstoßnadeln, deren Federräume in der Kopfplatte sind, einbaut.

Bei Plattenführungswerkzeugen, in denen innerhalb der Seitenschneiderstufe gelocht wird, kann man nach dem Anschlageck des Seitenschneiders die Streifenlage zusätzlich noch durch einen (oder mehrere) Suchstempel sichern (Abb. 5.27 und 5.29f II, Stempel *Su-St*).

In Werkzeugen *mit federnder Abstreifplatte* und in Säulengestellen mit Führungsplatte, die von oben her unter Federdruck steht (Tab. 5.1), müssen Suchstempel (Abb. 5.29f II) bei geöffnetem Werkzeug der federnden Platte gegenüber vorstehen, zusätzlich sind seitlich vom Suchstempel sitzende federnde Abdrückstifte erforderlich (vgl. Abb. 10.10). Üblich setzt man bei federnden Platten die Suchstifte *in das Werkzeugunterteil* ein (Abb. 10.5 III); dadurch wird die Lagesicherung des Streifens vom Suchstift bereits schon übernommen, sobald der Werkstoff durch die von oben her wirkende Federkraft abwärts bewegt wird, also bevor der Streifen festgeklemmt ist.

5.5.3 Vorschubbegrenzung bei Wendestreifen

Bei entsprechender Ausschnittform werden im Streifen die Ausschnittreihen wechselweise angeordnet. Man erhält einen Wendestreifen. Dieser wird zweimal durch das Werkzeug geführt, wobei die Streifen zuerst im 1., dann im 2. Durchgang geschnitten werden. Hierbei ist zu beachten:

1. *Symmetrische Ausschnitte* behalten für beide Durchgänge den gleichen Streifenanfang; der Streifen wird *um seine Längskante* geklappt (Abb. 5.30a). Zum Anschneiden im 2. Durchgang ist ein weiterer Anschlag An_2 nötig. Erhält dieser eine andere Außenform, werden Verwechslungen vermieden.
2. Bei *unsymmetrischen Ausschnitt* wird der Streifen nach dem 1. Durchgang um 180° gedreht (Abb. 5.30b); das Streifenende wird beim 2. Durchgang der Streifenanfang. Die unterschiedlichen Streifenlängen erfordern zum Anschneiden im 2. Durchgang einen federnden angeschrägten Einhängestift E_f (Abb. 5.30b, Teilschnitt *T-T*), der in die beim 1. Durchgang ausgeschnittenen Durchbrüche nur einhängt, wenn zu Anschneiden der Streifen *gegen die Durchgangsrichtung* gezogen wird.

Wendestreifen: Arten	
Ausschnittformen: a) symmetrisch	b) nicht symmetrisch
Wendestreifen wird umgeklappt	um 180° gedreht
gleicher Streifenanfang beim 1. und 2. Durchgang	Streifenende vom 1. Durchgang ist Anfang für 2. Durchgang
für Arbeitsfolgen Lochen und Schneiden sind erforderlich:	
zum Streifenanschlag: je Durchgang ein Anschneideanschlag An_1 oder An_2	für 1. Durchgang Anschneidanschlag An_1 für 2. Durchgang Einhängestift federnd E_f
zur Vorschubbegrenzung:	
ein Einhängestift E	ein Einhängestift E

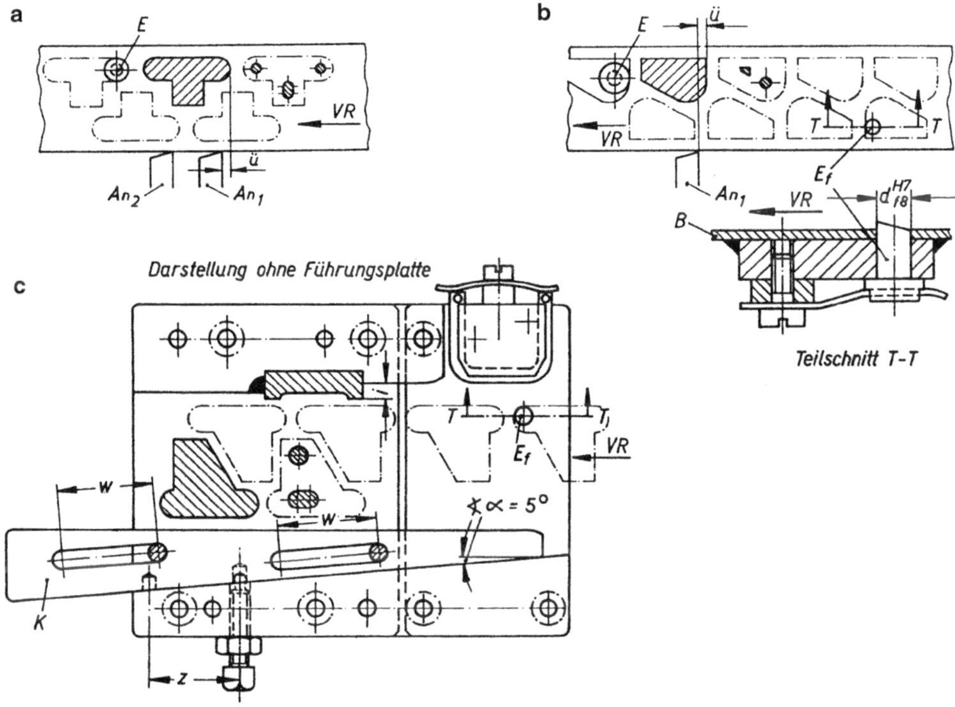

Abb. 5.30 Wendeschneiden. Ausschnittform: **a** symmetrisch, Anschneidanschläge: An_1 für 1. Durchgang (Überschneidung *ü*), An_2 für 2. Durchgang, **b** nicht symmetrisch, im Teilschnitt *T-T* ist *B* Streifenauflageblech; *VR* Vorschubrichtung des Schnittstreifens, **c** Ausführung mit Seitenschneider, Zwischenlagen sind um 0,1 mm höher als Verstellkeil *K*, Schlitzlänge $w = \frac{i}{\sin 5°} \approx 11{,}5 \cdot i$ Abstand der Anschlagbohrungen $z = i \cdot \cot 5° \approx 11{,}4 \cdot i$, *i* Seitenschneiderabfall (Abschn. 4.7.3)

Fehlstanzungen bei Wendestreifen werden vermieden, indem Form und Lage des Einhängestiftes bzw. der Einhängeplatte so festgelegt werden, dass der Abfallstreifen nicht in die ausgeschnittenen Durchbrüche des 1. Durchganges einhängen kann.

Für Wendestreifen ist oft die Vorschubgenauigkeit eines Seitenschneiders nötig. Nach dem 1. Durchgang ist die Streifenbreite um den Seitenschneiderabfall kleiner. Folglich muss für den 2. Durchgang die dem Seitenschneider gegenüberliegende Zwischenlage mittels Längskeil um den Seitenschneiderabfall *i* versetzt werden (Abb. 5.30c). Ein Schneidwerkzeug mit zweireihig angeordneten Schneidstempeln (Streifenbild 5.27) ist daher meist günstiger.

5.6 Stempel- und Schneidplattenausführungen

5.6.1 Abschneidwerkzeuge

Geringsten Werkstoffabfall erzielt man mit Abschneidwerkzeugen (Tab. 2.2, Kap. 2). Man unterscheidet Abschneiden

1. ohne Stegverlust (Abb. 5.31a, b)
2. ohne Randverlust (Abb. 5.22)
3. abfalllos, Werkstücke zueinander parallel verschoben liegend; die Schnittlinie ist gerade (vgl. Abb. 10.10) oder gekrümmt, Formlinie genannt (Abb. 4.2)
4. abfalllos, Werkstücke zueinander wechselseitig liegend (Abb. 5.31c, e).

Zur Erzielung maßhaltiger Ausschnitte ist bei der Gestaltung von Abschneidwerkzeugen zu beachten:

a) Zum Abschneiden ohne Randverlust ist der *Streifen mittig durch das Werkzeug* zu führen; Streifenmittigkeit erzielt man mit Streifenzentrierungen *SZ* (Abb. 5.22).
b) Der *Vorschub* des Streifens oder des Bandes muss *maßhaltig* und gleich groß bleibend sein. Es sind daher bei Handvorschub *HV* und bei Walzen Vorschubgeräten, außer Anschlagflächen (Einhängestift, Anschlagwinkel, Anschlagecken für Formseitenschneider) noch zusätzlich Suchstempel *Su* erforderlich. Bei Zangenvorschubgeräten *ZV* dienen Suchstifte *Su* nur zur seitlichen Lagebegrenzung des Bandes, nicht zur Vorschub Verfeinerung. In Schneidwerkzeugen mit Handvorschub *HV* muss noch eine Blattfeder auf den letzten Ausschnitt bremsend wirken (Teilschnitt A-A in Abb. 5.28c).
c) Während des Abschneidens entsteht durch die Druckkraft des Schneidstempels und der Schneidplatte ein Kräftepaar (Abb. 4.2a). Die Auswirkungen dieses Drehmomentes lassen sich weitgehend mindern, wird im Werkzeug eine geringe Streifendurchgangshöhe ($hz_{max} \leq 1{,}3 \cdot$ Blechdicke, bei dicken Blechen $hz_{min} \approx$ Blechdicke) + (0,5 … 1 mm) vorgesehen.
d) Der teilweise eingeschnittene Streifen erfährt *infolge frei werdender Eigenspannungen* eine Formverzerrung; man versucht, diese durch Suchstifte *Su* oder Gleitflächen *G* (Abb. 5.31c) in kleinen Grenzen zu halten.

   Bei Suchstempeln unterscheidet man zwischen *Innenform-Suchstempel*, die mittels einer Werkstück-Innenform und *Außenform-Suchstempel* die mittels einer teilweise freigeschnittenen Werkstückaußenform (Abb. 5.31g, Teil *A-Su*) die Streifenlage sichern. Vereinzelt kann auch die Form eines Anschlagstempels zum Anschlagen und zur gleichzeitigen Lagesicherung des Streifens dienen (Stempel *AS+T* in Abb. 5.31c).
e) Die *Ecken der Schnittteile* sollen *gratfrei* sein; geeignet sind Ausschneidstempel mit Überschneidungen (Maße *ü* in den Abb. 12.3b, c, 5.31a und 5.23c) oder Formseitenschneider mit Vorschneidnase *N* (Abb. 5.28c).
f) *Zum Schneiden dicker Stahlbleche* erhalten *einseitig schneidende Stempel* (siehe Abb. 5.23, Teil 3) eine Rückenführung zur zusätzlichen Abstützung in der Schneidplatte; die Stempelführungsplatte wird entlastet, die Schnittflächengüte der Teile verbessert, die Standmenge der Schneiden erhöht. Auch einsatzgehärtete Stempelführungen (Abb. 4.2, Teil 4) können geeignet sein.
g) Die Schnittkanten der Werkstücke zeigen Schnittgrate in verschiedene Richtungen (vgl. Tab. 2.2).

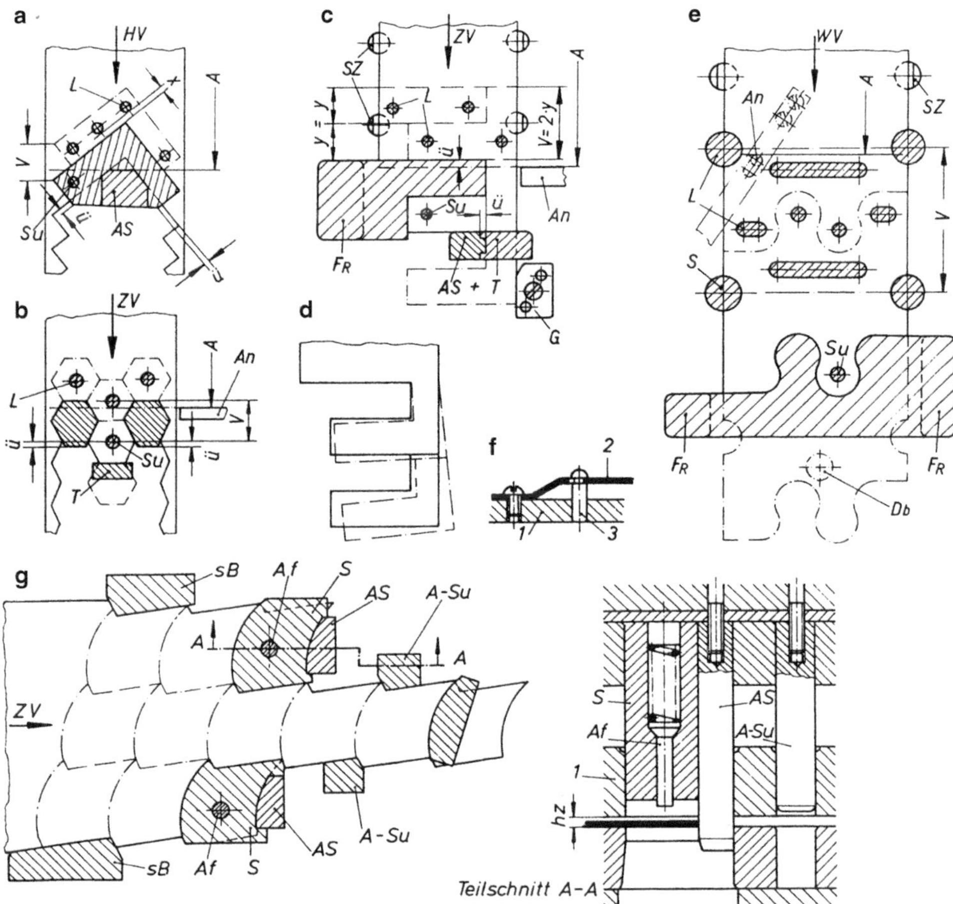

Abb. 5.31 Vorschubbegrenzung bei Abschneidwerkzeugen, **a**, **b** ohne Stegverlust, Maß *x* überprüfen, ob Rissgefahr der Schneidplatte, **c**, **e** abfalllos, Werkstücke wechselseitig zueinanderliegend, **d** Formverzerrung des Streifens von **c** infolge Eigenspannungen im Band (übertrieben dargestellt), Formverzerrung auch nach innen möglich, **f** Anschneidanschlag *An* für Streifen **e** in Stempelführungsplatte (*1*) eingebaut, bestehend aus: Blattfeder (*2*), auf diese wird beim Anschneiden von Hand gedrückt, Anschneidstift (*3*) ist in der Blattfeder (*2*) mittels Langloch gehalten, **g** ohne Stegverlust, parallel verschobene Schnittlinie in dreireihigem Schnittstreifen, $hz_{max} < 1{,}3 \cdot s$, bei dicken Blechen $hz_{min} \approx s + (0{,}5 \ldots 1)$ mm. *HV* Handvorschub, *ZV* Zangen Vorschub, *WV* Walzenvorschub, *V* Vorschub, *T* Trennstempel (ähnlich Abb. 5.23c, Teilschnitt *B*-*B*), *L* Lochstempel, *Su* Suchstempel, *A* Streifenanfang beim Anschneiden mit Anschneidanschlag An oder Anschlagstempel *AS*, *ü* Überschneidung, F_R Ausschneidstempel mit Rückenführung (ähnlich Abb. 5.23, Teil 3) SZ Streifenzentrierung (Abb. 5.22b), *G* feste Gleitfläche, in gegenseitiger Abstimmung mit *AS*-Gleitflächen, zur Minderung der Formverzerrung, *Db* federnder Druckbolzen als Niederhalter während des Schneidens von oben her wirkend, *sB* seitliche Beschneidstempel, *S* Schneidstempel mit federndem Abstoßstift *Af*, *A*-*Su* Außenformsucher

5.6.2 Mehrteilige Stempel und Schneidplatten

Stempel und Schneidplatten werden in Einzelstücke unterteilt:

1. wenn dadurch mehrere gleiche oder symmetrische Grundformen entstehen, die paarweise oder auf Umschlag geschliffen werden können und daher hohe Gleichmäßigkeit erreichen;
2. bei schwierig herzustellenden Umrissformen;
3. wenn für enge kleine Schneidplattendurchbrüche keine Funkenerosionsmaschine zur Verfügung steht;
4. bei großem Härteverzug (großflächige Schneidplatte);
5. bei kleinem Stempelspiel, das nur durch Schleifen erreichbar ist;
6. wenn die Standmenge durch geschliffene Stempel und Schneidplattendurchbrüche erhöht werden soll;
7. bei Hartmetallschneidplatten.

Mehrteilige Seitenschneider (Abb. 5.32a) können durch Passnute oder mit Schrumpfring zusammengehalten sein. Zusätzlich kann man auch ein Füllstück aus E 335 weich einsetzen; dieses stützt die Stempelteile auf etwa 2/3 ihrer Länge ab. Müssen Stempelhalte- und Führungsplatte die Stempelteile allein zusammenhalten, dann sind sie dicker auszuführen (siehe Abschn. 5.3.1).

Zum Lochen der sternförmigen Innenform (Abb. 5.32b) sind für je vier Schlitze zwei Stempel um 45° versetzt angeordnet. Vor dem Aufschrumpfen wird der Ring bis zur Anlasstemperatur der Schneidstempel erwärmt, der Futterkörper mit den vier Schlitzstempeln oft unterkühlt. Als letzter Arbeitsgang wird der Außendurchmesser des aufgeschrumpften Ringes passend zur Stempelführungsplatte überschliffen. Die vier Schneidplattenteile werden nach dem Härten zum Rundschleifen weich zusammengelötet und dann deren Innenform in einer Vorrichtung auf Umschlag geschliffen (Abb. 5.32d).

Müssen mehrere, eng nebeneinanderliegende rechteckige Schlitze gelocht werden, verstiftet man die Lochstempel mit den erforderlichen Zwischenstücken (Abb. 5.32c) zu einem gemeinsamen Stempelsatz. Die Druckflächen der Schneidstempel können zwecks Minderung der Schneidkraft dachförmig ausgeschliffen sein (siehe Abb. 4.9b); dadurch wird zugleich das Hochreißen der Lochabfälle vermindert. Die Schneidplatte setzt sich ebenfalls aus Stegen und Zwischenplatten zusammen; auch diese sind miteinander verstiftet.

Für *mehrteilige Schneidplatte* (Abb. 5.32f) ist die einfachste Aufnahme die runde Form (ISA-Passung H/7/p6). Zum Schneiden von Stahlblechen bis 1,5 mm Dicke können rechteckige Schneidplatten in einer 8 … 15 mm tiefen Nute *N* oder in einer rechteckigen Aussparung, 10 … 20 mm tief, gehalten sein.

Folgeschnitte mit zwei Seitenschneidern, mehreren Lochstempeln und zwei oder mehreren Ausschneidstempeln (vgl. Abb. 5.27 und 5.29) ergeben Schneidplatten mit großen

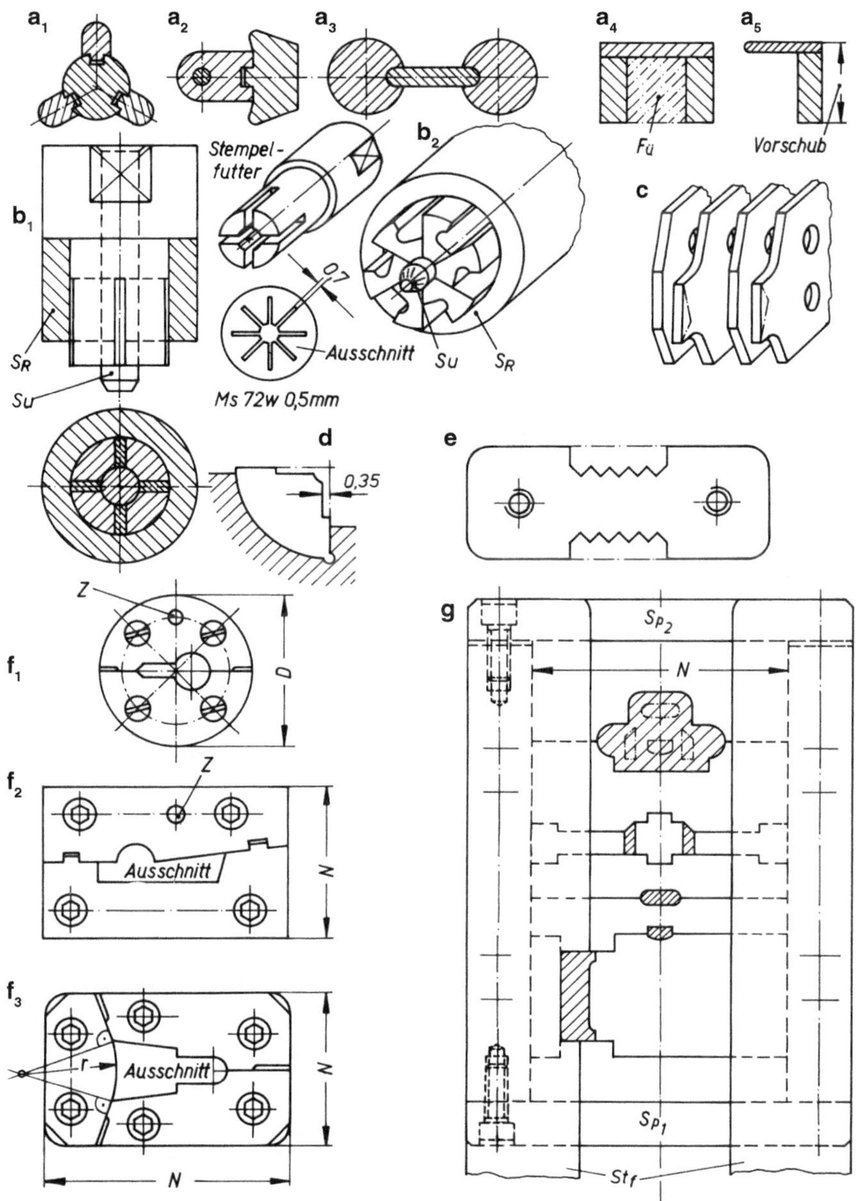

Abb. 5.32 Mehrteilige Stempel und Schneidplatten. **a** Querschnittsformen für mehrteilige Schneidstempel, $\mathbf{a_4}$ können mit oder ohne Füllstück *Fü* ausgeführt sein, $\mathbf{a_5}$ mehrteiliger Seitenschneider für Verbundwerkzeuge; **b** Stempelstücke mit Suchstift *Su* mittels Schrumpfring *SR* zusammengehalten; **c** Lochstempel, bestehend aus dünnen Platten und Zwischenstücken, verstiftet; **d** Schneidplattenteilstücke (für Werkzeug des Stempels $\mathbf{b_1}$ in Schleifvorrichtung auf Umschlag geschliffen; **e** Schneidplatteneinsatz; **f** mehrteilige Schneidplatten; Aufnahmeformen: $\mathbf{f_1}$ Zentrierung *D* Passung H7/n6 … k6 mit einem Zylinderstift *Z*, $\mathbf{f_2}$ Passnute *N* Passung H7/n6 … k6, $\mathbf{f_3}$ rechteckige Ausfräsung oder Schrumpfring; **g** Baukastenform; Schneidplattenteile werden durch zwei Spannplatten *Sp* zusammengepresst und durch zwei Streifenführungsleisten *Stf* nach unten gedrückt (Schneidstempel sind *schraffiert*)

Außenmaßen. Ohne eine in Formstücke aufgeteilte Schneidplatte wären Härteverzug, auch Härterisse unumgänglich.

Bei der Gestaltung derartiger Schneidplatten teile ist auf die gleichmäßige Flächen Verteilung und allmähliche Querschnittübergänge (wegen Härteverzug), sowie auf leicht nachschleifbare Außenformen zu achten. Alle Formstücke (außer Passtücke E 295) sind aus verzugsarmen Werkzeugstählen (z. B. X 210 Cr W 12 oder X 165 Cr V 12, Tab. 12.3) anzufertigen. Die Schneidplattenteile werden stramm sitzend in einer rechteckigen Ausfräsung der Grundplatte eingepasst. Über die beiden Zwischenlagen drückt die Stempelführungsplatte auf die Schneidplattenteile und gibt ihnen auch während des Stempelrückzuges festen Halt. Mittig liegende Formstücke müssen mit zusätzlichen Schrauben von unten her befestigt sein.

Bei größeren Schneidkräften werden die Schneidplattenteile in einem Spannring (runde oder rechteckige Form), der nach unten um 10′ erweitert ist, oder in einem Schrumpfring zusammengehalten.

Für den Schrumpfring eignet sich am besten 50 Cr V4, Werkstoff-Nr. 1.8159 (bzw. als Werkzeugstahl unter Nr. 1.2241). Dieser wird zum Einschrumpfen auf etwa 250 °C erwärmt und nach dem Einfügen der Schneidplattenteile sofort im Öl abgeschreckt, damit deren Schneiden vom Ring her nicht erwärmt werden.

Für kleine Ausschnitte wählt man oft die *Baukastenform* (Abb. 5.32g). Die einzelnen Schneidplattenteile sind in einem U-förmigen Aufnahmekörper seitlich geführt; die beiden Streifenführungsleisten *Stf* und zwei Spannplatten *Sp* halten sie zusammen. Die Spannplatte Sp_1 wird vor, die Platte Sp_2 nach dem Einfügen der Schneidplattenteile angeschraubt.

Oft ermöglichen *Schneidbuchse* (Abb. 12.4) oder *Schneidplatteneinsätze* (Abb. 5.32e), hergestellt aus hochlegiertem Werkzeugstahl oder Hartmetall, die Wahl eines niedriglegierten Stahles für eine großflächige Schneidplatte. Ähnliche Einsätze in Schneidplatten werden bei sehr engen Durchbrüchen vorgesehen, besonders, wenn keine Funkenerosionsmaschine vorhanden ist.

5.6.3 Schneidwerkzeuge mit Hartmetallbestückung

In der Hochleistungsstanztechnik werden vorwiegend hartmetallbestückte Werkzeuge eingesetzt. Schneidwerkzeuge, die mit Hartmetall (siehe Abschn. 12.3) bestückt sind, erhalten Säulengestelle mit steiferen Ober- und Unter-Werkzeugteilen, die vier oder zwei genau geführte Säulen haben. Als Führungselemente werden Kugel-, Formrollen- oder auch hydrodynamisch und hydrostatisch arbeitende Gleitführungen verwendet, deren Ablaufgenauigkeit <1 µm ist. Diese Führungen haben die Aufgabe, das Oberwerkzeug zum Unterwerkzeug während des verdrehfreien Spannens in der Stanzmaschine zu führen. Nach dem Spannen übernehmen die Führungen der Stanzmaschine die eigentliche Führung, da sie zehnmal steifer sind als die Führungen der Werkzeuge. Deshalb müssen Stanzmaschinen, auf denen Hartmetallwerkzeuge eingesetzt werden, besonders steif, genau und verschleißarm sein. Das muss vor allem für die Bandlaufebene (Stanzprozess-Ebene) gelten. Bei Beachtung dieser Richtlinien können beim Stanzen dünner Werkstoffe Schneidspalte u_s (Abb. 4.1) bis zu 1 µm erreicht werden.

Die Schneidplatte (Abb. 5.33) wird bei größeren Ausschnitten in einfache, leicht nachschleifbare Formstücke aus Hartmetall geteilt. Einige Leisten klemmen die Formstücke in die Aufnahmeplatte (3), wodurch sich die Hartmetallteile gegenseitig flächig abstützen. Die beim Schneiden auftretenden Kräfte (Abb. 4.1) sollen das Hartmetall als Druckkräfte beanspruchen. Hartmetall kann sehr große Druckspannungen, aber geringe Zug-, Biege- und Schubspannungen ertragen. Veränderungen im Querschnitt sollen wegen größerer Kerbempfindlichkeit als beim Stahl über größere Fasen oder Radien vorgenommen werden.

Hartmetallstempel (Abb. 5.33, Teile a_1 … a_3) sollen wegen Vermeidung von Biegekräften (Knickung) kurz sein oder in der Führungsplatte (Abstreifplatte) kurz geführt werden. Sie werden in der Stempelhalteplatte (1) eingepresst oder durch Leisten eingeklemmt. Ringförmige Stempel (a_4) schraubt man auf einen Stempel aus E 335; das Hartmetall wird durch den Druck der Schneidkraft über die 3° … 5° nach innen geneigte Auflageoberfläche noch zusätzlich zusammengehalten.

Die Befestigung der Hartmetalleinsätze erfolgt durch Klemmen, Anschrauben, Hartlöten, Schrumpfen, Kleben oder Eingießen. Das Klemmen ist einer Verschraubung vorzuziehen. Ist Schrauben unumgänglich, so soll der Schraubenkopf das Hartmetall drücken.

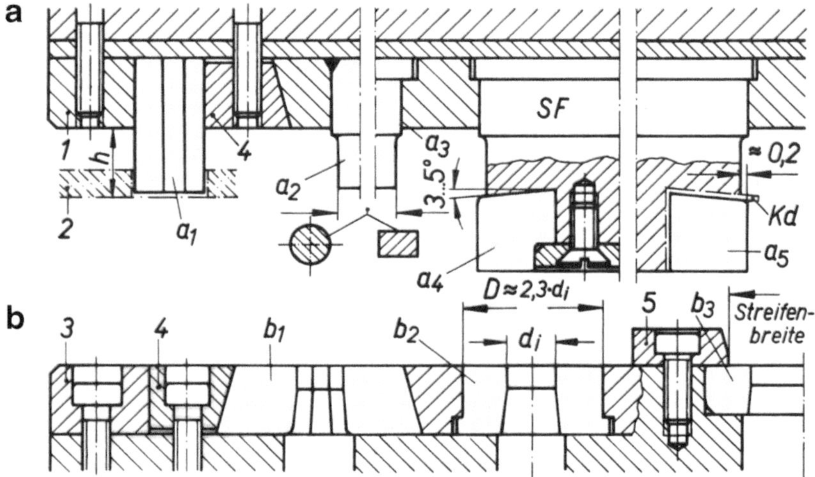

Abb. 5.33 Gesinterte Hartmetalle für Stempel und Schneidplatten. **a** Gestelloberteil: Stempelhalteplatte (*1*) verschraubt, verstiftet; dünne Abstreifplatte (*2*), damit Hartmetallstempel möglichst wenig aus Teil *1* herausragen (Maß *h*); Befestigungsarten: $\mathbf{a_1}$ geklemmt mittels Klemmleiste (*4*), $\mathbf{a_2}$ eingeklebt oder hartgelötet, $\mathbf{a_3}$ eingepresst, $\mathbf{a_4}$, $\mathbf{a_5}$ auf Stempelfuß *SF* geschraubt (2 … 3 Schrauben) oder hartgelötet mittels eingelegtem Kupferdrahtgewebe *Kd*, das zugleich Flussmittel enthält, **b** Gestellunterteil: Grundplatte (*3*) verschraubt, verstiftet; Befestigungsarten für Schneidplattenteile, -einsätze, -formstücke; $\mathbf{b_1}$ geklemmt (wie $\mathbf{a_1}$), $\mathbf{b_2}$ eingepresst, $\mathbf{b_3}$ eingepasst in Nute und mit Zwischenlagen (*5*) gehalten

Gewinde im Hartmetall (durch Funkenerosion herstellbar) sollte man wegen Kerbspannungen vermeiden. Ist dies unumgänglich, sollten Gewindebüchsen eingelötet werden. Das Löten, meist Hartlöten, hat oft wegen unterschiedlicher Wärmeausdehnungskoeffizienten zwischen Stahl und Hartmetall starke Spannungen zur Folge. Stahl hat etwa den doppelten Ausdehnungskoeffizienten des Hartmetalls. Das kann zur Rissbildung führen. Da der Schneidwiderstand der gebräuchlichen Metallkleber bei 60 N/mm² liegt, ist das Kleben nur bei statischer oder sehr geringer dynamischer Belastung anzuwenden. Eine etwas bessere Verbindungsmöglichkeit bietet das Ausgießen mit Epoxydharzen, gegebenenfalls mit Metallpulver als Füllstoff. Die beste Befestigungsart ist das Einschrumpfen, indem das Hartmetall auf Druck beansprucht wird. Durch die Druckspannung wird auch eine Versteifung des Werkzeuges erzielt.

Durch die Entwicklung der Funkenerosion ist es möglich, auch komplizierte Formen wie Gewinde in das Hartmetall einzuarbeiten. Abb. 5.34 und 5.35 zeigen einige Befestigungsarten von Hartmetalleinsätzen, die mit der Funkenerosion bearbeitet wurden. Der Schraubenkopf (Abb. 5.34a, b, sowie 5.35a) sollte möglich im Hartmetall sein, das Gewinde im Stahl. Erforderlichenfalls können auch Gewindebuchsen aus Stahl eingelötet

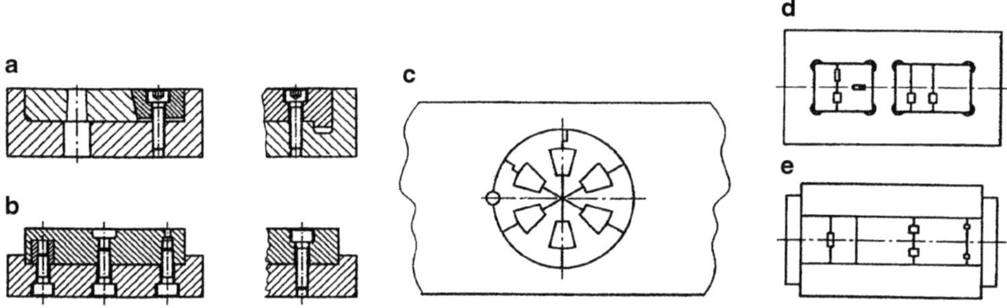

Abb. 5.34 Befestigungsmöglichkeiten funkenerodierter Hartmetalleinsätz e in Schneidplatten [3]. **a** Einpassen und Klemmen, **b** Anschrauben, **c-e** Einpassen und Einsetzen unter Druck

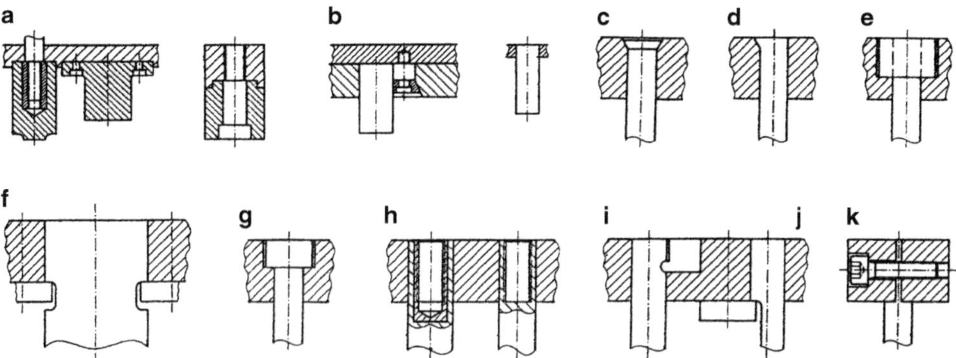

Abb. 5.35 Befestigungsmöglichkeiten funkenerodierter Hartmetalleinsätze in Stempelplatten [3]. **a** Anschrauben, **b** Einklemmen, **c-k** Einpressen bzw. Einschrumpfen

werden. Das Gewinde im Hartmetall verursacht Kerbspannungen und ist teuer, wird aber in zäheren Hartmetall aus Platzgründen immer häufiger angewendet. Schneidteile (Abb. 5.34c–e) sollten so unterteilt werden, dass sie gut bearbeitbar sind und sich im zusammengesetzten Zustand gegenseitig abstützen. Kreissegmente werden für hohe Belastung eingeschrumpft (Abb. 5.34c). Für Blechdicken <0,5 mm können die Elemente (Abb. 5.34d) eingepasst werden, bei dickeren ist ein Zusammenpressen der Einzelteile günstiger (Abb. 5.35e). Bei der Stempelbefestigung ist die Rückzugkraft, die Zugspannungen verursacht, zu berücksichtigen. Wichtig ist, dass alle Befestigungen absolut formschlüssig und spielfrei eingespannt sind. Alle Übergänge, die in den Beispielen Abb. 5.35f, i–k angezeigt, sollten durch größere Radien entschärft werden. Günstiger sind die Ausführungen nach Abb. 5.35d oder 5.35k.

5.7 Einspannen von Werkzeugen

5.7.1 Grundlagen

Beim Spannen von Werkzeugen in einer Presse ist vor allem darauf zu achten, dass die obere Werkzeughälfte zur unteren Werkzeughälfte in der Lage genau ausgerichtet ist. Geringste Fluchtungsfehler zueinander beeinträchtigen die Qualität des Stanzteiles und setzen die Standmenge des Werkzeuges herab. Das trifft vor allem bei Hartmetall Werkzeugen zu, bei denen mit Schneidspalten von $u_s \geq 3$ µm gearbeitet wird. Die Werkzeugführungen haben die Aufgabe, die beiden Werkzeugteile beim Spannen auszurichten. Nach dem Spannen übernehmen die viel steiferen Führungen der Presse das eigentliche Führen der Werkzeuge.

Die Spannelemente für das Oberwerkzeug müssen die Gewichtskräfte F_G, die Rückzugskräfte F_R und die Beschleunigungskräfte F_B aufnehmen:

$$F = F_G + F_R + F_B \quad \text{in N} \tag{5.4}$$

Darin ist die Beschleunigungskraft F_B:

$$F_B = m \cdot a \quad \text{in N} \tag{5.5}$$

m = Masse des Oberwerkzeuges (kg)
a = Beschleunigung (m/s²).

Beim Hartstanzen treten die Beschleunigungskräfte nach dem Durchbruch des Bandes auf. Hierbei können Beschleunigungen bis $a = 500$ m/s² auftreten. Die Spannelemente sind in Hinsicht auf diese Beschleunigungskräfte zu konstruieren.

5.7.2 Einspannzapfen

Einspannzapfen (Abb. 5.12b, 5.14 II und 5.15) stellen eine steife Verbindung zwischen Pressenstößel und Werkzeugoberteil dar; sie kommen daher bei außermittig liegendem Druckpunkt (Gesamtschwerpunkt) allein nur in Betracht, z. B. in Säulengestellen mit hinten stehenden Säulen. Nachteilig ist, dass diese Zapfen Ungenauigkeiten der Stößelführung (auch die Winkelauffederung bei C-Gestell-Pressen) auf das Werkzeugoberteil, damit über die Säulen auf die Schneidkanten übertragen.

Kupplungszapfen mit Aufnahmefutter (Abb. 5.36a) leiten den Kraftfluss punktförmig über die leicht ballige Form des Zapfens; sie sollen daher nur bei mittig liegendem Druckpunkt eingesetzt werden, d. h. wenn der berechnete Schwerpunkt mittig zu den Säulenachsen liegt. Da sich infolge ungleichen Schneidspaltes und ungleicher Schneidenabnutzung der wirkliche Druckpunkt zum berechneten Druckpunkt verschiebt, soll man in Gesamtschneidwerkzeugen diese Bauteile nur für annähernd runde Schnittteile anwenden (siehe Abb. 5.14 I). Auch die Werkzeugbauhöhe vergrößert sich durch das Aufnahmegehäuse.

Einspannzapfen mit Kugelkalotte (Abb. 5.36b) vereinigen wesentliche Vorzüge des Einspannzapfens und des Kupplungszapfens. Über die bewegliche Kalotte (4) werden Ungenauigkeiten der Stößelführung (besonders die Winkelauffederung bei C-Gestell-Pressen, (Abschn. 17.7) ausgeglichen. Die Führung des Oberteils zum Unterteil bleibt immer den Säulen allein übertragen, sofern der wirkliche Druckpunkt innerhalb der Kalottendruckfläche liegt; Einspannzapfen mit Kugelkalotte sind daher auch zum Einbau in säulengeführte Folgewerkzeuge geeignet (Viersäulengestelle). Von Nachteil ist die große Werkzeugbauhöhe. Für Werkzeuge mit Zwangsausstoßer (vgl. Abb. 5.16) werden diese Zapfen kaum eingesetzt; durch den Ausstoßerbolzen bedingt, liegt die bewegliche Kalotte ohne Halteschraube im Einspannzapfen, weshalb ein geschlossener Aufnahmering erforderlich wird. Der Einspannzapfen ist dann infolge der Kalotte werkzeuggebunden.

Beim Spannen mit Einspannzapfen ist das Spiel zwischen der Aufnahmebohrung und dem Einspannzapfen zu berücksichtigen.

Bei führungslosen Werkzeugen sind die Aufnahmen in Tisch und Stößel und die dazu entsprechenden Elemente in Ober- und Unterwerkzeug möglichst spielfrei zu gestalten. Übereinstimmung untereinander ist Voraussetzung.

Bei säulengeführten Werkzeugen darf durch das Spiel zwischen Zapfen und Bohrung das Ober- zum Unterwerkzeug während des Spannens nicht verschoben werden. Es ist oft besser, das Oberwerkzeug im Zapfen zuerst zu spannen und danach das über Säulen ausgerichtete Unterwerkzeug verdrehfrei zu spannen.

5.7.3 Schrauben

Das Anziehen der Spannschraube muss verdrehfrei stattfinden. Es sind dicke Unterlegscheiben zu verwenden. Ist das Spannen mit mehreren Schrauben vorgesehen, müssen diese „über Kreuz“, das Drehmoment langsam steigernd, angezogen werden.

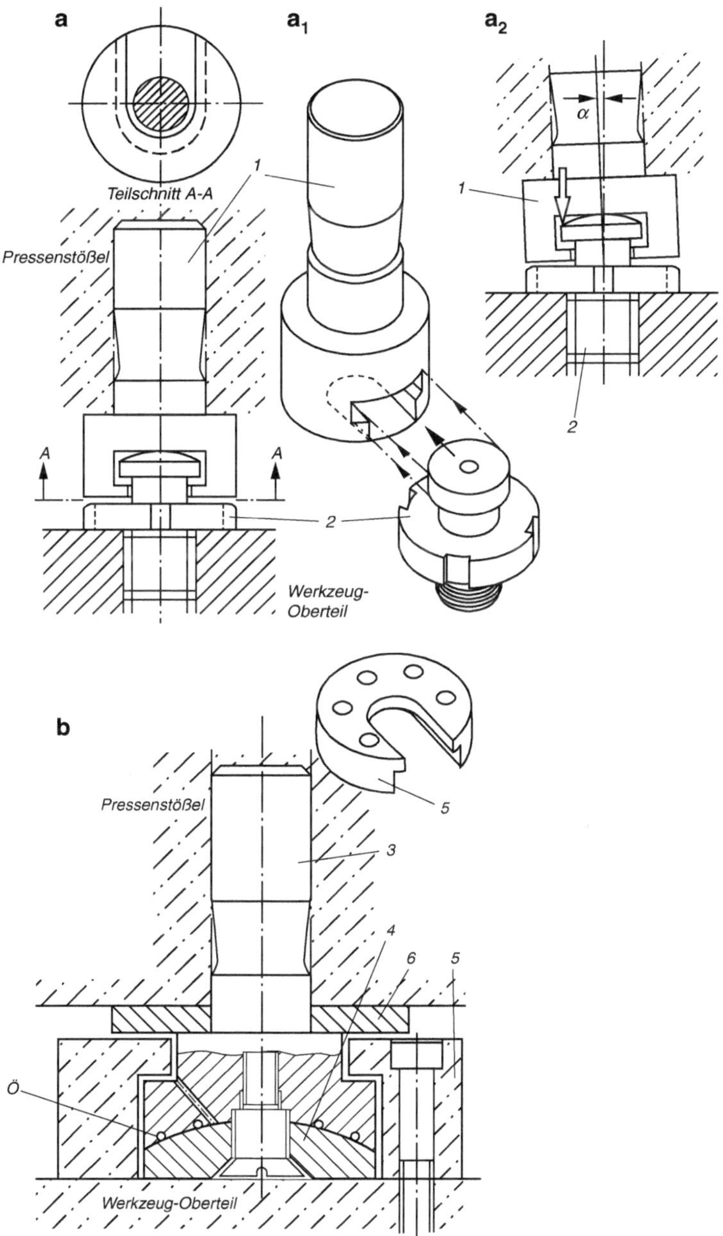

Abb. 5.36 Zapfen für Werkzeugoberteile. **a** Kupplungszapfen mit Aufnahmefutter, $\mathbf{a}_1$ als Schrägbild dargestellt, $\mathbf{a}_2$ außermittig wirkender Druckpunkt bei Winkelabweichung der Stößelführung, falls die Kuppe des Zapfens keine leicht ballige Form hat; **b** Einspannzapfen mit beweglicher Kugelkalotte (bleibt im Pressenstößel); *1* Aufnahmefutter, *2* Kupplungszapfen, *3* Einspannzapfen mit Kalotteninnenform, die Einstiche (*Ö*) und eine Bohrung für Schmieröl hat, *4* Kalotten-Gegenform einsatzgehärtet, *5* Aufnahmering, auf das Werkzeugoberteil geschraubt, *6* Druckplatte, gehärtet

5.7.4 Ziehende Spannelemente

Beim automatischen Spannen werden kraftbetätigte Spannelemente verwendet, die die Spannkraft ziehend (verdrehfrei) aufbringen sollen.

Abb. 5.37 zeigt ein Spannelement mit herausnehmbarem Doppel-T-Nutenstein. Beim Aufbringen des Druckes *p* auf die Kolbenringfläche spannt der Doppel-T-Nutenstein das Werkzeug gegen den Stößel. Die Nuten sind sehr flach, die Doppel-T-Nutensteine relativ lang. Sie können Spannkräfte bis 96 kN aufnehmen. Es werden in Tisch und Stößel je vier dieser Elemente angewandt. Aus Sicherheitsgründen werden sie aus einem Zweikreissystem versorgt. Wenn zwei diagonal angeordnete Spannungselemente ausfallen und die Maschine durch den Druckabfall das Haltsignal erhält, können die bewegten Teile bis zum Stillstand ohne Gefahr auslaufen.

5.8 Lagebestimmung der Kraftresultierenden[15]

5.8.1 Allgemeines

Der Schneidspalt fällt entlang den Schneidkanten nicht immer gleichmäßig aus. Oft werden dünne Lochstempel zum Ausschneidstempel um $h_{sch} = (0{,}5 \ldots 1) \cdot$ Blechdicke zurückgesetzt (vgl. Abb. 5.29f). Dadurch will man die Auswirkungen der Seitenkraft des Ausschneidstempels auf die dünnen Lochstempel abschwächen und die Bruchgefahr der Lochstempel, hervorgerufen durch die Winkelauffederung des C-Pressengestells, mindern. Trotzdem wird zur Festlegung des Einspannzapfens angenommen, dass *alle Schneidkräfte*

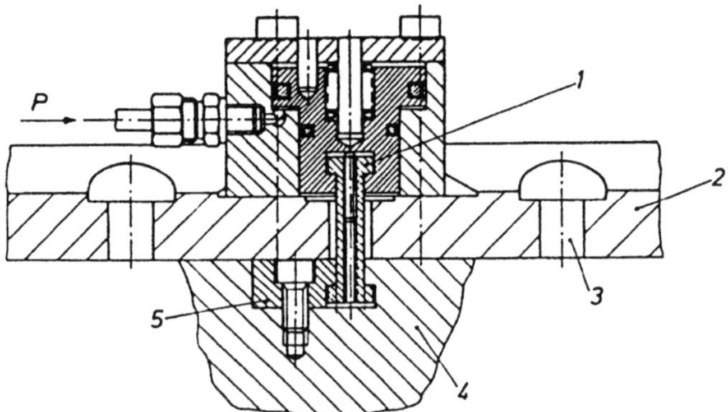

Abb. 5.37 Spannelement mit herausnehmbarem Doppel-T-Nutenstein. *1* Doppel-T-Nutenstein, *2* Stößel, *3* Nut für manuelles Spannen, *4* Werkzeug, *5* Alternatives Spannen mit einer Leiste

[15] In diesem Abschnitt wird das Problem elementar behandelt. In CAD-Systemen wird dazu Software angeboten, mit der Lagebestimmung und Berechnung erleichtert werden.

gleichzeitig wirken und damit der Druckmittelpunkt im Gesamtschwerpunkt[16] aller Schneidkräfte liegt. Zu seiner Lagebestimmung kann sowohl von den Schneidkräften einzelner Stempel als auch von den Linienschwerpunkten der Schnittlinien[17] ausgegangen werden, da nach Gl. 4.1 Schneidkraft und Länge der Schnittlinien verhältnismäßig sind (Abb. 5.38).

5.8.2 Lagebestimmung mit Schneidkräften einzelner Stempel

Der *Gesamtschwerpunkt* mehrerer Einzelkräfte wird mit Hilfe des Momentensatzes bestimmt aus

$$S = \frac{F_1 \cdot a_1 + F_2 \cdot a_2 + F_3 \cdot a_3 + \cdots}{F_1 + F_2 + F_3 + \cdots} = \frac{\Sigma(F \cdot a)}{\Sigma F} \quad \text{in mm} \tag{5.6}$$

S	Abstand des Gesamtschwerpunktes von der Bezugsachse in mm
$F_1, F_2, F_3, \ldots$	Schneidkräfte F_S in N oder in kN
$a_1, a_2, a_3, \ldots$	Abstände der Schneidkräfte von der Bezugsachse in mm.

Als Bezugsachse nimmt man die Mittellinie des ersten oder letzten Stempels an; damit ist der Abstand $a_1 = 0$. Auch die zeichnerische Lösung mit Hilfe des Seileckverfahrens wird oft angewandt.

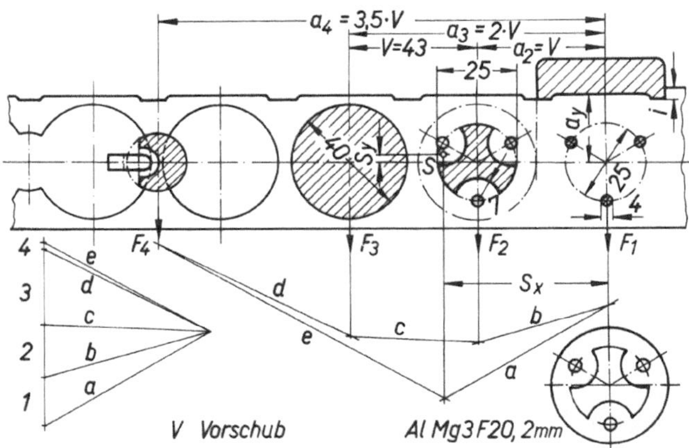

Abb. 5.38 Ermittlung der Lage des Einspannzapfens für Schneidwerkzeuge (einreihiger Schnittstreifen), *V* Vorschub

[16] Verfahren zur Lagebestimmung der Resultierenden und des Linienschwerpunktes behandelt „Böge, Technische Mechanik, Vieweg+Teubner. Wiesbaden 2009“.

[17] Entlang der Schnittlinien wird Werkstoff geschnitten (DIN 8588).

5.8.3 Lagebestimmung mit den Längen der Schnittlinien

Anstelle der Schneidkräfte F_s werden die Längen der Schnittlinien eingesetzt.

$$S = \frac{l_1 \cdot a_1 + l_2 \cdot a_2 + l_3 \cdot a_3 + \cdots}{l_1 + l_2 + l_3 + \cdots} = \frac{\Sigma(l \cdot a)}{\Sigma\, l} \quad \text{in mm} \tag{5.7}$$

S Abstand des Gesamtschwerpunktes von der Bezugsachse in mm
$l_1, l_2, l_3, \ldots$ Teillängen der Schnittlinie in mm
$a_1, a_2, a_3, \ldots$ Abstände der Linienschwerpunkte dieser Teillinien von der Bezugsachse in mm.

Berechnungsbeispiel 5.4
Für den in Abb. 5.38 dargestellten Streifen aus Al Mg 3 F 20 ist die Lage des Einspannzapfens festzulegen.

Lösung
Beim Seitenschneider kann man als Schwerlinie dessen Mitte oder auch, wie in diesem Beispiel, die Symmetrieachse der Lochstempel annehmen. Die Ungenauigkeit dieser Vereinfachung ist ohne Einfluss. Schneidwiderstand nach Gl. 4.2:

$$k_S = 0{,}8 \cdot R_m = 0{,}8 \cdot 200 \frac{\text{N}}{\text{mm}^2} = 160 \frac{\text{N}}{\text{mm}^2}$$

$$\text{Schneidkantenlänge der drei Lochstempel } l' = 38\,\text{mm}$$

$$\text{des Seitenschneiders } l'' = 46\,\text{mm}$$

$$l_1 = l' + l'' = 84\,\text{mm}$$

Schneidkraft F_S nach Gl. 4.1:

$$F_{s1} = l_1 \cdot s \cdot k_S = 84\,\text{mm} \cdot 2{,}0\,\text{mm} \cdot 160 \frac{\text{N}}{\text{mm}^2} \approx 26.800\,\text{N}$$

Schneidkantenlänge des Formlochstempels:

$$l_2 = 91\,\text{mm; somit } F_{s2} \approx 29.100\,\text{N}$$

Schneidkantenlänge des Ausschneidstempels:

$$l_3 = 126\,\text{mm; somit } F_{s3} \approx 40.300\,\text{N}$$

Schneidkantenlänge des Trennstempels: $l_4 = 16$ mm; somit $F_4 \approx 100$ N
Abstände $a_1 = 0$, $a_2 = 43$ mm, $a_3 = 86$ mm, $a_4 = 150{,}5$ mm.
Abstand des Gesamtschwerpunktes in Streifenrichtung unter Verwendung

1. *der Schneidkräfte* nach Gl. 4.1

$$S_x = \frac{F_{s1} \cdot a_1 + F_{s2} \cdot a_2 + F_{s3} \cdot a_3 + F_{s4} \cdot a_4}{F_{s1} + F_{s2} + F_{s3} + F_{s4}}$$

$$S_x = \frac{26.800\,\text{N} \cdot 0\,\text{mm} + 29.100\,\text{N} \cdot 43\,\text{mm} + 40.300\,\text{N} \cdot 86\,\text{mm} + 5100\,\text{N} \cdot 150{,}5\,\text{mm}}{26.800\,\text{N} + 29.100\,\text{N} + 40.300\,\text{N} + 5100\,\text{N}}$$

$$= 54{,}2\,\text{mm} \approx 54\,\text{mm}$$

2. *der Längen der Schnittlinien* nach Gl. 5.7

$$S_x = \frac{l_1 \cdot a_1 + l_2 \cdot a_2 + l_3 \cdot a_3 + l_4 \cdot a_4}{l_1 + l_2 + l_3 + l_4}$$

$$S_x = \frac{84\,\text{mm} \cdot 0\,\text{mm} + 91\,\text{mm} \cdot 43\,\text{mm} + 126\,\text{mm} \cdot 86\,\text{mm} + 16\,\text{mm} \cdot 150{,}5\,\text{mm}}{84\,\text{mm} + 91\,\text{mm} + 126\,\text{mm} + 16\,\text{mm}}$$

$$= 54{,}2\,\text{mm} \approx 54\,\text{mm}$$

3. *des Vorschubs V*

Dieser Lösungsgang ist anwendbar, wenn die Einzelabstände ein Vielfaches des Vorschubs V darstellen. Nach Abb. 5.38 wird

$$S_x = \frac{l_1 \cdot 0 + l_2 \cdot V + l_3 \cdot 2V + l_4 \cdot 3{,}5V}{l_1 + l_2 + l_3 + l_4}$$

$$S_x = \frac{84\,\text{mm} \cdot 0\,\text{mm} + 91\,\text{mm} \cdot V + 126\,\text{mm} \cdot 2V + 16\,\text{mm} \cdot 3{,}5V}{84\,\text{mm} + 91\,\text{mm} + 126\,\text{mm} + 16\,\text{mm}}$$

$$= \frac{399\,\text{mm} \cdot V}{317\,\text{mm}} = 1{,}26 \cdot V$$

Mit $V = 43$ mm wird $S_x = 1{,}26 \cdot 43$ mm $= 54{,}2$ mm ≈ 54 mm.

4. *Abstand des Gesamtschwerpunktes quer zur Streifenrichtung*

Der Schwerpunktabstand wird nach Gl. 5.7 bestimmt und als Bezugsachse die Mittellinie des Streifens gewählt (nach dem Streifenbild ist Abstand $a_y = 23$ mm).

$$L = l' + l_2 + l_3 + l_4 = 38\,\text{mm} + 91\,\text{mm} + 126\,\text{mm} + 16\,\text{mm} = 271\,\text{mm};$$

$$S_y = \frac{L \cdot 0 + l'' \cdot a_y}{L + l''}$$

$$S_y = \frac{271\,\text{mm} \cdot 0\,\text{mm} + 46\,\text{mm} \cdot 23\,\text{mm}}{271\,\text{mm} + 46\,\text{mm}} = 3{,}34\,\text{mm} \approx 3\,\text{mm}$$

Diese geringe Abweichung wird meist vernachlässigt.

Ergebnis

Die Lage des Einspannzapfens ist in Abb. 5.38 dargestellt.

5.8.4 Lagebestimmung mit Linienschwerpunkten

Bei unsymmetrischer Stempelform ermittelt man zuerst für jede Einzellinie den Linienschwerpunkt. Bei *Kreisbögen* wird deren Mittelpunktswinkel zeichnerisch festgestellt und aus Tab. 5.3 der Multiplikator für die Bogenlänge und die Lage des Linienschwerpunktes des nächstliegenden Winkelwertes entnommen; Mittelpunktswinkel über 90° werden unterteilt. Die einzelnen Linienschwerpunkte werden mit Hilfe des Seileckverfahrens in der x- und y-Achse zu einem gemeinsamen Linienschwerpunkt, dem Druckmittelpunkt des Einspannzapfens zusammengefasst. Vorteilhaft trägt man im Linieneck die einzelnen Teilstücke in der Reihenfolge ab, wie sie in der Figur liegen (Abb. 5.39a).

5.8.5 Lagebestimmung bei Mehrfachschneidwerkzeugen

In mehrreihigen Schnittstreifen können Schnittlinien parallel verschoben oder wechselweise, d. h. zentrisch-symmetrisch[18] zueinander liegen.

Bei *parallel verschobenen Schnittlinien* wird für jede Stempelform zuerst deren Linienschwerpunkt ermittelt; dann werden die Schwerpunkte gleicher Formen zu einem gemeinsamen Teilschwerpunkt (Abb. 5.40) zusammengefasst. Den Gesamtschwerpunkt S erhält man grafisch oder durch Rechnung.

Tab. 5.3 Bogenlänge und Linienschwerpunkt (Bogen b= Tabellenwert·r; Sehne $s = 2 \cdot r \cdot \sin\frac{\alpha}{2}$, Linienschwerpunktabstand y_0 = Tabellenwert · r; Linienschwerpunkt $y_0 = \frac{r \cdot s}{b}$)

$\sphericalangle\alpha$	180°	120°	90°	85°	80°	75°	70°	65°
b	3,142	2,094	1,571	1,484	1,396	1,309	1,222	1,135
y_0	0,637	0,827	0,900	0,911	0,921	0,930	0,939	0,947
$\sphericalangle\alpha$	60°	55°	50°	45°	36°	30°	22,5°	18°
b	1,047	0,960	0,873	0,785	0,628	0,524	0,393	0,314
y_0	0,955	0,962	0,968	0,975	0,984	0,989	0,993	0,996

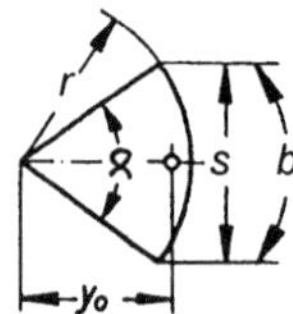

Schnittlinien liegen zueinander *zentrisch-symmetrisch*, wenn ein Wendestreifen durch Konstruktion eines Mehrfachschneidwerkzeuges vermieden wird (Abb. 5.39b und 5.41e); Einzelschwerpunkte werden nicht bestimmt. Man verbindet zwei gegenüberliegende

[18] Verbindungsstrecken zwischen zentrisch-symmetrischen Punkten (bzw. zwischen zentrisch-symmetrisch zueinanderliegenden Figuren) werden durch das Symmetriezentrum halbiert. Alle Punkte (Figuren) lassen sich durch Drehung um dieses Zentrum stets zur Deckung bringen (Punktsymmetrie).

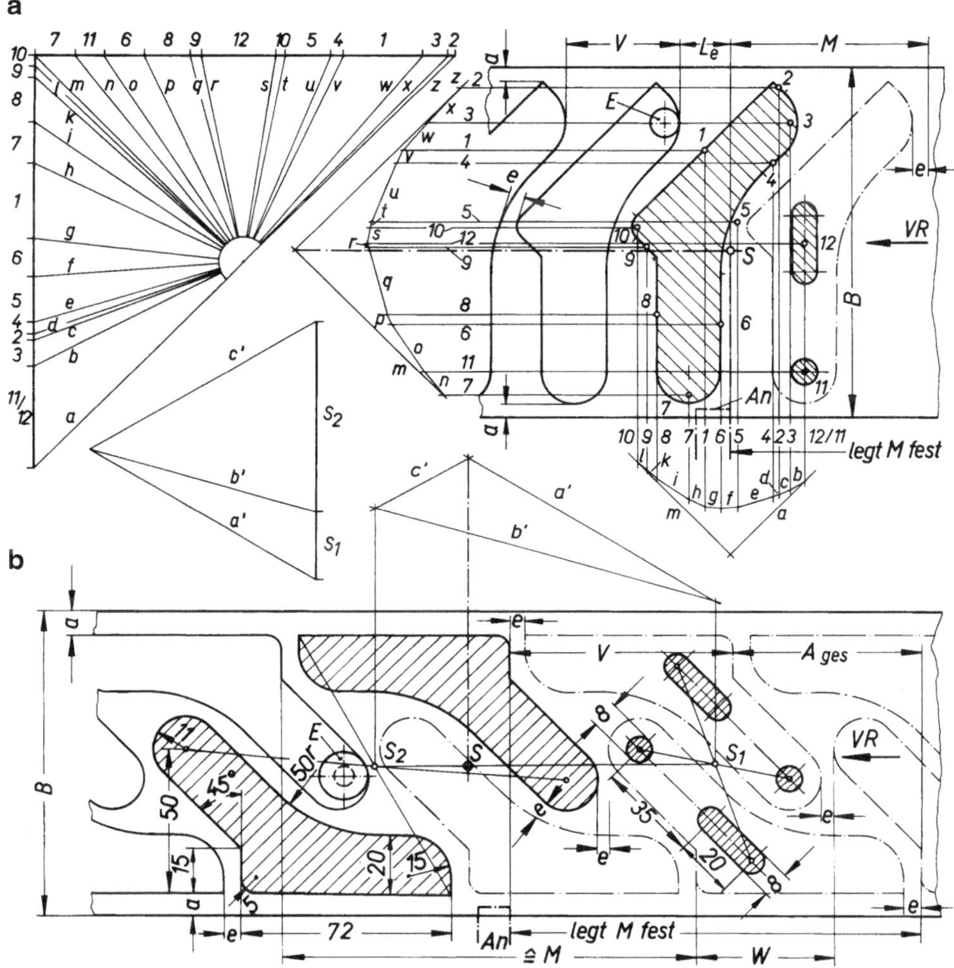

Abb. 5.39 Lagebestimmung des Einspannzapfens. **a** Ausschneidwerkzeug (einreihiger Schnittstreifen), **b** Mehrfachschneidwerkzeug mit zentrisch-symmetrisch liegenden Schnittlinien (zweireihiger Schnittstreifen). *VR* Vorschubrichtung des Streifens; *An* Anschneidanschlag, der das Maß *M* festlegt, *E* Einhängestift, L_e Abstand zwischen *An* und *E*, Steg- und Randbreiten, siehe Abschn. 4.7.3

Ecken oder Mittelpunkte von Radien miteinander, halbiert deren Entfernung und erhält den gemeinsamen Linienschwerpunkt dieser Einzelflächen. Der Gesamtschwerpunkt *S* wird danach grafisch oder durch Rechnung ermittelt.

5.9 Streifeneinteilung und Stückzahlberechnung je Tafel

Vielfach werden Streifen aus Tafeln 1 × 2 m geschnitten: Bei der Einteilung eines Streifens für Zuschnitte aus Aluminium und dessen Legierungen, die noch abgebogen werden, ist darauf zu achten, dass die Biegekanten möglichst senkrecht zur Walzrichtung liegen (vgl. Abb. 10.14).

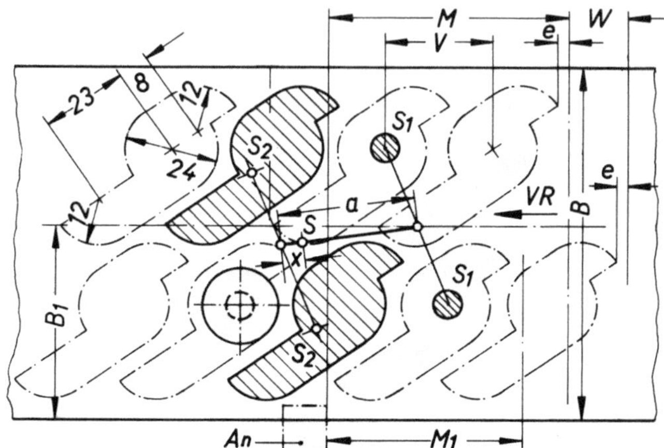

Abb. 5.40 Mehrfachschneidwerkzeug mit parallel verschobenen Schnittlinien (zweireihiger Schnittstreifen). s_1 Linienschwerpunkte der Lochstempel, s_2 Linienschwerpunkte der Ausschneidstempel, S Gesamtschwerpunkt. *VR* Vorschubrichtung, *An* Anschneidanschlag Lagebestimmung des Einspannzapfens, $x = \frac{l_1 \cdot a + l_2 \cdot 0}{l_1 + l_2}$, l_1, l_2 Schnittlinienlängen in mm, a Abstand des Linienschwerpunktes von der Bezugsachse. Bei *einreihigem Schnittstreifen* (Einfachschneiden) ist M_1 der Längenbedarf für ersten Ausschnitt und B_1 die Streifenbreite

Als Tafelgröße setzt man bei Feinblechen 1 × 2 m ein. Auf Maschinenscheren kann der letzte Streifen von der Tafel noch abgetrennt werden, wenn die Abfallbreite größer als der Abstand des Blechhalters zum Schermesser ist. Entstehen kleinere Abfallbreiten, werden als letzte Arbeitsfolge sämtliche Reststreifen um die Abfallbreite beschnitten (Anschläge verstellen). Vorteilhaft ist, schon bei der Werkzeugkonstruktion die Streifenbreite um 1 … 3 mm größer vorzusehen, wenn dadurch die Tafeln restlos aufteilbar sind.

Die günstigste Lage eines Ausschnittes im Streifen findet man durch Ausprobieren mit anschließendem Aufzeichnen des Schnittstreifens (Mindestmaße für Rand- und Stegbreiten, Seitenschneiderabfall, siehe Abschn. 4.7.3. Zur Berechnung der Stückzahl je Tafel werden Vorschub V und Längenbedarf M, bei Mehrfachschnitten und Wendestreifen auch der erforderliche Restbedarf W für den nachfolgenden Ausschnitt aus der Zeichnung gemessen. Gleichzeitig legt man die Lage der Stempel und der Bauteile zur Vorschubbegrenzung des Streifens fest. Die *Stückzahl der Werkstücke je Tafel* erhält man aus

$$St = \frac{B_\mathrm{T}}{B} \quad \text{in Stück} \tag{5.8}$$

$$A_\mathrm{ges} = M - V$$

$$Z_{St} = \frac{L - A_\mathrm{ges}}{V} \quad \text{in Stück} \tag{5.9}$$

$$Z_\mathrm{T} = St \cdot Z_{St} \quad \text{in Stück} \tag{5.10}$$

$$L_{\text{Rest}} = \left(L - A_{\text{ges}}\right) - \left(Z_{St} \cdot V\right) \quad \text{in mm} \tag{5.11}$$

Übersicht über Formelzeichen bei

	einreihigem Schneiden	mehrreihigem Schneiden und Wendeschneiden
St	Anzahl der Streifen je Tafel	ebenso
BT	Tafelbreite bei 1 m oder 2 m langen Streifen	ebenso
B	Streifenbreite	ebenso
A_{ges}	gesamter Anschnittverlust	ebenso
M	Längenbedarf (mit doppelter Stegbreite) für den ersten Ausschnitt	ebenso für das erste Doppelstück; Drei- oder Vierfachstück
V	Streifenvorschub	ebenso
L	Länge des Streifens	ebenso
Z	Anzahl der Ausschnitte	Anzahl der Doppelstücke, Drei- oder Vierfachstücke
Z_{St}	je Streifen	je Streifen
Z_{T}	je Tafel	Anzahl der Ausschnitte je Tafel
L_{Rest}	restlicher Abstand im Schnittstreifen zwischen letztem Ausschnitt und Streifenende	ebenso zwischen letztem Mehrfachstück und Streifenende
L_{e}	nur für Werkstücke ohne Suchstift: Abstand von Vorderkante Ausschneidanschlag A_{n} bis Einhängestift E	entfällt
W	entfällt	Restbedarf für nachfolgenden Ausschnitt

Ist $L_{\text{Rest}} > W$, wird je Streifen ein weiteres Stück ausgeschnitten.

Richtlinien für die Streifeneinteilung

1. *Längliche Ausschnitte* sollen im Streifen quer zur Vorschubrichtung *VR* liegen. Dadurch mindern sich Vorschub V, Werkzeuglänge und evtl. Herstellungskosten. Die höhere Stückzahl je Streifen Z_{St} verringert den Anteil je Werkstück am Blechabfall und an Zeitaufwand für Streifenein- und Streifenweglegen.
2. *Mehrfachschneidwerkzeuge* (mehrreihige Schnittstreifen) erfordern den geringsten Blechbedarf, aber höhere Herstellkosten.
3. *Wendestreifen* werden gewählt; wenn im Vergleich zum einfachen Streifen bei Stahl- und Aluminiumblechen mehr als 10 % an Werkstoffkosten eingespart werden.
4. *Längenbedarf M* für den ersten Ausschnitt sollte klein sein; bei Mehrfachschneidwerkzeugen entsteht dann die kleinste Werkzeuglänge. Je nach Streifenvorschubrichtung ist die linke oder rechte Maßhilfslinie der Länge M, in Abb. 5.41a–d der Pfeil B_{M}, entscheidend für die Lage bestimmter Bauteile der Vorschubbegrenzung.

   Bei Ausschneidwerkzeugen ohne Anschneidanschlag mit *Streifen-Vorschubrichtung* nach rechts ergibt sich die Form der Einhängeplatte durch die Lage der *rechtsliegen-*

den Maßhilfslinie für Länge M und aus der weiter rechts verbleibenden Umrissform des Ausschnittes (Abb. 5.41a). Bei Wendestreifen muss zusätzlich überprüft werden, ob die Einhängeplatte genügend groß ist, damit sie während des zweiten Streifendurchgangs nicht in die beim ersten Durchgang bereits ausgeschnittenen Durchbrüche einhängen und so den Streifen falsch anschlagen kann.

Wird in Schneidwerkzeugen mit nach rechts, geführten Streifen ein Anschneidanschlag oder ein Seitenschneider vorgesehen, dann ist zu deren Lagefestlegung wieder von der rechtsliegenden Maßhilfslinie der Länge *M* auszugehen. Den Anschneidanschlag bzw. das Anschlageck des 1. Seitenschneiders ordnet man entweder auf dieser Maßhilfslinie oder um einen Vorschub *V* in oder gegen die Vorschubrichtung versetzt an (Abb. 5.41b–d).

Bei nach *links geführten* Streifen geht man von der *links liegenden Maßhilfslinie der Länge M* aus.

Maß *W* wird entgegen der Vorschubrichtung gemessen; es beginnt auf der anderen Maßhilfslinie der Länge *M* und schließt das nächstliegende Werkstück *einschließlich Stegbreite e* ein (Abb. 5.41).

5. Beim *Einführen eines neuen Streifens* sollen Lochstempel mit ihrem ganzen Umfang schneiden; Ausschneidstempel können teilweise anschneiden. Damit Stempelkanten durch das teilweise Anschneiden dicker Bleche nicht ausbrechen, wählt man eine dickere Stempelführungsplatte. Bei einreihigen Streifen (siehe Abschn. 5.5.2) entstehen oft günstigere Anschneidverhältnisse,[19] wenn die Restlänge L_{Rest} verkleinert und dafür am Streifenanfang das Maß *M* vergrößert wird.
6. Ist bei *Werkzeugen ohne Suchstift* $L_{\text{Rest}} > L_e$ (siehe Abb. 5.39a), so wird kein Anschneidanschlag vorgesehen.
7. *Höhere Stückzahlen* erhält man vielfach mit 2 m langen Streifen; jedoch sind diese beim Verarbeiten unhandlicher.
8. In *Mehrfachschneidwerkzeugen* sind runde Ausschneidstempel unter 60° zueinander anzuordnen (ähnlich Abb. 5.2f).
9. *Formseitenschneider* ergeben kleinere Streifenbreiten; es ist keine Randbreite *a* (Abschn. 4.7.3) erforderlich (siehe Abb. 5.28e).
10. Streifen- und Schnittteilbreite können gleich groß sein, wenn die Streifenkanten mit einer Kreismesser-Streifenschere einwandfrei geschnitten sind und das Werkzeug mit federnder Streifenzentrierung (Abb. 5.22) arbeitet.

Bei der *Streifeneinteilung eines Mehrfach-Folgeschneidwerkzeuges* mit zwei Seitenschneidern muss die großflächige Schneidplatte in Formstücke unterteilt werden (Abb. 5.27 und 5.41). Zuerst zeichnet[20] man den *Schnittstreifen* auf, indem die Schnittlinienumrisse

[19] Ausschneidstempel sollen bei mittelharten Blechen bis 1 / 3 oder über 2 / 3 ihres Umfanges anschneiden.

[20] Für das Zeichnen werden immer mehr CAD-Systeme verschiedener Anbieter angewendet. Sie sind vor allem bei der Konstruktion von Varianten von Vorteil. Die Daten werden auch für NC-Sätze für die Fertigung, z. B. Drahterodieren verwendet.

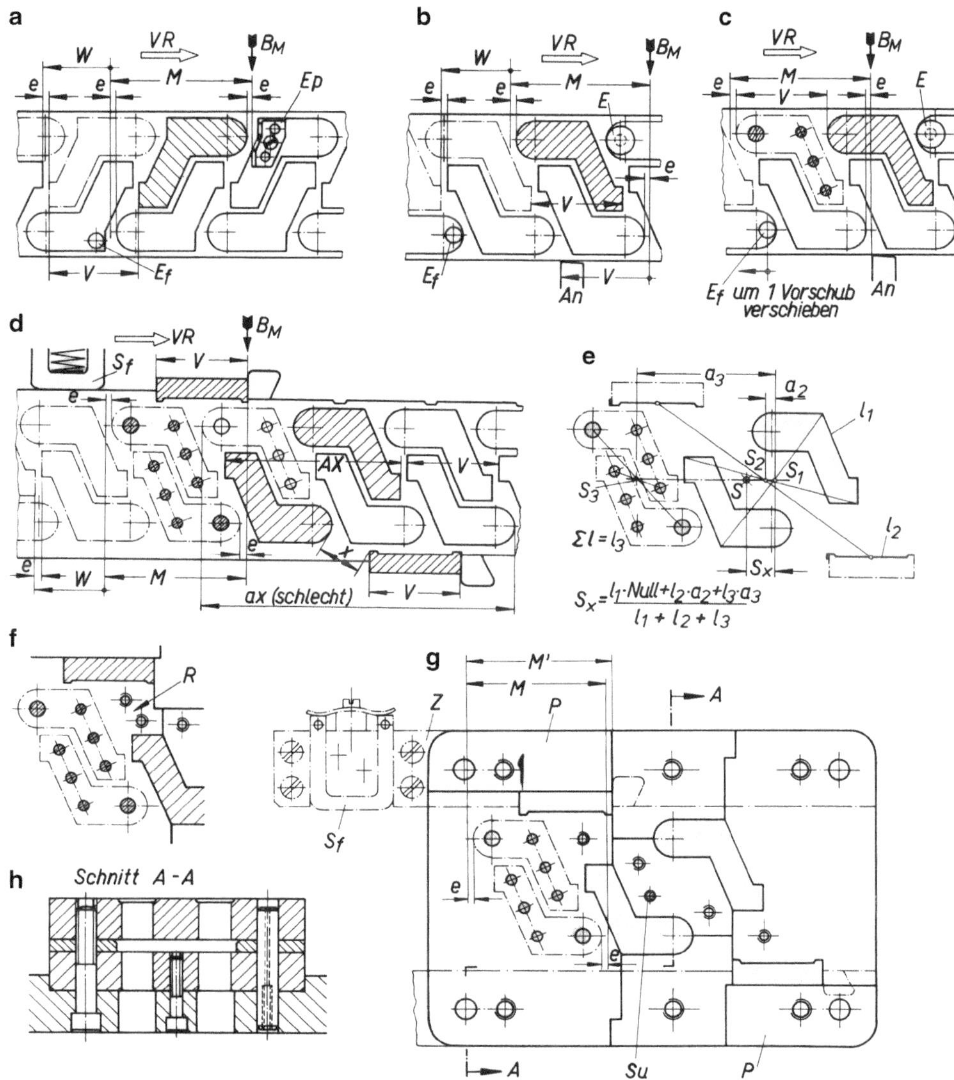

Abb. 5.41 Streifeneinteilung, Anordnung der Stempel und der Trennfugen, lagenmäßige Bestimmung der Bauelemente für Vorschubbegrenzung und Festlegung der Maße für Stückzahlberechnung. **a** Ausschneidwerkzeug für Wendestreifen mit einer Anschlag-Einhängeplatte (*Ep*), **b** wie **a** jedoch mit Einhängestift *E* und Anschneidanschlag *An*, **c** Folgeschneidwerkzeug für Wendestreifen mit gleichen Anschlagelementen wie **b**, **d** Folgeschneidwerkzeuge für Mehrfachschneiden mit zwei Seitenschneidern Maße *M*, *V*, *W* sind Maße für Stückzahlberechnung, *e* Stegbreiten B_M mit Pfeil ist die maßgebliche Maßhilfslinie der Länge *M*, *AX* ist das Außenmaß der beiden Ausschneidstempel, **e** Lagebestimmung des Einspannzapfens vom Werkzeug (**d**), **f** Trennfugen der Schneidplattenteile in der Seitenschneider-Lochstufe bei ursprünglichem Maß *M* aus Werkzeug **d**, dabei erhöhte Rissgefahr *R*, **g** Anordnung der Stempel und der Trennfugen mit vergrößertem Maß *M*′ (damit ist Rissgefahr gemindert!), *Su* Suchstempel, *Z* Zwischenlagen mit eingesetztem Anschlageck (strickpunktiert dargestellt), *P* Passstücke, hinter Seitenschneider sitzend, aus E 295, **h** Querschnitt *A-A* durch Schneidwerkzeug, um 1,25mal verkleinert dargestellt

mehrerer Werkstücke, unter Berücksichtigung der Rand- und Stegbreiten (Abschn. 4.7.3) punkt-symmetrisch aneinandergereiht werden. Sind 1 m oder 2 m lange Streifen aus Blechtafeln zu verarbeiten, ist jeweils die damit erzielbare *Werkstückanzahl Z* zu ermitteln. Liegt der Schnittstreifen fest, werden die beiden *Ausschneidstempel* ausgesucht, welche den *kleinsten Abstand* zwischen ihren äußeren Schneidkanten (in Abb. 5.41d, das Maß *AK*) haben; dabei muss zwischen den beiden Stempeln ein rissunempfindliches Schneidplatten-Formstück entstehen. Jetzt erst kann man *im Streifenauslauf den zweiten Seitenschneider* festlegen; er wird *dem letzten Ausschneidstempel gegenüberliegend*, jedoch unabhängig von der Lage des Maßes *M*, angeordnet. Es ist nur zu beachten, dass durch den zweiten Seitenschneider ein einfaches Formstück der geteilten Schneidplatte entsteht. Der *erste Seitenschneider* sitzt *auf der gegenüberliegenden Streifenlängskante* im Bereich der Lochstempel, die man um eine Arbeitsstufe versetzt, vor dem ersten Ausschneidstempel anordnet. Das *Anschlageck* des ersten Seitenschneiders liegt bei *nach rechts geführten Streifen auf der rechten Maßhilfslinie der Länge M* (Pfeil B_M in Abb. 5.41d). Entstehen durch den ersten Seitenschneider härterissempfindliche Schneidplattenformstücke (Abb. 5.41f) und die Stückzahlberechnung ergibt ein Streifenreststück L_{Rest}, wird das Anschlageck und damit der erste Seitenschneider bei nach rechtsgeführten Streifen weiter nach rechts verschoben, also Maß *M* auf *M'* vergrößert (Abb. 5.41). Sind zusätzlich noch Suchstempel *Su* vorgesehen, ordnet man diese hinter dem Anschlageck des ersten Seitenschneiders sitzend an. Zuletzt wird im Streifeneinlauf, auf der Seite des ersten Seitenschneiders, eine federnde Streifenführung *Sp* eingebaut.

Berechnungsbeispiel 5.5

Berechnungsbeispiel zu Abschn. 5.9: Die Stückzahlen je Tafel sind für die Streifen in den Abb. 5.39a, b und 5.40 entsprechend den Gl. 5.6–5.11 zu ermitteln.

Lösung

Am *Streifen für das Ausschneidwerkzeug* (einreihiger Schnittstreifen, Abb. 5.39a) werden gemessen $B = 124$ mm, $M = 70$ mm, $V = 38$ mm, $L_e = 16$ mm.

1 m langer Streifen	2 m langer Streifen
$St = \frac{B_T}{B} = \frac{2000\,\text{mm}}{124\,\text{mm}} = 16$	$St = \frac{B_T}{B} = \frac{1000\,\text{mm}}{124\,\text{mm}} = 8$
$A_{ges} = M - V = 70\,\text{mm} - 38\,\text{mm} = 32\,\text{mm}$	$A_{ges} = M - V = 70\,\text{mm} - 38\,\text{mm} = 32\,\text{mm}$
$Z_{St} = \frac{L - A_{ges}}{V} = \frac{1000\,\text{mm} - 32\,\text{mm}}{38\,\text{mm}} = 25$	$Z_{St} = \frac{L - A_{ges}}{V} = \frac{2000\,\text{mm} - 32\,\text{mm}}{37{,}8\,\text{mm}} = 52$ (*V* auf 37,8 mm gemindert)
$Z_T = St \cdot Z_{St} = 16 \cdot 25 = 400$ Stück	$Z_T = St \cdot Z_{St} = 8 \cdot 52 = 416$ Stück

Sind nur 1 m lange Streifen vorrätig, ist

$$L_{\text{Rest}} = \left(L - A_{\text{ges}}\right) - \left(Z_{St} \cdot V\right) = \left(1000\,\text{mm} - 32\,\text{mm}\right) - \left(25 \cdot 38\,\text{mm}\right) = 18\,\text{mm}.$$

Ein Anschneidanschlag *An* ist nicht erforderlich, da $L_{\text{Rest}} > L_e$ ist. Sind aber im Ausschneidstempel Suchstifte eingebaut, müsste der Anschneidanschlag „An" bleiben.

Der *Streifen für das Mehrfachschneidwerkzeug* (zweireihiger Schnittstreifen, Abb. 5.39b) ergibt $B = 111$ mm, $M = 143$ mm, $V = 77$ mm, $W = 50$ mm.

Bei 2 m langen Streifen sind:

$$St = \frac{B_{\text{T}}}{B} = \frac{2000\,\text{mm}}{124\,\text{mm}} = 16$$

$$A_{\text{ges}} = M - V = 143\,\text{mm} - 77\,\text{mm} = 66\,\text{mm}$$

$$Z_{St} = \frac{L - A_{\text{ges}}}{V} = \frac{2000\,\text{mm} - 66\,\text{mm}}{77\,\text{mm}} = 25 \text{ Doppelstücke} = 50\,\text{Stück}$$

$$L_{\text{Rest}} = \left(L - A_{\text{ges}}\right) - \left(Z_{st} \cdot V\right) = \left(2000\,\text{mm} - 66\,\text{mm}\right) - \left(25 \cdot 77\,\text{mm}\right) = 9\,\text{mm}$$

$$L_{\text{Rest}} < W, \text{ somit kein weiteres Stück}$$

$$Z_{\text{T}} = St \cdot Z_{St} = 9 \cdot 50 = 450 \text{ Stück}$$

Mit 1 m langen Streifen erhält man je Tafel 432 Stück.

Am 2 m langen *Streifen für das Schneidwerkzeug* Abb. 5.40 werden gemessen bei:

einreihigem Schnittstreifen	zweireihigem Schnittstreifen
$B_1 = 50$ mm, $M_1 = 49$ mm	$B = 91$ mm, $M = 61$ mm,
$V = 27{,}5$ mm	$V = 27{,}5$ mm, $W = 15$ mm
$St = \frac{B_{\text{T}}}{B_1} = \frac{1000\,\text{mm}}{50\,\text{mm}} = 20$	$St = \frac{B_{\text{T}}}{B_1} = \frac{1000\,\text{mm}}{50\,\text{mm}} = 20$
$A_{\text{ges}} = M_1 - V$ $= 49\,\text{mm} - 27{,}5\,\text{mm} = 21{,}5\,\text{mm}$	$A_{\text{ges}} = M - V$ $= 61\,\text{mm} - 27{,}5\,\text{mm} = 33{,}5\,\text{mm}$
$Z_{St} = \frac{L - A_{\text{ges}}}{V} = \frac{2000\,\text{mm} - 21{,}5\,\text{mm}}{27{,}5\,\text{mm}}$ $= 72$ Stück	$Z_{St} = \frac{L - A_{\text{ges}}}{V} = \frac{2000\,\text{mm} - 33{,}5\,\text{mm}}{27{,}5\,\text{mm}}$ $Z_{St} = 71$ Doppelstücke $= 142$ Stück
	$L_{\text{Rest}} = (L - A_{\text{ges}}) - (Z_{St} \cdot V)$ $=(2000\,\text{mm} - 33{,}5\,\text{mm}) - (71 \cdot 27{,}5\,\text{mm}) = 14\,\text{mm}$
	Die Stegbreite ist beim letzten Stück um 1 mm schwächer, damit $Z_{St} = 142 + 1 = 143$ Stück
$Z_{\text{T}} = St \cdot Z_{St} = 20 \cdot 72 = 1440$ Stück	$Z_{\text{T}} = St \cdot Z_{St} = 11 \cdot 143 = 1573$ Stück

Ergebnis
Die höchste Stückzahl je Tafel erhält man in der Regel bei 2 m langen, mehrreihig angeordneten Schnittstreifen.

Literatur

1. Puhrer, A.: Schweißtechnik. Viewegs Fachbücher der Technik, Vieweg, Braunschweig (1968)
2. Mössner, M.: Ausgewählte Werkzeuge der Hochleistungsstanztechnik, Firma Kramski. In: Hochleistungswerkzeuge in der Stanztechnik. Lehrgang Nr. 25972/62.249 der Technischen Akademie Esslingen am 09./10.11.2000 (2000)
3. Grüning, K.: Umformtechnik, 4. Aufl. Vieweg, Esslingen (1986)
4. Dietrich, J.: Praxis der Umformtechnik, 12. Aufl. Springer Vieweg, Wiesbaden (2018)

Grundlagen des Biegeumformens 6

6.1 Biegeverfahren und -kräfte

In Stanzwerkzeugen wird vorwiegend das Keilbiegen angewendet. Es kann als freies Biegen (Abb. 6.1a I) und als formschlüssiges Biegen (Abb. 6.1a II), auch Gesenkbiegen genannt, erfolgen. Falls das Schwenkbiegen (Abb. 6.2) um eine Achse benutzt wird, muss auf die Symmetrie zwecks Aufhebung von Seitenkräften geachtet werden. Die Biegekräfte sind in der Regel gegenüber dem Schneiden klein, sodass sie in der Praxis weniger berücksichtigt werden.

Die hinreichend genaue Gleichung für die Biegekraft beim Keilbiegen lautet nach Oehler [1]:

$$F_{\mathrm{bVmax}} = K \cdot \frac{R_{\mathrm{m}} \cdot b \cdot s^2}{l} \quad \text{in N} \tag{6.1}$$

R_{m} Bruchfestigkeit in $\mathrm{N/mm^2}$
b, l, s nach Skizze in mm
K Korrekturfaktor.

© Springer Fachmedien Wiesbaden GmbH, ein Teil von Springer Nature 2020

M. Kolbe, *Stanztechnik*, https://doi.org/10.1007/978-3-658-30401-0_6

a) für freies Biegen und Bleche unter 3 mm Dicke:

$$K = \frac{2,2}{\sqrt{l}}$$

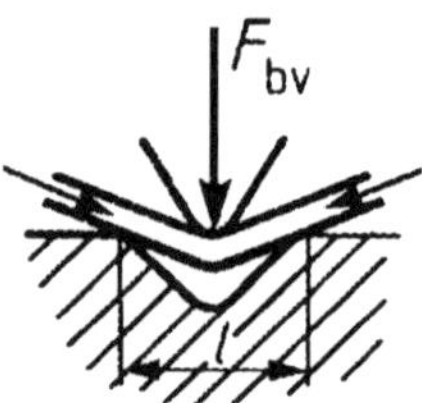

b) für formschlüssiges Biegen im V-Gesenk:

$$K = 1 + \frac{4s}{l} \geq 1,2$$

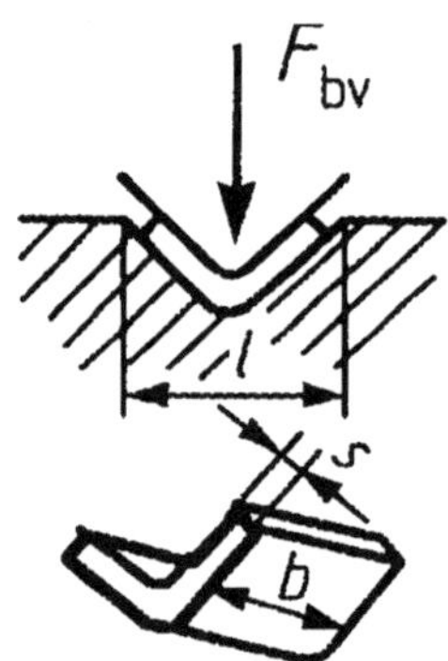

In Verbundwerkzeugen bei hartaufsitzendem Stempel $F_{bVhart} \approx 2 \ldots 3 \cdot F_{bV}$ (N).

Für das Abbiegen:

$$F_{bL} = (0,20 \ldots 0,25) \cdot z \cdot R_m \cdot b \cdot s \quad \text{in N} \tag{6.2}$$

mit z = Anzahl der Kanten

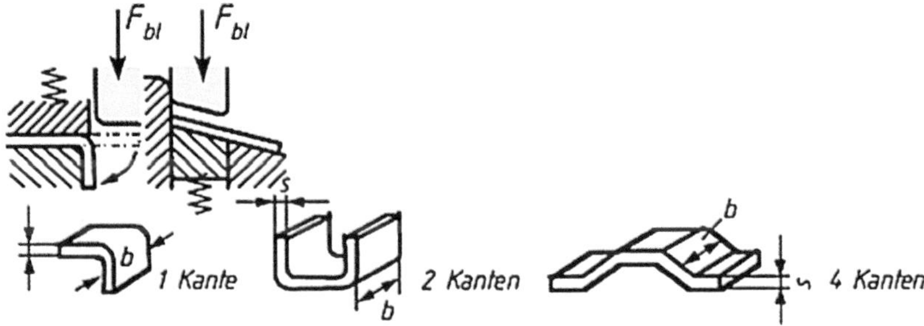

Ausstoßkraft ≈ 15 … 25 % von F_{bL} in N
Für das Formbiegen, Kragenziehen ist die Biegekraft F_{bF} bzw. F_{bK}

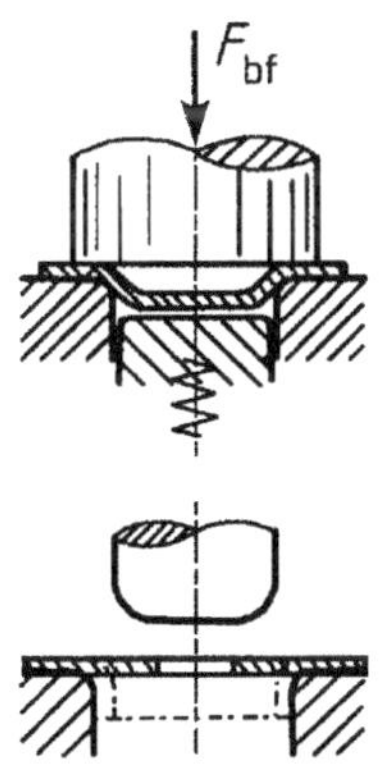

$$F_{bF} = F_{bK} = K \cdot R_m \cdot u_s \cdot s \quad \text{in N} \tag{6.3}$$

u_s = Stempelumfang in mm; s = Banddicke in mm

bei $s < 0{,}75$ mm,	$K \approx 0{,}6$
$0{,}8 \ldots 1{,}25$ mm	$\approx 0{,}7$
$1{,}3 \ldots 2$ mm	$\approx 0{,}8$
>2 mm	$\approx 0{,}9$

Ausstoßkraft beim

Formbiegen ≈ 15 … 25 % von F_{bf} (N)
Kragenziehen ≈ 20 … 30 % von F_{bf} (N)

Für die Umformung mittels Keiltrieb ist die waagerechte Biegekraft:

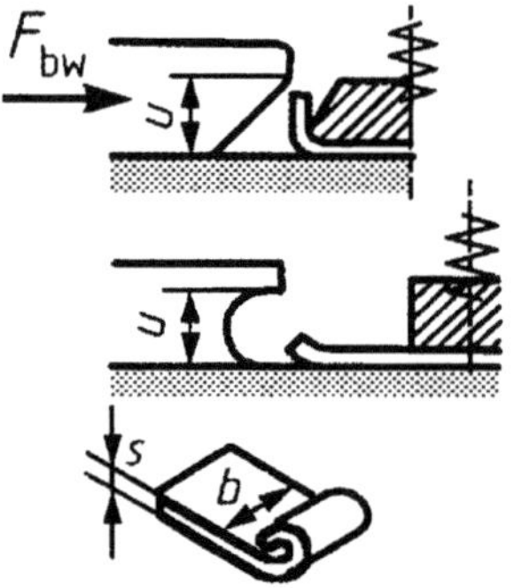

$$F_{bW} = \frac{R_m \cdot b \cdot s^2}{u} \quad \text{in N} \tag{6.4}$$

Zuschlag für hartaufsitzenden Schieber

$$F_z = A \cdot p = u \cdot b \cdot p \quad (\text{N})$$

wobei allgemein $p = \frac{R_m}{2 \ldots 5}$

$$F_{bW} \text{ hart} = 2 \ldots 3\, F_{bW}\ (\text{N})$$

6.2 Spannungen im Band beim Biegen

Während der Umformung schmiegt sich der Zuschnitt an die Stempeldruckfläche an. Im Bereich der Biegerundung dehnt sich die Außenseite des Bleches, sie nimmt dabei Zugspannungen auf, die oberhalb der Fließgrenze liegen. Die an der Stempelrundung anliegende Blechinnenseite wird gestaucht; sie erfährt Druckspannungen, die ebenfalls größer als die Fließgrenze sind. Im Werkstoffinnern werden die Fasern nur innerhalb des elastischen Bereiches beansprucht; sie könnten nach der Umformung wieder zurückfedern, während die Oberfläche sich plastisch verformt. Daher federt das gebogene Blech nur soweit zurück, bis sich die Spannungen gegenseitig ausgeglichen haben (Abb. 6.1a–c).

Während des *freien Biegens* (Abb. 6.1c) schieben die durch Druck- und Zugspannung überlasteten Fasern die Werkstoffkanten etwas nach außen; sind die Kanten nicht entgratet, entstehen kleine Risse. Wird zum freien Biegen die Stempelrundung mit $r_p \geq s$ ausgeführt, können Quetschfalten auf der druckbeanspruchten Blechinnenseite entstehen.

Beim *formschlüssigen Biegen* (Abb. 6.1b I, II) sitzen die Umformflächen des Biegestempels und des Biegegesenks auf dem Werkstoff „formschlüssig" auf. Durch zusätzli-

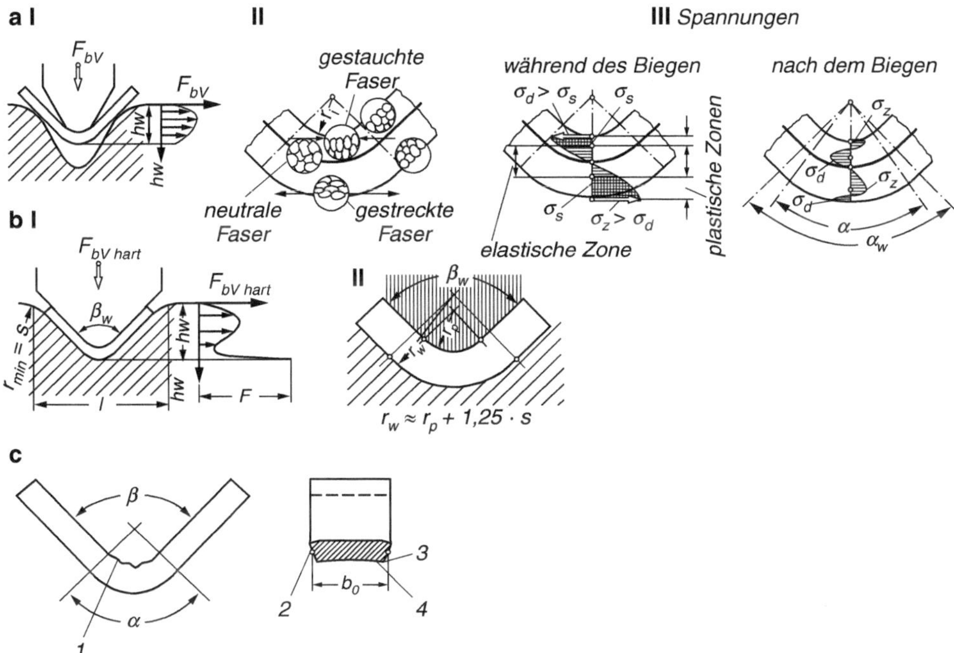

Abb. 6.1 Keilbiegen, Kraft-Weg-Kurven und Biegeteil. **a** Freies Biegen : **I** Verfahren, **II** Werkstoffgefüge im gebogenen Zustand, **III** vorherrschende Spannungen während und nach dem Biegen. σ_d Druckspannung, σ_z Zugspannung, σ_s Fließgrenze. **b** Formschlüssiges Biegen : **I** Verfahren, **II** Rundung des Stempels r_P und Gesenkes r_W, F_{bv} Biegekraft zum freien Keilbiegen, $F_{bV\,hart}$ Biegekraft zum formschlüssigen Keilbiegen (hart aufsitzender Stempel), h_W Umformhöhe (wirksamer Hub), l Gesenkweite, r_{min} Mindestabrundung der Einlaufkanten für Gesenk, s Blechdicke, b_0 Breite des Ausgangsstoffes, α Winkel am gebogenen Teil, α_w Biegewinkel im Werkzeug (Winkelunterschied = Rückfederung). **c** Biegeteil: *1* Innenseite mit Quetschfalten infolge Werkstoffstauchung, *2* geneigte Schmalseiten, sie entstehen immer, *3* mehrere Risse an Außenkante, wenn Kante nicht entgratet, *4* Riss an Oberfläche, bei fehlerhaftem Werkstoff

ches Nachdrücken im geschlossenen Werkzeug (hartaufsitzender Stempel) überlagern senkrechtwirkende Druckspannungen die im Werkstoff vorhandenen waagerechtwirkenden Biegespannungen; innerhalb des Blechquerschnittes werden die plastischen Zonen auf Kosten der elastischen Zone breiter, weshalb die gebogenen Werkstücke in ihrer Form gleichmäßiger ausfallen. Damit dieser zusätzliche Nachdruck sich in der Biegerundung verdichtet, sind Stempel- und Gesenkrundung entsprechend Abb. 6.1b II aufeinander abzustimmen.[1]

[1] Nähere Angaben in *Tabellenbuch Metall*, Europa-Fachbuchreihe für Metallberufe 2014.

6.3 Rückfederung beim Biegen

Die *Rückfederung* fällt unregelmäßig aus; sie wird maßgebend beeinflusst von [2]:

a) der Streckgrenze (Fließgrenze) des umzuformenden Werkstoffes,

b) dem Verhältnis $\frac{\text{Innenbiegeradius}}{\text{Blechdicke}} = \frac{r_i}{s}$.

Je kleiner der Innenbiegehalbmesser ist, desto höher sind die im Blech wirksamen Spannungen, wodurch mehr Werkstoffzonen im plastischen Zustand verformt werden; die Rückfederung wird kleiner.

c) der Art der Umformung, ob sie als freies Biegen oder als formschlüssiges Biegen erfolgt (Abb. 6.1a, b). Auch beim formschlüssigen Biegen, wenn Stempel und Gegenstempel über das zwischenliegende Blech gegenseitig hart aufsitzen, kann sich infolge der Blechdickentoleranz der wirksame Stempeldruck und damit die Rückfederung ändern.

Für formschlüssige Biegewerkzeuge kann man den etwas kleineren Gesenkwinkel β_w überschlägig berechnen, wenn ein Biegeverhältnis $\frac{\text{Innenbiegeradius}}{\text{Blechdicke}} = \frac{r_i}{s} = 0{,}5 \;\ldots\; 2{,}0$ vorliegt:

$$\beta_w = (0{,}98 \ldots 0{,}99) \cdot \beta \tag{6.5}$$

Für Stahlbleche ist der Wert 0,98, für Aluminium 0,99 einzusetzen.

β_w Gesenkwinkel in Grad

β Öffnungswinkel des Biegeteiles in Grad.

Für 90° Biegungen werden bei Verhältnis $r_1 : s < 8$ auch folgende empirisch ermittelten Beziehungen angewandt:

$$\begin{aligned} &\text{Stahlbleche} && \beta_w = 88° - \frac{r_i}{5{,}5 \cdot s} \\ &\text{Aluminiumbleche} && \beta_w = 89° - \frac{r_i}{18 \cdot s} \end{aligned} \tag{6.6}$$

β_w Gesenkwinkel in Grad

r_i Innenbiegeradius in mm

S Blechdicke in mm.

Die *Rückfederung* kann man auch *ausgleichen*:

- in Einfach-Abbiegewerkzeugen durch entsprechende Neigung der Zuschnittaufnahmefläche (vgl. Abb. 7.6);
- in Mehrfach-Abbiegewerkzeugen[2] durch

---

[2] Sind u-förmige Werkstücke in Mehrfach-Abbiegewerkzeugen zu fertigen, werden die beiden Schenkel des Biegeteils über zwei Einlaufkanten gleichzeitig winklig gestellt; die Biegerichtung kann nach oben oder unten gehend sein.

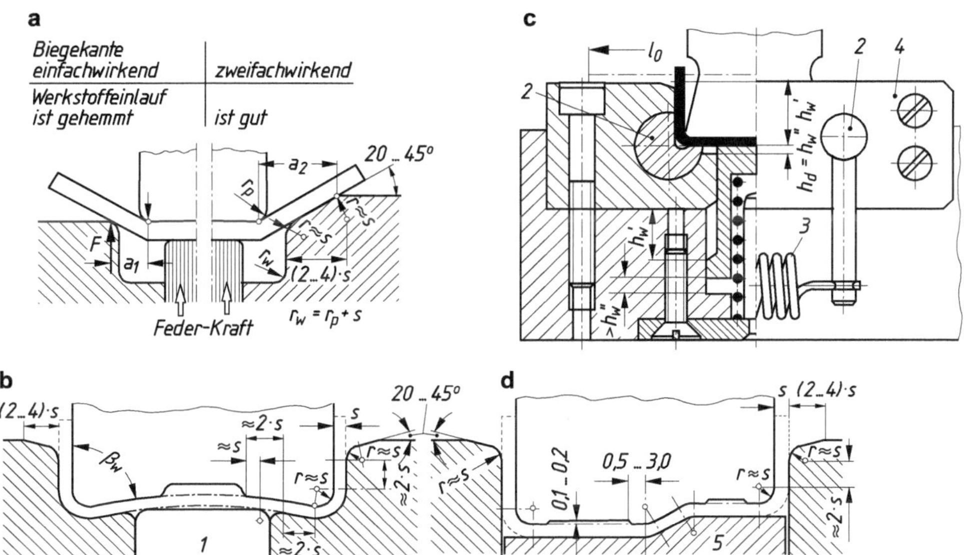

Abb. 6.2 Biegekantenform; Mehrfach-Abbiegewerkzeuge, Biegerichtung nach oben gehend. **a**, **b** mit Gegenhalter *1*, **c** mit zwei ausgesparten Wellen *2* zum Überbiegen der winklig gestellten Schenkel; beide Wellen werden zuletzt noch gedreht, *3* Zugfedern auf beiden Werkzeugseiten, *4* Platten zur Wellenlagerung, *hd* erforderlicher Hub zur Drehung der Wellen, *hw* gesamter Umform weg ($hw = hw' + hd$), l_0 gestreckte Länge, **d** mit Prägekanten und federndem Gesenkboden *5*

a) Nachdruck der Biegestempelabrundung r_p auf die Innenrundung des Biegegesenks (Abb. 6.2a),
b) Neigen der Stempel- und Gesenkdruckflächen am Übergang Bodenrundung auf Boden (Abb. 6.2b) entsprechend Gl. 6.1 oder 6.2, die Stempeldruckfläche ist in der Mitte freigefräst,
c) Drehung zweier Wellen, die zum Überbiegen je eine Aussparung haben (Abb. 6.2c),
d) federnden Gesenkboden, über den der Stempel zuletzt hart aufsitzt (Abb. 6.2d).

Erhalten Stempel und Gegenstempel in den Ecken *Prägekante* (Abb. 6.2d) wird die Rückfederung meist vernachlässigt. Im Stanzteil bleiben entlang den Biegekanten eingeprägte Vertiefungen zurück; diese Kanten sind infolge Kaltverfestigung härter und steifer, das Profil kann sich weniger verwerfen. Dauerschwingungen können jedoch Haarrisse in den kaltverfestigten Ecken verursachen.

6.4 Berechnung der Zuschnittlänge[3]

Während des Biegens liegt bei Verhältnis $\frac{r_i}{s} \geq 4$ in der Mitte des Bleches eine Werkstoffschicht, die weder gestaucht noch gestreckt wurde. Man bezeichnet sie mit *neutrale Faser*, ihre Länge entspricht der Ausgangslänge vor dem Biegen (l_0). Bei Verhältnis $\frac{r_i}{s} < 4$ verändert sich die Lage dieser neutralen Faser und damit die Zuschnittlänge l_0. DIN 6935 gibt Korrekturwerte zur Ermittlung des jeweiligen Faserabstandes a an (Abb. 6.3), der von der Blechinnenseite aus gemessen wird. Mit nachfolgenden Gleichungen kann überschlägig die *gestreckte Länge* l_0 ausgerechnet werden

$$a = s \cdot K \tag{6.7}$$

$$r_n = r_i \cdot a \tag{6.8}$$

$$l_0 = l_1 + l_2 + \frac{\pi \cdot r_n \cdot \alpha^0}{180°} = l_1 + l_2 + r_n \cdot \text{arc}\alpha \tag{6.9}$$

a Abstand der neutralen Faser, von der Innenseite aus gemessen, in mm
K Korrekturwert aus Abb. 6.3
r_i innerer Biegehalbmesser in mm
s Banddicke in mm
r_n Halbmesser der neutralen Faser in mm
l_0 Zuschnittlänge in mm
l_1, l_2 Schenkellänge in mm
α Biegewinkel = 180° – Öffnungswinkel β.

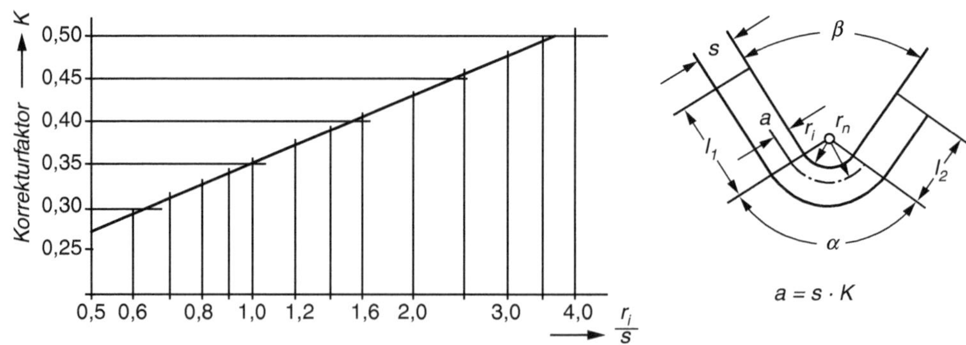

Abb. 6.3 Korrekturfaktor zur Lagebestimmung der neutralen Faser

[3] In der Leitnorm DIN 8580 wird der Zuschnitt mit „Ausgangsform" bezeichnet. In CAD-Systemen werden dazu Software-Programme angeboten.

Beim Ausprobieren neuer Biegewerkzeuge durch Umfang von Zuschnitten, deren Längenmaße durch Rechnung bestimmt wurden, muss man vereinzelt größere Abweichungen einzelner gestreckter Längen feststellen. Diese sind bedingt durch die Art der Werkzeugkonstruktion, durch die Größe des Federdrucks der Blechhalterdruckfedern, besonders durch die Art des umzuformenden Werkstoffes. Zu hoch angesetzte Federkräfte bewirken meist eine unerwünschte Zuschnittlängung.

Berechnungsbeispiel 6.1
Für die Lasche nach Abb. 6.4 ist die Länge l_0 der Ausgangsform auszurechnen.

Lösung

$$\text{Strecke } x = (r_i + s)\cdot \tan\frac{\alpha}{2} = 5{,}0\ \text{mm}\cdot\tan 22{,}5° \approx 2{,}1\ \text{mm}$$

$$l_1 = 27{,}0\ \text{mm} - s - r_{i1} = 27{,}0\ \text{mm} - 2{,}0\ \text{mm} - 2{,}0\ \text{mm} = 23{,}0\ \text{mm}$$

$$l_2 = 12{,}0\ \text{mm} - s - r_{i1} - x$$
$$= 12{,}0\ \text{mm} - 2{,}0\ \text{mm} - 2{,}0\ \text{mm} - 2{,}1\ \text{mm} = 5{,}9\ \text{mm}$$

$$l_3 = 31{,}0\ \text{mm} - x = 31{,}0\ \text{mm} - 2{,}1\ \text{mm} = 28{,}9\ \text{mm}$$

Bogen $r_i = 2$ mm: $\frac{r_i}{s} = \frac{2{,}0\ \text{mm}}{2{,}0\ \text{mm}} = 1$, nach Abb. 6.3 ist $K \approx 0{,}35$; damit nach Gl. 6.7 $a = s \cdot K = 2{,}0\ \text{mm} \cdot 0{,}35 = 0{,}7$ mm.

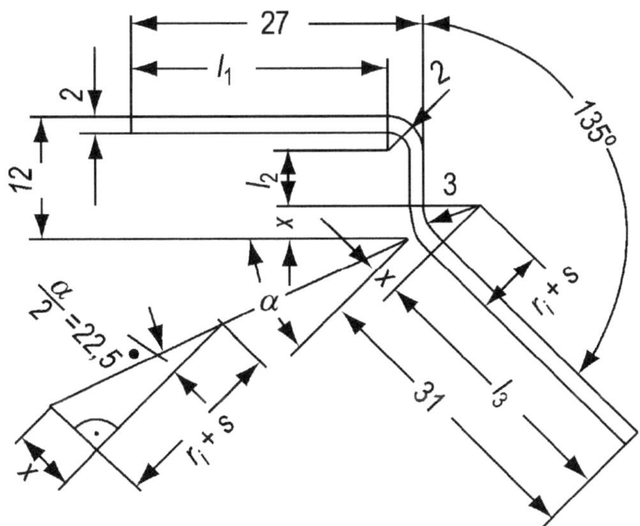

Abb. 6.4 Lasche

Nach Gl. 6.8 wird

$$r_n = r_i + a = 2{,}0\ \text{mm} + 0{,}7\ \text{mm} = 2{,}7\ \text{mm};$$

nach Gl. 6.9

$$\text{Bogenlänge } \widehat{b}_1 = r_n \cdot \text{arc}\,90° = 2{,}7\ \text{mm} \cdot 1{,}5708 = 4{,}2\ \text{mm}$$

$$\text{Bogen } r_i = 3\ \text{mm}: \frac{r_i}{s} = \frac{3{,}0\ \text{mm}}{2{,}0\ \text{mm}} = 1{,}5,$$

nach Abb. 6.3 ist $K \approx 0{,}40$; damit nach Gl. 6.7 $a \cdot s \cdot K = 2{,}0$ mm · 0,40 = 0,8 mm.
Nach Gl. 6.8 wird

$$r_n = r_i + a = 3{,}0\ \text{mm} + 0{,}8\ \text{mm} = 3{,}8\ \text{mm};$$

nach Gl. 6.9

$$\text{Bogenlänge } \widehat{b}_2 = r_n \cdot \text{arc}\,45° = 3{,}8\ \text{mm} \cdot 0{,}7854 \approx 3{,}0\ \text{mm}$$

Zuschnittlänge (Länge der Ausgangsform)

$$l_0 = l_1 + l_2 + l_3 + \widehat{b}_1 + \widehat{b}_2$$
$$= 23{,}00\ \text{mm} + 5{,}9\ \text{mm} + 28{,}9\ \text{mm} + 4{,}2\ \text{mm} + 3{,}0\ \text{mm} = 65{,}0\ \text{mm}$$

Ergebnis
Die Lasche hat eine Zuschnittlänge $l_0 = 65{,}0$ mm.

Berechnungsbeispiel 6.2
In Cu Zn 28 F 36, Blechdicke $s = 0{,}75$ mm werden nach Abb. 6.5 Lappen eingeschnitten und gleichzeitig abgebogen. Gesucht ist das Stempelmaß p.

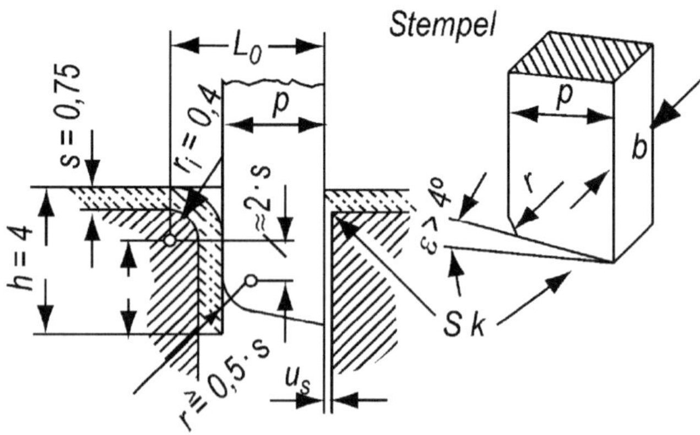

Abb. 6.5 Schneid-Abbiege-Stempel zu Beispiel 6.1. S_k sind Schneiden, ε ist Neigungswinkel der Druckfläche

Lösung

$$l_1 = h - s - r_1 = 4{,}00\text{ mm} - 0{,}75\text{ mm} - 0{,}40\text{ mm} = 2{,}85\text{ mm}$$

Bei Verhältnis $\frac{r_i}{s} = \frac{0{,}4\text{ mm}}{0{,}75\text{ mm}} \approx 0{,}53$ wird aus Abb. 6.3 der Korrekturfaktor $K \approx 0{,}28$ abgelesen, damit ist nach Gl. 6.7 $a = s \cdot K = 0{,}75\ \text{mm} \cdot 0{,}28 = 0{,}21\ \text{mm}$; nach Gl. 6.8 $r_n = r_i + a = 0{,}4\ \text{mm} + 0{,}21\ \text{mm} = 0{,}61\text{ mm}$.

Gestreckte Länge des Bogens nach Gl. 6.9

$$\widehat{b} = r_n \sim \text{arc}\alpha = 0{,}61\text{ mm} \cdot \text{arc } 90° = 0{,}96\text{ mm},$$

somit gestreckte Länge $l_0 = l_1 + b = 2{,}85\ \text{mm} + 0{,}96\ \text{mm} \approx 3{,}8\text{ mm}$.

Stempelmaß $p' = l_0 - (r_i + s) = 3{,}8\ \text{mm} - (0{,}4\ \text{mm} + 0{,}75\ \text{mm}) = 2{,}65\ \text{mm}$; hiervon sind Schneidspalt- und Biegespaltweite noch abzuziehen.

Nach Tabelle zu Abb. 4.13 ist Schneidspaltweite $u_s = \frac{1}{2} sp \approx \frac{1}{2} \cdot \left(\frac{1}{120} \cdot s \sqrt{\frac{k_s}{10}} \right)$.

Mit $k_S = 0{,}8 \cdot R_m = 0{,}8 \cdot 260\ \frac{\text{N}}{\text{mm}^2} \approx 300\ \frac{\text{N}}{\text{mm}^2}$ wird

$$u_s = \frac{1}{2}\left(\frac{1}{120} \cdot 0{,}75\text{ mm} \cdot \sqrt{\frac{1}{10} \cdot 300\ \frac{\text{N}}{\text{mm}^2}} \right) \approx 0{,}02\text{ mm}$$

Die Biegespaltweite wird um 0,03 mm größer als die Blechdicke angenommen.

Ergebnis

Das Stempelmaß beträgt $p = 2{,}65\text{ mm} - 0{,}02\text{ mm} - 0{,}03\text{ mm} = 2{,}6\text{ mm}$.

Literatur

1. Grüning, K.: Umformtechnik, 4. Aufl. Vieweg, Braunschweig (1986)
2. Dietrich, J.: Praxis der Umformtechnik, 12. Aufl. Springer Vieweg, Wiesbaden (2018)

Biegewerkzeuge 7

7.1 Grundlagen

7.1.1 Aufnahme der Umformkräfte im Werkzeug

Um die Werkstückform werden zuerst Stempel und Gegenstempel konstruiert und dann entsprechend der Umformkraft die Dicke der Platten und die Größe sowie die Art der Presse ausgewählt. Die Umformkraft kann im Werkzeug mittig oder außermittig angreifen.

Bei *mittig angreifender Umformkraft* (Keilbiegen, symmetrisches Mehrfach-Abbiegen) werden Stempel und Gegenstempel im Ober- und Unterteil nicht eingelassen, sondern nur angeschraubt und ihre Lage mit je zwei Stiften gesichert. Durch *außermittig wirkende Kräfte* (z. B. Einfach-Abbiegen, Formbiegen, Rollbiegen, Prägen) entstehen *Seitenkräfte*, die Stempel und Gegenstempel gegenseitig zu verschieben versuchen. Folglich sind zur Lagesicherung größere Zylinderstifte und meist in der Grund- und Kopfplatte noch zusätzlich Passnuten (siehe Abb. 7.6 und 7.7) oder rechteckige Passflächen nötig; diese werden etwas tiefer als zur Aufnahme mehrteiliger Schneidplatten (vgl. Abschn. 5.6.2) gestaltet. Um die Führung des Pressenstößels zu entlasten, können bei außermittigem Kraftangriffstempel und Gegenstempel gegenseitig geführt sein: Zur *Stempelführung* eignen sich:

1. *kräftige Säulen* oder Führungsbolzen aus Stahl C 25 oder C 35, einsatzgehärtet (z. B. bei Verbundwerkzeugen);
2. *Stempelführungsflächen* aus Aluminiumbronze (Abschn. 8.6) oder Stahl, einsatzgehärtet an denen sich der Stempel nur in einer Richtung (ähnlich Abb. 4.2, Teil 4) oder allseitig (z. B. Stempelführungsplatte in Folgeverbundwerkzeugen) abstützen kann,
3. *Rückenführung*, z. B. für Keiltriebstempel (Abb. 7.10 und 7.11) und Abbiegestempel (ähnlich Seitenschneider für dicke Bleche, Abb. 5.25a und 7.1a).

© Springer Fachmedien Wiesbaden GmbH, ein Teil von Springer Nature 2020

M. Kolbe, *Stanztechnik*, https://doi.org/10.1007/978-3-658-30401-0_7

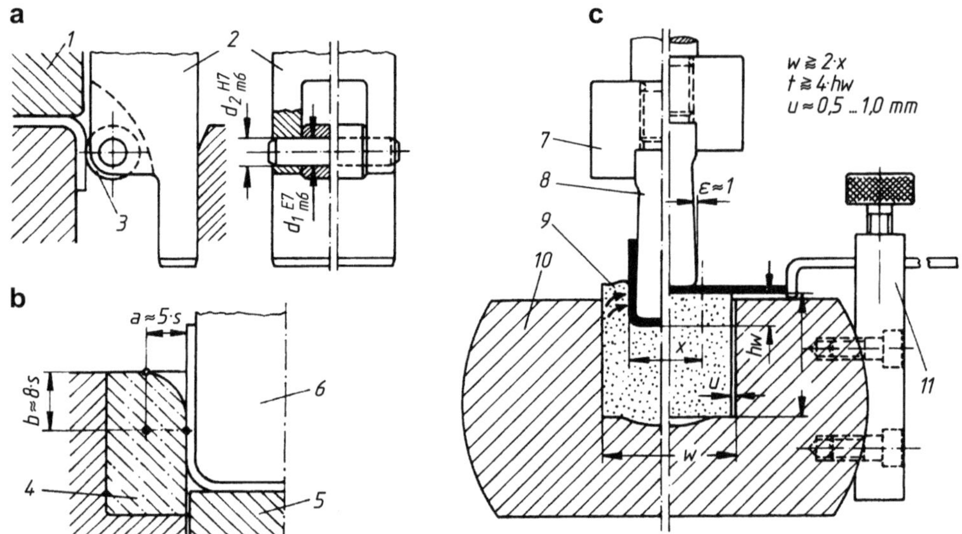

Abb. 7.1 Umformen von polierten, bedruckten oder kunststoffbeschichteten Blechen. **a** Rolle als Biegekante zum geradlinigen Abbiegen, **b** Einpaßleiste aus Sonderaluminiumbronze (vgl. Abschn. 9.6), z. B. für Bördelumformungen, **c** Gesenk aus hochelastischem Kunststoff. *1* federnder Gegenhalter, *2* Biegestempel mit Rückenführung, *3* hartverchromte Rolle (für Bohrung) auch Toleranzfeld E 8 geeignet, *4* Einpaßleiste, *5* federnder Ausstoßer, *6* Biegestempel, *7* Stempelfutter, *8* auswechselbarer Stempel aus E 295, *9* Kunststoffpolster, *10* Kofferraum, *11* einstellbarer Werkstoffanschlag

Grundsätzlich sind Stanzteile so zu konzipieren und Werkzeuge so zu konstruieren, dass entstehende Seitenkräfte sich gegenseitig aufheben.

7.1.2 Einlaufkante

Je besser in Biegewerkzeugen die Einlaufkante poliert ist, desto leichter gleitet das umzuformende Blech in das Werkzeug ein. Zugleich wird die Blechdicke weniger geschwächt, die Ausschussquote verringert. In Abbiegewerkzeugen ist keine Einlaufrundung, sondern eine unter 20 … 45° (allgemein 30°) geneigte Einlauffläche üblich (vgl. Abb. 6.2 und 7.4):

Beim Anbiegen der Biegeschenkel in Abbiegewerkzeugen ist auf den Werkstoff ein Biegemoment[1] $M_b = F \cdot a$ wirksam. Wurden abgerundete Biegekanten gewählt, entstehen kurze Hebelarme (Maß a_1 in Abb. 6.2a), somit hohe Auslagekräfte. Infolge dieser hohen Beanspruchung drücken sich abgerundete Einlaufkanten schon beim Anbiegen in die

[1] Dem äußeren Biegemoment ($M_b = F \cdot d$) ist das innere Biegemoment gleichzusetzen. Dieses ist abhängig von den Biegespannungen im Werkstoff, die höchstens R_m erreichen können und vom Widerstandsmoment des rechteckigen Blechquerschnittes $w = \frac{s^2 \cdot b}{6}$ (worin s die Blechdicke und b die Biegekantenlänge bedeutet). Die vollständige Bezeichnung lautet daher $M_b = Fa = R_m \frac{s^2 \cdot b}{6}$.

Werkstückoberfläche ein; sie hemmen den Werkstoffeinlauf und verursachen zusätzlich noch Einlaufriefen.

Werden die *Biegekanten mit geeigneten Einlaufflächen* versehen, erfolgt das Anbiegen über die äußere Biegekante, also mit langem Hebelarm (Maß a_2 in Abb. 6.2a); erst nachfolgend wird der im Biegebereich inzwischen plastisch gewordene Werkstoff über die innere Biegekante fertiggebogen. Biegekanten mit geneigter Einlauffläche werden daher oft mit *„zweifachwirkender" Biegekante* bezeichnet.

Die Einlauf- und Umformflächen großer Gesenke und Stempel können zwecks Verzugsminderung mittels *Brennhärten*[2] verschleißfest gemacht sein. Als Werkstoff hierfür sind z. B. Stähle Cf 45 (f ist Kennbuchstabe für „flammhärtbar"), 50 Cr V 4 oder 58 Cr V 4, ebenso Gusseisensorten mit perlitischem Grundgefüge sowie Stahlguss (Kohlenstoffgehalt $\geq$ 0,45 %) geeignet.

Sind *Weißbleche, farbig bedruckte, polierte Bleche* durch Keilbiegen oder durch Abbiegen[3] umzuformen, können auf der Werkzeugoberfläche trotz aller Schmiermittel und hochglanzpolierter oder hartverchromter Einlaufflächen feinste Schürfspuren entstehen, da kleinste Teilchen vom Überzug abblättern und an den Einlaufkanten aufschweißen oder aufkleben. Die beschädigte Werkstückoberfläche wird bald Roststellen zeigen. In solchen Fällen bieten meist Abhilfe:

a) beim *Biegen um gerade Biegekanten*: hartverchromte Biegerollen. Diese werden in das Werkzeugober- oder -unterteil eingebaut; je Biegekante ist eine Rolle erforderlich (Abb. 7.1a).
b) beim *Formbiegen* und bei *Bördelumformungen*:[4] eingepasste Leisten aus Sonderaluminiumbronze mit ellipsenförmiger Einlaufkante (Abb. 7.1b). Nur bei blanken Blechen darf an Stellen großer Umformung zusätzlich weißer fettfreier Festschmierstoff (siehe Abschn. 9.6) oder Schmiermittel mit Grafitzusatz aufgebracht werden. Stehen Werkzeuge mit Stahleinlaufkanten zur Verfügung, sind Kunststoffgleitfolien für alle Blechsorten geeignet. Diese werden lose zwischen Zuschnitt und Werkzeuggleitflächen liegend mit umgeformt und danach vom Fertigteil abgezogen. Aufpolierte Bleche kann man vor der Umformung auch einen Kunststoffüberzug (Ziehlack) aufspritzen. (Weitere Angaben über Sonderbronzen, Kunststoff-Gleitfolien und -Überzüge, siehe Abschn. 9.6).

---

[2] Brennhärten ist eine örtlich begrenzte Oberflächenhärtung mittels Schweißbrenner und anschließendem Abschrecken im Wasser oder besser mittels Sonderbrennern mit eingebauter Wasserbrause (z. B. Firma Peddinghaus, Gevelsberg, Westfalen). Die angegebenen Werkstoffe erreichen Oberflächenhärten bis ≈60 HRC bei Erwärmung auf 900 … 950 °C und nachfolgendem Abschrecken in Wasser[1].

[3] Durch Abbiegen wird ein Schenkel aus seiner Ursprungslage abgebogen, eine zusätzliche Richtungsangabe (Hochbiegen oder Abwärtsbiegen) entfällt nach DIN 9870 Blatt 3.

[4] Ein Bord oder Bördel ist ein zur Werkstückgröße relativ kleiner, hochgestellter Rand.

Zur Umformung von *kunststoffbeschichteten Stahlblechen* werden als Biegegesenk auch Druckkissen aus hochelastischem Kunststoff (80 … 90° Shorehärte A) eingesetzt, um Riefen oder Schürfungen auf den Oberflächen der Biegeschenkel zu verhindern. Sind farbig bedruckte Bleche in einem Kunststoffgesenk umzuformen, wird empfohlen, zusätzlich eine Kunststoff-Gleitfolie zwischen Blech und elastischem Druckkissen zu legen und diese Folie mit Emulsionen (z. B. Bohrwasser) zu bestreichen.

Das Biegegesenk, ein rechteckiges handelsübliches Kunststoffpolster, liegt in einem dickwandigen Kofferraum. Es sind nur noch die von der Werkstückform abhängigen Stempel (aus E 295) anzufertigen. Ein Stempelfutter nimmt die auswechselbaren Stempel auf (Abb. 7.1c). Der Stempelverschleiß ist gering, da sich der Werkstoff infolge des hohen seitlich wirkenden Druckes im Kunststoffdruckkissen während seiner Formgebung der Stempelform anschmiegt.

Kunststoffgesenke erfordern hohe Pressendrücke. Zum Beispiel, sind zum Keilbiegen eines 2 mm dicken Bleches, $R_m \approx 400\,N/mm^2$, je 10 mm Werkstücklänge etwa 1500 … 1800 N Stößelpresskraft erforderlich: Am besten eignen sich hydraulische Pressen mit etwas längerer Umschaltzeit des Pressenstößels im unteren Umkehrpunkt.

7.1.3 Aufnahmeformen für Zuschnitte

Je nach Zuschnittform kommen in Betracht (Abb. 7.2):

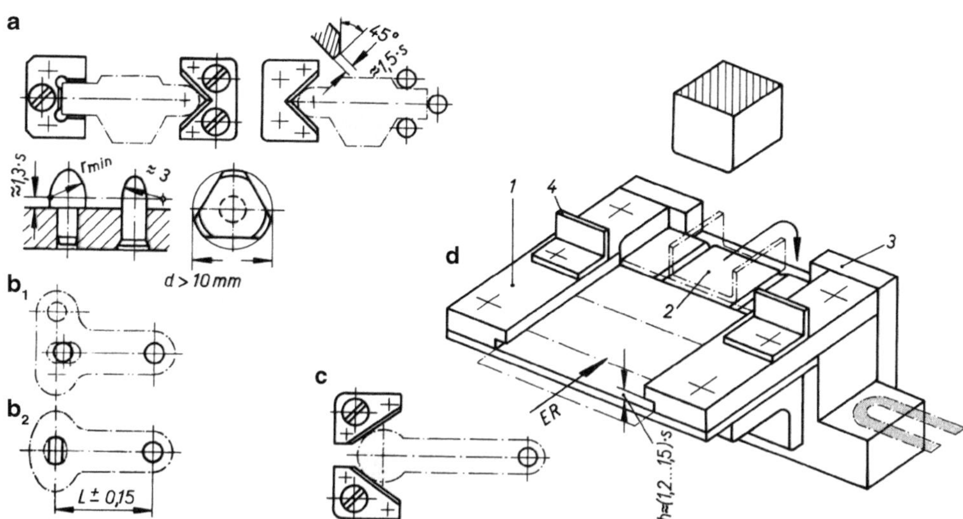

Abb. 7.2 Aufnahme für Zuschnitte. **a** Außenaufnahme, **b** Lochaufnahme, **c** gemeinsame Aufnahme, **d** Zuführschienen. *1* Führungsschienen, *2* federnder oder zwangsbetätigter Auswerfer im Biegegesenk (Gegenstempel), *3* Anschlagecken für Zuschnitt, *4* Winkel zur Befestigung der Plexiglas-Schutzwand; falls Biegeteile vereinzelt am Biegestempel hängen bleiben, wird auf das Unterteil noch ein Abstreifbügel geschraubt; *ER* Einschieberichtung der Zuschnitte

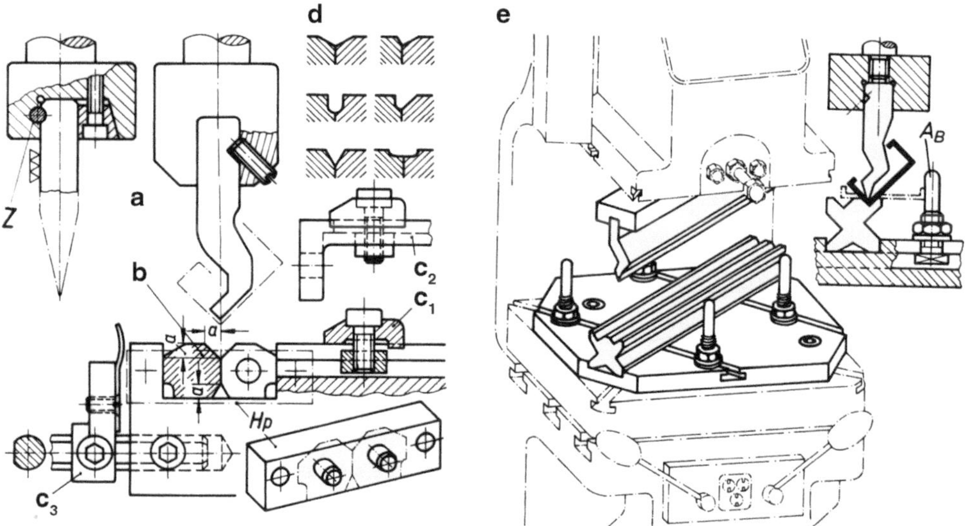

Abb. 7.3 Universal-Keilbiegewerkzeug mit oder ohne Säulengestell. **a** auswechselbare Stempel; *Z* querliegender Zylinderstift, **b** Biegeschienen mit je zwei seitlichen Aufnahmebohrungen für Stifte der beiden seitlichen Halteplatten *Hp*, **c** verstellbare Anschläge, $\mathbf{c_1}$ in T-Nute des Werkzeugunterteils, $\mathbf{c_2}$ im Langloch eines Winkels, $\mathbf{c_3}$ federnd, Blattfeder 1 mm dick, **d** Möglichkeiten zum Zusammensetzen der Biegeschienen, **e** auswechselbare Biegestempel mit Universalbiegegesenk, beide als Profil zum Biegen langer Werkstücke geeignet, AB verstellbare Anschlagbolzen

1. Außenaufnahme mittels festen, federnden oder bei Universalbiegewerkzeugen mittels verstellbaren Anschlagleisten (Abb. 7.3c_1–c_3) sowie Anschlagbolzen (Abb. 7.3e).
2. Innenaufnahme, auch Lochaufnahme genannt (Abb. 7.6 und 7.7).
3. Außen- und Innenaufnahme gemeinsam.
4. Zuführschienen.

Die *Außenaufnahme* wird für Zuschnitte ohne Bohrungen angewandt. *Aufnahmeleisten* erhalten Einführschrägen und in den Ecken Freibohrungen; erst wenn das Werkzeug ausprobiert und die Zuschnittlänge festgelegt ist, werden die Leisten verschraubt, verstiftet und zum Härten nochmals abgenommen. Von Nachteil ist das schlechte Reinigen der Leisten und daher die Bildung von Schmutzecken. Man ersetzt deshalb die Leisten oft durch mehrere Zylinderstifte und nimmt die schnellere Abnützung der punktförmigen Anschlagstellen in Kauf. Ist eine Schenkellänge des Biegeteiles toleriert, wird ein *federnder Anschlag*, z. B. mittels Blattfeder, in Erwägung gezogen (Abb. 7.3c_3); der tolerierte Biegeschenkel muss dann am festen Anschlag liegen. Zuschnitte mit rechteckiger Grundform können, von Hand aneinandergereiht, zwischen zwei *Zuführschienen* (Abb. 7.2d, Teile 1) oder Zuschnitte beliebiger Außenform mittels *Schieber* in das Gesenk geschoben werden. Außerdem stehen handelsübliche Einlegegeräte zur Verfügung. Bei *Innenaufnahme* (Lochaufnahme) erhalten eingelegte Zuschnitte gleichbleibende Lage; doch kann das Herausnehmen der Werkstücke zu Störungen führen, auch wenn am Aufnahmestift der Abrundungshalbmesser $r \geq$ Durchmesser der Aufnahmebohrung gewählt wird. Die lagemäßige Festlegung von Zuschnitten erfolgt über zwei weit auseinanderliegende Aufnahmebohrungen; haben diese größere Toleranzen in den Lochabständen, ist ein Einhängestift abgeflacht (Abb. 7.2b$_2$). Für Aufnahmebohrungen $d > 10$ mm ∅ soll der Stift dreiseitig abgeflacht sein.

7.2 Federeinbau

Abhebe- und Abstoßstifte, Auswerfer, Blechhalter und Vorbiegesternpel werden oft durch Druckfedern getätigt.

Die Federn baut man nach gleichen Grundsätzen, wie in Abschn. 14.1 beschrieben, ein. Ihr Druck kann mittig in einem Punkt (Abb. 7.6) oder gleichzeitig in mehreren Druckpunkten über eine Druckplatte mit Bolzen (Abb. 7.4d) wirken.

Federnde *Abhebe- und Abstoßstifte* (Abb. 7.5 und 7.8) führen meist nur etwa 1 mm Federhub aus; Tellerfedern sind günstiger, denn sie ergeben auch bei hohen Federdrücken kleine Federräume. Für *federnde Auswerfer* sind Schraubendruckfedern, bei großen Federkräften auch Kunststoff- und Gasdruckfedern geeignet. Deren Mindestfederkraft F_2, Federn gespannt, entspricht bei

- hartaufsitzendem Stempel $F_2 \approx 10 \dots 15$ % der Umformkraft,
- nicht hartaufsitzendem Stempel $F_2 \approx 20 \dots 30$ % der Umformkraft.

Werkstücke werden mit Sicherheit ausgestoßen, wenn (ähnlich Schneidwerkzeugen) die Federvorspannkraft F_1 etwa die Hälfte der Federkraft F_2 (Federn sind gespannt) beträgt. Um hohe Werkzeuge (Abb. 7.4a–c) zu vermeiden, versucht man, die Federn unter dem Werkzeug anzuordnen (Abb. 7.4d) oder handelsübliche Federdruckgeräte bzw. Pressen mit Ziehkissen im Pressentisch[5] einzusetzen (Abb. 7.4e).

Vereinzelt müssen in Keilbiege- und in Mehrfachabbiegewerkzeugen die Auswerfer bei beginnender Umformung den Zuschnitt bereits an die Stempeldruckfläche angepresst haben und so verhindern, dass sich der Zuschnitt beim Anbiegen unter dem Stempel verschiebt (Abb. 7.4e). In diesen Fällen sind Federdruckgeräte oder Ziehkissen geeigneter als eingebaute Druckfedern.

Im Formbiege-Bördelwerkzeug (Abb. 7.5a) werden zuerst die Versteifungen im Boden geformt; die Gegenkraft nimmt ein Ziehkissen auf.

Den Ausstoßer des Biegewerkzeuges (Abb. 7.6) betätigt ein Federdruckgerät. Sein Federdruck wirkt mittig (1 Druckpunkt); er ist schnell einstellbar. Das vielseitig verwendbare Gerät hängt in der Durchgangsöffnung des Pressentisches bzw. der Aufspannplatte

[5]Ziehkissen, auch mit „Druckluftziehgerät" bezeichnet, sind wie Federdruckgeräte in Schneid- und Umformwerkzeugen einsetzbar (Abb. 8.6).

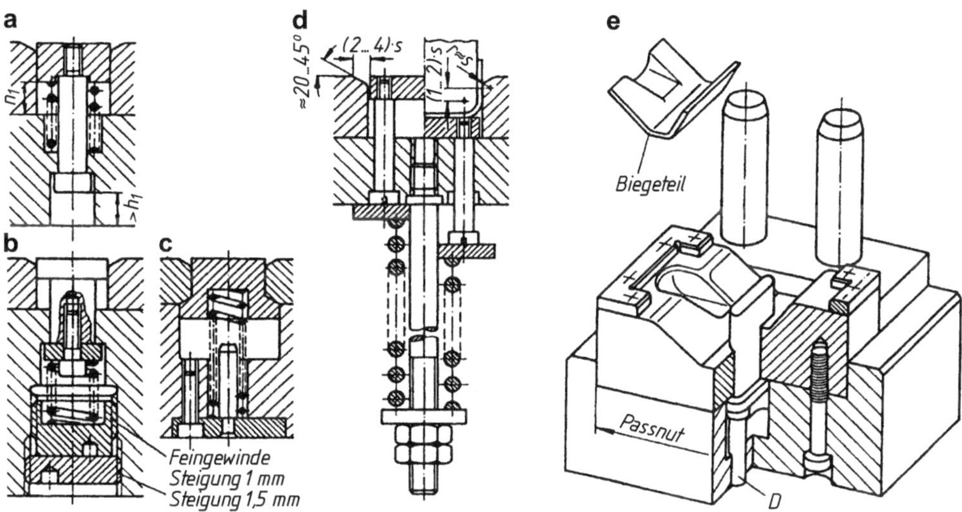

Abb. 7.4 Gestaltung von Auswerfern in Mehrfach-Abbiegewerkzeugen. **a** ungünstig: Gewindegänge können ausreißen, Ansatzschraube kann sich lockern, auch wenn Körnerspitze in Gewindeende eingeschlagen wurde, **b** Gewinde ist entlastet, Federdruck nachstellbar, die beiden Verstellmuttern verklemmen sich gegenseitig, also keine Lockerung, **c** übliche Ausführung für kleine Auswerferkräfte, **d** Federdruckeinrichtung für große Auswerferkräfte, **e** Auswerfer, betätigt über zwei Druckbolzen *D* mittels Ziehkissen, das sich im Pressentisch befindet (vgl. Abb. 8.6)

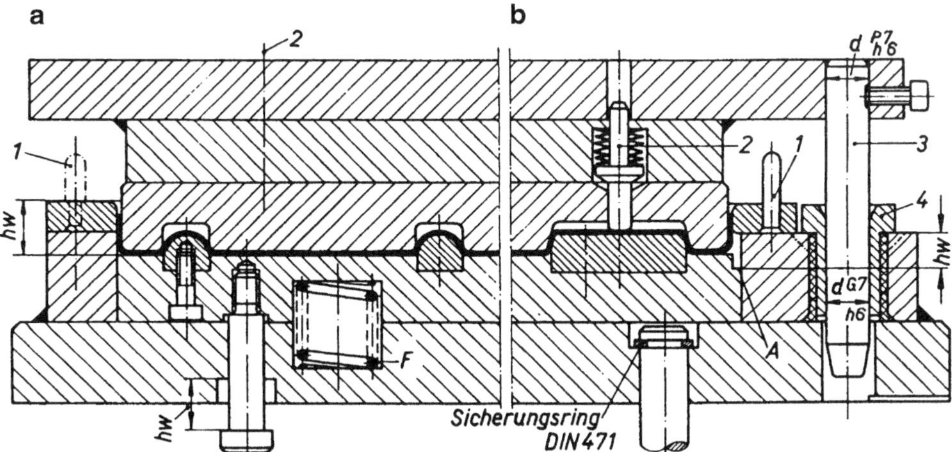

Abb. 7.5 Formbiege-Bördelwerkzeug mit Gegendruck eines Ziehkissens. **a** Druckübertragung durch drei (oder vier) Hubbegrenzungsschraube n (Ansatzschrauben nach Richtlinie VDI 3363), schwache Druckfedern *F* verhindern, dass während des Werkzeugtransportes die Köpfe der Ansatzschrauben herausragen, **b** Druckübertragung durch drei (oder vier) Druckbolzen, Aufschlagflächen *A* sind dann erforderlich. *1* Stifte für Zuschnittzentrierung, *2* federnde Abstoßstifte, *3* Führungssäulen mit langer Einführschräge (da großer Pressenhub), im Oberteil eingepresst; dadurch unbehindertes Einlegen der Zuschnitte, *4* Führungsbuchsen mittels Kunstharz eingegossen; hierzu ist je eine Eingießnute und Entlüftungsnute in der Aufnahmeplatte vorhanden

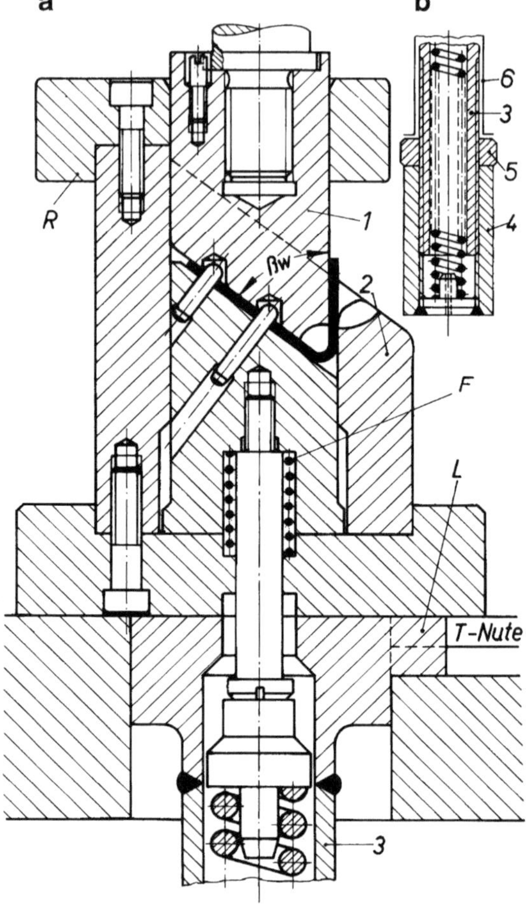

Abb. 7.6 Einfach-Abbiegewerkzeug mit Gegenhalter. **a** Stempel (*1*) und Futterkörper (*2*) aus E 295 mit auftraggeschweißter, zweifach wirkender Biegekante; *R* Stempelführungsring, nur bei dicken Blechen erforderlich; *F* schwache Druckfeder, die verhindert, dass während des Werkzeugtransportes der Druckbolzen aus dem Werkzeug herausragt, **b** Unteres Ende des Federrohres (*3*) mit Überwurfmutter (*4*) und Gegenmutter (*5*) zur Federdruckeinstellung, Blechmantel (*6*) als Gewindeschutz

DIN 55178 und wird durch Lappen L, die in T-Nuten greifen, gegen Verdrehung gesichert. Bei dem in Abb. 7.6 dargestellten Abbiegewerkzeug wird die Rückfederzug durch entsprechende Neigung der Stempelflächen berücksichtigt; Stempelwinkel β_W entsprechend Gl. 6.5 oder 6.6. Zum Biegen dicker Bleche soll der Stempel abgestützt sein (Abb. 7.6, Teil R).

Federnde Blechhalter werden in Biege- und in Verbundwerkzeuge eingebaut; sie sind wie federnde Abstreifplatten in Schneidwerkzeugen gestaltet. Die Federkraft vorgespannt F_1 entspricht der *erforderlichen Blechhalterkraft* F_B; sie wird bestimmt aus

$$F_B = p \cdot A \quad \text{in N}$$
$$p \approx 0{,}8 \cdot \frac{R_m}{100} \quad \text{in N/cm}^2 \qquad (7.1)$$

F_B Blechhalterkraft in N
p spezifische Blechhalterkraft in N/cm^2
A Blechhalterdruckfläche in cm^2
R_m Mindestzugfestigkeit des umzuformenden Werkstoffes in N/cm^2.

Der federnde Blechhalter F_B (Abb. 7.7) soll verhindern, dass die Bohrungen des Biegeteiles im Einhängestift A_L der Lochaufnahme ausgeweitet werden.

Der sich abwärts bewegende Stempel (Abb. 7.7) biegt zuerst den kurzen Biegeschenkel ab (Biegekraft F_1); nachfolgend wird die 90°-Biegung, zunächst als freies Biegen vorgebogen, dann als formschlüssiges Biegen fertiggeformt (Gesamtkraft F_3). Während des freien Biegens fließt Werkstoff in das Gesenk nach, verursacht jedoch in der Längsrichtung des Zuschnittes hohe Zugbeanspruchungen. Ohne federnden Blechhalter F_B müsste deren Hauptanteil von den beiden Aufnahmebohrungen des Werkstücks aufgenommen werden.

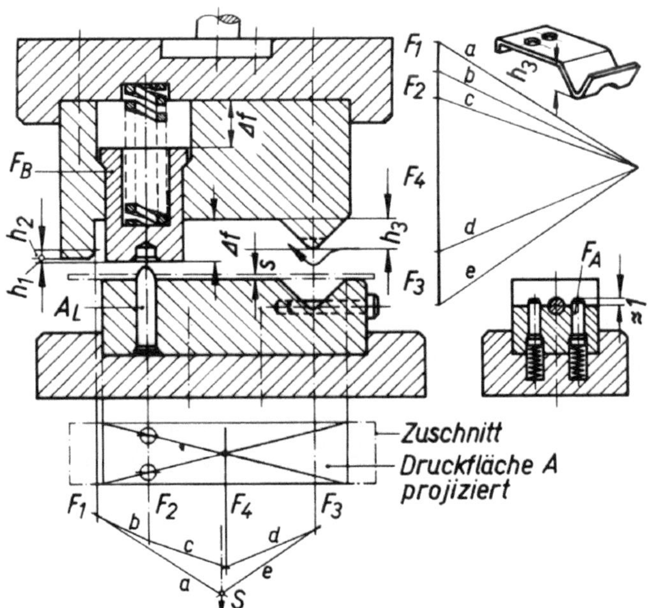

Abb. 7.7 Mehrfachbiegewerkzeug mit hartaufsitzendem Stempel. A_L Stift für Lochaufnahme, F_A federnde Abstoßstifte, F_B federnder Blechhalter mit Federhub $\Delta f = h_1 + h_2 + h_3$, dabei: h_1 Hubweg zum Festhalten des Zuschnittes, h_{2min} Höhe der zweifach wirkenden Biegekante, h_3 entsprechend Werkstückhöhe, S Lage des Einspannzapfens. Angaben über die Kräfte für Seileck: F_1 Abbiegekraft, F_{bL} (Gl. 6.2), F_2 Blechhalterkraft der vorgespannten Feder (Gl. 7.1), F_3 Summe aus Umformkraft für Keilbiegen F_{bv} (Gl. 6.1) + Abbiegen (Gl. 6.2) + Formbiegekraft für querliegende Sicke (Gl. 6.3) + Federkraft zusammengepresst der beiden Abstoßstifte (Ist Keilbiegen zusätzlich mit einfachem Abbiegen auszuführen, kann zum Berechnen der Umformkraft anstatt F Keilbiegen + F Abbiegen auch die Umformkraft F Keilbiegen verdoppelt werden (höhere Sicherheit); bei beiden Berechnungsarten ist zusätzlich noch Zuschlag für hartaufsitzenden Stempel erforderlich.) F_4 Zuschlag für hartaufsitzenden Stempel $\approx A \cdot p$, dabei $p \approx \frac{R_m}{3 \ldots 5}$ in N/mm^2

Sind zur Formgebung eines Werkstückes *gleichzeitig mehrere Keilbiegungen* auszuführen und es kann dabei von außen her kein Werkstoff nachfließen, dann erfolgt die Umformung nur durch Blechdehnung mit gleichzeitiger Schwächung der Blechdicke in den Biegekanten. *Federnde Vorbiegestempel* (Abb. 7.8) ermöglichen jedoch ein gleichmäßiges Nachfließen des Bleches und erzeugen Werkstücke mit annähernd gleichbleibender Blechdicke.

Entspricht die vorgespannte Federkraft jedes Vorbiegestempels (Abb. 7.8) der Umformkraft für freies Keilbiegen, formt der mittlere Stempel (2) zuerst die mittlere Versteifung vor dann folgen die beiden äußeren Stempel (1) nach. Erst, wenn die Außenschenkel des Stanzteiles abgebogen sind, sitzen die drei federnden Vorbiegestempel auf; sie wirken jetzt als hartaufsitzende Stempel. Die Werkstückform wird fertig gepresst; das Blech wird hierbei in den Biegekanten über die Streckgrenze beansprucht und federt danach kaum noch auf.

Berechnungsbeispiel 7.1

Die Anzahl der Federn für die Vorbiegestempel, Abb. 7.8, ist zu bestimmen. Länge des Biegeteiles = 150 mm (entspricht Biegebreite b), Gesenkweite l = 35 mm, Blechdicke s = 1,5 mm.

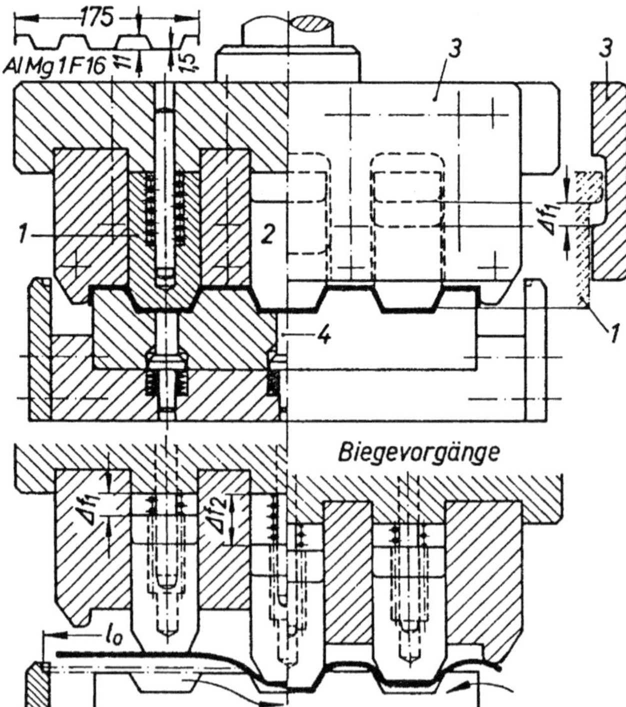

Abb. 7.8 Biegewerkzeug mit federnden Vorbiegestempel n (*1* und *2*), seitliche Abdeckplatten (*3*) haben Aussparungen zur Hubbegrenzung (Δf_1 bzw. Δf_2) der Vorbiegestempel, *4* federnde Abhebestifte, l_0 Zuschnittlänge

Lösung

Für freies Keilbiegen ist in Gl. 6.1 der Korrekturfaktor $K = \frac{2,2}{\sqrt{l}}$ ein Erfahrungswert (nach Oehler), damit

$$F_{\mathrm{bV}} = \frac{2,2}{\sqrt{l}} \cdot \frac{R_{\mathrm{m}} \cdot b \cdot s^2}{l} = \frac{2,2}{\sqrt{35}\ \mathrm{mm}} \cdot \frac{160\ \frac{\mathrm{N}}{\mathrm{mm}^2} \cdot 150\ \mathrm{mm} \cdot 1,52\ \mathrm{mm} \cdot \mathrm{mm}}{35\ \mathrm{mm}} \approx 580\ \mathrm{N}$$

Da Vorbiegekraft F_{bV} durch Schraubendruckfedern aufgebracht wird, noch 10 % Zuschlag; ergibt Vorspannkraft der Druckfedern $F_{1\,\mathrm{gesamt}} = 640$ N.

Diese Umformkraft müssen die *vorgespannten* Federn mit Sicherheit abgeben. Es werden Schraubendruckfedern mit folgenden Angaben gewählt: Außendurchmesser $D_{\mathrm{a}} = 17$ mm, Drahtdurchmesser $d = 2,25$ mm, ungespannte Länge $L_0 = 85$ mm, Anzahl der federnden Windungen = 12,1. Bei Nennfederweg $f_{\mathrm{N}} = 49,5$ mm ist Federnennkraft $F_{\mathrm{N}} = 313\,\mathrm{N}$.

Vorbiegestempel	Mitte	Außen
Federkraft gesamt = Vorbiegekraft	640 N	640 N
Federweg f_{N}=	49,5 mm	49,5 mm
Federhub Δf=	25 mm	10 mm
Federweg vorgespannt $f_1 = f_{\mathrm{N}} - \Delta f$=	24,5 mm	39,5 mm
Federkraft vorgespannt F_1	≈150 N	≈250 N
erforderliche Federanzahl $= \frac{\text{Vorbiegekraft}}{F_1 \text{ je Feder}}$	5	3

Die vorgespannten Federn bringen über jedem Vorbiegestempel $F_{1\,\mathrm{gesamt}} = 750$ N auf, damit sind = 30 % Sicherheitszuschlag (auf F_{bV}) enthalten.

Ergebnis

Für den mittleren Vorbiegestempel sind fünf Federn, für die beiden äußeren Stempel je drei Federn erforderlich.

7.3 Anwendung von Kunstharzen

Zur Aufnahme bereits vorgeformter Blechteile (z. B. in Beschneidwerkzeugen) und zum Formbiegen dünner und weicher Bleche werden oft Kunstharze als *Vollguss* verwandt. Miteingegossenes *Glasfasergewebe* erhöht die Druckbeständigkeit des Harzes. Als Anwendungsbeispiel zeigt Abb. 7.9 I ein säulengeführtes Werkzeug zum Formbiegen eines Möbelbeschlages mit erhabener Zierform aus dünnem Blech. Der Stempel (*St*) ist aus Kunstharz, dem fein gemahlenes Eisenpulver beigemengt wurde, gegossen. *Eisenpulver* erhöht die Druckbeständigkeit und mindert den Schwund. Aus gleichen Gründen sind

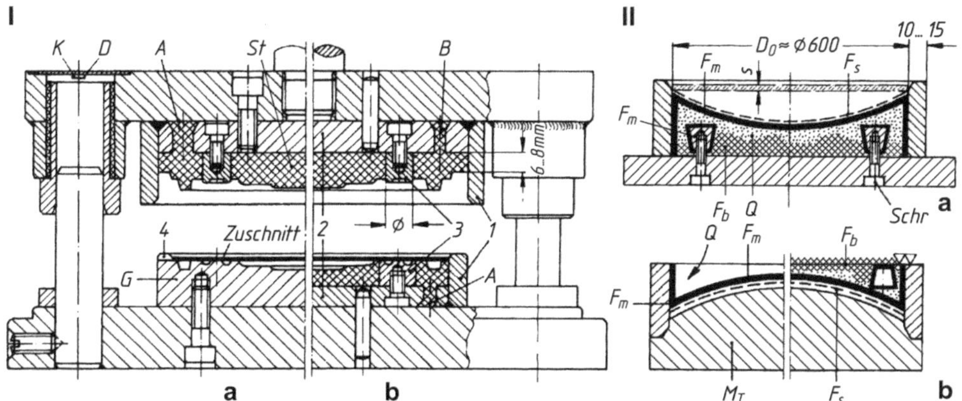

Abb. 7.9 Formbiegewerkzeug mit Umformflächen. Im Oberteil sind Führungsbuchsen für Säulen mittels Kunstharz eingegossen, *L* Luftkanal, *D* Staubdeckel; **I** Obenflächenschichtguss: **a** für dünne Stahlbleche mit gegossenem Kunstharzstempel und Gegenstempel G aus E 335, **b** für Messing- und Aluminiumbleche mit Kunstharzstempel und -gesenk; *A* Eingussbohrung, *B* Entlüftungsbohrung. Stahlmantel (*1*) mit eingeschweißtem Stahlboden (*2*), Stahldruckstücke (*3*) angeschraubt und mit eingegossen; Aufnahme für Zuschnitt, mit zwei oder drei Aushebeschlitzen (*4*). **II** Vollguss: **a** Gegenstempel aus Kunstharz: die Schrauben *Schr* greifen in Stahlgewindestücke, die in Füllmasse mit eingegossen sind, **b** Herstellung des Gegenstempels: auf Modell oder Musterstück *MT*, das mit dünnem Trennmittelüberzug versehen ist, die verschiedenen Schichten auftragen; zuletzt F_b-Schicht überhobeln oder überfräsen

dünn gegossene Kunstharzschichten anzustreben. Kunstharze mit Shorehärte A zwischen 75 … 85° eignen sich zum Formbiegen besonders gut. Sind Kunstharze noch etwas elastisch, presst ein satter, etwas länger wirkender Umformdruck auf das Blech. Eingelegte Zuschnitte erhalten eine gute Auflage, sofern das Unterteil die konkave Form hat.

Ist zur Herstellung einer Kunstharzform der Gegenstempel (Abb. 7.9, Teil G) aus Stahl bereits vorhanden, so wird mit ihm zuerst mittels einer 10 … 20 mm dicken Gummiplatte eine Urform aus Blei- oder Messingblech gedrückt. Diese Urform hat die Blechdicke des Fertigteils, ihre mit Trennschicht dünn bestrichene Oberfläche ergibt die Form zum Abguss des Gesenks. Damit das Kunstharz am Boden und Mantel des Stahlrahmens gut anhaftet, werden zuvor alle Stahloberflächen durch Sandstrahlen aufgerauht sowie entfettet.

Zur Anfertigung kleiner Stückzahlen können Stempel und Gegenstempel aus Kunstharz mit Eisenpulverzusatz gegossen sein. Dient als Urform ein Musterteil, dann wird es innen und außen mit Trennmittel dünn überzogen. Vorteilhaft wählt man für den im Werkzeugoberteil sitzenden konvexen Stempel ein elastisches, für das Gesenk im Werkzeugunterteil ein schlagzähes Kunstharz. Die Gießform für das konkave Gesenk besteht ebenfalls aus einem Stahlboden mit angeschweißtem Stahlring, der zugleich die Einlegeform für den Zuschnitt darstellt.

Tab. 7.1 Schichten bei Vollguss

Arbeitsfolgen	Kurzzeichen	Zweck	Beimengungen zum Harz und Härter	Verarbeitung	Schichtdicke
1	F_S	Feinschicht als Umformfläche evtl. verstärkt mit Glasfasergewebe	Chromoxide Titanoxide	aufgestrichen auf Trennschicht des Modells	möglichst dünn 1(… 3) mm
2	F_m	Feinschicht als Bindeschicht	Metallpulver	aufgestrichen auf a) Stahl entfettet b) schichtig	2(… 3) mm
3	Q	Füllmasse	Quarzsand Quarzmehl	gestampft, teils gegossen	beliebig
4	F_b	Feinschicht, spanabhebend bearbeitbar	Schiefermehl	zähflüssig bis streichbar	5 … 20 mm

Ähnliche Werkzeuge, Stempel aus Stahl oder Grauguss, Gegenstempel aus *Kunstharzvollguss* hergestellt (Abb. 7.9 II), werden zum Formbiegen gewölbter Aluminiumböden aus 3 … 5 mm Blechdicke auf Spindelpressen angewandt. Die Arbeitsfolgen zur Anfertigung des Unterteils sind aus Abb. 7.9 IIb und aus Tab. 7.1 ersichtlich.

Hohe Lebensdauer der Kunstharz-Umformflächen lassen sich nur erzielen, wenn schnittgratfreie Zuschnitte eingelegt und der sich ansammelnde Schmutz laufend entfernt wird.

7.4 Waagerechtbewegung im Werkzeug

Durch den senkrecht bewegten Stößel können im Werkzeug waagerechte Bewegungen erreicht werden, z. B. durch:

a) Drehung einer ausgesparten Welle (ähnlich Abb. 6.2c) oder eines Winkelhebels;
b) geneigte Flächen, z. B. *Keiltriebstempel*, Außen- oder Innenkegel.

Im Rahmen dieses Buches werden nur die vielseitig angewandten Keiltriebstempel (Abb. 7.10) besprochen. Diese Stempel müssen ein Biegemoment übernehmen; daher ist auf gute Befestigung und Abstützung der Stempel zu achten. *Keiltriebstempel* sind im Werkzeugoberteil *befestigt* mittels

a) *Passnut* und zwei oder drei querliegenden gehärteten Bolzen, die zur Kraftübertragung dienen (Abb. 7.10d_1, f); nicht in Verbundwerkzeugen üblich;

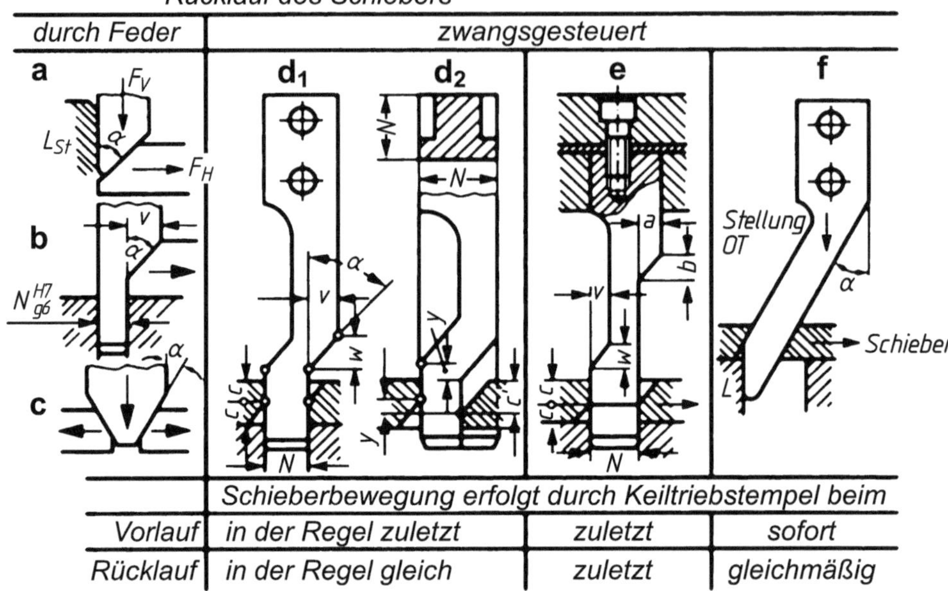

Abb. 7.10 Übersicht über Keiltriebstempel. **a** einseitig wirkender Keiltriebstempel mit feststehender Stützleiste L_{St} als Rückenführung, **b** einseitig wirkender, geführter Keiltriebstempel, Führung im Werkzeugunterteil, **c** zweiseitig (oder vierseitig) wirkender Keiltriebstempel, **d-f** Keiltriebstempel ($\tan\alpha = v/w$) für zwangsgesteuerte Schieberbewegung; Stempelformen $\mathbf{d_1}$ und **e** sind in der Grundplatte, Maß N, geführt (Passung H7/g6); bei Stempel **e** sind Maße $a = v$, $b = w$; versteifte Stempelform $\mathbf{d_2}$ erlaubt zusätzliche Führung in Stempelführungsplatte mit rechteckigem Durchbruch $N \times N$; der Keiltriebstempel **f** soll sich immer innerhalb des Schiebers befinden. Fläche L stützt Stempel ab

b) *Stempelhalteplatte*: sie ist etwas dicker auszuführen. Zusätzlich müssen die Stempel kopfseitig angeschraubt sein, wenn während des Stößelrücklaufes ebenfalls zwangsbetätigte Schieberbewegungen ausgeführt werden (Abb. 7.10e);

c) *Stempelfuß*: dieser darf kein Biegemoment aufnehmen, der Keiltriebstempel muss im Werkzeugunterteil noch abgestützt sein.

Als *Abstützung der Keiltriebstempel sind* geeignet

- *Durchbrüche in der Stempelführungsplatte*, z. B. bei einseitig wirkenden Keiltriebstempeln, die in Folgeverbundwerkzeugen arbeiten (Abb. 10.17),
- *Führungen im Werkzeugunterteil* (in den Abb. 7.10d$_1$, f: das Durchbruchmaß N, ebenso in Abb. 7.12 das Passmaß 16 H 7).

Stützleisten: zusätzlich als Rückenführung für einseitig wirkende Keiltriebstempel (Abb. 7.10a und 7.11).

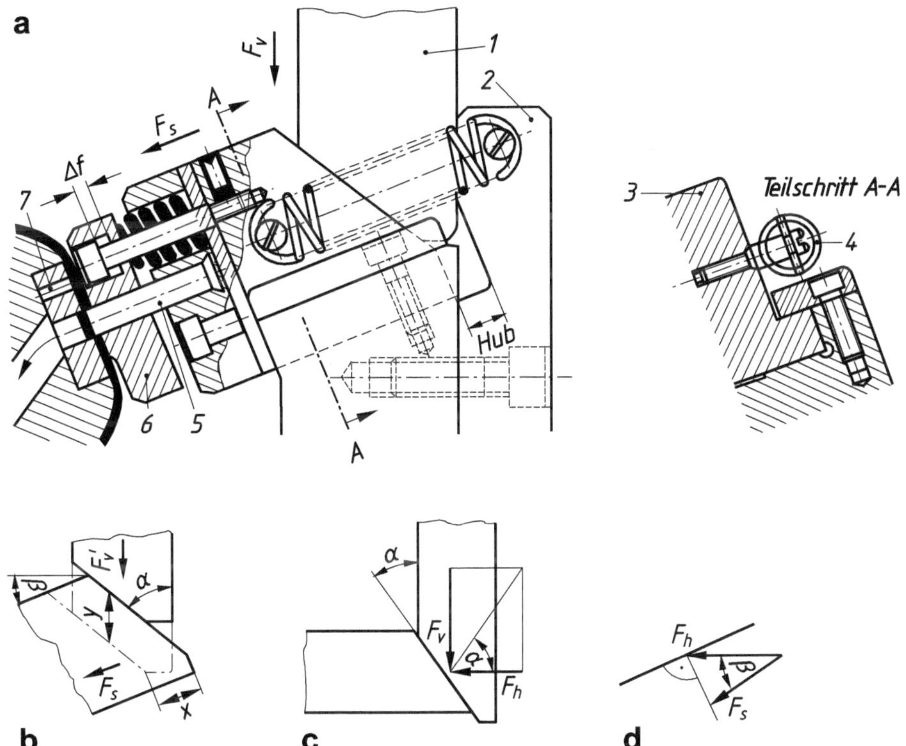

Abb. 7.11 Keilbetriebener Locher. **a** Gestaltung. *1* einseitig wirkender Keiltriebstempel, *2* Abstützleiste zur Rückenführung, *3* keilbewegter Schieber mit T-Nutenführung, Rückzug durch Zugfeder (*4*), *5* Lochstempel, *6* federnde Blechandrückplatte, zugleich Abstreifplatte mit Federhub Δf, *7* Schneidplatte mit Abziehgewinde, nach jedem Schärfen Folien unterlegen. **b** Kraft-Weg-Beziehungen: ohne Reibung $F_v \cdot y = F_S \cdot x$, mit Reibung $F_v' = (1{,}4 \ldots 1{,}6)\frac{F_s \cdot x}{y}$, $\alpha = 0 \ldots 45°$; $\mu = 0{,}1$ und Neigungswinkel $\beta = 0 \ldots 15°$, **c** Kraftumlenkung am Keil, **d** Stempelkraft infolge Neigung β; $F_S = F_h \cdot \cos\beta$

Der Keiltriebstempel in Abb. 7.10, Form d_1, ist durch die gleich hohen Kröpfungen geschwächt. Es ist daher zweckmäßig, die Keilflächen um Maß y zu versetzen (Stempelform d_2) und die Gleitflächen im Schieber tiefer zu legen (Maß $c' = \frac{y}{2}$).

Über Keile bewegte Schieber gleiten in Führungen, die meist als T-Nutzen (Abb. 7.11), selten als Schwalbenschwanznuten (Abb. 7.14) ausgeführt sind. Schieber und Führungen sind in der Regel gehärtet.

Keilwinkel α soll 45° nicht überschreiten, um rasche Abnützung der Keilflächen (Stempel und Schieber) zu vermeiden. Außerdem erhöht sich mit größer werdendem Keilwinkel die *senkrecht wirkende Stempelkraft* entsprechend nachfolgender Gleichung:

$$F_v = F_h \cdot \tan(\alpha + 2\rho) \tag{7.2}$$

F_v senkrecht (vertikal) wirkende Kraft im Keiltriebstempel in N bzw. in kN
F_h waagerecht (horizontal) wirkende Kraft im Schieber in N bzw. in kN
α Keilwinkel in Grad
$\rho \approx$ 6°, entsprechend Reibungskoeffizienten $\mu = 0{,}1 \mathrel{\hat{=}} \tan\rho$.

Da außer der Reibung in den Keilflächen noch zusätzlich Reibung durch Schieberführungen auftritt, wird in Gl. 7.2 der Wert $2 \cdot \rho$ eingesetzt.

Berechnungsbeispiel 7.2
Aus rechteckigen Zuschnitten, Werkstoff A1 Mg 2 F 15, sind rohrförmige Bogenstücke in einem Biegewerkzeug mit Keiltrieb zu fertigen. Die wirksamen Kräfte sind zu bestimmen.

Lösung
Die zwischen zwei Zuführschienen (vgl. Abb. 7.2d) liegenden, aneinandergereihten rechteckigen Zuschnitte werden von Hand zum Biegegesenk geschoben (Abb. 7.12). Als Unfallschutz dient eine Plexiglasscheibe.

Zuerst biegt der *federbelastete Formstempel* den Zuschnitt U-förmig vor. Zum nachfolgenden Fertigbiegen verschieben zwei Keiltriebstempel je einen Schieber um das Maß
$$v = \frac{19\ \text{mm} - 13\ \text{mm}}{2} = 3\ \text{mm}.$$

Damit über die Schieber zuletzt noch ein Prägedruck wirkt, gleiten die Keiltriebstempel um $h_{ü} \geq 1{,}5$ mm tiefer. Der zwangsgesteuerte Schieberrückzug erfolgt ebenfalls über die Keiltriebstempel während des Stößelrücklaufes. Man versucht, mit kleinen Wegen auszukommen, um die vorgespannte Feder, die bereits die Vorbiegekraft aufbringen muss, nicht unnötig mehr zu beanspruchen. Sind Biegeteile aus Werkstoffen mit hoher Festigkeit zu fertigen, wird am Keiltriebstempel die unter Winkel α geneigte Druckfläche verlängert; der Prägedruck auf dem Schieber wird dann ohne Überlauf über die vergrößerte Druckfläche des Keiltriebstempels ausgeübt (geringer Verschleiß der einsatzgehärteten Gleitflächen). Auch einseitig wirkende Keiltriebstempel mit Schieberrücklauf durch Druckfedern sind geeignet; einen in der Höhe noch zusätzlich einstellbaren einseitig wirkenden Keiltriebstempel, eingebaut in ein Folgeverbundwerkzeug, zeigt Abb. 10.17.

Die fertig geformten Teile bläst ein Druckluftstrahl vom Stempel weg. Damit dieses Wegblasen ohne Ablenkungen beobachtet werden kann, wurde in der Höhenlage des Zuschnitts je ein *Arbeitskontakt*[6] angeordnet. Liegt ein Zuschnitt nicht richtig im Gesenk,

[6] Der Arbeitskontakt wird vor jedem Stößelhub durch den Arbeitsrhythmus geschlossen; er muss den Stromkreis einer elektro-magnetisch, elektro-pneumatisch oder elektro-hydraulisch gesteuerten Reibkupplung einer Presse nur zum Eindrücken der Kupplung überbrücken. Während der Umformung des Zuschnittes öffnet sich wieder der Arbeitskontakt.

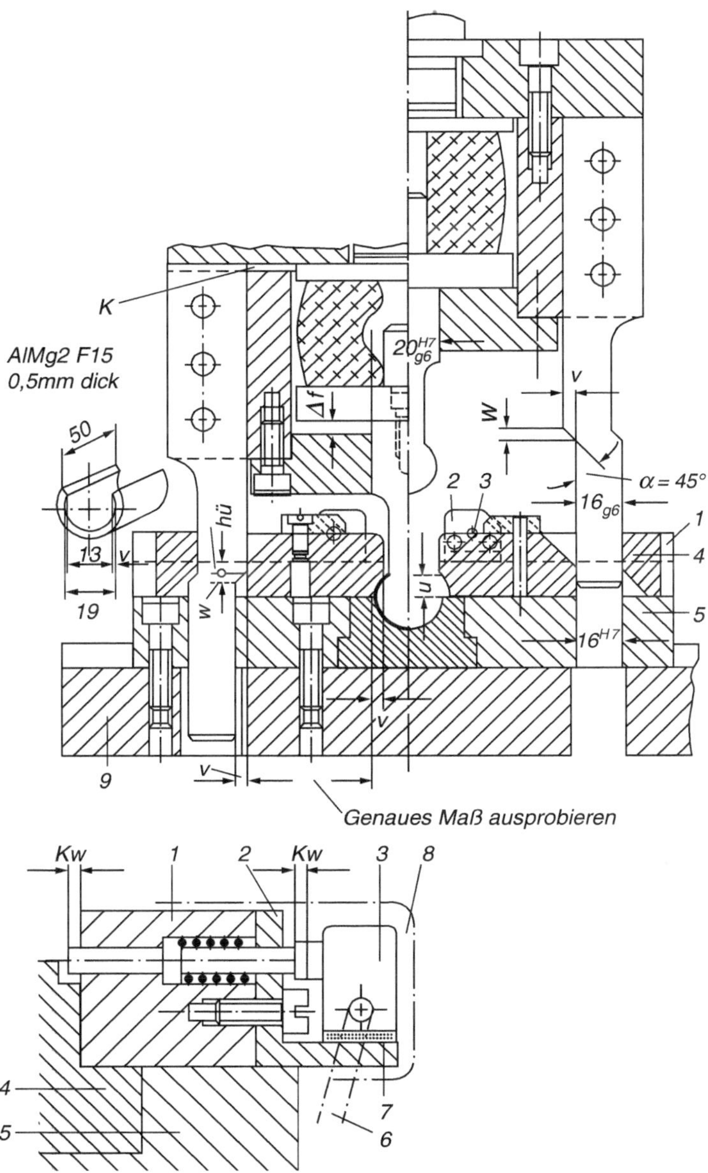

Abb. 7.12 Biegewerkzeug mit Keiltrieb, überwacht durch Arbeitskontakt. Eingesetzter Kontakt, als Teilschnitt vergrößert dargestellt: *1* untere Führungsleiste für Schieber (*4*), *2* Winkel, *3* handelsüblicher Kontakt mit Kontaktweg *Kw*, *4* Schieber, *5* Grundkörper, in Grundplatte eingelassen, *6* Schwachstromkabel, *7* Isolierplatte, *8* Schutzkappe aus Blech, *9* Grundplatte des Werkzeugs; $h_{ü}$ Überlaufweg des Keiltriebstempels nach erfolgter Umformung, *K* Lüftungskanal

wird der Stromkreis durch diese Kontakte nicht geschlossen; der Stößelhub kann nicht eingeleitet werden.

In Abb. 7.12 ist Keilwinkel $\alpha = 45°$, damit wird $v = w$.

Federhub der Kunststoff-Druckfeder ist

$$\Delta f = w + h_{ü} = 3\text{ mm} + 1{,}5\text{ mm} = 4{,}5\text{ mm}.$$

Berechnung der wirksamen Kräfte; Gl. 6.2 und 6.4

$$\begin{aligned} F\,\text{Mehrfach}\quad \text{Abbiegen} &= 2\,\text{Kanten} \cdot F_{\text{hL}} = 2\,\text{Kanten} \cdot 0{,}25 \cdot R_{\text{m}} \cdot b \cdot s \\ &= 2 \cdot 0{,}25 \cdot 150\,\frac{\text{N}}{\text{mm}^2} \cdot 50\text{ mm} \cdot 0{,}5\text{ mm} = 1875\text{ N} \end{aligned}$$

$$\begin{array}{ll} \text{Sicherheitszuschlag} = 33\,\%\ \text{von}\,1900\text{ N} & \approx 600\text{ N} \\ \hline F\ \text{maßgebend für vorgespannte Feder} & \approx 2500\text{ N} \end{array}$$

Da Kunststoffdruckfedern zum Setzen neigen, wird Federkraft F_1 um 20 % erhöht $= 1{,}2 \cdot 2500\,\text{N} = 3000\,\text{N} = 3\,\text{kN}$

Die zusammengesetzte Feder gibt $\approx 4300\,\text{N} \approx 4{,}5\,\text{kN}$ ab.

$$F\,\text{Biegen je Seite} = \frac{R_{\text{m}} \cdot b \cdot s^2}{u} = \frac{150\,\frac{\text{N}}{\text{mm}^2} \cdot 50\text{ mm} \cdot 0{,}5^2\text{ mm} \cdot \text{mm}}{8\text{ mm}} \approx 300\text{ N}$$

F_{Zuschlag} für hartaufsitzenden Schieber je Seite:

$$\text{Mit}\ p = \frac{R_{\text{m}}\left[\frac{\text{N}}{\text{mm}^2}\right]}{2\ldots5} = \frac{150\,\frac{\text{N}}{\text{mm}^2}}{3} = 50\,\frac{\text{N}}{\text{mm}^2}\ \text{wird}$$

$$\begin{array}{l} F = A\,\text{projiziert} \cdot p = (8\text{ mm} \cdot 50\text{ mm}) \cdot 50\,\frac{\text{N}}{\text{mm}^2} = 20.000\text{ N} \\ \hline F\ \text{gesamt waagerecht wirkend} = F_{\text{H}} = 20.300\text{ N} \approx 20{,}3\text{ kN} \end{array}$$

F senkrecht je Seite, Gl. 7.2

$= F_{\text{N}} = F_{\text{H}} \cdot \tan(\alpha + 2 \cdot \rho) = 20{,}3\text{ kN} \cdot \tan(45° + 12°) \approx 32\text{ kN}$

Pressendruck erforderlich $= 2 \cdot F$ senkrecht $+ F$ der zusammengepressten Feder

$= 2 \cdot 32\text{ kN} + 4{,}5\text{ kN} \approx 70\text{ kN}$ (ohne Sicherheit).

Ergebnis

Die vorgesehene Kunststoffdruckfeder muss $F_{1\,\text{vorgespannt}} \geq 3$ kN aufbringen; die Keiltriebstempel übertragen je 32 kN.

7.5 Rollbiegen

Rollbiegen ist Biegeumformen, bei dem ein angekippter oder vorgebogener Rand der Ausgangsform (ebener Zuschnitt, tief gezogenes Hohlteil oder Rohr) eingerollt wird. Die Biegeachsen können gekrümmt (kreisförmig) oder gerade sein (Abb. 7.13). Um einwandfreie Rollformen zu erreichen, ist folgendes zu beachten:

a) Vor dem Rollbiegen *um eine gekrümmte (kreisförmige) Biegeachse* ist der obere Werkstückrand zu planen und die Kante, die beim Rollbiegen gestreckt wird, zu entgraten. Sind Rollbiegungen „nach außen" auszuführen, kann man die Hohlteile so tief ziehen, dass nach dem Beschneiden des oberen Randes der Anfang der Rundung (von der Ziehkantenabrundung des Ziehringes herrührend, Maß r_z in Abb. 7.13b) noch erhalten bleibt.
b) Vor dem Rollbiegen *um eine gerade Biegeachse* ist das Ende des zu rollenden Schenkels anzurunden; die Walzfaser soll quer zur Biegeachse liegen (Abb. 7.14a).
c) Die Gleitflächen der Rollform im Stempel bzw. im Schieber müssen poliert und immer gut befettet sein.

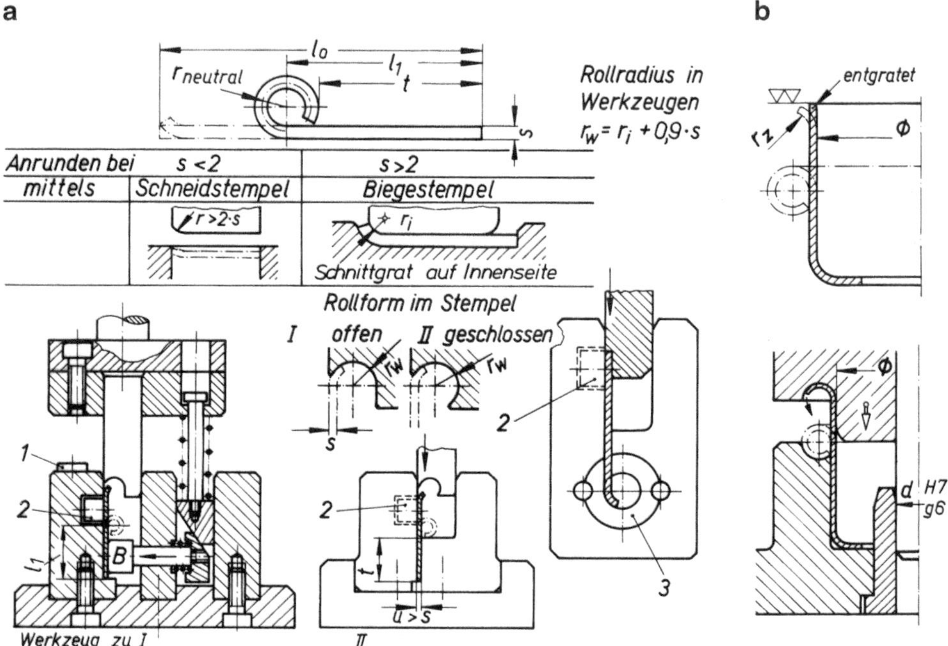

Abb. 7.13 Rollbiegewerkzeuge mit senkrechter Umformrichtung. **a** gerade Rollung z. B. für Scharniere. Rollbiegen um gerade Biegeachse: Rollform im Stempel ist *I* offen, folglich keilbetätigter federnder Blechhalter *B*, *II* geschlossen, folglich nur Einlegeschlitze mit Weite $u > s$. *1* Aufschlagstücke, *2* Dauermagnete eingeklebt, *3* geschlitzte Rollbuchse mit seitlichem Ausstoßerbolzen, im Buchseninnendurchmesser geführt. **b** kreisförmige Rollung z. B. für Wulste. Rollbiegen um kreisförmige Biegeachse: Ober- und Unterteil aus E 335, Rollflächen flammgehärtet und poliert

d) Der Innenradius der Rollform sollte $r_{iw} = 0{,}8 \cdot s$ nicht unterschreiten.

e) Der untere Totpunkt (tiefste Lage, Werkzeug geschlossen) eines Rollbiegewerkzeuges wird ausprobiert und dann erst durch *Aufschlagstück* festgehalten.

f) Zur Ermittlung der *gestreckten Länge* wird zuerst der Halbmesser der neutralen Fase r_n nach Abb. 6.3 ermittelt. Nur wenn der Innendurchmesser der fertigen Rollform $d_i \geq 8\cdot$ Blechdicke beträgt, ist der neutrale Fasendurchmesser $d_n = (d_i + s)$.

Gestreckte Länge $l_0 = l_1 + l_b$.

$$l_0 = l_1 + \frac{5}{6} \cdot \pi \cdot d_n = l_1 + 2{,}6 \cdot d_n \quad \text{in mm} \tag{7.3}$$

l_1 gerade bleibende Schenkellänge in mm
d_1 Innendurchmesser der fertigen Rollform in mm
d_n Durchmesser der neutralen Fase in mm (nach Abb. 6.3)
S Blechdicke in mm.

g) Das Werkzeug-Ober- und Unterteil soll durch *Gleitflächen* oder *Säulen* (Säulengestell) zueinander geführt sein. Während des Rollbiegens um gerade Biegeachsen sind seitliche Kräfte wirksam; auf gute Werkzeugführung ist besonderer Wert zu legen.

h) Stempel mit *geschlossener Rollform* ziehen während ihres Rücklaufes die gerollten Teile aus ihrem Einlegeschlitz, die Werkstücke dürfen daher im Werkzeug nicht durch Keilflächen festgeklemmt sein.

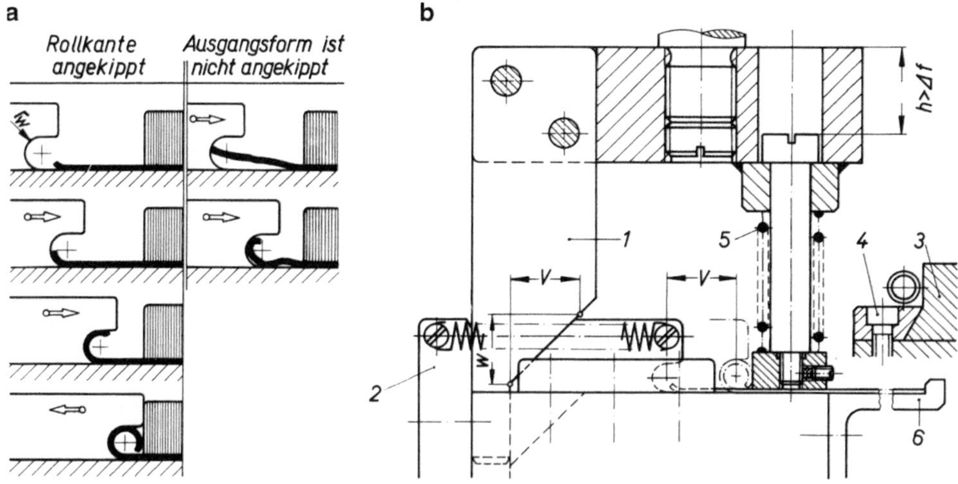

Abb. 7.14 Waagerechtes Rollbiegen. **a** Rollvorgang, wenn am Zuschnitt die Rollkante angekippt und nicht angekippt ist, **b** einseitig wirkender Keiltriebstempel (*1*), Rückzug mittels Federkraft, *2* Abstützleiste, *3* Schieber mit offener Rollform, *4* Schieber-Führungsleiste (je mit einer Schraube und zwei Zylinderstiften befestigt), *5* Blechhalterfedern (zwei Stück) mit Federhub $\Delta f >$ MaßV, da Keilneigungswinkel 45°, *6* Auflagewinkel zugleich Längenanschlag

i) Dünne Stahlbleche erhalten vor Beginn des Rollbiegens bei senkrechter Umformrichtung eine Stütze durch einen *Dauermagnet*; dadurch kann der Einlegeschlitz breiter ausgeführt sein.
j) Große Zuschnittformen, die durch senkrechtes Rollbiegen ausknicken könnten, werden waagerecht liegend gerollt (Abb. 7.14); der Schieber hat dann eine *offene Rollform*. In Verbundwerkzeugen ist bei waagerecht liegendem Werkstoff ebenfalls die offene Rollform anzuwenden (Abb. 10.16).

7.6 Lage des Einspannzapfens

Bei Biegewerkzeugen nimmt man an, alle Umform- und Federkräfte (Federn gespannt) wirken gleichzeitig. Der Einspannzapfen liegt daher im Schwerpunkt aller angreifenden Kräfte (Abb. 7.15 und Tab. 7.2). Durch diese Annahme will man erzielen, dass sich Stempelführungen sowie Gleitflächen durch außermittig wirkende Kräfte weniger abnützen. Den Gesamtschwerpunkt ermittelt man mittels Seileckverfahren (Abb. 7.7) oder mit Hilfe des Momentensatzes nach Abb. 5.5.

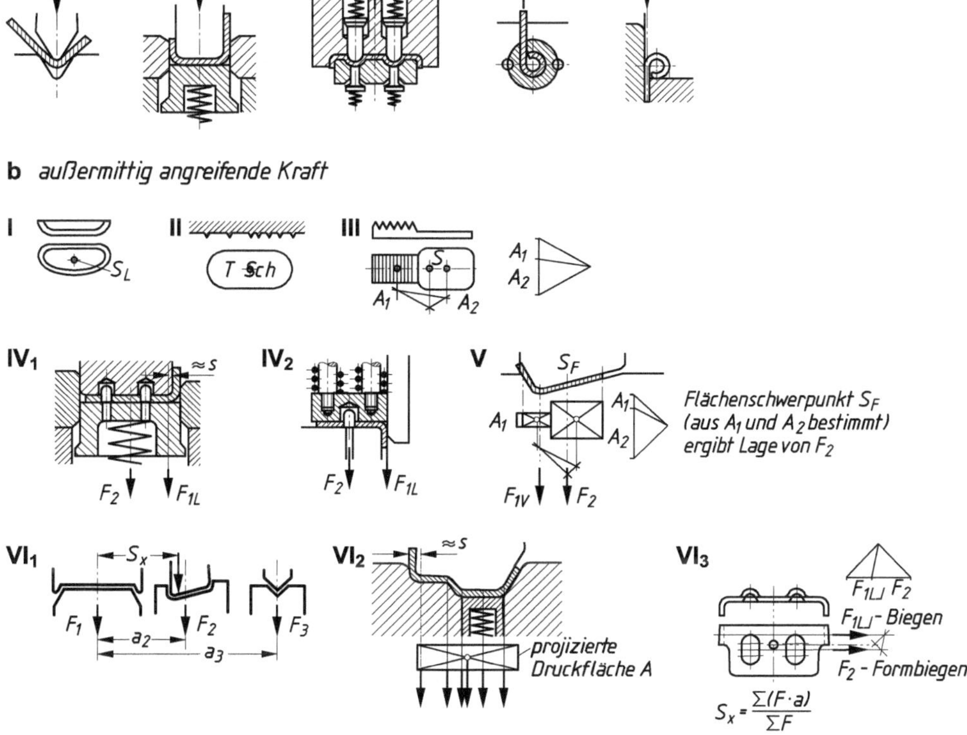

Abb. 7.15 Lagebestimmung des Einspannzapfens bei Umformwerkzeugen

Tab. 7.2 Zusammenfassung zur Lagebestimmung

Umformung		Lagebestimmung durch	
a symmetrisch		Symmetrieachse, beim Rollbiegen die Blechmitte	
b unsymmetrisch			
I	Gesenkbördeln	Linienschwerpunkt des Umfanges	
II	Schriftprägen	Linienschwerpunkt der Prägelinien	
III	Vollprägen (Druckumformung)	Flächenschwerpunkt aus Einzelflächen A_1, A_2	
IV	Abbiegen (nach oben oder nach unten gehend)	Momentensatz oder Seileckverfahren	Abbiegekraft F_{1L} und Federkraft F_2
V	Keilbiegen mit hartaufsitzendem Stempel		Biegekraft F_{1V} und Zuschlag für hartaufsitzenden Stempel
VI	Mehrfachbiegen		Einzelkräfte

Literatur

1. Puhrer, A.: Schweißtechnik. Viewegs Fachbücher der Technik. Vieweg, Braunschweig (1968)

8 Grundlagen des Tiefziehens

8.1 Tiefziehverfahren und -kräfte

Tiefziehen ist nach DIN 8584 das Zugdruckumformen eines ebenen Blechzuschnittes (einer Folie oder einer Platte) zu einem Hohlkörper oder eines Hohlkörpers zu einem Hohlkörper mit kleinerem Umfang ohne beabsichtigte Veränderung der Blechdicke. Oft sind mehrere Folgezüge zur vollständigen Herstellung eines Teils nötig. Man unterscheidet den Erst- oder Anschlagzug und den Folge- oder Weiterzug. Ob nur der Erstzug oder ein bzw. mehrere Weiterzüge zur Herstellung eines Ziehteils ausreichen, entscheiden der Werkstofffluss, die Verfestigungsgrenzen und die Endform dieses Teils. Die Konstruktion der Tiefziehwerkzeuge richtet sich nach der Umformart (Erst- oder Folgezug), dem Umformverhalten des umzuformenden Werkstoffes, nach der geforderten Standzeit und der eingesetzten Presse.

Im Rahmen dieses Buches, das das Stanzen behandelt, wird das Tiefziehen mit starrem Stempel und Ziehring behandelt. Tiefziehen mit gasförmigen oder flüssigen Druckmitteln wird bislang innerhalb der Stanzfolge nicht angewendet.

8.1.1 Prinzip des Tiefziehens

Das Prinzip des Tiefziehens zeigt Abb. 8.1, indem eine ebene Blechplatine bzw. Blechband zu einem Napf verarbeitet wird. Das Werkzeug besteht aus Ziehstempel, Ziehring und nötigenfalls aus Niederhalter. Die Grenze des Tiefziehvorgangs ist durch die Art der Krafteinleitung in die Umformzone bestimmt. Die Ziehkraft wirkt vom Stempel in den Boden des Ziehteils und wird von dort über die Krafteinleitungszone *KE* in die aktive Umformzone *UZ* eingeleitet. Die Tiefziehgrenze ist erreicht, wenn die größte zulässige Ziehkraft nicht mehr in die Umformzone übertragen werden kann. Bei optimalen Bedingungen

© Springer Fachmedien Wiesbaden GmbH, ein Teil von Springer Nature 2020

M. Kolbe, *Stanztechnik*, https://doi.org/10.1007/978-3-658-30401-0_8

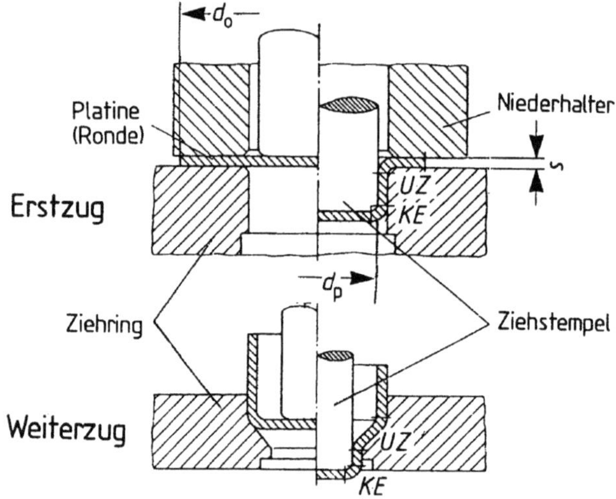

Abb. 8.1 Schema des Tiefziehens im Erst- und Weiterzug [1]. d_0 = Rondendurchmesser, d_p = Ziehstempeldurchmesser, s = Blechdicke

in der Umformzone können mehrere Umformstufen ohne Zwischenglühen eingespart werden.

Abb. 8.1 zeigt zwei Tiefziehvorgänge. Im Erstzug entsteht aus einem ebenen Blechteil ein Hohlkörper, im Weiterzug wird daraus ein Hohlkörper mit kleinerem Durchmesser aber größerer Höhe.

8.1.2 Tiefziehverhältnis

Das Maß für die Umformung ist das Tiefziehverhältnis β

$$\beta_1 = \frac{d_0}{d_1} > 1 \quad \text{bzw.} \quad \beta_2 = \frac{d_1}{d_2} > 1 \tag{8.1}$$

d_0 = Rondendurchmesser in mm
d_1 = Napfinnendurchmesser in mm
d_2 = kleinerer Napfinnendurchmesser in mm.

Für den Weiterzug wird das Tiefziehverhältnis aus dem Innendurchmesser vor und nach dem Weiterzug gebildet. Der Index 1 am Ziehverhältnis β bezeichnet den Erstzug, der Index 2 den ersten Weiterzug usw.

In der Regel sind die angegebenen Tiefziehverhältnisse β für den Erst- und Weiterzug auf das Verhältnis des Ziehstempeldurchmessers d_p zur Blechdicke s von

$$\frac{d_p}{s} = 100 \tag{8.2}$$

bezogen. Beim größeren Wert $\frac{d_p}{s}$ verkleinert sich das Tiefziehverhältnis β (Abb. 8.2).

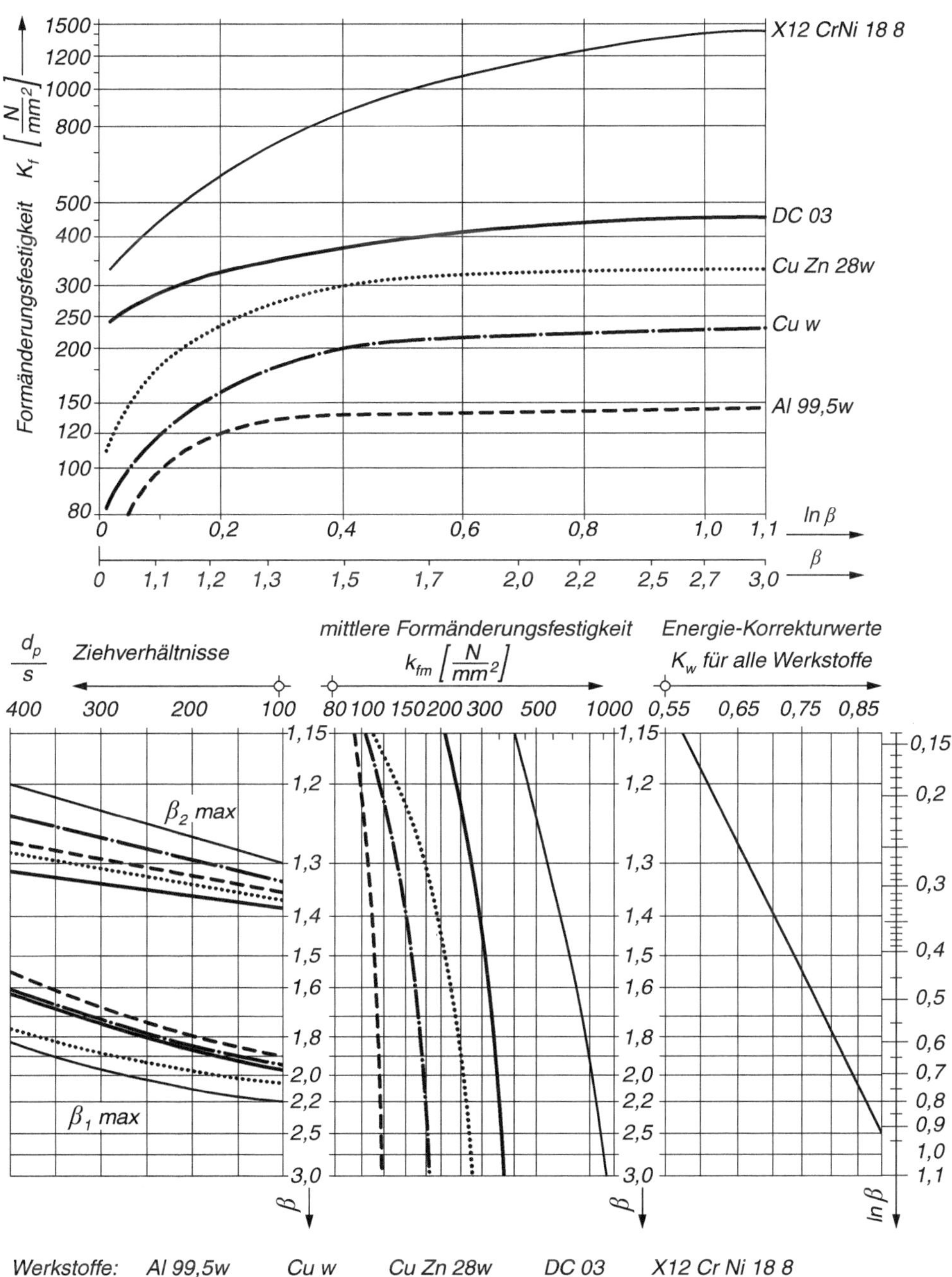

Abb. 8.2 Formänderungsfestigkeit K_f, Ziehverhältnis d_p/s (Stempeldurchmesser d_p/Blechdicke s), mittlere Fließspannung k_{fm} und Energie-Korrekturwerte K_w in Abhängigkeit vom Tiefziehverhältnis β

Allgemein gilt: Weiche unlegierte Stähle können mit einem Tiefziehverhältnisse bis $\beta = 2$ beim Erstzug, $\beta = 1{,}3$ beim Weiterzug ohne Glühen und $\beta = 1{,}7$ beim Weiterzug mit Zwischenglühen umgeformt werden.

Das *Ziehverhältnis* β_1 beim Anschlagzug und β_2 beim Folgezug unterliegt vielen Einflüssen, z. B.

1. Verhältnis $\dfrac{\text{Ziehstempeldurchmesser}}{\text{Blechdicke}} = \dfrac{d_p}{s}$.
2. *Zieheigenschaften des Bleches.* Bleche mit hoher Bruchdehnung, zugleich mit niederer Streckgrenze und hoher Zugfestigkeit, erreichen die besten Ziehergebnisse. Durch niedere Streckgrenze und hohe Bruchdehnung treten im Blech geringe Formänderungswiderstände auf; höchst beanspruchte Stellen können infolge ihrer hohen Zugfestigkeit große Stempelkräfte übertragen.
3. *Güte* (*Rauheit*) der Blechoberfläche und der Werkstoffgleitflächen im Werkzeug.
4. *Vorbehandlung der Blechoberfläche*, z. B. erreichen phosphatierte Stahlbleche höhere Ziehverhältnisse. Bei rostbeständigen Stahlblechen können unterschiedliche Ziehverhältnisse entstehen, je nachdem ob sie galvanisch verkupfert sind oder ohne Vorbehandlung in Ziehringen aus Sonderaluminiumbronzen (Abschn. 9.6), oder mittels zwischengelegter Kunststoffgleitfolie gezogen werden.
5. *Schmierungsart.* Diese ist abhängig von der Art des Blechwerkstoffes seiner Vorbehandlung und der Werkstoffpaarung zwischen Werkzeug und Tiefziehblech (Abschn. 8.2).
6. *Art des Blechhalterdruckes*, ob elastische oder starre Blechhaltung.
7. *Größe der Kantenabrundungen* am Ziehring r_z, am Ziehstempel r_p und ihrem gegenseitigen Größenverhältnis (Gl. 8.4, 8.5 und Abb. 8.4).
8. *Größe des Ziehspaltes* u_z (Gl. 8.3).
9. *Beim Folgezug* (zusätzlich zu 1. bis 8.), ob das vorgezogene Teil zwischengeglüht wurde (Abschn. 8.3) oder kaltverfestigt ist.

Die *Ziehstößelgeschwindigkeit* beeinflusst kaum das Ziehverhältnis, solange ihr Mittelwert z. B. für rostbeständige Stahlbleche bei $\approx$200 mm/s, für Tiefziehstahlbleche bei $\approx$300 mm/s, für Reinaluminiumbleche bei $\approx$450 mm/s, für weiche Messingbleche bei $\approx$700 mm/s liegt. Doch je schwieriger die Ziehteilform (z. B. Formziehen), desto günstiger sind kleinere Ziehstößelgeschwindigkeiten.

Berechnungsbeispiel 8.1 (Tiefziehen – Ziehverhältnis)
Eine Ronde aus Stahlblech wird im Erstzug von $D_0 = 200$ mm auf $d_1 = 100$ mm gezogen. In weiteren Zügen werden $d_2 = 63$ mm und $d_3 = 45$ mm erreicht. Wie groß ist das Gesamtziehverhältnis?

Lösung

Erstzug $\beta_1 = \frac{D_0}{d_1} = \frac{200}{100} = 2$

1.Weiterzug $\beta_2 = \frac{d_1}{d_2} = \frac{100}{63} = 1{,}6$

2.Weiterzug $\beta_3 = \frac{d_2}{d_3} = \frac{63}{45} = 1{,}4$

Gesamtziehverhältnis $\beta_{ges} = \beta_1 \cdot \beta_2 \cdot \beta_3$

$\beta_{ges} = 2 \cdot 1{,}6 \cdot 1{,}4 = 4{,}5$

8.1.3 Ziehspalt

Die senkrechten Wände (Zargen) eines Ziehteiles werden dem Rand zu dicker, wenn im Werkzeug ihr größtes Dickenmaß nicht durch den Ziehspalt u_z begrenzt würde (Abb. 8.3). Ziehspalt ist der Abstand, der sich während der Umformung zwischen Ziehring und Stempel ergibt. Beim Ziehen runder Teile mit Blechhalter sind für „*Mindestziehspalt* u_{zmin} = Blechdicke + Zuschlag" allgemeine Gebrauchswerte:

Werkstoff	Mindest Ziehspalt u_{zmin} für Anschlagzug	Folgezug	
Stahl unlegiert und legiert	$u_{z1} \approx s + 0{,}20\sqrt{s}$	$u_{z2} \approx 1{,}08 \cdot s$	(8.3)
Buntmetalle und deren Legierungen	$u_{z1} \approx s + 0{,}10\sqrt{s}$	$u_{z2} \approx s$	
Aluminium und dessen Legierungen	$u_{z1} \approx s + 0{,}05\sqrt{s}$	$u_{z2} \approx s$	

Es wird empfohlen, für rostbeständige Stahlbleche $u_{z1} \gtrsim 1{,}2 \cdot s$, $u_{z2} \gtrsim 1{,}25 \cdot s$, für Neusilberlegierungen $u_{z2} \geq 1{,}04 \cdot s$ zu wählen.

Man kann auch den größtzulässigen Ziehspalt u_{zmax} in Abhängigkeit des Ziehverhältnisses β nach der Beziehung $u_{zmax} = s \cdot \sqrt{\beta}$ ermitteln; die Ziehkraft erreicht beim größtzulässigen Ziehspalt u_{zmax} ihren Kleinstwert.

Sind vom Werkstück die Innenmaße angegeben, dann ist der Ziehstempeldurchmesser festgelegt, der Ziehringdurchmesser wird um 2 · Ziehspalt größer; bei bemaßtem Ziehteil-Außendurchmesser ist der Stempeldurchmesser = Ziehringdurchmesser −2 · Ziehspalt.

Bei kleinem Ziehverhältnis (Ziehteile mit geringer Zargenhöhe) kann die Ziehkantenabrundung r_z im Ziehring verkleinert und die Spaltweite $u_z < s$ gewählt werden. Die Zargendicke wird dann während des Ziehens im Übergang Bodenabrundung auf Zarge mit abgestreckt, jedoch kann der Boden in diesem Übergang infolge der größer werdenden Ziehkraft abreißen (Ziehfehler-Tab. 9.2, Abb. I A2, 1b).

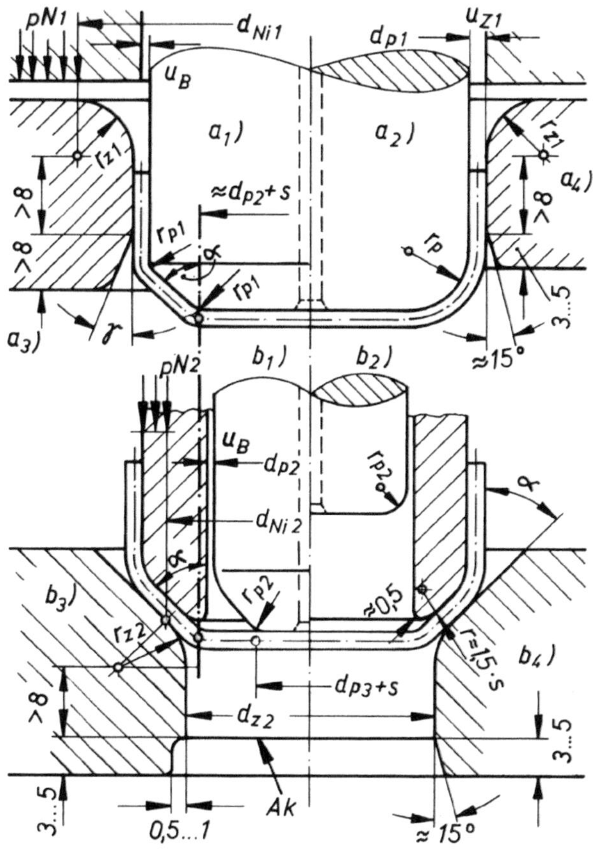

Abb. 8.3 Ziehkanten-Abrundungshalbmesser mit Blechhalterdruckflächen. **a** Anschlagzug und Stempelformen: $\mathbf{a_1}$ bei nachfolgenden Folgezügen; $\mathbf{a_2}$ ohne Folgezug; Innenform des Ziehringes für: $\mathbf{a_3}$ Rückstoßzug, $\gamma = 30 \ldots 45°$; $\mathbf{a_4}$ Durchzug mit Abstreifschiebern, **b** Folgezug und Stempelformen: $\mathbf{b_1}$ bei nachfolgenden Folgezügen; $\mathbf{b_2}$ ohne Folgezug; Innenform des Ziehringes für Durchzug mit: $\mathbf{b_3}$ Abstreifkante *Ak*; $\mathbf{b_4}$ Abstreifschieber. Indizes *1* für Anschlagzug, *2* für Folgezug. d_P Stempeldurchmesser, d_z Ziehringdurchmesser, r_z Halbmesser der Ziehkantenabrundung des Ziehringes, u_z Ziehspalt, u_B Spalt zwischen Blechhalter und Ziehstempel, bei Rückstoßzug und vollsymmetrischen Ziehteilformen $u_B = 0{,}05 \ldots 1$ mm, bei Durchzug u_B beliebig groß; α Neigung der Stempelkante für Folgezüge, $\alpha = 60 \ldots 45°$, üblich $\alpha = 45°$; p_N Blechhalterdruck in N/cm^2, d_N Innendurchmesser der Blechhalterdruckfläche, dabei $d_{Ni1} = d_{z1} + 2 \cdot r_{zi}$; $d_{Ni2} \approx d_{z2} + \frac{r_{z2}}{2}$ (bei $\alpha = 45°$)

8.1.4 Ziehkantenradius beim Ziehen mit Blechhalter

Die *Innenform* eines Ziehringes (Abb. 8.3) für *doppelt wirkende Ziehpressen* gliedert sich in *Einlaufseite, zylindrischer Teil und Auslaufseite*. Die Länge des zylindrischen Teiles soll $\gtrsim 8$ mm sein; Ein- und Auslaufseite sind entsprechend der *Umformart* (Anschlagzug oder Folgezug) und dem *Ziehverfahren* (Durchzug oder Rückstoßzug) zu gestalten. Zum

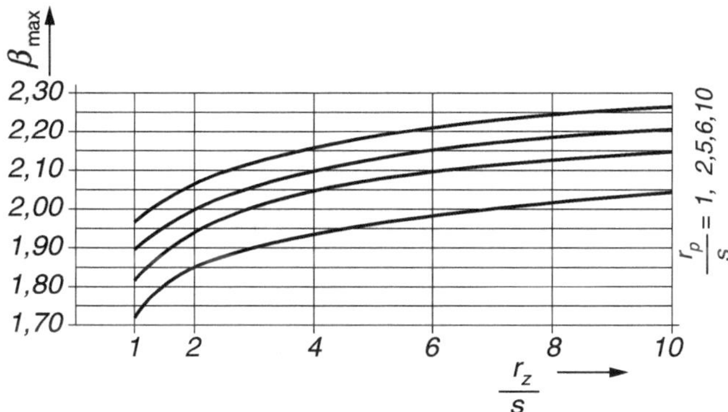

Abb. 8.4 Grenzziehverhältnis β_{max} bei $\frac{\text{Stempeldurchmesser } d_p}{\text{Blechdicke } s} = 100$ in Abhängigkeit von $\frac{\text{Stempelkantenrundung } r_p}{\text{Blechdicke } s}$ und $\frac{\text{Ziehkantenrundung } r_z}{\text{Blechdicke } s}$ für die Ziehwerkstoffe DC 03, DC 04 (aus Arbeiten von Siebel und Panknin)

Anschlagzug ist im Ziehring eine Ziehkantenabrundung mit Halbmesser r_{z1}, zum Folgezug eine Innenschräge mit Übergangsrundung zur Ziehringöffnung (Ziehkantenhalbmesser r_{z2}) erforderlich. Die Innenschräge mit Winkel $\alpha \approx 45 \ldots 60°$ dient zur Aufnahme der Ziehteile vom Anschlagzug. In der Auslaufseite erhält der Ziehring beim Verfahren Durchzug eine Abstreifkante *Ak*; sind im Ziehstuhl Abstreifschieber eingebaut, dann nur kurze Innenschräge mit $\approx 15°$ Neigung vorsehen. Das Verfahren Rückstoßzug erfordert in der Auslaufseite des Ziehringes eine mit $\gamma \approx 30 \ldots 45°$ geneigte Schräge, damit die Ziehteile durch die Ziehringöffnung zurückgestoßen werden können.

Der Abrundungsradius r_z im Ziehring soll möglichst groß, jedoch kleiner als der Stempelkantenradius r_p gewählt werden. Durch große Abrundungen der Zieh- und Stempelkanten werden umzuformende Werkstoffe weniger beansprucht, die Ziehkraft gemindert und Ausschussteile durch „Bodenreißer" (Ziehfehler-Tab. 9.2, Abb. I A1) vermieden. Abb. 8.4 zeigt, wie die Radien des Ziehstempels r_P und des Ziehringes r_z die Ziehverhältnisse β beeinflussen. Die günstigsten Ziehverhältnisse erreicht man bei $r_{zmax}(6 \ldots 10) \cdot s$, und $r_{pmax} = (6 \ldots 10) \cdot s$. Rundungen $>10 \cdot s$ mindern noch etwas mehr die Ziehkraft, doch sie begünstigen nach Ziehbeginn (Umformweg bis $r_z + r_p + s$) die Entstehung radial verlaufender Falten (Längsfalten, siehe Ziehfehler-Tab. 9.2, Abb. III B, I C).

Zur Festlegung der Abrundungsverhältnisse sind folgende Beziehungen üblich: *Ziehkantenhalbmesser* r_{z1} für Anschlagzug (Index 1)[1]

[1] Das Ziehkantenprogramm im AWF-Blatt 5790 und VDI-Richtlinie 3175 ergeben Ziehkantenhalbmesser, die um $\approx 30\,\%$ gemindert werden können. Gleichung nach Prof. Oehler $r_{z1} = 0{,}035 \cdot [50 + (D_0 - d_{z1}) \cdot Ss]$ ergibt ähnliche Ergebnisse wie Gl. 8.4 mit Faktor 0,55.

$$r_{z1} = 0{,}5 \ldots 0{,}7 \cdot \sqrt{(D_0 - d_{z1}) \cdot s} \quad \text{in mm} \tag{8.4}$$

Der Wert 0,7 gilt für weniger gut tiefziehfähige Bleche.
Ergebnis um ≈1/5 mindern, wenn

a) Ziehteil einen Flansch behält,
b) Ziehverhältnis $\beta_1 < 1{,}4$.

Grenzwerte für Anschlagzug ($s < 3$ mm):

$$r_{z1\,min} = (4 \ldots 5) \cdot s$$
$$r_{p1\,min} = (5 \ldots 6) \cdot s; \quad \text{jedoch} > r_{z1}$$

oder

$$r_{p1\,max} = \frac{d_{p1}}{5 \ldots 10}$$

Die Faktoren $4 \cdot s$ bzw. $5 \cdot s$ wählt man für gut tiefziehfähige Bleche (z. B. Messing weich), und für kleine Ziehverhältnisse.

Ziehkantenhalbmesser für Folgezüge (Index 2, 3)[2]

$$\left.\begin{aligned} r_{z2\,min} &= 0{,}8 \cdot \sqrt{(d_{z1} - d_{z2}) \cdot s} \\ r_{z3\,min} &= 0{,}8 \cdot \sqrt{(d_{z2} - d_{z3}) \cdot s} \end{aligned}\right\} \text{in mm} \tag{8.5}$$

$$r_{z2\,min} = (3 \ldots 4) \cdot s$$

$$r_{z3} \approx r_{p1}, \quad \text{jedoch} > r_{z2}$$

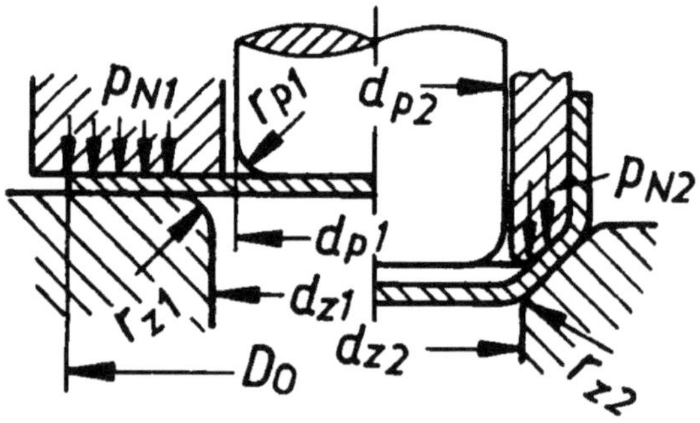

[2]Nach AWF-Blatt 5790.

s Ausgangsdicke des Feinbleches in mm
D_0 Zuschnittdurchmesser in mm
d_z Ziehringdurchmesser in mm
d_p Ziehstempeldurchmesser in mm
r_z Halbmesser der Ziehkantenrundung in mm
r_p Halbmesser der Stempelkantenrundung in mm.

8.1.5 Tiefziehkraft

Die Tiefziehkraft F_z steigt mit dem Tiefziehverhältnis β bis zu einer maximalen Größe an, die bis maximal $\beta=2$ beim Erstzug zu wählen ist, da sonst der Bodenrand infolge zu großer Zugbeanspruchung reißt. Die Tiefziehkraft wird nach Siebel [1] wie folgt berechnet

$$F_{z1} = \frac{\pi \cdot d_{p1} \cdot s \cdot k_{fm1} \cdot \ln \beta_1}{0{,}65} \quad \text{in N} \tag{8.6}$$

Die mittlere Fließspannung k_{fm} kann in der Praxis aus der Anfangsfestigkeit berechnet werden

$$k_{fm} = 1{,}3 R_m \quad \text{in N/mm}^2 \tag{8.7}$$

Nach dem Aufsetzen des Stempels auf das Blech steigt die Ziehkraft infolge der Verfestigung steil an und erreicht bei einer Verformung von etwa 25 % ihren Maximalwert.

Für den Folgezug gilt:

$$F_{z2} = \frac{F_{z1}}{2} + \frac{\pi \cdot d_{p2} \cdot s \cdot k_{fm2} \cdot \ln \beta_2}{0{,}65} \quad \text{in N} \tag{8.8}$$

$F_{z1}/2$ wird als Biege- und Umformanteil hinzuaddiert.

Die Fließspannung k_{fm} in Abhängigkeit vom Tiefziehverhältnis β zeigt Abb. 8.2.

Für kaltverfestigte Werkstoffe wird die mittlere Formänderungsfestigkeit k_{fm2} aus k_{f1}- und k_{f2}-Werten (Abb. 8.2) entnommen und daraus die mittlere Fließspannung k_{fm2} gebildet:

$$k_{fm2} = \frac{k_{f1} + k_{f2}}{2} \quad \text{in N/mm}^2 \tag{8.9}$$

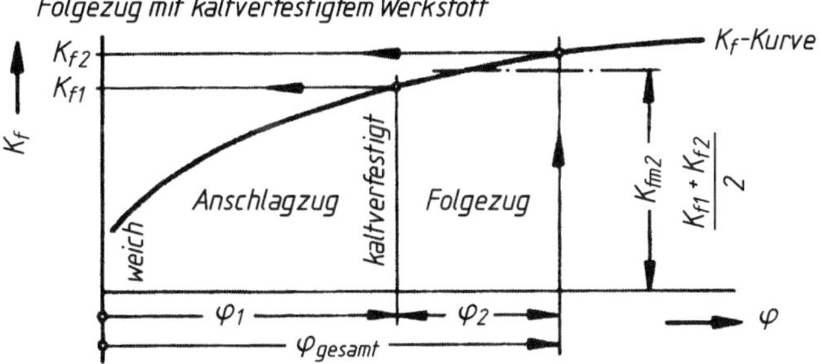

8.1.6 Niederhalterkraft

Der Niederhalter verhindert unerwünschte Faltenbildung durch Auswölbung im Blechflansch. Er muss eine Mindestlast aufbringen, die aber nicht überschritten werden darf, um Bodenreißer zu vermeiden.

Nach Siebel [1] ist der erforderliche Niederhalterdruck

$$p_{\mathrm{N}} = 0{,}002 \ldots 0{,}003 \left[(\beta_1 - 1)^3 + \frac{d_1}{200 \cdot s} \right] R_{\mathrm{m}} \quad \text{in N/mm}^2 \tag{8.10}$$

Er wird also von dem Tiefziehverhältnis β, dem Stempeldurchmesser d, der Blechdicke s und der Zugfestigkeit des umzuformenden Werkstoffes R_{m} bestimmt. Die vom Niederhalter aufzubringende Kraft F_{N} ist danach

$$F_{\mathrm{N}} = p_{\mathrm{N}} \cdot A_{\mathrm{N}} \quad \text{in N} \tag{8.11}$$

Die beaufschlagte Fläche A_{N} setzt sich aus dem Ausgangsrondendurchmesser d_0, dem Stempeldurchmesser d_1 und dem Ziehspalt z_{u} sowie dem Ziehringradius r_{R} wie folgt zusammen:

$$A_{\mathrm{N}} = \frac{\pi}{4} \left[d_0^2 - (d_1 + 2u_z + 2r_{\mathrm{R}})^2 \right] \quad \text{in mm}^2 \tag{8.12}$$

Der Niederhalterdruck p_{N} ist der Anfangsdruck beim Ziehen. Weil sich die Flanschfläche während des Ziehens verkleinert, vergrößert sich bei konstanter Niederhalterkraft der spezifische Flächendruck und die Blechdicke nimmt am Außenrand der Ronde zu. Es gibt Methoden, den Niederhalterdruck durch Veränderung der Niederhalterkraft während des Ziehens konstant zu halten [2].

8.1.7 Tiefziehenergie

Für die Bestimmung der Leistung der Presse ist die Ziehenergie zu berechen. Bei *starrer* Blechhaltung ist sie

$$W_{\mathrm{zs}} = \frac{(F_{\mathrm{z}} + F_{\mathrm{H}}) \cdot h_{\mathrm{i}} \cdot K_{\mathrm{w}}}{1000} \quad \text{in Nm} \tag{8.13}$$

Bei *elastischer* Blechhaltung

$$W_{\mathrm{ze}} = \frac{F_{\mathrm{z}} \cdot h_{\mathrm{i}} \cdot K_{\mathrm{W}} + F_{\mathrm{N}} \cdot h_{\mathrm{w}}}{1000} \quad \text{in Nm} \tag{8.14}$$

Dabei ist
h_i = innere Ziehteilhöhe in mm
h_w = Umformweg = Ziehkissenweg in mm
K_w = Korrekturfaktor (Abb. 8.2).

8.1.8 Tiefziehleistung

Die erforderliche Ziehleistung ergibt sich zu

$$P_{zs} = W_{zs} \cdot \frac{n}{60} \quad \text{bzw.} \quad P_{ze} = W_{ze} \cdot \frac{n}{60} \quad \text{in W} \tag{8.15}$$

n = Hubfrequenz beim Tiefziehen in 1/min

8.2 Schmierung beim Tiefziehen

Spanloses Umformen lässt sich durch Optimierung der Reibung, d. h. durch günstige Gleitverhältnisse und durch entsprechende Wärmebehandlung erleichtern:

1. für die Gleitflächen des Werkzeuges bzw. Blechoberfläche durch *Aufbringen eines Schmierstoffes*,
2. für die Kristalle des umzuformenden Werkstoffes durch Wärmebehandlung (Zwischenglühen) zwischen den Folgezügen.

Während der Umformung soll zwischen Werkzeug und Werkstück eine trennende Gleitschicht bestehen. Diese kann durch Schmiermittel, chemische Schichten (Phosphatieren, MBV-Verfahren) oder durch Kunststoffschichten (siehe Abschn. 9.6) erzeugt werden. Die *Schmiermittel* sollen

a) die Berührung zwischen Werkzeug und Blechoberfläche verhindern und dadurch die Reibung mindern. Das Ziehverhältnis wird verbessert und das Anschweißen kleinster Werkstoffteilchen auf den Einlaufflächen des Ziehrings (ergibt Ziehriefen am Hohlteil) vermieden. Nachteilig ist, dass bei verringerter Reibung der Blechhalterdruck erhöht werden muss;
b) im Bereich der Ziehkanten, um das Entstehen höherer Temperaturen zu verhindern;
c) die Standmenge der Einlaufrundungen (Ziehradien) am Ziehring und der übrigen Werkzeugelemente und deren Gleitflächen erhöhen;
d) wirtschaftlich, d. h. preisgünstig, gut auftragbar und auch nach mehrmaliger Umformung ohne Rückstände und Schwierigkeiten leicht entfernbar sein;
e) keine gesundheitsschädlichen und korrosionsfördernden Bestandteile enthalten.

Aber ein Schmierstoff ist kein „Wunder- oder Allheilmittel", er ist nicht in der Lage schlecht konstruierte bzw. schlecht gefertigte Werkzeuge zu verbessern, Stellungsfehler im Werkzeug auszugleichen, ungenügende oder mangelhafte Beschichtungen ausgleichen und schon gar nicht vorgeschädigte Werkzeuge bzw. deren Oberflächen zu „heilen".

In Tab. 8.1 sind verschiedene Schmierstoffe angegeben. Die Gruppen 1 … 5 können noch Additive, chemisch oder physikalisch wirkendend, enthalten.

Anwendung als Additive finden Fettstoffe auf nativer oder synthetischer Basis (Fettsäuren bzw. Fettsäureester), geschwefelte Additive (geschwefelte Fettsäureester, Polysulfide), phosphorhaltige Additive und selten Chlorparaffine. Festschmierstoffe (Grafit, Kalk, Talkum oder Schlämmkreide) wie oft in der Warmumformung verwendet, sind in Stanz- und Umformölen eher selten anzutreffen.

Ester sind chemisch relativ stabile Verbindungen aus Säuren und Alkoholen, die in einer Vielzahl von möglichen Kombinationen in der Natur vorkommen, aber auch synthetisch hergestellt werden können.

Die meisten Additive wechselwirken mit Metalloberflächen (Werkzeug und Werkstück) ausschließlich durch Adsorption, also rein physikalisch. Diese Vorgänge sind von der Metalloberfläche (solange diese nicht kontaminiert ist), also von der Art des Metalls nahezu unabhängig. Die Natur des Metalls bestimmt allerdings die Stärke der adsorptiven Bindung.

Fettsäuren und saure Phosphorsäureester sollen mit Metallen so genannte Metallseifen (organische Salze von Metallen) bilden, die dann die Schmierung positiv beeinflussen (niedrige Reibkoeffizienten). Im chemisch strengen Sinne betrachtet, handelt es sich um eine Säure/Metall-Reaktion, d. h. die Säure spaltet ein Wasserstoffatom ab und bindet sich an ein Metallatom. Neben der Säurestärke ist hier natürlich die Natur des Metalls von entscheidender Bedeutung. In der Spannungsreihe der Elemente (Metalle) reagieren edlere Metalle deutlich langsamer, als unedlere.

Für schwierige Umformungen kommen als *chemische Überzüge* in Betracht:

1. *MBV* (*Modifiziertes Bauer-Vogel-Verfahren*). Es ist für *Aluminium* und seine Legierungen (außer kupferhaltigen Legierungen) anwendbar. Die bereits vorhandene natürliche, schützende, harte Oxidschicht wird durch chemische Oxidation verstärkt; sie wird zugleich elastisch, weich, springt beim Umformen nicht ab und kann Fettstoffe aufnehmen, sofern dem Bad kein Wasserglas (Erftwerk-Verfahren) zugegeben wurde.
2. *Phosphatier-Verfahren* auch *Bondern* genannt. Aluminium und deren Legierungen, Stahl mit Ausnahme rostbeständiger und polierter Stahlbleche, können phosphatiert werden; die dabei entstehende Phosphatschicht ist mit der Blechoberfläche unlöslich verbunden.

Die *Vorzüge von Konversionsschichten (Bonderschicht)* auf Tiefziehblechen sind:

a) Die Schicht macht Umformung mit.
b) Die Schmierstoffe können sich in ihr verankern; sie kann im Vergleich zur unbehandelten Blechoberfläche in ihren feinsten Kapillarräumen das 10 … 15fache an Schmierstoffen aufnehmen.

Tab. 8.1 Schmierung beim Tiefziehen (Übersicht und Gruppeneinteilung)

Arten der Schmierung	Kennzeichnende Merkmale	Anwendung
1. im Wasser lösliche Seifen	a) Seifen auf Natriumgrundlage haben höheren Fettsäuregehalt, daher bessere Gleiteigenschaften als auf Kaliumgrundlage b) sparsam, leicht entfernbar, gute Kühlwirkung, angetrocknet bessere Schmierfähigkeit	einfache Umform- und Zieharbeiten bis schwierige Umformungen, in der Reihenfolge der Gruppen 1 … 4 angewandt
2. im Wasser emulgierbare Mineralöle verdünnt oder unverdünnt (z. B. wassermischbare Zieh- und Schneidöle)	Wie 1b)	
3. im Wasser emulgierbare Ziehfette, meistens verdünnt	a) wie bei 1b) b) z. T. mit freier Fettsäure oder mit Seifenzusätzen; je schwieriger Umformung, desto mehr Zusätze	
4. mineralische, pflanzliche oder tierische Öle, im Wasser nicht emulgierbar, z. B. wasserunlösliches Zieh- und Schneidöl; oft mit Additiven	a) meist mit Zusätzen an Seifen, Fettsäure und selten mit festen Schmierstoffen b) oft geschwefelt, selten chloriert (wenn Aktivschwefel enthalten nicht einsetzen bei Sonderbronzegleitflächen oder Buntmetall-Legierungen)	
5. mineralische, pflanzliche und tierische Fette (meist in Pastenform)	a) wie bei 4a, 4b) b) für Magnesiumlegierungen, z. B. Palmfette c) zum Kaltfließpressen von Aluminium, z. B. Wollfett mit Zinkstearat	
6. feste Schmierstoffe	z. B. Metallstearate, Molybdändisulfid, Flocken- und kornfreier Grafit, Paraffin, Hartwachse	meist nur an höchstbeanspruchten Stellen aufgetragen
7. Metallüberzüge	z. B. galvanisches Verkupfern (Kupfersulfatschicht)	rostbeständige Stahlbleche
8. chemische Überzüge	a) phosphatieren und in Kalkmilch (oder Gruppe 1) tauchen b) MBV-Verfahren für Aluminium und Al-Legierungen	bei schwierigen Umformungen (hoher Umformgrad)
9. Kunststoff aufgespritzt oder als Folie aufgelegt	a) meist ohne Ziehfette: hohes Ziehverhältnis, vermeidet Ziehriefen, mindert Werkzeugverschleiß b) Ziehteiloberfläche ist matt c) aufgespritzter Film oft schwer entfernbar	schwierige Tiefzieharbeiten; polierte, farbig bedruckte, rostbeständige Stahlbleche

Beim Betreiben der Anlagen sind die Vorschriften zum Umweltschutz zu beachten

c) Unter Druck bildet sie bei fettsäurehaltigen Schmierstoffen gleitende Metallseife.
d) Das Formänderungsvermögen des Werkstoffes wird verbessert. Werden Stahlbleche zum Tiefziehen phosphatiert, dann in Kalkmilch oder in 5 … 6 %iges Natrium-Seifenbad getaucht, kann man oft eine Ziehfolge, damit Glüharbeitsgänge und Transportkosten einsparen, ebenso Werkzeugverschleiß und Ziehfehler mindern. Um beim Abstreckziehen höchsten Umformgrad zu erzielen, werden die geglühten Stahlrohlinge phosphatiert (Schichtdicke bis 10 µm).
e) Die Schicht bildet auch nach größter Umformung eine Rostschutzschicht und entfettet einen guten Haftgrund für Einbrennlacke.

Von Nachteil ist, dass die Koversionsschichten nach der Umformung oft aufwendig entfernt werden müssen.

8.3 Wärmebehandlung zwischen Folgezügen

8.3.1 Allgemeines

Durch Tiefziehen entsteht eine erhebliche *Kaltverfestigung* des umgeformten Bleches. Sind mehrere Ziehfolgen notwendig, wird nach dem zweiten oder dritten Zug die weitere Umformbarkeit durch *Rekristallisationsglühung* hergestellt. Rechteckige Ziehteile aus Messing oder austenitischen rostbeständigen Stahlblechen werden oft auf etwa 2/3 der Zargenhöhe gezogen, geglüht und danach im gleichen Werkzeug mit überhöhtem Blechhalterdruck fertiggezogen. Dadurch lässt sich zusätzlich verhindern, dass nachträglich die beschnittenen Seitenflächen sich nach innen oder außen wölben (vgl. Abschn. 8.4).

Für geringe Weiterumformungen reicht meist *Kristallentspannungsglühen* (Spannungsfreiglühen) bei Temperaturen unterhalb des Rekristallisationsglühens aus. Dadurch wird nur eine Entfestigung erzielt, das versteckte Korngefüge bleibt unverändert.

Glüharbeitsgänge bedingen einwandfrei entfettete Teile, die anschließend in heißem Wasser gespült und im Warmluftstrom getrocknet wurden. Bleiben nach der Entfettung kleinste Schmierstoffreste zurück, kohlen beim Glühen die Ziehteile örtlich auf (besonders rostbeständige Stahlbleche); wurden entfettete Werkstücke ohne Gummihandschuhe berührt, brennen sogar Fingerabdrücke ein. Bei Großserien glüht man, besonders Nichteisenmetalle, in Öfen mit neutral oder reduzierend wirkenden Schutzgasen, um den Arbeitsgang Beizen (Entzundern) einzusparen; auch können durchlaufende Ziehteile während der Abkühlung im Schutzgas nicht oxidieren.

Oft lässt sich eine Warmbehandlung durch konstruktive Gestaltung der Werkstücke vermeiden, z. B. wenn rechteckige Ziehteile größere Ecken- und Bodenabrundungen ($r_{pmax} \approx 10 \cdot$ Blechdicke) erhalten. Stehen nur Hilfswerkzeuge zur Verfügung, werden vereinzelt Karosseriebleche an gefährdeten Stellen mittels Schweißbrenner örtlich erwärmt; doch es kann sich dadurch in der Übergangszone grobkörniges Gefüge bilden.

Austenitische rostbeständige Stahlbleche (z. B. X 12 CrNi 188) sollen nach starker Umformung sofort entfettet, geglüht und gebeizt werden; um Spannungsrisse auszuschließen (vgl. Abschn. 9.3). Wurden diese Bleche, galvanisch verkupfert, anschließend in Werkzeugen ohne Sonderbronzegleitflächen tiefgezogen, dann sind die Ziehteile vor jeder Warmbehandlung zu entkupfern (im Bad mit $HNO_3 : H_2O = 1 : 1$).

8.3.2 Rekristallisationsglühen

Die *Glühtemperatur* ist hauptsächlich von der Werkstoffart (Tab. 8.2), seiner Blechdicke und vom Grad der erfolgten Umformung[3] abhängig. Je höher die Blechumformung, desto niedriger kann die Temperatur gehalten werden; desto feinkörniger wird das Gefüge; das geglühte Teil hat wieder regelmäßige, gut kaltumformbare Kristalle. Wird nach erfolgter Warmbehandlung beim Weiterziehen an der Übergangsrundung zum Hohlteilboden eine starke Oberflächenvergröberung festgestellt, dann wurde in einer vom Werkstoff und Umformgrad abhängigen kritischen Temperatur, die die Grobkornbildung begünstigte, geglüht (siehe Ziehfehler-Tab. 9.2, Bild II A3). Glühfehler (zu hoch oder zu lang geglüht) kann man meist durch nachträgliches Normalisieren beseitigen (z. B. Stahlbleche bei 900 … 930 °C).

Aluminium und seine Legierungen erwärmt man rasch auf Rekristallisationstemperatur und schreckt sie anschließend im Wasser ab. Kupferhaltige Aluminiumlegierungen, deren Umformbarkeit mittels Lösungsglühen mit sofortigem Abschrecken im Wasser erzielt wurde, müssen dann innerhalb 2 … 3 h verarbeitet sein, weil danach die natürliche Aushärtung beginnt (Tab. 8.2).

Während des Glühens und Abkühlens an der Luft entsteht eine Zunderschicht, die bei nachfolgender Umformung abblättern und den Verschleiß der Einlaufrundungen im Werkzeug erheblich vergrößern würde. Oxidschichten auf Ziehteilen werden vorteilhaft durch *Beizen* entfernt (Tab. 8.2).

Bei phosphatierten Stahlteilen (Ziehteilen) ist zur *Beseitigung der Phosphatschicht* und gleichzeitig der Schmiermittelreste meist eine alkalische Tauchreinigung (Tab. 8.3 I) in Verbindung mit Beizen in Salzsäure oder Schwefelsäure (Tab. 8.2) üblich.

[3] Unter *Umformgrad* versteht man die gesamte Umformung vom Anschlagzug mit Folgezügen bis zur 1. Glühung, bzw. der Folgezüge zwischen den Glühungen. Er ist an jeder Stelle des Ziehteiles verschieden groß ($\frac{\Delta l}{l_0} \cdot 100\,\%$). Umformgrade kann man überschlägig bestimmen, wenn z. B. auf einem Zuschnitt ein quadratisches Netz (Linienabstände l_0) aufgerissen wird und die Verformungen Δl der Quadratseiten am Ziehteil ausgemessen werden. Bei genauen Untersuchungen muss die Blechdickenänderung As mit einbezogen werden ($\frac{\Delta l \cdot \Delta s}{l_0 \cdot s} \cdot 100\,\%$). Der kritische Umformbereich, bei dem mit Grobkornbildung zu rechnen ist, liegt zwischen $\Delta l = 5 \ldots 15\,\%$ der Umformung, bezogen auf die Prüflänge l_0; er ist am Übergang Napfboden auf Bodenrundung zu finden und ist dort nicht vermeidbar.

Tab. 8.2 Warmbehandlung und Beizen der Ziehteile (Gewichtsprozente handelsüblicher Säuren H_2SO_4 = 98 %, HCl = 30 %, HNO_3 = 65 %, H_2F_2 = 40 %)

Werkstoff	Rekristallisationsglühen	Kristallentspannungsglühen	Beize
I. Schwermetalle	Temperatur und Durchlaufzeit für Blechdicke $s \approx 1$ mm	Temperatur und Durchlaufzeit für Blechdicke $s \approx 1$ mm	Volumenprozente (Rest H_2O)
Tiefziehstahlblech	700 … 720 °C bis 30 min oder Normalglühen[a] 950 °C bis 30 min	600 °C bis 50 min	HCl : H_2O = 1 : 1, Raumtemperatur oder H_2SO_4 ≈20 % (≥ 45 °C)
Austenitisches rostbeständiges Stahlblech z. B. X 12 CrNi 18 8	980 … 1050 °C 6 min, $s \approx 0{,}6$ mm 20 min, $s \approx 3{,}5$ mm Abkühlen in Druckluft	keine	HNO_3 16 % H_2F_2 1 … 4 % (35 … 40 °C) H_2F_2 1 %, mild wirkend
Ferritisches rostbeständiges Stahlblech z. B. X 8 Cr 17	700 … 800 °C bis 30 min Abkühlen in Druckluft	keine	HNO_3 33 % H_2F_2 0,6 … 1 % (≈35 °C)
Messing z. B. CuZn37	500 … 550 °C 30 … 40 min	400 °C 40 … 60 min	H_2SO_4 10 % (30 … 40 °C) oder HNO_3 5 % konzentriert
Neusilber	620 … 680 °C bis 40 min	450 °C 40 … 60 min	H_2SO_4 5 % HNO_3 5 % (≳60 °C)
II. Leichtmetalle	Rekristallisationsglühen Temperatur und Glühzeit	Abkühlung	Beize
Al 99,5 Al Mg 3 AlMn	370 °C 0,5 … 2 h 350 °C 1 … 3 h 480 °C 0,5 … 2 h	an der Luft oder im Wasser	NaOH 10 … 20 % teilweise Kochsalz (30 g je Liter fertige Beize) bei 50 … 95 °C, 0,5 … 1 min; danach Spülen in H_2O und Neutralisieren in HNO_3 20 … 30 %, dann Spülen in H_2O
Al Mg 5 Al Mg Si	350 °C 1 … 3 h 350 °C 1 … 4 h	langsam an der Luft	
Al Cu Mg	350 °C 1 … 3 h besser Lösungsglühen bei 500 °C 0,5 … 2 h	langsam an der Luft im Wasser, innerhalb 2 … 3 h verarbeiten	

[a]Werden Zuschnitte aus Stahlblechen in Tiefziehgüte normalgeglüht (z. B. 70 mm ∅, 0,2 mm dick, etwa 15 min lang bei 950 °C) und an ruhiger Luft abgekühlt, erhält man „zipfelfreie" Ziehteile; der normalgeglühte Werkstoff hat jedoch etwas grobkörniges Gefüge

Lackieren, Emaillieren und Galvanisieren erfordern einwandfrei entfettete und gereinigte Teile. Bringen die üblichen Entfettungsmittel (Tab. 8.3) nicht den gewünschten Erfolg, kann man bei Hohlwaren aus unlegierten Tiefziehstahlblechen die *Glühzunderentfernung* anwenden. Zuerst werden die Teile in Salzsäure getaucht, damit auf ihren Oberflächen Eisenchlorid (hauchdünne Rostschicht) entsteht. Nach erfolgter Trocknung an der

Tab. 8.3 Entfettung der Ziehteile

Schmierfette werden	Mittel	bevorzugt angewandt (Schmierstoffgruppen Tab. 8.1)
I emulgiert	Alkalische Reiniger (abkochen 90 … 95 °C)	bei wechselnder Zusammensetzung der Ziehöle und Fette (Gruppen 1 … 6)
II aufgelöst	Fettlösende Mittel: a) Kohlenwasserstoffe, z. B. Benzin	bei kleiner Stückzahl
	b) chlorierte Kohlenwasserstoffe (sehr flüchtig, narkotische Wirkung), z. B. Tri-Chloräthylen, Per-Chloräthylen	bei geringem Verschmutzungsgrad (z. B. Gruppen 1 … 3) bei Aluminium und deren Legierungen
III verseift	Kochen in hochprozentiger Ätznatronlauge oder Ätzkalilauge	bei tierischen und pflanzlichen Ziehfetten (Gruppe 5)

Beim Betreiben der Anlagen sind die Vorschriften zum Umweltschutz zu beachten

Luft erhitzt man sie im Kammerofen auf etwa 700 … 800 °C (die Kaltverfestigung der umgeformten Blechteilzonen geht dabei verloren). Beim Erhitzen verdampft zuerst die noch anhaftende Salzsäure, die Eisenchloridschicht zersetzt sich, Schmierstoff-, Öl-, Fettrückstände oxidieren (verbrennen), zuletzt überzieht sich die Oberfläche mit einer Zunderschicht. Die noch heißen Teile werden umgehend in Beizsäure abgeschreckt, wobei Zunder und gleichzeitig Rückstände, die der Erhitzung im Ofen widerstanden haben, abplatzen. Nach erfolgter Spülung im heißen Wasser stehen zur nachfolgenden Oberflächenbehandlung beizblanke und fettfreie Teile bereit.

8.4 Abhängigkeit des Werkzeugaufbaus von der Pressenart

Einfachwirkende Pressen, z. B. Kurbel-, Exzenter- oder hydraulische Pressen, sind zum Tiefziehen ohne Blechhaltung[4] (Abschn. 9.4) geeignet, wenn runde Näpfe zu fertigen sind und wenn mit den Pressen die zum Ziehen erforderlichen großen Stößelhübe erreicht werden können. Die Umformelemente sind ein Ziehstempel (im Pressenstößel eingespannt) und ein Ziehring. Erhält eine einfachwirkende Presse in ihren Tisch noch ein mit Druckluft (selten mit Druckflüssigkeit) gesteuertes Ziehgerät, Ziehkissen genannt, dann ist sie zum *Ziehen mit Blechhaltung* geeignet (Abb. 8.3). Der Werkzeugaufbau ist im Vergleich zur doppelt wirkenden Presse (mechanische oder hydraulische Ziehpresse) verschiedenartig.

Das Tiefziehen auf Exzenter- oder Kurbelpressen mit Ziehkissen im Tisch ist jedoch nur bis Verhältnis $\frac{\text{Ziehstempeldurchmesser}}{\text{Blechdicke}} < 150$ mit Erfolg einsetzbar. Die Ursache ist im stetig ansteigenden Blechhalterdruck ($p_N = \frac{F_N}{A}$) zu suchen, denn mit zunehmender

[4] Der Blechhalter wird auch mit Niederhalter (oder Faltenhalter) bezeichnet; allgemein ist die Bezeichnung „Blechhalter“ üblich.

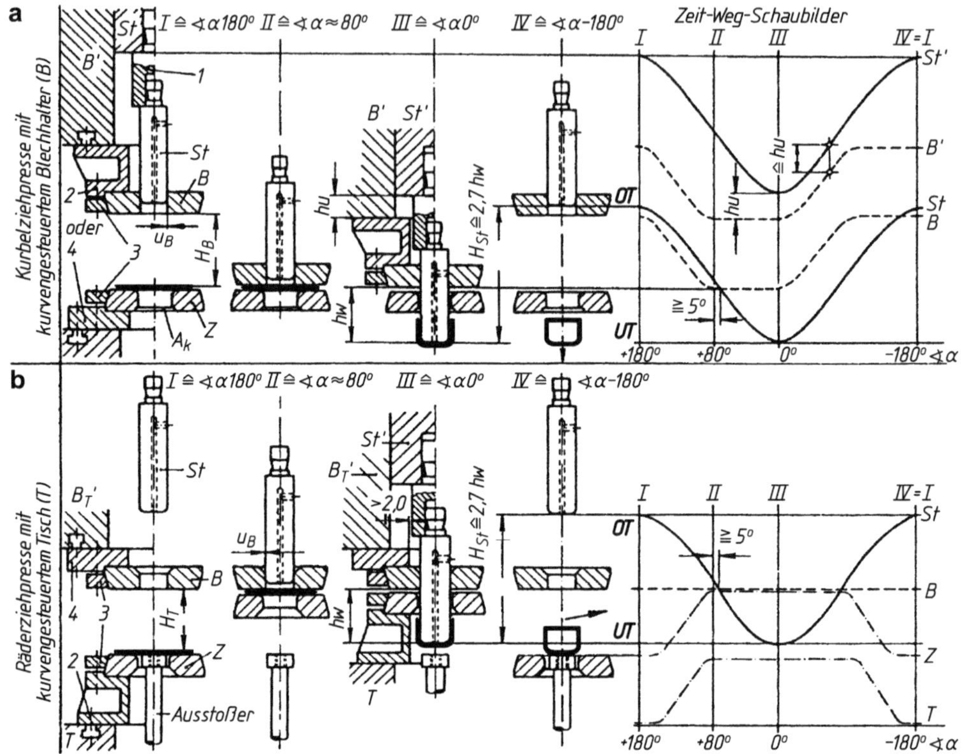

Abb. 8.5 Werkzeugaufbau, Arbeitsweise beim Anschlagzug auf mechanischen Ziehpressen. *OT* oberer Totpunkt, höchste Werkzeuglage, *UT* unterer Totpunkt, niederste Werkzeuglage, *St* Stempel (Ziehstempel), *St'* Stößel für Ziehstempel, H_{St} Stößelhub, $\sphericalangle\alpha$ 180 … 0° jeweiliger Kurbelwinkel des Ziehstößels, *B* Blechhalter, *B'* Blechhalterstößel, H_B Blechhalterhub, B_T' Blechhaltertraverse, *T* Tisch, H_T Tischhub, *Z* Ziehring mit oder ohne Abstreifkante A_k, u_B Spalt zwischen *B* und *Z*, bei vollsymmetrischer Ziehteilform $u_B = 0{,}05 \ldots 1$ mm, (immer < Blechdicke), h_w Umformweg (wirksamer Hub), h_u Höhenunterschiede zwischen *St'* und *B'*. *1* Stempelaufsatz, *2* Blechhalteraufsatz oder Ziehstuhl, *3* Spannring, *4* Aufspannplatte für Ziehring oder Blechhalter

Ziehtiefe verkleinert sich die Blechflanschgröße (*A* in cm^2) zugleich kann noch die Ziehkissendruckkraft (F_N in N) gering ansteigen.[5]

Weg-Zeit-Schaubilder einiger mechanischer Ziehpressen mit dazugehörendem Werkzeugaufbau zeigt Abb. 8.5. Um Werkzeugkosten zu mindern, werden für runde Näpfe die Aufbauteile, z. B. Grundplatten (4) oder Ziehstühle (2) mit Spannringen (3) sowie Blechhalter- und Stempelaufsätze, passend für möglichst alle Ziehpressen, durch Werk-

[5] In größeren Pressen sind deshalb oft pneumatische Ziehkissen mit „Gegendruckschaltung" eingebaut. Hat der Stößel einen bestimmten, einstellbaren Hubweg zurückgelegt, betätigt ein Schaltkontakt ein Durchflussventil, wodurch Pressluft als Gegendruck auf die Zylinderkolben wirkt; die Ziehkissendruckkraft (F in N) wird verringert, günstigere Ziehverhältnisse werden erzielt.

normen auf einige Größen beschränkt. Auf Umformteile, wie Stempel *St*, Ziehringe Z und Blechhalterringe *B*, deren Maße von der Ziehteilform abhängen, werden tabellarisch erfasst. Beim Anschlagzug oder bei mehreren Folgezügen kann man oft den errechneten Ziehdurchmesser mit einem vorhandenen Stempel oder Ziehring abstimmen; es sind dann Ziehwerkzeuge, nur mit *Auswechselteilen* zusammengestellt (Abb. 9.1), einsatzbereit.

Bei *Kurbel-, Kniehebel- und hydraulischen Ziehpressen* (Abb. 8.5a) eilt während des Vorlaufhubes der Blechhalterstößel *B′* dem Ziehstößel *St′* voraus. Wenn im unteren Totpunkt *UT* der Höhenunterschied Unterkante des Blechhalterstößels zum Ziehstößel $hu \gtrsim 80$ mm ist, sind die Höhenlagen der beiden Stößel zueinander richtig abgestimmt. Wird während des Ziehstößelrücklaufes das fertige Ziehteil unterhalb des Ziehringes vom Stempel abgestreift und es fällt durch das Werkzeug (z. B. Tisch), dann bezeichnet man dieses Ziehverfahren mit *Durchzug*. Als Abstreifelement sind federnde Abstreifschieber, vereinzelt auch eine Abstreifkante *Ak*, im Ziehring geeignet. Für Grundgestelle mit auswechselbaren Ziehringen müssen Abstreifschieber je nach Ziehteildurchmesser einstellbar sein (Abb. 8.8 und 9.2).

Hat eine Kurbel- oder eine Kniehebelziehpresse im Tisch eine Ausstoßeinrichtung, die z. B. durch die Kurbelwelle des Ziehstößels über ein im Pressengestell eingebautes Gestänge zwangsbetätigt wird und das fertige Ziehteil durch die Ziehringöffnung zurückstößt, dann spricht man von einem *Rückstoßzug*; im Ziehring ist deshalb eine Innenschräge y (Abb. 8.3a_3) erforderlich.

Der Aufbau einer *Räderziehpresse* (Abb. 8.5b) ist abweichend von anderen mechanischen Ziehpressen. An der Unterseite eines verstellbaren Querträgers, Blechhaltertraverse B'_T genannt, ist der Blechhalter *B* befestigt; nach erfolgter Höheneinstellung wird die Traverse im Pressengestell festgeklemmt. Beim Ziehen hebt sich zuerst der kurvengesteuerte Tisch *T* mit dem eingelegten Zuschnitt zum feststehenden Blechhalter *B*. Dann setzt der sich abwärts bewegende Ziehstempel *St* auf der Blechoberfläche auf und verformt den Zuschnitt. Befindet sich der Ziehstempel während seines Rücklaufhubes bereits innerhalb des feststehenden Blechhalters, senkt sich der kurvengesteuerte Tisch. Das Ziehteil wird dadurch von einem in der Höhe einstellbaren Ausstoßer durch die Ziehringöffnung ausgeworfen. Da Räderziehpressen nach dem *Rückstoßzug-Verfahren* arbeiten, erhalten Ziehringe eine Innenschräge ($\gamma \approx 30 \ldots 45^\circ$).

Bei *langsamlaufenden Exzenter- und Kurbelpressen mit Ziehkissen* im Pressentisch ist, im Gegensatz zu doppelt wirkenden Pressen, der Ziehstempel *St* im Werkzeugunterteil angeordnet (Abb. 8.6). Das Ziehkissen hebt über Druckbolzen oder Ansatzschrauben eine Blechhalterplatte *B*, die den Ziehstempel *St* ringförmig umschließt. Zum Tiefziehen bewegt sich der am Pressenstößel *P′* befestigte Ziehring Z abwärts und drückt die umzuformende Zuschnittfläche mit dem Blechhalter gegen die Kraft des Ziehkissens abwärts. Mit richtig eingestelltem Ziehkissendruck bilden sich beim Anschlagzug im kleiner werdenden Flansch der Ziehteile anfangs Falten geringer Welligkeit, die über der Ziehkante des Ziehringes (Halbmesser r_z) geglättet werden. Während des Rücklaufhubes folgt dem Ziehring Z gleichzeitig der Blechhalter *B* nach. Der gezogene Napf verbleibt im Ring; deshalb muss ein Zwangsausstoßer (Abb. 8.6, Teile 1 … 3) das fertige Ziehteil aus dem Ziehring abwerfen.

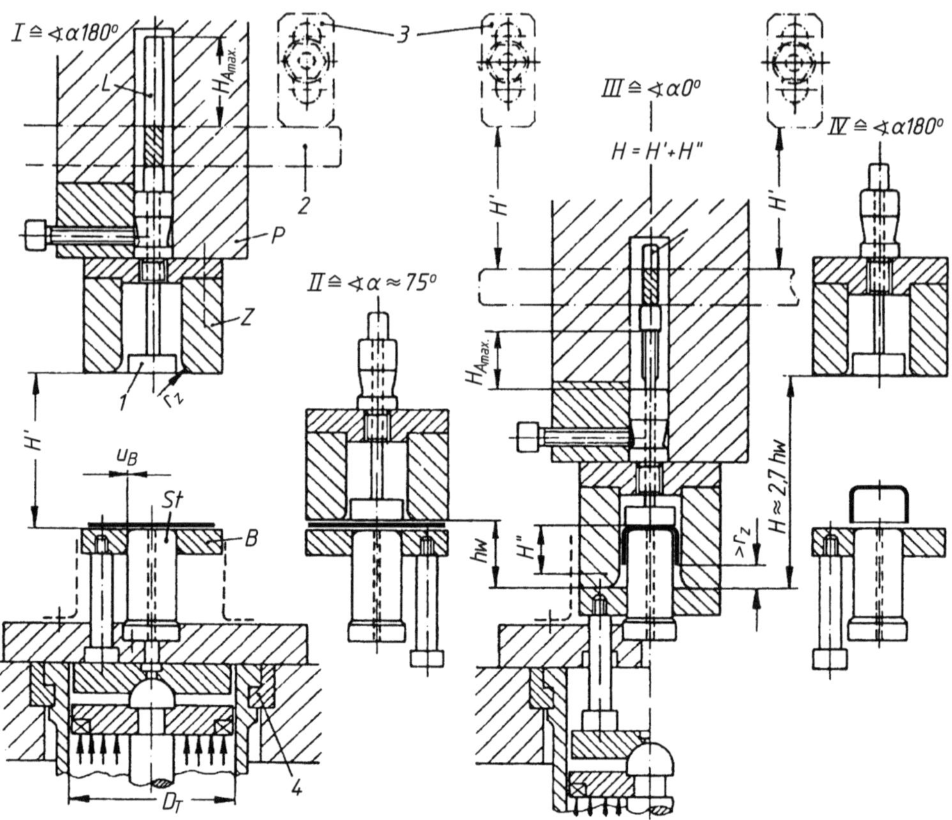

Abb. 8.6 Schematischer Werkzeugaufbau zum Tiefziehen auf Exzenter- oder Kurbelpressen mit Ziehkissen im Pressentisch. *Z* Ziehring (mit Ziehkantenrundung r_z) am Pressenstößel *P* befestigt, *St* Ziehstempel, *B* Blechhalter, *H* Stößelhub, H_{Amax} Größthub des Zwangsausstoßers, h_w Umformweg (wirksamer Stößelweg), u_B Spalt zwischen *B* und *St*, bei vollsymmetrischer Ziehteilform $u_B = 0{,}05 \ldots 1$ mm (immer < Blechdicke). *1* zwangsbetätigter Ausstoßer, *2* Querstab, der sich im Schlitz *L* des Pressenstößels mit Hub *H″* bewegt, *3* zwei feste Anschläge für Teil *2*, in der Höhe einstellbar, *4* geteilter Ring im Pressentisch oder in dessen Aufspannplatte DIN 55178, passend zum Druckluft-Ziehgerät (Durchmesser der Druckfläche D_T), ∢α 180 … 0° jeweiliger Kurbelwinkel des Ziehstößels

In der Regel kann man unter einfachwirkenden Pressen mit Ziehkissen im Tisch nicht die Ziehtiefe der doppelt wirkenden Ziehpressen erreichen. Vielfach ist der *Hub des Zwangsausstoßers* H_{Amax} oder auch der Stößelhub *H* zu klein. Der *Stößelhub H* sollte 2,7 · Umformhöhe h_w[6] sein; häufig muss man bei hohen Ziehteilen mit einem Mindeststößelhub *H* = Umformhöhe h_w+ Ziehteilhöhe + 20 … 40 mm Spielraum zum Herausnehmen des Ziehteiles auskommen. Bei der kräftemäßigen Überprüfung der Exzenter-(Kurbel-)Presse

[6] Die Umformhöhe (wirksamer Stößelweg) h_w entspricht dem restlichen Stößelhub bis zum unteren Totpunkt *UT*; nachdem die Ziehring-Druckfläche (oder Schneide) die Blechoberfläche berührt hat.

darf als *Stößelkraft* in Ziehwerkzeugen bei Umformbeginn (bzw. in Verbundwerkzeugen „Ausschneiden-Ziehen“ bei Schneidbeginn) nur etwa die Hälfte der Pressennennkraft[7] vorgesehen werden; die Presse wäre sonst überlastet. Zusätzlich ist zu überprüfen, ob die erforderliche Umformenergie von der Presse aufgebracht wird (vgl. Beispiel 9.1.2).

8.5 Der Blechhalter beim Werkzeugentwurf

Beim *Anschlagzug*[8] wird durch den auf den Zuschnitt einwirkenden Stempel der Flanschwerkstoff plastisch; er fließt in Richtung zur Ziehkante, wobei der kleiner werdende Flansch radial auf Dehnung, tangential auf Stauchung[9] beansprucht wird (Abb. 8.7a). Ohne Blechhalter würden sich im Flansch Falten bilden (Ziehfehler-Tab. 9.2, Abb. III B). Im zylindrischen Mantel des entstehenden Napfes (Zarge genannt), sind reine Zugbeanspruchungen vorherrschend; die Blechdicke im Übergang „Bodenrundung auf Zarge“ schnürt sich gering ein. Bei zu großer Beanspruchung kann an dieser Stelle der Boden abreißen (Ziehfehler-Tab. 9.2, Abb. I A1 und I A2).

Am oberen Rand des gezogenen Napfes sind vier *Zipfel* entstanden, die annähernd gleichmäßig auf dem Umfang verteilt sind und bei den meisten Werkstoffen unter 45° zur Walzrichtung *WR*, liegen (Ziehfehler-Tab. 9.2, II C). Die Größe dieser Zipfel hängt von der Werkstoffart und seiner Ziehfähigkeit ab; ihre Ursache ist im kristallinen Aufbau des Ziehwerkstoffes begründet. Beim Kaltwalzen eines Bleches werden seine Kristalle in Walzrichtung gestreckt, quer dazu gequetscht (eingeschnürt). Je nach Lage der verzerrten Kristalle zur Beanspruchungsrichtung ist ihre Dehnung verschieden groß. Ziehversuche nach DIN 50114 mit Tiefziehstahlblechen ergeben, dass Proben, die unter 45° zur Walzrichtung beansprucht sind, sich etwas mehr dehnen als Proben, die in und quer zur Walzrichtung geprüft wurden. Diese unterschiedlichen Dehnungseigenschaften wirken sich während des Tiefziehens bei Kristallkörnern; die unter 45° zur Walzrichtung beansprucht

[7] Die wirksame Stößelkraft bei Hub_{max} und Kurbelwinkel $\alpha = 30°$ vor dem unteren Totpunkt *UT* wird nach DIN 55171 … DIN 55174, sowie DIN 55180, mit *Pressennennkraft* bezeichnet. Die Stößelkraft mindert sich, je größer der Kurbelwinkel *a* ist, entsprechend der Beziehung $F_{Stößel} \approx \frac{F_{Nennkraft}}{2 \cdot \sin\alpha}$. Bei Hub eingestellt $\approx 2{,}7 \cdot h_w$ ist Kurbelwinkel α mit 75° (aus Beziehung $h_w = \text{Hub eingestellt} \cdot \left(\frac{1-\cos\alpha}{2}\right)$ einzusetzen. Entsprechend einer geplanten europäischen Norm für Pressen soll in Abstimmung mit der JIC-Norm (USA) die *Pressennennkraft* die Kraft sein, mit der eine Presse ab einem bestimmten Abstand vor dem unteren Totpunkt belastet werden kann. Dieser Abstand beträgt bei Pressen mit Rädervorgelege H_{max} : 30, bei Pressen mit Direktantrieb H_{max} : 40; dabei H_{max} = größter Stößelhub in mm. Nach DIN 55171 (und nachfolgende DIN-Blätter) ist dieser Abstand H_{max} : 15.

[8] Ziehvorgang, Berechnung der Zieh- und Blechhalterkraft siehe Grüning: Umformtechnik, Vieweg, Braunschweig/Wiesbaden.

[9] Tiefziehen wird daher von DIN 8584 als *Zug-Druck-Umformung* erfasst.

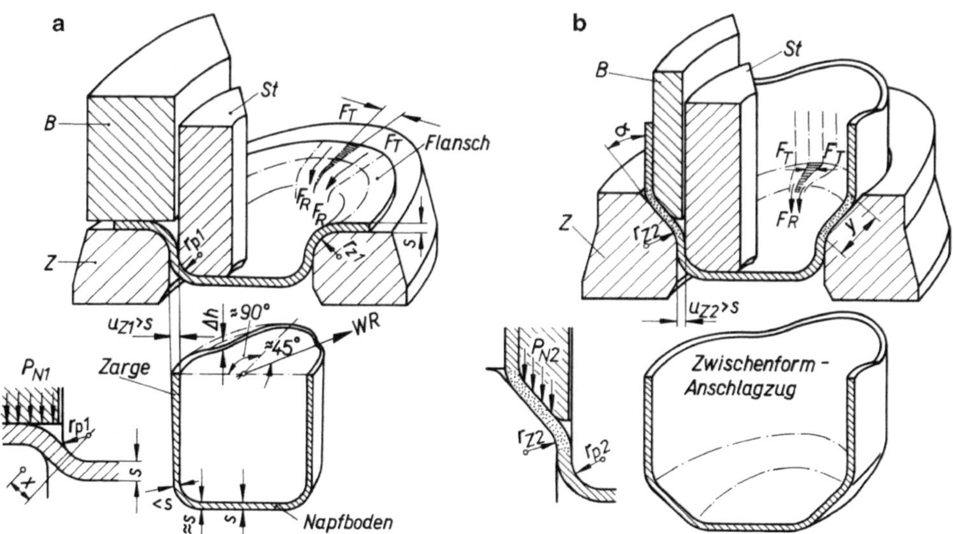

Abb. 8.7 Vorgang beim Tiefziehen. **a** Anschlagzug, **b** Folgezug. *B* Blechhalter, *Z* Ziehring, *St* Ziehstempel mit Belüftungsbohrung 3 ... 8 mm, F_R radial wirkende Kräfte, F_T tangential wirkende Kräfte, *s* Blechdicke, *r* Stempelabrundung, r_z Ziehkantenabrundung, u_z Ziehspalt, p_N Blechhalterdruck in N/cm². Index 1 für Anschlagzug, Index 2 für Folgezug; Δh Zipfelbildung durch Anisotropie, meist unter 45° zur Walzrichtung *WR* versetzt

sind, durch erhöhte Dehnung, d. h. Verformung aus. Es entstehen die vier Zipfel. Diese Erscheinung wird mit *Anisotropie*[10] bezeichnet.

Nichtzipfelnde Ziehteile aus Stahlblechen erhält man nur, wenn im Blech eine Kornumbildung durch Normalglühen bei 900 ... 950 °C mit bestimmter Erhitzungsgeschwindigkeit, Haltezeit und Abkühlungsgeschwindigkeit erfolgt ist. Bei hydraulischen Ziehpressen und mechanischen Exzenter-(Kurbel-)Pressen mit Ziehkissen im Tisch wird der Blechhalterdruck zuerst ausprobiert, notiert und bei späteren Arbeiten immer gleich hoch eingestellt (*elastische Blechhaltung*). Bei mechanischen Ziehpressen (Abb. 8.5) dagegen ist ein bestimmter Blechhalterdruck nicht einhaltbar (*starre Blechhaltung*); man lässt deshalb vielfach den Blechhalter im Abstand ungefähr 5 ... 7 % der Blechdicke s_{max} auf dem Blechflansch wirken. Die Blechhalterfläche hat dann nur die Aufgabe, Falten bereits beim Entstehen glatt zu drücken.[11] Dieser kleine Abstand wird beim Anschlagzug unter mechanischen Ziehpressen (starre Blechhaltung) meist durch Ausprobieren ermittelt.

[10] Einen Körper bezeichnet man als anisotrop, wenn er unter Einfluss einer Belastung die Eigenschaft hat, sich in verschiedenen Richtungen physikalisch nicht gleich zu verhalten.

[11] Während des Ziehens wird bei *elastischer Blechhaltung* das Einfließen des plastisch gewordenen Blechwerkstoffes *zurückgehalten*; daher stammt die Bezeichnung *Blechhalter*. Durch *starre Blechhaltung* will man die im Flansch anstehenden *Falten nieder halten*, damit diese über der Ziehkantenabrundung noch geglättet werden können. Deshalb wählt man hierfür auch die Bezeichnung *Niederhalter* oder *Faltenhalter*.

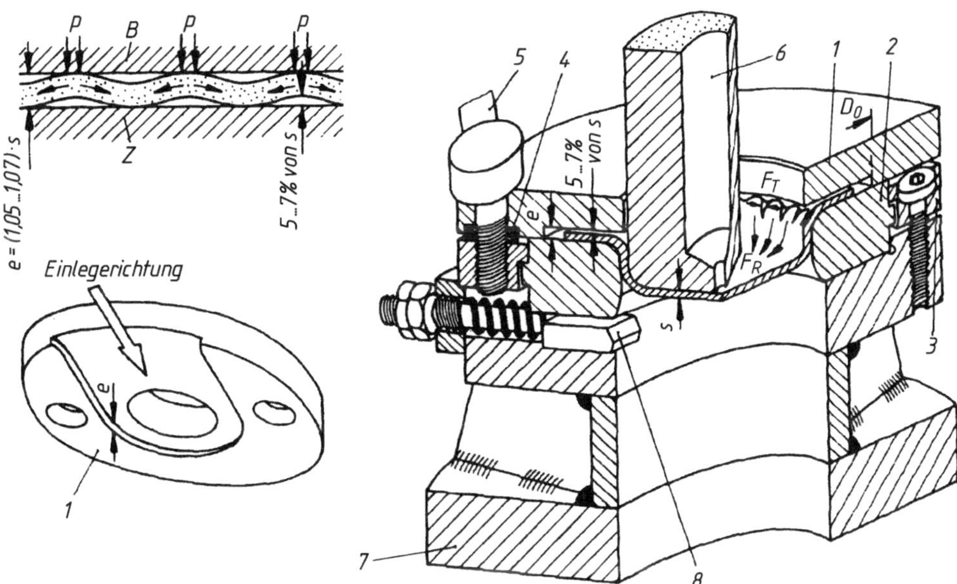

Abb. 8.8 Anschlagzug mit starrer Blechhaltung. **a** Radialfalten mit geringer Welligkeit, die im Ziehteilflansch während des Ziehens entstehen; *B* starrer Blechhalter, *Z* Ziehring, *p* Druck von *B* auf den Werkstoff in N/cm^2, **b** Ziehwerkzeug mit starrer, handbetätigter Blechhalterplatte unter einfachwirkender großhübiger Presse eingesetzt (Prinzip Durchzug). *1* starre Blechhalterplatte, *2* Ziehring, *3* Spannring, *4* schwache Tellerfedern zum Anheben von (*1*), *5* Spanngriff je mit Links- und Rechtsgewinde, *6* Ziehstempel, *7* Ziehstuhl (vgl. Abb. 9.1c, Teil 4), *8* Abstreifer. F_R radial wirkende Zugkräfte, F_r tangential wirkende Druckkräfte

Beim Einrichten von mechanischen Ziehpressen lässt sich ein kleiner Spielraum zwischen Blechflansch und Blechhalter einstellen, indem man z. B. bei Räderziehpressen den Blechhalter abwärts kurbelt, bis er auf dem Zuschnitt aufsitzt (Abb. 8.5b, Maschinenstellung II). Nun wird seine Verstellspindel innerhalb des in den Spindelmuttern enthaltenen Spiels zurückgedreht und zuletzt der Blechhalter festgeklemmt.

Bei dicken Blechen wird der kleine Abstand zwischen Blechoberfläche oder Blechhalterdruckfläche auch durch die Höhe des Einlegeringes oder der Anschlagstücke für den Zuschnitt (Abb. 9.1, Teil 6) begrenzt; Höhe = Maß e_{max} = Blechdicke s_{max} + (5 … 7)% von s_{max}. Die gleichen Abstandstücke werden beim Tiefziehen auf Exzenter-(Kurbel-) Pressen mit Federdruckgerät im Tisch (ähnlich Abb. 8.6) vorgesehen. Im Vergleich zum Ziehkissen steigt der Federdruck mit größer werdender Ziehtiefe an und würde ohne Abstandstücke (bzw. Distanzbolzen *Db* in Abb. 11.2c) zu Bodenreißen führen Ziehfehler-Tab. 9.2, Bild I A2). Bei starren Blechhalterplatten (Abb. 8.8b) ist ebenso Maß *e* einzuhalten.

In Betrieben, die selten Tiefzieharbeiten ausführen und daher keine Ziehpresse haben, werden *Ziehwerkzeuge mit starrer Blechhalterplatte*, die von Hand betätigt wird, eingesetzt (Abb. 8.8b). Voraussetzung ist, dass die bereitgestellte einfachwirkende Presse den erforderlichen Stößelhub = 2,7· Umformweg hat und das Ziehteil durch den Ziehring gezogen werden kann (weitere Angaben s. Beispiel 9.1.2).

Wie beim Anschlagzug muss beim *Folgezug* die Zarge des vorgezogenen Napfes während der Umformung ebenfalls Dehnungen und Stauchungen übernehmen. Deshalb ist auch beim Folgezug ein Blechhalter erforderlich; er zentriert gleichzeitig den vorgezogenen Napf. Den Blechhalter, der die Form eines Rohres mit geneigter Stirnfläche (Abb. 8.3b, 8.7b und 9.1b) hat und deshalb oft mit *Blechhalterröhre* bezeichnet wird, lässt man auf die Blechoberfläche drücken (elastische Blechhaltung) oder in einem Abstand ≈ 0,1·Blechdicke (starre Blechhaltung) wirken.

8.6 Ziehen über Wülste

Um beim Tiefziehen von schwierig herzustellenden Werkstückformen die Ausschussquote zu mindern, kann man einen *Einfließwulst* (*Ziehwulst*) oder *Bremswulste* (*Ziehstäbe*) vorsehen. Beide lockern das Werkstoffgefüge auf, je nach Wulstform kann man mit ihnen den Werkstofffluss mehr oder weniger stark bremsen oder völlig absperren. Auch mindern beide den Blechhalterdruck p_N (in N/cm^2) bezogen auf die Blechhalterdruckfläche; doch sie bedingen eine geringe Erhöhung der erforderlichen Ziehkraft. Während des Ziehens einer Halbkugelform oder eines Napfes mit großer Bodenrundung und geringer Zargenhöhe würde der Zuschnitt, ohne hohen Blechhalterdruck p_N, zu schnell in die Ziehform einfließen, sich nicht an die Stempeloberfläche anschmiegen und dabei Längsfalten bilden (Ziehfehler-Tab. 9.2, Abb. I C). Abhilfe bietet ein *Einfließwulst* (Abb. 8.9a), der *gleichzeitig die Ziehkante r_z bildet* [12] und daher oft als Ziehwulst bezeichnet wird.

Die dabei im Zuschnitt entstehende ringförmige Sicke soll

1. das Blech im kristallinen Aufbau auflockern und dadurch das Umformvermögen des Werkstoffes verbessern,
2. den Blechrand versteifen, damit er während der Umformung ohne Faltenbildung höchste Beanspruchungen (radiale und tangentiale Spannungen) aufnehmen kann,
3. den Blechhalterdruck p_N mindern.

Bremswulste, auch *Ziehstäbe* genannt (Abb. 8.9b), hemmen beim Tiefziehen prismatischer Teile mit beliebiger Außenform und beim Formziehen den Werkstofffluss an bestimmten Stellen. Sie erzielen dadurch ein gleichmäßiges Einfließen des Zuschnittes in die Ziehform, verhindern Falten oder Risse (Ziehfehler-Tab. 9.2, Abb. I A4) und mindern den Blechhalterdruck p_N. Die Wulstleisten haben *gleichbleibenden Abstand* zur Ziehkante. Nur bei großen Ziehtiefen ist der in Abb. 8.9 angegebene Abstand zur Ziehkante auf ≈ 2,5 · b zu erhöhen.

[12] Arbeitsblatt VDI 3141 gibt $r_z = 0{,}05 \cdot d_z \cdot \sqrt{s}$ an; die praktische Anwendung zeigt, dass dieser Halbmesser unterschritten werden kann.

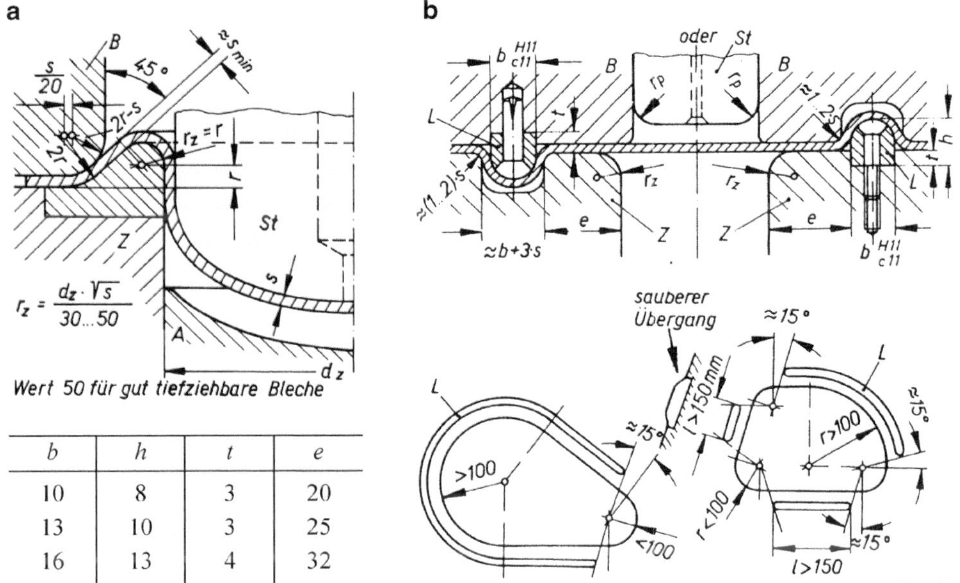

b	h	t	e
10	8	3	20
13	10	3	25
16	13	4	32

Abb. 8.9 Wulstarten. **a** Einfließwulst (Ziehwulst), **b** Bremswulst (Ziehstab), Anordnung und Anwendung. *B* Blechhalter, *A* Auswerfer zwangsbetätigt, *St* Ziehstempel, *L* Leistenprofile (Ziehstäbe), nach VDI-Richtlinie 3377 drei Größen, *Z* Ziehring

8.7 Ermittlung der Zuschnitte für Tiefziehteile

Die Ermittlung der Zuschnitte wird in der Regel in CAD-Systemen vorgenommen. Die Software dazu wird von mehreren CAD-Herstellern angeboten. Diese Hilfsmittel erleichtern die Lösung der Aufgaben. Um jedoch die Grundlagen besser zu verstehen, behandelt dieses Buch diese Grundlagen elementar. Diese werden in der Regel für die Erstellung der Software verwendet.

Bei der Annahme, der Werkstoff verforme sich während des Tiefziehens mit gleichbleibender Blechdicke, lässt sich die Zuschnittgröße eines Ziehteiles aus der Beziehung: *Ziehteiloberfläche = Zuschnittoberfläche* ermitteln: Unterschiedliche Ergebnisse entstehen, je nachdem, ob vom Fertigteil die Innen-, Außen- oder neutralen Maße übernommen wurden.

Werkstückaußenmaße ergeben zu große Zuschnitte, denn der Werkstoff dehnt sich während der Umformung. Vorteilhaft wählt man bei großen Ziehteilen deren Innenmaße und bei kleinen Hohlteilen, hergestellt aus dicken Blechen, die neutralen Maße (vgl. die folgenden Beispiele).

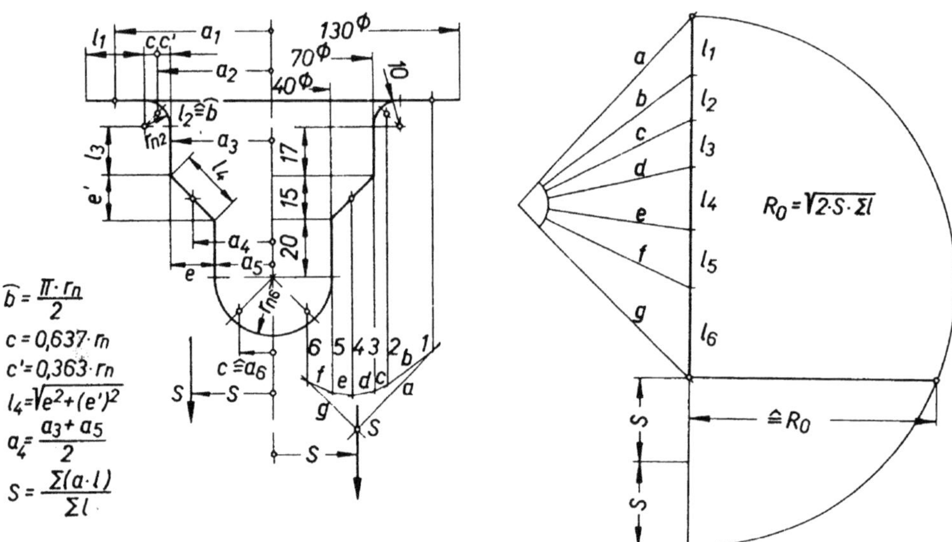

Abb. 8.10 Ermittlung des Zuschnitt-Rondenhalbmessers; Ziehteilmaße für Beispiel 8.2

8.7.1 Zuschnittgröße runder Näpfe

Zur Berechnung der Ziehteiloberfläche A eines Napfes wird dieser in Teilflächen zerlegt und deren Oberflächen nach der Guldinschen Regel ermittelt (Abb. 8.10):

$$\text{Mantelteiloberflächen } A_1 = 2 \cdot \pi \cdot a_1 \cdot l_1$$

$$\text{Oberfläche des Ziehteiles} = \sum \text{A} = 2 \cdot \pi \cdot \text{S} \cdot \sum \text{l} \quad \text{in mm}^2 \tag{8.16}$$

Nach Gl. 5.7 ist der Schwerpunktabstand $S = \dfrac{\sum(l \cdot a)}{\sum l}$.

Mit der Beziehung A des Ziehteiles $= A$ des Zuschnittes ist

$$2 \cdot \pi \cdot S \cdot \sum l = \pi \cdot R_0^2; \quad \text{mathematisch umgeformt:}$$

$$R_0 = \sqrt{2 \cdot S \cdot \sum l} \quad \text{in mm} \tag{8.17}$$

Wird für $S = \dfrac{\sum(l \cdot a)}{\sum l}$ gesetzt, lautet Gl. 8.17 auch

$$R_0 = \sqrt{2 \cdot \sum(l \cdot a)} \quad \text{in mm} \tag{8.18}$$

l Länge eines Teilstückes der Profillinie

a Abstand des Linienschwerpunktes dieses Teilstückes von der Drehachse (Abschn. 5.8.4 und Tab. 5.3)

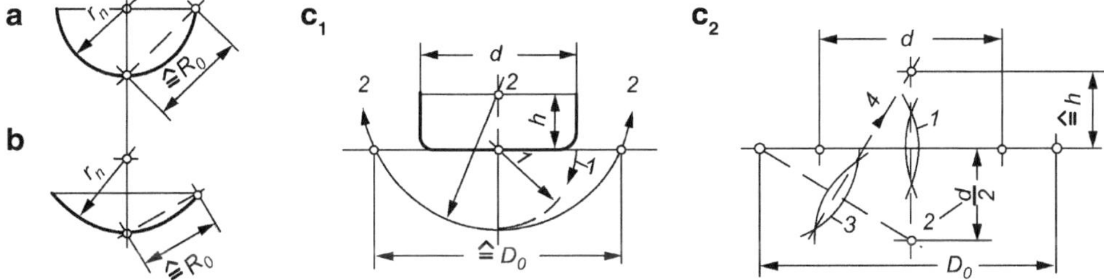

Abb. 8.11 Vereinfachte zeichnerische Lösung zur Zuschnittermittlung. Hohlteilformen: **a** Halbkugel, **b** Kugelabschnitt, **c** Napf, Bodenrundung nicht berücksichtigt, $\mathbf{c}_1$ gegeben d, h, gesucht Zuschnittdurchmesser D_0, $\mathbf{c}_2$ gegeben D_0, d, gesucht Ziehteilhöhe h; die Zahlen 1 … 4 geben die Reihenfolge des Lösungsganges an

$\sum l$ Länge der gesamten Profillinie
S Abstand des Linienschwerpunktes des gesamten Profillinie von der Drehachse nach Gl. 5.7
R_0 Halbmesser der Zuschnittronde

Bei zeichnerischer Lösung wird der Zuschnitthalbmesser $R_0 = \sqrt{2 \cdot S \cdot \sum l}$ durch Anwendung des Höhenhalbmessers $h_2 = p \cdot q$ ermittelt, wobei $R_0 \hat{=} h$, $2 \cdot S \hat{=} p$, $\sum l \hat{=} q$ ist. Sinngemäß kann auch der Kathedensatz $c \cdot q = b^2$ angewandt werden; hierbei ist $c \hat{=} \sum l$, $q \hat{=} 2 \cdot S$, $b \hat{=} R_0$.

Oft genügen vereinfachte zeichnerische Lösungen; einige Beispiele sind in Abb. 8.11 dargestellt.

Berechnungsbeispiel 8.2

Für den Napf (Abb. 8.10), dessen neutrale Maße gegeben sind, ist die Größe der Zuschnittsronde rechnerisch und grafisch zu ermitteln.

Lösung

Nr.	Länge der Teillinie (mm)	Schwerpunktabstand a (mm)	$L_{mm} \cdot a_{mm}$
1	20,0	55,0	1100
2	15,7	38,6	605
3	17,0	35,0	595
4	21,2	27,5	583
5	20,0	20,0	400
6	31,4	12,7	399
	$\sum l = 125{,}3$ mm		$\sum(l \cdot a) = 3682$ mm^2

$$S = \frac{\Sigma(l \cdot a)}{\Sigma l} = \frac{3682\ \text{mm} \cdot \text{mm}}{125{,}3\ \text{mm}} = 29{,}4\ \text{mm}$$

$$R_0 = \sqrt{2 \cdot S \cdot \Sigma l} = \sqrt{2 \cdot 29{,}4\ \text{mm} \cdot 125{,}3\ \text{mm}} \approx 86\ \text{mm}$$

oder

$$R_0 = \sqrt{2 \cdot \Sigma(l \cdot a)} = \sqrt{2 \cdot 3682\ \text{mm} \cdot \text{mm}} \approx 86\ \text{mm}$$

Ergebnis
Rechnung und grafische Lösung ergeben gleiches Rondenmaß.

8.7.2 Zuschnittform unrunder Ziehteile mit senkrechten Zargenwänden

Die Umrissform des Ziehteiles wird in gerade Teillinien *a*, *b* und in Kreisbögen aufgeteilt (Abb. 8.12). Die Bögen erweitert man zu *Hohlteileckentöpfen* und ermittelt deren Zuschnitthalbmesser R_0 wie bei runden Näpfen (Gl. 8.16 und 8.17) zeichnerisch oder durch Rechnung. Die *geradlinigen Teiloberflächen* mit den Längen *a*, *b* werden abgewickelt; ihre gestreckte Länge *Hs* wurde als $\sum l$ bereits bei der Ermittlung vom Zuschnitthalbmesser R_0 der Hohlteileckentöpfe ausgerechnet. Die entstandene Zuschnittform hätte Einschnitte, wäre unbrauchbar; sie muss noch ausgeglichen (korrigiert) werden. Entsprechend den unter Abb. 8.12 angegebenen Beziehungen vergrößert man zuerst den Halbmesser R_0 auf R_1 und kürzt die gestreckte Länge *Hs* um die Maße Hs_a und Hs_b (Flächenausgleich); hierzu sind (nach AWF 5791) die Werte *x* und *y* zu ermitteln. Jetzt erst wird die Zuschnittform festgelegt. Die in Abb. 8.12 gezeigten Zuschnittformen für rechteckige Ziehteile stellen dar:

Bei unrunden Ziehteilen kann man die *Stellen großer Umformung*, d. h. *der größten Blechbeanspruchung*, feststellen, indem auf den Zuschnitt ein quadratisches Netz aufgerissen und nachher am Ziehteil die Verformung der Quadrate betrachtet wird (Abschn. 8.3.2). Man kann auch am gezogenen Teil auf der Zargenoberfläche die Zone der größten Kaltverfestigung (größten Umformung) mittels Vickershärteprüfung suchen. Sie liegt bei rechteckiger Ziehteilform im Übergang von der Eckenabrundung auf die lange Seite und ist bei Zuschnittform *c* am größten, bei Form *d* am kleinsten. In diesen kaltverfestigten Übergängen sind zusätzlich hohe Druckbeanspruchungen vorhanden, die von der Werkstoffstauchung während des Ziehens herrühren. Nach dem Beschneiden des Zargenrandes werden diese Druckspannungen teilweise frei und wölben die nicht kaltverfestigten Längsseiten schwach nach innen oder nach außen. Diese nachträgliche Verformung ist bei Zuschnittform *c* größer als bei Form *b* und *d*.

Berechnungsbeispiel 8.3
Für ein Ziehteil mit den neutralen Maßen $A \times B \times H = 180\,\text{mm} \times 100\,\text{mm} \times 55\,\text{mm}$, $r_E = 30$ mm, $r_B = 12$ mm (Abb. 8.12) ist die Zuschnittform zu ermitteln (angegebene Höhe enthält 5 mm Beschneidezugabe).

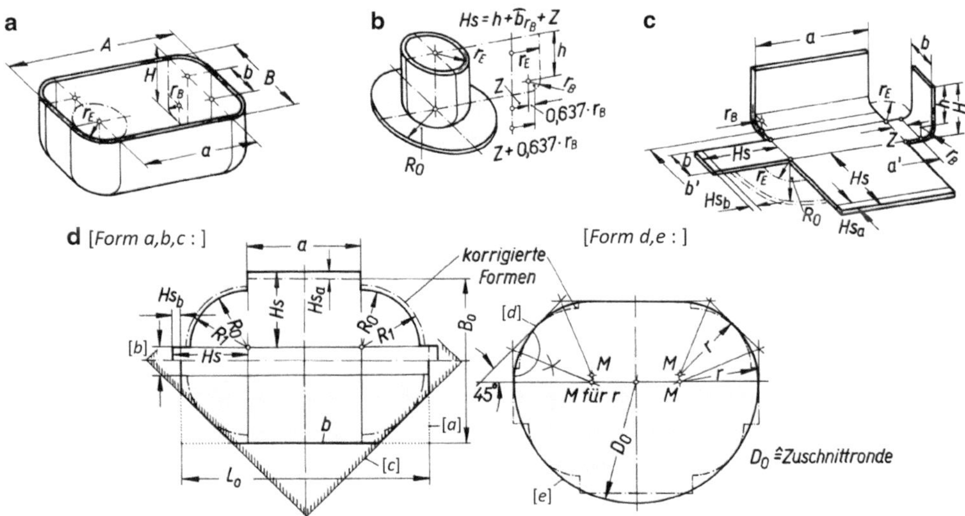

Abb. 8.12 Zuschnittermittlung für rechteckige Ziehteile, sämtliche Maße sind neutrale Maße. **a** gegebene Hohlteilform, **b** Hochteileckentopf zur Ermittlung von Zuschnitthalbmesser R_0, **c** Darstellung der Seitenflächen zur Ermittlung der gestreckten Länge *Hs*, **d** verschiedene Zuschnittformen *a* … *e*. *Berechnungsgrundlagen*: am Ziehteil: $a = A - 2 \cdot r_E$; $b = B - 2 \cdot r_E$; $a' = A - 2 \cdot r_B$; $b' = B - 2 \cdot r_B$; $h = H - r_B$, $Hs = h + \widehat{b}_{rB} + z$, dabei $\widehat{b}_{rB} = \frac{\pi \cdot r_B}{2}$; für korrigierte Zuschnittform (nach AWF 5791): $x = 0{,}074 \cdot [t]\left(\frac{R_0}{2 \cdot r_E}\right)^2 + 0{,}982$; $R_1 = R_0 \cdot x$; $y = \frac{\pi}{4}\left(x^2 - 1\right)$; $s_a = y \cdot [t]\frac{R_0^2}{a'}$; $Hs_B = y \cdot [t]\frac{R_0^2}{b'}$. *Form a*: *rechteckiger Zuschnitt*; wird nur bei kleinem Ziehverhältnis und gut tiefziehfähigen Blechen angewandt. Die rechteckige Form kann zu Bodenreißern im Bereich der Ecken führen (Ziehfehler Tab. 9.2, Abb. I A3). *Form b*: rechteckiger Zuschnitt mit abgeschnittenen Ecken; er ist auch auf Maschinenscheren schnell herstellbar; *Form c*: *quadratischer Zuschnitt*, ziehtechnisch günstige Form bei $A : B \leq 2 : 1$ und kleinen Eckenabrundungen r_E. Durch überstehende Zuschnittecken wird das vorzeitige Einfließen des Bleches im Bereich der Längs- und Schmalseite gehemmt. Nachteilig ist der hohe Blechverbrauch. *Form d*: *Zuschnitt mit Übergangskreisbögen*; wird bei weniger gut tiefziehfähigen Blechen angewandt, wenn durch die Zuschnittform *a* … *c* höhere Ausschussziffern entstehen würden, gelegentlich auch bei Verbundwerkzeugen Ausschneiden-Ziehen (Abb. 9.7 II). Die Herstellung der Schneidplatte und des Stempels für die aus Übergangskreisbögen bestehende Schnittlinie ist umständlich, weshalb auf den Schmalseiten oft nur ein Halbkreis $r = \frac{B_0}{2}$ vorgesehen wird (vgl. Abb. 8.13, Zuschnittform a). *Form e*: *Zuschnittronde* wird bevorzugt bei quadratischen Ziehteilformen mit $r_E \geq \frac{B_0}{4}$ und bei rechteckigen Ziehteilen, wenn $A : B < 1{,}3 : 1$ und $r_E \geq \frac{B}{3}$ ist. Sind Zuschnittronden in Verbundwerkzeugen „Ausschneiden-Ziehen" anwendbar, können Schneidelemente als Drehteile mit Zentrierungen (ähnlich Abb. 9.3) gestaltet sein

Lösung

1. Hohlteileckentopf

$$z = r_E - r_B = 30\text{ mm} - 12\text{ mm} = 18\text{ mm}$$
$$h = H - r_B = 55\text{ mm} - 12\text{ mm} = 43\text{ mm}$$
$$\text{Bogenlänge } \widehat{b}_{rB} = \frac{\pi \cdot r_B}{2} = \frac{\pi \cdot 12\text{ mm}}{2} = 18{,}8\text{ mm}$$

Abstand des Linienschwerpunktes der Bodenabrundung:

$$e_0 = z + 0{,}637 \cdot r_B = 18\text{ mm} + 0{,}637 \cdot 12\text{ mm} = 25{,}6\text{ mm}$$
$$S = \frac{43\text{ mm} \cdot 30\text{ mm} + 18{,}8\text{ mm} \cdot 25{,}6\text{ mm} + 18\text{ mm} \cdot 9\text{ mm}}{43\text{ mm} + 18{,}8\text{ mm} + 18\text{ mm}} \approx 24{,}3\text{ mm}$$
$$\sum l = 43\text{ mm} + 18{,}8\text{ mm} + 18\text{ mm} = 79{,}8\text{ mm} \mathrel{\hat{=}} Hs$$
$$R_0 = \sqrt{2 \cdot S \cdot \sum l} = \sqrt{2 \cdot 24{,}3\text{ mm} \cdot 79{,}8\text{ mm}} \approx 62\text{ mm}$$

2. abgestreckte Längen

$$Hs = \sum l = 79{,}8\text{ mm}$$
$$a = A - 2 \cdot r_E = 180\text{ mm} - 2 \cdot 30\text{ mm} = 120\text{ mm}$$
$$a' = A - 2 \cdot r_B = 180\text{ mm} - 2 \cdot 12\text{ mm} = 156\text{ mm}$$
$$b = B - 2 \cdot r_E = 100\text{ mm} - 2 \cdot 30\text{ mm} = 40\text{ mm}$$
$$b' = B - 2 \cdot r_B = 100\text{ mm} - 2 \cdot 12\text{ mm} = 76\text{ mm}$$

3. korrigierte Maße

$$x = 0{,}074\left(\frac{R_0}{2 \cdot r_E}\right)^2 + 0{,}982 = 0{,}074\left(\frac{62\text{ mm}}{2 \cdot 30\text{ mm}}\right)^2 + 0{,}982 = 1{,}06$$
$$R_1 = x \cdot R_0 = 1{,}06 \cdot 62\text{ mm} \approx 66\text{ mm}$$
$$y = \frac{\pi}{4}\left(x^2 - 1\right) = \frac{\pi}{4}\left(1{,}06^2 - 1\right) = 0{,}097$$
$$Hs_a = y \cdot \frac{R_0^2}{a'} = 0{,}097 \cdot \frac{62^2\text{ mm} \cdot \text{mm}}{156\text{ mm}} \approx 2{,}5\text{ mm}$$
$$Hs_b = y \cdot \frac{R_0^2}{b'} = 0{,}097 \cdot \frac{62^2\text{ mm} \cdot \text{mm}}{76\text{ mm}} \approx 5{,}0\text{ mm}$$

4. Zuschnittgröße
   Bei rechteckiger Zuschnittform ist $L_0 \times B_0 \approx 270\,\text{mm} \times 195\,\text{mm}$.

Ergebnis

Geeignete Zuschnittformen zeigt Abb. 8.12.

Berechnungsbeispiel 8.4

Für das Ziehteil, Abb. 8.13, ist die Zuschnittform festzulegen. Bekannt sind die neutralen Maße: $a = 60$ mm, $r_B = 10$ mm, $H = 35$ mm (mit Beschneidezugabe), die Übergangskreisbögen haben $r_E = 24$ mm, $R_E \approx 65$ mm.

Lösung

Die Umrissform des Ziehteils wird zuerst in gerade Teillinien und in Kreisbögen, die als Hohlteileckentöpfe zu betrachten sind, aufgeteilt.

1. kleiner Hohlteileckentopf	2. großer Hohlteileckentopf
$h = H - r_B = 35\,\text{mm} - 10\,\text{mm} = 25\,\text{mm}$	$h = 25\,\text{mm}$
$z = r_E - r_B = 24\,\text{mm} - 10\,\text{mm} = 14\,\text{mm}$	$z = R_E - r_B = 65\,\text{mm} - 10\,\text{mm} = 55\,\text{mm}$
$\widehat{b}_{rB} = \dfrac{\pi \cdot r_B}{2} = \dfrac{\pi \cdot 10\text{ mm}}{2} = 15{,}7\text{ mm}$	$\widehat{b}_{rB} = 15{,}7\text{ mm}$
Abstand des Linienschwerpunktes	
$e_0 = z + 0{,}376 \cdot r_B$ $= 14\,\text{mm} + 0{,}637 \cdot 10\,\text{mm} \approx 20{,}4\,\text{mm}$	$e_0 = 55\,\text{mm} + 0{,}637 \cdot 10\,\text{mm} \approx 61{,}4\,\text{mm}$
Ergibt	
$R_0 \approx 45\,\text{mm}$	$R_0 \approx 91\,\text{mm}$
$Hs = h + \widehat{b}_{rB} + z$ $= 25\,\text{mm} + 15{,}7\,\text{mm} + 14\,\text{mm} = 54{,}7\,\text{mm}$	

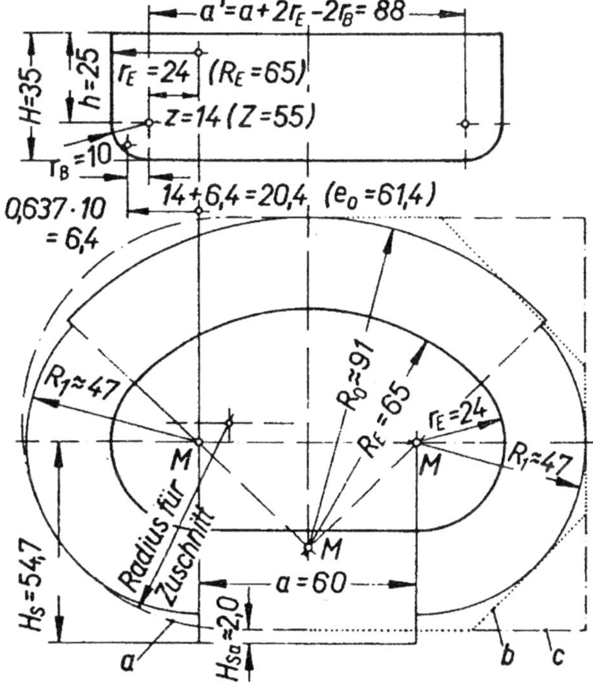

Abb. 8.13 Zuschnittermittlung für Beispiel 8.4, Zuschnittformen nach Abb. 8.12d

3. korrigierte Maße für kleinen Hohlteileckentopf

$$x = 0{,}074\left(\frac{R_0}{2 \cdot r_E}\right)^2 + 0{,}982 = 0{,}074\left(\frac{45\ \text{mm}}{2 \cdot 24\ \text{mm}}\right)^2 + 0{,}982 \approx 1{,}05$$

$$R_1 = x \cdot R_0 = 1{,}05 \cdot 45\ \text{mm} - 47\ \text{mm}$$

$$y = \frac{\pi}{4} \cdot \left(x^2 - 1\right) = \frac{\pi}{4} \cdot \left(1{,}05^2 - 1\right) \approx 0{,}08$$

$$a' = A - 2 \cdot r_B = \left(60\ \text{mm} + 2 \cdot 24\ \text{mm}\right) - 2 \cdot 10\ \text{mm} = 88\ \text{mm}$$

$$Hs_a = y \cdot \frac{R_0^2}{a'} = 0{,}08 \cdot \frac{45^2\ \text{mm} \cdot \text{mm}}{88\ \text{mm}} \approx 2{,}0\ \text{mm}$$

Der Zuschnitthalbmesser R_0 des großen Hohlteileckentopfes wird nicht vermindert, damit an dieser Seite das Blech während des Ziehens nicht zu schnell einfließt.

Ergebnis

Geeignete Zuschnittformen zeigt Abb. 8.13. Form a besteht aus zwei Halbkreisen $r = \frac{B_0}{2}$ und einem Rechteck.

Literatur

1. Siebel, E.: Grundlagen und Begriffe der bildsamen Formgebung. VDI, Düsseldorf (1962)
2. Dietrich, J.: Praxis der Umformtechnik, 12. Aufl. Springer Vieweg, Wiesbaden (2018)

9 Ziehwerkzeuge

9.1 Werkzeuge für doppelt wirkende Ziehpressen

9.1.1 Bauteile

Der Aufbau eines Ziehwerkzeuges ist von der gewählten Pressenart abhängig (siehe Abschn. 8.5). Auswechselbare Werkzeugaufbau- und Umformteile zum Tiefziehen zylindrischer Näpfe auf doppelt wirkenden Ziehpressen zeigt Abb. 9.1. *Ziehstempel* müssen wegen der Zipfelbildung am Zargenrand der gezogenen Näpfe um mindestens 20 … 40 mm länger als die Ziehteilhöhe sein; Auswechselstempel sind meist 100 mm lang. Im Ziehstempel verhindern Luftkanäle (d. h. eine oder mehrere Bohrungen, 3 … 8 mm ∅) die Entstehung eines Vakuums im Ziehteil beim Abstreifen (Abb. 9.2). Ohne Belüftung ist das Abstreifen der Näpfe vom Stempel erschwert; dünnwandige Teile könnten infolge des äußeren Luftdruckes zusammengedrückt werden.

Der Zuschnitt wird *mittig eingelegt*:

1. meist mittels verstellbarer Anschläge (Abb. 9.1, Teil 6);
2. selten mittels federnder Stifte (Abb. 9.1, Teil 8) oder gedrehtem Einlegering, teuere Konstruktion, außerdem können Ziehringe durch Stiftlöcher aufreißen;
3. vielfach mittels einstellbarer Zentriereinrichtung (Abb. 9.3).

Durch den sich abwärts bewegenden Blechhalterstößel B' werden die beiden Zentrierbacken über das Kurvenstück K auseinandergeschwenkt und während des Rücklaufhubes durch Federkraft wieder in die Anschlagstellung zurückgedreht.

© Springer Fachmedien Wiesbaden GmbH, ein Teil von Springer Nature 2020

M. Kolbe, *Stanztechnik*, https://doi.org/10.1007/978-3-658-30401-0_9

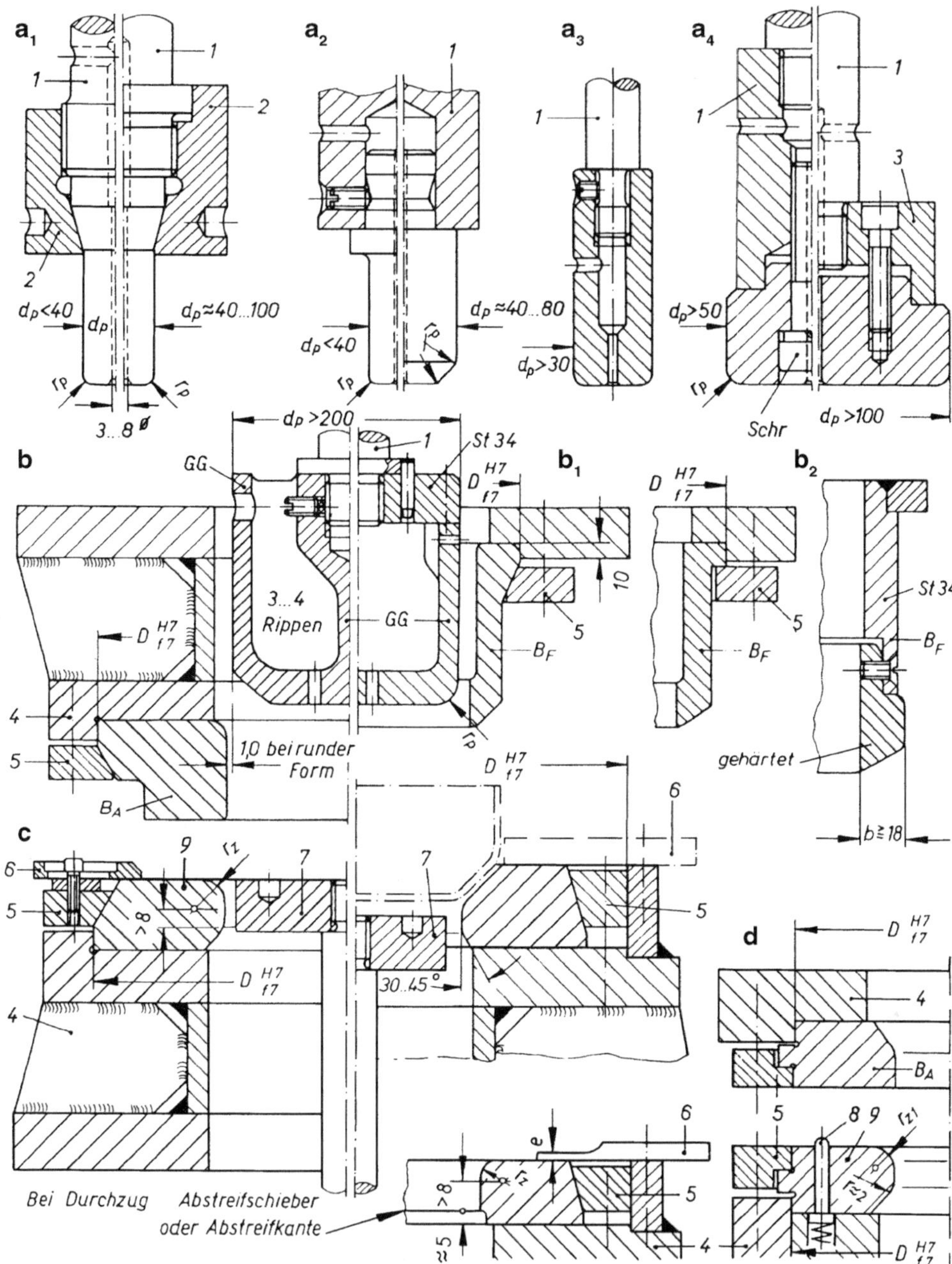

Abb. 9.1 Auswechselteile für Ziehwerkzeuge. **a**$_1$–**a**$_4$ Ziehstempelformen, bei **a**$_4$ hat Innensechskantschraube *Schr* eine Lüftungsbohrung, **b** Blechhalterformen für Anschlagzug B_A und für Folgezug B_F, **b**$_1$ Blechhalterröhre, **b**$_2$ zusammengesetzte Blechhalterröhre, wenn $b > 18$ mm ist, **c** Ziehringaußenform kegelig, $K \approx 1:3$ bis $1:2$, Außendurchmesser auf 4 … 6 Größen begrenzt, **d** Blechhalterring und Ziehring mit zylindrischer Außenform, austauschbar. *1* Stempelaufsatz, *2* Über-

(Fortsetzung)

wurfmutter mit Innenkegel, *3* Stempeloberteil für große Stempelformen, *4* Blechhalteraufsatz und Ziehstuhl geschweißt (oder Grauguss GG), *5* Spannringe auswechselbar für Blechhalter und Ziehstuhl verwendbar, *6* verstellbare Anschläge zur Zentrierung des Zuschnittes, bei starrer Blechhaltung ist Maß e_{max} = Blechdicke s_{max} + (5 … 7) % von s; Zentrierstücke für Folgezug nur bei hohen Näpfen, *7* Ausstoßplatte, nur bei Rückstoßzug, *8* federnde Zentrierstifte für Zuschnitt, *9* Ziehring

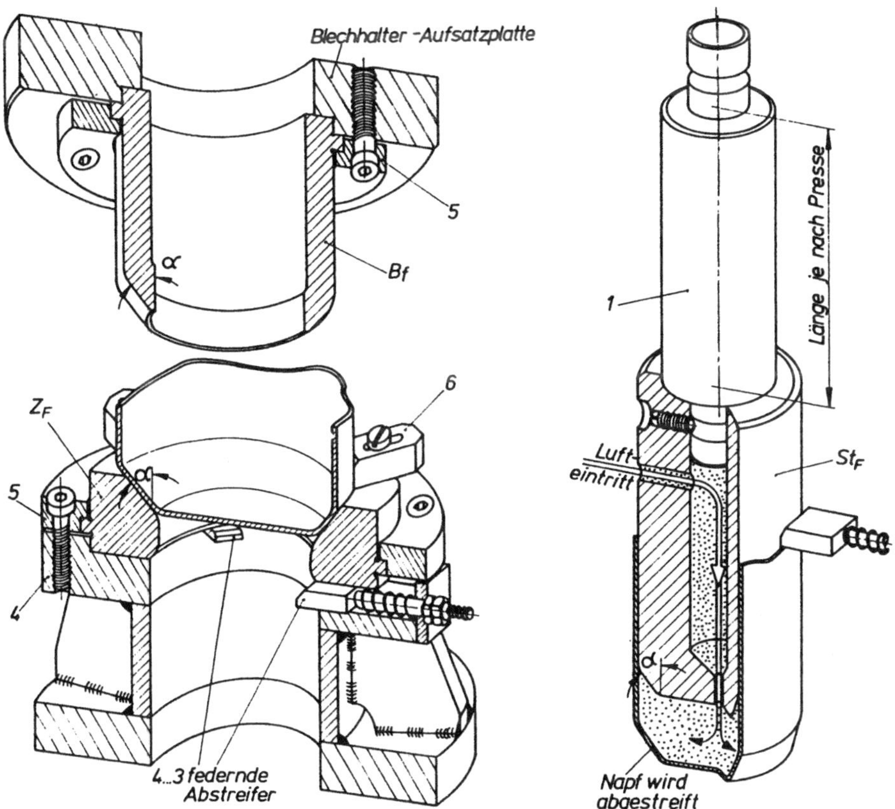

Abb. 9.2 Folgeziehwerkzeuge , mit Auswechselteilen zusammengesetzt. Ziehring Z_F, Blechhalterröhre B_p und Ziehstempel Z_p haben gleichen Neigungswinkel a = 45 … 60° (Teile-Nummern siehe Abb. 9.1a–d)

9.1.2 Ausführungsformen von Napf-Ziehwerkzeugen

Außer den Ziehwerkzeugen für Anschlag- und Folgezug setzt man auch Doppelziehwerkzeuge oder Umstülpwerkzeuge ein, die auch mit Auswechselteilen ausgerüstet werden.

Verbundwerkzeuge „Ausschneiden-Ziehen" können bei weichen Werkstoffen, großen Blechdicken und kleinen Standmengen ohne Säulenführung arbeiten (Abb. 9.3a), ähnlich wie Schneidwerkzeuge. Die Schneide am Blechhalter kann arcatom auftragsgeschweißt (siehe Abschn. 5.1.1) werden, der Schneidring (4) aus niedriglegiertem oder unlegiertem Werkzeugstahl bestehen. Da bei diesen Werkzeugen mit großer Eintauchtiefe gearbeitet

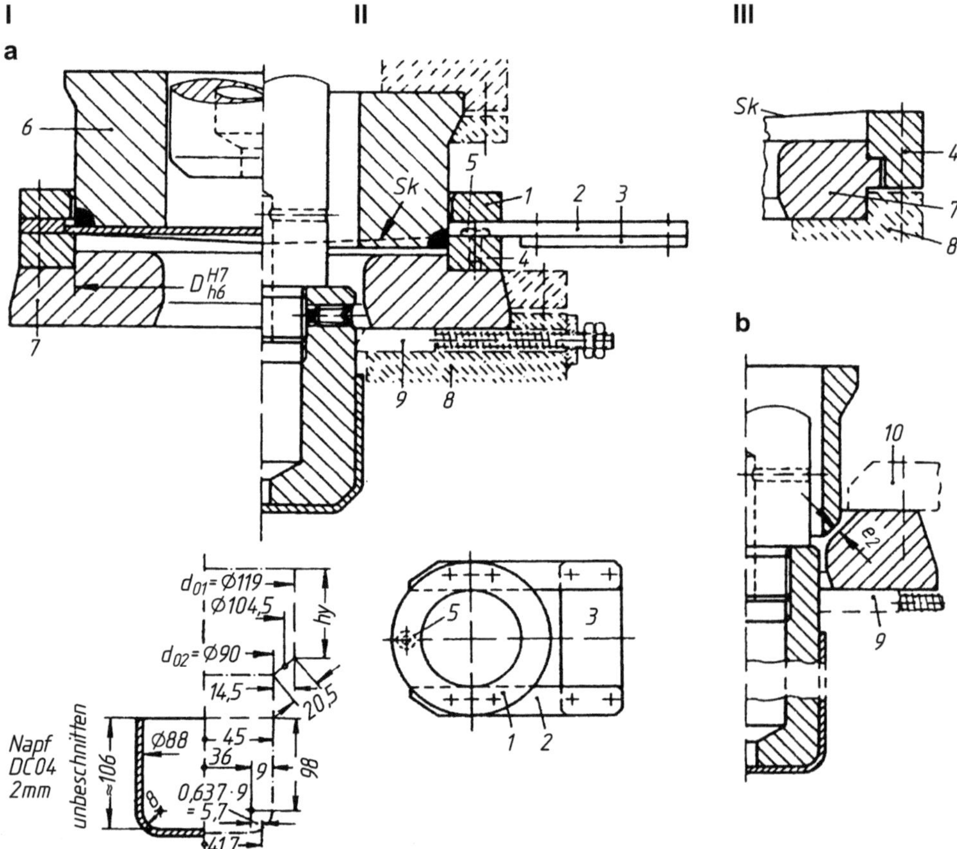

Abb. 9.3 Verbundwerkzeug Ausschneiden-Ziehen und Folgezugwerkzeug für doppelt wirkende mechanische Ziehpresse, **a**: **I** Schneidbeginn, **II** Ziehvorgang beendet, **III** Ausführung bei zylindrischer Außenform des Ziehringes. **b**: Umformteile für Folgezug, Ziehvorgang beendet; Maße $e_2 \approx 1{,}1 \cdot$ Blechdicke bei starrer Blechhaltung.
1 Abstreifring für Blechstreifen, *2* Zwischenlagen zur Streifenführung, *3* Streifenauflageblech, *4* Schneidring aus C105 W1 mit dachförmig ausgeschliffener Druckfläche (*Sk*) zur Minderung der Schneidkraft, zur Streifenvorschubbegrenzung kann Schneidring einen Einhängestift (*5*) erhalten, *6* Blechhalter zugleich Schneidstempel aus E 295 mit auftraggeschweißter Schneide, *7* Ziehring für Anschlagzug mit Zentrierung für Schneidring, *8* Ziehstuhl, *9* vier, selten drei, Abstreifschieber, *10* drei Zentrierstücke, nur bei hohen Ziehteilen erforderlich

wird, ist mit erhöhtem Mantelflächenverschleiß zu rechnen. Es ist deshalb reichlich zu schmieren (wenn möglich, mit Emulsionsmittelstrahl). Die oft gegenüber der Ziehkraft größere Schnittkraft – sie kann doppelt so groß sein – kann durch dachförmige Anordnung der Schneidplatte gemindert werden (siehe Abschn. 4.4.3 und Abb. 9.3).

Bei Auswahl der Presse ist zu achten auf (Abb. 8.6):

1. Hubgröße des Zwangsauswerfers $H_{\mathrm{A\,max}}$,
2. Größe des Stößelhubes H,

3. Größe der Druckfläche des Ziehkissens (Durchmesser D_T),
4. Bauhöhe des Werkzeuges,
5. Größe der erforderlichen Umformkraft, Umformenergie.

Die Werte 1 … 3 erfordern meist eine größere Presse, als kräfte- oder energiemäßig notwendig ist.

Berechnungsbeispiel 9.1
Auf einer mechanischen doppelt wirkenden Ziehpresse sind Näpfe aus RRSt 1404 (Abb. 9.3) herzustellen. Für den Anschlagzug ist ein Verbundwerkzeug „Ausschneiden-Ziehen" zu entwerfen. Umformteile sind als Auswechselteile, passend für vorhandene Ziehstühle, Blechhalterplatten und Stempelaufsätze (Abb. 9.1) zu gestalten.

Lösung
Verbund Werkzeuge „Ausschneiden-Ziehen" können bei weichen Werkstoffen, großen Blechdicken und geringen Standmengen[1] ohne Säulenführung, ähnlich Schneidwerkzeugen ohne Führung, arbeiten (Abb. 9.3a). Die Schneide am Blechhalter wird arcatom auftraggeschweißt (siehe Abschn. 5.1.1), der Schneidring (4) ist aus niedriglegiertem oder unlegiertem Werkzeugstahl hergestellt. Damit der Blechhalterstößel durch die Schneidkraft, die etwa doppelt so groß wie die Ziehkraft ist, nicht überlastet wird, kann man zur Schneidkraftminderung (siehe Abschn. 4.4.3 und 4.4.4) die Druckfläche der Schneidplatte quer zum Streifendurchgang dachförmig ausschleifen (in Abb. 9.3 die Schneidkante S_k).

1. Zuschnittermittlung (siehe Abschn. 8.7.1) mit neutralen Maßen des Fertigteils, mit Beschneidezugabe:

$$S = \frac{\Sigma(l \cdot a)}{\Sigma l}$$

$$= \frac{98\text{ mm} \cdot 45\text{ mm} + \left(\frac{\pi \cdot 9\text{ mm}}{2}\right) \cdot 41{,}7\text{ mm} + 36\text{ mm} + 18\text{ mm}}{98\text{ mm} + 14{,}2\text{ mm} + 36\text{ mm}} \approx 38\text{ mm}$$

$$R_0 = \sqrt{2 \cdot S \cdot \Sigma l} = \sqrt{2 \cdot 38\text{ mm} \cdot 148{,}2\text{ mm}} \approx 106\text{ mm}$$

$$D_0 = 212\text{ mm}$$

2. *Wahl der Ziehverhältnisse, Stempel- und Ziehringdurchmesser sowie der Ziehspaltweiten*

$$\beta_{\text{gesamt}} = \frac{D_0}{d_{\text{pfertig}}} = \frac{212\text{ mm}}{88\text{ mm}} = 2{,}41 = \beta_1 \cdot \beta_2$$

[1] In Verbundwerkzeugen „Ausschneiden-Ziehen" ist bei Schneidkanten infolge großer Eintauchtiefe mit erhöhtem Verschleiß zu rechnen. Reichliche Schmierung (Emulsionsmittelstrahl) sollen Schäden durch Schnittgrat-Teilchen an Blechgleitflächen verhindern.

mit β_2 gewählt = 1,33 wird

$$\beta_1 = \frac{\beta_{\text{gesamt}}}{\beta_2} = \frac{2,41}{1,33} = 1,81.$$

Beide β-Werte sind höchstmögliche Ziehverhältnisse, die mit RRSt 1404 erreichbar sind.

Stempeldurchmesser $d_{\text{p1}} = \frac{D_0}{\beta_1} = \frac{212\ \text{mm}}{1,81} = 117\ \text{mm}$

Kontrollrechnung:

$$d_{\text{p2}} = \frac{d_{\text{p1}}}{\beta_2} = \frac{117\ \text{mm}}{1,33} \approx 88\ \text{mm}$$

Entsprechend den im Betrieb vorhandenen Umformteilen wird Ziehstempeldurchmesser d_{p1} oder Ziehringdurchmesser d_{z1} gewählt (d_{p1} = 117 mm ist vorrätig).

a) *Anschlagzug*

Ziehspalt, Gl. 8.3, für Stahlblech ist

$$u_{\text{z1}} = s + 0,20 \cdot \sqrt{s} = 2,0\ \text{mm} + 0,20 \cdot \sqrt{2,0\ \text{mm}} = 2,28\ \text{mm};$$

somit Ziehringdurchmesser

$$d_{\text{z1}} = d_{\text{p1}} + 2 \cdot u_{\text{z1}} = 117,00\ \text{mm} + 2 \cdot 2,28\ \text{mm} \approx 121,5\ \text{mm}$$

b) *Folgezug = Fertigzug* (Abb. 9.3b)

Ziehspalt $u_{\text{z2}} = 1,08 \cdot s = 1,08 \cdot 2\,\text{mm} \approx 2,2$ mm.

Durch gegebene Innenmaße ist der Stempeldurchmesser festgelegt: d_{P2} = 88 mm.

Ziehringdurchmesser $d_{\text{z2}} = d_{\text{p2}} + 2 \cdot u_{\text{z2}} = 88\,\text{mm} + 2 \cdot 2,2\,\text{mm} = 92,4$ mm.

3. *Festlegung der Ziehkantenrundungen*, Gl. 8.4 und 8.5

a) *Anschlagzug*

$$r_{\text{z1}} = 0,5 \cdot \sqrt{(D_0 - d_{\text{z1}}) \cdot s} = 0,5\sqrt{(210\ \text{mm} - 121,5\ \text{mm}) \cdot 2,0\ \text{mm}} \approx 7\ \text{mm}$$

überschlägig ist $r_{\text{z1}} = (4 \ldots 5) \cdot s = 8 \ldots 10$ mm; gewählt r_{z1} = 8 mm.

Ziehstempelabrundung r_{p1} soll größer als r_{z1} sein; $r_{\text{p1 min}} = (5 \ldots 6) \cdot s = 10 \ldots 12$mm; gewählt r_{p1} = 10 mm.

b) *Folgezug*

$$r_{\text{z2}} = 0,8 \cdot \sqrt{(d_{\text{z1}} - d_{\text{z2}}) \cdot s} = 0,8\sqrt{(121,5\ \text{mm} - 92,4\ \text{mm}) \cdot 2,0\ \text{mm}} \approx 6\ \text{mm}$$

$r_{\text{z2 min}} = (3 \ldots 4)s = 6 \ldots 8$ mm, da r_{p2} = 8 mm durch Ziehteilform gegeben ist und $r_{\text{z}} < r_{\text{p}}$ sein soll, wird $r_{\text{z2}} \approx 7$ mm gewählt.

4. *Ziehteilhöhe nach dem 1. Zug* (ohne Zipfelbildung zu berücksichtigen), *Überschlagsrechnung mit neutralen Maßen*

$$A_{\text{Zarge}} = A_{\text{Zuschnitt}} - \left(A_{\text{Boden}} + A_{\text{Schräge}}\right)$$

$$A_{\text{Zuschnitt}} = \frac{\pi}{4} \cdot 212^2 \text{ mm} \cdot \text{mm} \approx 35.300 \text{ mm}^2$$

$$A_{\text{Boden}} = \frac{\pi}{4} \cdot 90^2 \text{ mm} \cdot \text{mm} \approx 6350 \text{ mm}^2$$

$$A_{\text{Schräge}} = \pi \cdot 104{,}5 \text{ mm} \cdot \left(\frac{119 \text{ mm} - 90 \text{ mm}}{2} \cdot \sqrt{2}\right) \approx 6750 \text{ mm}^2$$

$$A_{\text{Boden}} + A_{\text{Schräge}} = 13.100 \text{ mm}^2$$

$$A_{\text{Zarge}} = \pi \cdot 119 \text{ mm} \cdot h_y = 22.200 \text{ mm}^2$$

$$\text{Zargenhöhe } h_y = \frac{222.000 \text{ mm}^2}{\pi \cdot 119 \text{ mm}} \approx 60 \text{ mm}$$

$$h_{\text{Iinnen}} = h_y + H_{\text{Schräge}} - \frac{\text{Blechdicke}}{2}$$

$$= 60 \text{ mm} + 14{,}5 \text{ mm} - \frac{2{,}0 \text{ mm}}{2} \approx 74 \text{ mm}$$

Zargenhöhe h_y könnte überschlägig mit neutralen Maßen auch *unmittelbar ermittelt* werden

$$\left(\sqrt{2} \approx 1{,}4\right) \text{aus}\, h_y \approx \frac{D_0^2 - 1{,}4 \cdot d_{n1}^2 + 0{,}4 \cdot d_{n2}^2}{4 \cdot d_{n1}}$$

h_y	Zargenhöhe in cm
D_0	Zuschnittdurchmesser in cm
d_n	neutrale Durchmesser: $d_{n1} - (d_{p1} + s)$ in cm bzw. $d_{n2} - (d_{p2} + s)$ in cm
s	Blechdicke in cm.

5. Ermittlung der Schneidkraft und der Schneidarbeit
   Für RRSt 1404 wird als spezifische Schneidkraft $k_S \approx 300 \text{ N/mm}^2$ gewählt (vgl. Tab. 4.1). Die Druckfläche der Schneidplatte ist zur Kraftminderung dachförmig ausgeschliffen, somit Schneidkraft nach Gl. 4.7

$$F_S = 0{,}8 \cdot \left(l \cdot s \cdot k_S\right) = 0{,}8 \cdot \left(\pi \cdot 212 \text{ mm} \cdot 2{,}0 \text{ mm} \cdot 300 \frac{\text{N}}{\text{mm}^2}\right)$$

$$\approx 320.000 \text{ N} = 320 \text{ kN}$$

Schneidarbeit (geneigte Schneidkanten) nach Gl. 4.10

$$W_s = \frac{F_S \cdot h_s \cdot K_s}{1000}$$

Schneidweg $h_s = 2{,}2 \cdot s = 2{,}2 \cdot 2\,\text{mm} = 4{,}4\,\text{mm}$, Korrekturwert $K_s = 0{,}3$

$$W_s = \frac{320.000\ \text{N} \cdot 4{,}4\ \text{mm} \cdot 0{,}3}{1000} \approx 420\ \text{Nm}$$

6. Festlegung der erforderlichen Umformkräfte und Umformarbeit
   Bei der Pressenauswahl sind noch 20 … 30 % Sicherheitszuschlag auf Ziehkraft, Blechhalterkraft und Umformarbeit zu berücksichtigen.
   a) *Anschlagzug*
      Ermittlung der Ziehkraft (nach Siebel) (Abschn. 8.6)

$$F_{z1} = \frac{\pi \cdot d_{p1} \cdot s \cdot k_{fm1} \cdot \ln \beta_1}{0{,}65}$$

Für RRSt 1404 ist bei $\ln\beta_1 = \ln 1{,}81 = 0{,}58$ die mittlere Formänderungsfestigkeit

$$k_{fm} \approx 340 \frac{\text{N}}{\text{mm}^2} \quad \left(\text{Wert aus } k_{fm} \quad \text{Kurve in Abb. 8.2 entspr. DC 03}\right)$$

$$F_{z1} = \frac{\pi \cdot 117\ \text{mm} \cdot 2{,}0\ \text{mm} \cdot 340 \frac{\text{N}}{\text{mm}^2} \cdot 0{,}58}{0{,}65} \approx 222.000\ \text{N} = 222\ \text{kN}$$

Blechhalterdruck (nach Siebel)

Für RRSt 1404 ist $R_m = 280 \ldots 380 \frac{\text{N}}{\text{mm}^2}$, gewählt $R_m = 350 \frac{\text{N}}{\text{mm}^2} = 35.000 \frac{\text{N}}{\text{cm}^2}$

$$p_{N1} = \frac{R_m}{400}\left[(\beta_1 - 1)^3 + \frac{d_{p1}}{200 \cdot s}\right]$$

$$= \frac{35.000 \frac{\text{N}}{\text{cm}^2}}{400}\left[(1{,}18 - 1)^3 + \frac{117\ \text{mm}}{200 \cdot 2{,}0\ \text{mm}}\right] \approx 72 \frac{\text{N}}{\text{cm}^2}$$

Blechhalterdruckfläche $= \frac{\pi}{4} \cdot D_0^2 - \frac{\pi}{4} D_{Nil}^2$ (Bezeichnungen in Abb. 8.3), dabei ist

$$D_{Nil} = d_{z1} + 2 \cdot r_{z1} = 121{,}5\ \text{mm} + 2 \cdot 8{,}0\ \text{mm} \approx 138\ \text{mm}$$

$$A_{N1}\left(\text{in cm}^2\right) = \frac{\pi}{4} \cdot 21{,}2^2\ \text{cm} \cdot \text{cm} - \frac{\pi}{4} \cdot 13{,}8^2\ \text{cm} \cdot \text{cm} \approx 203\ \text{cm}^3$$

$$F_{N1} = A_{N1} \cdot p_{N1} = 203\ \text{cm}^2 \cdot 72 \frac{\text{N}}{\text{cm}^2} \approx 14.600\ \text{N} = 14{,}6\ \text{kN}$$

Zieharbeit für mechanische Ziehpressen (Gl. 8.13)

$$W_{z1} = \frac{\left(F_{z1} + F_{N1}\right) \cdot h_{1\text{innen}} \cdot K_{w1}}{1000}$$

Für β_1 = 1,81 ist der Korrekturwert K_{w1} = 0,80 (siehe Abb. 8.2).

$$W_{z1} = \frac{(222.000\ \text{N} + 14.600\ \text{N}) \cdot 74\ \text{mm} \cdot 0{,}80}{1000} \approx 14.000\ \text{Nm}$$

Da auf der mechanischen Ziehpresse ein *Verbundwerkzeug „Ausschneiden-Ziehen“* arbeitet, muss die Presse eine Nennarbeit

$$W = 1{,}2 \cdot (W_s + W_{z1}) = 1{,}2 \cdot (420\ \text{Nm} + 14.000\ \text{Nm}) = 17.300\ \text{Nm}$$

aufbringen; der Blechhalterstößel muss die Schneidkraft mit 20 % Sicherheitszuschlag = (1,2 · 320kN) ≈ 400kN, der Ziehstößel die Ziehkraft =(1,2 · 222 kN) ≈ 270 kN übernehmen.

Man erkennt, dass der Blechhalterstößel für höhere Kräfte als der Ziehstößel ausgelegt sein muss, um Verbundwerkzeuge „Ausschneiden-Ziehen“ auf mechanischen Ziehpressen einsetzen zu können.

b) *Folgezug*

Ziehkraft (nach Siebel) (Gl. 8.8)

$$F_{z1} = \frac{F_{z1}}{2} + \frac{\pi \cdot d_{p2} \cdot s \cdot k_{fm2} \cdot \ln \beta_2}{0{,}65}$$

Nach dem Anschlagzug verfestigt sich umgeformter Werkstoff (Kaltverfestigung). Wurden die Ziehteile vor dem Weiterziehen durch **Zwischenglühen** (Tab. 8.2) entfestigt, wird zum Folgezug die mittlere Formänderungsfestigkeit k_{fm2} unmittelbar für $\ln\beta_2$ abgelesen (Abb. 8.2 entspr. DC 03). Für $\varphi_2 = \ln \beta_2 = \ln 1{,}33 = 0{,}29$ wäre dann

$$k_{fm2} \approx 280\ \frac{\text{N}}{\text{mm}^2}$$

Zur Weiterformung des **kaltverfestigten** Werkstoffes ist bei β_2 = 1,33 keine Warmbehandlung erforderlich. Für den Folgezug wird daher dessen mittlere Formänderungsfestigkeit mit Gl. 8.9 $k_{fm2} = \frac{k_{f1} + k_{f2}}{2}$ bestimmt. Die Werte k_{f1} und k_{f2}, entnimmt man aus der Fließkurve[2] des umzuformenden Werkstoffes.

Für RRSt 1404 ist bei Ziehverhältnis β_1 = 1,81, das in Fließkurve $\varphi_1 = \ln \beta_1 = \ln 1{,}81 = 0{,}58$ entspricht, die Formänderungsfestigkeit k_{f1} = 420 N/mm². Die Formänderungsfestigkeit k_{f2} (ohne Zwischenglühung) findet man in der Fließkurve, indem zuerst das logarithmierte Formänderungsverhältnis φ_{ges} ermittelt wird. Mit β_1 = 1,81 und β_2 = 1,33 ist

$$\varphi_{ges} = \varphi_1 + \varphi_2 = \ln \beta_1 + \ln \beta_2 = \ln 1{,}81 + \ln 1{,}33 = 0{,}58 + 0{,}29 = 0{,}87$$

[2] Fließkurven metallischer Werkstoffe enthalten VDI-Richtlinien 3200, 3201, 3202 (für einige Werkstoffe in Abb. 8.2).

Über φ_{ges} = 0,87 wird als Formänderungsfestigkeit k_{f2} 450 N/mm² abgelesen (vgl. schematische Darstellung in Abb. 8.2 entspr. DC 03); somit

$$k_{fm2} = \frac{k_{f1} + k_{f2}}{2} = \frac{420 \frac{N}{mm^2} + 450 \frac{N}{mm^2}}{2} = 435 \frac{N}{mm^2}$$

Mit $\varphi_2 = \ln \beta_2 = 0{,}29$ wird

$$F_{z2} = \frac{222.000\ N}{2} + \frac{\pi \cdot 88\ mm \cdot 2{,}0\ mm \cdot 435 \frac{N}{mm^2} \cdot 0{,}29}{0{,}65}$$
$$\approx 218.000\ N = 218\ kN$$

Blechhalterkraft $F_{N2} = A_{N2} \cdot p_{N2}$

Bei Folgezügen wird für RRSt 1404 kaltverfestigt der Blechhalterdruck p_{N2} mit der Gl. 8.10 zu

$$p_{N2} = 25 \frac{N}{cm^2}$$

ermittelt.

$$D_{Ni2} = d_{z2} + 0{,}5 \cdot r_{z2} = 92{,}4\ mm + 0{,}5 \cdot 7{,}0\ mm = 95{,}9\ mm \approx 96\ mm$$

(Bezeichnungen in Abb. 8.3).

Blechhalteraußendurchmesser = d_{p1} = 117 mm.

$$A_{N2}\ (\text{in } cm^2) = \frac{p}{4} \cdot d_{p1}^2 - \frac{\pi}{4} (D_{ni2})^2$$
$$= \frac{\pi}{4} \cdot 11{,}72\ cm \cdot cm - \frac{\pi}{4} \cdot 9{,}62\ cm \cdot cm \approx 35\ cm^2$$
$$F_{N2} = A_{N2} \cdot p_{N2} = 35\ cm^2 \cdot 25 \frac{N}{cm^2} \approx 866\ N \approx 0{,}9\ kN$$

Für die erforderliche Umformarbeit wird aus Kurve über β_2 = 1,33 der Korrekturwert $K_{W2} \approx 0{,}67$ abgelesen.

Zieharbeit bei mechanischer Ziehpresse

$$W_{z2} = \frac{(F_{z2} + F_{N2}) \cdot h_{innen} \cdot K_w}{1000}$$
$$= \frac{(218.000\ N + 866\ N) \cdot 106\ mm \cdot 0{,}67}{1000} \approx 16.000\ Nm$$

Die mechanische Ziehpresse muss für den Folgezug mindestens 1,2 · 16.000 Nm ≈ 19.000 Nm, der Ziehstößel mindestens 1,2 · 218 kN ≈ 260 kN aufbringen.

Ergebnis
Die zur Pressenauswahl erforderlichen Werte sind bestimmt.

Berechnungsbeispiel 9.2
Für schalenförmige Becher (Abb. 9.4) ist die *Abstufung der Züge* festzulegen und das *Gesenkformwerkzeug zum Fertigschlagen auf Spindelpresse* zu entwerfen.

Lösung
Entsprechend Fertigteilform (mit 4 mm Beschneidezugabe) wird mittels Seileckverfahren (vgl. Abb. 8.10) als Zuschnittdurchmesser $D_0 \approx 190$ mm ermittelt.

Mit gegebenem Maß $d_{\text{innen}} = 100$ mm ist

$$\beta_1 = \frac{D_0}{d_{\text{p1}}} = \frac{190\text{ mm}}{100\text{ mm}} = 1{,}9 \quad \left(\text{zulässiger Wert}\right)$$

Gesamtziehverhältnis für Folgezüge $\beta_{\text{gesamt}} = \frac{d_{\text{p1}}}{d_{\text{p3}}} = \frac{100\text{ mm}}{56\text{ mm}} \approx 1{,}78 = \beta_2 \cdot \beta_3$ ergibt mit

$$\beta_2 = 1{,}35 \text{ noch } \beta_3 = \frac{1{,}78}{1{,}35} = 1{,}32$$

Die Ziehverhältnisse für Zwischenzüge, bei welchen der Außendurchmesser erhalten bleibt, können etwas höher gewählt werden.

$$d_{\text{p2}} = \frac{d_{\text{p1}}}{\beta_2} = \frac{100\text{ mm}}{1{,}35} = 74\text{ mm}; \quad d_{\text{p3}} = \frac{d_{\text{p2}}}{\beta_3} = \frac{74\text{ mm}}{1{,}32} \approx 56\text{ mm};$$

Der vorgezogene Becher (Abb. 9.4) wird unter einer Spindelpresse in einem Gesenk fertiggeformt, d. h. fertiggeschlagen. Schwache Unebenheiten bleiben am Fertigteil fühlbar, auch wenn zum Ziehen große Abrundungshalbmesser r_{p1}, r_{pz}, r_{z2}, r_{z3} gewählt wurden. Wird dieses Teil vernickelt oder versilbert, muss die Oberfläche auf einer Drückbank noch nachgeglättet werden.

Das gehärtete Gesenk wird zum *Einschrumpfen* in den auf 350 °C erwärmten Schrumpfring eingeführt und sofort im Ölbad abgeschreckt. Nach Überschlagregel, Aufmaß zum Schrumpfen ≈2 ‰ vom Durchmesser, wird mit Gesenkdurchmesser 195 ± 0,02 mm der Schrumpfringinnendurchmesser = 195 mm − 2 ‰ von 195 mm = 195 mm − 0,39 mm = 194,60 ± 0,03 mm. Beim Erwärmen des Schrumpfringes vergrößert sich dessen Innendurchmesser um ~ 0,7 mm;[3] zum Zusammenfügen ist genügend Spielraum ≈0,70 mm − 0,39 mm ≈ 0,30 mm vorhanden.

[3] Durchmesservergrößerung $\Delta d = d_s \cdot (t_2 - t_1) \cdot \alpha$; dabei sind: d_s der Schrumpfringinnendurchmesser in mm, t_2 und t_1 die Temperaturen in K, α der Längenausdehnungskoeffizient des Stahles (linear) $\alpha = 11$ µm/m/ K.

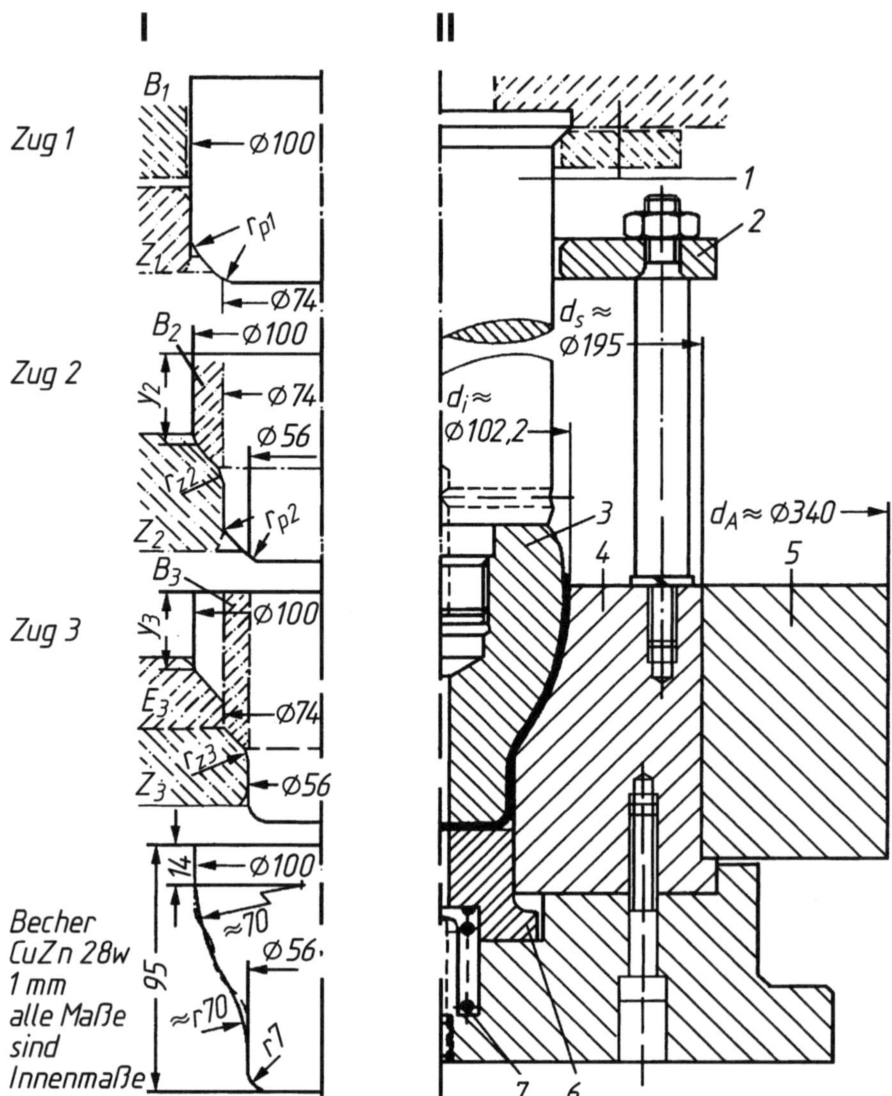

Abb. 9.4 **I** Zugabstufung beim Ziehen von Formteilen, **II** Gesenkformwerkzeug für Spindelpresse. $B_{1...3}$ Blechhalter und $Z_{1...3}$ Ziehringe, E_3 Einlegring oder drei verstellbare Anschläge Bauteile für Gesenkformwerkzeug: *1* Stempelaufsatz, *2* Abstreifer, *3* Stempel, *4* Gesenk, *5* Schrumpfring vergütet, E 335 oder 50 CrV4 Werkstoff Nr. 1.8159, *6* Auswerfer, *7* Druckfeder, die Teile 3, 4, 6 aus X4SNiCrMo4, Werkstoff Nr. 1.2767, herstellen, d_i größter Innendurchmesser des Gesenkes, d_s Schrumpfringdurchmesser, d_A Außendurchmesser des Schrumpfringes, Allgemeine Regel für Werkzeuge auf Spindelpressen: $d_A \approx (3,5 \ldots 4) \cdot d_i$, $d_s = 1,05\sqrt{d_i \cdot d_A}$, Schrumpfaufmaß 2 ‰ von d_s

Ergebnis
Berechnete Zugabstufung und Gesenkformwerkzeug zeigt Abb. 9.4.

Berechnungsbeispiel 9.3
Näpfe nach Abb. 9.5 aus Tiefziehblech RRSt 1404 1,5 mm dick, mit 70 mm Innendurchmesser r (d_{p2}), 98 mm innere Höhe (unbeschnitten), 9 mm Bodenabrundung sind auf einer doppelt wirkenden mechanischen Ziehpresse mittels eines *Doppelziehwerkzeuges* herzustellen. Die Ziehverhältnisse sind zu überprüfen.

Lösung
Mit Zuschnittdurchmesser $D_0 = 180$ mm wird

$$b_{\text{gesamt}} = \frac{D_0}{d_{\text{pfertig}}} = \frac{180\text{ mm}}{70\text{ mm}} \approx 2{,}6$$

Es sind Anschlagzug und zwei Folgezüge oder Anschlagzug, Zwischenglühen und ein Folgezug nötig. Um Arbeitsfolgen einzusparen und damit die Durchlaufzeit im Betrieb zu kürzen, kann ein Doppelziehwerkzeug (Abb. 9.5) gewählt werden. Hierfür sind zur Senkung der Herstellungskosten Auswechselteile (Werknormteile) mit zu verwenden. Das Werkzeug eignet sich jedoch nur für gut tiefziehfähige Bleche; es bedingt eine mechanische Ziehpresse, deren Zieh- und Blechhalterstößel von oben her wirken (Blechhalterstößel muss bei Kurbelwinkel 75° vor unterem Totpunkt die Ziehkraft $F_{\text{z1.Ziehfolge}}$ aufbringen) und erfordert zuverlässige Einrichter.

Für die 1. Ziehfolge, Napfvorzug mit Ziehring (8) ist eine von Hand betätigte Blechhalterplatte (2) eingebaut (starre Blechhaltung, siehe Abb. 8.8). Das Einschieben der Zuschnitte bei geöffneter Platte erleichtern die beiden Einführschrägen und je zwei Tellerfedern, die die Platte anheben. Spannschrauben übernehmen die Innenführung der Tellerfedern. Das für jeden Zug erforderliche Spannen der Blechhalterplatte ist weniger ermüdend, wenn beide Handgriffe (1) genügend dick und 250 … 300 mm lang sind. Nach dem Einrücken der mechanischen Ziehpresse (Weg-Zeit-Schaubild, Abb. 8.5a) bewegt sich zuerst der am Blechhalterstößel befestigte Ring (4) abwärts. Er ist während der 1. Ziehfolge Ziehstempel und in seiner tiefsten Stellung Blechhalterröhre der 2. Ziehfolge. Durch den sich inzwischen abwärts bewegenden Ziehstempel (6) wird die 2. Ziehfolge ausgeführt; der vorgezogene Napf wird im Ziehring (5) fertiggeformt. Das Blech ist noch nicht kaltverfestigt, weshalb Ziehverhältnis $\beta_{2.\text{Stufe}}$ größer gewählt werden kann. Erhält Ring (4) eine große Kantenabrundung ($r_{p1} > 5 \cdot$ Blechdicke), werden Ausschussteile durch Bodenreißer (Ziehfehler-Tab. 9.2, Bild I A I) vermieden. Ebenso hat der Ziehring für 2. Ziehfolge (5) einen größeren Ziehkantenhalbmesser r_{z2}; er liegt zwischen

$$r_{z2} = \frac{d_{p1} - d_{p2}}{2} - s \text{ sowie } r_{z2} = (6 \ldots 9) \cdot \text{Blechdicke } s.$$

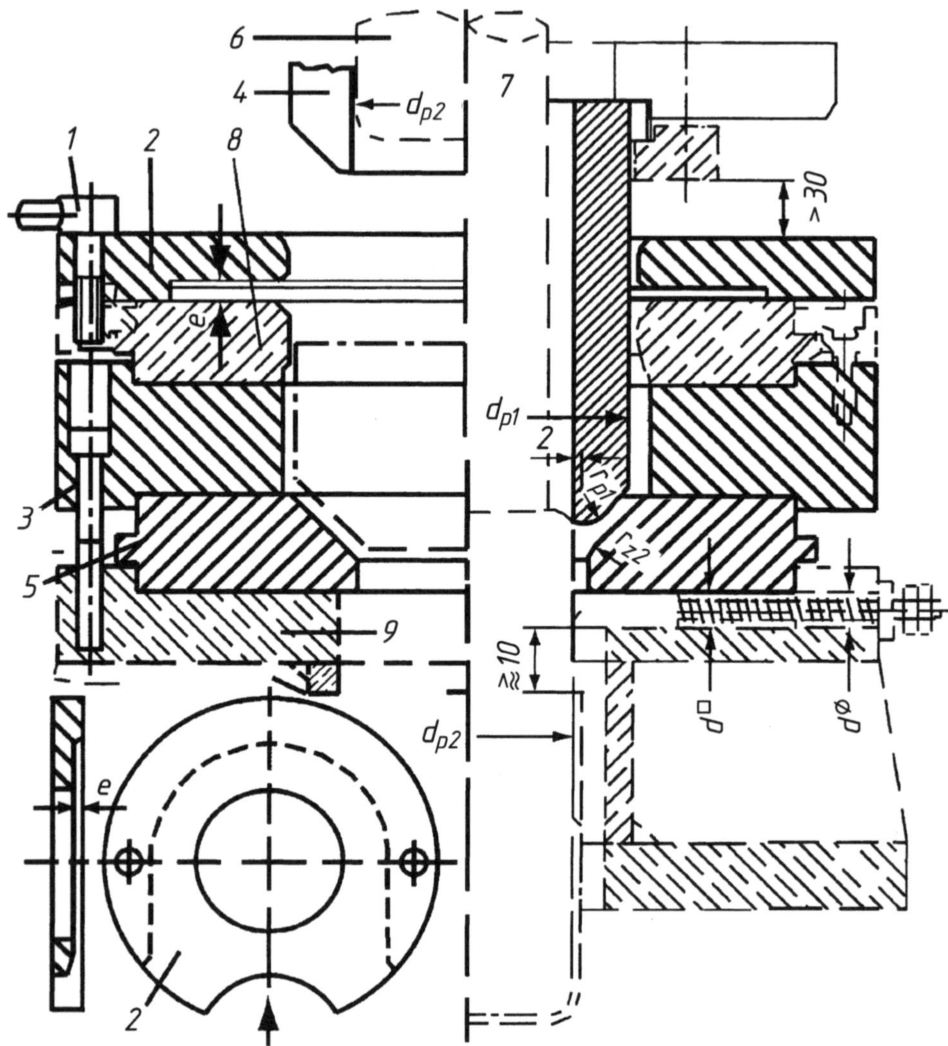

Abb. 9.5 Doppelziehwerkzeug . Darstellung vor Ziehbeginn und Ziehvorgang beendet; anzufertigen sind: *1* Spanngriffe je mit Rechts- und Linksgewinde, *2* Blechhalterplatte; Maß: *e*= Blechdicke s_{max}+ (5 … 7) % von *s*, *3* Zwischenring, *4* Ring als Ziehstempel bei 1. Ziehfolge mit $r_p \geq 5\cdot$ Blechdicke als Blechhalter bei 2. Ziehfolge, *5* Ziehring für 2. Ziehfolge (evtl. auch Werknormteil). Vorhanden sind als Werknormteil: *6* Ziehstempel mit Luftloch, *7* Ziehstempelaufsatz, *8* Ziehring für erste Ziehfolge mit Spannring, *9* Ziehstuhl mit Abstreifschiebern

Überschlägig gilt als *Grenzziehverhältnis in Doppelziehwerkzeugen* bei 1. Ziehfolge mit starrer Blechhalterplatte $\beta_1' = \beta_1 - (15\ldots20\,\%$ von $\beta_1)$, bei 2. Ziehfolge $\beta' = \beta_2 - (5\,\%$ von $\beta_2)^2$; β_1 und β_2 sind übliche Grenzziehverhältnisse, siehe Abschn. 8.1.2.

Für Tiefziehstahlblech RRSt 1404 mit Ziehverhältnis $\beta_{1\,max} \approx 1{,}95$, $\beta_{1\,max} \approx 1{,}35$ wird im Doppelziehwerkzeug (Abb. 9.5)

$$\beta_{1.\text{Stufe max}} = \beta_1' = 1{,}95 - (15 \ldots 20\,\% \text{ von } 1{,}95) = 1{,}65 \ldots 1{,}55 \quad \text{und}$$

$$\beta_{2.\text{Stufe max}} = \beta_2' = (1{,}35 - 5\,\% \text{ von } 1{,}35)^2 = 1{,}28^2 \approx 1{,}64$$

Damit $\beta_{\text{gesamt max}} = \beta_1' \cdot \beta_2' = (1{,}65 \ldots 1{,}55) \cdot 1{,}64 \approx 2{,}7 \ldots 2{,}55$.

Ergebnis
Gegebener Napf ist mittels Doppelziehwerkzeug herstellbar.

9.2 Werkzeuge für einfachwirkende Pressen mit Ziehkissen

9.2.1 Ziehen zylindrischer, runder Näpfe

Der Werkzeugaufbau zum Tiefziehen auf einfachwirkenden Kurbel- oder Exzenterpressen (Langsamläufer) mit Ziehkissen ist im Abschn. 8.4 mit Abb. 8.6 beschrieben. Die Lage der Druckbolzen unter der Blechhalterplatte muss mit dem Ziehkissendurchmesser bzw. mit der Durchgangsbohrung der Aufspannplatte des Pressentisches abgestimmt sein;[4] zur Unfallverhütung ist um das Unterteil ein Schutzgitter anzubringen.

9.2.2 Ziehen unrunder Hohlteile mit senkrechten Zargenwänden

Der Werkzeugaufbau (Abb. 9.6a) bleibt der gleiche wie beim Ziehen runder Näpfe. Für die Lage des Einspannzapfens ist bei Ziehwerkzeugen der Linienschwerpunkt des Ziehteilumrisses, bei Verbundwerkzeugen „Ausschneiden-Ziehen", der Linienschwerpunkt des Zuschnittumrisses maßgebend (siehe Abschn. 5.8.4 und 7.6). Vorteilhaft werden Stempel nicht in die Grundplatte eingelassen, sondern mittels zweier Zylinderstifte DIN 7979 Form B (mit Durchgangsbohrung und Innengewinde) lagemäßig gesichert. Die beiden Sacklöcher der Zylinderstifte erhalten je noch eine kleine Durchgangsbohrung (3 … 4 mm ∅), die zur zusätzlichen Stempelbelüftung dient. Ziehringe für Rechteckzug können in der Kopfplatte (bzw. im säulengeführten Oberteil) zentriert sein. Zur Bestimmung der tiefsten Werkzeuglage (*UT*) ist die größte Ziehkantenabrundung (in den Ecken des Ziehringes) maßgebend.

Verbundwerkzeuge Ausschneiden-Ziehen (GVW, Abb. 9.6b) schneiden aus Bändern oder Streifen mit der Ziehring-Außenkante den Zuschnitt aus urig formen ihn um. Die große Eintauchtiefe der Schneiden bedingt erhöhten Schneidenverschleiß. Würden in diesen Werkzeugen nickelhaltige Bleche z. B. X 12CrNi 18 8 verarbeitet, dann brechen im Augenblick des Trennens (in Abb. 4.1 die Stempellage c) Kristalle aus dem Schnittquerschnitt[5] aus und springen ab; diese können Riefen im Ziehteil hinterlassen, auch wenn

[4] Bei größeren Pressen befinden sich im Pressentisch mehrere Bohrungen zur Aufnahme von Druckbolzen, die auf die Blechhalterplatte unmittelbar wirken (Abb. 11.5).

[5] Schnittquerschnitt ist der zu trennende, zwischen den Schneiden des Werkzeuges sich befindliche Werkstoffquerschnitt (DIN 8588).

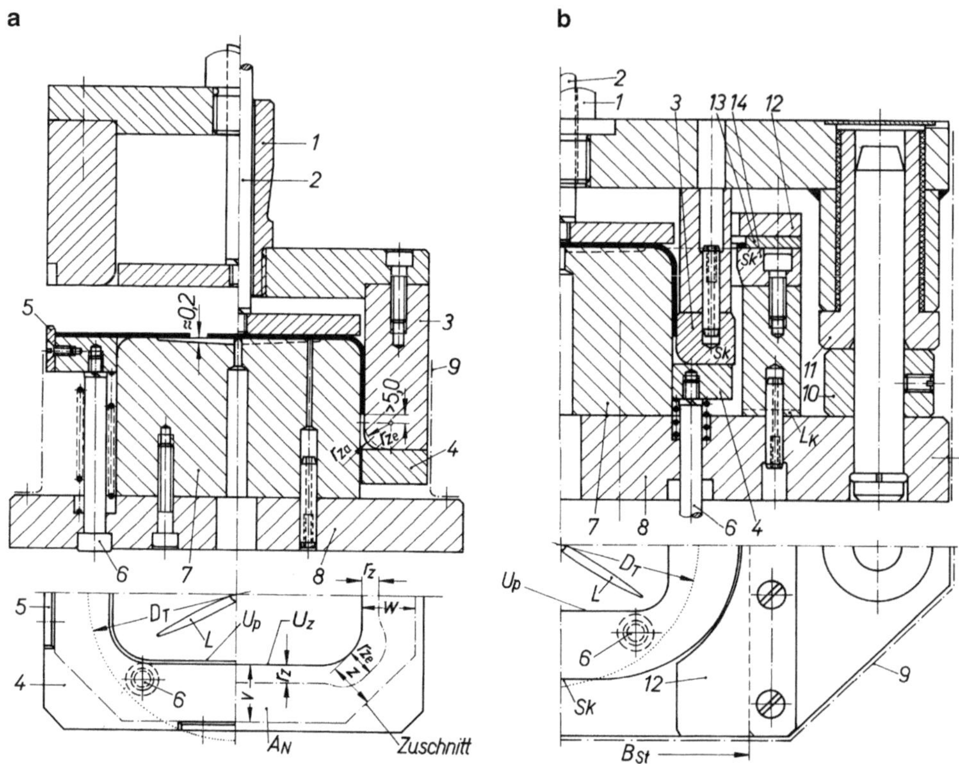

Abb. 9.6 Werkzeuge für einfachwirkende Pressen mit Ziehkissen, D_T Mindestdurchmesser der Druckfläche des Ziehkissens. **a** Ziehwerkzeug für rechteckiges Ziehteil; wichtige Bauteile: *1* Einspannzapfen mit Kopfplatte, *2* Zwangsausstoßer, *3* Ziehring, Wasserhärter, *Uz* Ziehring-Innenform mit Ziehkantenhalbmesser entlang geraden Ziehkanten r_z, in den Ecken r_{ze}, *4* Blechhalterplatte mit Druckfläche A_N, Maße *v*, *w* und *z* sind Rechnungsmaße, *5* vier Zentrierstücke für Zuschnitt, *6* vier Druckbolzen, schwache Druckfedern zum Anheben der drucklosen Blechhalterplatte, *7* Ziehstempel mit eingeschliffenen Lüftungsnuten *L*, U_p Stempelform, *8* Grundplatte, *9* Schutzgitter. **b** Verbundwerkzeug Ausschneiden-Ziehen für rechteckiges Ziehteil; *Sk* sind Schneidkanten am Ziehring (*3*) und Schneidring (*14*); beide Ringe sind mit Auflageringen und diese mit Ober- und Unterteil verschraubt und verstiftet, L_K sind seitliche Lüftungskanäle und Abläufe für Zieh- und Kühlflüssigkeiten; wichtige Bauteile: Teile *1* … *9* wie bei **a**, zusätzlich, *10* Aufschlagring, *11* Führungsbuchse mit Kunstharz eingegossen, *12* Abstreifer, *13* Zwischenlage, dient zugleich zur Befestigung des Streifenauflagebleches, *14* Schneidring, Maß B_{St} Streifenbreite

Emulsionsmittelstrahlen das Werkzeug andauernd ausspülen. Man soll daher nickelhaltige Stahlbleche möglichst nicht in GVW „Ausschneiden-Ziehen“ verarbeiten.

Im GVW (Abb. 9.6b) sind die *Druckflächen des Ziehstempels* (7) und des *Schneidringes* (14) gleich hoch. Dringt die Schneide *Sk* des Ziehringes (3) in das Blech ein, beginnt bereits der Ziehvorgang; im Flansch entstehen sofort, gleichmäßig verteilt, hohe radialwirkende Spannungen (im Bereich der Streckgrenze), weshalb mit kleinem Blechhalterdruck (N/cm^2) gezogen werden kann. Nachteilig ist, dass beim Schärfen des Schneidringes der Ziehstempel an seiner Auflagefläche ebenfalls abgeschliffen werden muss.

Würde man die Druckfläche des Schneidringes höher legen, um beim Schärfen seiner Schneide das Ausbauen des Ziehstempels zu vermeiden, müsste der Blechhalterdruck erhöht werden.

Das Werkzeug (Abb. 9.6b) hat ein säulengeführtes Oberteil; nur bei vollsymmetrischer Ziehteilform kann man es für geringe Stückzahlen und für dicke Bleche als Verbundwerkzeug ohne Führung (vgl. Abschn. 5.1) gestalten. Die Schneidplatte wird zum Ziehstempel zuerst mittels Endmaßen zentrieren; dann verschraubt und verstiftet. Eignet sich eine Zuschnittronde fdr das Ziehteil (Abb. 8.12, Zuschnittform e), erhalten die Ringe und Platten Zentrierungen; das Werkzeug wird billiger.

Berechnungsbeispiel 9.4

Zur Fertigung rechteckiger Ziehteile (Berechnungsbeispiel 8.7.2) aus Werkstoff Cu Zn 28 F 28,2 mm dick, ist ein Verbundwerkzeug Ausschneiden-Ziehen zu entwerfen.

Lösung

Zuschnittform Beispiel 8.7.2, Werkzeugdarstellung Abb. 9.6b

1. *Ziehverhältnis* nach Gl. 9.1

   Aus Zuschnittgröße $L_0 \times B_0 = 270\,\text{mm} \times 195\,\text{mm}$, abzüglich den vier abgeschnittenen Ecken mit 58 mm Seitenlänge wird Zuschnittfläche

$$A_0 = (27\ \text{cm} \cdot 19{,}5\ \text{cm}) - 4 \cdot \frac{5{,}8\ \text{cm} \cdot 5{,}8\ \text{cm}}{2} = 458\ \text{cm}^2$$

   entspricht inhaltsgleichen Kreis mit

$$d_{\text{A0}} = 1{,}13 \cdot \sqrt{458\ \text{cm}^2} = 24{,}2\ \text{cm}$$

   Stempelquerschnitt

$$\begin{aligned} A_\text{p} &= a \cdot b + (2 \cdot a + 2 \cdot b) \cdot r_\text{pe} + \pi \left(r_\text{pe}\right)^2 \\ &= 12\ \text{cm} \cdot 4\ \text{cm} + (2 \cdot 12\ \text{cm} + 2 \cdot 4\ \text{cm}) \cdot 2{,}9\ \text{cm} + \pi \cdot 2{,}9^2\ \text{cm}^2 \\ &= 167\ \text{cm}^2; \end{aligned}$$

   entspricht inhaltsgleichem Kreis mit

$$d_{\text{Ap}} = 1{,}13 \cdot \sqrt{167\ \text{cm}^2} = 14{,}6\ \text{cm}$$

   Somit Ziehverhältnis

$$\beta_1 = \sqrt{\frac{A_0}{A_\text{p}}} = \sqrt{\frac{458\ \text{cm}^2}{167\ \text{cm}^2}} = 1{,}66$$

oder

$$\beta_1 = \frac{d_{A0}}{d_{Ap}} = \frac{24{,}2\ \text{cm}}{14{,}6\ \text{cm}} = 1{,}66$$

Ziehverhältnis $\beta_1 \triangleq 1{,}66$ liegt bei $\frac{d_p}{s} = \frac{d_{Ap}}{s} = \frac{146\ \text{mm}}{2{,}0\ \text{mm}} = 73$ unterhalb des Grenzziehverhältnisses Cu Z 28 W (Kurvenzug in Abb. 8.2), also zulässig.

2. Berechnung der Ziehspalte und Ziehkantenhalbmesser
Nach Gl. 9.2 ist Mindestziehspalt der Längsseite *a*

$$u_{za} = s_{max} = 2{,}03\ \text{mm}$$

Mindestziehspalt der Schmalseite *b*, nach Gl. 8.3

$$u_{zb} = s + 0{,}10 \cdot \sqrt{s} = 2{,}0\ \text{mm} + 0{,}10 \cdot \sqrt{2{,}0\ \text{mm}} \approx 2{,}15\ \text{mm}$$

Mindestziehspalt in den Ecken

$$u_{ze} \approx \frac{7}{6} \cdot u_{zb} = \frac{7}{6} \cdot 2{,}15\ \text{mm} \approx 2{,}5$$

Zur Ermittlung der Ziehkantenhalbmesser nach Gl. 9.3 werden gemessen $v = 46$ mm, $w = 44$ mm.

Ziehkantenrundung entlang Längsseite

$$r_{za} = 0{,}5 \cdot \sqrt{2 \cdot v \cdot s} = 0{,}5 \cdot \sqrt{2 \cdot 46\ \text{mm} \cdot 2\ \text{mm}} \approx 6{,}8\ \text{mm}$$

Ziehkantenrundung entlang Schmalseite

$$r_{zb} = 0{,}5 \cdot \sqrt{2 \cdot w \cdot s} = 0{,}5 \cdot \sqrt{2 \cdot 44\ \text{mm} \cdot 2\ \text{mm}} \approx 6{,}6\ \text{mm}$$

da r_z mindestens (4 … 5) · 5 sein soll, gewählt $r_{za} = r_{zb} = 8$ mm; Bedingung $r_z < r_p$ ist erfüllt.

Ziehkantenrundung in den Ecken

$$r_{ze} = 0{,}7 \cdot \sqrt{(2 \cdot R_1 - 2 \cdot r_e) \cdot s} = 0{,}7 \cdot \sqrt{(2 \cdot 66\ \text{mm} - 2 \cdot 31\ \text{mm}) \cdot 2\ \text{mm}} \approx 8{,}3\ \text{mm}$$

oder $r_{ze\,max} = 1{,}5 \cdot r_{za} = 1{,}5 \cdot 8\ \text{mm} = 12\ \text{mm}$; gewählt $r_{ze} = 10$ mm.

3. Berechnung der erforderlichen Umformkräfte und der Umformarbeit
Gleichungen für Ziehkraft und Zieharbeit in Abschn. 8.1.5 und 8.1.7.
Schneidkraft $F_S = l \cdot s \cdot ks$ nach Gl. 4.1 Zuschnittumfang *l* gemessen = 794 mm
Schneidwiderstand nach Gl. 4.2:
Für CuZn 28 F 28 wird

$$k_S = 0{,}7 \cdot R_m = 0{,}7 \cdot 280 \frac{\text{N}}{\text{mm}^2} \approx 190 \frac{\text{N}}{\text{mm}^2}$$

$$F_S = 794\ \text{mm} \cdot 2\ \text{mm} \cdot 190 \frac{\text{N}}{\text{mm}^2} \approx 301.000\ \text{N} = 301\ \text{kN}$$

Schneidarbeit nach Gl. 4.12

$$W_s = \frac{F_S \cdot h_s \cdot K_s}{1000} = \frac{301.000\ \text{N} \cdot 2\ \text{mm} \cdot 0{,}3}{1000} \approx 180\ \text{Nm}$$

Ziehkraft $F_{z1} = \dfrac{\pi \cdot d_{pl} \cdot s_{kfm1} \cdot \ln \beta_1}{0{,}65}$

Stempeldurchmesser $d_{pl} \mathrel{\hat{=}} d_{Ap} = 146\ \text{mm}$

Für $\beta_1 = 1{,}66$ ist $\ln\beta_1 = 0{,}51$; für Werkstoff Cu Zn 28 w die mittlere Formänderungsfestigkeit

$$k_{fm1} = 230 \frac{\text{N}}{\text{mm}^2}$$

$$F_{z1} = \frac{\pi \cdot 146\ \text{mm} \cdot 2{,}0\ \text{mm} \cdot 230 \frac{\text{N}}{\text{mm}^2}}{0{,}65} \approx 165.000\ \text{N} \approx 170\ \text{kN}$$

Blechhalterdruck nach Gl. 8.10

$$p_{N1} = \frac{R_m}{400}\left[\left(\beta_1 - 1\right)^3 + \frac{d_{pl}}{220 \cdot s}\right]$$

$$= \frac{28.000 \frac{\text{N}}{\text{cm}^2}}{400}\left[\left(1{,}66 - 1\right)^3 + \frac{146\ \text{mm}}{200 \cdot 2\ \text{mm}}\right] \approx 46 \frac{\text{N}}{\text{cm}^2}$$

Blechhalterdruckfläche wird mit $A_{N1} \approx 232\ \text{cm}^2$ ausgemessen

Blechhalterdruckkraft $F_{N1} - A_{N1} \cdot p_{Ni} = 232\ \text{cm}^2 \cdot 46 \frac{\text{N}}{\text{cm}^2} \approx 11.000\ \text{N} \approx 11\ \text{kN}$

Bei elastischer Blechhaltung ist die Zieharbeit, Gl. 8.14,

$$W_{z1} = \frac{F_{z1} \cdot h_{innen1} \cdot K_{w1}}{1000} + \frac{F_{N1} \cdot h_{w1}}{1000}$$

Ziehteilinnenhöhe $h_{innen} = 54$ mm für $\beta_1 = 1{,}66$ ist der Korrekturwert (Kurvenzug Abb. 8.2) $K_{w1} \approx 0{,}77$

Umformweg (aus Zeichnung gemessen) h_w= Ziehteilinnenhöhe + Ziehkantenabrundung im Eck r_{ze} + 2 … 4 mm; Überlauf = 54 mm + 10 mm + 2 mm = 66 mm

$$W_{z1} \approx \frac{170.000\ \text{N} \cdot 54\ \text{mm} \cdot 0{,}77}{1000} + \frac{11.000\ \text{N} \cdot 66\ \text{mm}}{1000} \approx 7850\ \text{Nm}$$

gesamte Arbeit = $W_s + W_z$ = 180 Nm + 7850 Nm = 8030 Nm ≈ 8000 Nm.

Ergebnis
Zur Pressenauswahl ist die Schneidkraft 301 kN · 1,2 ≈ 370 kN maßgebend, damit Pressennennkraft[6] mindestens 2 · 370 kN ≈ 800 kN. Der Mindeststößelhub soll etwa 150 mm sein. Als Mindesthub des Zwangsauswerfers werden ≈ 50 mm in der Werkzeugzeichnung gemessen. Für die vier Druckbolzen ist ein Durchgang in der Aufspannplatte des Pressentisches $d_{\mathrm{Tmin}} \approx 120$ mm ∅ erforderlich. Die Presse muss eine Umformenergie $W_{\min} =$ 8000 Nm · 1,2 ≈ 10.000 Nm aufbringen.

9.2.3 Berechnungsgrundlagen zur Werkzeugkonstruktion

Zuerst wird nach Abschn. 8.7.2 die Zuschnittform ermittelt.

1. Überprüfung der Umformverhältnisse
Beim Tiefziehen prismatischer Hohlteile (senkrechte Seitenwände mit elliptischer oder mit quadratischer, rechteckiger Form und großen Eckenabrundungen)

$$\frac{\text{langes Werkzeugmaß } A}{\text{Eckenabrundung } r_{\mathrm{E}}} < 64$$

liegen ähnliche Verhältnisse wie beim Tiefziehen zylindrischer, runder Näpfe vor.[7] Werden Zuschnittfläche A_0 und Stempelquerschnitt A_{p} der unrunden Form in flächengleiche Kreise umgerechnet, so kann man die erhaltenen *gedachten (fiktiven) Durchmesser* d_{A0} bzw. d_{Ap} in die bekannten Gleichungen für runden Napfzug (Ziehverhältnis, Ziehkraft, Blechhalterdruck) einsetzen. Es ergibt sich aus:

Zuschnittfläche beliebiger Form

$$A_0 \triangleq \frac{\pi}{4} \cdot (d_{\mathrm{A0}})^2 \text{ der Durchmesser } d_{\mathrm{A0}} = \sqrt{\frac{4}{\pi} \cdot A_0} = 1{,}13 \cdot \sqrt{A_0}$$

Stempelquerschnitt

$$A_{\mathrm{p}} \triangleq \frac{\pi}{4} \cdot (d_{\mathrm{Ap}})^2 \text{ der Durchmesser } d_{\mathrm{Ap}} = \sqrt{\frac{4}{\pi} \cdot A_{\mathrm{p}}} = 1{,}13 \cdot \sqrt{A_{\mathrm{p}}}$$

[6] Die wirksame Stößelkraft bei $H_{\max}$ und Kurbelwinkel $\alpha = 30°$ vor dem unteren Totpunkt *UT* wird nach DIN 55171 mit Pressennennkraft bezeichnet. Die Stößelkraft mindert sich, je größer der Kurbelwinkel α ist, entsprechend der Beziehung $F_{\text{Stößel}} = \frac{F_{\text{Nennkraft}}}{2 \cdot \sin\alpha}$. Im obigen Verbundwerkzeug Ausschneiden-Ziehen ist bei Schneidbeginn der Kurbelwinkel $\alpha \approx 75°$. Für sin75° 1,0 gesetzt, wird $F_{\text{Nennkraft}} = F_{\text{Stößel}} \cdot 2 \cdot \sin\alpha = F_{\text{Stößel}} \cdot 2 \cdot 1{,}0 = 2 \cdot F_{\text{Stößel}}$ (vgl. Abschn. 8.1.5).

[7] Untersuchungen von Prof. Panknin, veröffentlicht in den *Mitteilungen der Forschungsgesellschaft Blechverarbeitung e. V.* Nr. 2/3 v. 25.1.59.

Für Anschlagzug prismatischer Ziehteile mit Verhältnis $\dfrac{\text{langes Werkzeugmaß } A}{\text{Eckenabrundung } r_E} < 64$ gilt:

$$\beta_1 = \sqrt{\frac{A_0}{A_p}} = \frac{d_{A0}}{d_{Ap}}$$
$$d_{A0} = 1{,}13 \cdot \sqrt{A_0} \tag{9.1}$$
$$d_{Ap} = 1{,}13 \cdot \sqrt{A_p}$$

β_1	Ziehverhältnis für Anschlagzug
A_0	Zuschnittfläche
A_p	Stempelquerschnitt
d_{A0}	gedachter Durchmesser des flächengleichen Kreises aus Zuschnittfläche A_0
d_{Ap}	gedachter Durchmesser des flächengleichen Kreises aus Stempelquerschnitt A_p.

2. Festlegung des Ziehspaltes und der Ziehkantenhalbmesser

Während des Ziehens sind die Blechquerschnitte im Bereich der geradlinigen Ziehkanten weniger beansprucht als in den Ecken, weshalb der *Ziehspalt* u_z verschieden groß auszuführen ist:

$$\begin{gathered}\text{Mindestziehspalt im Bereich der Längsseite}\\ u_{za} \approx \text{Blechdicke } s_{max}\\ \text{Mindestziehspalt im Bereich der Schmalseiten}\\ u_{zb} \approx u_z \text{ Napfzug, Gl. 8.3}\\ \text{Mindestziehspalt im Bereich der Ecken}\\ u_{ze} \approx 7/6 \cdot \text{Ziehspalt } u_{zb}\end{gathered} \tag{9.2}$$

Für die *Ziehkantenabrundungen* gelten sinngemäß die gleichen Angaben wie beim Napfzug.

$$\begin{gathered}\text{Ziehkantenhalbmesser entlang der Längsseite}\\ r_{za} = 0{,}5 \ldots 0{,}7 \cdot \sqrt{2 \cdot v \cdot s}\\ \text{Ziehkantenhalbmesser entlang Schmalseite}\\ r_{zb} = 0{,}5 \ldots 0{,}7 \cdot \sqrt{2 \cdot w \cdot s}\\ \text{Ziehkantenhalbmesser in den Ecken}\\ r_{ze} = 0{,}7 \ldots 0{,}8 \cdot \sqrt{(2 \cdot R_1 - R_2 \cdot r_e) \cdot s} \quad \text{oder}\\ r_{ze} = 0{,}7 \ldots 0{,}8 \cdot \sqrt{2 \cdot z \cdot s}\end{gathered} \tag{9.3}$$

Tab. 9.1 Formelzeichen für das Tiefziehen

Bezeichnung	Formelzeichen für		
	Ziehteil	Ziehstempel	Ziehring
zylindrische runde Näpfe			
Napfinnendurchmesser	d_p	d_p	
Napfaußendurchmesser	d_z		d_z
Bodenabrundungshalbmesser (Napfinnenseite)	r_p	r_p	
Ziehkantenhalbmesser am Ziehring			r_z
Ziehspalt		u_z	
prismatische Hohlteile			
am Ziehteil folgende neutrale Maße:			
Werkstücklänge	A		
Werkstückbreite	B		
Eckenabrundungshalbmesser	r_E	r_{pe}	r_e
Bodenabrundungshalbmesser	r_B	r_p	
geradlinige Teilfläche entlang:			
langer Werkstückseite	a		
kurzer Werkstückseite	b		
Ziehkantenhalbmesser am Ziehring für:			
lange Werkstückseite a			r_{za}
kurze Werkstückseite b			r_{zb}
Eckenabrundungen r_E			r_{ze}
Ziehspalt entlang Seite a		u_{za}	
Ziehspalt entlang Seite b		u_{zb}	
Ziehspalt in den Eckenabrundungen r_E		u_{ze}	

Die Maße v, w und z sind Entfernungen zwischen Ziehkante und Zuschnittrand (Abb. 9.6a). s Blechdicke, R_1 korrigierter Zuschnitthalbmesser des Hohlteileckentopfes (Abb. 8.12).

Die Ziehkantenhalbmesser r_{za} und r_{zb} sollen mindestens $(4 \ldots 5) \cdot s$, jedoch < Stempelkantenabrundung r_p sein. Bei Ziehteilmaßen $A : B < 3 : 1$ werden r_{za} und r_{zb} meist gleichgroß gewählt.

Haben Ziehteile kleine Eckenabrundungshalbmesser r_E, wird die Ziehkantenrundung im Bereich der Ecken bis $r_{ze} = (1{,}5 \ldots 2{,}0) \cdot r_{za}$ vergrößert; der Zuschnitt fließt besser ein, die Bodenabreißgefahr in den Ecken wird gemindert.

Formelzeichen für das Tiefziehen zeigt die Übersicht in Tab. 9.1.

9.3 Ziehfehler beim Ziehen mit Blechhalter

Fehlerursachen sind schwierig festzustellen, da sichtbare Mängel gleichzeitig mehrere Ursachen haben können (Tab. 9.2); oft zeigt bei gleichbleibender Ziehteilform der gleiche Fehler waagerecht verlaufende Risse in unterschiedlicher Höhe.

Die Ursachen aufgetretener Mängel kann man einteilen:

a) *Werkzeuggestaltungsfehler*, z. B. falsche Bemaßung des Ziehspaltes, der Einlaufrundungen am Ziehring, schlechte Stempelbelüftung, falsch angeordnete oder fehlende Einfließ- und Bremswulste.
b) *Werkstofffehler*, z. B. schlechte Ziehgüte oder überlagerte Bleche; Ziehteil wurde nicht werkstoffgerecht gestaltet.
c) *Verarbeitungsfehler*; diese entstehen im Bereich, z. B. beim Herstellen bzw. Einrichten des Werkzeuges, beim Tiefziehen oder Glühen.

Tab. 9.2 Ziehfehler und ihre Ursachen

I		Werkzeuggestaltungsfehler	Ursachen
A 1	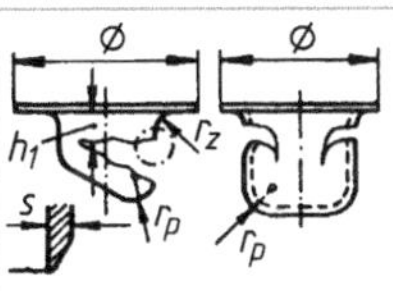 Ø Ø h_1 r_z s r_p r_p	Bodenreißer: nach kurzer Zargenbildung (Maß h_1): Bodenabriss einseitig, selten zweiseitig; Rissbeginn meist am Übergang Bodenrundung auf Zarge; Risskante eingeschnürt	a) Ziehverhältnis β zu groß b) Blech hat ungenügende Ziehgüte c) $h_1 < r_p + r_z$, dann sind Kantenabrundungen am Ziehring (r_z), am Stempel (r_p) zu klein oder Blechhalterdruck p_N zu groß
2	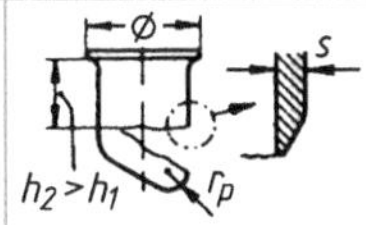 Ø s $h_2 > h_1$ r_p	kurz bevor Zarge fertiggezogen ist (Maß h_2): einseitiger Bodenabriss; Risskante eingeschnürt	a) Ziehspalt uz zu eng b) es wurde mit Federdruckgerät ohne Abstandsstücke für Maß $e = s + 5 \dots 7\,\%$ von s (vgl. Abschn. 8.5) starre Blechhaltung) gezogen
		Einschnürung der Risskante ist Hinweis auf gute Blechgüte	
3	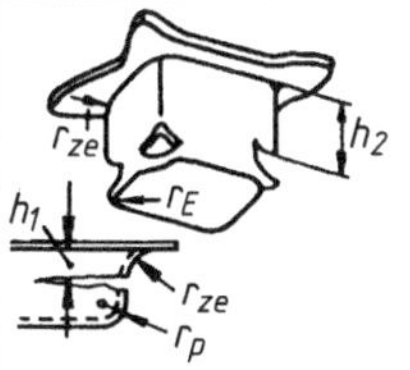 r_{ze} h_2 r_E h_1 r_{ze} r_p	nach kurzer Zargenbildung ($h = h_1 \lessapprox r_P + r_{ze}$) Bodenabriss an einer oder an mehreren Ecken	a) Blech hat ungenügende Ziehgüte b) Stempelabrundung r_P, Ziehkantenrundung r_{ze} zu klein c) falsche Zuschnittform; bei rechteckigem Zuschnitt noch die Ecken unter 45° abschneiden
		kurz bevor Zarge fertiggezogen ist ($h = h_2 > h_1$): Bodenabriss an einer oder an mehreren Ecken	a) Ziehspalt in den Ecken u_{ze} zu eng b) Ziehspalt an Längs-, Schmalseiten u_{za}, u_{zb} zu groß c) Ziehkantenabrundung im Eck zu klein

(Fortsetzung)

Tab. 9.2 (Fortsetzung)

I		Werkzeuggestaltungsfehler	Ursachen
4	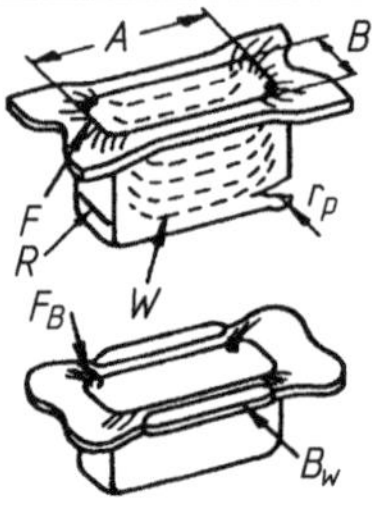	*A* : *B* > 2,5 schwachwellige Oberfläche (*W*) auf den Längsseiten; schwache Falten (*F*) auf dem Flansch der Schmalseiten; waagerecht verlaufender Riss (*R*) in den Schmalseiten (kann über Ecken wegreißen)	*Zu W*: Blech ist ruckartig eingeflossen; die zu dünne Grundplatte des Werkzeugunterteils biegt sich im Bereich der Durchfallöffnung des Pressentisches durch *zu F*: a) Blechhalterdruck p_N zu klein b) Ziehspalt an Längsseite u_{za} zu eng *zu R*: Längsseiten fließen schneller ein als Schmalseiten, da Längsseite mit zu großem Ziehkantenhalbmesser r_{za} und Ziehspalt u_{za}
A 4	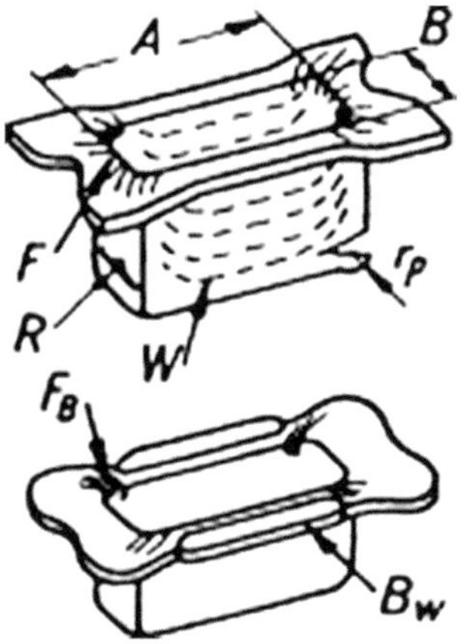		Behebung: a) Zuschnittecken unter 45° abschneiden b) Blechhalterdruckfläche im Bereich der Schmalseiten um 3 … 5 % der Blechdicke abschleifen c) Ziehkantenhalbmesser r_{ze} und r_{zb} vergrößern d) Bremswulste (B_W) entlang Längsseite vorsehen
		F_B sind Falten trotz Bremswulst, da harter Übergang vom Wulstauslauf auf Blechhalterfläche	

(Fortsetzung)

Tab. 9.2 (Fortsetzung)

I		Werkzeuggestaltungsfehler	Ursachen
5	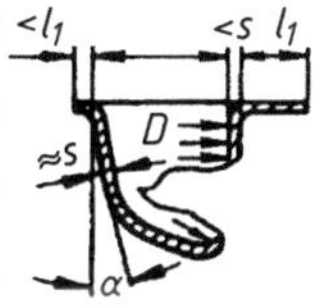	oberhalb des Risses ist auf Innenfläche der Zarge fühlbare oder sichtbare Druckstelle *D*; dort ist Flanschbreite größer. Gegenüberliegende Zargenseite ist geneigt	Stempel zum Ziehring versetzt: a) Ziehring wurde nicht mittig zum Stempel aufgespannt b) bei unrunder Ziehform liegt Einspannzapfen nicht im Linienschwerpunkt c) beim Formziehen wirken Seitendrücke; Führungselemente für Stempel, Blechhalter, Ziehring zur Aufnahme dieser Seitendrücke fehlen
B		*Druckspuren D*: teilweise Riefen, oft zusätzliche Bodenreißer	a) Ziehspalt u_z zu eng; b) falsche Schmierstoffe (Tab. 8.1)
C		*Längsfalten*: Faltenbildung *F* am oberen Rand, Falten teilweise zusammengequetscht Halbkugelformen oft mit höherem Rand auf einer Seite	bei zylindrischen Teilen: a) Blechhalterdruck p_N zu klein (siehe unter III B) b) Ziehkantenhalbmesser r_z zu groß c) Ziehspalt u_z zu weit bei halbkugelförmigen Teilen: Ziehring wurde ohne Einfließwulst (Abb. 8.9a) ausgeführt
D	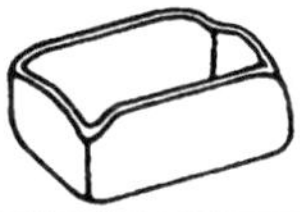	*falsche Zuschnittformen*: Ecken sind nicht vollständig ausgebildet	Zuschnitt im Eck zu knapp, da korrigierter Halbmesser R_1 nicht ermittelt (Abb. 8.12)
		weitere Fehler durch falsche Zuschnittform: I A3,1 A4	
II		fehlerhafter Werkstoff	Ursachen
A 1	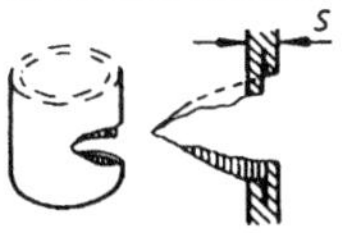	*waagerecht verlaufender Riss*: Doppelung; Aussehen der Risskante, als ob zwei Bleche aufeinander liegen würden	Lunker (selten Gasblasen) in der Randschicht des Walzrohlings haben oxidiert und verschweißten nicht mehr beim Auswalzen des Bleches
2		Risskante ohne Einschnürung (zackiger Bruch)	a) Blech schlechter Tiefziehgüte b) überlagertes (gealtertes Blech)

(Fortsetzung)

Tab. 9.2 (Fortsetzung)

II		fehlerhafter Werkstoff	Ursachen
3		raue Blechoberfläche entsteht nach Rekristallisationsglühung beim Weiterziehen oder Ausbauchen entlang Riss und Bodenabrundung	Grobkornbildung durch Glühfehler (vor Weiterverarbeitung durch Normalglühen, Tab. 8.2, beheben)
		raue Blechoberfläche auf gesamter Zarge	Beizfehler
B		*senkrecht verlaufender Riss*: langer tiefer Riss oder mehrere Risse sind entstanden:	
		a) beim Tiefziehen	bei Stahlblechen: hoher Phosphorgehalt
		b) nach dem Tiefziehen	bei austenitisch rostbeständigen Blechen: zu lange Lagerung zwischen Tiefziehen und Zwischenglühen (Spannungsriss)
		c) nach einiger Gebrauchszeit	Alterungsbruch bei: Stahlblechen durch hohen Stickstoffgehalt; Messingblechen, die nicht entspannt wurden (Kochen bei etwa 120 °C, 10 … 20 Stunden)
C	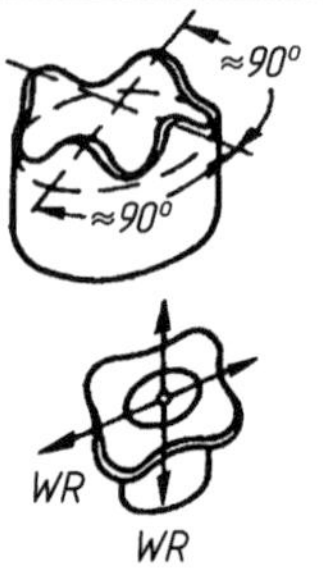 ≈90° ≈90° WR WR	*Zipfelbildung* (Anisotropie): vier Zipfel sind entstanden; sie sind um 90° zueinander versetzt und liegen bei den meisten Werkstoffen unter 45° zur Walzrichtung *WR* des Bleches keine Zipfelbildung nur bei normalgeglühten Blechen	a) bei Leichtmetallblechen ist geringe Zipfelbildung kaum vermeidbar b) je besser Tiefziehfähigkeit des Bleches, desto geringere Zipfelbildung c) je größer Ziehkantenabrundung r_z, desto höher die Zipfel
D	 F R	*Fremdkörper im Blech*: längliches Loch (oft Riss) *R*	poröse Stellen, z. B. bei Blechen Al 99,9 %
		glattgedrückte Falte *F*, hervorgerufen durch eingewalzte oder eingedrückte Fremdkörper	a) Sandkörnchen, Schlackenteilchen im Blech b) Metallstaub, Metallspäne im Schmiermittel oder auf Zuschnitt

(Fortsetzung)

Tab. 9.2 (Fortsetzung)

III		Verarbeitungsfehler	Ursachen
A		*Ziehriefen*: einzelne, meist mehrere nebeneinander liegende, parallel verlaufende Riefen	Verschleiß der Ziehkante durch a) stellenweise angerostete Bleche b) aufgeschweißte Teile der Blechoberfläche c) schlecht polierte Gleit- und Einlaufflächen (diese öfters nachpolieren)
B	R_B R	*Blechhalterdruck p_N zu niedrig*:	a) bei starrer Blechhaltung ist Spielraum zwischen Blechhalter und Blechoberfläche zu groß (>7 % der Blechdicke)
		während des Ziehens entstehen im Flansch Falten, die noch auf Zarge sichtbar oder fühlbar bleiben	b) bei elastischer Blechhaltung ist eingestellter Druck p_N zu niedrig bei a) und b) zusätzlich: Ziehkantenhalbmesser r_z oder Ziehspalt *uz* zu groß
		zusätzlich Bodenreißer R_B:	während des Glattdrückens der Falten war Blechbeanspruchung zu hoch
		zusätzlich Flanschabriss R:	zu niedriger Blechhalterdruck p_N bei zu kleinem Ziehkantenhalbmesser
		rechteckige Ziehteile: I A4	
		Formziehteile: I C	
		Blechhalterdruck p_N zu hoch: I AI	
C	$<l_1$ l_1 $>s$ $<s$ $>s$ $<s$ $>h$ h	*Flansch, Zarge ungleich lang*:	a) Zuschnitt außermittig eingelegt b) ungleiche Blechdicke *s* (selten) c) Ziehringfläche nicht parallel mit Blechhalter, z. B. Werkzeugauflageflächen oder Aufspannflächen der Presse sind nicht gereinigt, haben Scharten d) weitere Fehler: I A 5
		Glüh- und Beizfehler: II A 3	
		Fremdkörper im Blech: II D	

Misserfolge beim *Tiefziehen von Stahlblechen* können ihre Ursache auch in der Vergießungsart des Stahles haben. Feinbleche aus „*unberuhigt vergossenem Stahl*“ (z. B. die Stahlsorten WUSt 12, USt 13, USt 14, DIN 1623 Blatt 2) neigen zur *Alterungsversprödung*. Diese wird durch Ausscheidung von Eisenbegleitern (Nitride und Karbide) verursacht. Dadurch erhöhen sich innerhalb engster Werkstoffzonen Härte und Streckgrenze, während sich Bruchdehnung, damit Ziehfähigkeit, stark mindern. Alterungsversprödungen wirken sich als *Fließfiguren oder als Riss* aus.

Sobald gealterte Bleche während des Tiefziehens im Streckgrenzen-(Fließgrenzen-) Bereich beansprucht sind, werden infolge ungleicher Stoffeigenschaften schmale Werkstoffzonen noch elastisch, angrenzenden Zonen bereits plastisch umgeformt. Diese unterschiedlichen Stoffverschiebungen zeichnen sich auf die Werkstückoberfläche als feine Linien ab, die mit Fließfiguren bezeichnet werden. Deren Maserung bleibt jedoch nur auf den Werkstoffzonen erhalten, die im Fließgrenzenbereich beansprucht waren (z. B. bei Ziehteilen am Übergang Napfboden auf Bodenrundung); die Fließfiguren verschwinden jedoch, sobald durch fortschreitende Weiterumformung der Werkstoff plastisch wird (z. B. bei Ziehteilen auf Zargen).

Grundsätzlich soll man unberuhigt vergossene Stahlbleche *ohne vorherige Lagerung* verarbeiten. Der Neigung zur Fließfigurenbildung kann der Blechhersteller nur auf die Dauer von etwa zwei Monaten entgegenwirken, indem er Bleche „dressiert“, d. h. leicht nachwalzt (DIN 1623, Blatt 1). Risse durch Alterungsversprödung (Ziehfehler-Tab. 9.2, Spalte II.B) können entstehen z. B. während des Tiefziehens oder wenn Werkstücke zum Verzinnen bzw. zum Trocknen nach dem Lackieren erwärmt werden oder wenn Fertigteile bei Gebrauch Temperaturschwankungen zwischen 20 und 200 °C ausgesetzt sind. Unberuhigt vergossene Stahlbleche soll man deshalb nie für Erzeugnisse verwenden, die nachträglich erhitzt werden. Sicherheitshalber kann man auch vor Beginn der Serienfertigung die ersten Probeziehteile aus der vorgesehenen Werkstoffart künstlich altem, indem man sie auf etwa 250 °C zwei Stunden lang erhitzt; hierbei dürfen keine Längsrisse entstehen.

Tiefziehbleche aus beruhigt vergossenem Stahl (z. B. RSt 13, RRSt 14) stellen einen besonders reinen Feinkornstahl dar, der höchste Umformfähigkeit erzielt und gegenüber Alterung (Fließfigurenbildung) beständiger ist.

Beim Vergießen des fertigen Stahles in Kokillen werden Desoxidationsmittel (Aluminium, Silizium, Mangan, Vanadium, Titan, Zirkon und Legierungen aus genannten Stoffen) zugegeben, die Stickstoff und andere Stoffe in feinster Form abbinden bzw. als Gase aus der erstarrenden Schmelze treiben oder dünnflüssige Schlacke bilden, die noch im Schmelzbad hochsteigen kann. Es wird daher für *Feinbleche, in Sondertiefziehgüte* (RRSt 1405) *Fließfigurenfreiheit bei Kaltumformung sechs Monate* lang ab Lieferung gewährleistet. Damit deren hohe Tiefziehfähigkeit erhalten bleibt, sollen auch diese Bleche nicht zu lange gelagert werden.

Bei *Ziehteilen aus Chrom-Nickel-Stahlblech* (Cr ≈ 17 … 18 %, Ni $\lessapprox$ 8 %), die zu ihrer Formgebung ein hohes Ziehverhältnis erforderten, entstehen oft Zargenlängsrisse (Fehlertab. 9.2, Spalte II.B), z. T. schon wenige Stunden nach dem Tiefziehen; obwohl sie unbeschädigt aus der Presse kamen und einwandfreies Aussehen hatten. Die Rissursache ist bei dieser Werkstoffgruppe in der hohen Kaltverfestigung[8] zu suchen, weshalb die Ziehteile im Anschluss an den Ziehvorgang umgehend entfettet und geglüht (vgl. Tab. 8.1 und 8.2) werden müssen. Bei Nickelgehalten über 8 % treten diese Spannungsrisse kaum mehr auf; eine Warmbehandlung ist nur noch angebracht, wenn tiefgezogene, kaltverfestigte Hohlteile später chemischen Beanspruchungen ausgesetzt sind und dadurch die Gefahr einer Korrosionszerstörung (Zargenlängsrisse) innerhalb der gereckten Kristalle bestände.

Spannungsrisse durch interkristalline Korrosion können auch bei dünnwandigen Hohlwaren aus Messingblech (nur bei Zinkgehalt über 35 %) entstehen. Hier reichen die in der Luft enthaltenen Spuren ammoniakhaltiger Verbindungen schon aus, im kaltverfestigten Werkstoff Korrosionszerstörungen und damit die Längsrisse zu verursachen. Man muss entweder einen Werkstoff mit geringerem Zinkgehalt einsetzen oder die Ziehteile gleich nach der Formgebung durch „Kochen" bei 120 … 150 °C, etwa 10 … 20 Stunden lang, entspannen. Auch durch Erwärmung auf 250 … 300 °C, etwa eine halbe Stunde lang, lassen sich im Werkstoff die Eigenspannungen ohne merkliche Festigkeitsabnahme soweit abbauen, dass spätere Längsrissgefahr ausgeschlossen wird.

9.4 Blechhalterloses Tiefziehen

Die zum blechhalterlosen Tiefziehen vorgesehenen Exzenter-(Kurbel-)Pressen[9] sollen Langsamläufer (minütliche Hubzahl < 50) sein und müssen große Stößelhübe ermöglichen.

Folgende *Ziehringinnenform* sind dann geeignet:

a) Einlaufkurve als Schleppkurve, oft mit *Traktrixkurve* (Form I) bezeichnet. Die Punkte der Traktrixkurve werden nach *May* errechnet aus (Abb. 9.7 Ia)

[8] Unmagnetischer (austenitischer) Chrom-Nickel-Stahl hat die Eigenschaft, an Stellen übermäßiger Umformbeanspruchung im kristallinen Werkstoffaufbau „umzukippen", in diesem engbegrenzten Gebiet wird dann der Stahl *magnetisch*. Mit einem kleinen Dauermagnet, der an einer dünnen Messingkette hängt, kann man nun auf der Ziehteiloberfläche magnetische Werkstoffzonen suchen. Findet man derartige Punkte, dann sind es die Stellen mit übermäßiger Umformbeanspruchung, somit hoher Kaltverfestigung, die später interkristalline Spannungsrisse (Zargenlängsrisse) verursachen können: Es ist zu überprüfen, ob durch Änderungen am Werkzeug (evtl. der Werkstückform) diese kritischen Zonen entlastet werden können.

[9] Unter einfachwirkenden Pressen können auch Zieharbeiten mittels Werkzeugen, die eine handbetätigte Blechhalterplatte haben (vgl. Abb. 8.8), ausgeführt werden.

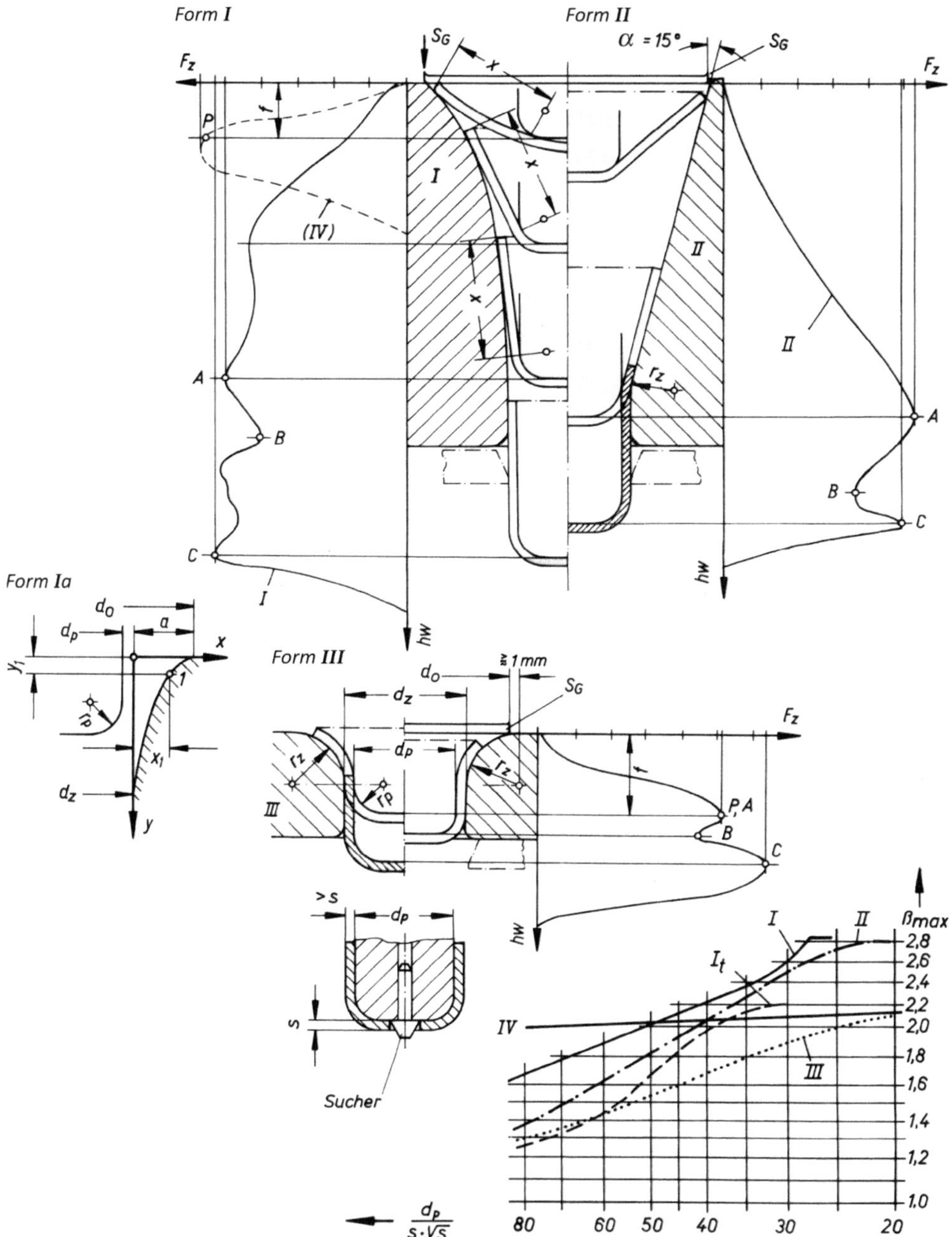

Abb. 9.7 Ziehen ohne Blechhalter, Verfahren und Grenzziehverhältnis se. Möglichkeiten: *Form I* mit Traktrixkurve (Volltraktrixeinlauf oder Teiltraktrixeinlauf I_T), *Form II* mit Innenkegel, *Form III* mit vergrößertem Ziehkantenhalbmesser $r_z = \frac{d_z}{2{,}5}$, S_G ist Schnittgrat des Zuschnittes mit Blechdicke s. In den Kraft-Weg-Schaubildern sind: F_z Ziehkraft, h_w Umformweg (wirksamer Stößelweg). Punkt *P* Umformweg $f \approx$ Ziehkantenrundung r_z+ Stempelkantenabrundung r_p, Punkt *A* höchste Ziehkraft,

(Fortsetzung)

Punkt *B* Beginn des Abstreckens der Zargendicke, Punkt *C* höchste Abstreckkraft kurz vor Zargenende. Für obige Ziehringformen *I–III* zeigen die Schaubilder die Grenzziehverhältnisse $\beta_{\max}$ für Tiefziehstahlblech RRSt 1404 in Abhängigkeit vom Verhältnis $\left(\frac{d_\mathrm{p}}{s\cdot\sqrt{s}}\right)$, Kurve *IV* zeigt Grenzziehverhältnisse, die unter mechanischen Ziehpressen erreichbar sind

$$y = a\cdot\ln\frac{a+\sqrt{a^2-x^2}}{x} - \sqrt{a^2-x^2}\lim_{x\to\infty} \tag{9.4}$$

wobei $a = \frac{d_0 - d_\mathrm{z}}{z}$ ist.

d_0	Zuschnittdurchmesser in mm
d_z	Ziehringdurchmesser in mm
ln	natürlicher Logarithmus.

Der natürliche Logarithmus ln wird mit Hilfe des Briggsschen (dekadischen) Logarithmus lg durch Multiplikation mit 2,303 berechnet. Es ist z. B. ln 2 = 2,303 · lg 2 = 2,303 · 0,3010 = 0,6932

Die höchsten Grenzziehverhältnisse $\beta_{\max}$ (Abb. 9.7) erzielt man, wenn die berechnete Traktrixkurve mit dem Zuschnittdurchmesser übereinstimmt (Volltraktrixeinlauf, Kurvenzug I). Werden kleinere Zuschnittronden eingelegt (Teiltraktrixeinlauf, Kurvenzug $\mathrm{I_T}$), mindern sich die erreichbaren Grenzziehverhältnisse.

b) *Kegelig* (Form II) mit Neigungswinkel α= 15°; bei dicken Blechen[10]

$$\left(\frac{d_\mathrm{p}}{s\cdot\sqrt{s}} = 10\ldots 40\right)\text{auch}\,\alpha \approx 20°$$

c) *Zylindrisch* (Form III) mit vergrößertem Ziehkantenhalbmesser Ziehstempeldurchmesser

$$r_\mathrm{z} = \frac{\text{Ziehstempeldurchmesser}}{6\ldots 2}$$

wobei Beziehung $d_0 < d_\mathrm{z} + 2r_\mathrm{z}$ erfüllt sein muss (D_0 Zuschnittdurchmesser in mm, d_z Ziehringdurchmesser in mm, t_z Ziehkantenhalbmesser in mm). Die Ziehteile werden durch Abstreifschieber, selten durch Abstreifkante *Ak*, vom Ziehstempel abgestreift (Durchzug).

[10] Bei Umformbeginn wird der ebene Zuschnitt mittig durchgebogen. In der Berechnungsgleichung dieser Durchbiegung ist der Ausdruck d_p^2 / s^3 enthalten. Um Grenzziehverhältnisse $\beta_{\max}$ auf beliebige Abmessungen des Stempels und der Blechdicke übertragen zu können, wird nach Pankin $\beta_{\max}$ auf Verhältnis $\left(\frac{d_\mathrm{p}}{s\cdot\sqrt{s}}\right)$ bezogen.

Tab. 9.3 Ziehfehler beim blechhalterlosen Ziehen und ihre Ursachen

		Fehler	Ursachen
1		*einzelne Längsfalten* knicken nach innen ein	a) Schnittgratseite der Zuschnittronde lag auf der Ziehringseite b) Ziehverhältnis β zu groß c) Zuschnittronde außermittig eingelegt d) Ziehstempel steht außermittig zur Ziehringachse
2		*gleichmäßig verteilte Längsfalten* verursachten Bodenreißer	a) am Ziehring ist oberer Öffnungsdurchmesser (der Traktrixkurve bzw. des Innenkegels) kleiner als der Rondendurchmesser b) beim Ziehring mit vergrößerter Ziehkantenabrundung ist die Bedingung $D_0 < d_z + 2 \cdot r_z$ nicht erfüllt
3	dz	*Bodenreißer,* nach dem Ziehteil vorgeformt ist	a) bei $\frac{d_p}{s \cdot \sqrt{s}} < 30$ ist das Ziehverhältnis β zu groß b) bei $\frac{d_p}{s \cdot \sqrt{s}} > 30$ ist die Stempelkantenabrundung r_p zu klein c) Ziehspalt u_z zu eng d) ungenügende Schmierung der Ziehring-Innenform
4		*Ungleiche Zargenlänge*	a) Zuschnitt außermittig eingelegt b) Zuschnitt hat sich bei beginnender Umformung unter Stempel verschoben, da 1. Stempeldruckfläche nicht aufgeraut ist 2. Schmiermittelreste auf Stempeldruckfläche gelangten 3. Ziehstempel außermittig zur Ziehringachse steht
5	weitere Ziehfehler siehe Tab. 9.2, Spalten I B; II A 1,2, B, D; III A		

Beim Ziehen mit Traktrixkurven oder kegeliger Innenform ist das Grenzziehverhältnis β_{max} für dickwandige Näpfe durch Bodenreißer, für dünnwandige Näpfe $\left(\frac{d_p}{s \cdot \sqrt{s}} > 30\right)$ durch Faltenbildung festgelegt (Ziehfehler-Tab. 9.3).

Berechnungsbeispiel 9.5

Zum Ziehen eines Napfes (Rohling für Beispiel 9.6 sowie Abb. 9.10) aus USt 1404 mit Innendurchmesser 90 mm, Bodenrundung innen r_p = 12 mm, innere lichte Rohteilhöhe 82 mm, Blechdicke s = 5 mm, ist die Traktrixkurve zu konstruieren.

Lösung

Zuschnittdurchmesser D_0 = 197 mm (aus Beispiel 9.6 entnommen)

$$\beta = \frac{D_0}{d_p} = \frac{197\ \text{mm}}{90\ \text{mm}} = 2{,}2$$

Ziehspalt für Stahlblech

$$\begin{aligned} u_{zt} &= s + 0{,}2\sqrt{2} + 30\ \%\ \text{von}\ 0{,}2 \cdot \sqrt{s} \\ &= s + 1{,}3 \cdot \left(0{,}2 \cdot \sqrt{s}\right) = 5\ \text{mm} + 1{,}3 \cdot \left(0{,}2 \cdot \sqrt{5\ \text{mm}}\right) = 5{,}6\ \text{mm} \end{aligned}$$

Ziehringdurchmesser

$$d_z = d_p + 2 \cdot u_{zi} = 90\text{ mm} + 2 \cdot 5{,}6\text{ mm} = 101{,}2\text{ mm} \approx 101\text{ mm}$$

Festlegung der Traktrixkurve

$$a = \frac{D_0 - d_z}{2} = \frac{197\text{ mm} - 101\text{ mm}}{2} \approx 48\text{ mm}$$

Mit gewählten x-Werten wird nach Gl. 9.4 der dazugehörige y-Wert ermittelt.
Punkt 1

$$x = 48\text{ mm};\quad y = 0;\quad P_1 = 48/0$$

Punkt 2

$$x = 45\text{ mm};\quad y = a \cdot \ln \frac{a + \sqrt{a^2 - x^2}}{x} - \sqrt{a^2 - x^2}$$

$$y = 48\text{ mm} \cdot \ln \frac{48\text{ mm} + \sqrt{48^2\text{ mm} \cdot \text{mm} - 45^2\text{ mm} \cdot \text{mm}}}{45\text{ mm}}$$

$$-\sqrt{48^2\text{ mm} \cdot \text{mm} - 45^2\text{ mm} \cdot \text{mm}}$$

$$y = 48\text{ mm} \cdot \ln \frac{48\text{ mm} + 16{,}7\text{ mm}}{45\text{ mm}} - 16{,}7\text{ mm}$$

$$y = 48\text{ mm} \cdot \ln 1{,}44 - 16{,}7\text{ mm}$$

$$\ln 1{,}44 = 0{,}365, \text{damit wird}$$

$$y = 48\text{ mm} \cdot 0{,}365 - 16{,}7\text{ mm} = 17{,}5\text{ mm} - 16{,}7\text{ mm} = 0{,}8\text{ mm}$$

$$P_2 = 45/0{,}8$$

Nach Berechnung und Auftragen mehrerer Punkte lässt man die Kurve in einen Kegel übergehen und rundet den Übergang zum Innendurchmesser etwas aus.

Ergebnis

Berechnete Kurvenpunkte für Traktrixkurve und die mit dieser Traktrixkurve abgestimmte Annäherungskurve zeigt Abb. 9.8.

Berechnungsbeispiel 9.6

Näpfe aus 5 mm dickem Stahlblech USt 1304 mit Innendurchmesser $d_p = 90$ mm, Bodeninnenrundung $r_p = 12$ mm, lichte Höhe $H = 116$ mm, Zargendicke $s_1 = 3{,}5$ mm sind herzustellen. Zuschnittdurchmesser und Zargenhöhe des gezogenen Napfes sind festzulegen (Abb. 9.10).

Lösung

- *Zuschnittermittlung*

$$\text{Maß h} = H \cdot r_p = 116\text{ mm} - 12\text{ mm} = 104\text{ mm}$$

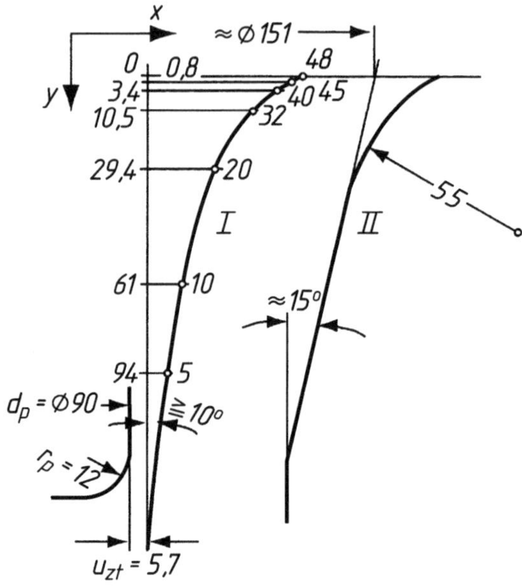

Abb. 9.8 Traktrixkurve.
I berechnete Kurvenpunkte,
u_{zt} Ziehspalt bei Traktrixkurve,
II angenäherte Kurve,
entsprechend der
berechneten Kurve

Zur Berechnung von V_{Eck} sind zu bestimmen:
Außenrundung des Ziehteilbodens $r_a = r_p + s = 12\,\mathrm{mm} + 5\,\mathrm{mm} = 17\,\mathrm{mm}$

$$\text{Maß } b = r_p + s_1 = 12{,}0\text{ mm} + 3{,}5\text{ mm} = 15{,}5\text{ mm}$$

$$\text{Maß } c = \sqrt{r_a^2 - b^2} = \sqrt{17^2\text{ mm}\cdot\text{mm}\cdot 15{,}5^2\text{ mm}\cdot\text{mm}} \approx 7{,}0\text{ mm}$$

$$\text{Maß } a = r_a - b = 17{,}0\text{ mm} - 15{,}5\text{ mm} = 1{,}5\text{ mm}$$

$$A_{\mathrm{Eck}} = \frac{a}{24\cdot c}\cdot\left(3\cdot a^2 + 16\cdot c^2\right)$$

$$= \frac{1{,}5\text{ mm}}{24\cdot 7{,}0\text{ mm}}\cdot\left(3\cdot 1{,}5^2\text{ mm}\cdot\text{mm} + 16\cdot 7{,}0^2\text{ mm}\cdot\text{mm}\right) \approx 7{,}1\text{ mm}^2$$

$$x_s = \frac{c^3}{3\cdot A_{\mathrm{Eck}}} = \frac{(7{,}0\text{ mm})^3}{3\cdot 7{,}1\text{ mm}^2} \approx 16{,}1\text{ mm}$$

$$r_{\mathrm{sEck}} = \left(\frac{d_p}{2} - r_p\right) + x_s = \left(\frac{90\text{ mm}}{2} - 12\text{ mm}\right) + 16\text{ mm} \approx 49{,}1\text{ mm}$$

$$V_{\mathrm{Eck}} = 2\cdot\pi\cdot r_{\mathrm{sEck}}\cdot A_{\mathrm{Eck}} = 2\pi\cdot 49{,}1\text{ mm}\cdot 7{,}1\text{ mm}^2 \approx 2200\text{ mm}^2$$

Für V_{Eck} kann auch die zeichnerische Lösung (Maßstab $M \geq 10{:}1$) angewandt werden. Abgemessen werden $a' \approx 1{,}7$ mm, $h' \approx 8{,}3$ mm, $x_s' \approx 16{,}0$ mm; damit

$$r'_{\mathrm{sEck}} = \left(\frac{d_p}{2} - r_b\right) + x_s' = \left(\frac{90\text{ mm}}{2} - 12\text{ mm}\right) + 16\text{ mm} = 49\text{ mm}$$

$$V'_{\mathrm{Eck}} = 2\cdot\pi\cdot r'_{\mathrm{Eck}}\cdot\frac{a'\cdot h'}{2} = 2\cdot\pi\cdot 49\cdot\frac{1{,}7\cdot 8{,}3}{2} = 2200\text{ mm}^2$$

Bei zeichnerischer Lösung können größere Unterschiede entstehen, doch sind diese für die Volumenberechnung des Zuschnittes ohne Einfluss, da V'_{Eck} nur einen kleinen Anteil des Gesamtvolumens darstellt.

Berechnung von $V_{\text{Bodenrundung}} = 2 \cdot p \cdot e_0 \cdot l \cdot s$
Schwerpunktabstand

$$e_0 = \frac{d_b}{2} + (0{,}637 \cdot r_n) = \frac{66\text{ mm}}{2} + (0{,}637 \cdot 14{,}5\text{ mm}) \approx 42{,}2\text{ mm}$$

gestreckte Länge des Viertelkreises der Bodenrundung (neutrale Maße eingesetzt)

$$\widehat{l} = \frac{\pi \cdot r_n}{2} = \frac{\pi \cdot 14{,}5\text{ mm}}{2} \approx 22{,}8\text{ mm}$$

$$V_{\text{Bodenrundung}} = 2 \cdot \pi \cdot e_0 \cdot \widehat{l} \cdot s = 2 \cdot \pi \cdot 42{,}2\text{ mm} \cdot 22{,}8\text{ mm} \cdot 5{,}0\text{ mm} \approx 30.200\text{ mm}^3$$

$$\begin{aligned} V_{\text{gestrecktes Eck}} &= V_{\text{II}} = V_{\text{Bodenrundung}} - V_{\text{Eck}} \\ &= 30.200\text{ mm}^3 - 2200\text{ mm}^3 = 28.000\text{ mm}^3 \end{aligned}$$

Berechnung des Zuschnittvolumens V_0

$$\text{Boden: } V_1 = \frac{\pi}{4} \cdot 66^2\text{ mm} \cdot \text{mm} \cdot 5{,}0\text{ mm} \approx 17.000\text{ mm}^3$$

$$\text{abgestrecktes Eck: } V_{11} = 28.000\text{ mm}^3$$

$$\text{Zarge: } V_{111} = \pi \cdot d_m \cdot h \cdot s_1$$

$$= \pi \cdot 93{,}5\text{mm} \cdot 104\text{mm} \cdot 3;5\text{mm} = 107.000\text{ mm}^3$$

$$V_0 = 152.000\text{ mm}^3$$

$$\text{Zuschnitt: } V_0 = \frac{\pi}{4} \cdot D_0^2 \cdot s = \frac{\pi}{4} \cdot D_0^2 \cdot 5{,}0\text{ mm} \text{ und daraus:}$$

$$D_0^2 = \frac{152.000\text{ mm}^3}{\frac{\pi}{4} \cdot 5\text{ mm}} \approx 38.700\text{ mm}^2; \quad D_0 = \sqrt{38.700\text{ mm}^2} \approx 197\text{ mm}$$

- *Ermittlung der Zargenhöhe h des gezogenen Napfes*:
  Volumen der Zarge des gezogenen Napfes[11] $V_Z^1 = V_{\text{III}} = V_{\text{Eck}} + V_Z$; umgestellt nach V_Z

$$V_Z = V_{\text{III}} - V_{\text{Eck}} = 107.000\text{ mm}^3 - 2200\text{ mm}^3 = 104.800\text{ mm}^3$$

$$V_Z = \pi \cdot d'_m \cdot h_y \cdot s = \pi \cdot 95\text{ mm} \cdot h_y \cdot 5{,}0\text{ mm}$$

$$\text{Somit Zargenhöhe } h_y = \frac{104.800\text{ mm}^3}{\pi \cdot 95\text{ mm} \cdot 5{,}0\text{ mm}} \approx 70\text{ mm}$$

Überprüfung des Ziehverhältnisses β

$$\beta = \frac{D_0}{d_p} = \frac{197\text{ mm}}{90\text{ mm}} \approx 2{,}2$$

---

[11] V_Z kann auch ermittelt werden aus $V_Z = V_{\text{Zuschnitt}} - V_{\text{Boden}} - V_{\text{Bodenrundung}} = 152.000\text{ mm}^3 - 17.000\text{ mm}^3 - 30.200\text{ mm}^3 = 104.800\text{ mm}^3$.

Der Napf kann ohne Blechhalter durch Ziehring mit Innenkegel oder Traktrixkurve und nachfodem Abstreckziehring gefertigt werden. Die hierfür geeignete Traktrixkurve wurde im Beispiel 9.5 berechnet.

Ergebnis
Die erforderliche Ronde hat 197 mm Durchmesser, der vorgezogene Rohling 70 mm Zargenhöhe.

Beim blechhalterlosen Ziehen muss die *Außenkante* des Zuschnittes, die *keinen Schnittgrat* S_G zeigt, *auf dem Ziehring liegen*; sie beeinflusst maßgebend den Zieherfolg. Damit keine Falten entstehen, soll die angerundete Schnittkante der Zuschnittronde sich ab Ziehbeginn an der Ziehringinnenfläche mit annähernd gleichbleibendem Abstand x abstützen. Diese Bedingung erfüllt am besten die Traktrixkurve (I). Bei kleinen Ziehverhältnissen kann man eine angenäherte Kurve, bestehend aus Innenkegel mit Einlaufrundung (Abb. 9.5), wählen; die Herstellung der Innenform wird dadurch einfacher. Bei kegeliger Innenform (II) stützt sich ebenfalls die angerundete Schnittkante der Zuschnittronde jedoch mit veränderlichem Abstand x ab. Zylindrische Ziehringe mit vergrößerter Einlaufrundung (III) sind ziehtechnisch weniger günstig, ermöglichen aber geringste Ziehringhöhe und erfordern damit kleineren Stößelhub.

Hemmen Schnittgrate das gleichmäßige Einfließen des Werkstoffes, wird sich der Zuschnitt unter dem Stempel verschieben: Falten entstehen, das Ziehteil ist unbrauchbar. Diese Fehler treten bei Zuschnitten, die eine Bohrung zur Aufnahme eines kegeligen Suchstiftes (6 … 8 mm) erhalten können, weniger auf. Suchstifte sind jedoch nur bei großem Stempeldurchmesser geeignet.

Zum Ziehen von Feinblechen soll der *Stempelkantenhalbmesser* $r_{\text{p min}} \approx 4 \cdot$ Blechdicke s betragen; mit $r_p = 8 \cdot s$ erzielt man die in Abb. 9.7 angegebenen Grenzwerte $\beta_{\min}$ für Ziehen bei Volltraktrixeinlauf.

Damit sich die Zuschnitte bei beginnender Umformung nicht unter dem Stempel verschieben, muss die Stempeldruckfläche aufgeraut und darf niemals mit Schmiermittelresten behaftet sein. Schmiermittel dürfen nur auf der dem Ziehring zugewandten Zuschnittoberfläche aufgetragen werden.

Der Napf bildet sich über kegelige Zwischenformen, deren Öffnungsdurchmesser immer kleiner werden. Durch dieses stetige Einziehen wird die Zarge nach dem Rand zu dicker, weshalb sie an der engsten Stelle zwischen Stempel und Ziehring abgestreckt wird (in den Kraft-Weg-Schaubildern Punkt C). Beim *Bestimmen des Mindestziehspaltes* für blechhalterloses Ziehen wählt man den *Zuschlag* auf die Blechdicke um etwa 30 % größer als üblich (Gl. 8.3); bei zu engerem Spalt würde der Boden abreißen.

Im Ziehteil treten während des blechhalterlosen Ziehens im Bereich Bodenabrundung bis etwa unteres Viertel der Zarge hohe Blechdehnungen auf. Man kann deshalb auch bei vergrößertem Ziehspalt den ungefähren Zuschnittdurchmesser, bei Annahme gleichbleibender Blechdicke nach Gl. 8.16 und 8.17 ermitteln. Bei Festlegung der unbeschnittenen Napfhöhe ist jedoch mit übermäßiger Zipfelbildung (Anisotropie, Abschn. 8.5) zu rechnen.

Die *Kraft-Weg-Schaubilder für blechhalterloses Ziehen* (Abb. 9.7) zeigen im Vergleich zum Ziehen mit Blechhalter folgende kennzeichnenden Merkmale:

a) Der *Kraftanstieg* erfolgt durch Ziehringe mit Innenkegel oder Schleppkurve (Traktrixkurve) langsamer; die Ziehkraft (Punkt A) kann für $\beta > 1{,}8$ (entsprechend Gleichung nach *Siebel*) ermittelt werden aus:

$$F_{\text{Ziehen}} = \frac{\pi \cdot d_{\text{p}} \cdot s \cdot k_{\text{fm}} \cdot (\ln \beta - 0{,}25)}{\eta_{\text{Form}}} \quad \text{in N} \tag{9.5}$$

β	Tiefziehverhältnis (Abb. 8.1 und Gl. 8.1)
d_{p}	Ziehstempeldurchmesser in mm
S	Blechdicke in mm
k_{fm}	mittlere Formänderungsfestigkeit in N/mm² für Umformgrad ($\beta - 0{,}25$)
η_{Form}	bei Traktrixkurve ≈ 0,95, bei Innenkegel ≈ 0,80, bei zylindrischer Innenform ≈ 0,5.

Die *Ziehkraft* beim Ziehen in *zylindrischen Ziehringen* (ohne oder mit Blechhalterplatte) ist am höchsten, nachdem der Ziehstempel den Umformweg $f \approx r_{\text{z}} + r_{\text{p}} + s$ zurückgelegt hat.

b) Das *Abstrecken* der beim Einziehen dicker gewordenen Zarge beginnt gegen Ende des Ziehvorganges (Punkt B). Zur Bildung des Zargenrandes (Punkt C) steigt die Abstreckkraft am höchsten an; hierbei erfordern Innenkegel geringsten Kraftaufwand, da Abstreckziehringe ebenfalls Innenkegel mit Neigungswinkel $\alpha \approx 20 \ldots 15°$ haben (Abb. 9.7).
c) Die *Zieharbeit* wird durch den längeren Umformweg größer; sie ist

$$W_{\text{z}} = \frac{F_{\text{z}} \cdot h_{\text{w}} \cdot K}{1000} \quad \text{in Nm} \tag{9.6}$$

F_{z}	Ziehkraft in N
h_{w}	Umformweg (wirksamer Stößelweg) in mm
K	Korrekturwert, bezogen auf wirksamen Umformweg; er ist bei Traktrixkurve ≈ 0,65, bei Innenkegel ≈ 0,6, bei zylindrischer Innenform ≈ 0,65.

9.5 Abstreckziehen

Oft werden runde Hohlteile mit dickem Boden und dünner Zarge benötigt. Je nach Abmessung, Werkstoff und vorhandener Einrichtung kann man die Teile durch Abstreckziehen, Fließpressen oder durch Abstreckrollen (Sondermaschine) fertigen.

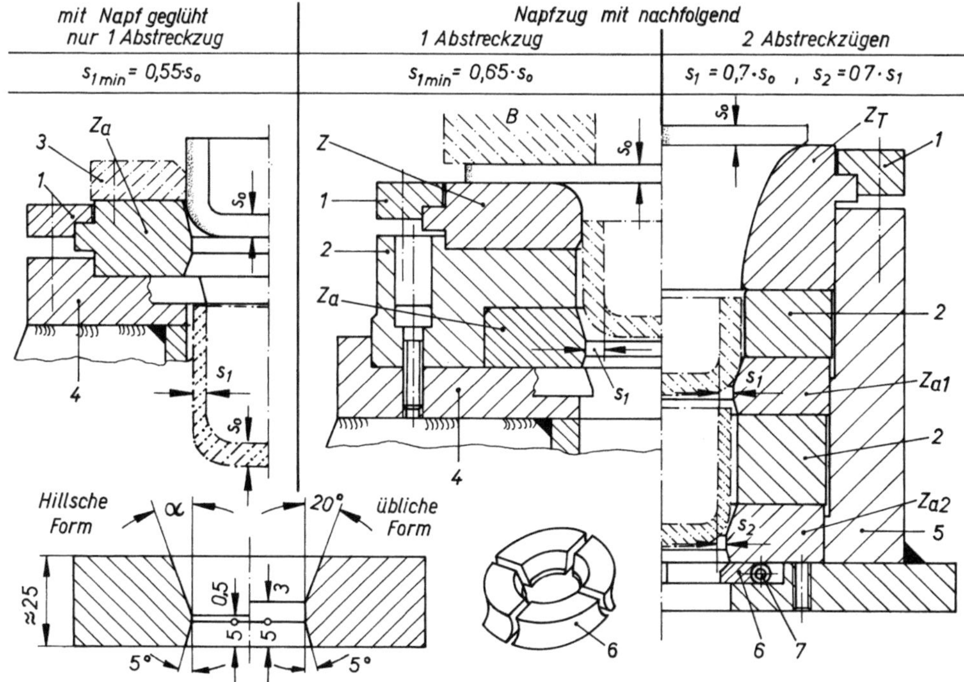

Abb. 9.9 Abstreckziehen. Werkzeuggestaltung, Abstreckziehringformen und erreichbare kleinste Zargendicken s_1 und s_2 (s_0 ist Ausgangsblechdicke). Z_a Abstreckziehring; Z üblicher Ziehring zum Ziehen mit Blechhalter *B*; Z_T Ziehring mit Traktrix-Innenform zum Ziehen ohne Blechhalter. Wichtige Bauteile: *1* Spannring, *2* Zwischenring, *3* Zentrierstücke für geglühten Napf, *4* üblicher Ziehstuhl mit Abstreifschiebern, *5* Aufnahmering mit angeschw. Spannplatte, die mehrere Abdrückgewinde zum Ausbauen der Ringe hat, *6* Abstreifstücke (als Ring hergestellt), *7* Spiralfederschlauch

Abstreckziehen ist Weiterziehen eines Hohlkörpers zur Verringerung seiner Zargendicke mittels Abstreckziehring Z_a und Ziehstempel. Abb. 9.9 zeigt Möglichkeiten der Werkzeuggestaltung und gibt die damit erreichbaren kleinsten Wanddicken s_{1min}, gültig für gut tief ziehfähige Stahlbleche, an. Die Multiplikatoren berücksichtigen die vom Ziehspalt u_z abhängige größere Zargendicke. Zur Konstruktion werden Werknormteile aus Ziehwerkzeugen mit verwendet. Wählt man im Ziehring die Hillsche Form (Innenkegel mit Neigungswinkel $\alpha = 10 \ldots 25°$), können Zargendicken s_{1min} etwa 5 % unterschritten werden; die Hillsche Form nützt sich bei engen Dickentoleranzen jedoch bald ab, da der zylindrische Teil des Abstreckziehringes nur ~0,5 mm lang ist. Sind mehrere Ringe nacheinander angeordnet, legt man durch Zwischenringe deren Abstände so fest, dass die Zarge den oberen Ziehring bereits verlassen hat, bevor der andere Ring mit Abstrecken beginnt.

Die *Zuschnittgröße* wird nach der Beziehung Fertigteilvolumen = Zuschnittvolumen ermittelt; Berechnungsunterlagen sind in Abb. 9.10 angegeben.

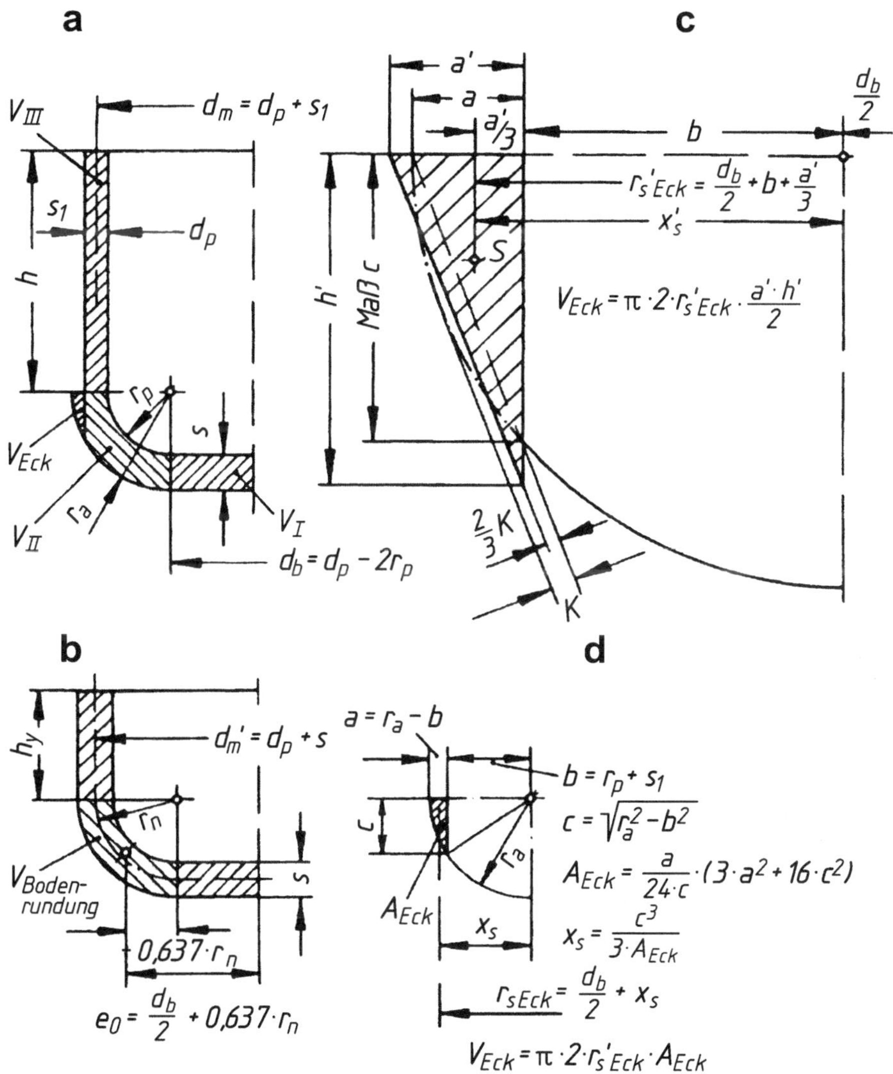

Abb. 9.10 Grundlagen zur Volumenermittlung. **a** abgestrecktes Teil, **b** Rohteil als gezogener Napf, **c** zeichnerische Lösung von V_{Eck}, **d** rechnerische Lösung von V_{Eck}, x_s Abstand des Flächenschwerpunktes bis Radienmittelpunkt, r_{sEck} Abstand des Flächenschwerpunktes bis Napf-Mittellinie

9.6 Werkstoffe für Tiefziehwerkzeuge

Die Auswahl der Werkstoffe für Tiefziehwerkzeuge richtet sich nach der Größe, der Zahl und dem Werkstoff des Ziehteils zum Beispiel für:

1. wenig beanspruchte Großwerkzeuge und Ziehstempel GG 20
2. einem mittlerem Verschleiß ausgesetzte Werkzeugteile GG 25 und E 295
3. höher beanspruchte Teile, wie gehärtete Stempel und Ziehringe kleiner Werkzeuge E 360
4. Stempel und Ziehringe größerer Werkzeuge bei höheren Beanspruchungen oder Einsätze dazu C105W1, C85W1
5. Ziehringe sehr hoher Maßgenauigkeit und Verschleißunempfindlichkeit 210CrW46, 90Cr3
6. Ziehringe und Stempel höchster Beanspruchung und Standzeit für mittlere und kleine Werkzeuge (Hartmetall beschichtet und poliert) X155CrVMo121, HM-G10 + TiC/TiN
7. Ziehringe und Niederhalter mit geringer Fressneigung beim Ziehen von rostfreien Stählen (auch Stempel für Stülpzug und Weiterzug) AMPCO 22/55

Besonders an den Ziehringen ist zu beachten, dass die Oberflächen einwandfrei geschliffen, geläppt und poliert werden. Kleine Riefen, Anrisse oder Unebenheiten verkürzen die Standzeit. Sollten sich beim Ziehen kleinste Anzeichen von Riefen auf den Ziehringen zeigen, so ist zwecks Standzeiterhöhung sofort nachzupolieren.

Für das Tiefziehen rostbeständiger Stahlbleche ohne Vorbehandlung (z. B. X 12CrNi 18 8, Werkstoff Nr. 1.4300 oder X 8 Cr 17 Werkstoff Nr. 1.4016 mit der Zugfestigkeit im Anlieferungszustand bis R_m~750 N/mm^2) werden Werkzeuge aus Sonderwerkstoffen verwendet. Würden diese hochlegierten Stahlbleche in Ziehwerkzeugen aus gehärtetem Werkzeugstahl verarbeitet, treten schon nach wenigen Zügen bei Verwendung üblicher Schmiermittel Kaltverschweißungen zwischen Ziehring und Stahlblech auf. Einen ausreichenden Schmierfilm kann hier der weiße Festschmierstoff Molykote KF 35 oder KF 50 geben, der sich leicht entfernen lässt, im Gegensatz zu Molybdändisulfid oder Silikon, die ebenfalls ausreichende Schmierwirkung aufweisen.

Galvanisch verkupferte Zuschnitte verhindern unmittelbare Berührung zwischen Blechoberfläche und Umformformfläche aus gehärtetem Werkzeugstahl, sie können daher in üblichen Zieh Werkzeugen verarbeitet werden. Verkupfern ist umständlich und teuer (hohe Anlage- und Betriebskosten); außerdem müssen die Teile vor jedem Glühen und nach ihrer Fertigstellung entkupfert (abgebeizt) werden, wodurch erhöhte Polierarbeiten entstehen.

Sonderaluminiumbronzen werden in Umformwerkzeugen für Werkstoffgleitflächen bevorzugt eingesetzt, sind nicht vorbehandelte, rostbeständige Stahlbleche zu verarbeiten. In Ziehwerkzeugen werden dann Ziehring und Blechhalter, zum Formziehen auch der Stempel, mit dieser Sonderbronze bestückt. Dünnwandige Blechhalterröhren für Folgeziehwerkzeuge erhalten auftraggeschweißte Werkstoffgleitflächen.

Die in Ziehwerkzeugen eingesetzten Sonderaluminiumbronzen (12 … 14 % Al, 34 … 5 % Fe teilweise Zusätze wie Ni bis 7 %, Mn bis 2 %, Si bis 1,2 %, Rest Cu, Dichte etwa 7,5 kg/dm^3), enthalten äußerst harte Eisen-Nickel-Aluminium-Verbindungen, die bei entsprechender *Warmbehandlung durch den Hersteller* sich im weichen Grundgefüge sehr fein verteilen. Diese Einlagerungen ergeben hohe Brinellhärten (HB 30/10 bis über 4000 N/mm^2) und verschleißfeste Ziehkanten. Infolge des hohen spezifischen Druckes, den der Werkstoff während des Tiefziehens auf die Ziehkantenabrundung ausübt, drückt sich beigegebener Schmierstoff als hauchdünne Schicht in das weiche Grundgefüge ein; gute, Gleiteigenschaften sind gewährleistet, auch wenn der Schmierfilm vereinzelt abreißen sollte. Von Nachteil ist, dass Sonderbronzen mit hoher Brinellhärte praktisch keine Elastizität haben (bei HB $\approx$ 4000 N/mm^2 ist Bruchdehnung $\gtrapprox$0,1 %). *Ziehringe und Blechhalter* sind deshalb in *Stahlringe* zu fassen, Bohrungen, besonders Gewindelöcher, sind nach Möglichkeit zu umgehen. Außerdem müssen an den *Zuschnitten die Schnittgrate* einwandfrei entfernt sein. Kleinste Schnittgratreste rauen die Bronzegleitflächen auf, wodurch sich die Gleitverhältnisse verschlechtern und der gleichmäßige Werkstoffeinlauf gehemmt wird; Bodenreißer (Ziehfehler-Tab. 9.2) sind die Folgen.

Einsätze aus Sonderaluminiumbronze baut man vielfach auch in Zieh- und Formbiegewerkzeuge ein, die unter *Stufenpressen* unlegierte Tiefziehstahlbleche, Aluminiumbleche und deren Legierungen umformen, um Riefen auf den Werkstückoberflächen auszuschließen. Für Kupfer und deren Legierungen sind diese Sonderbronzen nicht geeignet.

Der geringe Reibungskoeffizient der Sonderaluminiumbronzen ($\approx$ die Hälfte von Stahlgleitflächen) erfordert hohe Blechhalterdrücke. Um bei Sonderbronzen Mischreibung zu vermeiden, müssen Ziehring und Blechhalter größer als der Zuschnitt sein. Vor Inbetriebnahme des Ziehwerkzeuges sollen seine Bronzegleitflächen durch Umformen von etwa 30 … 50 Zuschnitten mit reichlicher Zugabe von Bleiweiß-Öl-Mischung eingefahren und danach in Einfließrichtung des Bleches (radiale Richtung) nachpoliert werden. Damit sind beim Ziehen runder Näpfe, mit Seifenwasser oder Rübölzusatz geschmiert, folgende Grenzziehverhältnisse β_{max} erreichbar:

Werkstoff	Anschlagzug	Folgezug ohne Glühung	Folgezug nach Glühung
austenisch rostbeständige Stahlbleche, z. B. X 12 Cr Ni 18 8	$\beta_{1\,max} = 2{,}2 \ldots 1{,}9$	$\beta_{2\,max} = 1{,}3 \ldots 1{,}2$	$\beta_{max} \approx 1{,}4$
ferritisch rostbeständige Stahlbleche, z. B. X 8 Cr 17	$\beta_{1\,max} \approx 1{,}8$	$\beta_{2\,max} \approx 1{,}25$	besser ohne Glühung $\beta_{max} \approx 1{,}20$

Die höheren β-Werte gelten für $\frac{\text{Ziehstempeldurchmesser}}{\text{Blechdicke}} = \frac{d_p}{s} \approx 100$, die niederen Werte für $\frac{d_p x}{s} \approx 500$.

Für schwierig herzustellende Ziehteilformen aus rostbeständigem Stahlblech sind auch bei Sonderbronzegleitflächen zusätzlich zähe Ziehöle oder Ziehfette mit gleitfördernden

Feststoffen, z. B. Kalk, Schlämmkreide oder Talkum, aber keine schwefelhaltigen Öle oder Fette, geeignet (Angaben über Warmbehandlung rostbeständiger Stahlbleche siehe Abschn. 8.3).

Im Werkzeug mit Sonderbronzegleitflächen wählt man beim Anschlagzug am Ziehring als Einlaufrundung $r_{z1} \approx (5 \ldots 10) \cdot$ Blechdicke s, als Stempelkantenabrundung $r_{z1} \approx (6 \ldots 10) \cdot s$. Der Ziehspalt sollte $u_{z1} \geq 1{,}2 \cdot s$ betragen. Für Folgezüge erhalten Ziehringe mit 45° Einlaufschräge eine Ziehkantenabrandung $r_{z2} \approx 10 \cdot s$, dabei Ziehspalt $u_{z2} \approx 1{,}25 \cdot s$.

Bei der *spanabhebenden Bearbeitung von Sonderaluminiumbronzen* sind die *Richtlinien der Hersteller* zu beachten. Zum Drehen (Drehmaschinen müssen spielfreie Lager und Führungen haben) werden Hartmetallschneiden in kräftige Stahlhalter eingefasst. Als Richtwerte zum Schruppen warmbehandelter Sonderaluminiumbronzen gelten: negativer Spanwinkel −2 … −4° (durch Anschleifen einer Fase ≈3 mm Breite), Freiwinkel 6°, Rundung der Schneidenecke[12] $r = 1$ mm, Schnittgeschwindigkeit 50 … 80 mm/min Vorschub $s_S = 0{,}2$ mm/Umdrehung, meist ohne Seifenwasser. Zum Schlichten mit $s_S \approx 0{,}08$ mm/Umdrehung ist die Schnittgeschwindigkeit 3 … 4mal höher. Zum Schleifen eignen sich keramisch gebundene Siliciumkarbidscheiben.

Es sind auch 0,1 … 0,15 mm dicke *selbstschmierende Kunststoffgleitfolien* im Handel, die sich zur Umformung aller tiefziehfähigen Werkstoffe eignen. Die Folien werden, lose zwischen Ziehring und Zuschnitt liegend, zusammen mit dem Blech umgeformt und zuletzt vom fertigen Ziehteil abgezogen. Das Ziehverhältnis wird verbessert, es entstehen keine Ziehriefen, der Werkzeugverschleiß wird gemindert. Als Kühlmittel werden Emulsionen (im Wasser lösliche Seifen) empfohlen. Die Ziehteile haben jedoch eine matte Oberfläche; es können gegebenenfalls hohe Polierkosten erforderlich werden. Man kann auch einen 0,05 … 0,08 mm dicken *Kunststoffüberzug* wählen und auf die umzuformenden Blechtafeln oder Zuschnitte *aufspritzen*. Nach dem Trocknen erzielt man ähnliche Ziehverhältnisse wie mit Gleitfolien, wenn zur Umformung zusätzlich ein Schmiermittel beigegeben wird. Außerdem schützt der Überzug die Ziehteile bei nachfolgenden Arbeitsgängen vor Kratzern. Das Abziehen der anhaftenden Haut ist oft umständlich; die Ziehteiloberfläche bleibt wie beim Ziehen mit Gleitfolien etwas matt.

---

[12] Die Schneidenecke, gebildet durch Haupt- und Nebenschneide, ist mit einer Eckenrundung versehen.

Verbundwerkzeuge

10

10.1 Grundlagen

10.1.1 Einteilung und Bauweisen der Werkzeuge

Verbundwerkzeuge (VW) vereinigen die technologisch verschiedenen Arbeitsverfahren Schneiden, Umformen und gegebenenfalls zusätzliche Verfahren.

Das Zusammenlegen mehrerer Arbeitsgänge in ein einziges Werkzeug bringt u. a. folgende ***Vorteile***:

1. Die Werkzeugkosten eines VW sind in der Regel niedriger als bei Einzelwerkzeugen, wenn komplizierte Teile hergestellt werden.
2. Die Pressen sind wirtschaftlicher ausgenützt; Rüst- und Stückzeiten werden eingespart. Eine Arbeitskraft kann gleichzeitig mehrere Pressen überwachen, wenn diese auf Dauerhub eingestellt, mit Walzen- oder Zangenvorschub ausgerüstet und die Werkzeuge durch Kontakte überwacht sind.
3. Die Durchlaufzeit im Betrieb wird gekürzt; Kosten für Transport, Zwischenkontrollen, Terminüberwachung, Aufsicht und Organisation werden eingespart.
4. Es können Stanzteile mit vielfältigeren Formen hergestellt werden.

Nachteilig ist, dass bei Änderung der Werkstückform meist das gesamte Werkzeug unbrauchbar wird und hohe Instandhaltungskosten entstehen.

Die VW teilt man entsprechend der Anordnung ihrer ***Arbeitsstufen*** ein:

1. *Folgeverbundwerkzeuge*: Ähnlich Folgeschneidwerkzeugen werden die Werkstücke in mehreren hintereinander liegenden Arbeitsstufen hergestellt. Die Maßhaltigkeit der Fertigteile (Außen- zur Innenform) ist abhängig von der Art der Streifenführung und der Vorschubbegrenzung (siehe Abschn. 5.5.1 und 5.5.2).

© Springer Fachmedien Wiesbaden GmbH, ein Teil von Springer Nature 2020
M. Kolbe, *Stanztechnik*, https://doi.org/10.1007/978-3-658-30401-0_10

a) FVW in Plattenbauweise: Die Werkzeuge für die einzelnen Arbeitsstufen werden fest in Ober- und Untergestell eingebaut. Die Anzahl der Stufen ist bis etwa 12 begrenzt.
b) FVW in Modulbauweise: Bei einer größeren Anzahl von Arbeitsstufen werden die Werkzeuge in Module unterteilt. Jedes Modul enthält einige Folgestufen und ist wie ein selbstständiges Werkzeug mit Ober- und Unterwerkplatte und eigenen Führungen aufgebaut. Die Module werden in der Reihenfolge der Bearbeitungsstufen in ein Grundgestell eingeschoben und dort eingespannt (siehe Abschn. 10.2.2).

2. *Gesamtverbundwerkzeuge GVW*: Ähnlich einem Gesamtschneidwerkzeug wird das Werkstück mit einem Stößelhub in untereinander liegenden Arbeitsstufen geschnitten und geformt. Die Fertigteile haben gleiche Maße, wenn sich der Zuschnitt während der Umformung unter dem Umformstempel nicht verschiebt.

Die FVW werden vielfach für Werkzeuge „Schneiden-Biegen“, GVW für „Ausschneiden-Ziehen“ oder „Ausschneiden-Ziehen-Schneiden“ angewandt. Beim Verarbeiten von Bändern in FVW kann je nach Werkstückform die letzte Arbeitsstufe „Trennen mit gleichzeitigem Biegen“ in Gesamtbauweise ausgeführt sein (Abb. 10.5 und 10.10).

Je nach ***Führung des Oberwerkzeuges*** zum Unterwerkzeug unterscheidet man:

1. *Werkzeuge ohne Führung*, z. B. GVW für „Ausschneiden-Ziehen“ runder Näpfe (Abschn. 9.1 und 9.2.1).
2. *Werkzeuge mit Plattenführung*
   a) mit fester Stempelführungsplatte, als reine Plattenbauweise offen oder geschlossen (Abb. 10.7 und 10.8).
   b) mit federnder Stempelführungsplatte, die zum Unterteil über zwei oder vier Bolzen geführt ist (Abb. 10.5 und 10.10).
3. *Werkzeuge mit Säulenführung*
   a) mit einer im Werkzeugunterteil sitzenden starren Abstreifplatte (Abb. 10.9).
   b) mit einer oder mehreren ungeführten Platten, die getrennt federnd sind (Abb. 10.10).
   c) mit säulengeführter, federnder Stempelführungsplatte (Abb. 10.14); zusätzlich kann noch ein federnder Blechniederhalter (Abb. 10.16, Teil 3) in ihr geführt oder ein Biegestempel (Abb. 10.5, Teil 1 und Abb. 5.19, Teil *7a*) mit angeschraubt sein.
   d) mit je einer säulengeführten federnden Schneid- und Stempelführungsplatte (Abb. 10.6, Teile 4 und 10).

Werkzeuge mit federndem Blechhalter oder mit federnder Abstreifplatte erhalten zum Verarbeiten dünner weicher Bleche im Werkzeugunterteil meist *federnde Bolzen Abhebestifte* (siehe Abschn. 5.4.4), diese sollen den Streifen von der Schneidplatte abheben, damit die Vorschubbewegung durch Schnittgrate nicht gehemmt wird. Bei Werkzeugen in reiner Plattenbauweise und bei säulengeführten Werkzeugen mit starrer Abstreifplatte entfallen diese federnden Abhebestifte; der Streifen wird nach der Umformung durch die Abstreifkraft der Stempel mit Sicherheit gehoben und an der im Werkzeugunterteil sitzenden starren Platte abgestreift.

Ähnlich Schneidwerkzeugen ist die zu wählende ***Führung*** abhängig von der:

1. Form der eingebauten Stempel, ob diese dünn, zusammengesetzt oder bruchempfindlich sind,
2. Blechdicke (Schneidspalt),
3. Größe der seitlich wirkenden Kräfte,
4. geforderten Standmenge[1] der Schneiden im Verbundwerkzeug.

Sind in einem FVW Hartmetalleinsätze (Abb. 5.33) eingebaut, dann lässt sich die Standmenge durch Viersäulengestelle mit Kugelführung wesentlich erhöhen. Die Kugelführung dient aber nur zum Ausrichten des Oberwerkzeuges zum Unterwerkzeug während des Spannens in der Presse. Nach dem Spannen übernimmt die viel steifere Pressenführung die Führung des Werkzeuges.

Vor der Streifeneinteilung für ein FVW überprüft man entsprechend den erforderlichen ***Arbeitsfolgen*** (Abb. 10.1):

1. ***Muss der Streifen seitlich oder innen freigeschnitten werden?***
Seitlich freigeschnittene Streifen ergeben meist einfache Werkzeugkonstruktionen.
Bei Streifen, die *innen freigeschnitten* sind (Abb. 10.1, Spalte II.2.c), mindert sich in der ersten Umform-(Zieh-)Stufe die Streifenbreite. Diese Breitenminderung machen die zuvor freigeschnittenen Verbindungsstege ebenfalls mit, indem sie gelängt werden und dabei geneigte Lage erhalten. Erst in der letzten Umformstufe erhalten die anfangs geneigt liegenden Stege wieder parallele Lage zueinander. Die unterschiedlichen Stegverschiebungen verursachen im Streifen unterschiedliche Werkstückabstände. Innerhalb der einzelnen Zieh- und in der Nachschlagstufe[2] zentriert sich der umzuformende Werkstoff über seine Blechdicke zwischen Gesenk und Stempel noch von selbst; Maßungenauigkeiten machen sich erst in den nachfolgenden Loch- und Schneidstufen bemerkbar. Um diese zu mindern, setzt man zwischen letzter Umformstufe (bzw. Nachschlagstufe) und nachfolgender Schneid-(Loch-)stufe eine *Formsucherplatte in die federnde säulengeführte Platte* (Berechnungsbeispiel 14.2) ein. Die Druckfläche der Formsucherplatte ist mit der Werkstückform abgestimmt. Dieser Formsucher sichert gleich bleibende Streifenlage innerhalb der nachfolgenden Loch- und Schneidstufen, indem er den Streifen mittels der vorgespannten Federkraft der federnden Platte bereits festhält, bevor andere Stempel ihn berühren. Die Druckfedern der federnden Platte

---

[1] Standmenge ist Anzahl der ausgeschnittenen Werkstücke zwischen jedem Schärfen der Schneiden.

[2] Am Werkstück werden die Übergangsrundungen zum Boden bzw. zum Flansch ausgepresst und gleichzeitig der Flansch eingeebnet; Nachschlagen wird auch „Gesenkdrücken", „Kalibrieren" oder „Nachprägen" genannt (vgl. DIN 8583 Blatt 4, Ordnungsnummer 2.1.3.2.4).

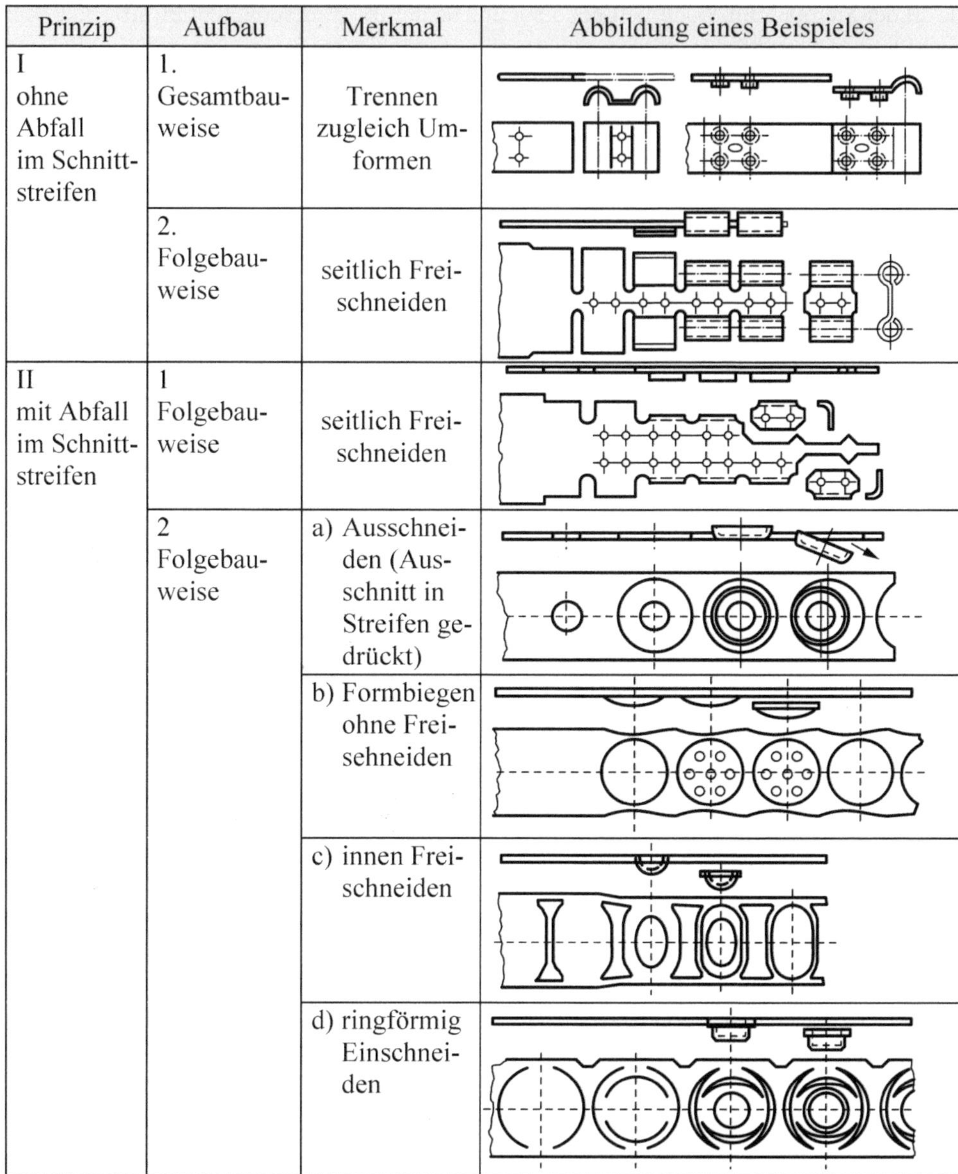

Prinzip	Aufbau	Merkmal	Abbildung eines Beispieles
I ohne Abfall im Schnittstreifen	1. Gesamtbauweise	Trennen zugleich Umformen	
	2. Folgebauweise	seitlich Freischneiden	
II mit Abfall im Schnittstreifen	1 Folgebauweise	seitlich Freischneiden	
	2 Folgebauweise	a) Ausschneiden (Ausschnitt in Streifen gedrückt)	
		b) Formbiegen ohne Freischneiden	
		c) innen Freischneiden	
		d) ringförmig Einschneiden	

Abb. 10.1 Einteilung der Verbundwerkzeuge

müssen daher einen Mindestfederhub von $\Delta f_{min} = 0{,}5 \ldots 1$ mm Weg zur Lagesicherung des Streifens + Umformweg *hw* der Umformstempel übernehmen.

Beim Werkzeugzusammenbau setzt man zuerst nur die Arbeitsstufen bis zur Formsucherstufe in das Werkzeug ein und bestimmt durch Messen mehrerer Probestreifen den letzten durchschnittlichen Stufenabstand; dementsprechend werden die im Werkzeug nachfolgenden Loch- und Schneidplattenteile auf Teilungsabstand geschliffen.

Da Werkstoffe auch innerhalb der gleichen Liefermenge unterschiedliche Dehnung (Stauchung) haben können, versucht man oft, die dadurch verursachten Maßunterschiede mittels eines zusätzlichen Suchstiftes, der im letzten Ausschneidstempel eingebaut ist, zu mindern. Zum Suchstift müssen jedoch noch federnde Abstoßnadeln in den Ausschneidstempel eingebaut werden, damit die ausgeschnittenen Werkstücke weder am Suchstift (bzw. an der Stempelschneide) noch im Schneidplattendurchbruch vereinzelt hängen bleiben. Die zusätzlichen Abstoßnadeln erhöhen die Rissgefahr im Stempel.

2. ***Kann der Streifen seitlich oder innen nur eingeschnitten werden?***
   Im ringförmig eingeschnittenen Streifen (Abb. 10.1, Spalte II.2.d) entstehen durch Formbiegen (Ziehen) keine nennenswerten Abweichungen des Vorschubmaßes, da sich während der Umformung die frei geschnittenen Stege leicht verschieben können. Von Vorteil ist, wenn man bei geeigneter Werkstückform in den letzten Ausschneidstempel noch einen Suchstift und federnde Abstoßnadeln einbaut; die fertigen Werkstücke weisen dann geringere Maßabweichungen auf.
3. ***Ist die Umformung ohne Einschneiden und ohne Freischneiden möglich?***
   Beim Formbiegen des Streifens (Abb. 10.1, Spalte II.2.b) muss man außer Minderung der Streifenbreite noch veränderten Abstand zu den nachfolgenden Loch- und Schneidstufen sowie Blechdickenschwächung in Kauf nehmen. Um trotzdem maßgleiche Werkstücke zu erhalten, ist im Werkzeug eine *federnde Formsucherplatte* (Abb. 14.4, Teil 1) erforderlich. Voraussetzung hierfür ist, dass die Streifen durch das FVW von Hand bzw. Band Werkstoffe mittels Walzenvorschubeinrichtung mit selbsttätiger Walzenlüftung geführt werden und dass im Werkzeug eine säulengeführte Platte mit Druckfedern hoher Vorspannung eingebaut ist. Der an der Unterseite der federnden Platte sitzende Formsucher wird zwischen Umform- und Lochstufe eingebaut, damit er das Band mittels der vorgespannten Federkraft bereits festhält, bevor der Umformstempel beginnt, den Werkstoff zu formen. Dadurch werden die von der Umformstufe her im Werkstoff wirkenden Zugspannungen vor den nachfolgenden Schneidstufen aufgefangen (siehe auch Berechnungsbeispiel 14.2).
4. ***Muss der Zuschnitt vor der Umformung ausgeschnitten und während des Stempelrückzuges in den Streifen zurückgedrückt werden?***
   Diese Fertigungsart (Streifen Abb. 10.1, Spalte II.2.a) kommt in Betracht, wenn der Werkstückumfang gebördelt wird oder wenn durch Freischneiden (Einschneiden) bruchempfindliche Schneidstempel entstehen würden (Abb. 10.14).

Auch auf die *Lage des Schnittgrates* längs des Werkstückumrisses muss man bei der Streifeneinteilung achten. Fertigteile, die zuerst seitlich frei geschnitten und zuletzt ausgeschnitten, bzw. die formschlüssig aneinandergereiht abgeschnitten würden (die Streifen in Abb. 10.1 Spalten I.1, I.2, II.1), haben wechselseitig liegenden Schnittgrat. Werkstücke, die ebenfalls zuvor seitlich frei geschnitten, jedoch zuletzt mittels Trennsteg von einem Schneidstempel (Abb. 10.4c, d) abgetrennt wurden, weisen einseitig liegenden Schnittgrat auf, sofern alle Schneidstempel im Oberteil angeordnet sind.

10.1.2 Richtlinien für den Aufbau der Folgeverbundwerkzeuge

Die *reine Plattenbauweise* (mit angeschraubter Stempelführungsplatte) kommt für FVW nur in Betracht, wenn frei geschnittener oder eingeschnittener Werkstoff in Richtung der Stempelbewegung umgeformt wird und *der Streifen vor der Umformung bereits auf der Schneidplatte liegt* (Abb. 10.1, Spalten I., II.I sowie Abb. 10.4 die Streifen b … g). Die Plattenbauweise ist nicht anwendbar für Streifen mit „Zug-Druck-Umformungen" (vgl. Tab. 2.3), die einen federnden Blechhalter erfordern, und für Streifen mit der Arbeitsfolge „Zuschnittausschneiden mit Zurückdrücken" (Abb. 10.1, Spalte II 2 a, 2. Arbeitsstufe).

Bei reiner Plattenbauweise muss infolge des größeren Umformweges im FVW die Stempelführungsplatte dicker als bei Schneidwerkzeugen sein, damit bei höchster Stößellage die Schneidstempel in ihr noch genügend geführt sind. Oft baut man die Schneid- und Umformelemente in Säulengestelle ein und ersetzt die Stempelführungsplatte durch eine starre Abstreifplatte (Abb. 10.9).

Beim Entwerfen treten oft ähnliche ***Gestaltungsfragen*** auf, u. a.:

1. ***Umformrichtung***
   Die Streifenlage ist so anzuordnen, dass möglichst alle Umformungen in Richtung der Stößelbewegung erfolgen; es entstehen einfachere Werkzeuge, die weniger störanfällig sind. Ist eine Umformung entgegengesetzt zur Stößelbewegung nötig, soll man hierfür die Umformung mit dem geringsten Kraftbedarf bzw. dem kleinsten Umformweg *hw* vorsehen (weitere Angaben siehe Kap. 8).
2. ***Schärfen der Schneiden***
   Im Werkzeug sollen hintereinander folgend die Schneidstufen, danach alle Umformstufen und zuletzt die Trennstufen (evtl. zuvor Lochstufen) angeordnet sein; dadurch kann man im Streifen-Ein- und -Auslauf je eine Schneidplatte vorsehen. In Werkzeugen mit federnden Platten dürfen *Druckfedern* nach mehrmaligem Schärfen der Schneiden nicht überbeansprucht sein. Die einfachste Lösung ist, wenn in den Schneid-(Trenn-)stufen die federnden Platten zusammen mit den zu schärfenden Schneiden abgeschliffen werden können (Abb. 10.2). Haben federnde Platten eine der Werkstückform angepasste Druckfläche, dann sind *zum Abschleifen Auflageringe unter den Druckfedern* vorzusehen (siehe Abschn. 14.1 mit Abb. 14.3c); vereinzelt wird, z. B. bei Schraubendruckfedern, schon bei der Federauswahl der voraussichtliche Gesamtabschliff im Federhub eingerechnet (Abb. 14.3e). Kunststoffdruckfedern eignen sich nur für Werkzeuge, die minütlich weniger als 50 Arbeitshübe ausführen (Abschn. 14.4). Zur Festlegung der erforderlichen Federkräfte sind die Angaben über Abstreif- und Umformkräfte (siehe Abschn. 4.4.5, 7.2 sowie Gl. 6.1, 6.2 und 6.3) zu beachten.

   Um im Werkzeugoberteil(-unterteil) die *Höhenunterschiede zwischen den Schneiden und den Umformflächen* auch nach mehrfachem Schärfen gleich groß zu erhalten, kann man verschiedene Möglichkeiten in Erwägung ziehen:

a) Zum Schärfen der Schneiden werden die in den Umformstufen nebeneinander liegenden Umformstempel ausgebaut und deren *Auflagefläche* um das gleiche Maß abgeschliffen; die Arbeitsfolgen zeigt Abb. 10.2a. Alle Umformstempel werden mittels ihrer Befestigungsschrauben, die von außen her eingeführt sind, aus der Stempelhalteplatte gedrückt und nach dem Schärfen wieder in die Platte gezogen (weitere Angaben siehe 6).
b) Unter die Umform- und Gegenstempel kann man auch je eine *Zwischenplatte* legen und diese beim Schärfen der Schneiden mit abschleifen. Dadurch müssen die kopfseitig angeschraubten Umformelemente nur ausgebaut, aber nicht nachgearbeitet werden (Abb. 10.7).
c) Im Werkzeugoberteil können *getrennte Zwischen- und Halteplatten* (Abb. 10.2b, $Z_1 \dots Z_3$, $H_1 \dots H_3$) jeweils für die Schneid- und Umformstufen vorgesehen werden. Zum Schärfender Schneiden baut man die in ihrer Halteplatte verbleibenden Umformstempel aus und schleift nur deren Zwischenplatte um das gleiche Abschliffmaß ab. Diese Anordnung bedingt höhere Herstellungskosten, da für jede Halteplatte Befestigungsschrauben und zur Lagesicherung Zylinderstifte erforderlich sind (Abb. 10.9 und 10.12); jedoch bleiben die Höhenunterschiede der Umformflächen unter sich unverändert, die Umformstempel verbleiben stramm eingepasst in der Halteplatte (weitere Angaben siehe 6).
d) Geradlinige und kreisförmige Biegekanten werden oft innerhalb der Schneidplatte vorgesehen; nach *jedem Schärfen ist Nachrunden* von Hand erforderlich (Abb. 10.10).
e) *Beschriftungs- und Prägestempel* kann man bei symmetrischer Druckfläche in ihrer Höhenlage *verstellbar* ausführen, z. B. über Druckbolzen mit Gegenmutter (Feingewinde 1 mm Steigung); nach jedem Schärfen der Schneiden werden sie nachgestellt (Abb. 10.8, Teile 1 … 3).

3. ***Leerstufen (Sucherstufen)***
Schon bei der Streifeneinteilung ist auf große Abstände zwischen den Durchbrüchen in der Schneidplatte (Rissgefahr) zu achten; innerhalb der Umformstationen ist reichlich Platz für Druckfedern zu schaffen. Deshalb muss man oft zwischen Schneidfolge und nachfolgender Umformstufe, ebenso bei sehr kleinen Werkstückabmessungen, Leer- oder Sucherstufen vorsehen. Mit der Anzahl der Stufen könnten sich ohne Sucher die Maßunterschiede der Werkstücke vergrößern.
Sucher baut man bei Plattenbauweise in das Oberteil (Abb. 5.29), bei federnder Zwischenplatte meist in das Unterteil (Abb. 10.5, Teil 9) ein. *Formsucherplatten*, die den Streifen (bzw. das Band) bereits lagemäßig sichern bevor die Umformstempel den Werkstoff berühren, müssen in der federnden säulengeführten Platte des Gestells eingebaut sein (weitere Angaben siehe Abschn. 10.1.1, Streifeneinteilung 1. und 3.).

4. ***Aufschlagstücke***
In Schneid-, Biege- und Folgeverbundwerkzeugen kann man *starre Aufschlagstücke* (als Quader, Bolzen oder Ring) und *einstellbare Aufschlagschrauben mit Gegenmutter*

(Abb. 5.19, Teil 6) einsetzen. Aufgrund ihrer Wirkungsweise teilt man Aufschlagelemente ein in:

a) *Aufschlagelemente zur Begrenzung der tiefsten Werkzeuglage.* Diese Bauteile sollen das Einstellen der Presse erleichtern und damit Pressen vor Überlastung schützen. In Werkzeugen mit einem oder mehreren hartaufsitzenden Umformstempeln bringen sie den Nachteil, dass bei ungenauer Aufschlaghöhe (z. B. nach dem Schärfen der Schneiden) der Schließdruck auf die geformten Werkstücke unterschiedlich stark wirkt und somit die gebogenen Schenkel unregelmäßig zurückfedern.

   Es bestehen unterschiedliche Auffassungen darüber, ob es besser ist, hartaufsitzende Stempel ohne Aufschlagstücke arbeiten zu lassen, damit der Presseneinrichter die Größe des Schließdruckes durch Ausprobieren selber bestimmen kann.

b) *Aufschlagstücke zur Übertragung des Schließdruckes* vom Werkzeugoberteil her *auffedernde Biegestempel* (vgl. Abb. 10.5 I, Teile 2 und 10.6, Teile: 3). Ohne Aufschlagelemente wäre bei tiefster Werkzeuglage nur der Federdruck auf die umzuformenden Werkstücke wirksam; Aufschlagstücke als Druckübertragungsmittel auf federnde Biegestempel bilden daher die Regel.

   Aufschlagstücke sind möglichst *symmetrisch zum Einspannzapfen* anzuordnen (Abb. 10.7). *Aufschlagringe* werden auf *Führungssäulen* gesteckt; sie sind noch durch Gewindestifte an den Säulen zu befestigen, wenn das Werkzeug sich bei höchster Pressenstößellage (*OT*) außerhalb der Säulen befindet.

Beim Schärfen der Schneiden muss man starre Aufschlagstücke um das gleiche Maß mit abschleifen; sie bedingen damit einen höheren Arbeitsaufwand. Zur *Unfallverhütung* müssen Werkzeuge, die Aufschlagstücke haben, mit *Schutzgitter* ausgestattet sein oder unter Pressen mit Zweihandeinrückung arbeiten: Nur wenn Aufschlagbolzen eingebaut sind, kann man das Schutzgitter weglassen und als *Fingerschutz* schwache Schraubendruckfedern über die Bolzen stülpen; die lichte Höhe zwischen den Drahtwindungen muss < 6 mm sein.

5. ***Umformen in Stößelbewegung***

Umformstempel, die im Werkzeugoberteil sitzen, übertragen die Stößelkraft unmittelbar auf das Werkstück. Diese Stempel werden in der Regel kopfseitig an das Werkzeugoberteil angeschraubt, sie können hartaufsitzend oder nicht hartaufsitzend (vgl. Abb. 6.1b I) arbeiten.

Nicht hart auf sitzende Biegestempel sind Stempel, die im FVW u. a. freigeschnittene Schenkel abwärts biegen (Abb. 10.14, Teile 5, sowie Streifenbilder 10.4c, d). Sie werden im Werkzeugoberteil in einer Stempelhalteplatte (in der auch Schneidstempel sitzen) aufgenommen und zusätzlich kopfseitig angeschraubt; erst nach mehrmaligem Schärfen der Schneidstempel werden die Stempel an ihrer Kopfseite abgeschliffen. Das Einstellen der tiefsten Werkzeuglage *UT* unter der Presse erfolgt entsprechend den Schneidstempeln (falls das Werkzeug ohne Aufschlagstücke arbeitet).

Wird zu nicht hartaufsitzenden Stempeln noch *ein einzelner hartaufsitzender Stempel* vorgesehen, der ebenfalls Umformungen in Richtung der Stößelbewegung ausführt, ist dieser mit den übrigen Biegestempeln im Werkzeugoberteil kopfseitig zu befestigen. Es empfiehlt sich, für die Schneid- und Biegestempel eine *gemeinsame Stempelhalteplatte, jedoch getrennte Zwischenplatten* (jeweils eine Zwischenplatte im Streifeneinlauf, im Streifenauslauf und unter den Biegestempeln) vorzusehen. Wird beim Schärfen der Schneidstempel auch die Zwischenplatte unter den Biegestempeln um das gleiche Maß mit abgeschliffen, bleibt der Höhenunterschied zwischen den Druckflächen der Schneidstempel und des hartaufsitzenden Stempels (damit auch der übrigen Biegestempel) gleich groß. Durch das regelmäßige Abschleifen der Zwischenplatte unter den Biegestempeln entsteht ein stetig anwachsender Spalt zwischen der Stempelhalteplatte und der Zwischenplatte, was auf die Werkzeugstandmenge keinen Einfluss hat, wenn die Umformstempel kopfseitig angeschraubt wurden. Sind keine Aufschlagstücke eingebaut, erfolgt die LT-Einstellung der Presse entsprechend dem einzelnen hartaufsitzenden Stempel.

Sitzen im Werkzeugoberteil *mehrere hartaufsitzende Stempel* (z. B. für formschlüssiges Biegen mit anschließendem Prägen), erfordern diese gleich bleibende Höhenunterschiede unter sich selbst und zu den Schneiden; eine *gemeinsame Zwischenplatte unter den Umformstempeln ist unerlässlich* (Abb. 10.12, Teil 9). Von Vorteil sind getrennte Stempelhalteplatten, jeweils eine Platte für die Schneidstempel im Streifeneinlauf, im Streifenauslauf und für die Biegestempel (Abb. 10.2b).

Haben im *Werkzeugunterteil* die entsprechenden Gegenstempel ungleiche Umformhöhen oder ihre Auflageflächen lassen sich nur erschwert abschleifen, muss unter den

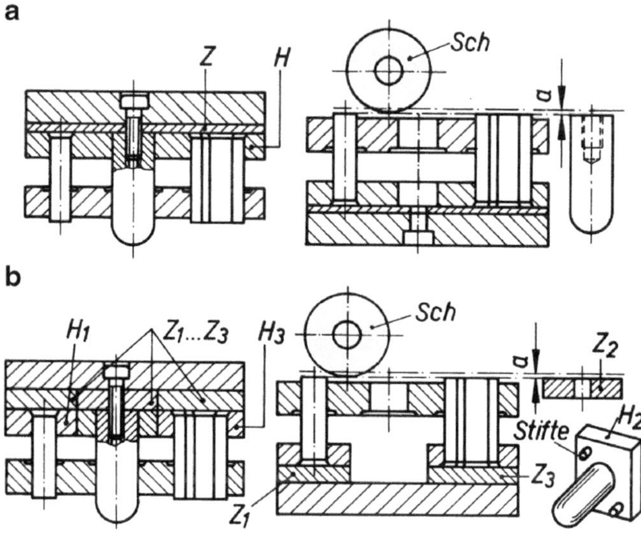

Abb. 10.2 Schärfen der Schneidstempel (sinngemäß im Werkzeugunterteil mit den Schneidplatten und den Biegegesenken). **a** Oberteil mit einer Stempelhalteplatte *H* und einer Zwischenplatte Z, **b** Oberteil mit mehreren Stempelhalteplatten H_1 … H_3 und Zwischenplatten Z_1 … Z_3. *a* Abschliffmaß, *Sch* Schleifscheibe

Biegestufen ebenfalls eine gemeinsame Zwischenplatte, die beim Schärfen der Schneidplattenteile mit abgeschliffen wird, vorhanden sein (Abb. 10.16, Teil 8).

6. ***Seitendrücke***
   Durch unsymmetrisches Biegen entstehen Seitendrücke, welche Umform- und Gegenstempel aufnehmen und auf das Werkzeugober- und -unterteil übertragen. Daher versieht man Umformstempel mit einer Rückenführung und lässt alle Umformelemente in den Werkzeugkörper, in der Regel ein Viersäulengestell ein. Die einsatzgehärteten Führungssäulen fertigt man mit etwas größerem Durchmesser aus Ck 25 oder Ck 35.

   Kleine Seitenkräfte kann man mittels Zylinderstiften aufnehmen. Würde sich der Streifen durch Seitendrücke verschieben, kann der Werkstoff während der Umformung auch durch zwei federnde, säulengeführte Platten (Abb. 10.6; Teile 4 und 10) festgehalten sein. Bei kleinen Werkstückformen werden zweckmäßig zwei sich gegenüberliegende Teile gleichzeitig hergestellt, um damit symmetrische Biegung zu erzielen (Abb. 5.19).

7. ***Kragendurchziehen***
   In Richtung der Stößelbewegung kann man Kragen ohne Vorlocher durchziehen (Abb. 10.3a), wenn ein rau gerissener Rand zulässig ist. Wird im FVW mit Vorlocher gearbeitet (Abb. $10.3b_1$), stehen die Stempel zum Kragenddurchziehen den Lochstempeln gegenüber vor. Sind in plattengeführte Werkzeuge zu den Kragendurchziehstempeln noch zusätzlich Suchstifte einzubauen, müssen diese Suchstifte noch weiter vorstehen, damit die Streifenlage gesichert ist, bevor die Durchziehstempel die Blechoberfläche berühren (Abb. $10.3b_2$). Nachteilig beim Durchziehen in Richtung der Stößelbewegung ist jedoch, dass der an der Außenseite des Kragens liegende Schnittgrat das *Aufreißen der Kragen* begünstigt. Bei kerbempfindlichen Werkstoffen, z. B. Aluminitun und dessen Legierungen, auch bei Stahlblechen der Gruppe 10, werden daher Kragen vielfach gegen die Stößelbewegung gezogen (Abb. 10.3c). Für Kragen mit größerem Durchmesser eignet sich auch ein Verbundwerkzeug in Gesamtbauweise „Lochen-Ausschneiden-Kragendurchzug" (Abb. 11.3).

8. ***Trennstufe***[3]
   a) *Ausschneiden.* Ausgeschnittene Fertigteile werden, in schrägen Durchbrüchen, die im Werkzeugunterteil eingearbeitet sind (Abb. 5.8a), in der Regel nach außen, vereinzelt zur Durchfallbohrung im Pressentisch geleitet. Würden die Durchbrüche zu wenig Gefälle erhalten, kann man im Werkzeugunterteil waagerecht liegende Kanäle, in denen sich elektro-pneumatisch gesteuerte Ausstoßschieber bewegen, vorsehen. Stellt man Werkzeuge auf Leisten und lässt Loch- und Seitenschneiderabfälle, ebenso Werkstücke, durch die Schneidplatte auf untergelegte Blechschubladen fallen, so ist das regelmäßige Entleeren der Schubladen von Nachteil.

      Werkstücke dürfen am Ausschneidstempel nicht hängen bleiben, weshalb in große Stempel *federnde Abstoßer* eingebaut werden (Abb. 10.12, Teile 16); kleine

[3] Schnittgratlage, vgl. Abschn. 10.1.1.

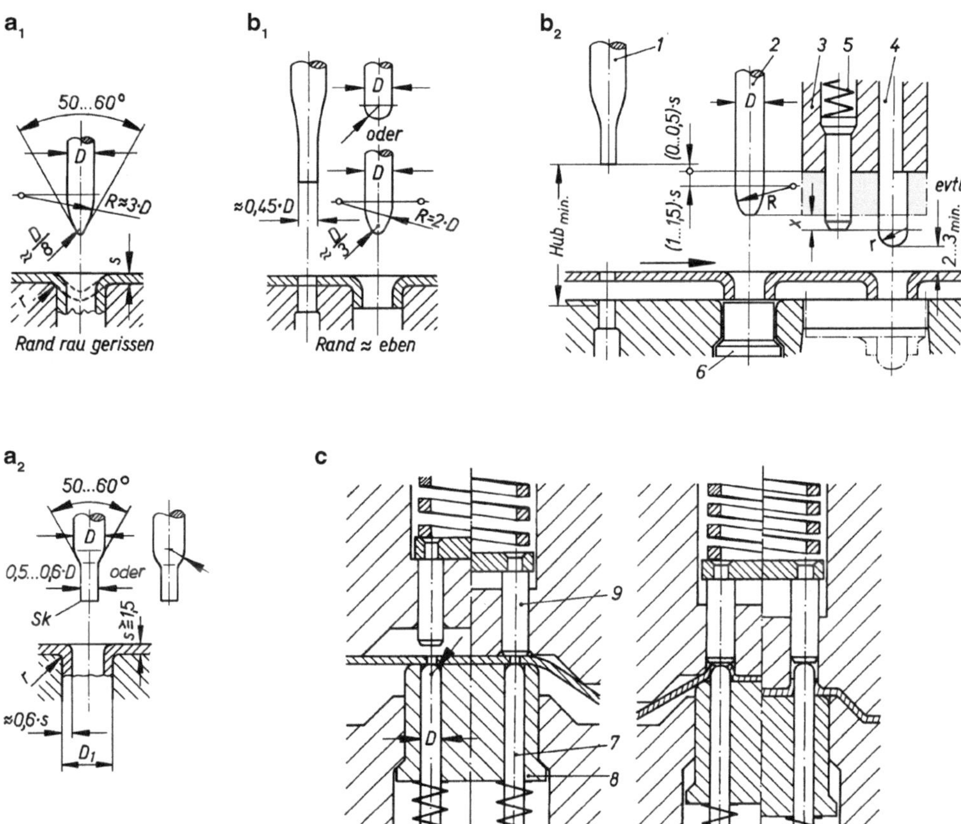

Abb. 10.3 Kragendurchziehen. $\mathbf{a}_1$ Ohne Vorlocher, $\mathbf{a}_2$ mit Durchziehstempel, der zugleich Vorlocher ist, für dicke Bleche geeignet *Sk* ist Schneide zum Lochen, $\mathbf{b}_1$ mit Vorlochstempel, $\mathbf{b}_2$ mit FVW (Werkzeug in Plattenbauweise oder als Säulengestell mit starrer Abstreifplatte) mit den Arbeitsfolgen: *1* Lochen, *2* Kragendurchziehen, *3* Ausschneiden mit gleichzeitigem Suchen (*4*); der Suchstift ist mit glatter und abgesetzter Form dargestellt (Maß *x* und Abmessungen des Suchstiftes Abb. 5.29), zusätzlich federnde Abstoßer (*5*), *6* federnder Ausstoßer (Wölbung des Kragenziehstempels vergrößert seinen Federhub), **c** gegen die Stößelbewegung mit gleichzeitigem Formbiegen; im Unterteil feststehende Durchziehstempel (*7*), umschlossen von Federplatte (*8*), *9* federnde Ausstoßstifte

Stempel erhalten Abstoßnadeln deren Druckfedern in der Kopfplatte oder im Gestelloberteil sitzen. Tauchen Stempel ohne federnde Abstoßer tiefer in die Schneidplatte ein, um dadurch die Fertigteile abzustreifen, wird deren Schneidenverschleiß größer, auch können Fertigteile den Schneidplattendurchbruch verstopfen.

b) *Seitliches Abtrennen.* Günstiger ist es, zwei sich gegenüberliegende Teile gleichzeitig herzustellen und diese durch Trennmesser seitlich abzutrennen (Abb. 10.1, Spalte II.1).

Im Werkzeug für Streifen Abb. 10.4b_1 werden die fertigen Werkstücke um (ein oder) zwei Vorschübe versetzt, im Streifen Abb. 10.4b_2 sich gegenüberliegend aus-

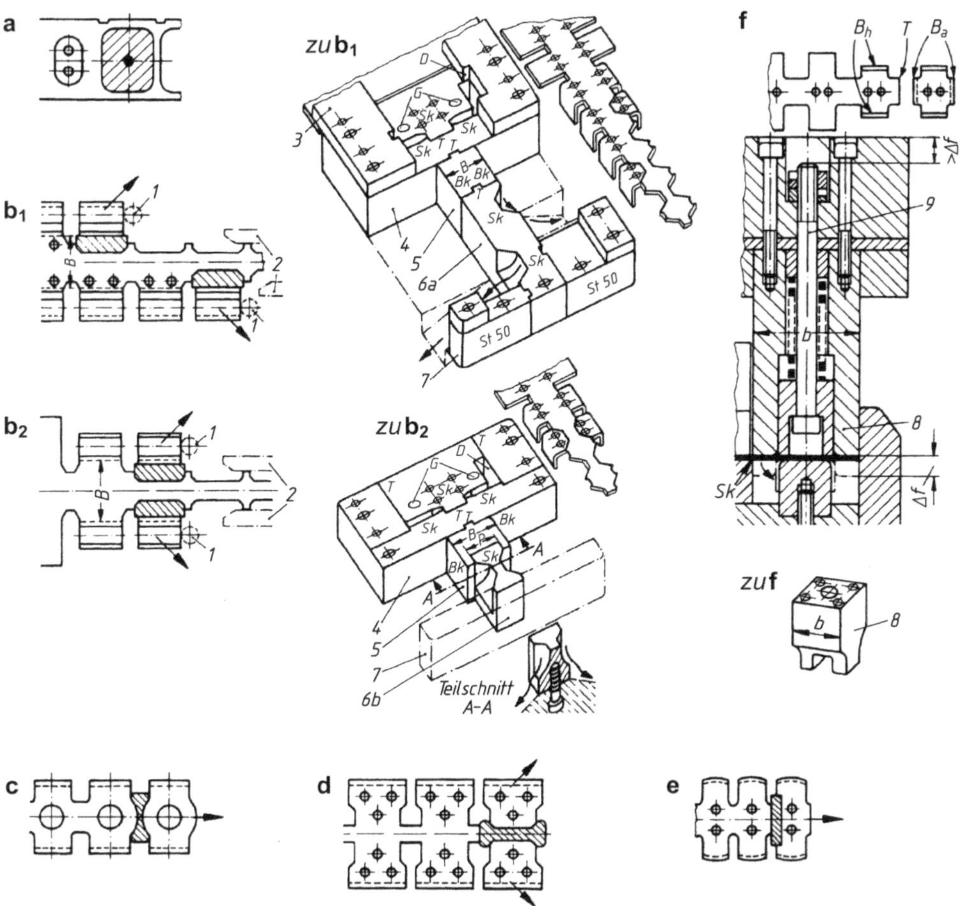

Abb. 10.4 Trennstufen. **a** Ausschneiden; **b** seitliches Abtrennen, Abschneidstempel sind, $\mathbf{b}_1$ um zwei Vorschübe gegenseitig versetzt, $\mathbf{b}_2$ gegenüberliegend, nur wenn Biegebreite *B* die Einarbeitung der Passnute *P* in den Gegenstapel ermöglicht; die beiden FVW in Plattenbauweise wurden ohne Führungsplatte und ohne Grundplatte dargestellt, die Grundplatte hat eine rechteckige Ausfräsung zur Aufnahme aller Bauteile; *D* Durchbruch für Seitenschneider, *G* Gewindelöcher zur zusätzlichen Befestigung der Schneidplattenteile, *T* Trennfugen, *Sk* Schneidkanten, *Bk* Biegekanten. *1* Anschlagstift für Reststück des Abfallstreifens, *2* zusätzliche seitliche Führungsstücke (Gleitstücke) für Abfallstreifen, *3* Zwischenlagen zur seitlichen Führung des Bandes, vor Seitenschneider sitzt federnde Streifenzuführung (vgl. Abb. 5.30), *4* zusammengesetzte Schneidplatte im Streifeneinlauf, *5* Gegenstempel der Biegestufe, *6a* Schneideinsatz für versetztes Abschneiden, *6b* Schneideinsatz für gegenüberliegendes Abschneiden, *7* Passstücke aus E 295 zur Aufnahme des freien Endes des Schneideinsatzes, **c** querliegender Trennsteg; **d** längsliegender Trennsteg; **e** abfallloses Trennen, **f** abfallloses Trennen mit gleichzeitigem Abbiegen in Gesamtbauweise; B_h symmetrisches Hochbiegen, *T* Trennen mit gleichzeitigem Abwärtsbiegen (B_a), *8* Biegestempel, der gleichzeitig Schneiden *Sk erhält* Stempelbreite *b* entspricht Zuschnittmaß bzw. Vorschubmaß, Δf ist der Federhub des Auswerfers (*9*); Werkstück ist in Abb. 10.5 dargestellt. Folgende *Vorteile (VT)* werden dadurch erzielt: VT_1 Es liegt eine symmetrische Biegeform vor, bei der sich Seitenkräfte aufheben. VT_2 Am Trennmesser bleiben Fertigteile nicht hängen. Nur Stempel mit konkav verlaufender Schneidkante erfor-

(Fortsetzung)

dern federnde Abstoßstifte, die außerhalb der Stempel auf das abzuschneidende Werkstück drücken (Abb. 5.19, Teile *12*). VT_3 Nach dem Abtrennen kann man die Fertigteile aufgrund ihres Eigengewichtes mit Rutschen in Sammelbehälter leiten. VT_4 Bleiben Abfallstreifen zurück, werden diese bei entsprechender Außenform in zwei Gleitstücken noch seitlich geführt (Abb. 5.19, Teile 5); die Maßhaltigkeit der Stanzteile wird verbessert. Bei Verwendung eines Walzenvorschubgerätes können die Bänder mittels dieser Abfallstreifen zusätzlich gespannt werden (Das Walzenpaar in der Auslaufseite lässt man mittels Exzenter um einen genau einstellbaren Unterschiedsbetrag zu den Einlaufwalzen voreilen und spannt dadurch den Streifen). Durch Prägen, auch durch seitliches Freischneiden, längen sich Bänder; ungespannt würden sie durchhängen, die Maßhaltigkeit der Vorschubbegrenzung würde verschlechtert

geschnitten. Die beiden Konstruktionsarten sind in der unterschiedlichen Biegebreite *B* des Gegenstempels begründet; nur bei großer Biegebreite *B* kann die Schmalseite des Schneideinsatzes (6b) im Gegenstempel (5) ohne Rissgefährdung aufgenommen werden. Die Lage der Schneideinsätze (6a, b) sichern Füllstücke (7) aus St 50. In beiden Werkzeugen sind die Bauteile 3 … 7 in einer rechteckigen Ausfräsung der Grundplatte eingepasst.

c) *Trennen mit auszuschneidendem Trennsteg*. Diese Trennart ist zu wählen, wenn die Schnittgrate einheitlich auf der Werkstückunterseite liegen müssen.

   Der Steg kann quer zum Streifen (querliegender Trennsteg) oder in Streifenrichtung (längsliegender Trennsteg) liegen. Vorteilhaft lässt man in der letzten Schneidstufe auf die abzutrennenden Werkstücke noch Blattfedern als Niederhalter (ähnlich Abb. 5.28c, Teilschnitt A-A) oder federnde Abdrückstifte (ähnlich Abb. 5.19, Teile 12) wirken.

d) *Abfallloses Trennen ohne oder mit gleichzeitiger Biegeumformung*. Können Werkstücke vom Streifen oder Band abfalllos (formschlüssig) getrennt werden, entstehen meist einfache Werkzeugkonstruktionen. Für die Arbeitsstufe „Abfallloses Trennen mit gleichzeitigem Biegen“ legt man die Werkstücke so in den Streifen, dass deren *Biegeschenkel abwärts abgebogen* werden (Abb. 10.4f); der Umformstempel erhält zusätzlich die Schneidkante *Sk*. Nachteilig ist, dass bei bestimmten Stempelformen durch das mehrmalige Schärfen der Schneide gleichzeitig die Umformfläche des Stempels sich verkleinert (Abb. 10.10).

9. ***Umformen gegen die Stößelbewegung***
   Werkzeuge in reiner Plattenbauweise sind nicht anwendbar. Zuerst prüft man, ob während der Umformung das Band (Streifen)
   a) *in seiner Höhenlage verbleiben muss*, z. B. bei Zangen Vorschubeinrichtungen. Die Umformung gegen die Stößelbewegung betätigt dann eine Wippe (Abb. 10.14, Teile 6 … 10 und 10 … 75); eine federnde Abstreifplatte hält den Streifen während des Hochbiegens[4] fest;

[4] Hochbiegen bzw. Hochstellbiegen trifft eine Aussage über die Biegerichtung, die nach DIN 9870 Blatt 3 (Ausgabe Oktober 1972) nicht gegeben sein muss. Im FVW ist jedoch die Umformrichtung von Bedeutung, weshalb in diesem Teilabschnitt die seither gebräuchlichen Bezeichnungen beibehalten werden.

b) *sich gleichzeitig abwärts bewegen kann*, z. B. bei Walzenvorschubeinrichtungen mit Walzenlüftung. Die erforderlichen Bauelemente sind je nach Biegeform (symmetrisch oder unsymmetrisch) verschiedenartig.

Bei *symmetrischer Biegung* heben sich wirksame Seitenkräfte auf, weshalb das Band während der Umformung seitlich nicht verschoben wird. Es muss während der Vorschubbewegung jedoch angehoben sein. Hierfür sind im Streifeneinlauf ein federnder Abhebestift (Abb. 10.12, Teil 7) und innerhalb der Biegestufen weitere federnde Abhebestifte (Abb. 10.5, Teile 4) oder eine federnde Platte (Abb. 10.3c, Teil 7) erforderlich, falls möglich noch zusätzlich eine geneigte Gleitfläche (z. B. am Hochstellstempel, Abb. 10.5, Teil 3 Fläche G). Während der Umformung gegen die Stößelbewegung drückt ein an der federnden Führungsplatte des Säulengestells befestigter Biegestempel (*federnder Biegestempel*) das Band über feststehende Biegekanten abwärts und stellt dadurch freigeschnittene Biegeschenkel hoch.[5] Die *feststehenden Biegekanten* werden zweifachwirkend (vgl. Abb. 6.2a) ausgeführt, dabei ist der Mindestumformweg $hw_{min} \approx (4 \ldots 5) \cdot$ Blechdicke.

Federnde Biegestempel, die Umformungen gegen die Stößelbewegung ausführen, baut man meist in eine durchgehende Passnute der federnden Platte des Säulengestells (vgl. Tab. 5.1) ein; in dieser Passnute sitzen auch gehärtete Führungsplatten für die Schneid- und Lochstempel der Streifeneinlauf und -auslaufseite. Bei kleinem FVW kann man den federnden Biegestempel so gestalten; dass er zugleich als federnde Führungs- und Abstreifplatte für die Schneidstempel wirkt (Abb. 10.5a, Teil 1).

Arbeitsablauf bei Werkzeugen mit federnden Biegestempeln (Abb. 10.5b)

Während des Arbeitshubes formen die Stempel der beweglichen Führungsplatte (federnde Biegestempel) zuerst die Teilform entgegengesetzt der Stößelbewegung mittels Federdruck (Federkraft vorgespannt > Umformkraft) vor, bis der Streifen auf den Schneidplattenteilen der Einlauf- und Auslaufseite aufliegt. Jetzt erst führen die Druckfedern der Führungsplatte ihren Hub aus, gleichzeitig formen Biegestempel, die im Werkzeugoberteil sitzen, den Werkstoff in Richtung der Stößelbewegung um. Erst kurz vor tiefster Werkzeuglage *UT* schneiden die Loch- und Ausschneidstempel. Der Federhub der federnden Führungsplatte entspricht damit dem Umformweg der im Oberteil sitzenden Umformstempel, wobei der Schneidweg im Umformweg enthalten ist. Im *UT* pressen die Stempel der beweglichen Führungsplatte noch über Aufschlagstücke das Werkstück formschlüssig aus. Bei beginnendem Stößelrücklauf werden zuerst die im Oberteil sitzenden Stempel (Biege- und Schneidstempel) zurückgezogen. Danach hebt sich die federnde Führungsplatte mit den dort befestigten Umformstempeln ab, gleichzeitig drücken federnde Abhebestifte den Streifen aus den Hochbiegeeinsätzen (Abb. 10.5, Teile 3 und 4) heraus. Da Streifenvorschub kann dann beginnen.

---

[5] Bei Druckfedern, die auf federnde Biegestempel wirken, reicht der Prozentsatz der zulässigen Federkraftabweichung (Abschn. 14.1.4) als Sicherheitszuschlag nicht aus, auf die Druckfeder-Vorspannkraft f_1 sind noch weitere 10 … 20 % Sicherheitszuschlag erforderlich.

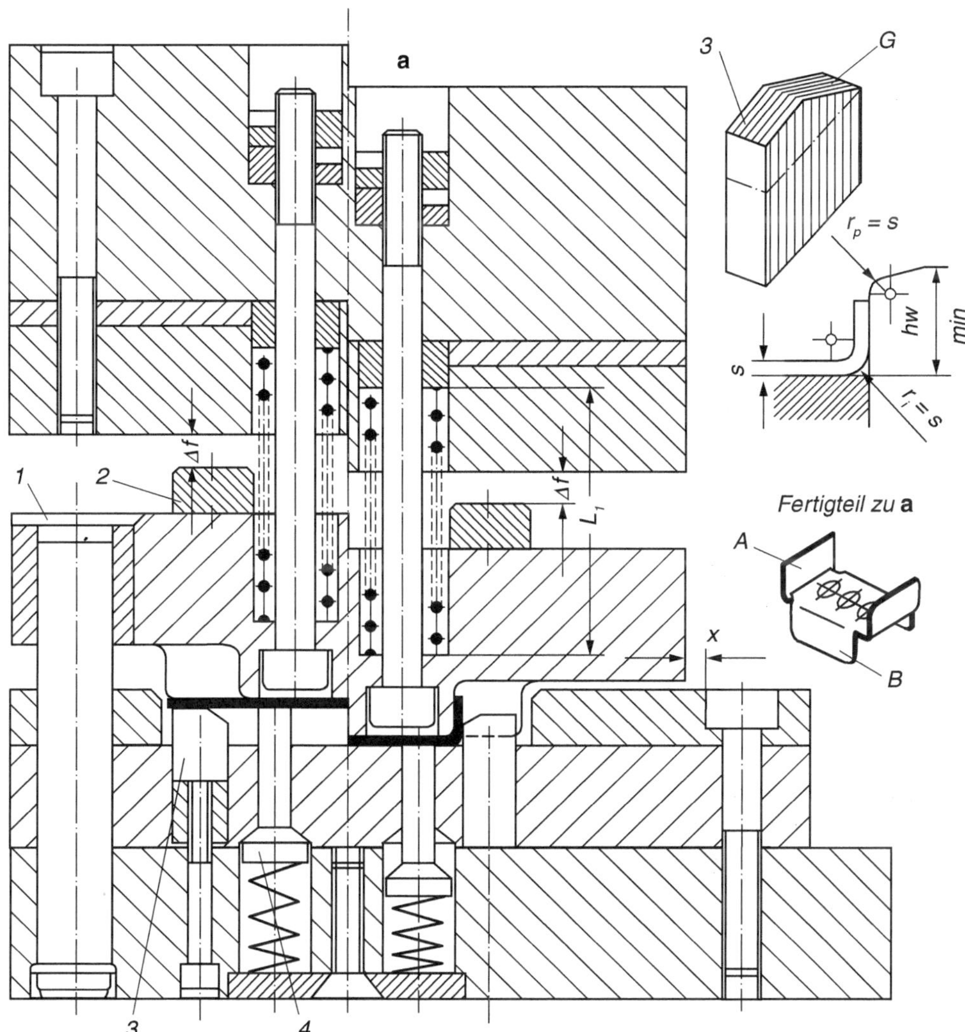

Abb. 10.5 Symmetrisches Biegen als Umformung gegen die Stößelbewegung. **a** Werkzeug mit federndem Biegestempel (*1*) der zugleich federnder Abstreifer für die Schneidstempel ist, in zwei Führungsbolzen gleitend, dabei Federkraft F_1 (vorgespannt) $>F_{\text{Biegen}}$, F_2 (gespannt) $>F_{\text{Abstreifen}}$, Federhub $\Delta f \mathrel{\hat{=}}$ Umformung des Trenn-Umformstempels (in Abb. 10.4f, Teil *8*), *2* Aufschlagstücke, *3* Hochstellstempel mit Gleitflächen G, Mindestumformweg $hw_{\min} = (4 \ldots 5) \cdot$ Blechdicke, *4* federnde Abhebestifte. Fertigteil: A ist Hochstellbiegen, B ist Trennen mit Abwärtsbiegen (Teilschnitt durch Werkzeug siehe Abb. 10.4f). **b** Arbeitsablauf beim symmetrischen Biegen: **I** Beginn des Hochstellbiegens, **II** Beginn des Abwärtsbiegens, zuvor muss der Streifen im Unterteil aufliegen, **III** Werkzeug in tiefster Lage (*UT*). *3* Hochstellstempel, *5* Abwärtsbiegestempel mit federndem Auswerfer, *6* Schneidstempel, *7* federnde Führungsplatte des Säulengestells mit Aufschlagstücken, die zur Übertragung des Schließdruckes (formschlüssiges Ausdrücken) dienen, **c** Streifenführungsstifte (*8*) zugleich federnde Streifenanhebestifte für Säulengestelle mit beweglicher Führungsplatte (*7*), die eine durchgehende Passnut *P* hat, *9* Suchstift, L_1 Federlänge vorgespannt (vgl. Abschn. 14.2)

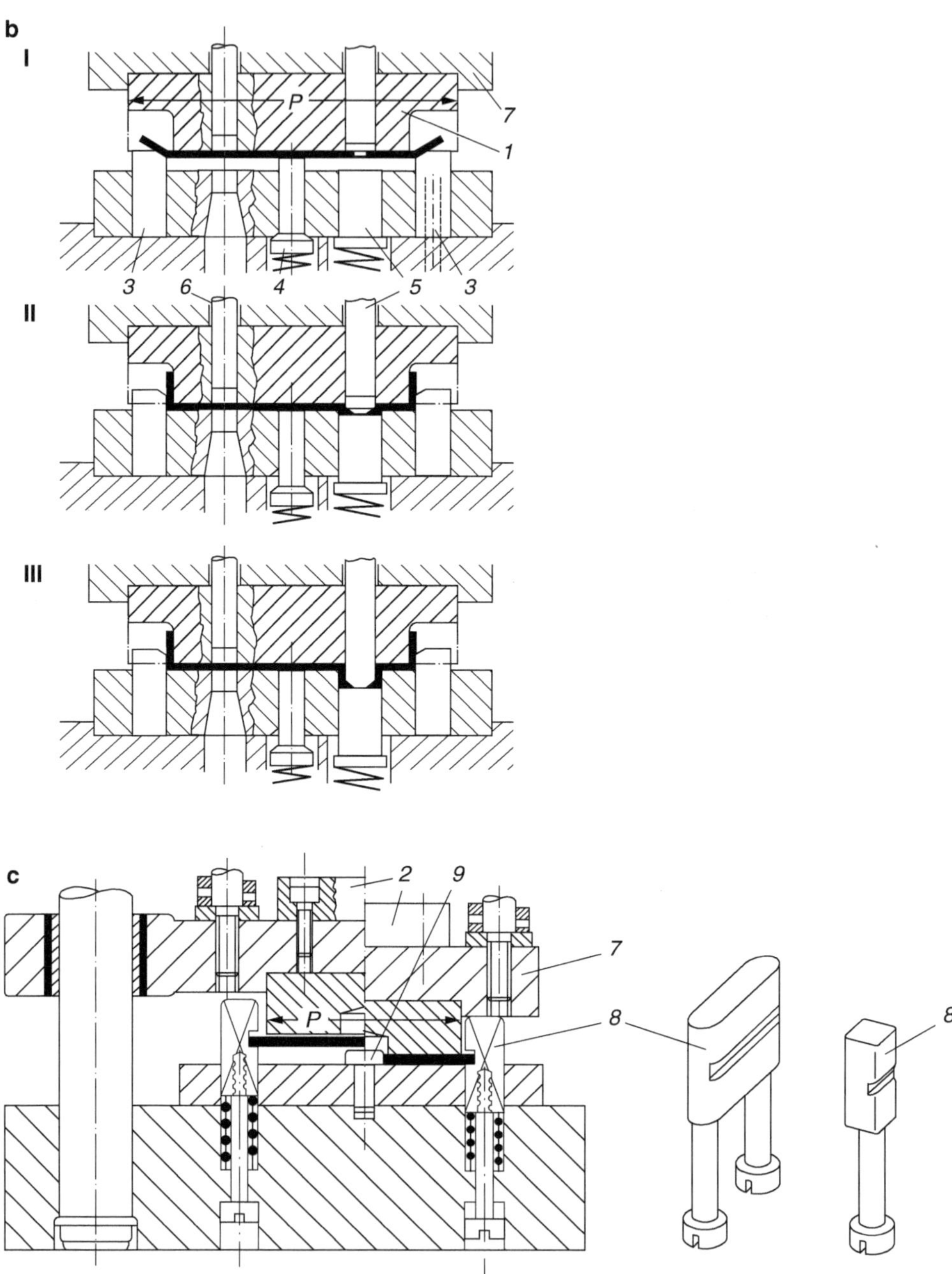

Abb. 10.5 (Fortsetzung)

Abb. 10.5c zeigt *federnde Streifenführungsstifte* mit quadratischer und länglicher Form, die gleichzeitig den Streifen anheben. Diese Stifte (8) sind vielseitig einsetzbar, z. B. auch in Werkzeugen für die in Abb. 10.1, Spalten II.2.a … d dargestellten Streifen.

Soll im *FVW mit säulengeführter federnder Platte noch durch Sucher eine Vorschubverfeinerung* erfolgen, wird man in der Regel einen im Werkzeugunterteil sitzenden Suchstift nach Abb. 10.5c, Teil 9, einbauen. Bewegt die federnde Führungsplatte den Streifen über federnde Streifenführungsstifte (8) abwärts, erfolgt bereits die Lagesicherung des Werkstoffes im Suchstift (9). In Werkzeugen, die Umformungen gegen die Stößelbewegung mittels Hochstellstempeln (Abb. 10.5a, Teile 3) ausführen, muss der Suchstift (9) höher als die Hochstellstempel (3) sein, damit er die Streifenlage schon vor beginnender Umformung sichert.

Suchstempel, die im Werkzeugoberteil sitzen (Abb. 5.29f, II) eignen sich am besten für Werkzeuge mit Plattenbauweise (mit starrer Stempelführungsplatte) oder für Säulengestelle mit starrer Abstreifplatte (Abb. 10.9, Teil A). Will man sie in Werkzeuge mit beweglicher federnder Führungsplatte einbauen, muss bei geöffnetem Werkzeug der zylindrische Teil des Sucherkopfes noch um etwa eine Blechdicke aus der Führungsplatte herausragen. Damit der Streifen nicht am Sucherkopf hängen bleibt, sind in der beweglichen Führungsplatte zusätzlich zwei seitlich sitzende federnde Abdrückstifte mit Federhub $\Delta f_{\text{min}} \approx (1 \ldots 1{,}5) \cdot$ Blechdicke anzuordnen (vgl. Abb. 10.10).

Bei *unsymmetrischer Biegung* würde der Streifen durch außermittig angreifende Umformkräfte seitlich verschoben. Er muss deshalb vor und während der Umformung gegen die Stößelbewegung entsprechend Abb. 10.6 durch je eine obere und untere Platte, beide federnd und säulengeführt (Teile 4 und 70), mit Sicherheit festgehalten sein: Durch diese beiden Platten ist die Werkzeugherstellung schwieriger.

Im Werkzeugunterteil (12) sind die Stempel (6) und (7) zur Umformung gegen die Stößelbewegung angeordnet. Ihre Gegenstempel (5) sitzen in der oberen federnden Führungsplatte (4), auf der für Druckfedern genügend Platz vorhanden ist. Die Schneidplatten (8a) sind in die untere federnde Führungsplatte (7) eingelassen. Sie senken sich während der Umformung gegen die Stößelbewegung gleichzeitig mit dem Streifen, ihr Hub Δf_{unten} soll bei Bändern klein sein (Mindestumformweg beim Hochbiegen über zweifach wirkende Biegekante $hw_{\text{min}} \approx 5 \cdot$ Blechdicke). Erst wenn die Umformungen gegen die Stößelbewegung (mittels vorgespannter Federkraft $F_{1\text{oben}}$) beendet sind, und die untere federnde Führungsplatte (10) auf dem Werkzeugunterteil (12) aufliegt, beginnen die im Werkzeugoberteil (1) sitzenden Stempel die Umformungen in Richtung der Stößelbewegung; nachfolgend wird das Schneiden und Lochen ausgeführt. Während die beiden letzten Arbeitsvorgänge ablaufen, führen die Druckfedern der oberen Führungsplatte (4) als Federhub Δf_{oben} den Umformweg der im Oberteil sitzenden Stempel (einschließlich Schneidweg) aus. Blechabfälle und Fertigteile müssen durch Ableitrohre (9) abgeführt werden. Die Rohre sind in die untere bewegliche Führungsplatte (10) eingebaut und tauchen in das unbewegliche Unterteil ein. Im geschlossenen Werkzeug, Stellung *UT*, ist über Aufschlagstücke (3) noch ein zusätzlicher Prägedruck auf die geformten Werkstücke im Streifen möglich. Die Druckfedern im Unterteil übernehmen zusammengedrückt ($F_{2\text{unten}}$) während

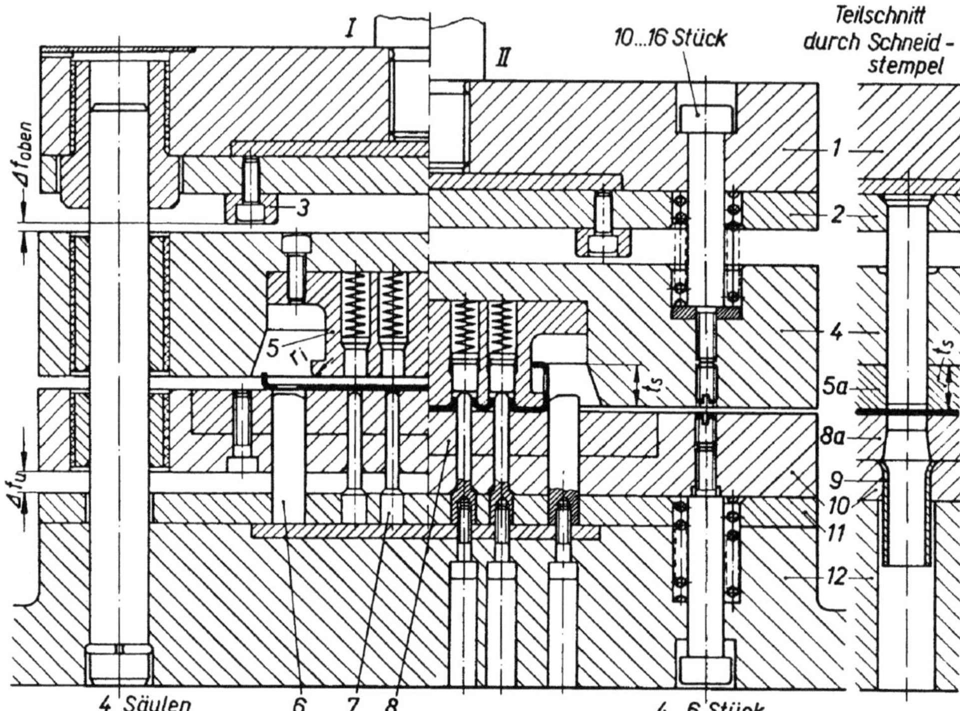

Abb. 10.6 Verbundwerkzeug mit federnder Schneidplatte. Dargestellte Arbeitsfolge: zweites (unsymmetrisches) Hochbiegen mit Kragendurchzug. Werkzeugstellung: *I* kurz vor Beginn der Umformung, *II* kurz vor Beginn des Schneidens. Bauteile: *1* Oberteil mit Einspannzapfen, *2* obere Stempelhalteplatte, *3* Aufschlagstück, *4* obere federnde Aufnahmeplatte für Biegestempel (*5*) mit federnden Ausstoßstiften und je einer Führungsplatte (*5a*, Dicke t_s) für die Stempel zum Freischneiden und Trennen, *6* Hochbiegestempel, *7* Stempel zum Kragendurchziehen, *8* Führungsplatte für (*6*) und (*7*), *8a* Schneidplatte, *9* Ableitrohre für Blechabfälle der Lochstempel, *10* untere federnde Führungsplatte mit Aufnahmenute für (*8*) und (*8a*), *11* untere Stempelhalteplatte, *12* Säulengestell, Säulenführungsbuchsen sind mit Kunstharz eingegossen

des Stößelrücklaufes nur die Abstreifkräfte der dort befindlichen Umformstempel; dabei Federkraft vorgespannt > die Hälfte von $F_{2\text{unten}}$. Im Oberteil bringen die Federn vorgespannt ($F_{1\text{oben}}$) die Kräfte der Umformung gegen die Stößelbewegung und zusätzlich als Gegendruck die Federkraft F_2 des Unterteils auf; gespannt müssen sie die Abstreifkräfte aller Schneid- und Umformstempel des Oberteils und den Federdruck des Unterteils ($F_{2\text{unten}}$) überwinden.

Nach jedem Schärfen der Stempelschneiden sind die im Oberteil befestigten, nicht hartaufsitzenden Umformstempel kopfseitig, die Scheiben unter den Druckfedern und die Aufschlagstücke (3) mit abzuschleifen. Beim Schärfen der Schneidplattenteile (*8a*) im Unterteil werden Führungsplatte (8) mit der unteren Führungsplatte (10) gemeinsam abgeschliffen. Zusätzlich sind noch die im Unterteil sitzenden Umformstempel (6, 7) kopfseitig um den Abschliff zu kürzen. Nur wenn im Werkzeugunterteil anstatt der Ansatzschrauben 4 … 6 Federführungsbolzen mit zwei oder vier einstellbaren Hubbegrenzungsschrauben (Abb. 14.1b) eingebaut sind, entfällt das kopfseitige Abschleifen der im Unterteil sitzenden Umformstempel (6, 7). Die untere federnde Platte (10) ist dann um den jeweiligen Abschliff höher zu stellen, der Federhub Δf_{unten} wird stetig größer, im Federweg f_2 ist der voraussichtliche Abschliff einzurechnen.

10.1.3 Lage des Druckmittelpunktes (Kraftresultierende)

Bei der Annahme, sämtliche Kräfte seien gleichzeitig wirksam, werden die Verfahren zur Ermittlung des Druckmittelpunktes von Schneidkräften (siehe Abschn. 5.8.2) und ebenso von Umformkräften (siehe Abschn. 7.6) sinngemäß auf Verbundwerkzeuge übertragen. Da sich die Lage des wirklichen Druckmittelpunktes durch die nacheinander ablaufenden Umform- und Schneidvorgänge fortwährend verändert, erhalten Verbundwerkzeuge einen Einspannzapfen. Für Säulengestelle, deren Säulen ungefähr symmetrisch zum errechneten Druckmittelpunkt angeordnet sind, eignen sich auch Einspannzapfen mit beweglicher Kugelkalotte (Abb. 5.36b).

Durch das Spiel zwischen Einspannzapfen und Zapfenaufnahmebohrung entstehen Verschiebungen zwischen Ober- und Unterwerkzeug beim Spannen. Bei Präzisions-Pressen werden deshalb das Ober- zum Unterwerkzeug ziehend, z. B. mit Hydrozylindern gespannt. Das Ausrichten gewährleisten dabei die Führungen des Werkzeuges. Nach dem Spannen in der Presse dürfen sich keine Verschiebungen zwischen Presse und Werkzeugteilen einstellen. Die Spannkraft muss darauf ausgelegt sein. Nach dem Spannen übernimmt die Pressenführung die Führung der Werkzeuge.

Die *Schwerpunktlage der Einzelkräfte* wird nach Abb. 7.15 festgelegt, z. B. bei Schneid-, Bördel- und Ziehkräften entsprechend der Umrissform, bei Biegekräften nach Lage der Biegekanten, bei Präge- und Formbiegekräften, erzeugt durch hartaufsitzende Stempel, entsprechend der projizierten Druckfläche. Bei Verbundwerkzeugen in Gesamtbauweise „Ausschneiden-Ziehen" (GVW, Abb. 11.2b) ist die Schneidkraft des Ausschneidstempels annähernd doppelt so groß wie die Ziehkraft, weshalb der Einspannzapfen im Linienschwerpunkt der Zuschnittform liegt.

Abstreiffedern ordnet man achsensymmetrisch (Abb. 14.1) zum errechneten Schwerpunkt aus den wirksamen Schneid- und Umformkräften an. Entstehen Abstreifkräfte hauptsächlich durch Schneidstempel, ist als Druckmittelpunkt aller Druckfedern der Schwerpunkt aus den Schnittlinien (Schneidkräften) zu wählen. Alle Federkräfte, Federn gespannt, sind bei der Lagebestimmung des Einspannzapfens mit zu berücksichtigen (Berechnungsbeispiel zu Abb. 10.10 sowie zeichnerische Lösung Abb. 10.12).

10.2 Ausführung einiger Folgeverbundwerkzeuge

10.2.1 FVW in Plattenbauweise

10.2.1.1 FVW in offener Plattenbauweise

Zur Verarbeitung von Blechabfällen sind Gestelle mit hinten stehenden Führungssäulen nach DIN 9822 (Abb. 5.9), die eine starre Abstreifplatte haben (ähnlich Abb. 10.9), ebenso Plattenführungswerkzeuge in offener Bauweise geeignet. Im FWV, Abb. 10.7, wird ein Haltebügel aus Aluminiumlegierung Al Cu Mg hergestellt.

Die Legierung Al Cu Mg ist nur umformfähig, wenn sie zuvor geglüht (Abschn. 8.3.2), abgeschreckt und innerhalb drei Stunden verarbeitet wird. Trotzdem dürfen nur Bohrungen für untergeordnete Zwecke gelocht werden; während des Lochens bilden sich kleine Haarrisse entlang den Lochrändern, die später unter Belastung weiter reißen (Dauerbruch).

Zum Durchschieben der Blechabfälle bleibt das plattengeführte Werkzeug auf der Bedienungsseite zwischen Stempelführungsplatte (4) und Schneidplatte (5) offen

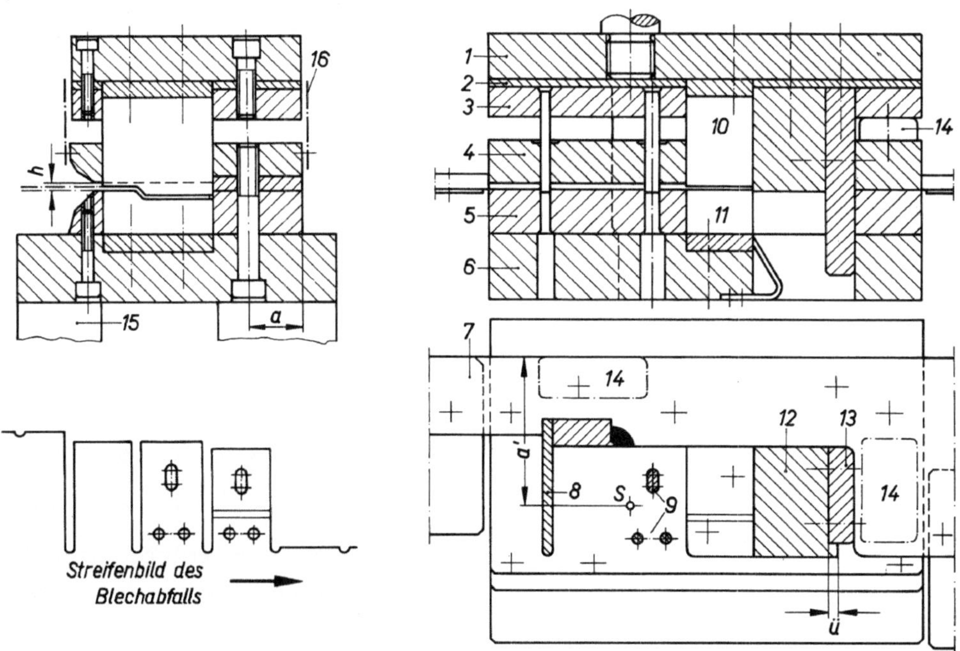

Abb. 10.7 Offene Plattenbauweise zur Verarbeitung von Blechabfällen. *1* Kopfplatte mit Einspannzapfen, *2* Druckplatte nur für Schneidstempel, *3* gemeinsame Stempelhalteplatte, *4* Führungsplatte, *5* Schneidplatte, *6* Grundplatte, *7* hintere Zwischenlage mit angeschraubten Streifenauflageblechen an Ein- und Auslaufseite, *8* Seitenschneider, zusammengesetzt, *9* Lochstempel, *10* Biegestempel, *11* Gegenstempel je mit Druckplatte zum Abschleifen beim Schärfen der Schneiden, *12* Trennstempel (*ü* Überschneidung), *13* Anschlagstempel zugleich Führung für (*12*), *14* Aufschlagstücke, *15* Auflageleisten mit Werkzeugunterteil verschraubt, *16* Schutzgitter

($h < 5$ mm = Blechdicke + 1 mm), also offene Plattenbauweise. Auf der Werkzeugrückseite soll ein großer Randabstand der Befestigungsschrauben (Maß a) vorhanden sein, da über die offene Stempelführungsplatte die Abstreifkräfte (Resultierende im Schwerpunktabstand a') auf diese Schrauben ähnlich einem einarmigen Hebel ($F_{\text{Schrauben}} \cdot a = F_{\text{Abstreifen}} \cdot a'$) wirken. Sinngemäß werden starre, vorn offene Abstreifplatten, die in Gestellen mit hinten stehenden Säulen (DIN 9822) eingebaut sind, gestaltet.

In der Umformstufe sitzen Biegestempel (10) und Gegenstempel (11) gegenseitig hart auf; sie sind kopfseitig angeschraubt und stützen sich auf gehärteten Zwischenplatten ab. Diese Platten werden beim Schärfen der Schneiden um das gleiche Maß mit abgeschliffen. Man kann auch die Zwischenplatten weglassen und die Umformstempel (10, 11) kopfseitig um den Abschliff kürzen. Die Schneidkante des Ausschneidstempels (12) wurde verlängert (Maß $ü$), damit diese Ecke am Werkstück gratfrei ausfällt. Der Anschlagstempel (13) stützt zugleich den Ausschneidstempel ab, beide sind miteinander verstiftet. Die hintere Zwischenlage (7) ist so gestaltet, dass der zu verarbeitende Blechabfall von der Einführseite bis zum Auslauf eine Anlege- und Gleitfläche erhält.

10.2.1.2 FVW in Plattenbauweise mit federnder Streifenfestklemmung

Mit Werkzeug, Abb. 10.8, werden in 4 mm dickes Stahl-Kaltband 1,0 mm tiefe Durchsetzungen mittels Stempel (7) und Schneidplatte angeschnitten, wobei die Stempelmaße um etwa 10 … 15 % der Blechdicke größer als die Durchbruchmaße der Schneidplatte ausgeführt sind.

Als Mindest-spezifische Schneidkraft ist nach Abschn. 4.4 bei Verhältnis $\frac{\text{Stempeldicke}}{\text{Werkstoffdicke}} < 1{,}5$ Beziehung $k_s' = 1{,}5 \cdot R_m$ einzusetzen.[6] Wegen der großen Knickbeanspruchung im Stempel und des hohen Druckes im Stempelkopf auf die Zwischenplatte musste ein abgesetzter Stempel gewählt werden.

Während des Anschneidens der Durchsetzungen, die knapp an der Außenkante des Werkstoffes sitzen, wandern Werkstoffteilchen infolge auftretender Seitenkräfte (Abschn. 4.1) nach außen.

Dabei entstehen Ausbauchungen, wodurch der Bandstahl im Werkzeug verklemmt; auch würde die fertige Lasche schlecht aussehen. Diese *Ausbauchungen* verhindern zwei seitliche, gehärtete Schieber (5), die durch ein Keilstempelpaar (4) bewegt werden. Die Keilstempel (Keiltriebstempel) stützen sich rückseitig in der Schneidplatte ab, zusätzlich sind sie in der Führungsplatte geführt. Geben die beiden Federn (6) gleich große Kräfte ab, wird das Kaltband zusätzlich zentriert (vgl. Abb. 5.22, Teil K). Während des Schneidens können auftretende Seitenkräfte die Schieber und die federnden Keiltriebstempel nicht zurückdrücken; deren Keilflächen mit Neigung zwischen 3 … 4° sind selbsthemmend.

[6] Die Durchsetzung mittels Stempel und Schneidplatte weist gewisse Ähnlichkeiten mit *Gleichfließpressen* auf, die Umformkraft kann daher auch entsprechend diesem Verfahren bestimmt werden.

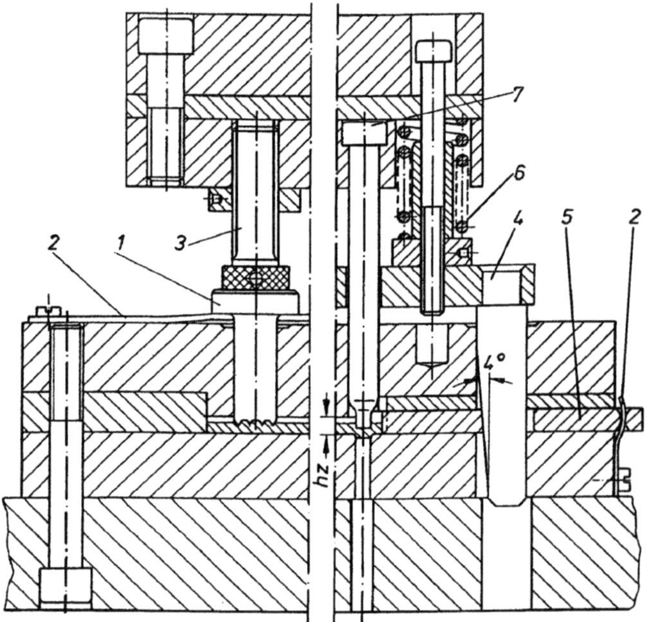

Abb. 10.8 Verbundwerkzeug mit federnder seitlicher Streifenfestklemmung. Dargestellte Arbeitsfolgen: „Schriftprägen" und „Durchsetzungen zum Widerstandschweißen anschneiden". *1* Schriftprägestempel, *2* Blattfeder, *3* Druck- und Einstellschraube mit Feingewinde, *4* Keilstempelpaar, *5* Schieber, *6* Druckfeder mit Federführungsrohr, *7* Durchsetz-Anschneidstempel

Überprüfung der Federn für das Keilstempelpaar

Der verwendete Werkstoff hat Breiten-Nennabmaße ±0,3 mm. Da zwei Schieber über federnde Keiltriebstempel die Toleranz ausgleichen, ist erforderlicher Federhub bei Keilneigungswinkel 4°

$$\Delta f = \frac{\text{halbe Toleranz}}{\tan 4^\circ} = \frac{0{,}30\ \text{mm}}{0{,}07} \approx 4{,}5\ \text{mm}$$

mit 2,5 mm Sicherheitsweg wird $\Delta f = 7$ mm.

Gewählt werden zwei Schraubendruckfedern mit folgenden Angaben:

Außendurchmesser 17,5 mm, ungespannte Länge 50 mm, Drahtdurchmesser 3 mm, federnde Windungszahl 9.

Feder gespannt, bei $f_N = f_2 = 16{,}0$ mm ist $F_N = F_2 = 500$ N.

Vorgespannt, bei $f_1 = f_2 - \Delta f = 16{,}0\,\text{mm} - 7{,}0\,\text{mm} = 9{,}0$ mm wird Federkraft $F_1 = 280$ N (je Druckfeder).

Gl. 7.2 $F_v = F_h \cdot \tan(\alpha + 2\rho)$ umgeformt, ergibt (mit $F_v \mathrel{\hat{=}} F_1$ Feder vorgespannt) die waagerecht wirkende Kraft im Schieber auf die Werkstoffkanten kurz vor Schneidbeginn

$$F_{\text{hmin}} \approx \frac{F_1}{\tan(\alpha + 2\rho)} = \frac{280\ \text{N}}{\tan(4^\circ + 2 \cdot 6^\circ)} \approx 1000\ \text{N je Seite.}$$

Der Schriftprägestempel (1) ist in der Höhe einstellbar. Er wird durch eine gehärtete Druckschraube (3) auf die Blechoberfläche gedrückt; zwei seitliche Blattfedern heben ihn wieder ab.

10.2.1.3 FVW mit Säulengestell und starrem Abstreifer

Oft ergeben FVW mit reiner Plattenbauweise (vgl. Abschn. 10.1.2) übermäßig dicke Stempelführungsplatten, wenn man den Schneidstempeln mit höchster Stößellage noch ausreichende Führung geben will. Werden Säulengestelle mit starrem Abstreifer eingesetzt, ist der Stößelhub (Umformweg *hw*) ohne Einfluss auf die Dicke der Abstreifplatte, da alle Stempel über die Säulen geführt sind. Um das Werkzeug ist ein Schutzgitter anzubringen (Unfallschutz).

Werkzeugoberteil hat getrennte Stempelhalteplatten (H_1, H_2) und Zwischenplatten, da zwei Baugruppen, die aus hartaufsitzenden Biegestempeln bestehen, eingebaut sind.

Abb. 10.9 zeigt Querschnitte durch ein FVW mit Säulengestell und starrem Abstreifer für ein symmetrisches Biegeteil, dessen 90°-Biegekanten zusätzliche Versteifungsecken haben. Infolge dieser Versteifungsecken erfordern der hartaufsitzende Vorbiegestempel und der Fertigbiegestempel große Umformwege und damit eine starre Abstreifplatte. Für die federnden Abhebestifte sind schwache Druckfedern vorgesehen, sie müssen nur den bereits abgehobenen Schnittstreifen während seiner Vorschubbewegung die Auflage geben.

10.2.1.4 FVW mit federnder Führungsplatte

Die Laschen (Abb. 10.10) werden aus 2 Bändern 2 mm × 60 mm der Aluminiumlegierung Al Mg F20 hergestellt. Fertigteil und Band sind gleich breit. Die Breitentoleranzen erlauben, das Band mittels Walzenvorschubgerät ohne Streifenzentrierung (Abb. 5.22) durch

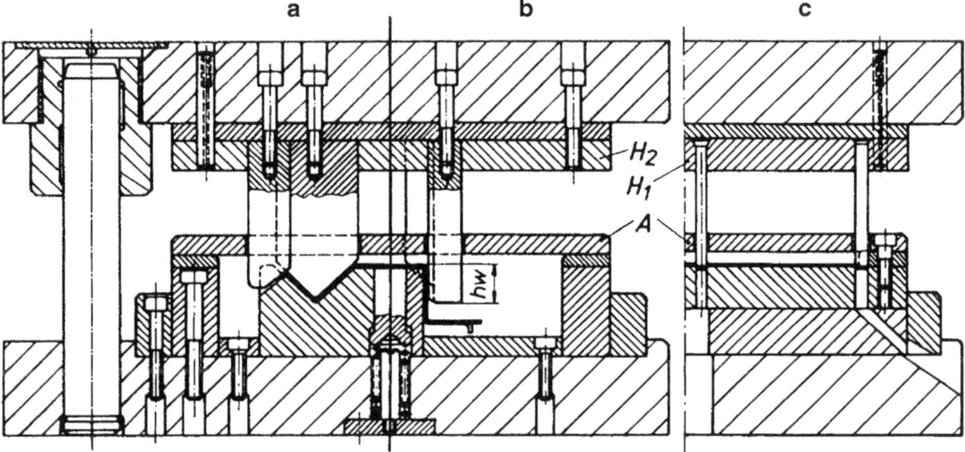

Abb. 10.9 FVW in Säulengestell mit starrer Abstreifplatte (A) für symmetrische Biegeteile. Querschnitte durch **a** Vorbiegestufe mit Teilschnitt durch Führungssäule, **b** Fertigbiegestufe, **c** Seitenschneider-Loch-Stufe, im Streifeneinlauf angeordnet

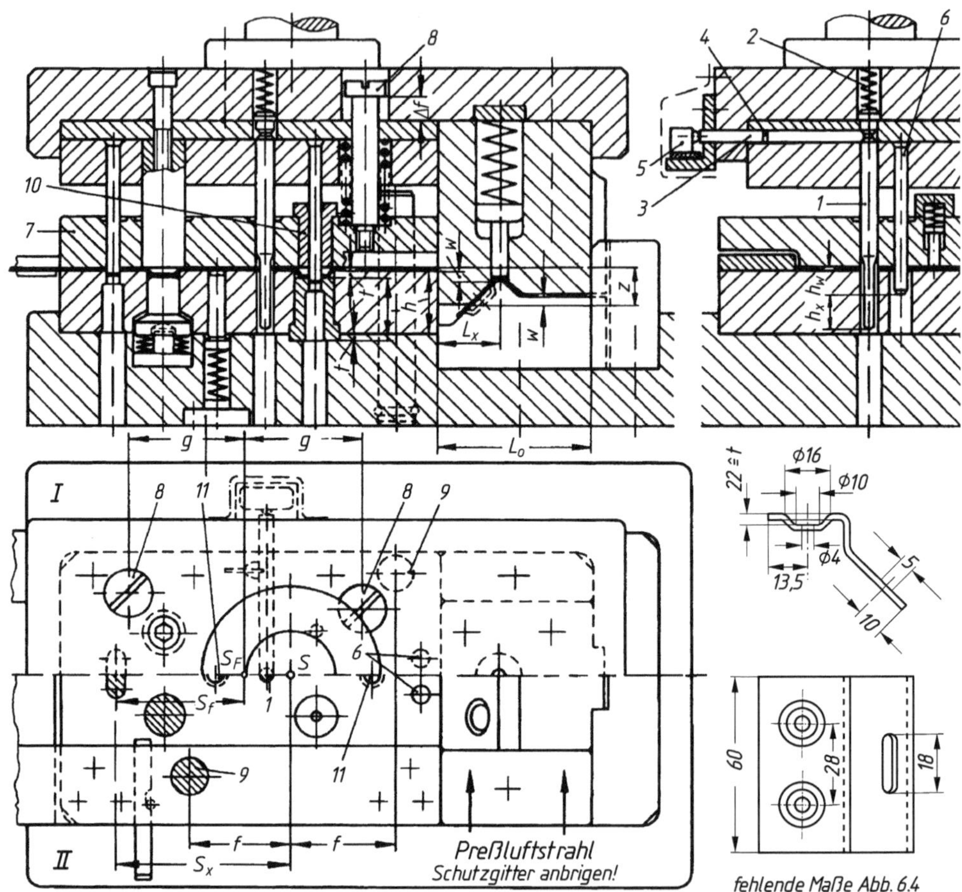

Abb. 10.10 FVW mit federnder Führungsplatte, Überwachung durch Ruhekontakt. In Draufsicht ist *I* Oberteil, *II* Unterteil ohne Führungsplatte. Wichtigste Bauteile: *1* Taststift, *2* Druckfeder, *3* querliegender Schieber (Werkstoff 4 mm × 6 mm), *4* Blattfeder (0,8 mm × 4 mm), *5* handelsüblicher Kontaktschalter, der mit zwischen gelegter Isolierscheibe mittels Winkel an Werkzeugoberteil angeschraubt ist, *6* Suchstempel, *7* federnde Stempelführungsplatte mit vier Druckfedern und Ansatzschrauben (Teile *8*) und kurzen Säulen (Teile *9*), *10* gehärtete Führungsbuchsen für Lochstempel, in federnde Führungsplatte eingepresst, *11* federnde Streifenanhebestifte mit Federhub $\Delta f \mathrel{\hat{=}} t$. S_F Angriffspunkt aller Abstreifkräfte der Schneidstempel ≙ Schwerpunkt der vier Druckfedern (*8*), *S* Angriffspunkt aller wirksamen Kräfte ≙ Lage des Einspannzapfens

das Werkzeug zu führen. Zum Einführen eines neuen Bandes ist ein Anschneidanschlag günstig. Suchstempel (6) und ein Taststift (1) mit *Ruhekontakt* sichern den Vorschub.

In der ersten Arbeitsstufe werden die Vertiefungen geformt und das Langloch ausgeschnitten. Die Formbiegestempel sind kegelig abgesetzt; sie werden beim Schärfen der Schneidstempel kopfseitig mit abgeschliffen. Ebene Bodenflächen mit ausgepressten Kanten gewährleisten federnde Gegenstempel, die unter einem Federdruck ≥35 … 40 %

der Umformkraft mit ≈ 1,0 mm Mindesthub arbeiten. Die beiden federnden Anhebestifte (11) müssen den Streifen kurz vor Beginn des Vorschubes angehoben haben; Federhub und Vertiefung t der Lasche sind ungefähr gleich groß ($\Delta f \approx 2{,}5$ mm), ihre Federkraft ist gering.

Für das Lochen der Bohrungen in den beiden Vertiefungen werden tiefer liegende Schneidbuchsen vorgesehen; ihre Höhe entspricht der Schneidplattendicke. Die Buchsen sind um das Maß der Vertiefung t in die Grundplatte eingelassen. Werden Schneidplatte und ausgebaute Schneidbuchsen beim Schärfen gemeinsam abgeschliffen, bleibt Tiefe t gleich groß.

Vor dem Trennen sichern im Langloch zwei Suchstempel (6) die Streifenlage. Seitlich von jedem Suchstempel sitzen in der beweglichen Führungsplatte (7) noch federnde Abdrückstifte mit Mindestfederhub ≈ 1· Blechdicke. Diese Stifte stoßen den Streifen ab; sie verhindern, dass der Streifen während des Stößelrücklaufes an einem Suchstempel hängen bleibt.

In der Trenn-Biegestufe liegt im Unterteil die höchste Biegekante um Maß $w \geq 1{,}5 \cdot$ Blechdicke unterhalb der Schneidkante, sodass die Schneidplatte erst nach mehrmaligem Schärfen die Höhenlage dieser Biegekante erreicht. Der gleiche Höhenunterschied w ist im Oberteil zwischen Schneidkante des Biegestempels und Druckfläche für den waagerecht liegenden Schenkel des Stanzteiles vorhanden. Die letzte Arbeitsstufe erfordert im neuen Werkzeug einen *Schneid-Umformweg* $z \approx 10$ mm. Die Druckfedern (8) der Stempelführungsplatte (7) müssen damit einen Mindestfederhub $\Delta f_{\text{min}} = z + 0{,}5\text{ mm} = 10\text{ mm} + 0{,}5\text{ mm} = 10{,}5\text{ mm}$ ausführen. Mit 2,5 mm Federhub der federnden Anhebestifte (11) und 2 mm Federhub der federnden Abdrückstifte neben jedem Suchstempel (6), dazu der Mindestfederhub der Führungsplatte (7) $\Delta f_{\text{min}} = 10{,}5$ mm wird der *wirksame Stößelweg* $hw = 2{,}5\text{ mm} + 2\text{ mm} + 10{,}5\text{ mm} = 15\text{ mm}$.

In der Trenn-Biegestufe wird der Schnittstreifen längs einer offenen Schnittlinie abgetrennt; ein Kräftepaar, d. h. ein Drehmoment (vgl. Abschn. 3.1) wirkt auf den Schnittstreifen. Dieses Moment nimmt eine federnde Platte auf. Daher wurde für das FVW eine federnde Platte mit zwei Führungssäulen (15 mm und 16 mm ∅) vorgesehen. Ein Gestell mit federnder Platte, Säulen übereck stehend, wäre ebenfalls geeignet.

Das Werkzeug erhält zum Schutz vor Schäden einen Ruhekontakt (5): Er wird in den Stromkreis einer Pressenkupplung eingebaut, die mittels Elektromagnet oder elektropneumatisch bzw. elektrohydraulisch gesteuert wird. Betätigt ein Bauelement des Werkzeuges diesen Ruhekontakt, wird der Stromkreis der Pressenkupplung und damit die Stößelbewegung schlagartig unterbrochen. Diese Werkzeugsicherung wird auch statische Überwachung genannt, weil sie nur im Schadensfalle anspricht und ihre Funktion nicht ständig überprüft wird. Weitere Werkzeugüberwachungen siehe Kap. 16.

In Abb. 10.10 ist dieses Bauelement der federnde Taststift (1), dessen Durchmesser um 0,3 … 0,5 mm kleiner als die Werkstückbohrung ist: Bei ungenauem Bandvorschub taucht dieser Stift nicht mehr in die zum Tasten vorgesehene Werkstückbohrung ein; er wird zurückgeschoben und bewegt über eingestochene 45°-Schrägen einen quer liegenden Schie-

a

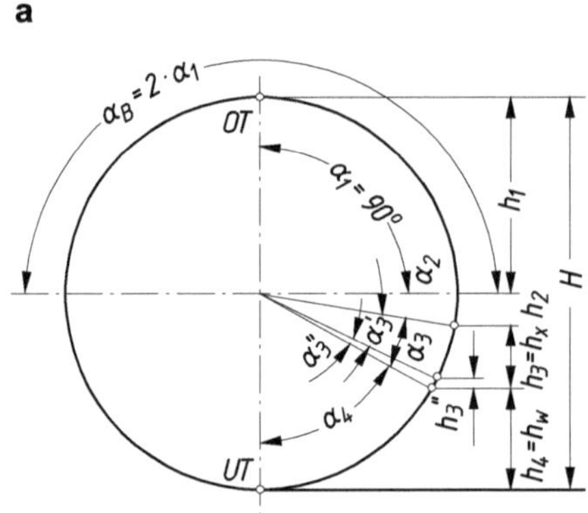

b

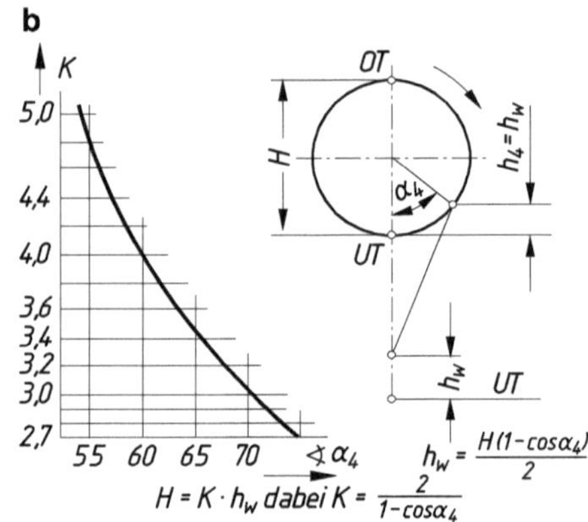

Abb. 10.11 Hub-Kurbelwinkel-Kreis. **a** Kreis mit eingetragenen Winkeln; **b** Korrekturfaktor K in Abhängigkeit des Kurbelwinkels α_4. OT oberer Totpunkt, UT unterer Totpunkt. H eingestellter Hub des Pressenstößels (Stößelhub), h_1 Stößelweg während des Bandvorschubes, h_2 Stößelweg zur Walzenlüftung = α_2, hw Umformweg = wirksamer Stößelweg $\triangleq \alpha_4$, h_x Vorstehmaß des Taststiftes zum Suchstift $\triangleq \alpha_3$, α_3' Kurbelwinkel für Bremszeit, h_3'' Kontaktweg des Schalters $\triangleq \alpha_3''$, α_B Kurbelwinkel für Bandvorschub = 180°

ber (3). Dieser unterbricht den Stromkreis der Pressenkupplung über einen handelsüblichen Kontaktschalter (5). Die schwache Druckfeder (2) des Taststiftes und die Blattfeder (4) am Schieber gewährleisten spielfreie Bewegung des Taststiftes und des Schiebers. Die Tiefe der eingestochenen 45°-Schrägen entspricht dem Kontaktweg des Schalters (h_3'') (Abb. 10.11). Je nach Art der Pressenkupplung ist die Zeitspanne zwischen Betätigung des Kontaktschalters und Stößelstillstand verschieden. Inzwischen darf das Werkzeug sich höchstens um den Höhenunterschied Taststift-Sachstift, Maß h_x, abwärts bewegen; der Suchstift hat dann noch nicht die Blechoberfläche berührt. Aus dem zu konstruierenden *Hub-Kurbelwinkel-Kreis* (Abb. 10.11) kann h_x abgemessen werden.

Die vorhandene Exzenterpresse[7] habe z. B. eine minütliche Drehzahl $n = 90$ 1/min, die elektro-pneumatische betätigte Pressenkupplung eine Bremszeit mit Sicherheitszuschlag von $t = \frac{1}{17}$ s. Mit $\Delta n' = \frac{1}{2} n' \cdot t$ ist:

Anzahl der Kurbelumdrehungen während der Bremszeit $\Delta n' = \frac{1}{2} \cdot$ sekundliche Drehzahl · Bremszeit in Sekunden $= \frac{1}{2} \cdot \frac{90}{60\text{s}} \cdot \frac{1\text{s}}{17} = 0{,}044$ Umdrehungen; ergibt als Kurbelwinkel für Bremszeit $\alpha_3' = 0{,}044 \cdot 360° \approx 16°$.

Bis die Kupplung den Stößelhub unterbrochen hat, dreht sich inzwischen die Exzenterwelle um den Kurbelwinkel $\alpha_3' \approx 16°$ weiter.

[7] Alle nachfolgenden Angaben ($\sphericalangle \alpha_3', \alpha_3'', \alpha_2$) sind von der Art der Pressenkupplung, des Walzenvorschubgerätes und des Kontaktschalters abhängig; sie sind teilweise niedriger als in diesem Beispiel angenommen. Während der Bremszeit wird die minütliche Drehzahl von $n = 90$ U/min auf $n = 0$ abgebremst; daher ist zur Ermittlung des Bremsweges der Faktor $\frac{1}{2}$ einzusetzen.

Während eines Arbeitshubes (Vorlaufhubes) werden ausgeführt:

a) restlicher Bandvorschub. Dieser hat bei Kurbelstellung 90° vor dem oberen Totpunkt *OT* begonnen und ist bei Kurbelwinkel $\alpha_1 = 90° \mathrel{\hat{=}} h_1 = \frac{\text{Hubeingestellt}}{2}$ beendet.

b) Vorschubwalzen vom Band abheben (lüften). Je nach Konstruktion der Walzenlüftung ist zum Abheben der erforderliche Stößelhub etwa 1 … 3 mm, mit Sicherheitszuschlag gewählt $h_2 = 4$ mm. Dieses Maß h_2, in Abhängigkeit vom eingestellten Stößelhub, ergibt verschieden große Kurbelwinkel α_2. Vom *OT* aus hat die Exzenterwelle erst Kurbelwinkel $\alpha_1 = 90°$ zurückgelegt; daher lässt sich Kurbelwinkel α_2 mit der vereinfachten Beziehung $\sin\alpha_2 \approx \frac{2 \cdot h_2}{\text{Eingestellter Stößelhub}}$ ermitteln.

z. B. eingestellter Stößelhub	$h_2 = 4$ mm $\hat{=}\, \alpha_2$	$h_3'' = 1$ mm $\hat{=}\, \alpha_3''$
30 mm	15°	4°
40 mm	11°	3°
60 mm	8°	2°
80 mm	6°	1,5°

Mit vorläufig geschätztem Stößelhub zwischen 40 … 60 mm werden für $\alpha_2 \approx 9°$ angenommen.

c) Taststift taucht um sein Vorstehmaß h_x in die Bohrung ein; $h \mathrel{\hat{=}} a_3$. Im Maß h_x ist der Stößelweg während der Bremszeit ($\hat{=}\, \alpha_3'$) und Kontaktweg des Schalters ($h_3'' \approx 0{,}3 \ldots 0{,}5$ mm, mit Sicherheitszuschlag $\approx 1{,}0$ mm $\hat{=}\, \alpha_3'' \approx 2°$) enthalten. Somit $h_x \mathrel{\hat{=}} \alpha_3 + \alpha_3' + \alpha_3''$. Mit dem bereits errechneten Wert $\alpha_3' = 16°$ wird $\alpha_3 = 16° + 2° = 18°$.

d) Suchstempel sichern die Streifenlage; die eingebauten Druckfedern werden betätigt, die Umformung beginnt, sie ist im *UT* beendet. Dieser wirksame Stößelweg ist von der Werkzeugkonstruktion abhängig, er wurde bereits mit $hw = 15$ mm festgelegt. Vom Vorlaufhub des Stößels ist für hw der Kurbelwinkel $\alpha_4 = 180° - (\alpha_x + \alpha_2 + \alpha_3)$ übrig.

In diesem Beispiel ist $\sphericalangle\alpha_4 = 180° - (90° + 9° + 18°) = 63°$.

Den vorläufigen *Stößelhub H′* erhält man mit Winkel α_4 nach Abb. 10.11 aus der Beziehung $H = hw \cdot \frac{2}{1 - \cos\alpha_4}$ oder mit Hilfe des *K*-Wertes aus dem Kurvenzug der Abb. 10.11b und der Rechnung $H' = hw \cdot K$. In diesem Beispiel wird mit $\alpha_4 = 63°$ der Faktor $K \approx 3{,}7$ und damit der vorläufige Stößelhub $H' = 15 \text{ mm} \cdot 3{,}7 \approx 56$ mm.

Jetzt erst konstruiert man mit dem ermittelten vorläufigen Stößelhub *H* als Kreisdurchmesser einen vorläufigen *Hub-Kurbelwinkel-Kreis*; in ihm werden zuerst h_2, dann α_3' und h_3' eingezeichnet. Fällt die Resthöhe hw' größer als das vorgesehene Maß hw aus, dann verkleinert man den vorläufigen Stößelhub H' bei zu kleinem hw' wird H'

vergrößert. Bei richtigem Hub H entsteht das vorgesehene Maß hw und gleichzeitig das gesuchte Vorstehmaß h_x des Taststiftes.

Aus dem Hub-Kurbelwinkel-Kreis mit $H' = 56$ mm ∅ und den Werten $h_2 = 4$ mm, $\alpha_3' \approx 16°$, $h_3'' = 1$ mm, ergibt sich in diesem Beispiel, das für $hw = 15$ mm der erforderliche Stößelhub H zwischen 56 und 58 mm liegen muss. Für h_x werden dann ≈ 8 mm gemessen.

10.2.1.5 Berechnung der wirksamen Umformkräfte für federnde Führungsplatte

$$R_\mathrm{m} = 200\frac{\mathrm{N}}{\mathrm{mm}^2};\ k_\mathrm{S} = 150\frac{\mathrm{N}}{\mathrm{mm}^2}$$

Zuschnittlänge (s. Beispiel 6.4) $L_0 = 65$ mm; Abstand von Mitte Biegekante bis Schneidkante

$$L_x = L_1 + \frac{b_1}{2} = 23{,}0\ \mathrm{mm} + \frac{4{,}3}{2} = 25{,}2\ \mathrm{mm}.$$

a) *Schneidkräfte*, Gl. 4.1 und 4.9:

Langlochstempel F_1	=	12.500 N;	Abstreifkraft $F_1' = 18\,\%$ von 12.500 N	=	2250 N
zwei Lochstempel F_2	=	1500 N;	Abstreifkraft $F_2' = 18\,\%$ von 7500 N	=	1350 N
Trennstempel F_3	=	18.000 N;	Abstreifkraft $F_3' = 5\,\%$ von 18.000 N	=	900 N
$F = F_1 + F_2 + F_3$			Abstreifkraft zus.		4500 N
$F = F_4$	=	38.000 N;	bei vier Federn je Feder	≈	1120 N
			mit 10 % Sicherheitszuschlag F_5	≈	1230 N

b) *Umformkräfte*, Gl. 6.3 und 6.8:
Formbiegen der beiden Vertiefungen

$$\begin{aligned} F_6 &= 2\,\text{Stempel} \cdot \text{Stempelumfang} \cdot s \cdot R_\mathrm{m} \cdot K \\ &= 2 \cdot \pi \cdot 13\ \mathrm{mm} \cdot 2{,}0\ \mathrm{mm} \cdot 200\frac{\mathrm{N}}{\mathrm{mm}^2} \cdot 0{,}8 \approx 26.000\ \mathrm{N} \end{aligned}$$

F_gespannt der Gegendruckfedern, damit in den beiden Vertiefungen ebene Böden entstehen, ≈ 35 % von F_6 = 35 % von 26.000 N ≈ 9000 N, mit 15 % Sicherheitszuschlag ≈ 10.400 N, je Federsäule $= \frac{10.400}{2} = 5200\ \mathrm{N} = F_7$

somit Umformkraft + Gegendruckfederkraft zusammen = $F_{6/7}$ = 26.000 N + 10.400 N = 36.400 N.

Zweifaches Keilbiegen[8] formschlüssig in der Trenn-Biegestufe

$$F_8 = 2 \cdot F_{bV} \approx 2 \frac{K \cdot Rm \cdot b \cdot s^2}{l}$$

Für Gesenkweite $l \approx 18$ mm wird $K = 1 + \frac{4 \cdot s}{l} = 1 + \frac{4 \cdot 2{,}0\ \text{mm}}{18\ \text{mm}} = 1{,}45$; somit

$$F_8 = 2 \cdot \frac{1{,}45 \cdot 200 \frac{\text{N}}{\text{mm}^2} \cdot 60\ \text{mm} \cdot 2{,}02^2\ \text{mm}^2}{18\ \text{mm}} = 7800\ \text{N},$$

da hartaufsitzender Stempel

$$F_9 = 3 \cdot F_8 = 3 \cdot 7800\ \text{N} = 23.400\ \text{N}.$$

Ausstoßerfeder im Gegenstempel $F_{10} \approx 8\,\%$ von $F_9 = 8\,\%$ von $23.400 \approx 1850$ N, mit 10 % Sicherheitszuschlag $F_{10} \approx 2000$ N.

c) *Wahl der Federn*

Für die beiden federnden Streifenabhebestifte (11) nach der Formbiegestufe werden als Federkraft (Feder gespannt) je $F_{11} \approx 600$ N gewählt.

Als Gegendruckfedern in der Formbiegestufe $F_7 = 5200$ N wurden sechs wechselsinnig aneinander gereihte Tellerfedern A 40 DIN 2093 vorgesehen. Aus Federkennlinien werden abgelesen:

$$\text{gespannt} \quad F_2 = 5200\ \text{N}, \quad f_2 = 0{,}52\ \text{mm}, \quad \sigma_2 \approx 1020 \frac{\text{N}}{\text{mm}^2}$$

$$\text{vorgespannt} \quad F_1 \approx 3200\ \text{N}, \quad f_1 = 0{,}32\ \text{mm}, \quad \sigma_1 \approx 600 \frac{\text{N}}{\text{mm}^2},$$

$$\Delta f = 0{,}20\ \text{mm}$$

gesamter Federhub $\Delta f_{ges} = 6 \cdot 0{,}20$ mm $= 1{,}20$ mm (vgl. Abschn. 14.3 mit Beispiel 14.3). Schraubendruckfedern:

Federkraft für	Abstreifplatte	Ausstoßer im Gegengesenk	Ausstoßer unter den beiden Formbiegestempeln
errechnete Federkraft (N) gespannt	$F_5 = 1230$	$F_{10} = 2000$	$F_{11} = 600$
Kenngrößen der Feder			
Außendurchmesser (mm)	21,5	17,5	12,3
Länge ungespannt (mm)	53	45	25
Draht rund (mm)	4	–	–

[8] Man kann auch rechnen $F_8 = F_{Keilbiegen} = F_{bV} + F_{bL}$ (Gl. 6.1, 6.2) und dazu den Zuschlag für hartaufsitzenden Stempel berücksichtigen: Die Berechnung $F_8 = 2 \cdot F_{bv}$ ergibt ein höheres Ergebnis und damit mehr Sicherheit.

Federkraft für	Abstreifplatte	Ausstoßer im Gegengesenk	Ausstoßer unter den beiden Formbiegestempeln
Quadratisch (mm)	–	4	2,5
Anzahl der federnden Windungen	6	5,5	5,1
Federkraft gespannt F_2 (N)	1260	2000	650
Federweg gespannt f_2 (mm)	17	7,2	5,5
Einstellung im Werkzeug			
Federhub Δf (mm)	10,5	4	2,5
Federweg vorgespannt f_1 (mm)	6,5	3,6	3,0
Federkraft vorgespannt F_1 (N)	460	1000	360

d) *Lage des Einspannzapfens*

Die Schneidkraft der Trennstufe wird bei der Lageermittlung des Einspannzapfens nicht berücksichtigt, denn das Band ist schon getrennt, bevor die übrigen Stempel wirken.

Die Kraftwirklinie des hartaufsitzenden Biegestempels (F_9) greift in der Mitte der projizierten Druckfläche an.

Für die Lage der Kraftwirklinie von den Abstreiferdruckfedern S_f, die auf die federnde Platte (7) wirken, sind die unter 1. ermittelten Abstreifkräfte einzusetzen.

$$S_f = \frac{F_1' \cdot 0\ \text{mm} + F_2' \cdot 88{,}5\ \text{mm} + F_3' \cdot 140\ \text{mm}}{F_1' + F_2' + F_3'}$$

$$= \frac{2250\ \text{N} \cdot 0\ \text{mm} + 1350\ \text{N} \cdot 88{,}5\ \text{mm} + 900\ \text{N} \cdot 140\ \text{mm}}{4500\ \text{N}} \approx 54\ \text{mm}$$

Lage des Einspannzapfens in Richtung des Streifendurchganges, ab Mitte Langloch gemessen:

Als Federkraft setzt man die unter c) ermittelten Werte (Federn gespannt) ein. Die Federkraft der Abstreiferdruckfedern ($4 \cdot F_5 = 4 \cdot 1230\ \text{N} \approx 4900\ \text{N}$) sind mit zu berücksichtigen, da deren Kraftwirklinie zum Einspannzapfen nicht symmetrisch liegt.

$$S_x = \frac{F_1 \cdot 0\ \text{mm} + F_{6/7} \cdot 23{,}5\ \text{mm} + F_{11} \cdot 40\ \text{mm} + F_2 \cdot 88{,}5\ \text{mm}}{F_1 + F_{6/7} + F_{11} + F_2} \ldots.$$

$$\ldots \frac{+F_{11} \cdot 102\ \text{mm} + F_{10} \cdot 165\ \text{mm} + F_9 \cdot 175\ \text{mm} + (4 \cdot F_5) \cdot 53\ \text{mm}}{+F_{11} + F_{10} + F_9 + 4 \cdot F_5}$$

$$S_x = \frac{12.500\ \text{N} \cdot 0\ \text{mm} + 36.400\ \text{N} \cdot 23{,}5\ \text{mm} + 650\ \text{N} \cdot 40\ \text{mm} + 7500 \cdot 88{,}5\ \text{mm}}{12.500\ \text{N} + 36.400\ \text{N} + 650\ \text{N} + 7500\ \text{N}}$$

$$\ldots \frac{6500\ \text{N} \cdot 102\ \text{mm} + 2000\ \text{N} \cdot 165\ \text{mm} + 23.400 \cdot 175\ \text{mm} + 4900\ \text{N} \cdot 54\ \text{mm}}{6500\ \text{N} + 2000\ \text{N} + 23.400\ \text{N} + 4900\ \text{N}}$$

$$S_x \approx 72\ \text{mm}$$

10.2.1.6 FVW säulengeführt, mit getrennt federnden Platten

Die Näpfe aus Cu Zn 28 F 2, Abb. 10.12, werden in einem FVW mit Säulengestell aus Bändern 0,5 mm dick hergestellt. Der Werkzeugaufbau gliedert sich in Werkstoffeinlauf und in die Stufen Einschneiden (a), Umformen (b) und Ausschneiden (c). Jede Stufe hat im Werkzeugoberteil getrennt federnde Platten (4), (17), (18), außerdem getrennte Stempelhalteplatten (3), (10), (17) und Zwischenplatten (2), (9).

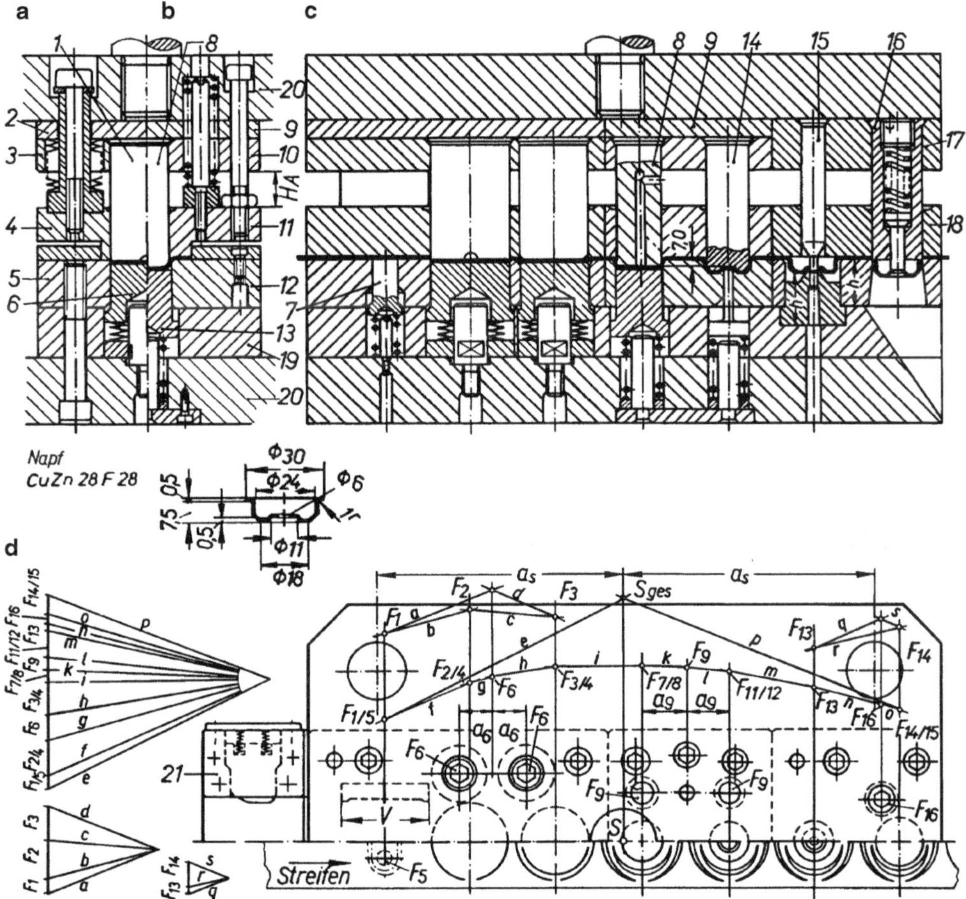

Abb. 10.12 Verbundwerkzeug mit getrennt federnden Platten. **a** Einschneidstufe: *1* Einschneidstempel, *2* Zwischenplatte, *3* Stempelhalteplatte, *4* federnde Abstreifplatte, *5* Schneidplatte, *6* Ausstoßer, *7* Streifenabhebestift, federbetätigt. **b** Umformstufe: *8* Umformstempel, *9* Zwischenplatte, *10* Stempelhalteplatte, *11* Blechhalter mit Druckfedern, H_A ist die Höhe der Aufschlagstücke, welche auf (*11*) geschraubt sind, *12* Ziehplatte, *13* Ausstoßer, *14* Fertigformstempel. **c** Ausschneidstufe: *15* Lochstempel, *16* Ausschneidstempel mit federndem Abstoßstift, *17* Stempelhalteplatte, *18* Abstreifplatte mit Druckfedern. Sonstige Bauteile: *19* durchgehende Grundplatte, *20* Viersäulengestell (Ober- und Unterteil), *21* federnde Streifenführung. **d** Grafische Ermittlung der Lage des Einspannzapfens im Schwerpunkt S_{ges}

Während des *Schärfens der Schneidplatten* bleiben alle federnden Ausstoßer eingebaut, nur die Ziehplatte (12) wurde zuvor umgedreht und wieder eingesetzt. Die tief ersitzende Schneidbuchse (für Lochstempel, Teil 15) muss ausgebaut und jeweils auf die Schneidplattendicke abgeschliffen werden (vgl. Abschn. 10.2.1.4).

Im *Werkstoffeinlauf* ist vor dem Seitenschneider eine federnde Streifenführung (21) angebracht. Der federnde Stift (7) im Werkstoffeinlauf und die federnden Ausstoßer in den Umformstufen heben den Streifen zum Weiterschieben an. Ohne die *Einschneidstufe* würde beim Umformen das Band Falten werfen. Die Schneidkanten der Einschneidstempel (1) sowie der Schneidplatte (5) sind an zwei sich gegenüberliegenden Stellen je 3 mm angeschrägt; damit bleiben Verbindungsstege im Streifen erhalten. In die Schneidplattendurchbrüche sind federnde Ausstoßer (6) eingebaut. Diese drücken die Ausschnitte in den Streifen zurück und verhindern gleichzeitig, dass die eingeschnittenen Kanten an den Schneiden der Schneidplatte hängen bleiben.

In der *Umformstufe* zieht der erste Stempel (8) den Napf mit Fertigdurchmesser, jedoch noch mit einer etwas größeren Bodenabrundung, bis auf Spiegelhöhe vor. Dadurch liegen nach erfolgtem Streifenvorschub Näpfe und Streifen im Werkzeugunterteil auf, bevor die getrennt federnden Platten nacheinander aufsetzen.

Sind niedrige Ziehteile in einem FVW herzustellen, kann man anstatt der drei getrennten Platten (4), (11), (18) eine einzige bewegliche Platte einsetzen, die ebenfalls unter Federdruck steht (Federkraft $F_2 \geq F_{\text{Abstreifen}}$, Federhub $\Delta f <$ Werkstückinnenhöhe). Die Druckfläche dieser Platte ist im Bereich der Umformstufen um etwa 5 … 7 % der Blechdicke (siehe Abschn. 8.5, starre Blechhaltung) abgeschliffen. Man kann auch diesen Abstand zwischen der gesamten Druckfläche der Platte und der Streifenoberfläche vorsehen und die bewegliche Platte auf beiden Zwischenlagen durch Federkraft aufsitzen lassen.

Zum nachfolgenden Lochen in der *Ausschneidstufe* wurde die Schneidbuchse tiefer gelegt. Sie hat die gleiche Dicke wie die Schneidplatte. Wird die Schneidbuchse beim Schärfen der Schneiden regelmäßig mit abgeschliffen bleiben Buchse und Schneidplatte gleich dick. Nach dem Wiedereinbau der Schneidbuchse wird damit auch der ursprüngliche Höhenunterschied ($\triangleq$ innere Werkstückhöhe) erhalten. Der federnde Abstoßstift im Ausschneidstempel (16) verhindert, dass Fertigteile im Schneidplattendurchbruch hängen bleiben. In der letzten Schneidstufe sind beide Stempel von einer federnden Abstreifplatte (18) umschlossen, der Schnittstreifen wird durch Abstreifkräfte nicht verformt.

Beim Härten oder nach kurzer Gebrauchszeit können zwischen den Durchbrüchen der Schneidplatte (Abb. 10.12, Teil 5) Risse entstehen. Diese lassen sich ausschließen, wenn man zwischen der ersten und zweiten Einschneidstufe noch eine Leerstufe vorsieht. Von Nachteil ist, dass dann ein längeres Werkzeug entsteht. Eine oft angewandte Konstruktion, die gleichzeitig das Werkzeug kürzt, zeigt Abb. 10.13.

Im Streifeneinlauf wurden die beiden Einschneidstufen zusammengelegt und in Gesamtbauweise ausgeführt (Abb. 10.13). Bei der Anfertigung des Einschneidstempels (1) wird dessen Innendurchmesser mit etwa 1 … 2 mm Aufmaß und mit großer Innenrundung gedreht und erst nach dem Härten auf Fertigform geschliffen; die Härterissgefahr wird dadurch gemindert. Damit der innere Schneideinsatz (5a) zentrisch zum Schneidplatten-

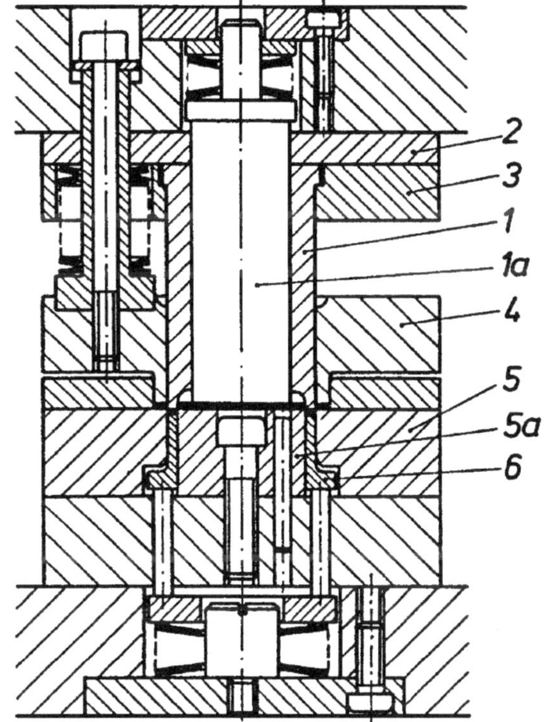

Abb. 10.13 Einschneidstufe in Gesamtbauweise (Variante für Teile *1*, *5*, *6* des FVW Abb. 10.12). *1* Einschneidstempel, *1a* federnder Abdrückbolzen, Federkraft gespannt $F_{2min} \approx 15\,\%$ von F_S innen Ausschneiden, *2* Zwischenplatte, *3* Stempelhalteplatte, *4* federnde Abstreifplatte, *5* Schneidplatte (meist in Formstücke geteilt), *5a* Schneideinsatz, *6* federnder Auswerferring mit drei Druckbolzen, Federkraft gespannt $F_{2min} \sim 15\,\%$ von F_S innen und außen Ausschneiden

durchbruch sitzt, wird vor dem Bohren der Passstiftlöcher ein eigens hierfür gedrehter Zentrierring eingefügt. Zuletzt erhalten die Schneiden an mehreren Stellen noch etwa 3 mm lange Anschrägungen (wie in Abb. 10.12 die Teile 1 und 5), damit dort Verbindungsstege erhalten bleiben.

10.2.1.7 Berechnung der wirksamen Umformkräfte für getrennt federnde Platten (nach Abb. 10.12)

Mit gewähltem, unbeschnittenem Außendurchmesser 33 mm wird der Zuschnittdurchmesser, also der Durchmesser des zweiten Einschneidstempels, mit 42 mm ermittelt (Grundlagen im Abschn. 8.7.1) damit erhält der erste Einschneidstempel 45 mm Durchmesser und der Vorschub (V) 47 mm. Man erkennt, dieses Herstellungsverfahren bedingt einen größeren Werkstoffverbrauch.

a) *Einschneidstufe*, Gl. 4.1

$$F_S = l \cdot s \cdot k_S$$

dabei ist bei Cu Zn 28 F 28 die spezifische Schneidkraft

$$k_S \approx 0{,}7 \cdot R_m = 0{,}7 \cdot 280 \frac{N}{mm^2} \approx 200 \frac{N}{mm^2}$$

Schneidkraft des Seitenschneiders mit $l = 50$ mm, $s = 0{,}5$ mm

$$F_1 = 50\ \text{mm} \cdot 0{,}5\ \text{mm} \cdot 200 \frac{N}{mm^2} \approx 5000\ \text{N}$$

Schneidkraft des ersten Einschneidstempels

$$F_2 = \pi \cdot 45\ \text{mm} \cdot 0{,}5\ \text{mm} \cdot 200 \frac{N}{mm^2} \approx 14.200\ \text{N}$$

Schneidkraft des zweiten Einschneidstempels

$$F_3 = \pi \cdot 42\ \text{mm} \cdot 0{,}5\ \text{mm} \cdot 200 \frac{N}{mm^2} \approx 13.200\ \text{N}$$

Für die Ausstoßer in der Schneidplatte werden als Federkraft gespannt 15 … 20 % der Schneidkraft angenommen; mit Sicherheitszuschlag gewählt 20 %.

Federkraft F_4 = 20 % von 14.200 N = 2800 N. Die gleiche Federkraft wird für den zweiten Einschneidstempel gewählt. Der federnde Stift zum Anheben des Streifens in der Einlaufseite erhält zwei Druckfedern, die gespannt je ≈ 150 N abgeben; hierfür ist $F_5 = 2 \cdot 150$ N = 300 N. Als *gesamte Federkraft* wirken im Unterteil innerhalb der Schneidstufen

$$F_4 + F_4 + F_5 = 2800\ \text{N} + 2800\ \text{N} + 300\ \text{N} = 5900\ \text{N}.$$

Die eingeschnittenen Formen werden mit Sicherheit in den Streifen zurückgedrückt ist die Vorspannkraft der Abstreiffedern im Oberteil >5900 N. Als Federkraft vorgespannt werden F_6 = 7000 N angenommen; bei vier Federsäulen je 1/4 von F_6 = 1750 N. Die Abstreifplatte verklemmt nicht, sind die vier Federsäulen symmetrisch zum Schwerpunkt der Schneidkräfte angeordnet (in Abb. 10.12 grafisch ermittelt mit den Polstrahlen *a* … *d*).

b) *Umformstufe* (Gleichungen siehe Abschn. 8.1):
Die erste Umformstufe wird rechnerisch als Tiefziehen betrachtet: Nach Gl. 8.6 ist Ziehkraft für Erstzug bzw. Anschlagzug:

$$F_7 = \frac{\pi \cdot d_{pl} \cdot s \cdot k_{fm1} \cdot \ln \beta_1}{0{,}65}$$

Ziehverhältnis β nach Gl. 8.1 $= \frac{D_0}{d_{pl}} = \frac{42\text{ mm}}{24\text{ mm}} = 1{,}75$ ergibt aus Kurven in Abb. 8.2, Werkstoff Cu Zn 28,

$$\ln \beta_1 = \ln 1{,}75 \approx 0{,}56; \quad k_{fmi} \approx 240 \frac{\text{N}}{\text{mm}^2}$$

Somit

$$F_7 = \pi \cdot 24\text{ mm} \cdot 0{,}5\text{ mm} \cdot \frac{240 \frac{\text{N}}{\text{mm}^2} \cdot 0{,}56}{0{,}65} = 7759\text{ N}$$

Die Ausstoßkraft, bei runder Werkstückform und geringer Ziehtiefe mit ≈10 % der Umformkraft eingesetzt, wird unter Berücksichtigung eines Sicherheitszuschlages $F_8 \approx 12\,\%$ von 7795 N = 935 N.

Umformkraft zum Spiegelformen in der zweiten Stufe:

Nach Annäherungsgleichung (6.3) ist F_{bF}= Stempelumfang · $s \approx R_m \cdot K$; mit Spiegeldurchmesser 11 mm und $K = 0{,}6$ wird

$$F_{10} = \pi \cdot 11\text{ mm} \cdot 0{,}5\text{ mm} \cdot 280 \frac{\text{N}}{\text{mm}^2} \cdot 0{,}6 \approx 2900\text{ N}.$$

Da gleichzeitig die Außenform des Napfes fertig geformt wird und der Stempel (14) hart aufsitzt, ist $F_{11} \approx 3 \cdot 2900\text{ N} = 8700\text{ N}$.

Die in der zweiten Stufe geformten Flächen sind unter 45° geneigt; es reichen zum Ausstoßen unter Berücksichtigung eines Sicherheitszuschlages ≈10 % der Umformkraft aus. Somit Ausstoßkraft F_{12} = 10 % von 8800 N ≈ 900 N. In beiden Umformstufen werden die gleichen Druckfedern eingebaut, deren Federkraft gespannt $F_8 = F_{12} = 950$ N ist.

Gl. 8.10 ergibt mit $R_m = 280 \frac{\text{N}}{\text{mm}^2} = 28.000 \frac{\text{N}}{\text{cm}^2}$ den Blechhalterdruck

$$p_N = \frac{R_m}{400}\left[(\beta_1 - 1)^3 + \frac{d_p}{200 \cdot s}\right]$$

$$= \frac{28.000 \frac{\text{N}}{\text{cm}^2}}{400}\left[(1{,}75 - 1)^3 + \frac{24\text{ mm}}{200 \cdot 0{,}5\text{ mm}}\right] \approx 46 \frac{\text{N}}{\text{cm}^2}$$

In der Werkzeugzeichnung werden als Blechhalterdruckfläche A_N etwa 5 cm · 8 cm = 40 cm² gemessen. Die drei Durchbrüche in der Ziehplatte (72) bleiben unberücksichtigt, denn die genaue Druckfederkraft muss durch Ausprobieren ermittelt werden.

Mit Blechhalterkraft $F_N = A_N \cdot p_N$ wird $F_9 = 40\text{ cm}^2 \cdot 46 \frac{\text{N}}{\text{cm}^2} = 1840\text{ N}$.

Bei vier Druckfedern kommen je Feder vorgespannt $\frac{F_9}{4} = \frac{1840}{4} = 460\ \text{N}$ mit Sicherheitszuschlag ≈ 500 N; deren Kraftwirklinie liegt ungefähr in der Mitte der Blechhalterdruckfläche. Vorgespannt müssen dies vier Blechhalterdruckfedern über die im Streifen hängenden Werkstücke die beiden im Werkzeugunterteil sitzenden Ausstoßfedern der beiden Gegenstempel zusammendrücken; es muss sein F_9 vorgespannt > ($F_8 + F_{12}$, beide gespannt). Nach Umformbeginn wirkt nur noch der Federdruck F_9.

Man kann auch die Blechhalterplatte (11) auf den Streifenführungsleisten durch die Federkraft $F_9 > 2250$ N aufsitzen lassen und zwischen Blechoberfläche und Blechhalterplatte einen Abstand von (5 … 7) % der Blechdicke s_{max} vorsehen (d. i. starre Blechhaltung, siehe Abschn. 8.5).

c) *Ausschneidstufe*
Schneidkraft nach Gl. 4.1 des Lochstempels

$$F_{13} = l \cdot s \cdot k_S = \pi \cdot 6\ \text{mm} \cdot 0{,}5\ \text{mm} \cdot 200 \frac{\text{N}}{\text{mm}^2} \approx 1900\ \text{N}$$

Schneidkraft nach Gl. 4.1 des Lochstempels

$$F_{14} = \pi \cdot 30\ \text{mm} \cdot 0{,}5\ \text{mm} \cdot 200 \frac{\text{N}}{\text{mm}^2} \approx 9400\ \text{N}$$

Abstoßfederkraft im Ausschneidestempel:
Federkraft gespannt $F_{15} \approx 15 \ldots 20\,\%$ von $F_{14} = 18\,\%$ von 9400 N = 1700 N, mit Sicherheitszuschlag ≈1900 N. Die Näpfe werden mit Sicherheit durch den Schneidplattendurchbruch gestoßen, wenn die Abstoßfeder vorgespannt etwa die Hälfte von 1900 = 950 N aufbringt und der Federhub möglichst groß ist.

Federkraft der Abstreifplatte $F_{16} = 18\%$ von $(F_{13} + F_{14}) = 18\,\%$ von (1900 N + 9400 N) ≈ 2000 N; bei zwei Federn je $\frac{F_{16}}{2} = 1000$ N, mit Sicherheitszuschlag ≈1150 N. Die Druckfedern sind ebenfalls symmetrisch um Schwerpunkt der Schneidkräfte F_{13} und F_{14} angeordnet (in Abb. 10.12 die Polstrahlen q, r, s).

d) *Wahl der Schraubendruckfedern*

berechnete Kraft (N)	$F_5 =$ 300	$F_8 = F_{12} =$ 950	$F_9 =$ 2240	$F_{15} =$ 1900	$F_{16} =$ 2300
Anzahl der Federn	2	1	4	1	2
ergibt Federkraft (N)	150	950	≈ 600	950	1150
Federkraft entspricht F	Gespannt	Gespannt	Vorgespannt	Vorgespannt	Gespannt
Kenngrößen der Feder					
Außendurchmesser (mm)	10	21	18	17,5	19
ungespannte Länge (mm)	40	40	83	45	35
Draht rund (mm)	1,5	5	4	–	4
quadratisch (mm)	–	–	–	4	–

berechnete Kraft (N)	$F_5 =$ 300	$F_8 = F_{12} =$ 950	$F_9 =$ 2240	$F_{15} =$ 1900	$F_{16} =$ 2300
Anzahl der federnden Windungen	8,5	4,8	13	5,5	5
Nennfederkraft (N)	162	1470	15.520	2000	1260
Nennfederweg (mm)	16,1	13	20,4	7,2	8
Einstellung im Werkzeug					
Federkraft gespannt (N)	150	950	1200	2000	1150
Federweg gespannt (mm)	14,9	8,4	16	7,2	7,3
Federhub (mm)	7,5	7,0	8,0	3,8	2,0
Federweg vorgespannt (mm)	6,9	1,4	8,0	3,4	5,3
Federkraft vorgespannt (N)	76	160	600	950	830

e) *Wahl der Tellerfedern*

berechnete Kraft (N)	$F_4 = 2800$	$F_6 = 7000$
Anzahl der Federsäulen	1	4
ergibt Federkraft (N) je Federsäule	2800	1750
Federkraft entspricht F	Gespannt	Vorgespannt
Kenngrößen der Feder		
gewählte Teller (DIN 2093)	B45	A31,5
Federkraft gespannt (N)	2900	3100
Federweg gespannt, je Teller (mm)	0,70	0,40
Federspannung gespannt $\left(\frac{\text{N}}{\text{mm}^2}\right)$	900	970
Einstellung im Werkzeug		
gesamter Federhub (mm)	1,8	2,5
Telleranzahl	6	14
Federkraft vorgespannt (N)	1400	1750
Federweg vorgespannt, je Teller (mm)	0,30	0,22
Federspannung vorgespannt $\left(\frac{\text{N}}{\text{mm}^2}\right)$	400	500

Festlegung der Innensechskantschrauben (Festigkeitsklasse 10.9 DIN 267 Blatt 3), die als Hubbegrenzungsschrauben für Tellerfedersäulen A31,5 dienen. Jede Schraube (mit Streckgrenze $R_e = 900 \frac{\text{N}}{\text{mm}^2}$) muss die Federvorspannkraft $F = 1750$ N aufnehmen. Bei Sicherheitsfaktor $\nu = 11{,}5$ (vgl. Abschn. 14.1.4) wird der Spannungsquerschnitt des Gewindes

$$A_s = \frac{F \cdot v}{R_e} = \frac{1750\,\text{N} \cdot 11{,}5}{900\,\frac{\text{N}}{\text{mm}^2}} = 22{,}4\,\text{mm}^2, \text{ gewählt M8.}$$

Die Lage des Einspannzapfens wurde in Abb. 10.12 zeichnerisch ermittelt.

10.2.1.8 FVW säulengeführt mit Wippe

Bei der Konstruktion des Werkzeuges (Abb. 10.14) wurde davon ausgegangen, dass die Aluminiumlegierung Al Mg Mn F 18 nur als 3 m lange Streifen, Walzfaser in Längsrichtung, lieferbar ist. Diese werden mittels Walzenvorschubeinrichtung durch das Werkzeug geführt. Um durch Seitenschneider an Streifenbreite nichts zu verlieren, schneiden zwei

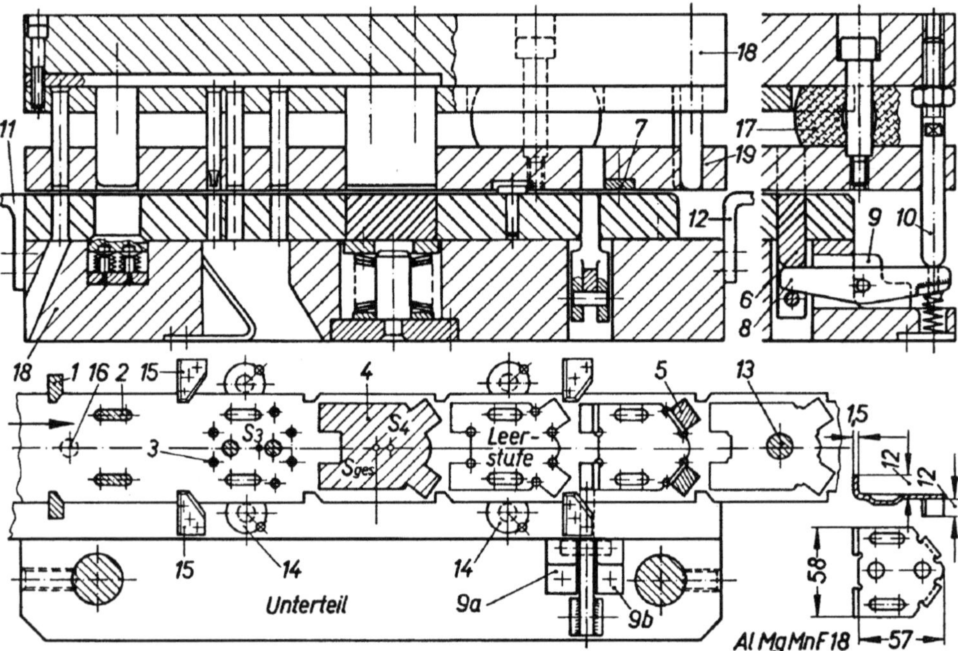

Abb. 10.14 Verbundwerkzeug mit Umformung gegen die Stößelbewegung. Werkzeugdarstellung kurz vor Arbeitsbeginn, federnde Führungsplatte hat aufgesetzt. *1* Einschneidstempel für Sucherplatten (Teile *15*), *2* Formbiegestempel für sickenförmige Vertiefung und federnder Ausstoßer (zwei Tellerfedersäulen), *3* mehrere Lochstempel, *4* Ausschneidstempel und federnder zweiteiliger Ausstoßer, der Ausschnitt in Streifen zurückdrückt, *5* Abbiegestempel nach unten gehend, *6* gabelförmiger Hochbiegestempel mit Zylinderstift zur Rückwärtsbewegung, *7* Einsatz als zweifach wirkende Biegekante, *8* Wippe, *9* linker (*9a*) und rechter (*9b*) Lagerblock zur Aufnahme des Lagerbolzens, *10* Druckbolzen, Höhe einstellbar, *11* Streifenauflagewinkel mit federnder Streifenführung, *12* zwei Auflagewinkel für Abfallstreifen, *13* Druckstift, Höhe einstellbar, drückt Fertigteile aus Streifen, *14* seitliche Streifenführungsbolzen, *15* Sucherplatten, *16* Anschneidanschlag, als federnder Stift in Schneidplatte eingebaut (vgl. Abb. 5.31f), *17* Kunststoff Druckfedern, *18* Viersäulengestell mit federnder Stempelführungsplatte (*19*)

Stempel (1) seitliche Aussparungen; in diese hängen zwecks Vorschubverfeinerung mehrere Sucherplatten (15) ein. Während der Vorschubbewegung heben mehrere schwach gefederte Stifte (ähnlich Abb. 10.12, Teile 7) den Werkstoff an. Auf Winkel (11) sitzt federnde Streifenführung (wie in Abb. 10.12, Teile 21). Als Anschneidanschlag (16) dient der federnde Stift nach Abb. 5.31f.

Die in Abb. 10.14 dargestellte Streifenanordnung berücksichtigt, dass Aluminiumlegierungen annähernd senkrecht zur Walzrichtung abgebogen werden sollen. Nach dem Lochen wird die Zuschnittform ausgeschnitten und durch Tellerfedern wieder in den Streifen gedrückt; deren Federkraft greift im Linienschwerpunkt S_4 der Zuschnittform an. In der nächsten Arbeitsstufe werden die Schenkel des Stanzteils, im Streifen noch gehalten, abgebogen. Das Hochbiegen erfolgt einzeln mittels eines gabelförmigen Biegestempels (6), der über Wippe (8) und Druckbolzen (10) betätigt wird. Die beiden anderen Schenkel biegen zwei Biegestempel (5) in Richtung der Stößelbewegung ab. Der Streifen bleibt an der säulengeführten federnden Platte nicht hängen, da die winklig gestellten Schenkel etwas auffedern; es konnte daher auf federnde Abstoßstifte verzichtet werden. Ein Druckbolzen (13) drückt die Fertigteile aus dem Streifen.

Für das Hochbiegen könnte man auch einen einzelnen gabelförmigen Biegestempel mit zwei Biegekanten vorsehen und beide Schenkel gleichzeitig winklig stellen; eine Wippe mit Lagerung und Druckbolzen wird erspart, jedoch ist die Herstellung der Durchbrüche in der Stempelführungsplatte schwieriger.

Angaben zur Federberechnung: In der Stufe „Ausschneiden" (Stempel, Teil 4) sind zum Ausstoßen wegen der verwickelten Zuschnittform als Federkraft gespannt ≈ 30 % der Schneidkraft einzusetzen. Der Federhub ist gering (Δf = Blechdicke + Eintauchtiefe der Stempelschneidkante), es sind Tellerfederpakete, wechselsinnig aneinandergereiht, geeignet.

Die *Federkraft gespannt der säulengeführten Platte* (19) muss größer sein als die Summe aus:

a) Abstreifkraft der Schneidstempel, (1) und (3) = 25 % der Schneidkräfte,
b) Abstreifkraft da Formbiegestempel (2) = 15 % der Formbiegekraft,
c) Druckkraft der Federsäule unter Ausschneidstempel (4),
d) Umformkraft der beiden gabelförmigen Hochbiegestempel (6).

Das Werkzeug macht minütlich unter 50 Arbeitshübe. Es werden daher Kunststoffdruckfedern eingesetzt; diese geben hohe Kräfte und große Federwege ab und sind gegen Überbeanspruchung unempfindlich. Der Gesamtabschliff zum Schärfen der Schneiden ist bei den Federn in Abb. 10.14 als größer werdender Federhub berücksichtigt.

Stehen Tafeln 1 m × 2 m zur Verfügung, schneidet man sie in 1 m lange Stücke; die Walzfaser verläuft jetzt quer zum Streifen. Das Werkstück aus Aluminiumlegierung ist mit der Längsachse quer zum Streifendurchgang liegend (ähnlich Abb. 10.4c) anzuordnen. Die Biegeschenkel werden zuerst frei geschnitten; wozu mehrteilige Stempel günstig sind.

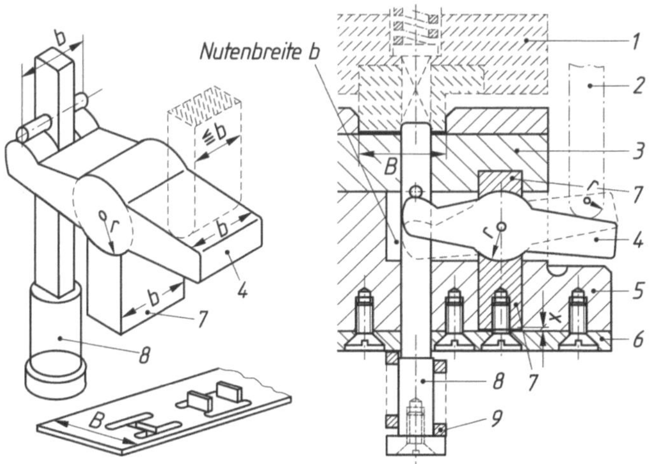

Abb. 10.15 Wippe für hohe Rückzugskräfte. *1* Bewegliche federnde Führungsplatte, *2* Druckbolzen, Höhe einstellbar, *3* Führungsplatte für Biegestempel (*8*), *4* Wippe, *5* Gestellunterteil, *6* Druckplatte, *7* Lagerschalen für Wippe (*4*), *8* Biegestempel mit querliegendem Stift, *9* Druckfeder. Maß *x*: bei Abnützung der Lagerschale (*7*) Folien unterlegen

Da Ausschneidstufe mit Gegendruckfedersäule (4) entfällt, kann das Werkzeug einfacher gestaltet werden.

Eine *Wippe* zum gleichzeitigen Abbiegen zweier Schenkel gegen die Stößelbewegung zeigt Abb. 10.15. Die Biegekraft und die Druckkraft des Bolzens (2) nimmt Lagerschale (7), die von der Größe der Rückfederung abhängige *höhere Rückzugskraft* ($\approx$ 30 ... 35 % von $F_{\text{Hochbiegen}}$) eine unmittelbar wirkende Druckfeder (9) auf. Der im Biegestempel (8) querliegende gehärtete Zylinderstift ist zweischnittig auf Abscheren ($\tau = \frac{\text{Biegekraft} + \text{Federkraft}}{2 \cdot \text{Stiftquerschnitt}}$) beansprucht. Im einsatzgehärteten Hebel (4) sind infolge der 2-Stiftquerschnitt kürzeren Hebelarme nur geringe Biegemomente wirksam. Sollte durch Abnützung zwischen Hebel (4) und Lagerschale (7) ein Spielraum entstehen, wird dieser durch unterlegte Folien (Maß *x*) ausgeglichen.

Die Konstruktion nach Abb. 10.15 ergibt im Vergleich zur Ausführung nach Abb. 10.14 zwei wesentliche Vorteile: Für die Rückzugfeder (9) besteht nicht mehr die Gefahr des seitlichen Ausknickens, auch steht für sie mehr Bauraum zur Verfügung, da FVW in der Regel auf Leisten stehen, um Lochabfälle und Werkstücke besser ableiten zu können.

10.2.1.9 FVW für Rollbiegen mit Umformungen in Stößelbewegung

Für das Werkzeug (Abb. 10.16) wurde ein Säulengestell mit Führungsplatte (2) gewählt, deren Tellerfedern mit $F_{2\text{gespannt}}$ die Abstreifkräfte der Schneidstufen übernehmen (Δf = Umformweg der Stempel (13) + Eintauchtiefe der Schneidstempel). Die beiden Seitenschneider (9) biegen die zu rollenden Zuschnittkanten, während sie den Schneidvor-

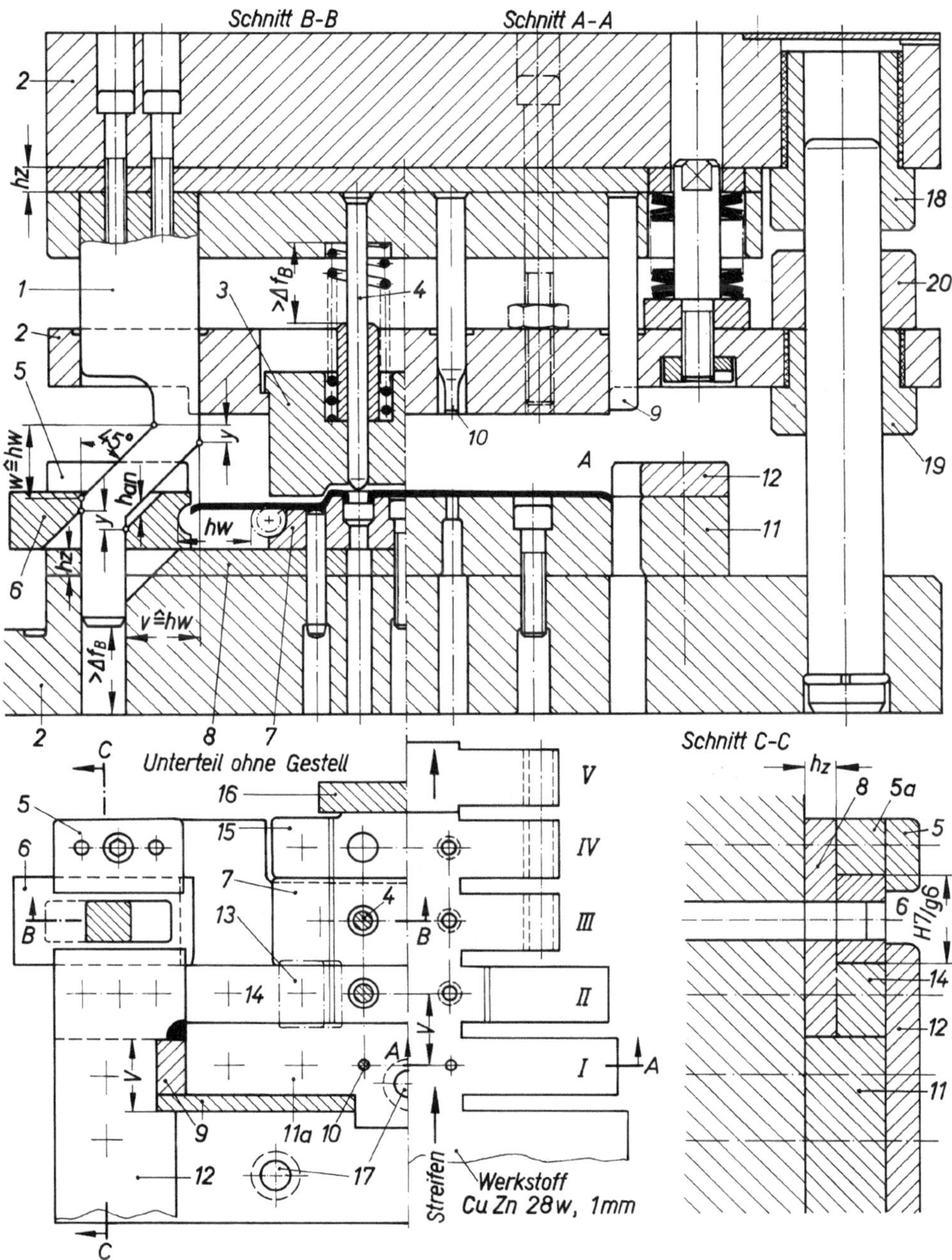

Abb. 10.16 Verbundwerkzeug für Scharnier. Arbeitsfolgen: *I* Seitenschneiden mit Anrunden (Punkt A), Freischneiden und Lochen (Schnitt *A-A*); *II* Biegen und Kragendurchziehen in Richtung der Stößelbewegung; *III* Rollbiegen (Schnitt *B-B*); *IV* Leerstufe; *V* abfallloses Trennen. *1* Keiltriebstempel; *2* Säulengestell mit federnder beweglicher Führungsplatte (die strichpunktiert dargestellte Hubbegrenzungsschraube sitzt im äußeren Rand der Platte); *3* federnder Blechniederhalter für die

(Fortsetzung)

Rollbiegestufe, in Führungsplatte geführt; *4* Lagesicherungsstift mit aufgeschobener Hülse zur Federführung; *5* Deckplatte auf Zwischenlage *5a* liegend; *6* Schieber; *7* Gegenstempel zum Rollbiegen; *8* Zwischenplatte mit Höhe *hz*, welche beim Schärfen der Schneiden ebenfalls abgeschliffen wird; *9* Seitenschneider; *10* Lochstempel; *11* Schneidplatte mit Einsatz (*11a*), dessen Oberfläche bei *A* angerundet ist; *12* Streifenführung; *13* Biegestempel hartaufsitzend; *14* Gegengesenk; *15* Schneidplatte der Trennstufe mit Freibohrungen für die gezogenen Kragen; *16* Trennstempel; *17* federnde Streifenabhebestifte (Federhub = Kragenhöhe + 1 mm); *18* Führungsbuchsen im Oberteil; *19* Führungsbuchse in Führungsplatte, Teile (*18*) und (*19*) mittels Kunstharz eingegossen; *20* Aufschlagring

gang ausführen, bereits mit an; die Schneidplattenoberfläche ist deshalb an den betreffenden Schneidkanten (Punkt A) etwas abgeflacht (vgl. Abschn. 7.5).

In der *Rollbiegestufe* (Schnitt B-B) müssen die Federn des Blechniederhalters nur kleine Haltekräfte aufbringen, da sich bei symmetrischer Werkstückform die Seitenkräfte gegenseitig aufheben und zwei Lagesicherungsstifte (4) die Streifenlage bereits vor der Umformung sichern. Die unter 45° geneigten Keilflächen verschieben zum Rollbiegen beide Schieber um das Maß *hw* und gleiten danach ohne Schieberbewegung noch um den Überlaufweg $h_{ü} = 0{,}5 \ldots 2{,}5$ mm tiefer. Der Mindesthub der Druckfedern, die auf den Blechhalter (3) wirken, ist damit Δf_B = Anlaufweg h_{an} der Lagesicherungsstifte (4) und der Keiltriebstempel (1) + Umformweg w + Überlaufweg $h_{ü}$ der Keiltriebstempel.

Mit Hilfe des Überlaufweg es $h_{ü}$ will man das Einrichten des Werkzeuges unter der Presse erleichtern; auch können die Höhenunterschiede zwischen den Umformflächen zu den mehrmals zu schärfenden Schneiden geringe Abweichungen aufweisen. Bei der Anfertigung und nachher beim Ausprobieren des Werkzeuges ist jedoch auf richtige Abstimmung des waagerechten Schieberweges *hw* mit der Keilflächenkröpfung (Maß ν) zu achten. Verursacht dieses gegenseitige Einstimmen im Werkzeugbau erhebliche Schwierigkeiten, dann baut man *einstellbare Keiltriebstempel* (Abb. 10.17) ein, die ohne Überlaufweg $h_{ü}$ arbeiten.

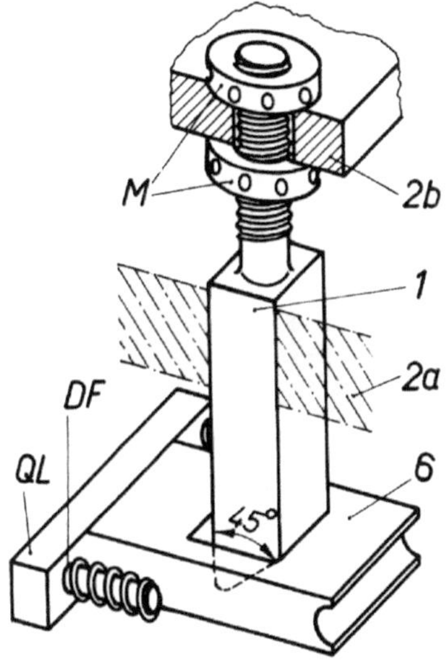

Abb. 10.17 Einstellbarer, einseitig wirkender Keiltriebstempel. *1* Keiltriebstempel mit zwei Rundmuttern *M* zur Höheneinstellung, *2a* säulengeführte bewegliche Platte, *2b* Stempelhalteplatte, im Werkzeugoberteil sitzend, *6* Schieber mit angeschraubter Querleiste *QL*, die zur Aufnahme der beiden Druckfedern (*DF*) dient

Im FVW, Abb. 10.16, wurde für die Stempel und Gegenstempel der Arbeitsfolgen *Biegen mit Kragendurchziehen* und *Rollbiegen* im Ober- und Unterteil je eine gehärtete Zwischenplatte mit der Dicke *hz* vorgesehen; diese ist beim Schärfen der Schneiden mit abzuschleifen. Im Werkzeugunterteil sind die Schneidplattenteile, Gegenstempel und die gehärteten Bauteile der Schieberführungen zusammengepasst, verschraubt und verstiftet. Nur wenn harte, dicke Bleche verarbeitet werden, müssen die Teile des Werkzeugunterteils in einer rechteckigen Passform aufgenommen sein. Da Messing umgeformt wird, kann das Kragenziehen, ohne die Lage des Schnittgrates zu berücksichtigen, in Richtung der Stößelbewegung erfolgen.

In Abb. 10.17 sind nur die zu ändernden Bauteile aus Abb. 10.16 dargestellt. Der Keiltriebstempel (1) ist auf den Schieber (6) einseitig wirkend. Er stützt sich in der federnden beweglichen Führungsplatte des Säulengestells (*2a*) ab, weshalb die Führungsplatte dicker zu gestalten ist. Der Keiltriebstempel führt keinen Überlaufweg $h_{ü}$ aus, seine genaue Höhenlage und damit der Anpressdruck wird beim Ausprobieren des Werkzeuges mittels der beiden Rundmuttern *M* eingestellt. Den Schieberrücklauf bewirken zwei Druckfedern (*DF*). Diese sitzen auf einer Querleiste (*QL*), die am Schieber angeschraubt ist. Beide Druckfedern stützen sich auf festsitzenden Zwischenlagen (in Abb. 10.16 die Teile *5a*) ab. Die Bauteile für die seitliche Führung des Schiebers können unverändert aus Abb. 10.16 übernommen werden.

10.2.2 FVW in Modulbauweise

Stanzteile mit großer Formenvielfalt werden in vielen Bearbeitungsfolgen (bis 32) hergestellt. Dazu verwendet man FVW-Werkzeuge in Modulbauweise (Abb. 10.18). Sie bestehen aus einem Grundgestell mit eigenen Führungssäulen, in das wiederum die einzelnen Module eingespannt werden. Die Module sind wie vollständige Werkzeuge mit eigenen Säulenführungen ausgeführt. Jedes Modul kann bis zu 5 Folgen enthalten.

Abb. 10.18 zeigt den konstruktiven Aufbau eines FVW in Modulbauweise. Das Auswechseln der Module erfolgt durch Lösen von zwei Schrauben auf der Bedienerseite. Beim Wiedereinfügen wird das Modul gegen zwei Anschlagbolzen fixiert und auf der Rückseite mit einer Umgriffleiste gehalten. Die Befestigung geschieht durch das Verschrauben von zwei Schrauben auf der Bedienerseite.

Die Führungen der Module dienen nur zum Zweck der Ausrichtung beim Spannen. Nach dem Spannen übernimmt die Führung der Stanzmaschine das Führen beim Stanzen. Bei Ober- und Unterwerkzeug muss auf äußerste Parallelität der Aufspannflächen geachtet werden. Das gilt sowohl für das Grundgestell als auch für die einzelnen Module.

Der Vorteil der FVW in Modulbauweise ist nicht nur in der größeren Anzahl der Arbeitsfolgen zu sehen, sondern auch in der Austauschbarkeit einzelner Module, falls durch Verschleiß oder Werkzeugbruch ein Austausch notwendig wird. Damit kann ein größerer Aufwand und Zeitverlust vermieden werden. Typische Stanzteile für diese Fertigung sind

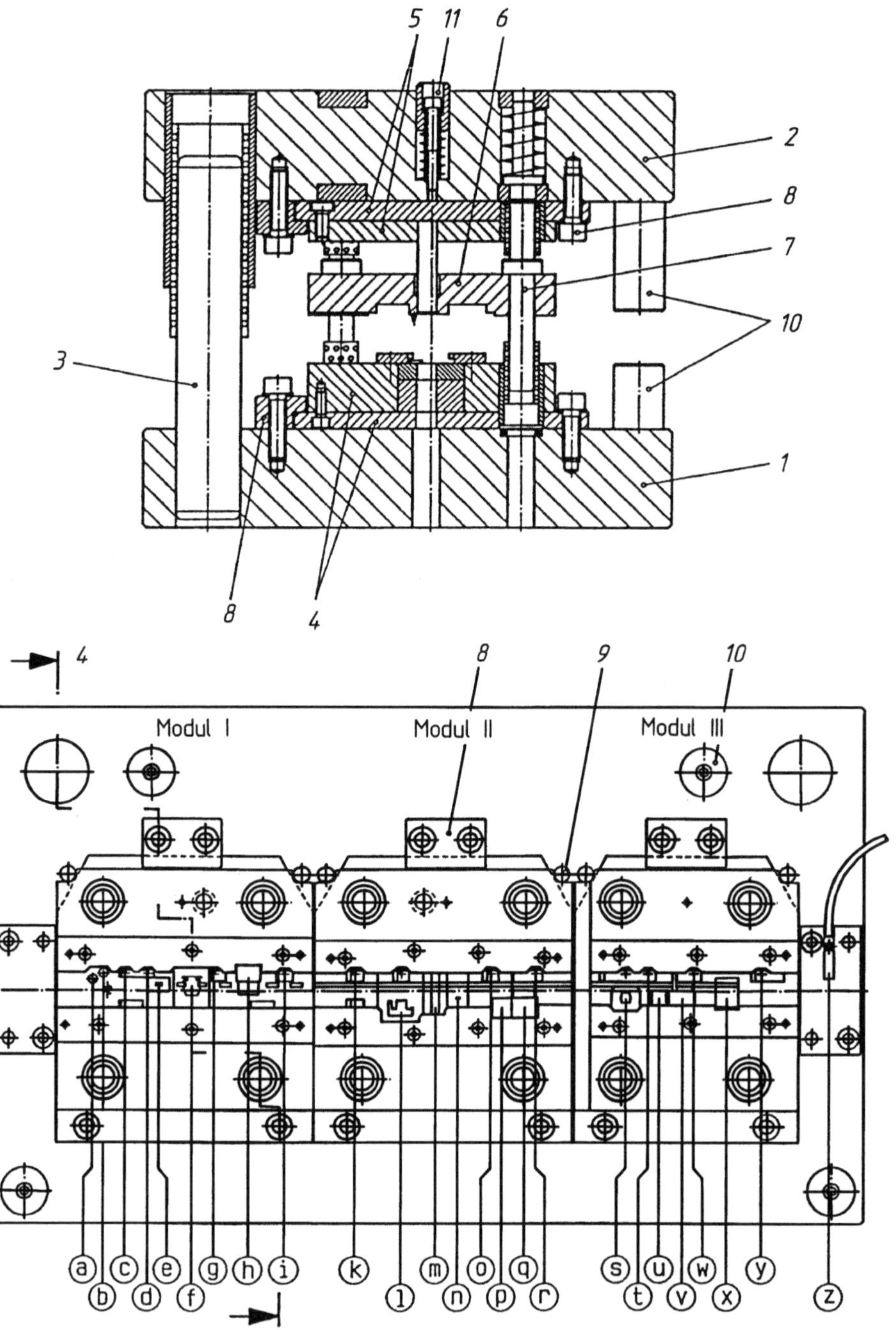

Abb. 10.18 Folgeverbundwerkzeug in Modulbauweise mit 25 Folgen. *1* Grundplatte Muttergestell; *2* Kopfplatte Muttergestell; *3* Säulenführung Muttergestell; *4* Modul-Unterteil mit Schnitt- und Druckplatte; *5* Modul-Oberteil mit Stempelhalte- und Druckplatte; *6* Führungs- bzw. Abstreifplatte;

(Fortsetzung)

7 Separate Modul-Führung; *8* Klemmwinkel bzw. -schrauben für Modul; *9* Anschlagstifte für Modul; *10* Distanzbolzen für UT-Begrenzung; *11* Zentrierung in Presse. *a* Prägen; *b* Lochen; *c* Fangen; *d* Fangen; *e* Prägen; *f* Beschneiden; *g* Fangen; *h* Prägen; *i* Fangen; *k* Fangen; *l* Beschneiden/Fangen; *m* Beschneiden; *n* Beschneiden; *o* Fangen; *p* Prägen; *q* Prägen; *r* Fangen *s* Beschneiden/Fangen; *t* Fangen; *u* Biegen 1; *v* Biegen 2; *w* Fangen; *x* Biegen 3; *y* Fangen; *z* Vorschubkontrolle. Modul I 9 Folgen; Modul II 8 Folgen; Modul III 8 Folgen; insgesamt 25 Folgen

Kontaktstecker und -buchsen für die Elektroindustrie und Teile der Feinmechanik für die Elektroindustrie.

10.2.3 Stanzbiegewerkzeuge

Die Besonderheit von Stanzbiegeautomaten (Abb. 10.19, System Bihler [1]) ist die grundsätzliche Aufteilung der Herstellungsoperationen in einen Pressenbereich und in den Biegebereich mit Schlittenaggregaten. Es wirken die beiden Werkzeugarten Schneidwerkzeuge zum Stanzen, ggf. ergänzt durch Prägewerkzeuge und darauf folgend die Biege werkzeuge räumlich getrennt voneinander. (Zusätzlich können weitere Prozesse wie z. B. Schweißen, Gewindeformen mit integriert werden.)

Schneidwerkzeuge werden in sogenannte Stanzgestelle integriert. Die Führungen der Werkzeuge übernehmen Säulen mit Buchsen (gleitende Führung) oder Kugeln (rollende

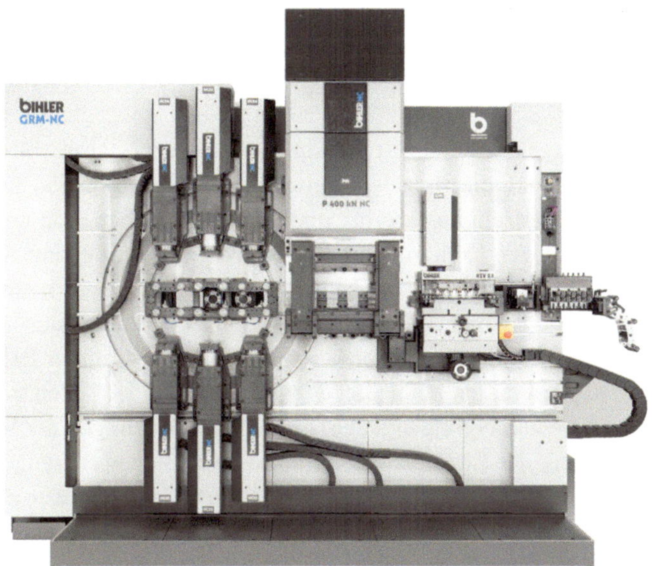

Abb. 10.19 Aufbau von Stanzbiegeautomaten, Aufteilung der Werkzeuge in Pressenbereich (Stanzen) und Biegebereich (System Bihler)

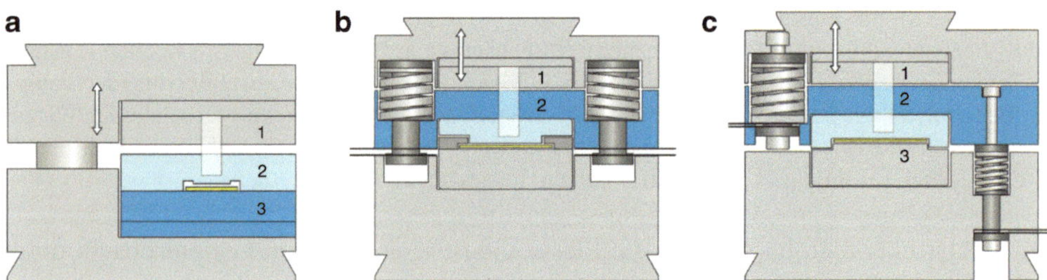

Abb. 10.20 Verschiedene Bauarten von Schneidwerkzeugen (System BIHLER [1])

Führung). Die Aktivteile dieser Werkzeuge (Stempel, Bandzentrierer, Pilotstifte) können aus Hartmetall oder pulvermetallurgischen Stählen gefertigt werden. Man spricht dann auch von Hochleistungsschneidwerkzeugen. Eine zusätzliche Beschichtung der Aktivteile erhöht die Standzeit weiter.

Grundsätzlich werden drei Bauarten (Abb. 10.20) unterschieden:

- Schneidwerkzeug mit Tunnelschnitt (a): einfache Ausführung, preisgünstig; Führungsplatte (2) fest mit Schneidplatte (3) verschraubt
- Schneidwerkzeug mit abhebender gefederter Führungsplatte (b): Schneidstempelführung in Führungsplatte (2), die mit Werkzeugoberteil (1) abhebt; Abstreifer verhindern das Hochreißen des Bandes; die Niederhalterfunktion übernimmt die Führungsplatte, dadurch ist der Schneidspalt bis zu 30 % kleiner ausführbar gegenüber (a)
- Schneidwerkzeug mit pulsierender gefederter Führungsplatte (c): Führungsplatte (2) ist über Haltesystem mit Schneidplatte (3) verbunden; Lüften des Bandes über Federn um wenige 1/10 mm ohne Bandabstreifer; Schneidspalt bis zu 30 % kleiner ausführbar gegenüber (a)

Den Biegewerkzeugen wird der vorher in der Presse gestanzte Streifen zugeführt. Schlittenaggregate nehmen die Biegewerkzeuge auf und führen deren Bewegungen aus. Die Bewegungen sind einzeln ansteuerbar und können von oben, von unten und von der Seite verlaufen. Das Biegen kann mit geradliniger Werkzeugbewegung als freies Biegen, als Druckbiegen in ein Gesenk oder als spannungsüberlagertes Biegen mit speziellen Biegekernen erfolgen. Eine Kompensation der Rückfederung ist durch das optimale Positionieren der Werkzeuge möglich (gezieltes Überbiegen aus bestimmter Richtung). Da sich die besten Bauteileigenschaften beim Biegen, insbesondere bei Teilen mit federnden Eigenschaften quer zur Walzrichtung ergeben, ist das Berücksichtigen der Walzrichtung bereits bei der Festlegung der Einzugsrichtung umsetzbar. Biegewerkzeuge gibt es in zwei unterschiedlichen Bauarten (Abb. 10.21). Beide Bauarten werden über das LEANTOOL Standard-Baukastensystem abgebildet.

Bei der radialen Fertigungsweise sind die Biegestempel sternförmig zum Biegezentrum angeordnet. Dieses Fertigungsprinzip eignet sich vor allem für einfache bis mittelkomplexe Bauteile (Anzahl Biegungen 1 bis 8) die oftmals symmetrisch oder rotations-

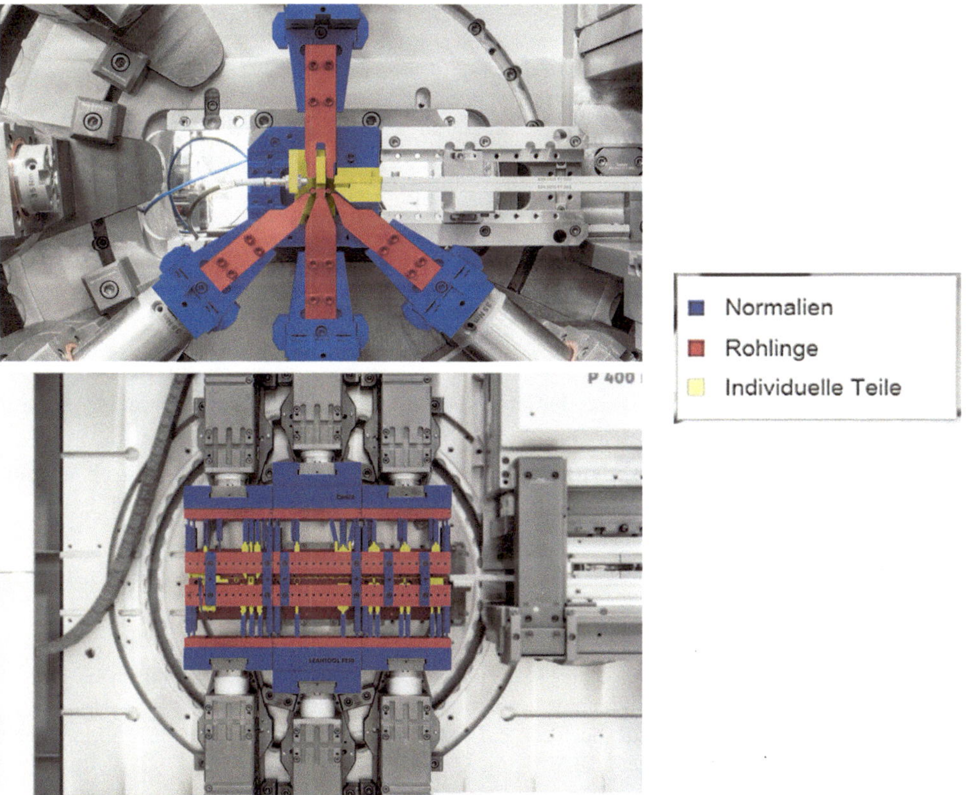

Abb. 10.21 Bauarten der Biegewerkzeuge: Radiale Fertigungsweise (oben), Lineare Fertigungsweise (farbig: LEANTOOL Standardteile [2])

symmetrisch aufgebaut sind. Ein großer Vorteil liegt in der maximalen Bandausnutzung, da die Breite des Bauteils meist der zugeführten Bandbreite entspricht.

Bei der linearen Fertigungsweise sind die Werkzeuge senkrecht zur Bearbeitungsebene angeordnet (Abb. 10.22). Dieses Fertigungsprinzip ist mit Folgeverbundwerkzeugen vergleichbar. Die Bearbeitungsebene bildet sich aus dem durchlaufenden Stanzstreifen. Nach der ersten Biegung wird das Werkzeug geöffnet und das Stanzbiegeteil für folgende Biegeoperationen weitertransportiert und schrittweise gebogen. Die Bewegungen erfolgen aus drei Hauptrichtungen von oben, unten und seitlich. Dadurch kann auf komplexe Umlenkmechanismen im Werkzeug verzichtet werden. Zudem sind die Bewegungen einzeln ansteuerbar [3]. Ein Bandausheben im Werkzeug im Vergleich zum konventionellen Folgeverbundwerkzeug unter einer Presse ist nicht notwendig, da sich die Aktivteile vom gestanzten Streifen wegbewegen. Nach Abschluss aller Biegungen erfolgt das Abtrennen des fertig gebogenen Bauteils.

Die Abb. 10.22 stellt den Aufbau der Biegewerkzeuge dar: Plattenaufbau für Antrieb und Führungen, Koppeln verbinden aktive Werkzeugteile (Sucher, Biegestempel) mit der

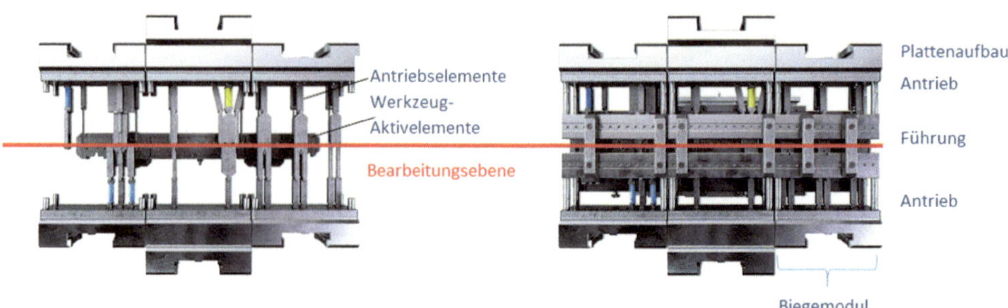

Abb. 10.22 Werkzeugaufbau der Biegewerkzeuge in linearer Fertigungsweise

Antriebsbewegung. Vorteilhaft ist das einfache und schnelle Einrichten der modularen Biegewerkzeuge durch Schnellspannsysteme. Die offene Bauweise macht die Prozesse gut sichtbar und zugänglich. Aktivteile können einfach und schnell ausgewechselt werden, was eine hohe technische Verfügbarkeit garantiert.

Literatur

1. Bihler on top: Magazin der Otto Bihler Maschinenfabrik GmbH & Co.KG. Halblech (2018)
2. Planungs-WebApp: „BIHLER Planning". www.bihlerplanning.de (2018)
3. Schäfer, C., Hörmann, V.: Stanzbiegetechnik, Die Bibliothek der Technik, Bd. 357. Süddeutscher Verlag onpact GmbH, München (2013)

Verbundwerkzeuge „Schneiden-Ziehen“ 11

11.1 Auswahl des geeigneten Werkzeuges

Die Entscheidung, ob ein Folge- oder Gesamtverbundwerkzeug[1] geeignet ist, richtet sich nach der Ziehteilform und der zur Verfügung stehenden Presse. Folgeverbundwerkzeuge (FVW) mit hintereinanderliegenden Arbeitsfolgen (z. B. Einschneiden-Ziehen-Lochen-Ausschneiden) dienen zur Herstellung von Teilen mit geringer Ziehtiefe aus Streifen oder Bändern (Abb. 10.12). Für Hohlteile mit größeren Ziehteilhöhen werden Gesamtverbundwerkzeuge (GVW) mit übereinanderliegenden Arbeitsstufen eingesetzt; sie ermöglichen zusätzlich geringeren Blechverbrauch, erfordern jedoch für die Außenform meist ein Nachschneidwerkzeug. Abb. 9.3 und 9.6b zeigen GVW, die unter teilweiser Verwendung auswechselbarer Umform- und Aufbauteile gestaltet sind.

Nachfolgend werden noch einige grundlegende Werkzeugausführungen in Gesamtbauweise für verschiedene Pressenarten besprochen, die zur Umformung gut tiefziehfähiger Bleche bei größeren Stückzahlen vorgesehen sind und daher mit Säulenführungen arbeiten.

11.2 Verbundwerkzeug Ziehen-Beschneiden

Für das in Abb. 11.1 dargestellte GVW Ziehen-Beschneiden, das auf mechanischen Ziehpressen arbeitet, sind auswechselbare Aufbau- und Umformteile mitverwendbar. Die Führung des Ziehstempelaufsatzes (3) übernimmt der Blechhalter, der bei älteren Pressen zum

[1] Werkzeuge, die unter Stufenpressen arbeiten, werden im Rahmen dieses Buches nicht besprochen.

© Springer Fachmedien Wiesbaden GmbH, ein Teil von Springer Nature 2020

M. Kolbe, *Stanztechnik*, https://doi.org/10.1007/978-3-658-30401-0_11

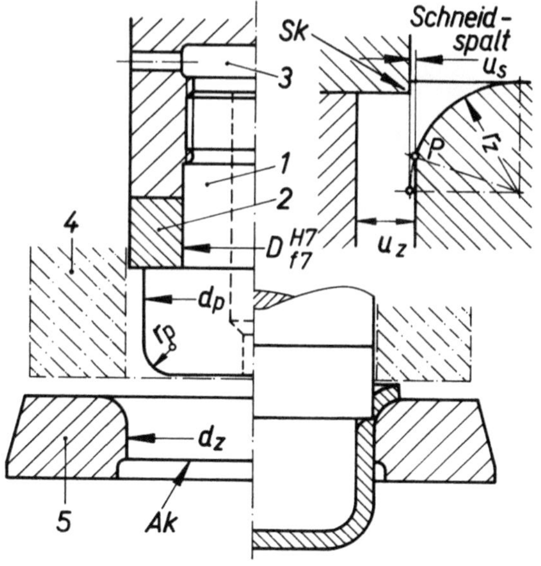

Abb. 11.1 Verbundwerkzeug Ziehen-Beschneiden für mechanische Ziehpressen (vgl. Abb. 8.5): *1* Ziehstempel, *2* Schneidring mit Schneide *Sk*, *3* Ziehstempelaufsatz, *4* Blechhalter, *5* Ziehring mit Abstreifkante *Ak* und üblichem Ziehspalt u_z

Werkzeugunterteil säulengeführt sein kann. Zuerst wird der Napf mittels Ziehstempel (1), Blechhalter (4) und Ziehring (5) geformt. Ist die Zarge auf Fertighöhe gezogen, so trennt noch während des Weiterziehens ein Schneidring (2) den restlichen Werkstoff des Zuschnittes ab, indem dessen Schneide *Sk* in die gestreckte Blechoberfläche über der Einlaufrundung r_z des Ziehringes (5) eindringt. Durch die im Zargenquerschnitt noch wirksame Radialbeanspruchung bildet sich beim Anschneiden ein Kerbriss; dieser reißt weiter und erleichtert den restlichen Trenn Vorgang. Die senkrecht wirkende Schneidkraft erzielt günstigste Schneidwirkung, wenn die Ziehkantenrundung im Ziehring nicht tangential ausläuft, sondern etwas angeflacht ist (Punkt *P*).

Bei der *Schneidkraftberechnung* ist als „Abquetsch"-Schneidwiderstand die Bruchfestigkeit R_m des Blechwerkstoffes, als Schnittflächendicke etwa 2 · Ausgangsblechdicke, als Schnittlinienlänge der Mantelumfang des Ziehteils einzusetzen.

Der *beschnittene Zargenrand* zeigt innen eine von der Ziehkante herrührende Anrundung; außerdem ist er sehr scharfkantig, weshalb zum Abstreifen der Hohlteile vom Ziehstempel meist eine Abstreitkante *Ak* (Abb. 11.1) ausreicht. Wird in den Ziehstempel ein federnder Abstoßstift mit geringem Federhub eingebaut, sind Abstreifschieber vorzuziehen.

Der Werkzeugaufbau (Abb. 11.1) ist ebenfalls für die Arbeitsfolgen „Zuschnittausschneiden-Ziehen-Beschneiden" geeignet. Die Schneidplatte zum Ausschneiden der Zuschnittform mit den erforderlichen Streifenführungs- und Abstreifelementen sitzt, ähnlich Abb. 9.3 Ia, auf dem Ziehring (5); der Blechhalter (4) erhält die Gegenschneide. Der Schneidring zum Beschneiden des Ziehteilrandes sitzt unterhalb des Ziehstempels. Verbundwerkzeuge, die auf Kurbelpressen mit Ziehkissen im Tisch eingesetzt werden und den Zargenrand zuletzt noch beschneiden, zeigen Abb. 11.5 und 11.6.

11.3 Verbundwerkzeug Ausschneiden-Ziehen-Lochen

Im Werkzeug (Abb. 11.2a, b), das auf einfachwirkender Presse arbeitet, werden Ziehteile mit geringer Zargenhöhe (kleinem Ziehverhältnis) durch Tiefziehen mit *„elastischer" Blechhaltung* gefertigt. Es steht auf einer Zwischenplatte (13), damit es mit angebauter

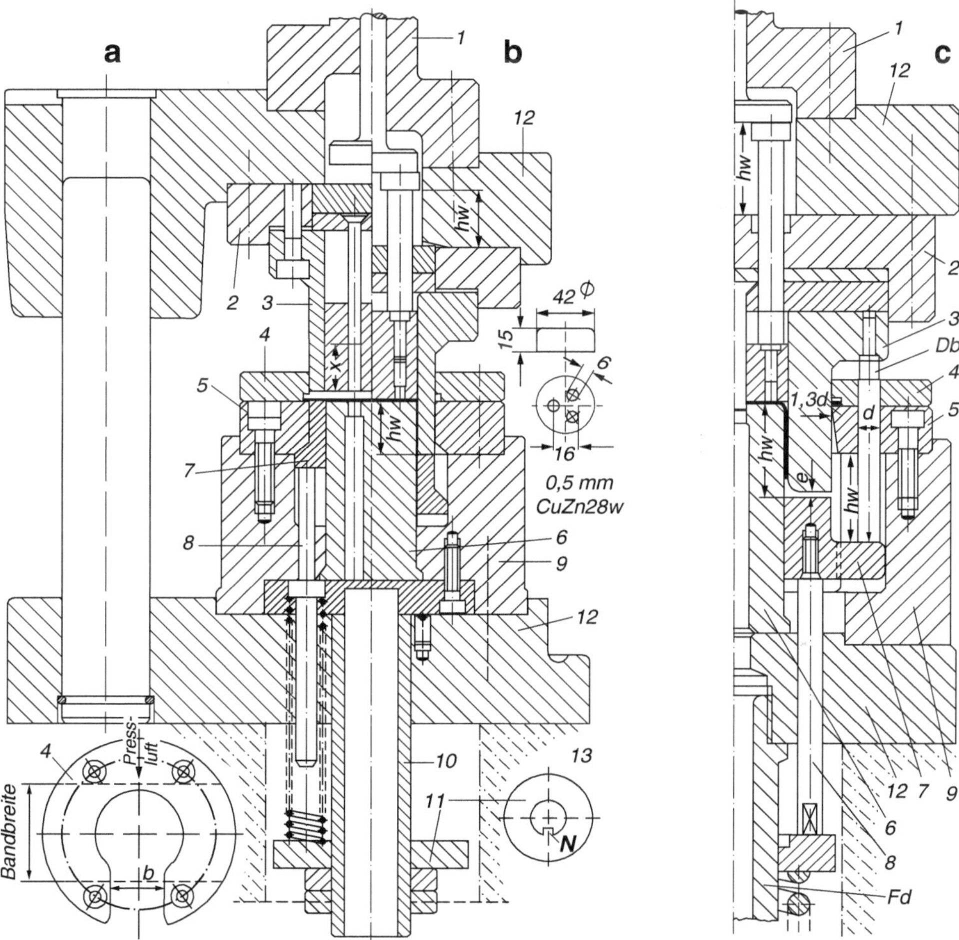

Abb. 11.2 Verbundwerkzeug Ausschneiden-Ziehen-Lochen mit elastischer (**a/b**) und mit starrer (**c**) Blechhaltung. Werkzeugstellung **a** kurz vor Schneidbeginn, **b** in tiefster Lage: *1* Einspannzapfen mit Zwangsausstoßer und drei Druckbolzen für Ausstoßplatte, *2* Zentrierplatte mit Druckplatte und Stempelhalteplatte für drei Lochstempel, *3* Ausschneidstempel, *4* Abstreifer, zugleich Streifenführung, quer zum Streifendurchlauf aufgesägt in der Breite $b > d_{\text{Fertigteil}}$, *5* Schneidring, *6* Ziehstempel, Druckflächen von (*5*) und (*6*) haben gleiche Höhenlage, *7* Blechhalterring, zugleich Ausstoßring, federbetätigt über Druckbolzen, Teile *8*, *9* Zentrierstück, *10* Rohrstück mittels Gewindestift gegen Verdrehen gesichert, *11* Federauflagering mit Sicherungsnase N gegen Verdrehen, *12* Normalgestell, Säulen mittigstehend, auf Zwischenplatte, Teil *13*. $x = hw -$ Blechdicke $s -$ Eintauchtiefe der Lochstempel in Gegenschneide. *Fd* auswechselbares Federdruckgerät, von unten her in Werkzeug eingeschraubt, *Db* Distanzbolzen; zur Einhaltung des bei starrer Blechhaltung erforderlichen Maßes $e = s + (5 \ldots 7)\,\%$ von s (vgl. Abschn. 8.5, Abb. 8.8a)

Federdruckeinrichtung (Teil 8, 10 und 11) unter die Presse geschoben werden kann. Die Federn bewirken den Blechhalterdruck. Deren Kraft soll daher während des Ziehens kaum ansteigen (Ziehfehler-Tab. 9.2, Bild I A 2); es sind lange Federn einzubauen, um weiche Schraubendruckfedern[2] zu erhalten. Oft ergeben Tellerfedern mit annähernd waagerechtem Kennlinienteil

$$\left(\frac{\text{Tellerhöhe}}{\text{Tellerdicke}} = \frac{h}{s} > 1{,}3 \;\; \text{DIN 2093, Reihe B}\right)$$

kleinere Bauhöhen, auch wenn wechselsinnig aneinandergereihte Tellerfedern eingesetzt sind.

Ein Verbundwerkzeug Ausschneiden-Ziehen-Lochen, das mit *„starrer" Blechhaltung* arbeitet und ebenfalls für einfachwirkende Pressen, jedoch für größere Ziehtiefen geeignet ist, zeigt Abb. 11.2c: Das auswechselbare Federdruckgerät (*Fd*) wird vom Presseneinrichter in das Werkzeugunterteil durch die Öffnung des Pressentisches eingeschraubt. Während des Ziehvorganges drücken im Werkzeugoberteil sitzende Distanzbolzen (*Db*) auf den Blechhaltering (7), wobei diese Bolzen zwischen Ziehring und Blechhalterdruckfläche den für starre Blechhaltung erforderlichen Abstand, Maß e= Blechdicke s + (5 ... 7) % von s einhalten. Mit größerwerdender Ziehtiefe steigt die Federkraft an; sie hat auf den Blechhalter keinen Einfluss mehr, da dieser mittels der Distanzbolzen (*Db*) wie ein „starrer Blechhalter" wirkt. Von Nachteil ist, dass der Blechhaltering sternförmig herausragende Arme als Druckflächen für die Distanzbolzen erfordert, wodurch die Auflagefläche der Schneidplatte kleiner wird. Die Schneidplatte muss daher dicker, nicht in Einzelstücke unterteilt, gestaltet sein.

Steht eine Exzenter-(Kurbel-)Presse mit Ziehkissen im Tisch zur Verfügung, sind im Werkzeugunterteil keine Druckfedern erforderlich (vgl. Abb. 8.6). Bei Verbundwerkzeugen mit Lochstempeln müssen dann die Lochabfälle aus dem Unterteil durch schräge, lange Kanäle abgeleitet werden (Abb. 11.5); sie könnten dabei den Kanaldurchgang verstopfen. Deshalb werden im Werkzeugunterteil vielfach waagerecht liegende Kanäle angeordnet und die Lochabfälle nach jedem Hub mittels pneumatisch betätigten Schiebern herausgeschoben (Abb. 11.6). Die erforderlichen Druckluftventile sind über den Stößelhub durch Kontakte gesteuert.

Die *Druckflächen des Ziehstempels und der Schneidplatte* zum Ausschneiden des Zuschnittes (Abb. 11.2a–c, die Teile 5 und 6) sind gleich hoch (siehe Abschn. 9.2.2). Zur Konstruktion des Werkzeugoberteiles kann man sinngemäß die Richtlinien für Gesamtschneidwerkzeuge (vgl. Abschn. 5.4.6)) anwenden. Die zwangsbetätigte Ausstoßplatte

---

[2] Die Federkonstante $c = \frac{\text{Federkraft } F_2 \text{ (N)}}{\text{Federweg } f_2 \text{ (mm)}}$ oder $c = \frac{\Delta F \text{ (N)}}{\Delta f \text{ (mm)}}$ (zahlenmäßig die Zunahme der Federkraft je mm Federweg) ist bei weichen Federn ein kleiner Zahlenwert.

(Abb. 11.2a, b, Baugruppe 1) soll in Werkzeugen mit dünnen Lochstempeln gleichzeitig diese Stempel abstützen, sie ist daher dicker zu gestalten. Bei zu dünner Ausstoßplatte würden die Lochstempel ihre Führungsbohrungen ausschaben. Dicke Lochstempel knicken nicht aus, sie erfordern keine seitliche Abstützung; dünne Ausstoßplatten mit Durchgangsbohrungen, die zum Lochstempel etwa 1 mm Spiel haben, sind geeignet (Abb. 11.2c).

Als Mindesthub des Pressenstößels sind Umformhöhe hw + Ziehteilhöhe + ≈ 40 mm Spielraum erforderlich, man kann dann gerade noch die. Ziehteile mittels Sauger oder Greifzange herausnehmen bzw. mittels Druckluftstrahl wegblasen lassen. Werden Bänder mittels Walzenvorschubeinrichtung verarbeitet, muss meist der Stößelhub größer sein. (Ausprobieren, damit der Druckluftstrahl die ausgestoßenen Ziehteile noch mit Sicherheit wegblasen kann!)

Für Ziehteile mit geringer Höhe ist es günstiger, im Oberteil einen mit Kunststoffdruckfeder betätigten Ausstoßer vorzusehen. Er arbeitet weicher; auch sind während des Stößelrücklaufes die Ziehteile aus dem Ziehring schon ausgeworfen, bevor der Walzen- oder Zangenvorschub das Band weiterbewegt. Das auslaufende Band nimmt dann das fertige Ziehteil aus dem Werkzeug mit, die Streifenführungsplatte (4) wird nun in Richtung des Streifendurchganges ausgesägt. Im oberen Totpunkt *OT* (geöffnetes Werkzeug) kann zusätzlich ein Druckluftstrahl in Durchgangsrichtung kurz auf das Ziehteil einwirken. Federbetätigte Ausstoßer ergeben jedoch große Werkzeugbauhöhen.

11.4 Verbundwerkzeug Lochen-Ausschneiden-Kragendurchziehen

In den gezogenen Kragen des Werkstückes (Abb. 11.3) wird ein Rohr gesteckt und hartgelötet; die Wanddickenschwächung; am oberen Kragenrand ist daher ohne Einfluss. Bei diesem Werkzeug ist eine Zwischenplatte (2) auf das säulengeführte Oberteil geschraubt und verstiftet; in ihr bewegt sich die Zwangsausstoßerplatte. Diese Anordnung mindert meist die Werkzeugbauhöhe.

Die Druckflächen des Ziehstempels (8) und des Schneidringes (7) sind gleich hoch; nach jedem Schärfen des Schneidringes ist die Stempelkante nachzurunden. Während des Lochens und Ausschneidens beginnt damit bereits das Durchziehen des Kragens, wodurch schon bei Schneidbeginn der umzuformende Werkstoff gleichmäßig über seine Streckgrenze beansprucht wird (siehe Abschn. 9.2.2, Verbundwerkzeug Ausschneiden-Ziehen). Auch bildet sich kaum noch ein Schnittgrat, der am Kragenrand rissfördernd wirken könnte. Das erreichbare Umformverhältnis $\frac{\text{Kragenhöhe}}{\text{Stempeldurchmesser}}$ wird günstiger, je größer die Stempelkantenabrundung r_p ist; jedoch erhöht sich dann auch der Umformweg hw. Während der Abwärtsbewegung halten im Werkzeugunterteil die Druckfedern den Ausschnitt fest; ihr Federdruck kann beliebig ansteigen, es sind kürzere Federn geeignet. Während des Rücklaufhubes stoßen diese Federn das Fertigteil aus dem Werkzeugunterteil aus.

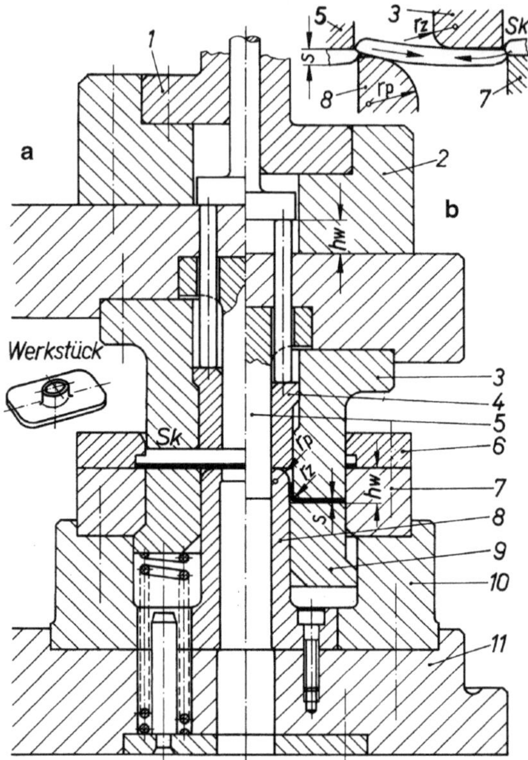

Abb. 11.3 Verbundwerkzeug, Lochen-Ausschneiden-Kragendurchziehen. Werkzeugstellung **a** kurz vor Schneidbeginn, **b** in tiefster Lage: *1* Einspannzapfen mit Zwangsausstoßer, *2* Zwischenplatte, *3* Ausschneidstempel, zugleich Ziehring, mit Schneide *Sk* und Ziehkantenhalbmesser r_z, *4* Ausstoßplatte mit drei Druckbolzen, *5* Lochstempel, *6* Abstreifer, zugleich Streifenführung, *7* Schneidring, *8* Ziehstempel mit Gegenschneide für Lochstempel (*5*), die etwas größere Stempelkantenabrundung r_p erhöht den Umformweg *hw*, erleichtert jedoch das Kragenziehen, *9* Gegenhalter, auf den die Druckfedern zum Auswerfen des Fertigteiles wirken, *10* Zentrierstück, *11* Säulengestell

11.5 Verbundwerkzeug Ausschneiden-Ziehen-Flanschbeschneiden

Die Kappe (Abb. 11.4) aus Al Mg 3 F 18, fertig beschnitten, wird in einem Verbundwerkzeug aus Streifen hergestellt. Während sich das Werkzeug abwärts bewegt, schneidet der Schneidring (4) den Zuschnitt aus; gleichzeitig beginnt der Ziehring (7) den Napf zu formen. Die Federkraft, vorgespannt, der Tellerfedern im Oberteil muss größer sein als Ziehkraft und Druckkraft des Ziehkissens:

$$F_{1\,\text{Tellerfedern}} > \left(F_{\text{Ziehen}} + F_{\text{Ziehkissen}}\right),$$

$$\text{Federhub}\,\Delta f = \text{Blechdicke} + \text{Eintauchtiefe der Schneiden von}\,(13)\,\text{und}\,(4).$$

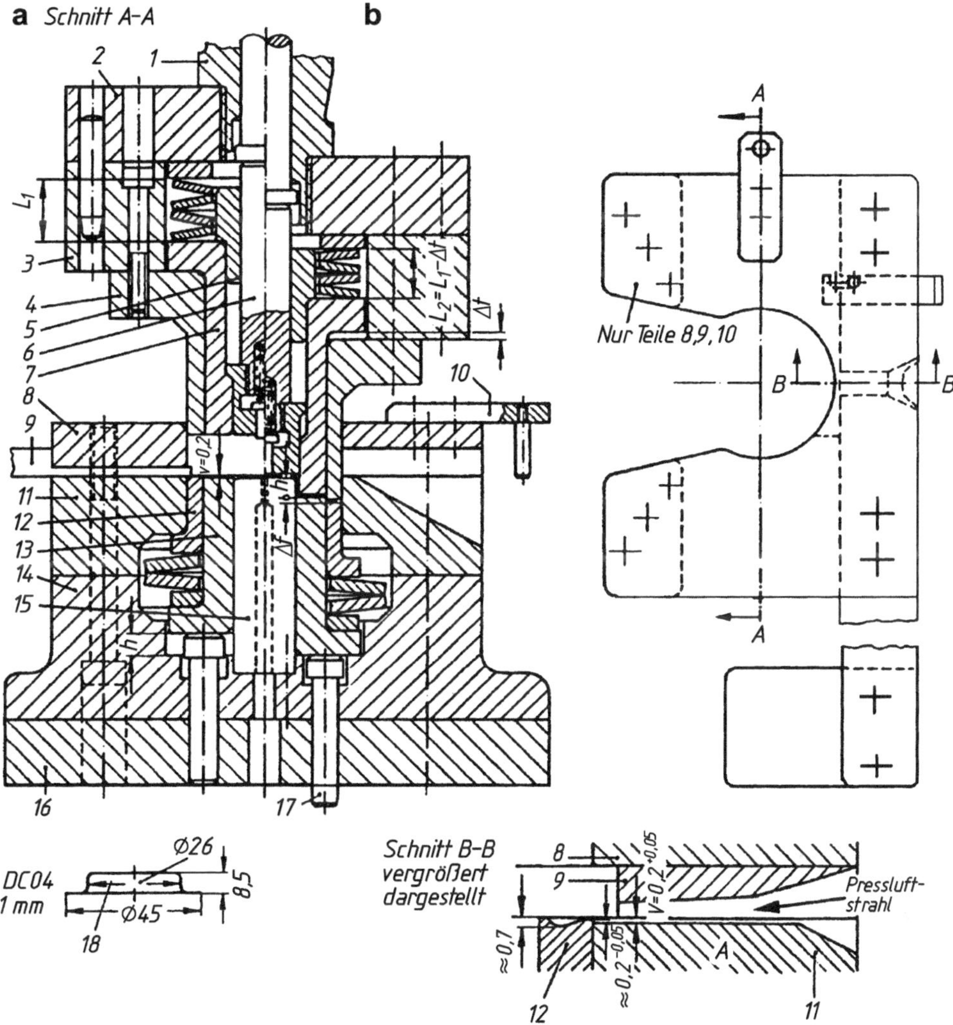

Abb. 11.4 Verbundwerkzeug Ausschneiden-Ziehen-Flanschbeschneiden. Werkzeugstellung **a** während des Stößelvorlaufes, **b** in tiefster Lage: *1* Einspannzapfen mit Zwangsausstoßer, *2* obere Platte, *3* Säulengestell-Oberteil, *4* Schneidring mit Außenschneide (Zuschnitt zuschneiden) und Innenschneide (Flanschdurchmesser fertig beschneiden), *5* Führungsbuchse für Tellerfedern, *6* unterer Druckbolzen für Zwangsausstoßer mit federndem Abstoßstift, *7* Ziehring, unter Federdruck stehend, *8* Abstreifplatte, *9* Zwischenlagen, die vordere Leiste mit Anschneidanschlag, Aussparung für Druckluftstrahl und mit Streifenauflageblech, *10* Leiste mit Einhängestift für Schnittstreifen, *11* Schneidplatte (Zuschnitt ausschneiden), *12* federnder Gegenhalter zugleich Auswerferring, an Aufprallstelle des Druckluftstrahls ist er mit Hand- Schleifmaschine ausgewölbt (Schnitt B-B), *13* Blechhalter, zugleich Schneidstempel (für Flanschdurchmesser fertig beschneiden), *14* Unterteil des Säulengestells, *15* Ziehstempel, von unten her angeschraubt, *16* Grundplatte, *17* drei Druckbolzen, durch Ziehkissen betätigt, *18* Ziehteil

Nachdem der Napf gezogen ist, sitzt der als Blechhalter tätig gewesene Ring (7) im Werkzeugunterteil auf und wird zum Schneidstempel; der Schneidring (4) beschneidet den Flansch des gezogenen Napfes, indem er die unteren Tellerfedern über den Gegenhalter (12) zusammendrückt. Während des Stößelrücklaufes wirken die beiden unteren Tellerfedern als Auswerfer (siehe Abschn. 4.4.5).

$$F_{\text{Auswerfen}} \mathrel{\hat{=}} \text{Federkraft gespannt der beiden unteren Teller}$$
$$\approx 15 \ldots 20\,\% \text{ der Schneidkraft für Flanschbeschneiden,}$$
$$\text{Federhub} = \text{Blechdicke} + \text{Eintauchtiefe des Ausschneidstempels } (4)$$
$$+ \text{Vorstehmaß } v \text{ des Gegenhalters } (12).$$

Bevor das Werkzeugoberteil seine höchste Lage erreicht, wird das Fertigteil mit dem Abfallring mittels Druckluftstrahl ausgeworfen. Damit durch Schnittgrate keine Störungen entstehen, wurde der federnde Gegenhalter (12) an der Aufprallstelle des Druckluftstrahles mit Handschleifmaschine ausgewölbt (Teilschnitt B-B); die Druckluft drückt nun von der Unterseite her auf den mit auszuwerfenden Abfallring.

11.6 Verbundwerkzeug Formbiegen-Ziehen-Lochen-Beschneiden

In Verbundwerkzeug (Abb. 11.5) werden rechteckige Zuschnitte (Außenmaße $L_0 \times B_0 \approx 510\,\text{mm} \times 240\,\text{mm}$) eingelegt, die Zentrierung übernehmen sechs Anschlagstifte (1). Während des Arbeitshubes wird zuerst die längs verlaufende Vertiefung geformt (Formbiegeschiene, Teil 2, Formbiegekraft mittels zehn Druckfedern, Teile 3); die Ecken am Übergang Boden auf Zarge werden erst in tiefster Werkzeugstellung (unterer Totpunkt *UT*) durch hartaufsitzende Stempel (4) fertig geformt. Ist diese Vertiefung mittels Federkraft F_1 geformt, beginnt der Rechteckzug. Die Ziehkante setzt sich aus den beiden hartaufsitzenden Stempeln (4) und mehreren Leisten (5) zusammen. Zwei Bremswulste (Querschnitt nach Abb. 8.9b) entlang den beiden Längsseiten ermöglichen einen geringen Blechhalterdruck, den zehn Druckbolzen (6) vom Ziehkissen[3] aus auf den Blechhalter (7) übertragen. Nachdem die Zargenhöhe auf Fertigmaß gezogen ist, wird der übrige Werkstoff des Zuschnittes zwischen der Schneidkante der Leisten (8) und der Ziehkantenabrundung r_z abgetrennt (ähnlich Verbundwerkzeug Ziehen-Beschneiden, Abb. 11.1); der dabei entstandene Schnittgrat ist scharfkantig und innen angerundet.[4] Während dieses Abtrennvorganges wird gelocht (Lochstempel, Teile 9 mit Druckstücken, Teile 10); gleichzeitig

[3] Bei Pressen für größere Drücke besteht das Ziehkissen aus 1 … 4 Druckzylindern (jeweils Doppelkammergeräte, d. h. mit zwei übereinandersitzenden Kolben), die auf eine gemeinsame Druckplatte wirken. Im Pressentisch befinden sich nach einem bestimmten Lochbild mehrere Bohrungen zur Aufnahme von Druckbolzen; je nach Werkzeuggröße und Lage der Bohrungen setzt man die Druckbolzen ein.

[4] Werden fertige Ziehteile zuletzt noch emalliert, schmelzen scharfe Schnittkanten ab, die emaillierten Teile haben abgerundete Kanten.

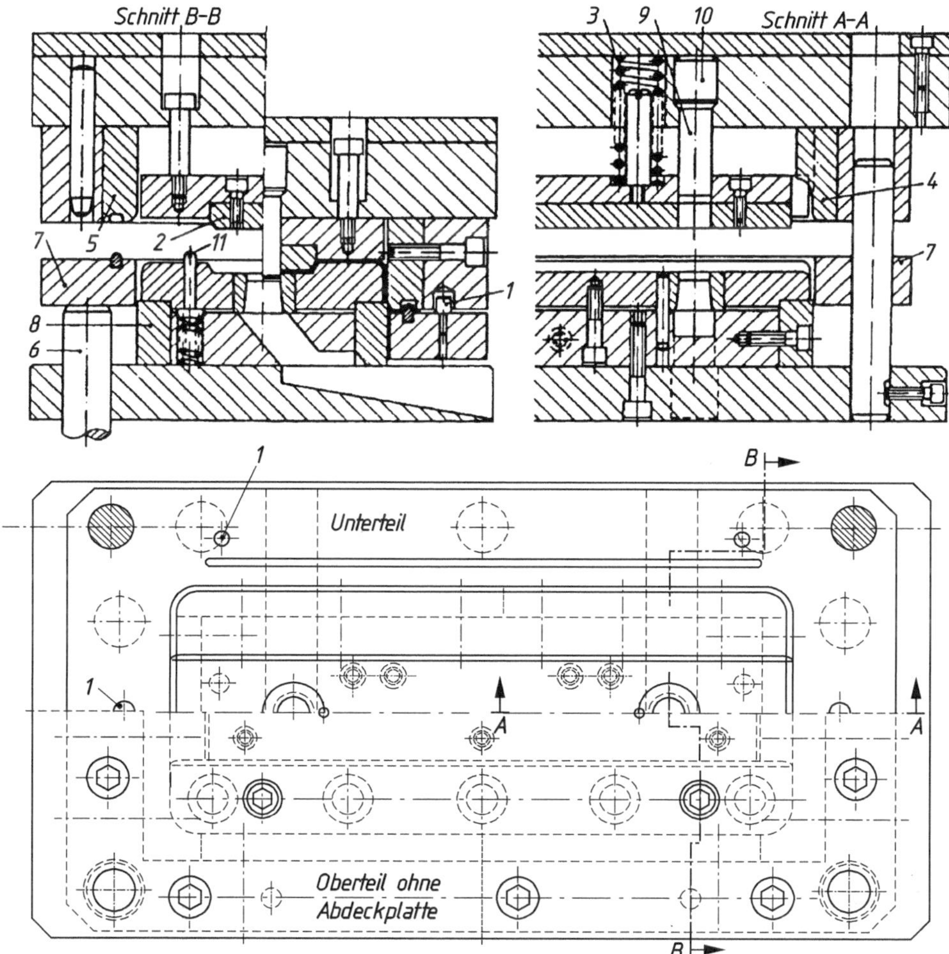

Abb. 11.5 Verbundwerkzeug Formbiegen-Ziehen-Lochen-Beschneiden für einfachwirkende Presse mit Ziehkissen. *1* Anschlagstifte für Zuschnitt, *2* Formbiegeschiene, *3* Druckfedern, *4* hartaufsitzende Stempel, zugleich Ziehkante für kurze Werkstückseite und Eckenabrundungen, *5* Ziehkante für lange Werkstückseite, aus mehreren Leisten bestehend, *6* Druckbolzen, *7* Blechhalter, *8* Schneidleisten, *9* Lochstempel, *10* Druckstück, *11* federnde Abhebestifte

werden die Übergänge der bereits vorgeformten Vertiefung fertig gepresst (hartaufsitzende Stempel, Teile 4). Schräge Kanäle leiten die Lochabfälle seitlich ab. Einige federnde Abhebestifte (11) heben das Fertigteil ab, damit man es ohne Schwierigkeit mittels Haftsauger oder Haftmagnet herausnehmen kann.

11.7 Verbundwerkzeug Ausschneiden-Ziehen-Lochen-Beschneiden

Das Verbundwerkzeug (Abb. 11.6) arbeitet ebenfalls auf Kurbelpressen mit Ziehkissen im Tisch. Es dient zur Fertigung des Ziehteiles vom Berechnungsbeispiel zu Abschn. 9.1.2. Den Bandwerkstoff führt eine pressengebundene Walzenvorschubeinrichtung durch das Werkzeug. Zuerst schneidet der Ziehring (7) mit seiner Schneidkante (*Sk*) den Zuschnitt aus. Danach beginnt die Umformung. Kurz vor tiefster Werkzeuglage wird das bereits fertiggezogene Teil gelocht; und gleichzeitig beschnitten (vgl. Abb. 11.1).

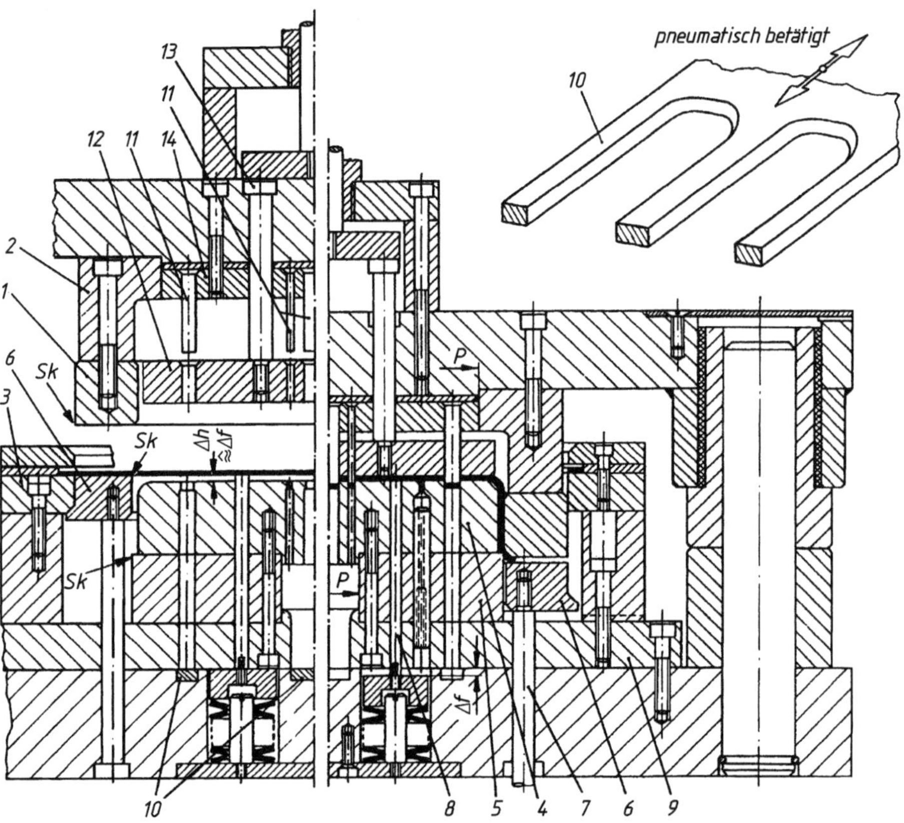

Abb. 11.6 Verbundwerkzeug Ausschneiden-Ziehen-Lochen-Beschneiden für Exzenter-(Kurbel-) Presse mit Druckkissen im Tisch. *1* Ziehring mit Schneidkante *Sk*, *2* Aufsatz aus 295, zusätzlich je ein Zylinderstift zur Lagesicherung von (*1*) zu (*2*) und von (*2*) zum Oberteil, *P* Passform, *3* Schneidplatte für Zuschnittausschneiden, *4* Ziehstempel, *5* Schneidstempel für Ziehteilbeschneiden, *6* Blechhalter, *7* Druckbolzen zur Übertragung der Ziehkissen-Druckkraft, *8* Abhebebolzen mit mehrfach geschichteter Tellerfedersäule, Federhub $\Delta f \approx 1 \ldots 2$ mm, *9* Zwischenplatte, nur vorsehen, wenn unter (*5*) kein Platz für Tellerfedern von (*8*) vorhanden ist, *10* elektro-pneumatisch gesteuerter Schieber für Lochabfälle, *11* Lochstempel, *12* zwangsbetätigte Ausstoßplatte, *13* Druckbolzen für (*12*), *14* Lochstempelhalteplatte

Die am Zargenrand entstandene Schnittfläche ist scharfkantig und innen angerundet. Bei beginnendem Stößelrücklauf heben Abhebebolzen (8) mittels mehrfachgeschichteter, wechselsinnig angeordneter Tellerfederpakete das Ziehteil vom Stempel ab. Dafür reichen bereits 1 … 2 mm Federhub aus, um Gleitreibung zwischen Werkstück und Stempel zu erzielen bzw. Haftreibung zwischen Werkstück und Ziehring zu erhalten; das Ziehteil bleibt mit Sicherheit in der Ziehringinnenform haften. Der gleichzeitig sich nach oben bewegende Blechhalterring (6) hebt den abgetrennten Zuschnittrest von der Schneidkante ab. Bei beendetem Rücklaufhub hat der zwangsbetätigte Ausstoßer (Prinzip, Abb. 8.6) das Fertigteil bereits abgeworfen. Während des Stößelrücklaufs stößt ein elektro-pneumatisch gesteuerter Schieber die Lochstempelabfälle durch Querkanäle aus dem Werkzeugunterteil heraus.

Bei Verbundwerkzeugen Ausschneiden-Ziehen-(-Lochen-)Beschneiden, die unter Exzenter-(Kurbel-)Pressen mit Ziehkissen im Tisch arbeiten, muss (im Gegensatz zu Verbundwerkzeugen Ausschneiden-Ziehen, vgl. Abb. 11.2b) die Druckfläche der Schneidplatte für „Zuschnittausschneiden" (6) etwas höher liegen als die Ziehstempeldruckfläche (4), sonst würden die federnden Druckbolzen (8) den Bandvorschub behindern.

Als Federkraft ($F_{2\,\mathrm{gespannt}}$) der beiden Tellerfedersäulen (zu 8) sind etwa 5 % von F-Abquetsch-Schneiden anzusetzen, wobei

$$F - \text{Abquetsch} - \text{Schneiden} \sim R_{\mathrm{m}} \cdot \text{Ziehteilumfang} \cdot (1{,}8 \ldots 2) \cdot \text{Blechdicke}\, s$$

ist.

Die Zwischenplatte (9) im Werkzeugunterteil wird nur erforderlich, wenn für die Tellerfedersäulen (zu 8) kein Platz unmittelbar unter dem Schneidstempel (5) vorhanden ist, bei Ziehteil, Berechnungsbeispiel 8.7.2, ist dieses der Fall.

Bei geöffnetem Werkzeug befindet sich die zwangsbetätigte Ausstoßerplatte (12) außerhalb der Lochstempel; sie ist im Ziehring nicht geführt, die Lochstempel schneiden ohne seitliche Abstützung. Will man kleine Lochstempel in der Ausstoßerplatte abstützen, muss der Ausstoßer dicker und in einem hohen Ziehring geführt sein (vgl. Abb. 11.2a, b).

Hat das Ziehteil keine im Schwerpunkt liegende Bohrung, lässt man einen im Schwerpunkt angeordneten Zwangsausstoßerbolzen unmittelbar auf die Ausstoßplatte (12) wirken; die Druckbolzen (11) fallen dann weg, der Einspannzapfen wird in das Werkzeugoberteil ohne Zwischenringe eingeschraubt (vgl. Abb. 5.12b).

12 Werkstoffe für den Werkzeugbau

12.1 Aufbau und Umformwerkstoffe

Zum Werkzeugaufbau dienende Konstruktionsteile unterliegen meist nur einem unwesentlichen Verschleiß; sie sind, außer bei Fließpreßwerkzeugen, daher selten gehärtet. Säulengestelle werden aus Sonderguss (Kugelgraphitguss, Meehaniteguss), Ober- und Unterwerkzeuge im Großwerkzeugbau auch aus Grauguss hergestellt. Die Güte der eingesetzten Baustahlsorten, ebenso die Plattendicken, richtet sich nach der im Werkzeug wirkenden Schneid- bzw. Umformkraft. Die Platten werden entsprechend den Dicken der Grobbleche, nach Berücksichtigung der Bearbeitungszugabe, vermaßt. So wird z. B. eine Grundplatte nicht 30 mm, sondern nur 26 … 28 mm dick angegeben. Gießt man Stempelführungsplatten, Stempelhalteplatten, Führungsbuchsen für Säulengestelle mit Kunstharzen (Abschn. 5.3.2 und 7.3) aus, dann wird Passarbeit eingespart.

Die *Umformwerkstoff* formen den zu verarbeitenden Werkstoff mittels Schneidstempel und Schneidplatte, Biegestempel und Gegenstempel oder Ziehstempel und Ziehring spanlos um. Hier wurden Werkzeugstähle, Sintermetalle und Hartmetalle sowie verschiedene Gusswerkstoffe entwickelt. Ziehstempel, Blechhalter und Ziehringe für große Ziehformen werden aus GG-26 oder GG-30, aus Sonderguss mit Zusätzen von Silicium, Chrom, Nickel und Mangan, aus Hartguss, Meehanite-, Kugelgraphitguss, zum Tiefziehen rostbeständiger Stahlbleche aus Sonderaluminiumbronzen (siehe Abschn. 9.6) angefertigt. Für die Auswahl der Umformwerkstoffe ist die Art des zu verarbeitenden Werkstoffes, die erforderliche *Standmenge*[1] und die noch zulässige Maßabweichung infolge des Härteverzuges maßgebend.

[1] Standmenge bei Schneidwerkzeugen ist die Anzahl der ausgeschnittenen Schnitteile zwischen jedem Schärfen der Schneiden bzw. bei Umformwerkzeugen die Anzahl der gefertigten Werkstücke zwischen zwei Werkzeuggeneralüberholungen.

© Springer Fachmedien Wiesbaden GmbH, ein Teil von Springer Nature 2020

M. Kolbe, *Stanztechnik*, https://doi.org/10.1007/978-3-658-30401-0_12

Arbeitsfolgen und Zweck:

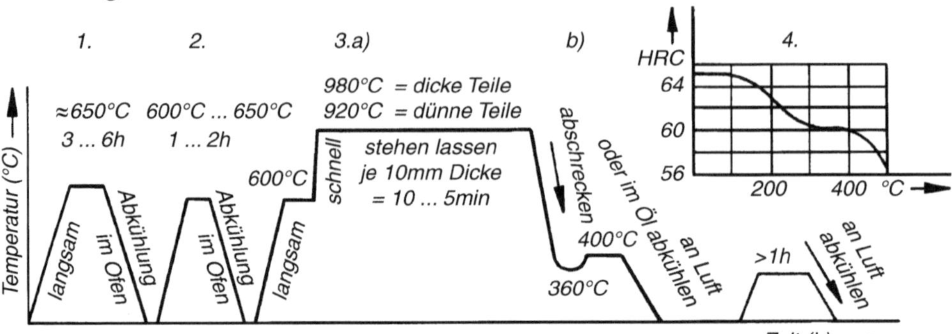

Abb. 12.1 Warmbehandlung hochchromhaltiger Stähle, z. B. X 210 Cr 12, Werkstoff Nr. 1.2080

1.	2.	3. a)	b)	4.
Weichglühen der Rohlinge	Zwischenglühen der vorgearbeiteten Teile	Erwärmung im Salzbad, im Ofen (eingepackt in ausgebrannter Holzkohle)	Abschrecken im Warmbad (Salzbad)	Anlassen im Warmbad
bessere Bearbeitung, z. B. Handgravierung	Bearbeitungsspannungen beseitigen, damit Verzug gering	durch Warmbad: geringes Temperaturgefälle, Minderung der Wärmespannungen und des Verzugs		Entspannen der Teile, Erzielung der günstigsten Gebrauchshärte bei höchstmöglicher Zähigkeit

Für hoch beanspruchte Stempel, Schneidplatten, Matrizen werden hochchromhaltige Werkzeugstähle (Warmbehandlung Abb. 12.1), vereinzelt auch Schnellarbeitsstähle eingesetzt.

Hochchromhaltige Werkzeugstähle haben schlechte Wärmeleitfähigkeit; um Verzug und Spannungsrisse zu vermeiden, ist langsam vorzuwärmen. In der Grundmasse dieser hochchromhaltigen Stähle sind Primär- und Sekundärkarbide eingelagert. Die gröberen Primärkarbide verändern sich beim Härten praktisch nicht, während die kleineren Sekundärkarbide vollkommen in der Grundmasse in Lösung gehen und eine Erhöhung des Chromanteiles bewirken. Dadurch wird die kritische Abkühlungsgeschwindigkeit herabgesetzt; diese Stähle werden auch in weniger schroff abkühlenden Härtemitteln hart, z. B. im Warmbad oder in ruhender Luft. Die erhalten gebliebenen Primärkarbide bewirken zusammen mit der gehärteten Grundmasse die hohe Verschleißfestigkeit. Durch ihren hohen Chromgehalt sind diese Stähle praktisch verzugsfrei. Geringe Maßänderungen lassen sich infolge *Spannungen*, die auch bei sachgemäßer Wärmebehandlung entstehen, nicht ganz umgehen.

Es sind dies:

a) *kaum beeinflussbare Umwandlungsspannungen*. Um beim Abschrecken eine hohe Härte zu erreichen, ist die Bildung von Martensit erforderlich, wodurch eine Volumenvergrößerung eintritt; bei 12 %igen Chromstählen ist diese am kleinsten.
b) *beeinflussbare Wärmespannung*; sie werden gemindert z. B. durch langsames Anwärmen, niedere Härtetemperatur, geringe Abkühlungsgeschwindigkeit (diese setzt hoher Chromgehalt weitgehendst herab), geringes Temperaturgefälle beim Abkühlen (Härten über ein Warmbad).

Zusätzlich kann ein Verzug z. B. durch ungünstige Ausgangsabmessungen auftreten. Bei hochchromhaltigen Werkzeugstählen sind nach dem Härten in der Walzrichtung (Abb. 12.2) die größten Maßänderungen feststellbar; diese sind bei allseitig geschmiedeten Scheiben am kleinsten.

In den Tab. 12.1, 12.2 und 12.3 ergibt die angegebene Reihenfolge der Stähle innerhalb der einzelnen Gruppen jeweils höhere Werkzeugstandmengen; die aufgeführten Stähle stellen einen Auszug aus üblich eingesetzten Stahlsorten dar.

Abgesetzte dünne Lochstempel (siehe Abb. 12.5b) mit einem Stempeldurchmesser, der ungefähr gleich der Blechdicke ist, werden aus Schnellarbeitsstählen hergestellt; diese lässt man mehrmals bei etwa 550 °C an. Für nichtabgesetzte, in gehärteten Buchsen (siehe Abb. 10.10, Teil 10) geführte Lochstempel ($d \geq 4 \cdot s$) bewährt sich als Werkstoff auch Federstahldraht, federhart gezogen (DIN EN 10270-1; 10270-2). Die gehärtete Führungsbuchse soll dünne Stempel bei Knickbeanspruchung abstützen.

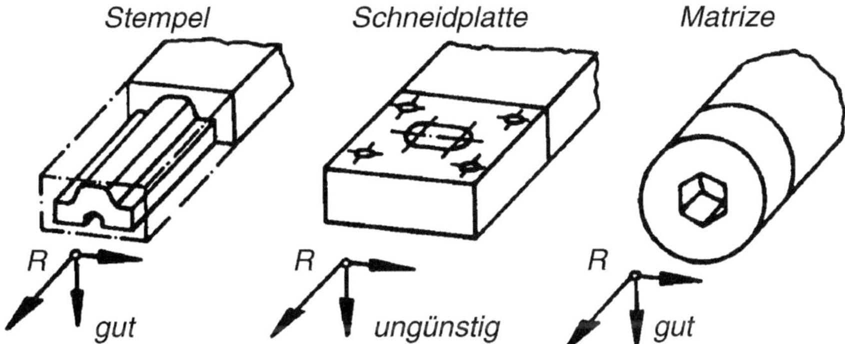

Abb. 12.2 Einfluss der Werkstoffrohmaße hochchromhaltiger Werkzeugstähle auf die Richtung der größten Maßänderung *R*

Tab. 12.1 Verwendbare Stähle als Aufbauwerkstoffe für Schneid- und Umformwerkzeuge

Stahlbezeichnungen nach DIN EN 10025-6/A1; DIN EN 10083-2; 10084; 10263-3; 4957; DIN EN 10084	Werkstoff-Nr. (Schlüssel-Nr.)	Verwendungszweck
St 34-2 bis St 44-2 oder C 15	1.0032 bis 1.0044 oder 1.0401	einfache Grundplatten, Stempelkopfplatten, Stempelhalteplatten, Stempelführungsplatten, Streifenauflagebleche
St 44-2 E 295 oder C 35	1.0044 1.0530 oder 1.0501	wie bei St 34, außerdem Einspannzapfen, Kupplungszapfen mit Gehäuse, Aufschlagringe und Aufschlagstücke, Anschneidanschläge mit Härtepulver an bestimmten Stellen gehärtet
E 295 C 50 oder C 35 bis C 45	1.0530 1.0540 oder 1.0501 bis 1.0503	wie bei St 34 und St 42, Streifenführungsleisten, Anschneidanschläge und Hakenanschläge mit gehärteter Anschlagnase, bei Gesamtschneidwerkzeugen die Stempelhalteplatte, Abstreifplatte, Ausstoßplatte, Zwangsausstoßer, Federbolzen gehärtet und geschliffen
C 50 C 45 E weich	1.0540 oder 1.1191	Aufnahmeplatte für geteilte Schneidplatten, Formbiegwerkzeuge für weiche Nichteisenmetalle bei kleinen Stückzahlen
C 50 E 360 GC gehärtet oder C 70 W 2, C105 W 2	1.0540 1.0633 oder 1.1620, 1.1645	Suchstifte, Abstreifschieber für Ziehwerkzeuge (bei Nichteisenmetallen weich), Federbolzen, Druckstifte, Auswerferbolzen (durch Druckfedern betätigt)
Einsatzstähle	Werkstoff-Nr.	Verwendungszweck
C 15 E	1.1141	Führungssäulen, lange Ausstoßerbolzen und Federbolzen
C 22 E C 35 E	1.1151 1.1181	Führungssäulen in Verbundwerkzeugen, Ausstoßplatten und Druckplatten, Abstreifschieber in Ziehwerkzeugen
16 Mn Cr 5[a] 18 Cr Ni 8 20 Mn Cr 5[a] 21 Mn Cr 5 15 Ni Cr 13	1.7131 1.5920 1.7147 1.2162 1.5752	Führungsbuchsen für Säulenführungen, massive Keiltriebstempel und Schieber, Gleitflächen, Kurven, lange Ausstoßer- und Federbolzen, Zwangsausstoßer
50 Cr V 4[a] 35 Ni Cr Mo 16 X 37 Cr Mo V 5-1	1.8159 1.2766 1.2343	Schrumpfringe für Kalibriermatrizen auf Spindelpressen, für Kaltfließpressmatrizen (bei ~400 °C einschrumpfen)

[a]Stähle werden auch als Werkzeugstähle eingesetzt: 16 Mn Cr 5 Werkstoff-Nr. 1.2161, 21 Mn Cr 5 Nr. 1.2162, 51 Cr V 4 Nr. 1.2241

Tab. 12.2 Umformelemente aus unlegiertem und niedriglegiertem Werkzeugstahl

Stahlbezeichnung nach DIN EN 10 292, EN ISO 4957	Werkstoff-Nr. (Schlüssel-Nr.) DIN 17 007-4	Verwendungszweck nachfolgende Werkzeugstähle sind Wasserhärter (Schalenhärter), sehr schneidhaltig aber verzugsempfindlich. Der Stahl härtet nur an der Oberfläche auf HRC 60 etwa 5 … 8 mm tief, behält jedoch im Innern hohe Zähigkeit
C 70 U/C 70 W 1	1.1520	einfache Schneidplatten und Stempel für Nichteisenmetalle, Ziehstempel und Blechhalter für Ziehbleche aus Stahlblech, *Zwischenplatten* in Verbundwerkzeugen, die beim Schärfen der Schneiden mit abgeschliffen werden (siehe Abb. 10.2b, Z_1 bis Z_3)
C 85U/C 85 W	1.1830	wie bei C 70 U, einfache Schneidstempel und Schneidplatten für unlegierte Stahlbleche, Stempel und Gegenstempel für symmetrische Biegung bei geringen Drücken, Ziehringe (Wasserstrahl kühlt von innen heraus)
C 105 U oder 115 Cr V 3	1.1545 oder 1.2210	kurze Lochstempel und Suchstifte (größere Durchmesser), Beschneidwerkzeuge für kleine Stückzahlen, Anschlagecken für Seitenschneider, Formbiegewerkzeuge für Nichteisenmetalle
90 Cr 3 105 Cr 4	1.2056 1.2057	Druckplatte in Plattenführungswerkzeugen blau angelassen, Formbiege Stempel und Gegenstempel, einfache massive Prägestempel, Ziehringe (Wasserstrahl kühlt von innen heraus)
Stahlbezeichnung nach DIN EN 10027-1+2, EN ISO 4957	Werkstoff-Nr. (Schlüssel-Nr.) DIN 17 007-4	Verwendungszweck nachfolgende Werkstoffe sind Ölhärter mit gleichbleibender Härte im gesamten Querschnitt, geringer Härteverzug, auch für Warmbadhärtung (Badtemperatur 180 … 230 °C)
45 W Cr V 7 50 Ni Cr 13	1.2542 1.2721	lange schlanke Druckbolzen und Federbolzen, Druckplatten, Abfalltrenner
90 Mn V 8	1.2842	Stempel, Schneidplatten für einfache Gesamtschneidwerkzeuge, Keiltriebstempel und Schieber (Stahl ist verzugsarm)
100 Cr 6 145 Cr 6	1.2067 1.2063	Stempel, Schneidplatten, Umformstempel und Gegenstempel, Kalibrierwerkzeuge, schlanke Lochstempel und Suchstifte, Einhängestifte
105 W Cr 6	1.2419	Stempel und Schneidplatten für Gesamtschneidwerkzeuge mittlerer Schwierigkeit, auch dünne Stempel zum Formbiegen
60 W Cr V 7	1.2550	Ölhärter mit hoher Zähigkeit, wie bei 100 Cr 6 bis 105 Cr 6, schlanke, profilierte Umform(Präge)-stempel und Matrizen für Nichteisenmetalle, kleine Stückzahlen
48Cr Mo V 6-7	1.2323	Umformstempel und Gegenstempel aller Art, Planier- und Besteck-Formwerkzeuge
50 Ni Cr 13 oder C 110 W 1	1.2721 1.1554	einfache Besteck-Formwerkzeuge, Formbiegewerkzeuge

Tab. 12.3 Umformelemente aus hochlegiertem Werkzeugstahl

Stahlbezeichnung nach DIN 10027-1+2	Werkstoff-Nr. (Schlüssel-Nr.) DIN 17 007	Verwendungszweck diese Werkzeugstähle sind Warmbad- und Lufthärter (zugleich Ölhärter), praktisch verzugsfrei und unempfindlich gegen Härterisse, höchste Elastizität. Die Stähle mit 1,65 % C-Gehalt sind noch zäher als mit 2,10 % C; letztere bringen höchsten Verschleißwiderstand
X 45 Ni Cr Mo 4	1.2767	Stahl höchster Zähigkeit für lange Umform(Präge)-stempel zur Bearbeitung von Leicht- und Schwermetallen, hoch beanspruchte Besteck-Formwerkzeuge
X 210 Cr 12 X 210 Cr W 12 X 210 Cr Co W 12 X 165 Cr V 12 X 165 Cr Mo V 12 X 165 Cr Co Mo 12	1.2080 1.2436 1.2884 1.2201 1.2601 1.2880	komplizierte, zusammengesetzte Stempel und Schneidplatten, Umformstempel und Gegenstempel, Kaltfließpreßwerkzeuge (Stempel, Matrizen, Druckringe, Druckplatten) für Nichteisenmetalle und Stähle Ck 10 Die Matrize für Stahl-Kaltfließpreßwerkzeuge in Schrumpfring aus 35 Ni Cr Mo 16 Werkstoff-Nr. 1.2766 bei 350 … 400 °C einschrumpfen, danach im Ölbad abschrecken! Alle Stähle können, z. B. für Kalibrierringe, nitriergehärtet werden
Schnellarbeitsstähle[a]		gebrochene Härtung (nur bis 1150 °C erwärmen, damit Rockwellhärte HRC 60), anschließend mehrmals anlassen bei etwa 550 °C
HS 6-5-2 HS S 18-0-1 HS 18-1-2-5 HS 18-1-2-15	1.3343 1.3355 1.3255 1.3257	dünne Lochstempel (Stempel ∅ < Blechdicke), dünne hoch beanspruchte Umformstempel, Stahl-Kaltfließpressstempel

[a]Die Ziffern geben die abgerundeten Prozentsätze der Legierungsbestandteile in der Reihenfolge Wolfram – Molybdän – Vanadium – Kobalt an; z. B. heißt S 18-1-2-15 Schnellarbeitsstahl mit 18 % W, 1 % Mo, 2 % V, 15 % Co

12.2 Formgebung gehärteter Teile

Bei der Werkzeugkonstruktion sind für die meist gehärteten Stempel, Gegenstempel, Schneidplatten, Ziehringe folgende Richtlinien zu beachten:

1. In die zu härtenden Teile ist die *Werkstoffbezeichnung* einzuschlagen, damit bei späteren Änderungen richtig weichgeglüht und gehärtet werden kann.
2. *Durchbrüche*, z. B. in Schneidplatten, führen bei Wasserhärtern, manchmal auch bei Ölhärtern, zu *Härterissen*. Diese Ausschussgefahr wird gemindert, wenn Durchbrüche und Bohrungen vor dem Härten mit Lehm ausgefüllt werden.

   Dadurch wirkt das Abkühlmittel nicht unmittelbar auf die härterissempfindlichen Flächen.
3. *Durchbrüche* und *Bohrungen* erhalten möglichst große Abstände zueinander und zu den Werkstückkanten (Abb. 12.3a). Deshalb muss man bei Folgewerkzeugen oft eine

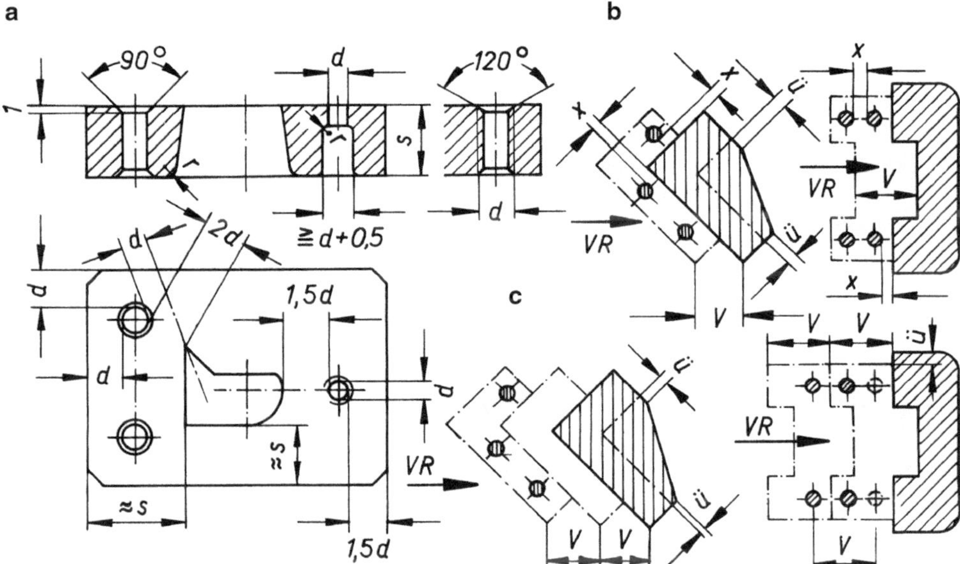

Abb. 12.3 Mindestabstände für Durchbrüche in Schneidplatten. **a** hergestellt aus unlegiertem oder niedriglegiertem Werkzeugstahl, **b** zu enge Lochabstände (Maß *X*); *V* ist Vorschubmaß und *VR* Vorschubrichtung des Streifens oder Bandes, Überschneidungen *ü*, damit scharfgeschnittene Ecken am Schnittteil entstehen, **c** Behebung

Arbeitsstufe um eine Vorschublänge versetzen (Abb. 12.3b, c), obwohl mehr Arbeitsstufen eine erhöhte Ungenauigkeit der Werkstücke mit sich bringen können.

4. *Bohrungen* sollen *nicht auf der Verlängerung von Einschnitten* liegen.
5. *Durchgangsbohrungen* sind beidseitig etwa 1 mm tief mit einem 90°-Spitzsenker *anzufasen*. Ebenso werden Kanten von Durchbrüchen (außer Schneidkanten) gerundet oder angefast, da scharfkantige Ecken beim Härten und später bei schlagartigen Beanspruchungen einreißen. Bei schwach befetteten Blechen können Abfälle kleiner Lochstempel zu Verstopfungen im Werkzeug führen; vorteilhaft wird die Schneidplatte von unten her mit einem Bohrer, dessen Schneidlippen etwas gerundet sind, aufgebohrt.
6. In Ziehringen und Schneidplatteneinsätzen versucht man *Innengewinde* zu *vermeiden*, da Gewindegänge Kerben darstellen, damit Rissgefahr für den gehärteten Werkstoff bedeuten. Bei Gesamtschneidwerkzeugen und bei Verbundwerkzeugen würden bei Einhaltung dieser Regel oft zu große Abmessungen entstehen; für gehärtete Teile mit Innengewinde zieht man deshalb hochchromhaltige Werkzeugstähle vor.
7. Grundsätzlich müssen *Gewindelöcher* unter 120° *angesenkt* sein.
8. Durch kleine Lochstempel (Durchmesser $d \leq 1{,}5 \cdot$ Blechdicke) werden die Schneiden der Schneidplatte sehr stark beansprucht. Um bei Folgeschneidwerkzeugen und bei Verbundwerkzeugen nicht die gesamte Schneidplatte aus hochwertigem Stahl herstellen zu müssen, wird die Platte in Einzelstücke unterteilt (vgl. Abschn. 5.6.2). Im Bereich der Lochstufe kann man nun eine Platte aus E 295 einsetzen, in diese werden die

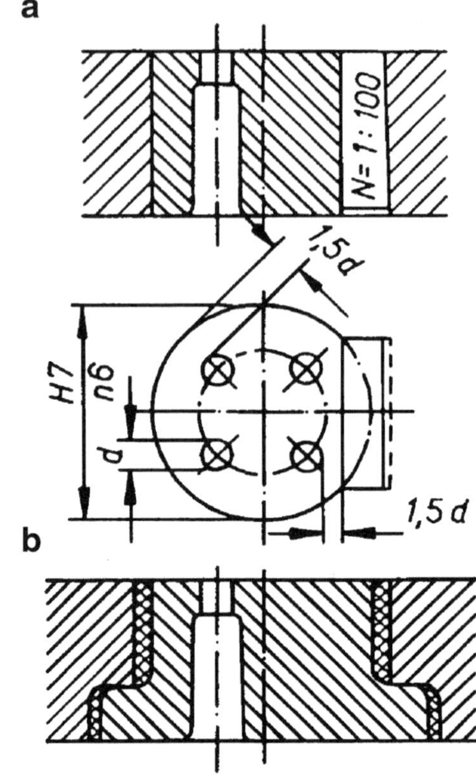

Abb. 12.4 Schneidbuchsen in Schneidplatte. **a** eingepresst, Keil sichert gegen Verdrehung. **b** eingegossen mittels Kunstharz

erforderlichen *Schneidbuchsen* aus hochlegiertem Werkzeugstahl oder aus Hartmetall eingepresst; ein Zylinderstift oder ein Keil (Abb. 12.4) sichert gegen Verdrehung.

9. *Schroffe Querschnittsänderungen* und *scharfe Umlenkungen* der Schnittlinie[2] bewirken im gehärteten Stahl *Spannungsspitzen*; sie können gemindert werden: durch Fräser mit angerundeter Stirnkante, z. B. beim Fräsen von Aufschlagflächen (Abb. 12.5), durch gerundete, riefenfreie Übergänge bei abgesetzten Lochstempeln, durch mehrteilige Stempel und Schneidplatten, z. B. bei scharfen Umlenkungen der Schnittlinie (siehe Abschn. 5.6.2).

12.3 Hartmetalle im Werkzeugbau

Hartmetalle werden in der Großserienproduktion eingesetzt. Sie gewährleisten eine gleichbleibende Qualität bei hohen Standmengen und neigen nicht zu Aufschweißungen. Obwohl es keine festen Einsatzregeln gibt, kann mit Richtlinien gearbeitet werden. Neben den heißisostatisch nachverdichteten Hartmetallen wurden Feinstkornsorten entwickelt,

[2] Entlang der Schnittlinie wird Werkstoff geschnitten (DIN 8588).

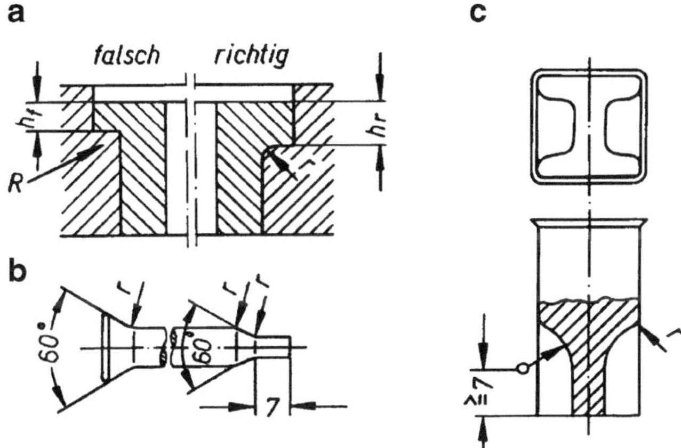

Abb. 12.5 Vermeidung schroffer Querschnittsänderungen. **a** Ausstoßer im Gesamtschneidwerkzeug: Dicke h_f ist zu gering, durch scharfeckige Ausfräsung Rissgefahr R, Dicke $h_f \geq 6 \ldots 8$ mm ist richtig, **b** abgesetzter Lochstempel; Ecken gerundet mit $r \geq 1$ mm, **c** abgesetzter Formstempel (Schaftstempel), Stempelkopf grau angelassen (HRC $\approx 45 \ldots 52$) und beim Einbau angestaucht und überschliffen

die eine hohe Verschleißfestigkeit, jedoch eine geringe Zähigkeit aufweisen (Feinstkorn bis 0,5 µm, Grobkorn 3 … 5 µm Korngröße).

12.3.1 Sorten und deren Anwendungsbereiche

In der Hochleistungs-Stanztechnik mit Hubfrequenzen bis 1800 H/min (siehe auch Abschn. 15.3) werden Werkzeuge vor allem für große Serien fast nur mit Hartmetallbestückung eingesetzt. Es werden vorwiegend die Hartmetallsorten G 15 F … G 30 F (Tab. 12.5 und 12.6) verwendet. Unter der Voraussetzung, dass die Werkzeugkonstruktion und die Stanzpresse hartmetalltauglich sind, kann bei normalen Werkstoffen mit Zugfestigkeiten zwischen $R_m = 500$ und 1500 N/mm^2 nach Tab. 12.4 vorgegangen werden:

Die Hartmetallteile G 20 F und G 30 F sind Feinstkornsorten und weisen eine erhöhte Verschleißfestigkeit gegenüber den G-Sorten auf. G 20 F eignet sich besonders für das Schneiden und Ziehen von NE-Metallen und Folien bis 0,2 mm Dicke. Sie neigen wenig zu Aufschweißungen. Deshalb werden diese Hartmetalle beim Bearbeiten weicher Werkstoffe verwendet. Korrosive Schädigungen während des Handlings, der Herstellprozesse und in der Anwendung selbst können einen starken Verschleiß an den Werkzeugaktivteilen verursachen. Korrosionsbeständige Hartmetallsorten mit verbesserten mechanischen Eigenschaften bei gleichem Härtewert (z. B. CF-H40S; CF-S18Z; CF-20HP, CERATIZIT Deutschland GmbH) sind sehr risszäh (Biegebruchfestigkeit und KIC-Wert) und verschleißfest. Diese CF-Sorten finden Einsatz beim Stanzen dünner Folien bis zum

Tab. 12.4 Richtlinie für Hartmetalleinsatz (nach ISO-Code)

	R_m <500 N/mm^2	R_m 500–1000 N/mm^2	R_m 1000–1500 N/mm^2	R_m >1500 N/mm^2
Blechdicke <0,2 mm	G10 HIP	G10 HIP	G15 HIP	G20 HIP
	G15 F	G15 F	G20 F	G25 F
Blechdicke 0,2–0,5 mm	G15 HIP	G20 HIP	G20 HIP	G30
	G25 F	G30 F	G40 F	G40 F
Blechdicke 0,5–0,8 mm	G20 HIP	G20 HIP	G20 HIP	G30
	G30 F	G30 F	G40 F	G40 F
Blechdicke >0,8 mm	G20 HIP	G30	G30	G30
Schneidspalt in % der Blechdicke	3–6	5–10	8–12	8–14

Tab. 12.5 Hartmetallsorten und ihre Einsatzgebiete

G10 UF	Ziehen, Tiefziehen, Abstreckziehen von NE-Metallen
G10 F G15 F	Umformen von NE-Metallen (Ziehen, Tiefziehen)und Abstrecken von niedrig gekohlten Stählen in Form von Draht, Rohren oder Blechen, Kaltwalzen
G20 F	Stanzen von Blechen bis 0,3 mm Dicke, Profilwalzen von dünneren Blechen
G05 G10	Warmstrangpressen von NE-Metallen, Stempel für Stauch- und Fließpreßwerkzeuge
G25 F G30 F G40 F	Stanzen von Blechen von 0,2 bis 0,8 mm, Tiefziehen und Abstreckziehen von Blechen aller Art. Fließpress- und Stauchstempel
G15 G20 G30 G40 F	Ziehen, Tiefziehen und Abstrecken von Stählen in Form von Drahten, Rohren oder Blechen, Massivumformen bei mittlerer Belastung, Stanzen von Blechen von 0,35 bis 2 mm Dicke. Biege- und Prägewerkzeuge
G40 G55 B15	Massivumformen von höher gekohlten und/oder legierten Stählen in kaltem und halbwarmen Zustand, vorwiegend als Matrizeneinsätze In hochbelasteten Umformwerkzeugen
B30 B40	Einsätze für Draht-Stangen- und Profilabscherwerkzeuge, Biegewerkzeuge, Stanzen von Stechen >2 mm Dicke, Warmwalzen, Warm-Massivumformen
G10 HIP G15 HIP G20 HIP	Einsätze für Scherwerkzeuge, hochbelastete Stempel in der Massiv- und Blechumformung, Schneidelemente für das Stanzen von Blechdicken von 0,3 bis 0,8 mm, Stanzen von Stator-Rotor-Blechen <0,8 mm Dicke

Feinschneiden in Millimeterdicke, auch für kleine Teile in hohen Materialfestigkeiten (Tab. 12.6 und 12.7).

12.3.2 Verarbeitung

Das Hartmetall wird mittels Erodieren oder Schleifen bearbeitet. Das Senk- und Drahterodieren ermöglicht zur Zeit eine so große Maß- und Oberflächenfeinheit, dass es dem

Tab. 12.6 Hartmetalle für Umformwerkzeuge, Verschleißteile, Funktionsbauteile (nach TRIBO Hartstoff GmbH)

		Zusammensetzung			Physikalische Eigenschaften						
HM-Sorte	ISO-Code	WC		Binder	Dichte	Härte	Biegefestigkeit		Druckfestigkeit	K_{IC}	E-Modul
Einheit		%	KG[a]	%	g/cm^3	HV30	MPa	$10^3 \cdot$ psi	MPa	MPa $m^{1/2}$	GPa
U10	K10-K30	91	uf	9	14,35	1800	4630	671	8150	9,5	590
U12	K20-K40	88	uf	12	14,10	1630	4400	638	7000	11	564
F05	K05-K10	94	fst	6	14,70	1900	3550	515	8490	9	625
F10	K20-K30	90	fst	10	14,30	1610	4050	587	6760	10,2	580
F15	K30-K40	85	fst	15	13,80	1360	3740	542	5550	14,2	525
J30[b]	K20-K40	90	f	10	14,40	1540	4040	586	6130	11	585
V20	G20	91,5	m	8,5	14,60	1400	3550	515	5160	14,1	600
V25	G20	89	m	11	14,40	1300	3680	534	4820	16,5	570
V30	G30	85	m	15	14,00	1150	3600	522	4340	19,4	525
V40	G40	80	m-g	20	13,50	970	3200	464	3570	>20	480
V55	G50-G60	73	m-g	27	12,90	840	3030	439	3260	>20	415
B45	B55	85	g	15	14,00	1030	3020	438	3980	>20	525
N05[c]	G05	92	uf	8	14,60	1780	3100	450	6830	9,6	550
N07[c]	G10	93,5	f	6,5	14,70	1680	3220	442	6540	8,4	601
N09[c]	G20	92	f	8	14,55	1530	3600	522	6000	9,9	587

Alle Hartmetall-Sorten werden im Sinter-HIP-Verfahren hergestellt! [a]Korngrößenklassen: uf = ultrafein, fst = feinst, f = fein, m = mittel, g = grob
[b]Diese Sorte enthält Chromkarbid als Kornwachstumshemmer und zur Steigerung der Korrosionsfestigkeit
[c]Diese Hartmetallsorten enthalten zur Steigerung der Korrosionsfestigkeit Ni-Binder

Tab. 12.7 Hartmetalle für Stanzwerkzeuge (nach CERATIZIT Deutschland GmbH)

CT-Sortencode	Code ISO	Binder	Härte	Biegebruchfestigkeit		KIC
		[%]	[HV30]	[MPa]	[P.S.I.]	[MPa · m $^{1/2}$]
CF-S18Z		9,0	1590	3500	508.000	11,0
CF-H40S	K40	12,0	1380	3000	464.000	12,0
CF-20HP		10,0	1290	2800	406.000	15,1

Schleifen fast ebenbürtig ist. Mit dem Drahterodieren kann eine Rautiefe von $R_z = 2 \ldots 4$ µm erreicht werden. Die Oberflächenstruktur wird so wenig beeinflusst, dass sich oft ein Nachschleifen erübrigt. In besonderen Fällen wird nachgeschliffen. Das Aufmaß bewegt sich dann zwischen 0,02 und 0,06 mm. Beim Schleifen hat man die Möglichkeit, so genau zu arbeiten, wie man industriell messen kann (1 µm). Es werden Oberflächenrautiefen von $R_z < 1$ µm erreicht und der Werkstoff wird in der Feinstruktur nicht beeinflusst. Die Karbide müssen „unverschmiert" an der Oberfläche „stehen". Schleifrisse, sollen vermieden werden. Die Schleifmaschinen müssen dynamisch sehr steif sein und Tiefenzustellung von 1 µm erlauben.

Es wird mit Schleifgeschwindigkeiten von $v = 18 \ldots 25$ m/s und Vorschubgeschwindigkeiten von 10 … 15 m/min gearbeitet. Als Schleifscheiben benutzt man kunststoffgebundene Diamantschleifscheiben, für Schruppen Korngröße D100, Konzentration 50, für Schlichten D10 oder D15, Konzentration 50 und für Polierschliff D3, Konzentration 25. Die Körnung soll wegen der thermischen Belastung nicht zu fein, die Schleifscheibe nicht zu hart und die Konzentration nicht zu hoch gewählt werden.

12.3.3 Oberflächenbeschichtung von Hartmetallen

Obwohl beim Nachschleifen von Werkzeugen die Beschichtungen an den Stirnflächen abgeschliffen werden, verbleiben diese Schichten an den Stellen, die stärker der Reibung ausgesetzt sind und tragen dadurch zur Standzeiterhöhung bei. Das Auftragen von TiC oder mehrlagigen TiC/TiN/TiC-Schichten wird im CVD-Verfahren vorgenommen, bei dem die fertig hergestellten Teile nicht über 500 °C erhitzt werden. Die einzelnen Schichtdicken betragen 3 bis 5 µm. Es werden bis zu 15 Schichten aufgebracht. Diese Schichten neigen nur ganz wenig zu Kaltverschweißungen und „Anfressen". Dies ist besonders bei den Freiflächen eines Schneidwerkzeuges und bei Tiefziehwerkzeugen, wo große Reibungen auftreten, von Vorteil.

12.3.4 Hinweise zur Befestigung von Hartmetallen

Hartmetall ist relativ spröde und bricht leicht bei Biegebeanspruchung. Die Zugfestigkeit beträgt 700 bis 900 N/mm², die Druckfestigkeit jedoch bis 6000 N/mm². Deshalb ist

Hartmetall möglichst nur auf Druck zu belasten. Daraus ergeben sich folgende Konstruktionsregeln:

a) Keine scharfen Kanten außen oder innen, sondern Radien.
b) Lötungen wegen Thermospannungen meiden.
c) Kanten nicht direkt belasten.
d) Ebene Auflagen.
e) Steifen Trägerwerkstoff wählen, bzw. kleinere spezifische Belastung bei „weicherem" Trägerwerkstoff.
f) Nicht zu große Blöcke, insbesondere bei Feinstkornsorten einsetzen.
g) Der Freiwinkel soll in der Schneidplatte ca. 10 Minuten durchgehend sein, d. h. keinen zylindrischen Teil haben.

Über den Einbau der Hartmetalle in Schneidwerkzeuge, siehe Abschn. 5.6.3.

12.3.5 Hochtitancarbidhaltige Hartmetalle (CERMETS)

Cermet ist die Bezeichnung für die Hartmetalle, bei denen die Hartstoffe aus Titancarbid (TiC), Titancarbonitrid (TiN) und Wolframcarbid (WC) bestehen. Der Name Cermet ist aus dem Begriff Ceramic-Metall entstanden, d. h. keramische Partikel in metallischer Bindung. Dabei basiert dieses Hartmetall auf Titancarbid anstelle von Wolframcarbid. Es lässt sich wie das übliche Hartmetall durch Schleifen und Erodieren bearbeiten. Günstiger als beim üblichen Hartmetall ist die Möglichkeit der Lötverbindung mit Stahl, da der Ausdehnungskoeffizient nahe am Ausdehnungskoeffizient von Stahl liegt.

Das Haupteinsatzgebiet von Cermets betrifft Werkzeuge der Spanungstechnik. Entwicklungen zielen auf die Verbesserung der Zähigkeit, um den Einsatz auf die Stanztechnik zu erweitern. Die chemische Beständigkeit und wenig Neigung zum Verschweißen (Fressen) und Kleben bringt Vorteile bei deren Einsatz in Tiefzieh-, Abstreck- und Schneidwerkzeugen. Beim Kunstoffschneiden wird es verwendet, weil es hohe Standmengen gewährleistet und wenig zum Kleben neigt.

Werkzeuge der Feinschneidtechnik 13

13.1 Werkzeugarten

Nach ihrer Arbeitsweise werden die Feinschneidwerkzeuge nach [1] wie folgt eingeteilt:

- Gesamtschneidwerkzeuge,
- Folgeschneidwerkzeuge,
- Folgeverbundwerkzeuge,
- Werkzeuge mit Teiletransfer.

Im *Gesamtschneidwerkzeug* entstehen die fein geschnittenen Teile mit Innen- und Außenkonturen in einem einzigen Hub. Der Schnittgrat beider Konturen liegt auf einer Seite. Vorschubungenauigkeiten entfallen, sodass die mit Präzisionswerkzeugen hergestellten Teile optimale Maß- und Formtoleranzen erreichen.

In *Folgeschneidwerkzeugen* entstehen die Teile in mehreren aufeinanderfolgenden Schneidstufen. In der ersten Stufe wird ein Vorloch zwecks Positionierung in den darauffolgenden Stufen erstellt. Die Schnittgrate von Innen- und Außenform liegen wechselseitig gegenüber. Die Werkstücke können nicht so eng toleriert werden wie bei der Herstellung mit Gesamtschneidwerkzeugen.

Mit *Folgeverbundwerkzeugen* werden außer Schneidoperationen auch Umformoperationen, z. B. Biegen und Prägen in einzelnen Stufen durchgeführt. Hinsichtlich der Toleranzen der Werkstücke gelten die Hinweise wie für die Folgeschneid Werkzeuge.

13.2 Werkzeugausführungen

In der Technologie *Feinschneiden* wird mit zwei Werkzeugsystemen innerhalb der Werkzeugarten gearbeitet:

© Springer Fachmedien Wiesbaden GmbH, ein Teil von Springer Nature 2020

M. Kolbe, *Stanztechnik*, https://doi.org/10.1007/978-3-658-30401-0_13

1. Beweglicher Schneidstempel,
2. Fester Schneidstempel.

13.2.1 Gesamtschneidwerkzeug System beweglicher Stempel

Ein Beispiel für ein Gesamtschneidwerkzeug mit beweglichem Stempel zeigt Abb. 13.1. Es wird vor allem auf kleineren Feinschneidpressen (bis 2500 kN) eingesetzt. Die Presse hat einen beweglichen Tisch, wie bei kleineren mechanischen Feinschneidpressen (System Feintool) üblich. Die aktiven Schneidelemente sind in deren Lage zueinander durch die Säulenführung in Ober- (12) und Untergestell (7) bestimmt. Die Schneidplatte (11) ist oben, der Stempel (1) ist unten angeordnet. Der bewegliche Auswerfer (14) ist in der Schneidplatte geführt und positioniert gleichzeitig auch die Loch- und Innenformstempel

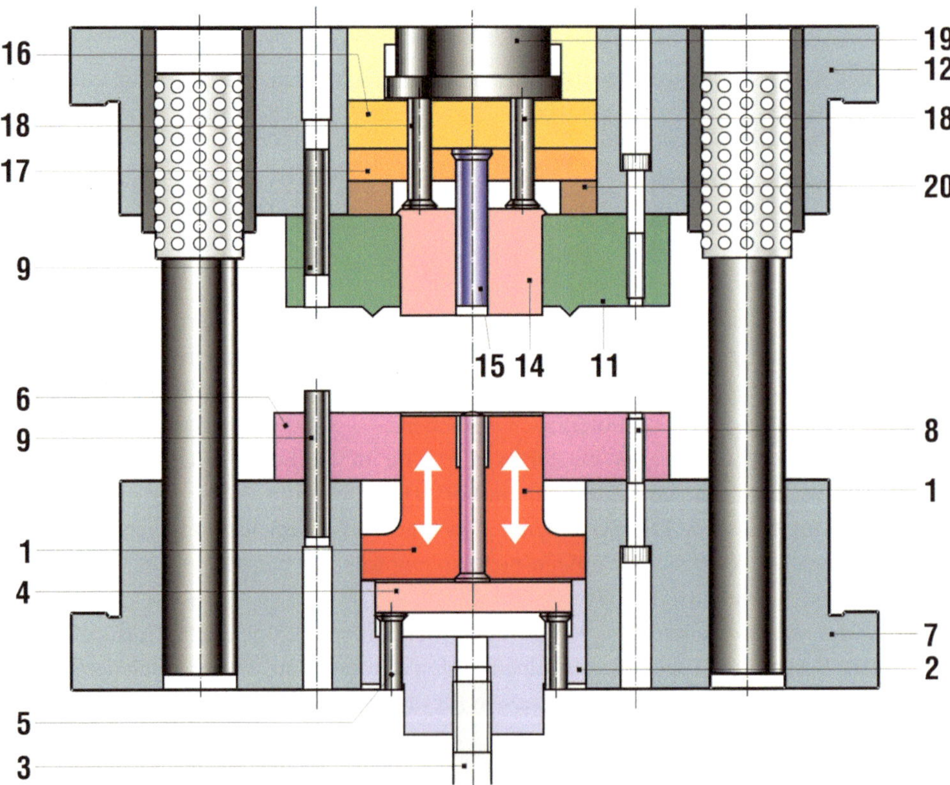

Abb. 13.1 Gesamtschneidwerkzeug mit beweglichem Stempel (System Feintool [2]). *1* beweglicher Schneidstempel, *2* Stempelkopf, *3* Stempelanzugstange, *4* bewegliche Brücke, *5* Druckbolzen, *6* Führungsplatte, *7* Untergestell, *8* Verschraubung, *9* Führungsplatte verstiftet, *10* Riegelbolzen, *11* Schneidplatte, *12* Obergestell, *13* Zwischenplatte, *14* beweglicher Auswerfer, *15* Innenformstempel, *16* Untersatz, *17* Halteplatte, *18* Druckbolzen, *19* Druckstiftaufnehmer, *20* Distanzplatte

(15). Zudem hat er eine Klemmfunktion, um das Feinstanzteil im eingespannten Zustand zu halten. Im unteren Pressentisch ist ebenfalls die Ringzackenhydraulik eingebracht, die den Stanzteilwerkstoff zwischen oberer Werkzeugeinheit und Führung (6) einspannt und die Ringzacke eindrückt. Die Ausstoßereinheit, bestehend aus Druckbolzen (5), beweglicher Brücke (4) und Butzenausstoßer, stützt sich auf dem beweglichen Tisch mit der Ringzackenhydraulik ab. Der Stempel (1,2) ist durch eine Stempelzugstange mit dem Pressenstößel fest verschraubt. Die Ringzackenkraft wird über das Werkzeuguntergestell (7) direkt in die Führungsplatte (6) übertragen, die Gegenkraft auf die Innenform dagegen über die Druckbolzen (5), die Brücke (4) und die Innenformausstoßer (innerhalb 1) auf das Werkstück. Die verschleißenden Werkzeugelemente können gut ausgewechselt werden, ohne die Schneid- und Pressplatte auszubauen. Wegen der „Schwachstelle" Brücke (4) werden mit diesem System nur kleine und dünne Feinstanzteile hergestellt. Der Werkzeugaufbau ist kompakt und wirtschaftlich herstellbar sowie einfach in der Wartung [2].

13.2.2 Gesamtschneidwerkzeug System fester Stempel

Das Feinschneidwerkzeug nach dem System fester Stempel (Feintool [2]) ist im Aufbau solchen zum konventionellen Schneiden ähnlich. Das System eignet sich für große und dicke Teile. Abb. 13.2 zeigt den Aufbau dieses Systems. Die auf Schneidstempel (1) und Schneidplatte (2) wirkende Schneidkraft wird über größere Flächen der Werkzeugelemente übertragen.

Der Schneidstempel (1) ist in der Pressplatte (6) und über eine weitere Platte über die Säulenführung (14, 17) geführt. Die Schneidplatte (2) muss wegen der beim Feinschneiden höheren Kantenbelastung und Querkräfte sehr massiv ausgeführt sein. Zudem ist beim Feinschneiden die Schneidkante der Schneidplatte nicht scharf, sondern mit einer Fase versehen, was den Spannungszustand begünstigt (Fliess'scher Effekt) und die Rissgefahr im Teil reduziert. Im Prozessablauf wird die bewegliche Einheit (3 bzw. 6) unter der eingestellten Ringzackenkraft um die Feinschneidteil-Werkstoffdicke verdrängt und der feststehende Stempel (1, 7) schneidet durch diese Relativbewegung das Teil in die Schneidplatte (2) [2].

13.2.3 Folgewerkzeuge und Folgeverbundwerkzeuge

Diese Werkzeuge sind nach dem System *fester Stempel* aufgebaut (Abb. 13.3). Zusätzlich erhalten sie eine Bandführung, einen Sucher (7), Zwangsabdruckbolzen (4) und Anschneideanschlag (3). Die Sucher (7) legen die Lage des Bandes in jeder Stufe fest. Die Bandführungsbolzen (2) führen das Band und streifen das Stanzgitter vom Sucher ab, während der Anschneidanschlag das richtige Anschneiden am Bandanfang bewirkt. Die Zwangsausdruckbolzen gleichen die Gegenkraft aus, damit sie beim Anschneiden des Bandes nicht ganz von den Lochstempeln der Vorstufe übernommen wird [2].

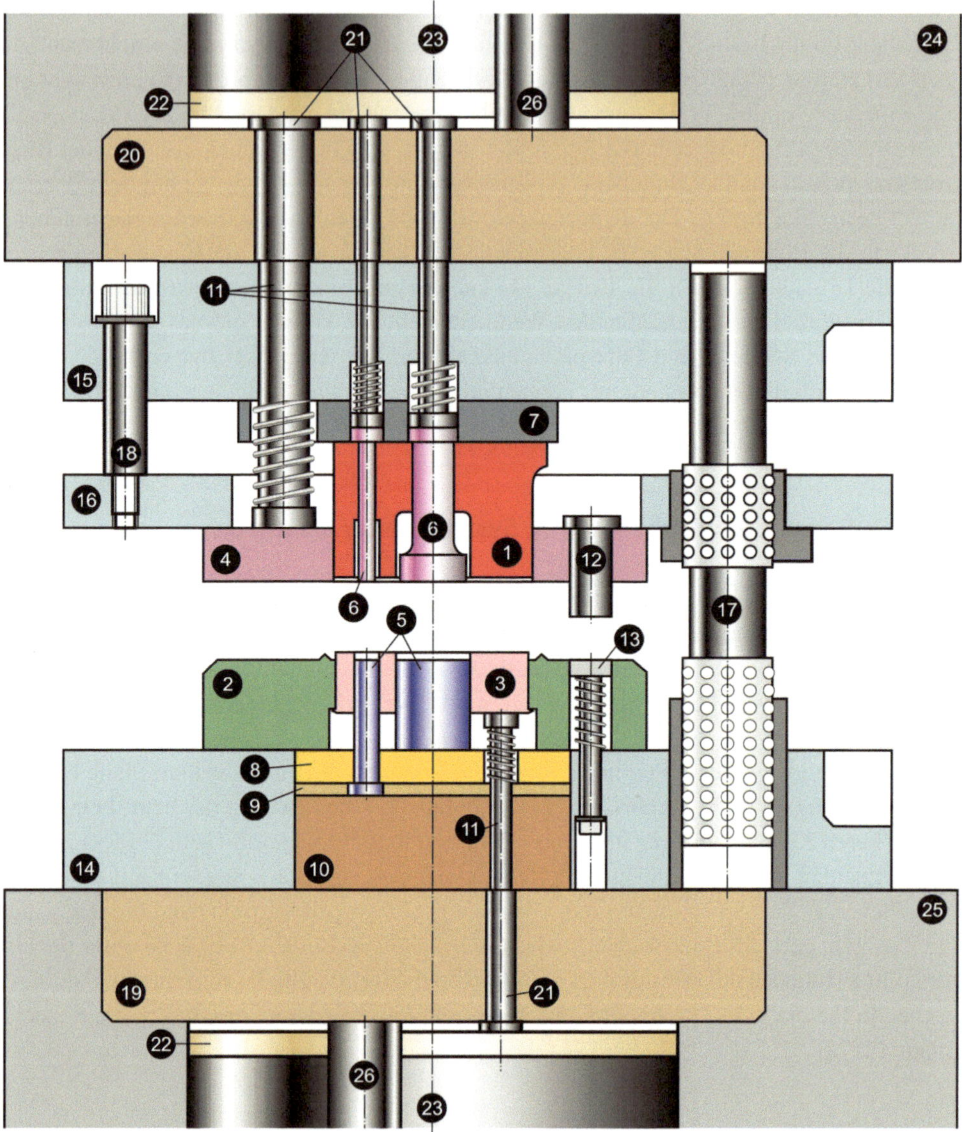

Abb. 13.2 Gesamtschneidwerkzeug, System fester Stempel (Feintool [2]). *1* Stempel, *2* Schneidplatte, *3* Auswerfer, *4* Führung, *5* Lochstempel/Innenformstempel, *6* Ausstoßer, *7* Stempeldruckplatte, *8* Lochstempelhalteplatte, *9* Distanzplatte, *10* Untersatz, *11* Druckbolzen, *12* Verriegelungsbolzen, *13* Abdeckung mit Rohr, *14* Säulengestell – Unterteil, *15* Säulengestell – Oberteil, *16* Führungsaufnahmeplatte, *17* Kugelführungseinheit, *18* Halteschraube mit Rohr, *19* Einlagering unten, *20* Einlagering ober, *21* Druckbolzen im E-Ring, *22* Druckplatte, *23* Hydraulikkolben, *24* Maschinentisch oben, *25* Maschinentisch unten, *26* Mittenabstützung

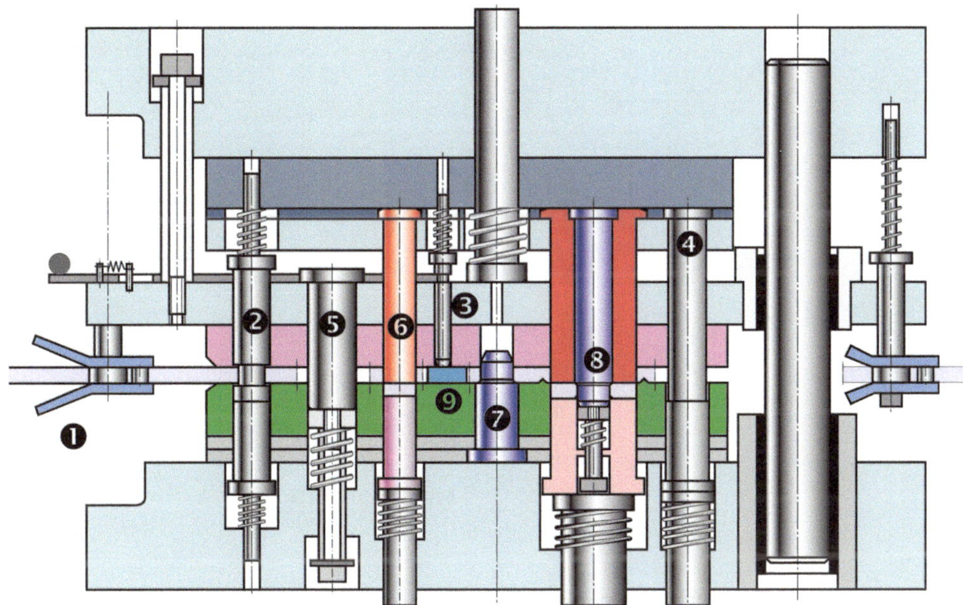

Abb. 13.3 Folgeverbund-Feinschneidwerkzeug (Feintool [2]). *1* Materialführung, *2* Bandführungsbolzen, *3* Anschneideanschlag, *4* Zwangsabdrückbolzen, *5* Verriegelungsbolzen, *6* Lochstempel, *7* Sucher/Prägestempel in Schneidplatte, *8* Sucher/Prägestempel, *9* Schneidplatte

13.3 Werkstoffe für Feinschneidwerkzeuge

Schneidstempel, Schneidplatte und Innenformstempel werden nicht nur auf *Druck* und gegebenenfalls auf *Biegung,* sondern auch auf *Zug* beansprucht und starkem *Verschleiß* ausgesetzt. Die Werkzeugwerkstoffe müssen daher hinsichtlich der Festigkeit, der Härte, der Zähigkeit und dem Verschleißverhalten optimal abgestimmt werden, da diese Eigenschaften sich oft entgegengesetzt verhalten. Dies ist besonders beim Schneiden dicker Teile mit unsymmetrischer Schnittlinie zu berücksichtigen. Deshalb wird in der Regel Schnellarbeitsstahl eingesetzt, der schmelzmetallurgisch bzw. immer häufiger pulvermetallurgisch (S-PM) hergestellt wird. Einige Beispiele dazu zeigt Tab. 13.1.

Der pulvermetallurgisch hergestellte Schnellarbeitsstahl zeigt gegenüber dem Gussblock und sogar gegenüber dem nach dem Elektro-Schlacke-Umschmelzverfahren (ESU-Block) erzeugtem Stahl ein sehr homogenes, dichtes Gefüge mit optimaler Karbidkornverteilung und Karbidkorngröße.

Für geringe Werkstoffdicke und hohe Stückzahlen werden auch Hartmetalle der Gruppe G (z. B. G 10, G 15 und G 20) für Schneidstempel und Schneidplatte eingesetzt. Um höhere Standmengen zu erreichen, werden die Schneiden vor allem die aus zähen Werkstoffen durch Nitrieren oder Borieren oberflächengehärtet oder mit Titannitrid TiN und Titancarbonitrid TiCN beschichtet. Mit beschichteten Schneiden erreicht man nicht nur höhere

Tab. 13.1 Werkzeugbaustoffe [3]

Werkzeugelement	Belastungsart	Werkstoffbezeichnung	Werkstoff- Nr.	Härte HRC
Schneidplatte	Druck	S-PM	–	62–64
	Biegung	S 6-5-2	1.3343	62–64
	Verschleiß			
Schneidstempel	Zug, Druck	S-PM	1.3343	62–64
	Biegung	S 6-5-2	1.3343	60–62
	Verschleiß			
Pressplatte (Führungsplatte)	Druck	X 155 Cr V Mo 121	1.2379	57–59
Auswerfer	Druck	X 155 Cr V Mo 121	1.2379	57–59
	Biegung			
Druckbolzen	Druck	115CrV13	1.2210	57–59
		105WCr6	1.2419	56–58
		100Cr6	1.3505	59–61
		X 155 Cr V Mo 121	1.2379	61–63

S-PM: pulvermetallurgisch hergestellter Schnellarbeitsstahl

Standmengen, sondern auch bessere Oberflächengüten der Stanzteile. Damit ist auch möglich, in der Form komplizierte Teile herzustellen.

Das Härten und Anlassen der Stahlteile erfordert gutes Fachwissen und muss sorgfältig durchgeführt werden. So kann beim Kaltarbeitsstahl X 155 CrMoV 12 bei einer Härtetemperatur von 1080 °C eine Härte von 61HRC mit den Anlasstemperaturen 200, 450 oder 580 °C erzeugt werden. Es wird ein mehrmaliges Anlassen auf 580 °C empfohlen, da dabei das Stahlgefüge am wenigsten versprödet und somit die Rissgefahr minimiert wird. Der Schneidstempel wird nicht nur auf *Druck* und *Biegung*, sondern auch auf *Zug* beansprucht und braucht deshalb nicht so hoch gehärtet zu werden wie die Schneidplatte. Er muss jedoch eine große Zähigkeit und Rissunempfindlichkeit aufweisen.

Eine Möglichkeit, die Härte zu erhöhen, besteht im Diffusionsglühen z. B. dem Nitrieren. Dem Nitrieren folgt das Härten, Anlassen und Feinbearbeiten, was aufwendig ist. Diese Verfahren erlauben jedoch ein mehrmaliges Nachschärfen der Werkzeuge.

Zur Erhöhung der Produktivität und der Werkstückqualität werden die gehärteten Schneidelemente mit Titannitrid (TiN), Titankarbid (TiC) oder Titankarbonitrid (TiCN) im PVD-Verfahren beschichtet. Bei PVD-Verfahren werden die Teile auf 500 °C erhitzt, sodass eine Nachhärtung bei anlassbeständigen Schnellarbeits- und Kaltarbeitsstählen nicht erforderlich ist. Der Vorteil dabei ist, dass Schneidelemente aus relativ zähen Grundwerkstoffen, die gut auf Druck, Zug und Biegung beanspruchbar sind, auch sehr hohe Standmengen erreichen. Die Beschichtungen bewirken nach Angaben von Fa. Feintool außer einer Schnittflächenverbesserung (Rautiefe bis R_z = 0,15 µm) und Standmengensteigerung (120.000 bis 300.000 Teile) vor allem eine Erweiterung der Verfahrensgrenzen. Bei einem Teil aus 9,75 mm dicken legiertem, weichgeglühtem Vergütungsstahl 31CrMol2 können Stegbreiten a bis zu 0,6 der Blechdicke s (a_{min} = 0,6 s) erreicht werden. Das entspricht der untersten Grenze des Schwierigkeitsgrades S3 (siehe Kap. 4, Abb. 4.17).

13.4 Schmierung beim Feinschneiden

Eine wichtige Maßnahme zur Leistungssteigerung beim Feinschneiden (Feinstanzen) ist die richtige Schmierung. Die Schmierung der unbeschichteten oder beschichteten Werkzeugoberflächen und der Aktivelemente ist unbedingt erforderlich. Optimal eingestellte Tribosysteme gewährleisten fehlerfrei hergestellte Feinschneidteile bei hohen Werkzeugstandmengen, bester Maßhaltigkeit und Oberflächengüten. Beim Feinstanzen werden Feinschneid- und Umformvermögen maximal ausgenutzt. Fehlt der Schmierfilm oder ist die Benetzung der Werkzeugaktivteil-Oberflächen ungleichmäßig, ist mit Abstumpfungen, Kaltaufschweißungen und Kantenausbrüchen zu rechnen.

In der Vergangenheit führte das zur Entwicklung von hochchlorierten Feinschneidölen. Die Ausbildung einer stabilen Adsorptionsschicht wird durch das Chlorparaffin bewirkt. Infolge strenger Umweltschutz- und Entsorgungsbedingungen finden heute zunehmend chlorfreie Öle Anwendung. Es ist das Gesamtsystem aus chlorfreiem Feinschneidöl, Beschichtungen der Werkzeugaktivelemente und stabile Benetzung der Werkzeugoberflächen einschließlich der Wirkfugen zu betrachten. Hierbei unterstützen Schmiertaschen, die durch Anfasen der Führungsplatte, des Schneidstempels und des Auswerfers (System Feintool) angebracht werden. Es wird die Ausbildung eines dauerhaften Ölfilms unterstützt sowie Kaltaufschweißungen vermieden [2].

13.5 Berechnung ausgewählter Werkzeugwerkstoffe

Beim Ausschneiden eines Schnittteils werden die Schneidelemente auf Druck p_m (N/mm²) beansprucht, der von der Schneidkraft F_S (N) und der Druckflache A (mm²) des Stempel abhängig ist:

$$p_m = \frac{F_S}{A} \quad \text{in N/mm}^2 \tag{13.1}$$

F_S (N) ist wiederum von der Schnittlinienlänge l (mm), der Teiledicke s (mm) und der spezifischen Schneidkraft k_S (N/mm²) des *Werkstückwerkstoffes* abhängig:

$$F_S = l \cdot s \cdot k_S \quad \text{in N} \tag{13.2}$$

Für runde Stempel gilt:

$$p_m = \frac{4 \cdot k_S \cdot s}{d} \quad \text{in N/mm}^2 \tag{13.3}$$

Um Verformungen am Stempel beim Schneiden zu vermeiden, muss der Stempeldruck kleiner sein als die 0,2-Stauchgrenze des *Stempelwerkstoffes*:

$$R_{p0,2} \geq p_m \quad \text{in N/mm}^2 \tag{13.4}$$

Für runde Stempel ist:

$$R_{p0,2} \geq \frac{4 \cdot k_S \cdot s}{d} \quad \text{in N/mm}^2 \tag{13.5}$$

Bezogen auf das Verhältnis s/d (Blechdicke s zum Stempeldurchmesser d) und bei Berücksichtigung von 10 % Gegenkraft auf den Stempel beim Feinschneiden ist:

$$\frac{s}{d} \leq \frac{R_{p0,2}}{4{,}4 \cdot k_S} \tag{13.6}$$

Abb. 13.4 zeigt den Zusammenhang zwischen der spezifischen Schneidkraft k_S des *Werkstückwerkstoffes* zur konstanten 0,2-Grenze des *Werkzeugwerkstoffes* für verschiedene Kaltarbeits- und Schnellarbeitsstähle. Je kleiner die spezifischen Schneidkraft k_S (Scherfestigkeit) des Werkstückwerkstoffes, desto kleiner kann der Durchmesser d bei einer bestimmten Blechdicke s für das Feinschneiden gewählt werden. So kann man z. B. mit Werkzeugwerkstoff-Nr. 13343, $R_{p0,2} = 2800$ N/mm², HRC 62,5, in ein Blech mit

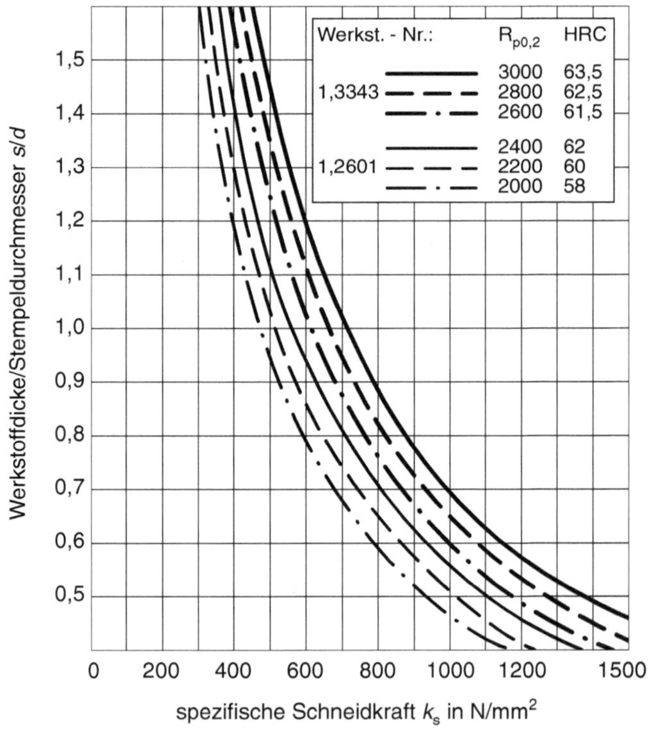

Abb. 13.4 s/d-Verhältnis in Abhängigkeit von der spezifischen Schneidkraft des Werkstückwerkstoffes und der 0,2-Stauchgrenze des Lochstempels [1]

der spezifischen Schneidkraft von $k_S = 650$ N/mm^2 ein Loch eingebracht werden, dessen Durchmesser gleich der Blechdicke s ist ($s/d = 1$).

Literatur

1. Birzer, F.: Umform- und Feinschneidtechnik. In: Hochleistungswerkzeuge in der Stanztechnik. Lehrgang Nr. 25972/62.249 der Technischen Akademie Esslingen am 09./10.11.2000 (2000)
2. Feintool Schulungs-Kit: Grundlagen und Möglichkeiten des Feinschneidens. Feintool Technologie AG, Lyss (2014)
3. König, W.: Blechverarbeitung. Fertigungsverfahren, Bd. 5. VDI, Düsseldorf (1995)

Federn im Werkzeugbau

14

In Werkzeugen werden oft Druckfedern[1] eingebaut; hauptsächlich handelt es sich um Blatt-, Kunststoffdruck- und Tellerfedern[2] sowie zylindrische Schraubendruckfedern.[3] Diese werden von einschlägigen Firmen in großer Auswahl vorrätig gehalten.

14.1 Einbau von Druckfedern

Treten in einem Werkzeug *Störungen durch Druckfedern* auf, können Ursache sein:

a) falsche Federanordnung,
b) schlechte Federführung,
c) zu kleiner Spielraum über dem Kopf der Hubbegrenzungsschraube,
d) Federüberbeanspruchung (falsche Berechnung).

14.1.1 Federanordnung

Druckfedern geben die berechnete Höchstkraft F_2 ab, wenn das Werkzeugoberteil die tiefste Lage erreicht hat (Werkzeug geschlossen) und gleichzeitig auch die Schneid bzw. Umformkräfte wirken. Deshalb sollen z. B. bei Schneidwerkzeugen die *Druckfedern um den Druckmittelpunkt aller Schneidkräfte* (Lage des Einspannzapfens siehe Abschn. 5.7.2) *achsensymmetrisch angeordnet* sein; die Hauptachse deckt sich mit der Richtung des Streifendurchganges (Abb. 14.1).

[1] Ausführliche Berechnungsunterlagen mit Federkennlinien, siehe Roloff/Matek *Maschinenelemente*. Springer Vieweg, Wiesbaden (2017).

[2] Maße, Güteeigenschaften DIN 2093, Berechnung DIN 2092.

[3] Bemaßung DIN 2095 . . . 2099; Berechnung DIN 2089.

© Springer Fachmedien Wiesbaden GmbH, ein Teil von Springer Nature 2020

M. Kolbe, *Stanztechnik*, https://doi.org/10.1007/978-3-658-30401-0_14

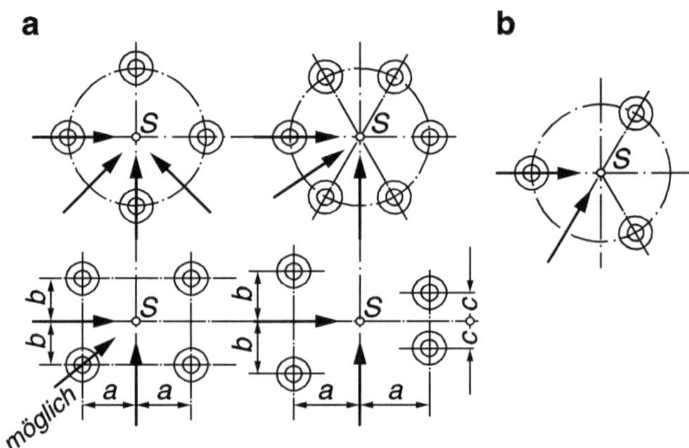

Abb. 14.1 Anordnung der Druckfedern um den Schwerpunkt *S*. Die Pfeile geben die Richtung der möglichen Streifendurchgänge an. **a** gute Anordnung, für alle Werkzeuge geeignet, **b** möglich, wenn nur eine Schneidkraft im Angriffspunkt *S* wirkt (z. B. Ausschneid- und Gesamtschneidwerkzeuge)

14.1.2 Federführung

Druckfedern erhalten eine Außen- oder Innenführung.

Bei *Außenführung* liegt die Feder lose in der Bohrung des Federraumes. Diese Anordnung wird für Kunststoffdruckfedern und bei kleinen Kräften für Schraubendruckfedern angewandt. Nachteilig ist, dass Druckfedern in ihrer Bohrung schlecht geführt sind. Deren vorgespannter Außendurchmesser ist kleiner und vergrößert sich erst bei Belastung; reibt dann die Feder an der Wandung des Federraumes, wird die abgegebene Federkraft kleiner.

Ansatzschrauben (d. h. nicht nachstellbare Hubbegrenzungsschrauben) kann man handelsüblich beziehen oder aus genormten Innensechskantschrauben herstellen; das vorhandene Gewinde wird abgedreht und ein kleineres Gewinde geschnitten. Gewindemindestmaße sind in Tabelle der Abb. 14.2 angegeben.

Als Sicherungselement sind für Ansatzschrauben und Federführungsbolzen geeignet, z. B. Federring, Fächerscheibe DIN 6798, gezahnte Sicherungsscheibe,[4] Gewindestift DIN 551 als Gegenschraube (vgl. Abb. 10.6) oder vereinzelt als querliegende Druckschraube mit Messing- oder Kupferdruckbolzen (siehe Abb. 14.4) ebenso Gegenmutter (vgl. Abb. 10.16). Einstellbare Hubbegrenzungsschrauben werden mittels Gegenmutter gesichert.

Gewindelocheinsenkungen VDI 3363

	Indizes
N	Nennangaben vom Federhersteller
0	Feder ungespannt (vor Einbau)
1	Feder vorgespannt, Werkzeug offen, Stellung *OT*, Feder gespannt ($f_2 \leq f_N$)

[4] Hersteller gezahnter Sicherungsscheiben: Firma Schnorr GmbH, Sindelfingen.

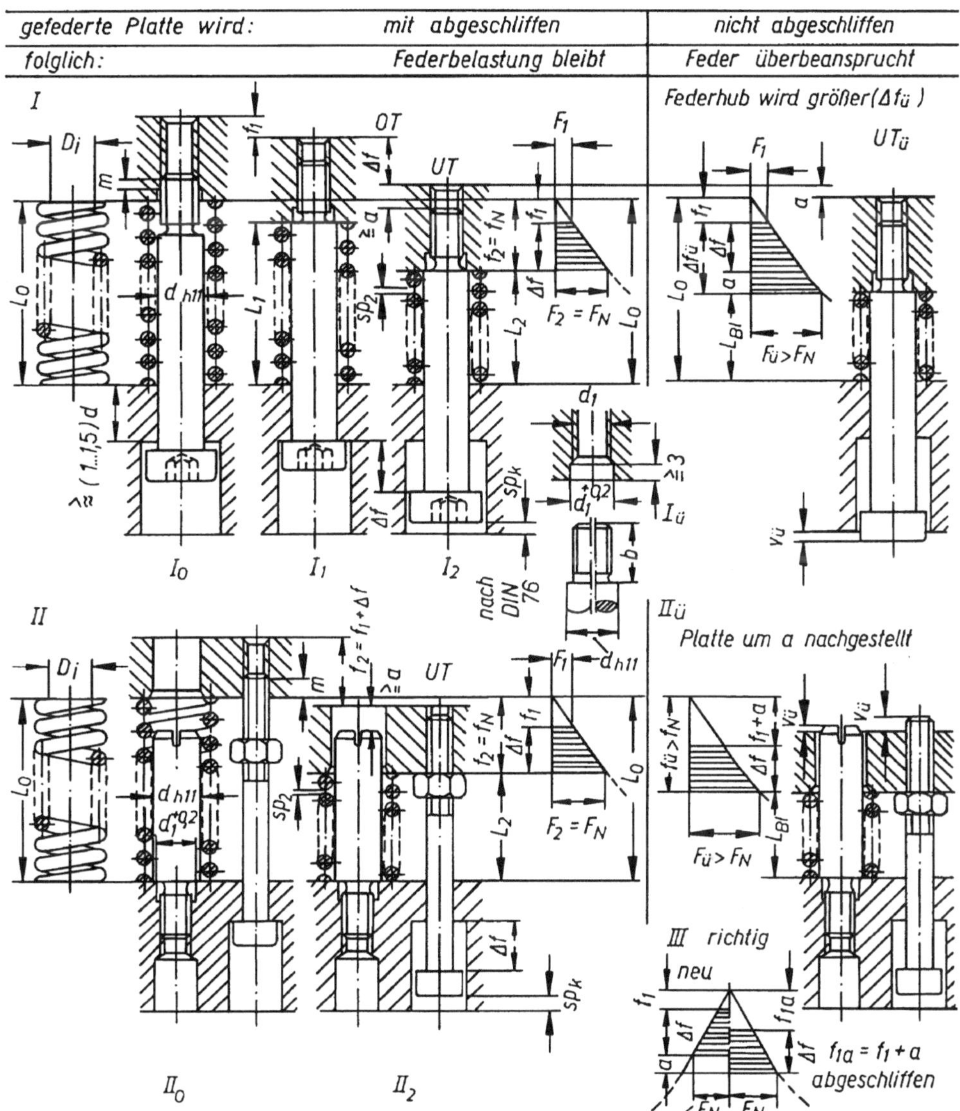

Abb. 14.2 Verschiedene Federbeanspruchung en durch Federhub und Abschliff beim Schärfen der Schneiden. *I* Ausführung mit Ansatzschrauben (nicht nachstellbare Hubbegrenzung), *II* Ausführung mit Federbolzen (nachstellbare Hubbegrenzung), *III* richtig ausgesuchte Feder für Platte, die nicht abgeschliffen, sondern nachgestellt wird

	Indizes
2	Werkzeug geschlossen, Stellung *UT*
ü	Feder überbeansprucht
a	Gesamtabschliff zum Schärfen
m	Gewindegänge greifen ein
sp_k	Mindestspielraum über Schraubenkopf (≥3…5 mm)
$v_{ü}$	vorstehender Kopf, Bolzen
	Feder und Federkennlinie
D_i	innerer Windungsdurchmesser ≙ Schaftdurchmesser d + 0,1 mm
L	Federlänge
L_{Bi}	Blocklänge der Feder bei anliegenden Windungen
f	Federweg
Δf	Federhub $= f_2 - f_1$
F	Federkraft
F_{Schr}	höchstzulässige Kraft auf Schraube (Festigkeitsklasse 10.9 DIN 267 Blatt 3) durch Federkraft F_1
sp_2	Spielraum zwischen Windungen $=0{,}1\cdot$ Drahtdurchmesser ($sp_{2\min} \approx 0{,}5$ mm)

Mindest-Gewindemaße für Ansatzschrauben (Festigkeitsklasse 10.9) und Führungsbolzen

Schaft	d_{h11}	8	10	13	16	20	25	32	mm
Ansatzschrauben	d_1	M6	M8	M10	M12	M16	M20	M24	
VDI 3363	b	9	12	15	18	24	30	36	mm
Höchstkraft	F_{schr}	1,08	2,03	3,36	4,78	9,13	14,2	20,75	kN
Führungsbolzen	d_1	M6	M6	M8	M10	M12	M16	M20	
AWF 500.27.05	b	12	12	14	16	18	20	27	mm

Bei *Innenführung* werden die Federn durch einsatzgehärtete Federführungsbolzen oder durch vergütete, nicht nachstellbare Hubbegrenzungsschrauben, auch als Ansatzschraube[5] bezeichnet, geführt. Um Federreibung zu mindern, soll der Führungsdurchmesser, geschliffen sein.

Ansatzschrauben (Abb. 14.2 I) begrenzen zusätzlich den Federhub. Man spart dadurch Platz ein, das Werkzeug wird kleiner. Nachteilig ist, dass Ansatzschrauben, die Tellerfedern als Innenführung aufnehmen, beim *Einbau oft Schwierigkeiten verursachen.* Außerdem können sich einzelne Teller in die Führungsoberfläche der vergüteten Ansatzschraube einarbeiten und so zu Werkzeugstörungen führen.

Federführungsbolzen lassen sich mit allen Druckfederarten *leicht einbauen.* Man setzt sie immer ein, wenn auf eine federnde Platte mehr als vier Druckfedern wirken. Zusätzlich

[5] Anwendungsmöglichkeiten und Richtmaße dieser Ansatzschrauben enthalten die Richtlinien VDI 3363 bzw. AWF 500.13; Gewinde hat nach VDI eine Gewinderille, nach AWF einen Gewindeauslauf.

sind zur Höheneinstellung der federnden Platte (bei vorgespannter Feder) noch 3 … 4 handelsübliche Innensechskantschrauben der Festigkeitsklasse 10.9 oder 12.9 (DIN 267 Blatt 13) mit Gegenmuttern erforderlich. Da diese Schrauben gleichzeitig den Federhub begrenzen, werden sie oft als *einstellbare Hubbegrenzungsschrauben* (Abb. 14.2 II) bezeichnet. Federführungsbolzen und die dazu erforderlichen Schrauben mit Gegenmuttern benötigen im Werkzeug mehr Bauraum als Ansatzschrauben.

Bei beiden Hubbegrenzungsarten wird die Federkraft durch Abschleifen der Federauflageringe oder durch Zugabe weiterer Unterlegscheiben einreguliert.

14.1.3 Spielraum über dem Kopf der Hubbegrenzungsschraube

Hubbegrenzungsschrauben sollen in Stellung *UU*,[6] Werkzeug geschlossen, über ihrem Kopf noch einen Mindestspielraum sp_k = 3 … 5 mm haben (Abb. 14.2); er ist in Schneid-Schneidwerkzeugen, bei nicht nachstellbaren federnden Platten, um das Maß des Gesamtabschliffes *a* zum Schärfen der Schneiden größer. Auch müssen die Gewindegänge der Schrauben eingreifen (Maß m), bevor die Feder vorgespannt wird.

14.1.4 Federüberbeanspruchung

Überbeanspruchte Druckfedern sind meist auf fehlerhafte Federauslegung oder auf falschen Einbau der Druckfedern zurückzuführen.

Die in Katalogen angegebenen Nennfederkräfte werden bei dem entsprechenden Nennfederweg meistens nicht erreicht. Der Konstrukteur muss deshalb schon im voraus mit einem *Sicherheitszuschlag* rechnen, der *mindestens dem Prozentsatz der zulässigen Federkraftabweichung*[7] entsprechen muss.

Damit im Werkzeug keine Werkstücke vereinzelt hängen bleiben, muss bei Auswerfer-, Ausstoßer- und Abstoßer-Druckfedern die Federkraft F_1 mindestens der Hälfte von F_z entsprechen (Indizes nach Abb. 14.2). Kunststoff-Druckfedern setzen sich mehr als Druckfedern aus Stahl. Man soll deshalb als Federweg f_2 höchstens 80 … 85 % des Nennfederweges vorsehen. Kunststoffdruckfedern, die ≈ 60 … 70 Arbeitshübe pro Minute übernehmen, geben infolge hoher innerer Erwärmung wesentlich geringere Federkräfte ab, außerdem setzen sie sich übermäßig. Man soll deshalb diese Federn nur bis höchstens 50 Arbeitshübe pro Minute einsetzen.

Schneidkanten in Schneid- oder in Folgeverbund-Werkzeugen müssen regelmäßig nachgeschliffen werden. Sind *Federführungsbolzen mit* 3 … 4 *nachstellbaren Hubbegren-*

[6] Der Pressenstößel befindet sich in tiefster Lage, die mit „unterem Umkehrpunkt“ UU bezeichnet wird (höchste Pressenstößel-Lage ist „oberer“ OU).

[7] Federkraftabweichung bei Schraubendruckfedern nach DIN EN 13906-1, bei Tellerfedern nach DIN 2093, bei Kunststoffdruckfedern nach Angaben der Lieferfirma.

zungsschrauben entsprechend Abb. 14.2 II vorgesehen, wird nach jedem Schärfen der Schneiden die federnde Platte mittels dieser Schrauben nachgestellt; die Federvorspannung erhöht sich. Federbrüche lassen sich nur vermeiden, wird der zu erwartende Abschliff schon bei der Konstruktion berücksichtigt. Im Berechnungsbeispiel 14.1 und in Abb. 14.2 II wurde der Gesamtabschliff bereits im Federhub mit eingerechnet. Nachteilig dabei ist, dass hohe Druckfedern, somit lange Stempel und große Werkzeugbauhöhen entstehen. Besser ist es, man legt unter jede Druckfeder einen Federauflagering (Abb. 14.3a, Teil 3) und schleift diesen Ring beim Schärfen der Schneiden um das gleiche Maß mit ab. Werden entsprechend Abb. 14.3b Ansatzschrauben zur Hubbegrenzung und gleichzeitiger Federführung eingebaut, dann *müssen die Ansatzschrauben stets auf ihren Federringen sitzen.* Die Federauflageringe sind dann wie bei Abb. 14.3a mit abzuschleifen.

In der Konstruktion nach Abb. 14.3c wurden die Federauflageringe übergeschoben. Damit sich der Federhub beim Schärfen der Schneiden nicht vergrößert, muss man regelmäßig die aufgeschobenen Ringe mit abschleifen und zusätzlich ausgleichende dünne

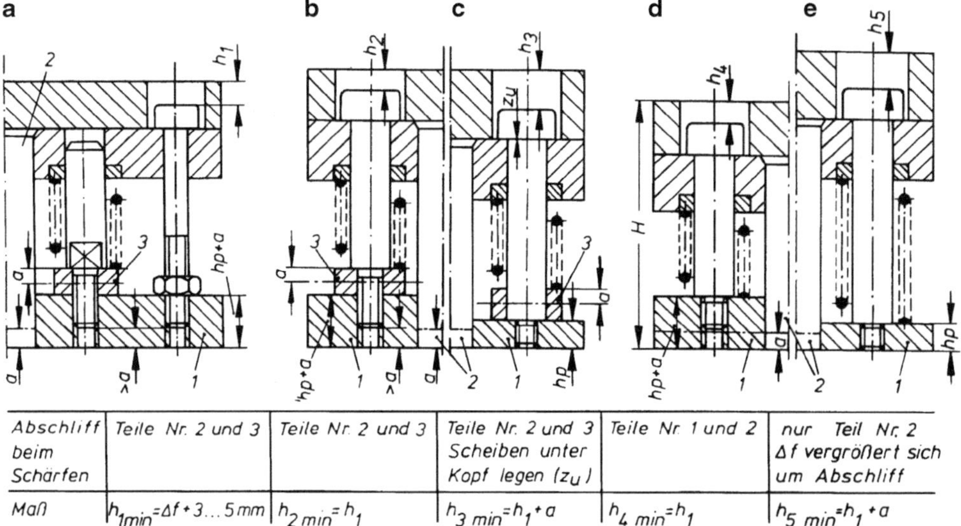

Abschliff beim Schärfen	Teile Nr. 2 und 3	Teile Nr. 2 und 3	Teile Nr. 2 und 3 Scheiben unter Kopf legen (z_u)	Teile Nr. 1 und 2	nur Teil Nr. 2 Δf vergrößert sich um Abschliff
Maß	$h_{1min} = \Delta f + 3 \ldots 5$ mm	$h_{2\,min} = h_1$	$h_{3\,min} = h_1 + a$	$h_{4\,min} = h_1$	$h_{5\,min} = h_1 + a$

Abb. 14.3 Berücksichtigung des Abschliffes zum Schärfen der Schneidkanten (Druckflächen) von Schneidstempeln in Schneid- und in Verbundwerkzeugen. **a** Scheiben unter Federn mit abschleifen und federnde Platte durch Hubbegrenzungsschrauben nachstellen, **b** Scheiben unter Federn mit abschleifen; Ansatzschrauben auf Scheiben sitzend bei Plattendicke $\geq 3hp + a$, **c** Scheiben unter Federn mit abschleifen; Ansatzschrauben auf federnder Platte sitzend bei Plattendicke $\approx hp$ = Gewindelänge der Ansatzschrauben (*Ausführungsart vermeiden*!); nach mehrmaligem Schärfen sind Scheiben unter Schraubenköpfe zu legen (Δf bleibt dann gleich groß), **d** federnde Platte mit abschleifen; ergibt geringste Bauhöhe *H* (*Ausführungsart anstreben*!), **e** Gesamtabschliff *a* im Federhub eingerechnet, federnde Platte nicht nachstellbar; erfordert große Federlängen, damit große Bauhöhe *H*. *1* federnde Platte; *2* Schneidstempel; *3* Scheibe unter Feder zum Abschleifen, *a* Gesamtabschliff, *hp* Mindestplattendicke = mindestens Gewindelänge der Ansatzschrauben +2 … 3 mm; $h_1 \ldots h_5$ Mindestspielraum bei *geöffnetem Werkzeug* über Kopf der Hubbegrenzungsschrauben, Δf Mindestfederhub zum Schneiden = Blechdicke + Eintauchtiefe der Schneiden

Scheiben zu unter den Kopf der Ansatzschrauben legen, wodurch der Mindestspielraum sp_k über dem Kopf der Ansatzschraube verringert wird.

Lassen sich *beim Schärfen die Schneiden gemeinsam mit der federnden Platte abschleifen* (Abb. 14.2I, 14.3d und 5.14), bleiben die Federeinbauverhältnisse unverändert, unabhängig ob Federführungsbolzen oder Ansatzschrauben mit oder ohne Federauflageringe eingesetzt sind.

Für federnde Abstreifplatten in Schneidwerkzeugen sind zur Bestimmung der erforderlichen Abstreifkraft die im Abschn. 4.4.5 angegebenen Prozentsätze gültig. Hat das Werkzeugoberteil die tiefste Lage erreicht, müssen die zusammengepressten Druckfedern die errechnete Abstreifkraft aufbringen. Zusätzlich ist noch zu überprüfen, ob zum Auswerfen der Schnittteile die Vorspannkraft der Druckfeder F_1 etwa die Hälfte der errechneten Abstreifkraft ausmacht.

Zur Festigkeitsnachrechnung der Hubbegrenzungs- bzw. Ansatzschrauben setzt man die *Federvorspannkraft* F_1 ein (vgl. Tabelle hinter Abb. 14.2):

$$\frac{\text{Federkraft vorgespannt}\, F_1\,(\text{N})}{\text{Anzahl der Schrauben}} = F \text{ je Schraube} = A_s \cdot \frac{R_e}{\nu}$$

Darin ist: A_s Spannungsquerschnitt des Gewindes in mm^2 (DIN 13 Blatt 1), R_e Streckgrenze in N/mm^2 des Schraubenwerkstoffes (DIN 267 Blatt 3), ν Sicherheitsfaktor, der für Großwerkzeuge mit =13,5 (Richtlinien VDI 3363), für Kleinwerkzeuge mit ≈ 11,5 gewählt wird.

Der hohe Sicherheitsfaktor ist erforderlich, da die Stoßkraft der Druckfedern vielfach nicht von allen Schrauben gleichmäßig aufgenommen wird. Bei der Herstellung der Auflage- bzw. Anschlagflächen ist da her auf Maßgleichheit (Höhentoleranz höchstens ±0,1 mm) und auf sorgfältigen Einbau zu achten.

14.2 Zylindrische Schraubendruckfedern

In den *Hochleistungswerkzeugen* werden fast ausschließlich zylindrische Schraubendruckfedern eingesetzt, weil sie geringe Reibungswärme erzeugen und bei richtiger Auslegung die höchsten Lebensdauerraten aufweisen (über 10^7 Hübe). Sie eignen sich auch in allen anderen Werkzeugen für den Einsatz bei großen Federhüben. In der Regel kommt es nach dem Einbau zu einem „Setzen" der Feder. Um das Setzen vernachlässigbar klein zu halten, sollen deshalb unter den Federn harte Sitze oder harte Scheiben verwendet werden. Die Berechnung und Konstruktion der Schraubendruckfedern mit Kreisquerschnitt kann nach [1] oder DIN 2089-1 erfolgen. Je höher die Hubfrequenz (1/min), desto höhere Sicherheitswerte bzw. kleinere Schubspannung (τ_{ko}) sind einzusetzen. Vorteilhaft ist eine Federbolzenführung (Abb. 14.3). Der Durchmesser des Federführungsbolzens, auch Dorn genannt, ist nach DIN 2098-1 bzw. allgemein um 0,1 … 0,2 mm kleiner als der Innendurchmesser der ungespannten Feder zu wählen.

Berechnungsbeispiel 14.1

Für ein Verbundwerkzeug (Teilschnitt Abb. 14.4) zur Herstellung von Kappen aus 1 mm dicken Bändern wird ein Säulengestell mit federnder Führungsplatte (siehe Tab. 5.1) verwendet. In die Führungsplatte (3) sind zwischen Umformstufe und nachfolgender Lochstufe eine Formsucherplatte (1) und zur besseren Führung der Schneidstempel noch gehärtete Führungsleisten (2) eingesetzt. Die Druckfläche der Sucherplatte entspricht der Werkstückform; sie soll das 1 mm dicke Band festhalten, während formgebogen und geschnitten wird. Formsucherplatte und Führungsleisten darf man beim Schärfen der Schneidstempel nicht mit abschleifen; die Federn werden ohne untergelegte Ringe immer stärker zusammengepresst, weshalb im Federhub der Abschliff (in Abb. 14.4 Maß a) zu berücksichtigen ist.

Zu ermitteln sind die Einbauverhältnisse der Schraubendruckfedern und die größte Eintauchtiefe der Schneidstempel in die Führungsleisten bei geöffnetem Werkzeug, Stellung *OU*.[8]

Bekannt sind:

- Blechdicke, nach Zeichnung $s = 0{,}5$ mm.
- Sickentiefe, nach Zeichnung $t = 1$ mm.
- Größte Eintauchtiefe der Schneidstempel in die Schneidplatte, gewählt $e = 1{,}5$ mm.
- Federweg zur Lagesicherung der Sicke, gewählt $f_{si} = 3$ mm.

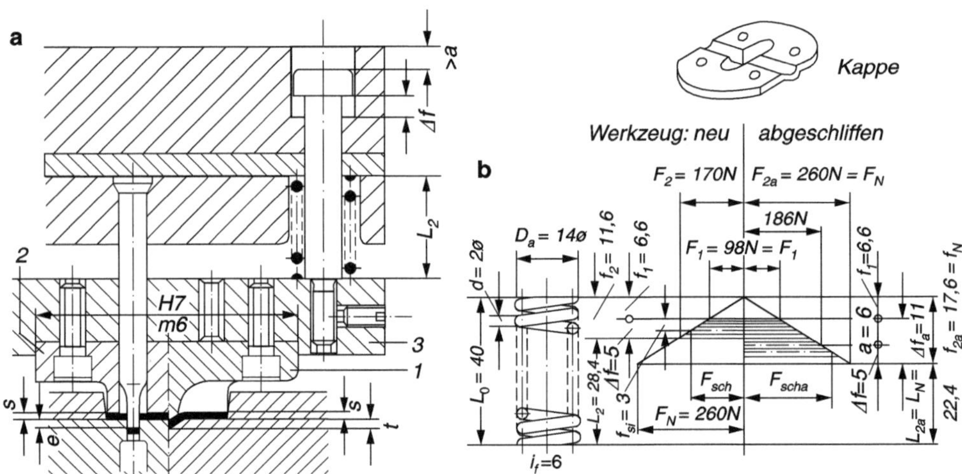

Abb. 14.4 Federberechnung zu Beispiel 14.1; Werkzeug in tiefster Lage (*UU*). **a** Werkzeug. *1* Formsucherplatte, *2* gehärtete Stempelführungsleiste, *3* federnde Führungsplatte des Säulengestells mit Abdrückgewinde für Teil 2. **b** Druckfeder mit Kennlinien, Indizes siehe Abb. 14.2

[8] Der Pressenstößel befindet sich in höchster Lage, die mit „oberem Umkehrpunkt" OU bezeichnet wird.

- Mindestfederhub, noch ohne Abschliff, $\Delta f_{min} = f_{si} + s + e = 3$ mm + 0,5 mm + 1,5 mm = 5 mm.
- Gesamter Abschliff der Schneidstempel $a = 6$ mm.
- Schraubendruckfedern können nach DIN 2098 oder aus Katalogen der Lieferfirmen ausgewählt werden und in besonderen Fällen nach Roloff/Matek, *Maschinenelemente*, Vieweg [1] berechnet werden.
- Angaben für die gewählten Schraubendruckfedern: Außendurchmesser $D_a = 14$ mm, ungespannte Länge $L_0 = 40$ mm, Drahtdurchmesser $d = 2$ mm, Anzahl der federnden Windungen $i_f = 6{,}5$. Bei zulässigem Nennfederweg $f_N = 17{,}6$ mm ist die Nennfederkraft $F_N = 260$ N.

Lösung
In die Federkennlinie, die mit gegebenen Nennwerten $f_N = 17{,}6$ mm und $F_N = 260$ N aufgezeichnet wird, trägt man die Federkräfte im abgeschliffenen und im neuen Werkzeug ein (Abb. 14.4). Bei geöffnetem Werkzeug Stellung *OU*, tauchen die Stempelschneiden in die gehärtete Stempelführungsleiste (2) im neuen Zustand um $f_{si} = 3$ mm, abgeschliffen um $f_s + a = 3{,}0$ mm + 6,0 mm = 9,0 mm ein.

Ergebnis
Bei dieser Lösung ist zu bedenken, dass unter den Federn Ringe zum Ausgleich des Werkzeugabschliffs fehlen. Nach jedem Abschliff vergrößern sich die Federkräfte. Die Federlänge ist dem entsprechend lang, aber unter Vermeidung der *Knickung* zu wählen.

Ergebnis aus der zeichnerischen Lösung

Werkzeug ist	abgeschliffen	neu
	Abschliff $a = 6$ mm	
Gesamtfederweg	$f_{2a} = f_N = 17{,}6$ mm	$f_2 = f_N - a = 11{,}6$ mm
Federhub	$\Delta f_a = \Delta f_{min} + a = 11{,}0$ mm	$\Delta f_a = \Delta f_{min} = 5{,}0$ mm
Federweg vorgespannt	$f_1 = f_{2a} - \Delta f_a = 6{,}6$ mm	$f_1 = f_2 - \Delta f = 6{,}6$ mm
Federlänge vorgespannt	$L_1 = L_0 - f_1 = 33{,}4$ mm	$L_1 = L_2 - f_1 = 33{,}4$ mm
Federkraft vorgespannt	$F_1 = 98$ N	$F_1 = 98$ N
Federlänge gespannt	$L_{2a} = L_0 - f_{2a} = 22{,}4$ mm	$L_2 = L_0 - f_2 = 28{,}4$ mm
Federkraft gespannt	$F_{2a} = F_N = 260$ N	$F_2 = 171$ N
Federkraft bei Schneidbeginn	$F_{Scha} \approx 230$ N	$F_{Scha} \approx 142$ N
	(in Ordnung)	(etwas knapp)

14.3 Tellerfedern

Tellerfedern nehmen große Federkräfte bei kleinem Hub und geringer Einbauhöhe auf. Sie werden dort eingesetzt, wo aus konstruktiven Gründen wenig Platz in der Höhe vorhanden ist und die Hubzahl sowie Hubfrequenz klein ist. Es werden möglichst große Tellermaße gewählt, bei denen der Federweg je Teller größer ist und somit die Anzahl der Teller klein gehalten wird. Der Federweg oder die Federkraft kann durch entsprechende Aneinanderreihung der Tellerfedern vergrößert werden. Dies führt jedoch zu erhöhter Reibung und somit zur Abnahme der Kraft im Dauerhub und Verkürzung der Lebensdauer. Sie werden vorwiegend in Werkzeugen mit kleinen Hubfrequenzen eingesetzt. Bei Hochleistungswerkzeugen mit Hubfrequenzen über 100 H/min sind sie nur unter Vorbehalt einzusetzen, weil durch die Reibungsarbeit die Erwärmung stark ansteigen kann. Grundlagen zur Berechnungen und Konstruktion der Tellerfedern enthält DIN 2092 und die Abmessungen können DIN 2093 entnommen werden.

Der *Federweg* wird bei wechselsinnig aneinandergereihten Tellern gleicher Abmessungen vervielfacht (siehe Beispiel 14.2). Durch Federpakete wird die *Federkraft* vergrößert (vgl. Beispiel 14.3). Die ungespannte Länge L_0 der Federsäule, gebildet durch wechselsinnig aneinandergereihte Teller (oder Federpakete) soll das Dreifache des Telleraußendurchmessers D_a nicht überschreiten. Beim Einbau sind Tellerfedersäulen im leicht vorgespannten Zustand auszurichten.

Für Federsäulen mit wechselsinnig aneinandergereihten Tellern ist eine *gerade Telleranzahl* zu wählen, damit die beiden Außenteller sich immer mit ihrem äußeren Tellerrand abstützen. Als Federauflage sind gehärtete Scheiben vorzusehen, da sich bei weichen Unterlagen die ringförmigen Kanten der Außenteller einarbeiten würden. Die darüber liegenden Teller stehen dann schief, sie verschieben sich, es entstehen hohe Reibungsverluste. Die gleichen Mängel zeigen sich, wenn der Tellerinnenrand als Federauflage gewählt wird und die Bohrung für Federführungsbolzen einseitig entgratet ist (Abb. 14.5a).

In der Regel erhalten Tellerfedersäulen eine *Innenführung*.

Die Ausführung nach Abb. 14.5c, die gut montierbar ist, erfordert den gleichen Bauraum wie Ansatzschrauben; sie hat jedoch den Nachteil, dass sich die Zweilochmutter (DIN 547) lockern kann. Einsatzgehärtete Führungsbuchsen mit Bund (Abb. 14.5d) sind für große Tellermaße bestens geeignet. Beim Einbau setzt man zuerst die Führungsbuchsen in die Aufnahmebohrungen der unteren Platte ein, dann werden die Tellerfedern und die oberen Auflagescheiben auf die Buchsen gestreift. Erst wenn die obere Platte auf den Federsäulen liegt, führt man die Aufschlagscheiben und die Innensechskantschrauben ein und zieht alle Schrauben fest. Diese Einheiten lassen sich einfach und schnell einbauen, auch wenn mehr als vier Federsäulen erforderlich sind. Nach jedem Schärfen der Schneiden ist der Bund der Führungsbuchsen um das gleiche Maß abzuschleifen, damit die Federeinbauverhältnisse unverändert bleiben.

*Teller*federsäulen kann man auch als *selbstständige Baugruppen* vormontiert in Werkzeuge einbauen. Die Teller sind auf einem Federbolzen ohne Vorspannung mit zwischengelegten, gehärteten Auflagescheiben aufeinander gereiht und mittels zwei Sprengringen DIN 9045 oder mittels Stift zusammengehalten (Abb. 14.5e, f, g).

Bei zusammengepressten Tellern vergrößern sich deren Außendurchmesser, während sich ihre Innendurchmesser etwas verringern. Deshalb wählt man Führungsbolzen kleiner als die Tellerbohrung; z. B. bei Tellerbohrung 20,4 mm ist der Federbolzendurchmesser 20,0 mm bzw. bei 31 mm Bohrung erhalten Bolzen 30,0 mm. Weiterhin sollen *Führungs-*

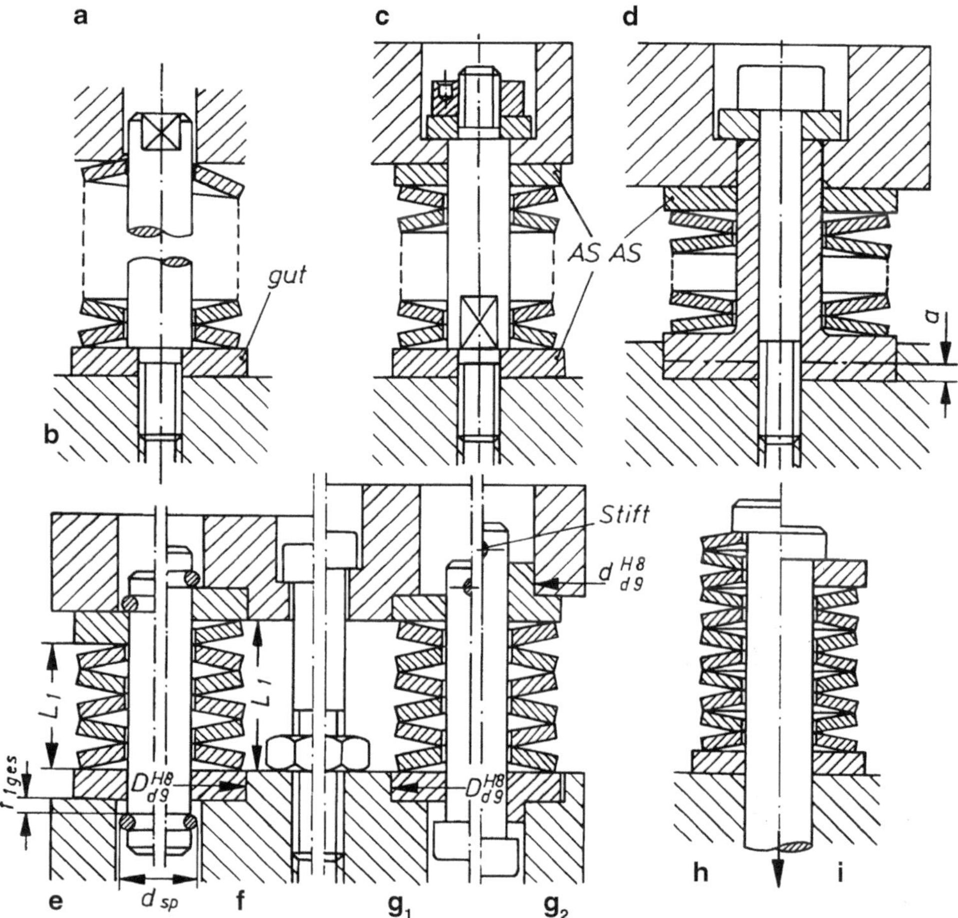

Abb. 14.5 Innenführung und vormontierte Federsäulen. **a** Tellerinnenrand als Auflage ist schlecht, Bohrung ungleich gesenkt, **b** Tellerauflage gut, großer Tellerrand liegt auf gehärteter Scheibe, **c** beidseitig abgesetzter, einsatzgehärteter Führungsbolzen mit Zweilochmutter DIN 547 (für kleine Tellerfedern), **d** einsatzgehärtete Führungsbuchse mit Bund, Scheiben und Innensechskantschraube (für große Tellerfedern), *a* Abschliff beim Schärfen der Schneiden, *AS* (gehärtete Auflagescheiben), **e** schlechte Führung der vormontierten Federsäule (d_{sp} Außendurchmesser des Sprengringes DIN 9045), außerdem ungerade Telleranzahl, **f** gute Führung und Auflage, auch gerade Telleranzahl **g_1**, **g_2** gute Führung, **h** ungerade Telleranzahl möglich, **i** besser gerade Telleranzahl mit gehärteter Scheibe als Tellerauflage

bolzen mindestens so lang sein, dass sie bereits die ungespannte Federsäule führen; Hubbegrenzungsschrauben müssen in die Gewindegänge eingreifen, bevor die Teller vorgespannt werden (Maß *m* in Abb. 14.2 I_0, II_0).

Wechselnd belasteten Tellerfedern darf nur ein bestimmter Spannungsunterschied $\Delta\sigma_{zul}$ zugemutet werden. Die Dauerfestigkeitsschaubilder für Tellerfedern (Abb. 14.6) zeigen, dass

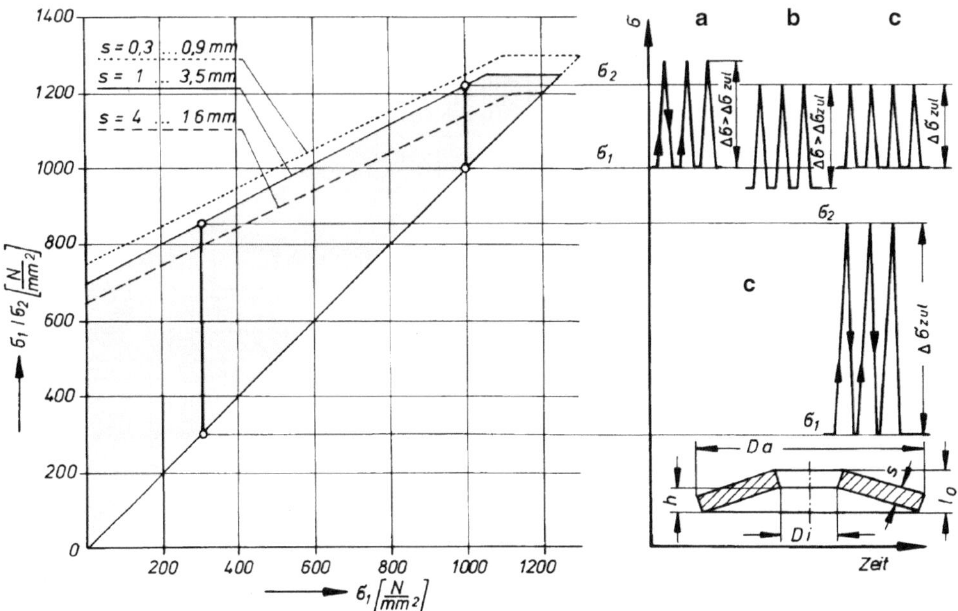

Abb. 14.6 Dauerfestigkeitsschaubild er ($N = 2 \cdot 10^6$ Lastwechsel) für Tellerfedern nach DIN 2093. **a** Teller setzen sich, da obere Grenzspannung σ_2 zu hoch, **b** Rissgefahr am Teller, da Spannungsunterschied $\sigma_2 - \sigma_1$ zu hoch (untere Grenzspannung σ_2 ist zu niedrig), **c** richtig beanspruchte Teller bei hoher und bei niedriger oberer Grenzspannung σ_2. D_a Telleraußendurchmesser, D_i Tellerinnendurchmesser, s Dicke des Einzeltellers, l_0 Bauhöhe des unbelasteten Tellers, h gesamter Federweg, dabei wird Teller flach gedrückt (vermeiden)

bei steigender oberer Grenzspannung σ_2 der zulässige Spannungsunterschied $\Delta\sigma_{zul}$ und damit der Federhub je Teller Δf stetig kleiner wird. Man soll daher beim Festlegen der Tellergröße nicht nur auf die Federkraft F_2, sondern auch auf die obere Grenzspannung σ_2 achten. Oft entstehen günstigere Einbauverhältnisse, wird anstatt einem Teller mit hoher Grenzspannung (also mit geringem Federhub) der nächst größere Teller eingesetzt. Um Haarrissen im Bereich der Tellerbohrung vorzubeugen, soll im vorgespannten Zustand noch ein *Mindestfederweg* $f_1 \approx (0{,}15 \ldots 0{,}20) \cdot h$ vorhanden sein. Ideal ist, wenn die gegebene Federkraft F_2 bei $f_2 \approx 0{,}65 \cdot h$ der gewählten Tellergröße liegt. Den Rechnungsgang zeigt schematisch Abb. 14.7.

Bei *Federpaketen* gleiten die Flächen der Tellerfedern während der Verformung aufeinander, es entstehen *Reibungsverluste* (Abb. 14.8). Dadurch muss mehr Kraft aufgewandt werden ($F_{Aufwand}$), als die Teller abgeben (F_{Ertrag}) Im Regelfall ist die von den Tellern abzugebende Kraft (F_{Ertrag}) bekannt. Man kann dann überschlägig auch auf diese Kraft die in Abb. 14.8 angegebenen Prozentsätze[9] zugeben. Einschichtige kurze Federsäulen werden ohne Reibungsverluste berechnet, sofern die Teller geschmiert sind und einwandfrei aufeinander sitzen.

[9] Prozentsätze gelten nur für gut geschmierte Federpakete; bei mangelnder Schmierung können sich Prozentsätze verdoppeln.

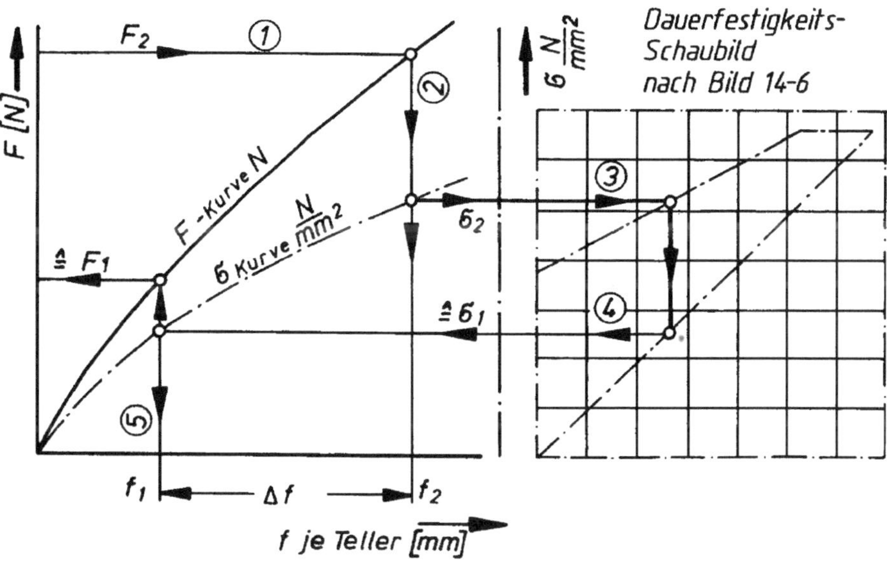

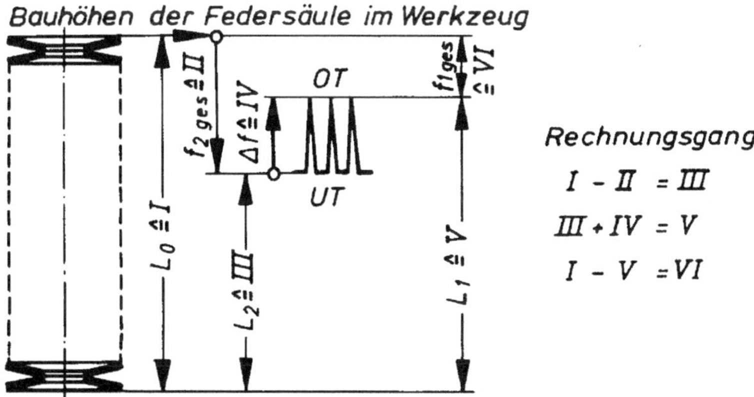

Abb. 14.7 Schema des Rechnungsganges bei Federsäulen, zusammengesetzt aus Einzeltellern. Einzelteller betrachtet: $\Delta\sigma$ Spannungsunterschied im Teller, Δf Federhub je Teller, Werkzeugstellung OU: F_1 Federkraft vorgespannt, f_1 Federweg je Teller vorgespannt, σ_1 Spannung im Teller vorgespannt, Werkzeugstellung UU: F_2 Federkraft gespannt, f_2 Federweg je Teller gespannt, σ_2 Spannung im Teller gespannt, Lösungsgang nach Reihenfolge der Zahlen. Federsäule betrachtet: i Einzelteller, Wechsel sinnig aneinandergereiht, Δf_{ges}, gesamter Federhub $= i \cdot \Delta f$, $f_{1\,ges}$ gesamter Federweg, vorgespannt $= i \cdot \Delta f$, $f_{2\,ges}$ gesamter Federweg, gespannt $= i \cdot f_2$, L_0 Länge der Federsäule, ungespannt $= i \cdot l_0$, L_1 Einbauhöhe vorgespannt, L_2 Einbauhöhe gespannt

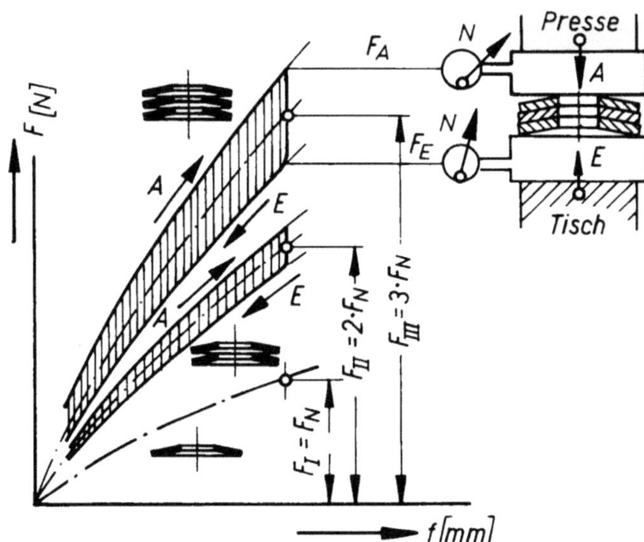

Abb. 14.8 Federpakete und Kraftverhältnisse. Federpaket betrachtet: Reibung je geschichtetem Teller ±2 … 3 % (nach DIN 2092), $F_I = F_N$ Federkraft eines Einzeltellers, (F_N = Angaben der Hersteller), $F_{II} = 2 \cdot F_N \pm 4 \ldots 6$ %, wobei zwei Einzelteller ein Federpaket bilden, $F_{III} = 3 \cdot F_N \pm 6 \ldots 9$ %, wobei drei Einzelteller ein Federpaket bilden, i Anzahl der wechselsinnig aneinander gereihten Tellerpakete, A Belastungskurven für $F_{Aufwand}$, Kraft bringt Pressenstößel auf, E Entlastungskurven für F_{Ertrag}, Kraft gibt Federpaket ab

Bei einschichtigen langen[10] Tellerfedersäulen, die wechselnd belastet sind, bricht oft vorzeitig der 2. oder 3. Teller des bewegten Säulenendes (Teller im Bereich der Krafteinleitungsstelle). Die Ursache ist ebenfalls in den Reibungsverlusten zu suchen, denn jeder innere und äußere Tellerrand der wechselsinnig aneinandergereihten Teller vergrößert die Anzahl der Reibstellen; die eingeleitete Kraft ($F_{Aufwand}$) durch jeden Teller um dessen Reibungsanteil vermindert. Dadurch sind die Federwege (bzw. Federhübe) am bewegten Säulenende (das ist die Krafteinleitungsstelle) in Wirklichkeit größer, am unbewegten Säulenende kleiner als berechnet. Dieser überhöhte Federhub bedingt größere Spannungsunterschiede und kürzt die Lebensdauer der Teller.

Berechnungsbeispiel 14.2

In einem Gesamtschneidwerkzeug (siehe Abb. 5.14) muss durch Tellerfedern eine Abstreifkraft von 4300 N[11] erreicht werden. Beim Schärfen des Stempels werden Schneide und Abstreifplatte gemeinsam abgeschliffen. Der erforderliche Federweg ist $\Delta f_{ges} = 1{,}5$ mm. Aus konstruktiven Gründen werden drei Federsäulen, bestehend aus wech-

[10] Ungespannte Länge der Federsäule L_0 ist größer als das Dreifache des Telleraußendurchmessers D_a.

[11] Sicherheitszuschlag (vgl. Abschn. 14.1.4) auf die ermittelte Kraft ist bereits enthalten.

selsinnig aneinandergereihten Tellerfedern A 22,5 DIN 2093 gewählt. Folgende Kennwerte sind damit gegeben: $h = 0{,}50$ mm, $l_0 = 1{,}75$

$$\text{Bei } f = 0{,}25 \cdot h = 0{,}125\ \text{mm} \qquad \text{ist } F = 710\ \text{N},\ \sigma = 390\ \frac{\text{N}}{\text{mm}^2}$$

$$\text{bei } f = 0{,}50 \cdot h = 0{,}25\ \text{mm} \qquad \text{ist } F = 1360\ \text{N},\ \sigma = 840\ \frac{\text{N}}{\text{mm}^2}$$

$$\text{bei } f = 0{,}75 \cdot h = 0{,}375\ \text{mm} \qquad \text{ist } F = 1970\ \text{N},\ \sigma = 1330\ \frac{\text{N}}{\text{mm}^2}$$

Die Einbauhöhen der Federsäulen und die Spannungen im Teller sind zu bestimmen.

Lösung

Zuerst zeichnet man im Koordinatensystem an Hand dieser Kennwerte die Kennlinien für Federkraft und Spannung auf (Abb. 14.9). Mittels

$$F_2 = \frac{4300\ \text{N}}{3\ \text{Federsäulen}} = 1430\ \text{N}$$

werden

$$f_2 = 0{,}265\ \text{mm} \quad \text{und} \quad \sigma_2 = 900\ \frac{\text{N}}{\text{mm}^2}$$

abgelesen.

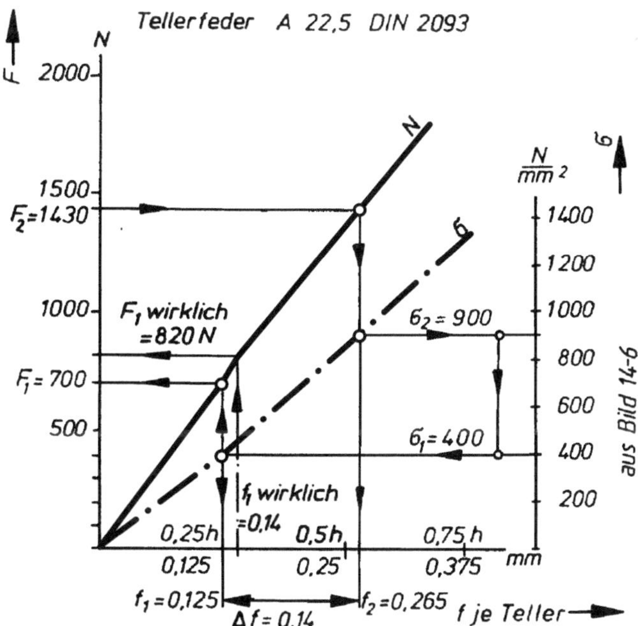

Abb. 14.9 Zeichnerische Lösung des Beispiels 14.2. Federkennlinie Indizes siehe Abb. 14.2

Aus Dauerfestigkeitsbild, Kurvenzug für $s = 1 \ldots 3,5$ mm (Abb. 14.6) erhält man bei $\sigma_2 = 900$ N/mm² als untere Grenzspannung $\sigma_1 \approx 400$ N/mm². Diese Spannung in Diagramm (Abb. 14.9) übertragen, ergibt vorläufigen Federweg vorgespannt $f_1 \approx 0{,}125$ mm und vorläufige Federkraft vorgespannt $F_1 \approx 700$ N.

Der Federhub je Teller ist damit

$$\Delta f = f_2 - f_1 = 0{,}265 \text{ mm} - 0{,}125 \text{ mm} = 0{,}14 \text{ mm}.$$

Anzahl der Tellerfedern

$$i = \frac{\text{erforderlicher Federweg } \Delta f_{\text{ges}}}{\text{Federweg je Teller } \Delta f} = \frac{1{,}5 \text{ mm}}{0{,}14 \text{ mm}} = 10{,}7 \text{ Teller, gewählt } 12 \text{ Teller}$$

Die Einbauhöhen werden wie folgt ermittelt (Zahlen I … VI sind als Rechnungsgang in Abb. 14.7 angegeben):

ungespannte Länge der Federsäule $\triangleq \text{I} = L_0 = i \cdot l_0 = 12 \cdot 1{,}75 \text{ mm} = 21{,}0 \text{ mm}$

gesamter Federweg $\triangleq \text{II} = f_{2\text{ges}} = i \cdot l_0 = 12 \cdot 0{,}265 \text{ mm} = 3{,}2 \text{ mm}$

Einbauhöhe gespannt $\triangleq \text{III} = L_2 = L_0 \cdot f_{2\text{ges}} = 17{,}8 \text{ mm}$

gegebener Federhub $\triangleq \text{IV} = \Delta f_{\text{ges}} = 1{,}5 \text{ mm}$

Einbauhöhe vorgespannt $\triangleq \text{V} = L_1 = L_2 + \Delta f_{\text{ges}} = 19{,}3 \text{ mm}$

Federweg vorgespannt (in Wirklichkeit vorhanden) $\triangleq \text{VI} = f_{1\text{ges}} = L_0 - L_1 = 21{,}0 \text{ mm} - 19{,}3 \text{ mm} = 1{,}7 \text{ mm}$

Federweg vorgespannt je Teller $\triangleq \quad f_1 \dfrac{F_{1\text{ges}}}{i} = \dfrac{1{,}7 \text{ mm}}{12} \approx 0{,}14 \text{ mm}$

Mit $f_1 \approx 0{,}14$ mm wird $F_{1 \text{ wirklich}} \approx 820$ N ($> \frac{1}{2} F_2$, in Ordnung).

Ergebnis

Für die drei Federsäulen sind je 12 Einzelteller A 22,5 DIN 2093, Bauhöhen $L_1 = 19{,}3$ mm, $L_2 = 17{,}8$ mm erforderlich. Die Hubbegrenzungsschrauben müssen je 820 N aufnehmen.

Berechnungsbeispiel 14.3

Im gleichen Gesamtschneidwerkzeug (Abb. 5.14) müssen auf den im Oberteil eingebauten Ausstoßer 8800 N[12] Federkraft wirken. Der Federhub ist $\Delta f_{\text{ges}} = 1{,}5$ mm. Im Oberteil kann man nur eine Tellerfedersäule einbauen. Tellergröße und Einbaumaße sind zu bestimmen.

Lösung

Angenommen wird eine Federsäule, bestehend aus Federpaketen mit je zwei Tellern, die wechselsinnig aneinandergereiht sind. Je Teller ist damit

[12] Sicherheitszuschlag auf die ermittelte Kraft ist bereits enthalten.

$$F_{2\ \mathrm{Ertrag}} = \frac{8800}{2} = 4400\ \mathrm{N}.$$

Gewählt wird Tellerfeder A 40 DIN 2093.

Ergebnis

Den Lösungsgang und die Berechnung der Einbaumaße zeigt Abb. 14.10.

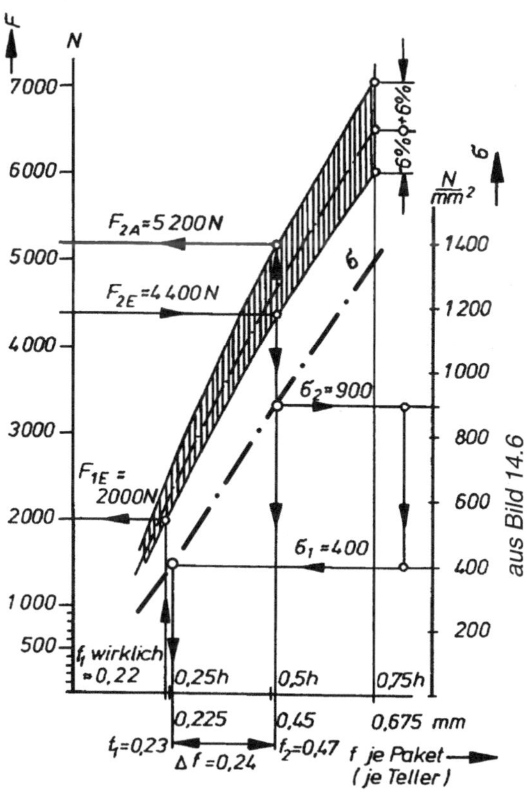

Abb. 14.10 Zeichnerische Lösung des Beispiels 14.2. Federkennlinie: Indizes siehe Abb. 14.2. Anzahl der Federpakete $i = \frac{\Delta f_{\mathrm{ges}}}{f} = \frac{1{,}5\ \mathrm{mm}}{0{,}24\ \mathrm{mm}} = 6{,}2$, gewählt $i = 6$ Pakete zu je 2 Tellern, $L_0 = (l_0 + s) \cdot i = (3{,}15\ \mathrm{mm} + 2{,}25\ \mathrm{mm}) \cdot 6 = 32{,}4\ \mathrm{mm} = 32{,}4\ \mathrm{mm}$, $f_{2\mathrm{ges}} = i \cdot f_2 = 6 \cdot 0{,}47\ \mathrm{mm} \approx 2{,}8\ \mathrm{mm}$, $L_2 = L_0 - f_{2\mathrm{ges}} = 29{,}6\ \mathrm{mm}$, $\Delta f_{\mathrm{ges}} = 1{,}5\ \mathrm{mm}$, $L_1 = L_2 + \Delta f_{\mathrm{ges}} = 31{,}1\ \mathrm{mm}$, $f_{1\,\mathrm{ges}}$ vorhanden $L_0 - L_1 = 1{,}3\ \mathrm{mm}$, f_1 je Teller vorhanden $= \frac{f_{1\mathrm{ges}}}{i} = \frac{1{,}3\ \mathrm{mm}}{6}$; somit wirksame Federkräfte der Pakete: $F_{1\ \mathrm{Ertrag}} \approx 2 \cdot 2000\ \mathrm{N} = 4000\ \mathrm{N}$, $F_{2\mathrm{Ertrag}} \approx 2 \cdot 4400\ \mathrm{N} = 8800\ \mathrm{N}$, $F_{1\mathrm{E}}$ ist knapp die Hälfte von $F_{2\mathrm{E}}$ (unterste Grenze!), F_2 Aufwand $\approx 2 \cdot 5200\ \mathrm{N} = 10.400\ \mathrm{N}$

14.4 Elastomer-Druckfedern

Angaben zur Berechnung und Konstruktion von Elastomer-Druckfedern enthalten DIN 9835-3.

Druckfedern aus synthetischem Gummi oder aus hochelastischen Elastomeren (z. B. Polyurethan) werden vorgesehen, wenn *große Kräfte bei großen Federwegen* gefordert sind und die Federn dabei *höchstens 50 Arbeitshübe pro Minute ausführen.* Kunststoffdruckfedern sind ölfest, jedoch *sehr wärmeempfindlich.* Da Kunststoffdruckfedern sich setzen und die abgegebenen Kräfte sich infolge innerer Erwärmung zusätzlich mindern, darf der wirkliche Federweg f_2 höchstens 90 % des Nennfederweges betragen. Zusätzlich soll man in Werkzeugen, z. B. bei Abstreifer- und Ausstoßerfedern sowie bei federnden Biegestempeln die rechnerisch ermittelte Kraft noch um mindestens 10 … 20 % erhöhen und die Druckfeder entsprechend der erhöhten Kraft aussuchen. Unter Druck werden die Federn elastisch gestaucht, wobei die Federbohrung in der Mitte etwas ausgebaucht und die zylindrische Außenform sich kugelförmig vergrößert; große Einbauräume (D_{FR}) sind erforderlich, die großflächige Werkzeuge ergeben. Es kann Innen- oder Außenführung angewandt werden (Korrekturfaktoren der jeweiligen Führungsdurchmesser, Abb. 14.11). Innenführung ist vorzuziehen. Hohe Druckfedern ohne durchgehenden Innenführungsbolzen knicken seitlich aus; Grenzwerte gibt Kurvenzug Abb. 14.11b an. Druckfedern sollen ungespannt in der Höhe ≥ Außendurchmesser sein. Ist die ungespannte Höhe < Außendurchmesser, knickt bei größer werdendem Federweg die ausgebauchte Federbohrung ein (Abb. 14.11c, rechte Hälfte), Innenrisse sind die Folgen.

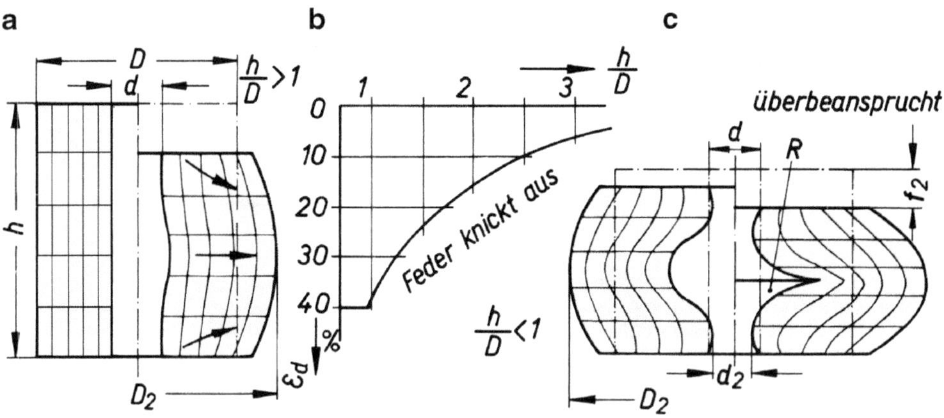

Abb. 14.11 Elastomer-Druckfedern. **a** Verformung bei $\frac{h}{D} > 1$, **b** Knickkurve (aus AWF 500.72.03, Kunststoffdruckfedern Shore 68°) für $\frac{h}{D} = 1 \ldots 3$; eingeschlossene Fläche gibt zulässigen Stauchungsbereich an. Elastische Stauchung ε_d in % der Ausgangshöhe h, **c** Verformung bei $\frac{h}{D} < 1$.

ε_d %	10	20	30	40
K_a	1,08	1,18	1,28	1,42
K_i	0,98	0,93	0,88	0,82

K_a bzw. K_i sind Korrekturfaktoren für Kunststoffdruckfedern Shore 68°. Gefahr der Rissbildung R bei Kunststoffdruckfedern mit

$\varepsilon_{d\,zul}$	40 %	30 %	25 %
$\frac{h}{D} \approx \frac{2}{3}$ bei ε_d	>40 %	>30 %	>25 %
$\frac{h}{D} \approx \frac{1}{2}$ bei ε_d	>30 %	>25 %	>20 %

$\varepsilon_d = \frac{f}{h} \cdot 100\ \%$, $D_2 = K_a \cdot D$, dabei Federraum $D_{FRmin} = D_2 + (5 \ldots 10)$ mm, $d_2 = K_i \cdot d$, dabei Führungsbolzen $d_{h11} = d_2 - (0{,}1 \ldots 0{,}2)$ mm

Berechnungsbeispiel 14.4

Für ein Biegewerkzeug mit Keiltrieb (siehe Abb. 7.12) ist eine mittigwirkende Kunststoffdruckfeder zu bestimmen. Folgende Angaben sind bekannt: Vorspannkraft (zum U-förmigen Biegen einschließlich 15 … 20 % Zuschlag wegen Setzerscheinungen) $F_1 = 3000$ N, Federhub $\Delta f = 4{,}5$ mm.

Lösung

Aus vorhandenen Federkennlinien wird die Druckfeder (synthetischer Gummi, Shorehärte 68° ± 5°) = 50 × 50 gewählt (Abb. 14.12).

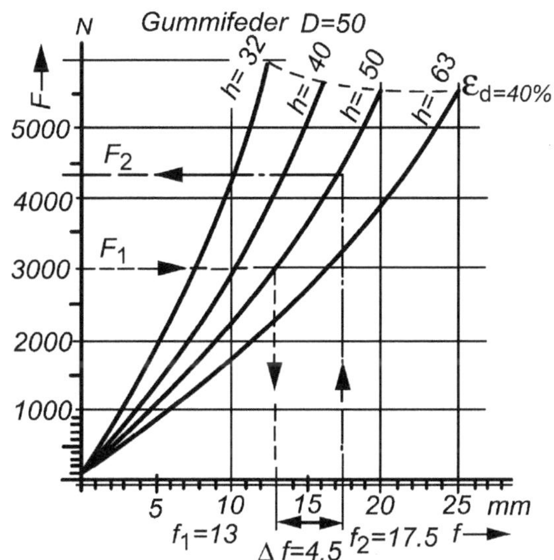

Abb. 14.12 Kennlinien von Druckfedern aus synthetischem Gummi Sh 68° ± 5°; für D=50 mm, h=32, 40, 50, 63 mm, zeichnerische Lösung des Beispiels 14.4

Bei $F_1 = 3000$ N wird $f_1 = 13$ mm abgelesen. Somit ist $f_2 = f_1 + \Delta f = 13$ mm + 4,5 mm = 17,5 mm.

Damit $h_2 = h - f_2 = 50$ mm − 17,5 mm = 32,5 mm und $F_2 = 4350$ N.

Wirklicher Federweg $f_2 = 17{,}5$ mm bezogen auf Nennfederweg $f_{\text{Nenn}} = 20$ mm ergibt $\frac{f_2 \cdot 100\ \%}{f_{\text{Nenn}}} = \frac{17{,}5\ \text{mm} \cdot 100\ \%}{20\ \text{mm}} \approx 88\ \%$ des Nennfederweges (obere Grenze).

Ergebnis
Den Lösungsgang zeigt Abb. 14.12.

14.5 Gasdruckfedern

Gasdruckfedern sind geschlossene Federn, die aus einem Zylinder, einem Kolben mit Dichtung sowie einer Kolbenstange bestehen und als Druckmedium Stickstoff enthalten. In Ruhestellung ist die Kolbenstange nach außen verschoben. Die Gehäuse (Zylinder) haben eine Gas-Einlass-/Auslassöffnung für die Gasbefüllung und Druckeinstellung. Ihr Vorteil ist, dass sie auf kleinem Raumbedarf große Federkräfte aufnehmen. ($F_n = 1000 \ldots 75.000$ N bei Drücken von $p = 10 \ldots 15$ MPa (100 … 150 bar)). Der Nennkraft-Steigefaktor beträgt für vollen Hub 1,3 … 1,5. Sie eignen sich gut für kleine Hubfrequenzen, da sie sich wegen irreversibler physikalischer Vorgänge und Reibung an der Dichtung bei höheren Hubfrequenzen bis zur Zerstörung erwärmen können, wenn keine Kühlmöglichkeiten vorgesehen werden.

Allgemeine Festlegungen für Gasdruckfedern enthält DIN ISO 11901-1.

Literatur

1. Wittel, H., et al.: Roloff/Matek Maschinenelemente, 23. Aufl. Springer Vieweg, Wiesbaden (2017)

Kriterien für Hochleistungswerkzeuge 15

15.1 Allgemeine Anforderungen und Konstruktionshinweise

Die Anforderungen an Hochleistungswerkzeuge richten sich nach den allgemeinen Anforderungen an Werkzeugmaschinen. Sie zielen auf die Erhöhung der **Wirtschaftlichkeit** und **Stanzteil-Qualität** sowie der **Formenvielfalt.** Die *Wirtschaftlichkeit* wird mit höherer Hubfrequenz (Hubzahl/min), größerer Standmenge (Standzeit) der Werkzeuge und kürzerer Rüstzeit (Werkzeugwechselzeit) erreicht. Einen Einfluss hat auch die Verfügbarkeit (Zuverlässigkeit) von Werkzeug und Presse.

Die *Qualität* der Stanzteile, d. h. das Herstellen der Teile in engen Toleranzen innerhalb der Standmenge wird nicht nur wegen besserer Funktion der Teile selbst angestrebt, sondern auch wegen der Handhabung beim automatischen Transport und automatischem Fügen.

Die Erhöhung der *Formenvielfalt* erlaubt, die Stanzteile in immer größeren Technikbereichen einzusetzen. Die Teile werden immer komplexer, deshalb werden auch andere Techniken wie Nieten, Widerstand- und Laserschweißen, Fügen und Gewindeherstellung in den Stanzprozess einbezogen (Tab. 2.5). Die Anzahl der Stanzfolgen in der Bandlaufrichtung steigt damit bis 90.

Über das Konzept, konstruktive Werkzeug-Ausführung, Qualität, Lebensdauer und Kosten der Werkzeuge entscheidet der Konstrukteur. Mit einer Kosten-Nutzen-Analyse ist auch die Höhe der Kosten zu bestimmen. Vor Konstruktionsbeginn ist daher zu klären:

- Kompliziertheit des Stanzteils (Zeichnung muss vorliegen, eventuell überprüfen auf Toleranzen, Grathöhen usw.).
- Vorgesehene Gesamtlebensdauer und Hubfrequenz.
- Welcher Stanzautomat eingesetzt wird (Hubgröße, Bandlaufhöhe und Bandlaufrichtung feststellen).
- Stanzteilwerkstoff und dessen stoffliche Eigenschaften.

© Springer Fachmedien Wiesbaden GmbH, ein Teil von Springer Nature 2020

M. Kolbe, *Stanztechnik*, https://doi.org/10.1007/978-3-658-30401-0_15

- Werkzeug einfach- oder mehrfachfallend.
- Ob Teile am Streifen aufgewickelt oder vereinzelt abgeführt werden.
- Stanzabfallentsorgung.
- Schmierung oder Benetzung des Bandes bzw. des Werkzeugs.

In Anlehnung an die VDI-Richtlinie 2901 (wurde zurückgezogen) konnten Grundsätze für eine Konstruktion abgeleitet werden. Nach Abklärung aller konstruktiven Anforderungen beginnt die Konstruktion mit der Festlegung des Streifenbildes mit Einzelheiten, gegebenenfalls im vergrößerten Maßstab. Dazu gehören Platinenmaße, Toleranzen, Stanzgitter mit Stegbreiten, die Schneid-, Biege- und Prägeposition. Danach erfolgt der Werkzeugaufbau, bei dem besonders auf die Austauschbarkeit der Verschleißteile und gegebenenfalls der Einschübe unter der Presse beachtet werden sollen. Das Gestell soll eine ausreichende Steifigkeit aufweisen. Die Führungselemente und Säulen Abb. 5.10 und 5.11 müssen exakt rechtwinklig zur Plattenfläche stehen, am besten sollen Säulen und Bohrungen koordinatengeschliffen werden.

Es werden Passungen von ISO H5 (normal H6) für Aufnahmebohrung und ISO J5 (normal J6) für Säulen angestrebt.

Als Führungsarten werden Wälz- und Gleitführungen verwendet. Bei Wälzführungen kennt man Kugel- und Rollenführungen. Am meisten werden Kugelführungen mit einer Vorspannung bei gepaarter Anordnung von 2 bis 5 µm verwendet. Die Lebensdauer ist abhängig von der Vorspannung und beträgt 10 bis 20 Millionen Hübe bei Hubfrequenzen bis 1500 H/min. Die Rollenführungen mit Profilrollen bewirken eine Linienberührung gegenüber den punktförmigen Kugelführungen, sind deshalb steifer aber teurer. Die Gleitführungen haben im Ruhezustand ein Spiel von 2 bis 5 µm. Bei Hubbewegungen findet ein partieller oder vollständiger hydrodynamischer Druckaufbau statt, sodass diese Führungen dann spielfrei wirken. Bei richtiger hydrodynamischer Auslegung und ausreichender Ölzufuhr sind Hubfrequenzen über 1000 H/min erreichbar.

Es ist zu entscheiden, ob für den Werkzeugaufbau Massivbauweise mit fester Führungsplatte für einfache Folgeschnitte (Abb. 5.6) oder Rahmenbauweise mit geführter und gefederter Führungsplatte (Abb. 10.6) verwendet werden soll. Die Führungs- und Schneidrahmen sollen deckungsgleich mittels Koordinatenschleifen oder Drahterodieren hergestellt sein. Die Einsätze werden wie Endmaße eingepasst. Die Rahmenbauweise mit einem starren Abstreifer (Abb. 10.9) ist am besten für hohe Hubfrequenzen geeignet mit dem Nachteil einer schlechten Einsicht der Matrize. Bei komplizierten Folgeverbundwerkzeugen mit verschiedenartigen Teilefolgen und Zuführstationen ist die Einschubtechnik (Modulbauweise, Abb. 10.18) gut geeignet. Auch bei dieser Ausführungsart muss die Fertigungsgenauigkeit der Teile sehr hoch sein. Bei tolerierten Einbaumaßen sollen Toleranzen von ±1 µm angestrebt und die Teile wie Endmaße eingepasst werden.

15.2 Berücksichtigung hoher Hubfrequenzen

Seit der Einführung des Massenausgleichs in den mechanischen Pressen haben sich die Hubfrequenzen und damit die Wirtschaftlichkeit stark erhöht (Abb. 15.1). Auch die hydraulischen Pressen werden für höhere Hubfrequenzen ausgelegt. In der Regel erlauben die mechanischen Pressen höhere Hubfrequenzen als die Werkzeuge es zulassen. Deshalb werden an die Werkzeuge folgende Anforderungen gestellt:

- Verwenden von Hartmetallen für Stempel und Matrize zur Standmengenerhöhung – Hartmetall ist nicht nur härter, sondern auch temperaturunempfindlicher als gehärteter Stahl. Beim Hochleistungsstanzen treten örtlich sehr hohe Temperaturen auf.
- Verwenden von artgerechten Einfassungen und Abstützungen der Hartmetalleinsätze bezüglich Aufprall- und Rückzugkräften – Zug- und Biegekräfte im Hartmetall sollen so vermieden werden.
- Berücksichtigen von Aufprall- und Rückzugkräften bei Niederhaltern und Führungsplatten. Aufgrund der plötzlichen Abbremsungen und Beschleunigungen treten sehr große Massenkräfte auf. Vor allem beim Hochziehen der Niederhalte-Platten sind die Beschleunigungen sehr groß, sodass Schrauben abreißen können. Die Schrauben sollten deshalb federnd abgestützt werden, damit ein „sanfterer" Kraftanstieg erfolgt. Oft genügt es auch, die Schrauben lang zu wählen, um deren Federwirkung zu erhöhen.
- Die Spannmittel müssen die Kraft F_S zwischen Tisch und Unterwerkzeug sowie zwischen Stößel und Oberwerkzeug aufnehmen, die sich aus Rückkraft F_R, in der Regel Reibkraft, und der Massenkraft F_m zusammensetzt.

$$F_{sp} = F_R + F_m \quad \text{in N} \tag{15.1}$$

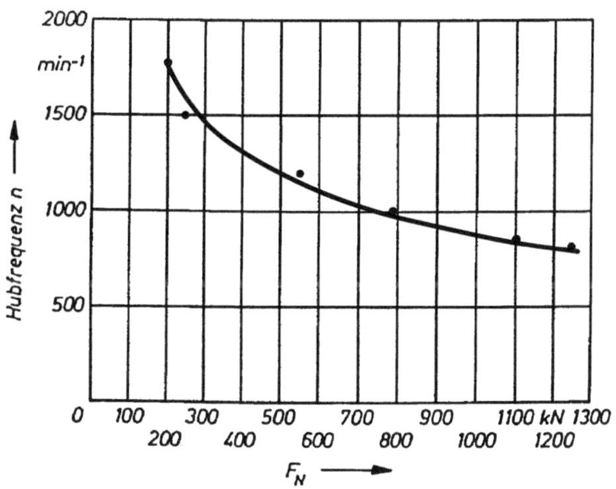

Abb. 15.1 Hubfrequenzen neuzeitlicher Stanzmaschinen in Abhängigkeit von der Nennkraft

Die Massenkräfte ergeben sich aus der Masse m des Ober- oder Unterwerkzeuges und der Beschleunigung a:

$$F_{\mathrm{m}} = m \cdot a \quad \text{in N} \tag{15.2}$$

Die Beschleunigung a steigt quadratisch mit der Hubfrequenz bis ca. $a = 300$ m/s^2 an. Die Spannelemente für Werkzeuge müssen in bezug auf diese Kräfte konstruiert werden.

Bei der Genauigkeitsbetrachtung ist zu unterscheiden zwischen der Konturgenauigkeit des Werkzeuges (Stempel und Matrize) in drei Koordinatenebenen (dies betrifft die geometrische Genauigkeit und ist abhängig von der Fertigungsgenauigkeit der Werkzeuge, Abb. 15.2) und der Führungsgenauigkeit des Werkzeuges in drei Koordinatenebenen. Für die Führungsgenauigkeit des Werkzeuges ist die Führungsgenauigkeit der Maschine ausschlaggebend, weil die Führungen der Presse um eine Zehnerpotenz steifer sind als die der Werkzeuge. Die Führungen der Werkzeuge sollen nur während des Spannens das Ober- und Unterwerkzeug zueinander ausrichten. Während des Spannens soll das Oberwerkzeug zum Unterwerkzeug nicht verdreht werden. Die Spannkraft soll ziehend aufgebracht werden. Für Werkzeug und Presse sollten folgende Forderungen erfüllen:

- Das Werkzeug muss in der Bandlaufebene gefüht sein, das heißt dort, wo der Stempel auf das zu stanzende Band auftrifft. Abb. 17.4 zeigt, dass bei einem in der Bandlaufebene geführten Stempel kein seitliches Verschieben des Stempels gegenüber der Matrize erfolgt, auch wenn der Stößel infolge von außermittigen Kraftresultierenden kippen sollte.
- Die Führungen möglichst spielfrei und thermisch (vor allem in der Presse Abb. 17.5) neutral gestalten. Deshalb sind Werkstoffe mit möglichst gleichen Ausdehnungskoeffizienten für Ober- und Unterwerkzeug *und* Pressenteile zu wählen.

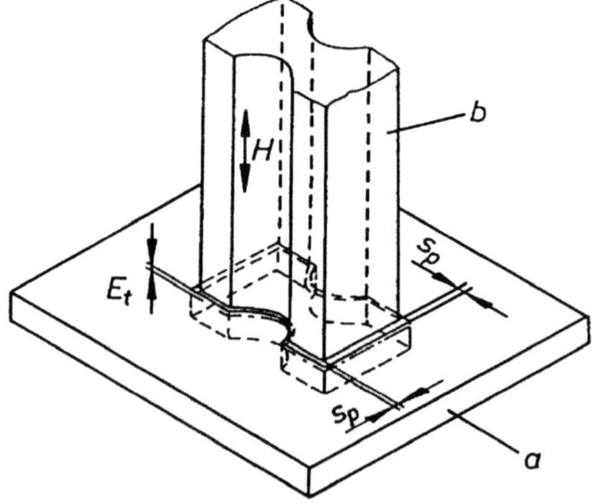

Abb. 15.2 Konturgenauigkeit und Eintauchtiefe. s_{p} Spiel, E_{t} Eintauchtiefe, *H* Hubbewegung, *a* Matrize, *b* Stempel

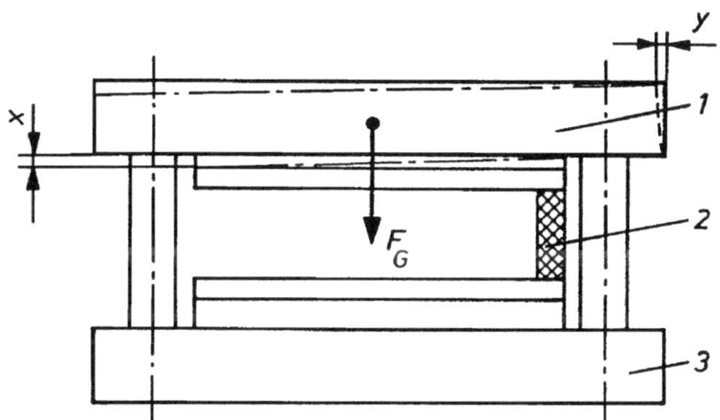

Abb. 15.3 Prüfung der Führungen unter Eigengewicht (nach Kramski). *1* Oberwerkzeug, *2* Distanzstück, *3* Unterwerkzeug. *x* zulässige Neigung, z. B. 50 µm/1000 mm, *y* zulässiger seitlicher Versatz, z. B. 5 µm

- Die seitliche Steifigkeit der Werkzeugführungen ist möglichst groß zu wählen, um beim Zusammenbau der Werkzeug-Elemente und beim Spannen in der Presse einen Versatz des Oberwerkzeugs zum Unterwerkzeug zu verhindern. Eine Kontrolle dazu ist das einseitige Abstützen des Werkzeuges an den Führungen durch ein paralleles Distanzstück (Abb. 15.3) und Ausmessen der Kippung und des seitliches Versatzes. Ein Maßstab dazu wäre z. B. das zulässige Kippen von 0,05 mm/m und ein seitlicher Versatz bis 5 µm bei Belastung durch das Eigengewicht des Oberwerkzeugs.
- Bei besonderen Pressenoperationen (zum Beispiel Prägen) soll sich der untere Umkehrpunkt (*UT*) bei Änderung der Hubfrequenz und der Temperatur nicht verändern (E_t in Abb. 15.2).

15.3 Schneidwerkstoffe

Für Schneidteile zum Scherschneiden werden beim *Hochleistungsstanzen* vorwiegend Hartmetalle verwendet. Je nach Schneidenform und Stanzwerkstoff werden Standmengen von Schliff zu Schliff von 1,5 bis 7 Millionen gefordert. Die Gesamtstandmenge eines Werkzeuges soll etwa 50 bis 100 Millionen Stück betragen. Da Hartmetalle bruchanfälliger als gehärtete Stähle sind, muss wegen der Forderung nach kleinen Spielen von 3 bis 5 µm zwischen Stempel und Matrize auch hohe Form- und Laufgenauigkeit verlangt werden.

In der Stanz- und Umformtechnik werden aus *Feinst- und Ultrafeinkorn* hergestellte *Hartmetalle* (siehe auch Abschn. 12.3.1) verwendet. Feinstkornsorten enthalten Karbidkorngrößen von 0,8 bis 1 µm, Ultrafeinsorten kleiner als 0,8 µm (etwa 0,5 µm). Die Ultrafeinkornsorten weisen eine höhere Zähigkeit auf, beziehungsweise bei gleicher Zähigkeit eine höhere Verschleißfestigkeit als die Feinkornsorten. Diese Hartmetalle sollen im Drucksinterverfahren, dem so genannten Heißisostatischen Verfahren (HIP) hergestellt worden sein. Mit Titannitrid, Titancarbid oder mit Titancarbonitrid beschichtete (PVD-Beschichtung) Werkzeuge setzen sich langsam in der Schneidtechnik durch. Mit der Beschichtung erreicht man eine Verringerung der Neigung zum Kaltverschweißen des Stempels bei Reibung am Band. Auch wenn die Stirnfläche des Stempels abgeschliffen wird, bleibt die erhöhte Verschleißfestigkeit an der Mantelfläche erhalten. Das Beschichtungsverfahren wird vermehrt bei Umformwerkzeugen angewendet. Es verbessert die Abriebfestigkeit.

Hartmetalle sollen auf Druck und möglichst nicht auf Zug belastet werden. Deshalb sind einige Konstruktionsregeln einzuhalten. Scharfe Ecken innen und außen sind zu meiden. Stattdessen ist es besser, Radien vorzusehen. Der Radius sollte 0,15 mm nicht unterschreiten. Als allgemeine Forderung gilt: $R \geq 0{,}5 \cdot$ Werkstückdicke.

Löten ist wegen Wärmespannung zu vermeiden. Kanten sollten nur auf Druck belastet werden. Günstig ist es, „satte" Auflagen vorzusehen; genauso wie es sinnvoll ist, einen „starren", das heißt sehr steifen Trägerwerkstoff zu verwenden. Blöcke mit Kantenlängen über 120 mm sollte man meiden. Der Trägerwerkstoff sollte optimal wärmebehandelt, künstlich gealtert und somit bei Temperaturbelastung verzugsfrei sein. Für besondere Anforderungen wird gehärteter Trägerwerkstoff verwendet.

Bei Schneidwerkzeugen aus *Werkzeugstahl* wird nur ein Zwanzigstel bis ein Zehntel der Standmenge von Hartmetall erreicht. Bei Verwenden von Werkzeugstahl muss auf das Härten größte Sorgfalt gelegt werden. Der Werkstoff sollte vakuumgehärtet und künstlich gealtert sein. Über die Stahlbehandlungen liegen viele Erfahrungsberichte vor, die berücksichtigt werden müssen. Das Beschichten mit Titannitriden, Titancarbiden und Titancarbonitriden ist so weit fortgeschritten, dass es für einige bestimmte Anwendungsfälle verwendet werden kann.

Das zu stanzende Band muss über die Schnittplatte möglichst ruhig laufen. Die Bandführungen sollen so konstruiert werden, dass das Band keine störenden Schwingungen (Flattern) ausführen kann, die Fehlstanzungen verursachen können.

Zum Schonen der Fangstempel (Fangstifte, Sucher) muss der Vorschubapparat sehr genau den Bandvorschub einhalten. Mit Walzen-Zangen-Vorschubapparaten können heute bei höchsten Hubfrequenzen Vorschubgenauigkeiten von ±0,015 mm eingehalten werden, wenn die Hubfrequenz einmal erreicht worden ist. Zur Steigerung der Vorschubgenauigkeit, aber auch aus Sicherheitsgründen, vor allem beim Einrichten und Hubfrequenzwechsel, werden bei Hochleistungswerkzeugen gefederte Fangstempel verwendet. Sie garantieren bei hoher Hubfrequenz die richtige Position.

In der *Feinschneidtechnik* wird die Leistungssteigerung durch Erhöhung der Standmenge und der Hubfrequenz angestrebt. Hubfrequenzen bis $n = 140$/min sind zurzeit nicht nur mit mechanischen, sondern auch mit hydraulischen sowie servomechanischen Pressen (Abschn. 17.6) zu erreichen. Für Aktivelemente (Stempel, Matrize) werden immer häufiger pulvermetallurgisch hergestellte Schnell- und Kaltarbeitsstähle verwendet, die vor allem mit Titannitrid (TiN) im PVD-Verfahren beschichtet werden (siehe auch Abschn. 13.3).

15.4 Hinweise zur Modulbauweise

Mit der Forderung nach komplexen Stanzteilen steigt auch die Anzahl der Stanzfolgen. Die einzelnen Stanzfolgen werden zu Einheiten (Moduln) zusammengefasst, beispielsweise zu Schneideinheiten, Biegeeinheiten, Präge- oder Umformeinheiten. Sie werden als Einzelwerkzeuge ausgeführt und in einem Rahmengestell zusammengefasst. So entstehen Folgewerkzeuge mit bis zu 60 Folgen.

Von den Einzelwerkzeugen wird gefordert, dass sie schnell und sicher aus- und einbaubar sind. Die Führungen der Einheiten sind als Montagehilfen zu betrachten, die die Aufgabe haben, beim Spannvorgang das Ober- zum Unterwerkzeug in seiner vorbestimmten Lage zu halten. Eine besondere Forderung richtet sich an die Parallelität der Aufnahmeflächen (Spannflächen) im Rahmengestell und den Einzelwerkzeugen. Beim Einbau soll das Ober- zum Unterwerkzeug nicht kippen.

Die Führungselemente sollen möglichst verschleißarm sein und eine lange Lebensdauer aufweisen. Sie sollen spielfrei oder leicht vorgespannt sein. Die Größe der Quersteifigkeit wird so gewählt, dass sie für den Transport und für das Ausrichten der Werkzeugteile zueinander beim Spannen ausreicht. Nach dem Spannen übernimmt die Führung der Presse das Führen der Werkzeuge.

Für die Hauptsäulen der Werkzeuge werden vorwiegend Kugelführungen verwendet. Für die „Zwischenversäulung" können auch Gleitführungen benutzt werden, allerdings muss dabei auf gute Schmierung geachtet werden. Kugelführungen müssen nach etwa 8 bis 10 Millionen Hüben ausgewechselt werden. Deshalb besteht die Forderung, auch für die Hauptsäulen nahezu spielfreie Gleitführungen mit ausreichender Ölschmierung zu verwenden.

Beim Schneidspalt wird eine exakte Einhaltung des Schneidspaltes von zum Beispiel 0,001–0,003 mm auf der Gesamtkontur gefordert. Einseitige Abweichungen führen zum vorzeitigen Verschleiß einzelner Stellen und zum Standmengenende des Werkzeuges. Austauschteile sollen in sehr engen Toleranzen hergestellt werden. Im Allgemeinen kann man folgende Toleranzforderungen stellen:

- Längen-, Dicken-, Außendurchmesser ±0,001 mm,
- Innendurchmesser, Abstände ±0,002 mm,
- Formabweichungen bis 0,005 mm.

Die Rautiefen der Werkzeuge R_t reichen von 0,2 bis 1 µm. Die Schartigkeit (Kantenrautiefe) richtet sich nach der Korngröße des Schneidenwerkstoffes und kann bis 1,4 R_t betragen.

15.5 Maßnahmen bei hoher Hubfrequenz

Bei Hochleistungswerkzeugen muss besonderes Augenmerk auf die Abstreifer des Stanzbandes gelegt werden. Die Ausführungsart der Abstreifer richtet sich nach der Hubfrequenz und der Form des Stanzteils. Für Hubfrequenzen bis etwa 1000 min^{-1} werden gefederte Abstreifer benutzt. Der Stanzstreifen wird nur so weit angehoben, dass er über die Schneidplattenkanten hinweggeführt und in Gesenke eingelegt werden kann. In der Regel soll diese Höhe maximal die Banddicke ausmachen. Sehr günstig dabei sind die modular aufgebauten Werkzeuge, weil die Masse der gefederten Abstreiferplatten kleiner ist.

Wird mit Hubfrequenzen über 1000 min^{-1} gearbeitet, dann werden ungefederte Abstreiferplatten verwendet. Hier muss eine hohe Abstandsgenauigkeit zwischen der feststehenden Abstreiferplatte und dem oberen Führungsrahmen im unteren Umkehrpunkt gefordert werden.

Für jedes Stanzteil ergibt sich ein Werkzeug mit einem optimalen Hub. Die Hubfrequenz ist wiederum vom Hub abhängig. Abb. 15.4 zeigt bei üblichen Stanzmaschinen die Abhängigkeit der Hubfrequenz vom Hub eines Werkzeuges. Will man also wirtschaftlich mit hohen Hubfrequenzen produzieren, muss der Werkzeughersteller darauf achten, dass das Werkzeug mit minimalem Hub arbeitet.

15.6 Erprobung und Abnahme der Werkzeuge beim Hersteller

Die an Kunden ausgelieferten Werkzeuge sollen für Massenartikel sofort einsetzbar sein. Deshalb ist es notwendig, dass die Werkzeuge beim Hersteller auf hochwertigen Präzisionsstanzmaschinen eingefahren werden. Nach den stufenweisen Testen sollen Werkzeuge bis zu 100.000 Hübe unter Betriebsbedingungen beim Hersteller ausgeführt haben, bevor sie ausgeliefert werden.

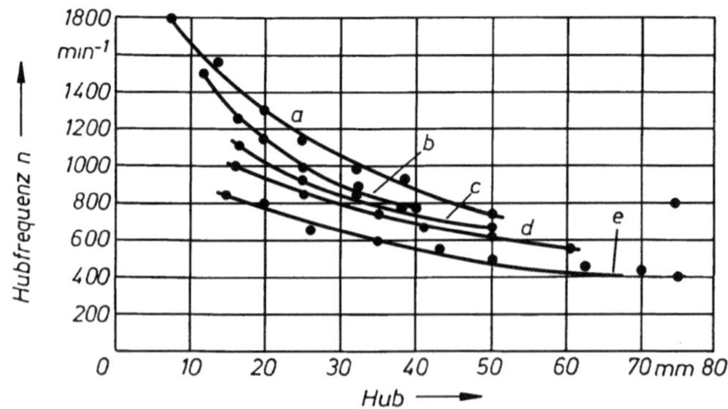

Abb. 15.4 Hubfrequenz in Abhängigkeit vom Hub bei Hochleistungs-Stanzmaschinen unterschiedlicher Nennstanzkraft F_N. *a* 200 kN, *b* 250 kN, *c* 500 kN, *d* 800 kN, *e* 1250 kN

Hochleistungswerkzeuge werden zunehmend mit Sensoren für Kraftmessungen ausgestattet. Je nach der Lage können damit Gesamtkräfte gemessen werden, um Werkzeugbruch oder Verschleißüberschreitung festzustellen. Außerdem werden Auswertelektroniken angeschlossen. Um die Sensoren sinnvoll zu verwenden, bedarf es stanztechnischer Erfahrung, damit systembedingte Kraftschwankungen nicht größer sind als die zu messenden Kräfte.

Für besondere Aufgaben sind Lichtschnittmessungen mit polychromatischem (einfachem) oder Laser-Licht bereits im Dauerbetrieb erprobt. Mit Licht können Abstände an Stanzteilen gemessen werden, um mittelbar die Qualität des Stanzteils und den Zustand des Werkzeuges zu beurteilen. Schwingungsmessungen an Werkzeugen sind aus dem Versuchsstadium herausgetreten. Die Veränderung des Schall- und Beschleunigungsverhaltens ergibt gute Ausgangswerte zum Beurteilen des Werkzeugzustandes. Dazu werden besondere elektronische Auswertgeräte verwendet.

Welche Forderungen mit Messungen an Werkzeugen erfüllt werden können, muss der Werkzeug-Fachmann zusammen mit dem Sensor- und Steuerungs-Fachmann entscheiden. Grundsätzlich ist festzustellen, dass die Werkzeugüberwachung künftig eine noch größere Bedeutung erlangen wird, um die Qualität der Stanzteile in automatisierter Fertigung zu sichern.

Welche Protokolle und Messergebnisse vor der Auslieferung des Werkzeugs dem Kunden übergeben werden, muss bei der Auftragsvergabe zwischen dem Kunden und dem Werkzeughersteller vereinbart werden.

Überwachung des Stanzprozesses 16

16.1 Überwachung des Stanzwerkzeuges und der Presse

Die Werkzeugüberwachung kontrolliert den Ablauf des Stanzprozesses über den kompletten Stanzzyklus. Indirekt werden dadurch auch grobe Veränderungen in der Qualität der Stanzteile z. B. bei fortschreitendem Verschleiß des Werkzeuges erkannt. Im Wesentlichen bewirkt der Einsatz einer Werkzeugüberwachung jedoch den Schutz des Werkzeugs und der Stanzmaschine vor Überlastung. Erst dadurch ist der automatische Ablauf der Fertigung möglich.

Die Werkzeugüberwachung in der Stanzmaschine soll:

- beim Werkzeugbruch die Maschine stoppen.
- bei Überlastung (zum Beispiel Banddopplung oder Fremdkörpereinfall) die Maschine stoppen.
- nach Überschreiten einer allmählich ansteigenden Kraft bei Werkzeugverschleiß die Tendenz der Kraftveränderung anzeigen, eventuelle Stellglieder regeln und bei Überschreiten einer vorgegebenen Toleranz die Maschine stoppen.

Eine vollständige Überwachung des kompletten Stanzzyklus und des Verhaltens des Stanzstreifens kann sich somit sehr lohnen.

16.1.1 Auswertbare Messgrößen

Bei der Werkzeugüberwachung werden Messgrößen verwendet, die nur mittelbar über den Zustand des Werkzeuges etwas aussagen. Diese stanztechnisch relevanten Messgrößen sind:

© Springer Fachmedien Wiesbaden GmbH, ein Teil von Springer Nature 2020

M. Kolbe, *Stanztechnik*, https://doi.org/10.1007/978-3-658-30401-0_16

Kräfte und Kraftänderungen am Werkzeug, Längenmaße (Abstände) bzw. Längenänderungen am Stanzteil, Positionen des Stanzstreifens in verschiedenen Winkelpositionen des Vorschubs sowie die Anzahl von Wechselsignalen an einem Sensor über einen bestimmten Winkelbereich hinweg.

Maschinenschwingungen und Schall können zur Überwachung ebenfalls herangezogen werden. Beim Feinschneiden ist die Werkzeugüberwachung von Pressplatte und Gegenstempel wichtig, beispielsweise über Drucksensoren zur Ermittlung der Schneidkräfte.

Auch können Piezosensoren in das Werkzeug integriert werden, die den Feinschneidprozess zusätzlich zur Maschine überwachen (System Fa. Fritz Schiess AG, Schweiz).

Theoretisch einfach ist das direkte Feststellen eines Stempelbruches im Durchlichtverfahren. Dies kann jedoch nur für einzelne Stempel bzw. Stempelteile benutzt werden. Der Aufwand für komplexe Werkzeuge ist dafür sehr groß. Günstiger ist auch hier, am Stanzteil zu messen und somit indirekt den Werkzeugzustand zu erfassen.

16.1.2 Messstellen für das Überwachen

Das Überwachen von Werkzeugen kann an verschiedenen Stellen erfolgen: im Werkzeug, in der Stanzmaschine und am Stanzteil.

Für das Messen im Werkzeug eignen sich Kraftmessungen mit Dehnungsmessstreifen oder Piezosensoren und Abstandsmessungen mit optischen Sensoren. Abb. 16.1 zeigt das Messen der Kräfte an definierten Stellen im Maschinenstößel, einer Werkzeugplatte (Kopfplatte) oder besonderer Druckplatte im Kraftfluss einzelner Stempel oder Stempelgruppen. Die Kraft setzt sich von da aus in einem Kegel nach unten fort und ist in diesem Kegel messbar. Je tiefer man einen Sensor setzt, desto kleinere Bereiche kann man erfassen (Abb. 16.2).

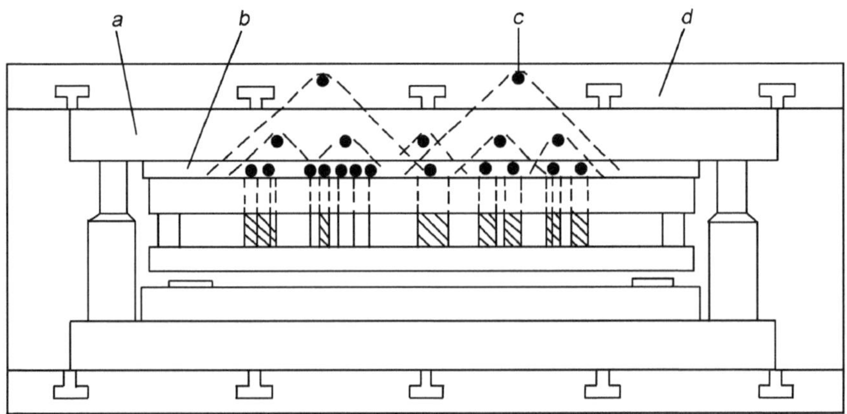

Abb. 16.1 Stellen zum Überwachen von Kräften in einzelnen Werkzeugabschnitten. *a* Kopfplatte, *b* Druckplatte, *c* Sensoren (gestrichelt: Sensorbereiche), *d* Maschinenstößel

a

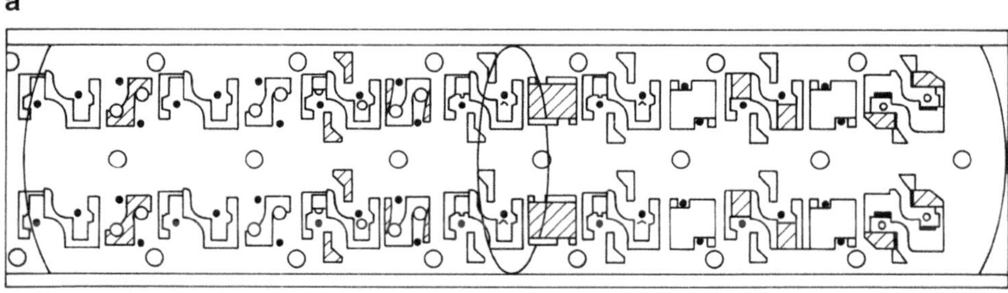

b

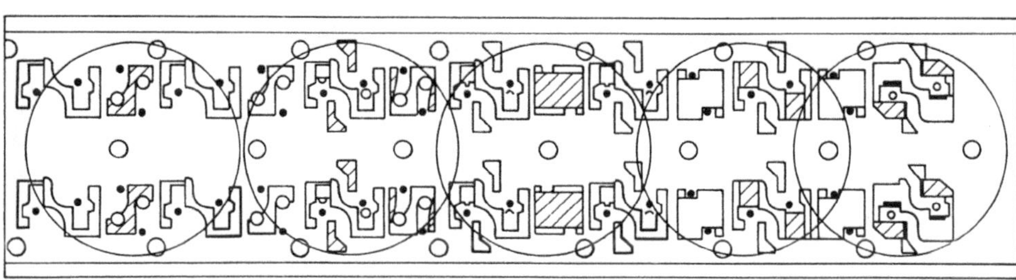

c

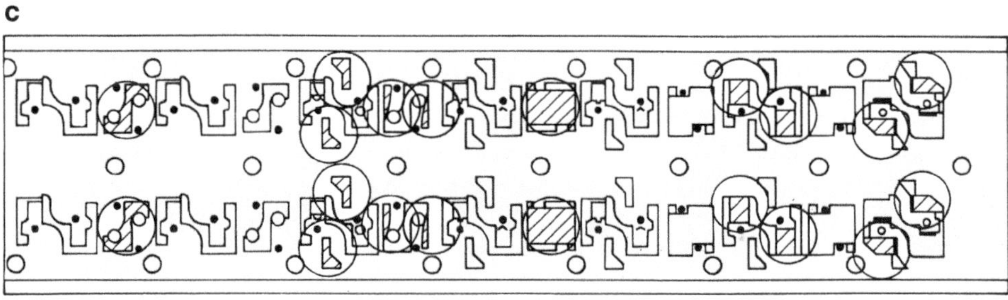

Abb. 16.2 Erfassen von verschiedenen Sensorbereichen für die Kraftmessung in Abhängigkeit vom Ort des Sensors (in Abb. 16.1), Bereiche bei: **a** zwei Sensoren im Maschinenstößel, **b** fünf Sensoren in der Kopfplatte, **c** zwanzig Sensoren in der Druckplatte

Beim Messen am Stößel oder Gestell der Stanzmaschine werden Summenkräfte gemessen, um bei deren Änderungen eine entsprechende Funktion (Halt oder Stößelverstellung) zu bewirken. Die Kräfte können an zwei oder vier Säulen gemessen werden. Somit kann eine Außermittigkeit der Kraftresultierenden oder eine Kraftänderung in größeren Abschnitten ermittelt werden.

Eine weitere Möglichkeit ist das Messen am Stanzteil im Werkzeug, zum Beispiel Abzugskraftmessungen an Kontakten oder Abstandsmessungen mit gerichteten Lichtstrahlen, um Werkzeugabweichungen festzustellen. Schließlich kann man noch das Stanzteil im Werkzeug, am Werkzeug oder außerhalb des Stanzprozesses mit optischer Prüftechnik (Bildverarbeitung) prüfen.

16.1.3 Abschätzen der Messgrößen

Um eine erfolgreiche Anwendung von Sensoren in Stanzwerkzeugen zu gewährleisten, müssen die Forderungen einerseits und die Möglichkeiten andererseits aufgelistet werden. Die Messungen, die innerhalb eines Stanzprozesses vorgenommen werden, können nur zur Korrektur der Abweichungen für nachfolgende Stanzvorgänge benutzt werden.

Nach dem Entstehen eines Signals innerhalb eines Stanzprozesses sind das Halten oder eine Korrektur sofort nicht möglich, sondern erst im ersten oder zweiten darauffolgenden Hub, weil die gespeicherte mechanische Energie ein plötzliches Stoppen verhindert. Bei Kraftmessungen zur Feststellung von Verschleiß oder Stempelbruch muss beachtet werden, ob eine Kraftgrößenänderung für einen bestimmten Vorgang, zum Beispiel Verschleiß eines empfindlichen Schneidenabschnittes, von anderen Kraftschwankungen unterscheidbar ist. Andere Kraftschwankungsursachen, beispielsweise Änderung der Dicke und Härte des Bandes, der Reibungsverhältnisse beim Schneiden und Ziehen oder eine Überlagerung dynamischer Kräfte, können größer sein als die Kraftzunahme infolge Verschleiß oder Bruch eines wichtigen Werkzeugteils.

Kleine Piezokristalle erlauben es, sehr nahe an den Kraftursprungspunkt zu gehen (Abb. 16.3), jedoch setzen die Platz- und Befestigungsverhältnisse und Steifheitsverluste im Kraftfluss sowie nicht zuletzt die Mehrkosten, Grenzen. Bekannt sind Kraftmessungen an Stanzteilen unabhängig vom Stanzvorgang. Zum Beispiel können innerhalb der Stanzfolge Auszugskräfte gemessen werden. Bei steigender oder fallender Kraftauszugstendenz wird der untere Umkehrpunkt der Stanzmaschine nach oben oder unten korrigiert. Kraftmessungen über Hydraulikdrücke werden bei hydraulischen Pressen vorgenommen und dort angewendet, wo die begrenzte Signalschnelligkeit noch ausreicht.

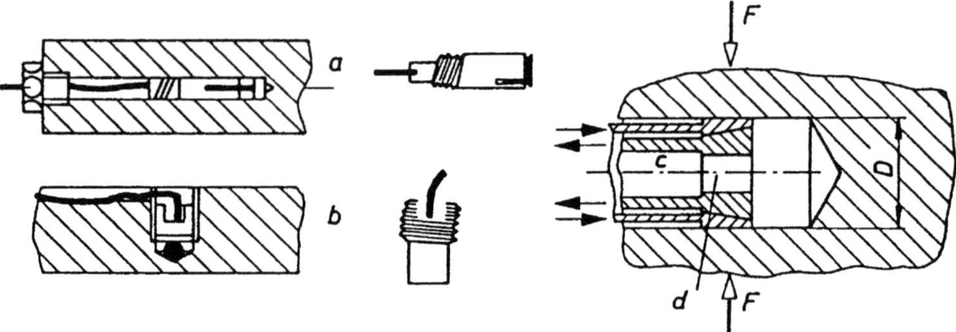

Abb. 16.3 Einbauweisen für piezoelektrische Kraftsensoren im Kraftfluss F; *a* Stößelsensor, *b* Werkzeugsensor, *c* Spannzange, *d* piezoelektrisch wirkendes Plättchen

16.1.4 Anforderungen und Auswahlkriterien

Bei den **Sensoren** ist in der Hochleistungs-Stanztechnik eine besondere Robustheit gegenüber Erschütterungen aus dem Stanzschlag zu fordern. Man rechnet mit Beschleunigungen bis 1000 m/s^2 oder 100 g [1].

Bei gleichen mechanischen Dehnungen und Stauchungen weisen die **Piezoelemente** eine größere Empfindlichkeit auf als die **Dehnungsmessstreifen**. Sie können also am gleichen Teil kleinere Kräfte besser erfassen als die Dehnungsmessstreifen und an sehr steifen Bauteilen mit kleineren Dehnungen noch brauchbare Messergebnisse liefern. Andererseits verändern sich bei richtig aufgeklebten Dehnungsmessstreifen die einmal justierten Werte nicht oder nur unwesentlich. Bei den vorgespannten Piezoplättchen ist mit einer Veränderung der einmal justierten Absolutwerte zu rechnen. Deshalb sind die Piezosensoren vorteilhaft dort zu verwenden, wo ein Nachjustieren nach ein bis zwei Millionen Bewegungen (Stanzhüben) möglich ist, sonst stimmen die Absolutwerte nicht mehr.

Bei den **Lichtsensoren** ist außer der Forderung nach Robustheit gegenüber Erschütterungen auch die Forderung nach Unempfindlichkeit gegenüber Verschmutzungen zu stellen, die sich aus den Öldünsten beim Stanzen ergeben. Nötigenfalls müssen Absaugvorrichtungen im Werkzeug vorgesehen werden.

Tauchspulmessgeräte sind sehr robust, sollten aber eine hohe Auflösung bis 1 µm erlauben und neutral gegen Wärmedehnung angebracht werden.

16.1.5 Kraftmessungen

Dehnungsmessstreifen erfordern einen gewissen Platzbedarf, zumal sie wegen der Temperaturempfindlichkeit in Brückenanordnung geschaltet werden müssen. Sie werden entweder auf Platten aufgeklebt, die auf den Maschinenständern mit Schrauben befestigt werden, oder sie werden direkt aufgeklebt. Die Klebeverfahren sind so einfach geworden, dass das Aufkleben in der Werkstatt ausgeführt werden kann. Wegen des Platzbedarfs und der Temperaturempfindlichkeit werden die Dehnungsmessstreifen zurzeit nur für die Kraftmessung auf den Ständern verwendet.

Piezoelektrische Kraftaufnehmer sind entweder Quarzkristalle (SiO_2) oder Bariumtitanat ($BaTiO_3$). Bei Druckbelastung dieser Aufnehmer entsteht an der Oberfläche eine elektrische Ladung, die für die Kraftanzeige ausgewertet wird. Die Empfindlichkeit von Bariumtitanat ist rund hundertfach größer als die von Quarzkristallen, jedoch ist die Ladung des ersteren wärmeabhängig. Piezoelektrische Aufnehmer sind zum Messen sich schnell ändernder Kräfte, wie sie beim Stanzen auftreten, sehr gut geeignet. Sie verlieren jedoch wegen endlicher Isolationswerte bei statischen Messungen an Ladung, deshalb werden für statische Messungen Ladungsverstärker verwendet. Will man die einmal statisch justierten Werte bei dynamischer Belastung (Stanzen) erhalten, muss außerdem auf eine einwandfreie mechanische Vorspannung des Kristalls geachtet werden. Die Oberflächen an den Fügestellen (Druckstellen) dürfen nicht zu rau sein, um bei dynamischer Beanspruchung möglichst partielle Ausbrüche oder plastische Eindrücke und damit mechanische Vorspannungsverluste zu vermeiden. Abb. 16.3 zeigt die Einbauweise der Druckaufnehmer im Kraftfluss. Bei im Stößel eingebautem Sensor (a) arbeitet man mit einer Spannzange (c), die aufgrund axialen Verschiebens der Zangenteile gegeneinander eine Vorspannung in Kraftflussrichtung aufbringt. Im Fall (b) als Werkzeugsensor wird die Vorspannung auf den Sensor direkt über eine Schraube, die gegen eine eingelegte Kugel wirkt, erzeugt. Um die strengen Vorgaben zu erreichen, wird maximal mit einer Hubfrequenz von 500 1/min gestanzt.

16.2 Überwachung der Stanzteile mit Bildverarbeitung

Die Anforderungen an die Effizienz und Kostenstruktur sind in Fertigungsbetrieben rapide gewachsen. Hersteller von Stanzteilen benötigen wettbewerbsfähige Konzepte, die trotz steigender Komplexität der Prozesse eine kontinuierliche Entwicklung hin zur Null-Fehler-Produktion ermöglichen. Steigen die Ausbringung von Stanzlinien und die Komplexität der Anforderungen an die Teile gemeinsam, ist das Prüfaufkommen mit Stichproben nicht mehr sinnvoll und kosteneffizient zu bewältigen. Werden durch Stichproben schlussendlich Fehlteile entdeckt, muss die Produktionscharge seit der letzten positiven Beurteilung der Stanzteile bis zu einer finalen Beurteilung gesperrt werden. Die zusätzlich anfallenden Produktionszeiten für Nacharbeit von Gutteilen und die daraus entstehenden logistischen Probleme behindern eine kostenoptimierte Produktionsplanung. Aus diesem Hintergrund heraus werden die meisten Stanzbetriebe bereits seit Jahren auf eine möglichst umfassende, automatisierte Prüfung aller produzierten Teile hin ausgerichtet. Produktionszeit wird planbarer und Nacharbeitsaufwand sinkt gegen Null. Die Qualitätssicherung bekommt wieder Ressourcen frei für Aufgaben der umfassenden Analyse und Prozessoptimierung. Standardprüfaufgaben, statistische Aufarbeitung, Sicherung von Qualitätsdaten und sogar die Sortierung von Fehlteilen übernehmen speziell auf die Bedürfnisse der Stanz- und Umformtechnik hin optimierte Prüfsysteme auf Bildverarbeitungsbasis [2].

16.2.1 Freifallende Teile im und am Werkzeug prüfen

Lösungen für freifallende Teile und Prüfstationen für Stanzstreifen (Abb. 16.4 und 16.5) gewährleisten 100 % geprüfte Teile, kürzeste Umrüstzeiten, die Minimierung von Reklamationen, höhere Maschinenlaufzeiten und geringeren Materialverbrauch. Abb. 16.4 zeigt ein Beispiel mit ins Werkzeug integrierter Sortierung von Fehlteilen. Jedes Teil wird bei diesem Werkzeug bei 1000 Hüben pro Minute geprüft und Fehlteile werden im Stanzprozess aussortiert. Die Bildaufnahme erfolgt in einem sehr schmalen Zeitfenster im unteren Totpunkt der Presse. Andere Lösungen steuern die Bildaufnahme kurz vor dem Auswurf der Teile an und sortieren danach z. B. über Weichen auf Förderbändern.

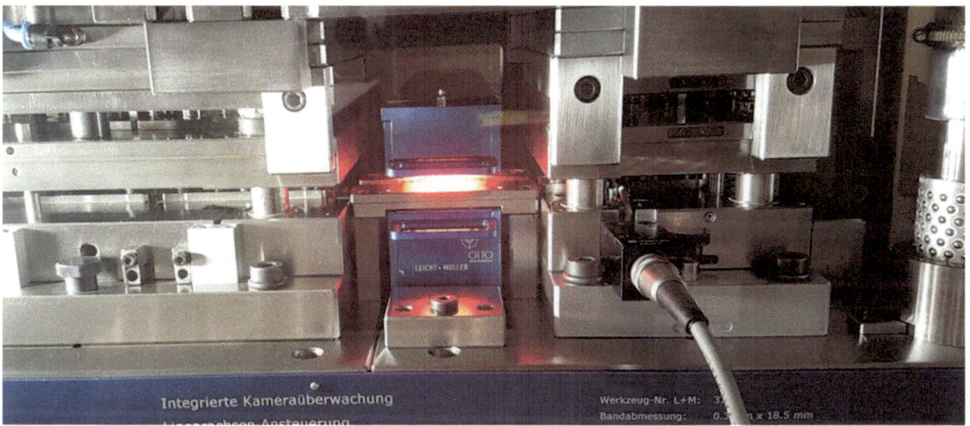

Abb. 16.4 Stanzteile, bei 1000 Hüben/min im Werkzeug vermessen (In-Die-System, OTTO Vision Jena), vlnr: prozessabschließendes formgebendes Werkzeugmodul; Kameramodul; Sortiermodul

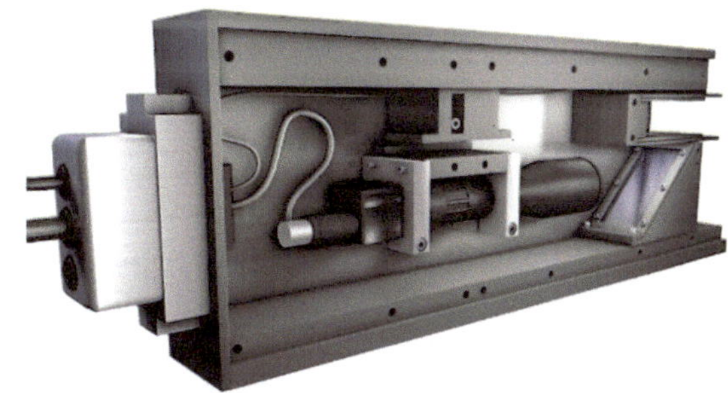

Abb. 16.5 Aufbau eines Kameramoduls für Stanzwerkzeuge mit integrierter Beleuchtung, Schutzgläsern, Umlenkspiegel, Objektiv, Kamera und Verbindungstechnik (OTTO Vision Jena)

Die Auslösung der Bildaufnahme erfolgt durch die Nockenkarte der Presse oder einen Sensor stanzhubunabhängig zum optimalen Zeitpunkt. Die Stanzlösung erlaubt es mit entsprechender Werkzeugtechnik und/oder modifizierter Teileförderung bei jeder Geschwindigkeit, Schlechtteile ohne Maschinenstopp auszusortieren. Nur 100 %-geprüfte Gutteile gehen somit in die Weiterverarbeitung. Durch die kontinuierliche Überwachung des Prozesses können Eingriffe in den Stanzprozess wie Einstellungen oder Wartungsaufgaben am Folgeverbundwerkzeug deutlich effizienter vorgenommen werden, der Stanzprozess wird kontinuierlich verbessert und die Ausbringung permanent erhöht [2].

16.2.2 Stanzteile am Band prüfen

Um Stanzteile am Band zu prüfen, werden diese vor dem Aufwickeln in Stanzprüfzellen mit eigenem Antrieb geprüft (Abb. 16.6). Wesentliche Komponenten sind die Streifenführung, die optischen Komponenten, der Bildverarbeitungsrechner mit entsprechender Softwarelösung, eine zentrale Steuerung, ein Streifenantrieb und oft auch eine zusätzliche

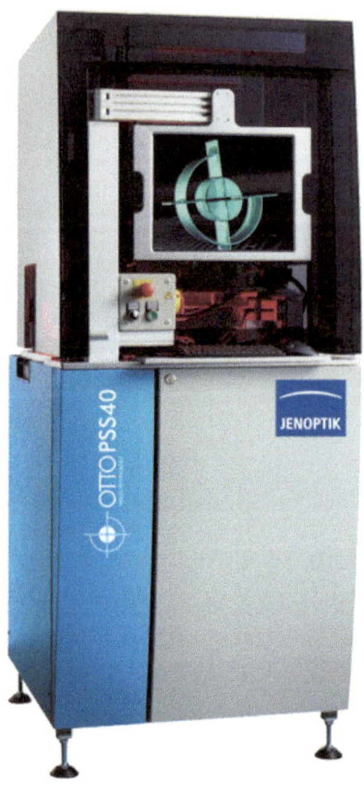

Abb. 16.6 Stanzprüfzelle für Stanzteile am Band ([2], OTTO Vision Jena)

Austrenn- oder Markiereinheit. Eine Einhausung schützt die Streifenführung und die optischen Komponenten vor Verschmutzung und Fremdlichteinwirkung. Die Bildaufnahme wird durch einen Sensor in der Streifenführung ausgelöst. Die digitale Schlaufensteuerung des Stanzbandes vor der Stanzprüfzelle erfolgt in kontinuierlichem Abgleich mit den produzierten Teilen. Dazu wird ein Nocken- oder Sensorsignal der Presse ausgewertet. Die Grundplatte mit Streifenführung, Kameras und optischen Elementen im Prüfsystem für Stanzstreifen ist als Wechselplatte ausgeführt, die man nach vorn herausnehmen kann. Für Stanzwerkzeuge mit doppelspurigem Auslauf ist das Gerät entsprechend konfiguriert einsetzbar [2].

16.2.3 Prüfmöglichkeiten der Bildverarbeitung

Für frei fallende Teile und Teile am Stanzstreifen kommt durchgängig die gleiche stanztechnik-optimierte Software zum Einsatz. Kameratypen, Objektive und Beleuchtungen finden teilegruppenspezifisch Verwendung. Dabei werden je nach Kameratyp reale Geschwindigkeiten von mehr als 3000 Hub (Pressentakte pro Minute) erreicht. Im Hinblick auf Industrie 4.0 sind diese Systeme in Firmennetzwerke integrierbar. Sie kommunizieren mit Softwareprodukten aus der Qualitätssicherung und der Produktionsplanung und -steuerung. In Stanzproduktionen können damit unterschiedlichste Aufgaben erfüllt werden [2]. Die in Prüfjobs untersuchten typischen Prüfmerkmale (Abb. 16.7) sind messbare Merkmale wie tolerierte Zeichnungsmaße, aber auch attributive Merkmale wie das

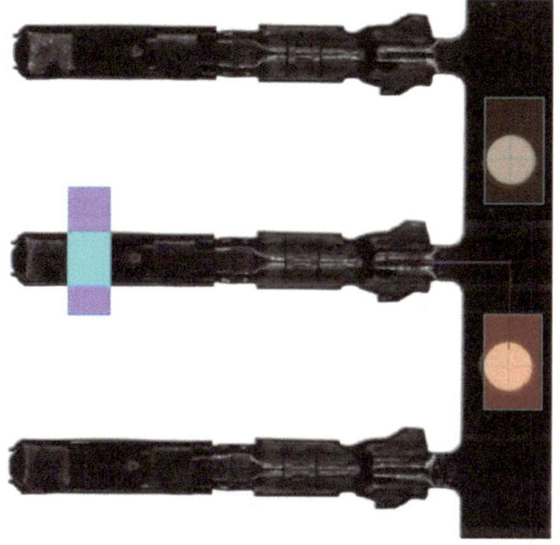

Abb. 16.7 Kamerabild eines gestanzten Steckers im kontinuierlichen Durchlauf. Bezugssystem nach Vorgabe definierbar: hier farbig markiert über die Verbindung der Pilotlöcher und Lot vom Mittelpunkt der Anbindung des Steckers

Vorhandensein von Schweißpunkten oder Anforderungen an die Beschaffenheit der Oberfläche von Stanzteilen. Aktuelle Bildverarbeitungssoftware ist in der Lage, eine praktisch unbegrenzte Anzahl von Einzelmerkmalen an jedem produzierten Teil zu überprüfen und auszuwerten. Kombinationen von metrischen Prüfungen, Konturprüfungen, Oberflächenanalysen sind in jedem Kamerabild auch bei Mehrkameralösungen durchführbar. Punktwolken aus 3D-Sensorik können bei Stanzteilen am Band mit der entsprechenden 3D-Softwareerweiterung parallel zum kontinuierlichen Prüfen aller Teile als Stichproben verarbeitet und ausgewertet werden. Im Stanzbetrieb werden Prüfkriterien typischerweise priorisiert und die individuelle Ausrüstung eines Prüfsystems wird auch kostentechnisch entsprechend skaliert. Wechselplatten als Austauschmodule und besondere Formen von Streifenführungen tragen diesem Anspruch Rechnung. Für rasches Umrüsten und eine zügige Produktionsfreigabe werden Prüfjobbibliotheken und Werkzeuge für die automatisierte Kalibrierung und Messmittelfähigkeits-Untersuchung verwendet. In laufender Produktion werden statistische Funktionen wie Regelkarten und Histogramme sowie Pareto-Analysen und Werkzeuge zur Betrachtung stochastischer Fehlteil-Ereignisse eingesetzt. Jedes geprüfte Merkmal jedes Stanzteils, kann nicht nur lokal am Prüfsystem, sondern auch im Firmennetz analysiert werden. Für die Neuerstellung, Modifikation und Erweiterung von Prüfjobs stehen einfache Hilfsmittel zur Verfügung, die typischerweise von Mitarbeitenden der Produktion und/oder der QS verwendet werden. Stanzereien verlieren auch bei großer Variantenvielfalt mit Tausenden von individuellen Prüfplänen und Qualitätsregelkarten durch die zu Grunde liegende Datenbanktechnik nicht den Überblick. So können die Anforderungen an Rückverfolgbarkeit und kurze Umrüstzeiten auch bei kleiner werdenden Losgrößen und kürzeren Lebenszeitzyklen der Stanzteile umfassend erfüllt werden.

16.3 Regelung des Stanzprozesses

Zur Regelung von eintauchtiefenabhängigen Merkmalen von Stanzprodukten können Pressen, wie in Abb. 17.22a dargestellt, die Stößelhöhe steuern. Die Eintauchtiefe wird für das gesamte Werkzeug verändert. Stanzteilmerkmale, die nicht eintauchtiefenabhängig sind, verändern sich im Wesentlichen nicht, so lange im für den aktuellen Stanzprozess zulässigen Verstellungsbereich verblieben wird. Der zulässige Bereich ist in der Regel in erster Linie abhängig vom Rohmaterial, dem Werkzeug und von individuellen Teileanforderungen. Unterschiedliche Merkmale der Stanzteile benötigen jedoch auch bei Eintauchtiefenabhängigkeit meist individuelle Einstellungen, um die Anforderungen an die Teilequalität in den festgelegten Toleranzen zu halten. In diesem Fall übernimmt die Eintauchtiefenregelung (Abb. 17.2) eine Stabilisierungsaufgabe für den Stanzprozess, die den Weg frei macht für weitergehende individuelle Regelungsspielräume.

Durch den Einsatz von Bildverarbeitungssystemen im Werkzeug oder in Prüfzellen für Stanzteile am Band lassen sich theoretisch alle im Werkzeug einstellbaren Merkmale steuern. In der Praxis konzentrieren sich die Anwender jedoch auf wesentliche Merkmale, was sich auch in der typischen Anzahl von zwei bis acht Kontrollkanälen pro Werkzeugcontroller widerspiegelt. Manuelle Verstellung von Einstellpositionen über manuelle Einstellstationen erfordert einen Pressenstopp. Die in Abb. 16.8 [2] dargestellte automatische Verstellung erfolgt währen der Produktion bei laufender Presse und vermindert in hohem Maß die Anzahl von wartungstechnischen Pressenstopps und Produktionsunterbrechungen. Die Auslastung der Stanzlinie wird verbessert und das Risiko von Stanzfehlern in Zusammenhang mit Stanzprozessunterbrechungen und Neuanlauf des Stanzprozesses wird minimiert.

Die Prüfsysteme für lose fallende Teile und die Prüfsysteme für Teile am Band sind für Anwendungen im Werkzeugsteuerungsbereich bereits softwaretechnisch vorbereitet. Um eine Steuerung des Werkzeuges zu ermöglichen, kommt zusätzlich ein Werkzeugcontroller zum Einsatz, der die Messergebnisse des Bildverarbeitungssystems in sinnvolle Stellvorgänge übersetzt. Eingebaute Motoren in den Werkzeugen werden in Abhängigkeit vom Pressenzyklus angesprochen. Die Umsetzung des oben dargestellten Regelkreises erlaubt kontinuierlichen Betrieb von Pressen ohne Unterbrechung für Nachstellvorgänge auf Grund kleinerer Rohmaterialschwankungen oder Stanzwerkzeugabnutzung im erlaubten Bereich. In Kombination mit bildverarbeitungsgesteuerter Aussortierung von Fehlteilen erreichen entsprechende Stanzlinien höchstmögliche Effizienz bei gleichzeitiger Annäherung an die Erreichung von Null-ppm-Zielen. Bildverarbeitungsanbieter mit Spezialisierungen im Stanz-Umformtechnikbereich unterstützen Anwender bei der Konfiguration und kosteneffizienten Aufrüstung oder Neukonzipierung entsprechender Stanzlinien. Dazu wird ein ganzheitlicher Ansatz gewählt, der die individuellen Produktions- und Qualitätssicherungsprozesse des Betriebes ebenso wie die Anforderungen des Stanzteilkunden, die werkzeugtechnischen und pressenspezifischen Möglichkeiten sowie den gesamten Produktlebenszyklus unter Berücksichtigung der Einsatzfähigkeit für andere Stanzprodukte in Betracht zieht.

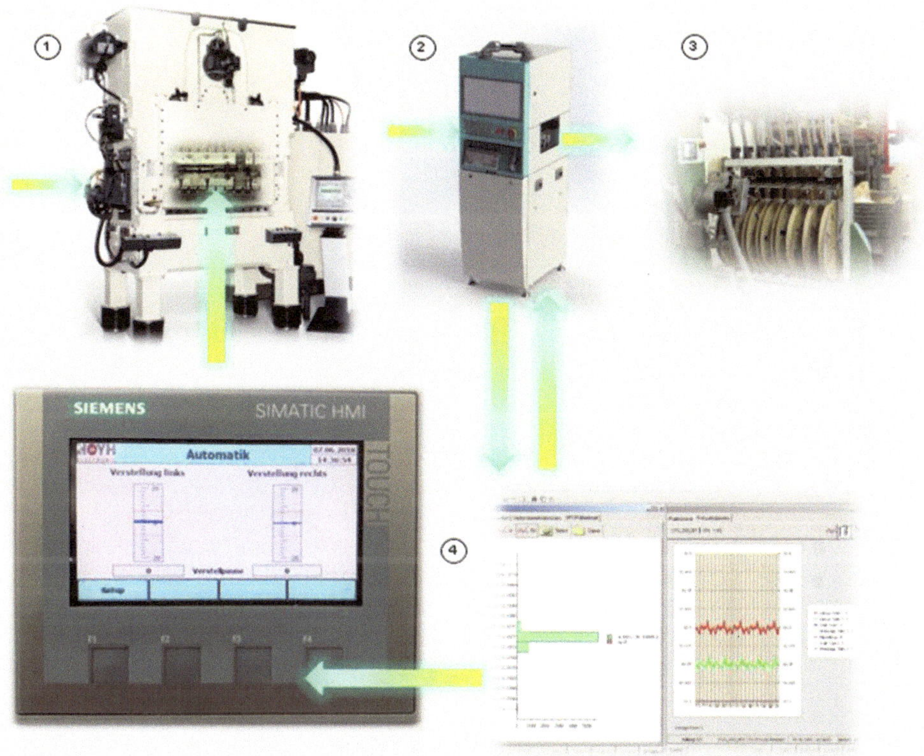

Abb. 16.8 Regelkreis zur Überwachung des kompletten Stanzprozesses: 1 Presse mit Werkzeug, 2 Prüfzelle mit Bildverarbeitungssystem für Stanzteile am Band, 3 aufgewickeltes Band mit Stanzteilen, 4 Prüfergebnisübergabe an Werkzeugkontroller (OTTO Vision Jena)

Literatur

1. Schuster, A.: Überwachungssysteme, Pressenautomatisierung und Sensorik. In: Hochleistungswerkzeuge der Stanztechnik. Lehrgang Nr. 25972/62.249 der Technischen Akademie Esslingen (2000)
2. Fluck, E.: Technische Handbücher. OTTO Vision Technology GmbH Jena (2019)

Hochleistungsstanzautomaten, Feinstanzpressen, Stanzbiegeautomaten

17

17.1 Allgemeine Anforderungen

Stanzteile werden mit einem Werkzeug in einer Stanzpresse hergestellt, die eine geradlinige Hauptbewegung ausführt. *Werkzeug* und *Presse* meistens mit angebauten Vorschubapparat sind deshalb als eine Fertigungseinheit zu behandeln. Eine Presse mit angebauten Vorschubapparat wird gewöhnlich als **Stanzautomat** bezeichnet, im Bereich höchster Hubfrequenzen als *Hochleistungsautomat*.

Die **wichtigste** Forderung ist daher: *Hochleistungswerkzeuge* sollen unbedingt in *Hochleistungsstanzpressen* gleicher oder noch höherer Genauigkeit eingesetzt werden, weil die Führungen der Presse um eine Zehnerpotenz steifer sind als die des Werkzeugs und deshalb das Oberwerkzeug zum Unterwerkzeug unzulässig verschieben oder verformen können, wenn sie selbst ungenauer sind als die Werkzeugführungen. Die Werkzeugführungen haben die Aufgabe, Ober- zu Unterwerkzeug während der Montage der Einzelelemente, des Transports und beim Spannen in der Presse zu führen. Nach dem Spannvorgang übernehmen die Führungen der Presse das Führen. Hochleistungs-Stanzpressen (Schnellläuferpressen) sind mechanische Exzenterpressen (Abb. 17.3) für Nennkräfte von etwa F_n = 180 bis 2500/kN mit maximalen Hubfrequenzen je nach Pressengröße von n = 800 bis 2500 H/min. Hochleistungs-Feinschneidpressen (Abb. 17.8 und 17.9) sind entweder modifizierte, durch Exzenter angetriebene Kniehebelpressen oder hydraulische Pressen für Nennkräfte von etwa F_n = 250 bis 25.000 kN und Hubfrequenzen von n = 15 bis 160 H/min.

Die Entwicklung der Hochleistungs-Feinschneidpressen führte auch zu mechanischen Servopressen (Abschn. 17.6.3, System Feintool), die im Bereich von bis zu 140 H/min und hohem Hub mit angepassten Stößelkraft-Zeit-Verläufen vorteilhaft den Umform- und Feinstanzprozess optimieren.

Auf dem Gebiet der Hochleistungstanzautomaten, wo der Leistungsbereich weit über 100 H/min liegt (System BRUDERER bis zu 2500 H/min), können korrigierte

© Springer Fachmedien Wiesbaden GmbH, ein Teil von Springer Nature 2020

M. Kolbe, *Stanztechnik*, https://doi.org/10.1007/978-3-658-30401-0_17

Bewegungsmuster keine Vorteile bringen, zumal der notwendige Hub zum Stanzen weit unter 100 mm liegt. An diese Hochleistungsstanzautomaten werden folgende Hauptforderungen gestellt:

1. Hohe Genauigkeit.
   Vor allem *Parallelität* zwischen den Aufspannflächen für Ober- und Unterwerkzeug sowie die *Ablaufgenauigkeit* im Arbeitsbereich.
2. Steifigkeit der Presse: Parallelität und Ablaufgenauigkeit unter Last.
3. Leistung für geforderte Presskraft und Hubfrequenz (Hubzahl pro min) im Dauerbetrieb.
4. Automatisierungsgrad und Bedienbarkeit der Presse und der Peripheriegeräte.
5. Flexibilität und Einsatzerweiterung für viele Folgen in Bandlaufrichtung.
6. Betriebssicherheit und Zuverlässigkeit.

Diese Forderungen zielen auf die Steigerung der *Wirtschaftlichkeit* und der *Genauigkeit* sowie die Erweiterung des *Einsatzspektrums*, um komplizierte Teile komplett herstellen zu können.

Stanzbiegeteile aus hochfesten Metallbändern sowie Metalldrähten bis hin zu komplexen Baugruppen sind hochproduktiv mit mechanischen oder servogesteuerten Stanzbiegeautomaten (System Bihler [1]) herzustellen. Bei mittleren oder auch kleinen Losgrößen erfüllen solche Anlagen Forderungen nach hoher Bearbeitungsfreiheit (Arbeitshub, Arbeitslage, Bewegungsprofil sind programmierbar) und nach hoher Prozesssicherheit (sensorische Messung und Überwachung sämtlicher Prozessgrößen wie Kraft, Temperatur, Bandausknickung …). Für hohe Losgrößen mit Taktraten bis 1000 Hübe/min bieten sich robuste mechanische Maschinen an. Auch diese Maschinen garantieren durch die Ausstattung mit modernster Steuerungstechnik höchste Zuverlässigkeit des Fertigungsprozesses.

17.2 Berechnungsgrundlagen

17.2.1 Stanzkraft

Voraussetzung zur Wahl von Pressen ist Angabe der Stanzkraft F_S (Abschn. 4.4.1), des Arbeitsweges s und der Werkstoffeigenschaften, insbesondere der Elastizitätsgrenze im Verhältnis zur Bruchfestigkeit. Bei Hochleistungspressen wird mit der dynamischen Stanzkraft F_{dyn} gerechnet (Abschn. 4.4.2).

Die Presse wird nach der Nennkraft F_n (kN) ausgelegt, die stets größer sein muss, als die Stanzkraft F_S (kN) bzw. F_{dyn} (kN).

$$F_n > F_S \quad \text{bzw. } F_n > F_{dyn}. \tag{17.1}$$

Die Nennkraft F_n ist die in einer Presse maximal zulässige Stößelkraft. Die Exzenterpressen bringen diese Kraft üblicherweise 30° vor dem unteren Umkehrpunkt (*UU*) des Stößels auf. Der Arbeitsweg wird damit zu

$$h = \frac{H}{15} \quad \text{in mm} \tag{17.2}$$

wobei *H* in mm der Stößelhub ist, der der doppelten Exzentrizität des Pressenexzenters entspricht: $H = 2e$ in mm.

17.2.2 Verfügbares Arbeitsvermögen

Das verfügbare Arbeitsvermögen W_v in Nm einer Presse muss stets größer sein als die erforderliche Schneidarbeit W_s in Nm (Abschn. 4.5, Gl. 4.10).

Das verfügbare Arbeitsvermögen ist ein Maß für die Energiemenge, die pro Stößelhub dem Schwungrad entnommen werden darf, wenn die Presse im Dauerhub arbeiten soll. Diese Entnahme erfolgt über einen Winkel von 30°, z. B. von 330° bis 360°, wenn Drehbeginn im *UU* rechtsdrehend definiert wird. Zwischen 0° und 330° muss die dem Schwungrad entnommene Energie wieder zugeführt werden. Der Drehzahlabfall, der innerhalb des „Arbeitswinkels" von 330° bis 360° entsteht, soll ca. 13 % bei Dauerhubbetrieb nicht überschreiten. Bei unterbrochenem Betrieb sind 30 % zulässig.

In der Praxis wird das verfügbare Arbeitsvermögen einer Presse von dem Pressenhersteller nach umfangreichen Messungen und Berechnungen für jede Stanzmaschine in einem Diagramm angegeben. Abb. 17.1 zeigt ein Beispiel. So wird nach Ermittlung der erforderlichen Stanzarbeit W_s und vorgegebenem Hub die maximal mögliche Hubfrequenz ermittelt.

Für die Konstruktion einer Exzenterpresse ist neben der Festlegung der Kinematik der Getriebeteile und deren Dimensionierung die Berechnung des Schwungrades notwendig. Theoretisch lässt sich die Schwungradgröße aus der Beziehung für die kinetische Energie einer Drehmasse berechnen:

$$W_s < W_v = J \cdot \frac{\left(\omega_1^2 - \omega_2^2\right)}{2} \quad \text{in Nm} \tag{17.3}$$

Nach Berücksichtigung des zulässigen Drehzahlabfalls von $\Delta n = 13\,\%$ ist ausgehend von der Hubfrequenz n_1, (wobei $\omega = n/9{,}55$) die verfügbare Energie wie folgt zu berechnen:

$$W_v = J \cdot n_1^2 \cdot 1{,}33 \cdot 10^{-3} \quad \text{in Nm} \tag{17.4}$$

Da W_v und *n* gegeben sind, wird das Massenträgheitsmoment *J* zu

$$J = \frac{W_v}{1{,}33 \cdot 10^{-3} \cdot n_1^2} = \frac{750 \cdot W_v}{n_1^2} \tag{17.5}$$

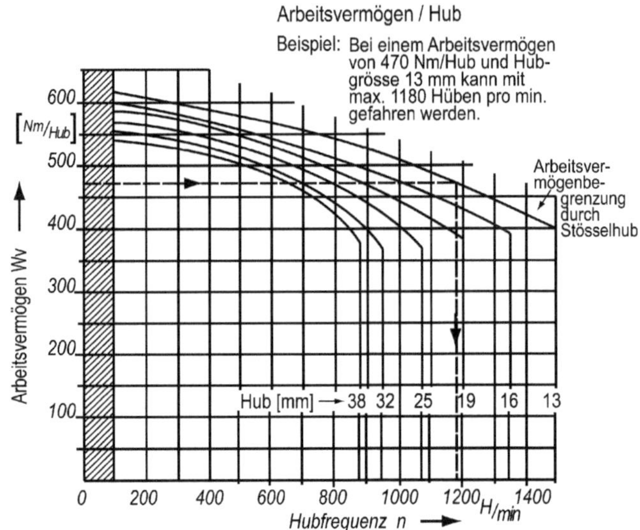

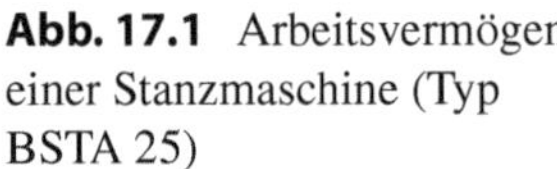
Abb. 17.1 Arbeitsvermögen einer Stanzmaschine (Typ BSTA 25)

ermittelt, wonach mit (nach [2])

$$J = m \cdot \frac{r_a^2 + r_i^2}{2} \quad \text{und} \quad m = \rho \cdot \pi \left(r_a^2 - r_i^2 \right) \cdot B \tag{17.6}$$

(r_a und r_i sind die Außen- bzw. Innenradien eines ringförmigen Schwungrades) die Konstruktionsmaße D_a (Außendurchmesser), D_i (Innendurchmesser) und B (Dicke) für das Schwungrad berechnet werden. Oft sind die Durchmesser konstruktiv festgelegt, sodass nur die Dicke B bestimmt wird.

Falls das Schwungrad mit anderer Geometrie (Wulst, Speichen) ausgeführt wird, müssen W und J nach den Gesetzen der Mechanik gerechnet werden.

Zur Berechnung der Dimensionen der Feinschneidpressen werden die berechneten Kräfte für die Schneidkraft F_S (Abschn. 4.4.1), der Abstreifkraft in % von F_S (Abschn. 4.4.5) Ringzackenkraft F_R (Abschn. 4.4.6) und Gegenkraft F_G (Abschn. 4.4.7) herangezogen. Die Berücksichtigung der dynamischen Effekte kann hier entfallen. Dann ist bei der Berechnung hydraulischer Pressen mit den üblichen Gesetzmäßigkeiten der Hydraulik vorzugehen.

17.2.3 Erforderliche Antriebsleistung

Die erforderliche Antriebsleistung für Pressen wird aus der Schneidarbeit W_s in Nm pro Hub (Gl. 4.11) und der Hubfrequenz n in 1/min unter Berücksichtigung des Wirkungsgrades η berechnet:

$$P_s = \frac{W_s \cdot n}{\eta \cdot 6 \cdot 10^4} \quad \text{in kW} \tag{17.7}$$

17.3 Statische Genauigkeit von Pressen

17.3.1 Statische Genauigkeit ohne Last

Die statische Genauigkeit wird in unbelastetem Zustand für mechanische Zweiständerpressen nach DIN 8651 aus folgenden Messungen ermittelt:

a) Ebenheit der Aufspannflächen an Tisch und Stößel (maximal zulässige Abweichung 0,04 mm auf 1000 mm Messlänge).
b) Parallelität zwischen Stößelfläche und der Aufspannplatten-Fläche (maximal zulässige Abweichung 0,08 mm auf 1000 mm Messlänge).
c) Rechtwinkligkeit zwischen der Bewegung des Stößels und der Aufspannfläche der Tischplatte (maximal zulässige Abweichung 0,03 mm auf 100 mm Messlänge).

Präzisions-Stanzmaschinen sind mit bis zur Hälfte dieser Abweichungen erhältlich.

17.3.2 Statische Genauigkeit unter Last

Belastet man eine Presse, dann federt sie in Richtung der aufgebrachten Kraft auf. Je steifer die Maschine ist, desto genauer sind die Stanzteile, die unter dieser Belastung hergestellt werden.

Nach DIN 55189 Teil 1 werden die Kennwerte für mechanische Pressen der Blechverarbeitung bei statischer Belastung ermittelt. Die Norm schreibt keine maximal zulässigen Werte vor.

Die Messung umfasst die Messung der Spiele in den Lagern und den Führungen und das elastische Ausweichen der Maschinenteile in x-y- und z-Richtung unter definierten Lasten.

17.4 Dynamische Genauigkeit der Presse

Die dynamische Genauigkeit ist ausschlaggebend für das Arbeitsergebnis einer Maschine. Auch dabei muss man sie *ohne* Last und *unter* Last betrachten.

17.4.1 Dynamische Genauigkeit ohne Last

Die Führungsgenauigkeit eines Stößels in horizontaler Richtung (x-y-Richtung) kann sich gegenüber der in Abschn. 17.3.1c bei langsamer Bewegung ermittelten verändern, wenn die Hubfrequenz gesteigert wird. Bei vorgespannten Wälzführungen führt eine hohe Hubfrequenz zu erhöhtem Verschleiß und damit zur Beeinträchtigung der Genauigkeit mit der Zeit. Bei Gleitführungen verbessert sich die Führungseigenschaft, wenn die Führungen nach hydrodynamischen Gesichtspunkten konstruiert sind. Infolge der Ausbildung des hydrodynamischen Schmierfilms läuft das bewegte Teil ruhiger, ein Verschleiß der Führungselemente ist nicht messbar, da eine metallische Berührung während der Bewegung nicht stattfindet. Das bei stillstehender Presse gemessene Spiel verschwindet, die Führung wirkt steifer.

Die dynamische Genauigkeit und das Spiel der Lager (z-Richtung) wirkt sich auf das Verhalten der Presse im unteren Umkehrpunkt (*UU*) aus. Wird die Hubfrequenz gesteigert, verlagert sich der untere Umkehrpunkt in Richtung zur Matrize, da die Fliehkraft mit dem Quadrat der Drehfrequenz zunimmt. Die Eintauchtiefe des Stempels in der Matrize wird größer (Abb. 17.2).

Die Gleichung für die Fliehkraft lautet (nach [3]):

$$F_{\mathrm{F}} = m \cdot \frac{H}{2} \cdot \left(\frac{n}{9{,}55} \right)^2 \tag{17.8}$$

wobei m die Masse der bewegten Teile in kg, H der Hub einer Exzenter- beziehungsweise Kurbelwellenpresse in m und n die Hubfrequenz in 1/min ist.

Deshalb wird bei besonderen CNC-gesteuerten Stanzmaschinen die Stößel-Eintauchtiefe in Abhängigkeit von der Hubfrequenz so nachgeregelt, dass der untere Umkehrpunkt in seiner Lage konstant bleibt.

Die Eintauchtiefe wird mit hochauflösenden Tauchspulmessgeräten gemessen.

17.4.2 Dynamische Genauigkeit unter Last

Die dynamische Genauigkeit unter Last kann nur unter besonderen Bedingungen gemessen werden. Eine Aussage für den praktischen Einsatzfall ist aus normierten Messungen kaum möglich. Jeder Einsatzfall ist besonders zu betrachten, wenn eine Bewertung des Stanzprozesses im voraus vorgenommen werden soll.

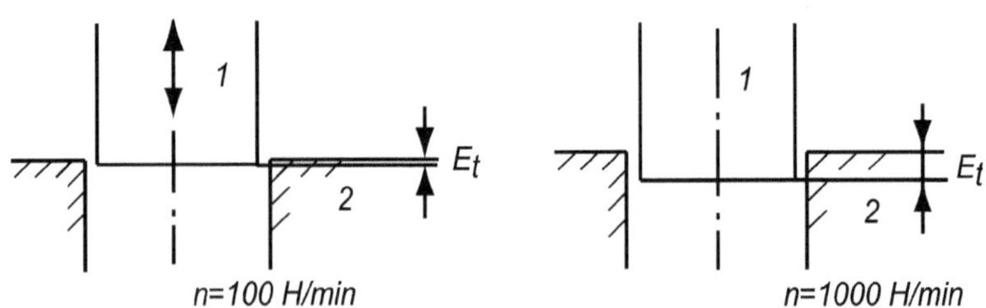

Abb. 17.2 Veränderung der Eintauchtiefe E_t bei Steigerung der Hubfrequenz bei ungeregelter Presse. *1* Stempel, *2* Matrize

17.5 Konstruktive Lösungen für schnelllaufende Hochleistungspressen

17.5.1 Hochleistungspresse mit Massenausgleich für hohe Hubfrequenzen

Durch die Lage der Exzenterwelle im Pressengestell ergeben sich drei Arten der Antriebskonstruktion:

1. **Querwellen-Presse**: Lage der Exzenterwelle quer zur Bandlaufrichtung mit Direktantrieb des Stößels von der Exzenterwelle über Pleuel oder indirekter Antrieb der Exzenterwelle über Pleuel **und** Hebel.
2. **Kniehebel-Presse**: Lage der Exzenterwelle quer zur Bandlaufrichtung mit indirektem Antrieb des Stößels von der Exzenterwelle über Pleuel **und** Kniehebel
3. **Längswellen-Presse**: Lage der Exzenterwelle längs zur Bandlaufrichtung mit Direktantrieb des Stößels von der Exzenterwelle über Pleuel.

Der Stößel einer Exzenterpresse wird vom frequenzgeregelten Elektromotor über eine Schwungscheibe, darauffolgend eine Kupplungs-Brems-Kombination, einen Exzenter gegebenenfalls mit verstellbarer Exzenterbüchse, den Pleuel und gegebenenfalls Hebel sowie Drucksäule angetrieben.

Bei schneller Bewegung des Stößels können die Massen des Stößels und des Oberwerkzeuges bei ihrer Beschleunigung und Abbremsung sehr große Massenkräfte erzeugen (Gl. 17.8). Diese Kräfte steigen mit dem Quadrat der Drehzahl und werden auf alle Pressenteile übertragen. Letztere wirken als hin- und hergehende Kräfte auf das Fundament und können die gesamte Presse zum periodischen Abheben anregen. Diese Störkräfte kann man durch einen Massenausgleich kompensieren. Ein besonderes System für den Massenausgleich zeigt Abb. 17.3 [4].

Bei Bewegung des Stößels (1) gegenüber der Werkzeug-Aufspannplatte (2), z. B. nach unten (Arbeitshub), wird die vom Exzenter (6) erzeugte Kraft über Pleuel (5) und Hebel (4) verstärkt auf die Drucksäule (3) und somit auf den Stößel (1) übertragen. Infolge der Beschleunigung wirkt im System eine Massenkraft nach oben. Gleichzeitig führen die Gegengewichte (9) über Lenker (7) und Massenausgleichshebel (8) eine Bewegung nach oben aus. Diese Massenkräfte wirken also entgegen den Massenkräften des Stößels und gleichen sie aus. Sehr wichtig ist auch der Ausgleich der horizontalen Massenkräfte der Exzenterteile, damit die Maschine keine Wackelbewegungen ausführt. Diese Massenkräfte werden ausgeglichen vom Gegengewicht über weitere Lenker (10) und Hebel (11), wobei ein dritter Lenker (12) nur einen Führungslenker darstellt. Der Schwerpunkt der Gegengewichte beschreibt dabei eine Ellipse und entspricht in jedem Punkt der Resultierenden aus beiden Kräften.

Das Besondere dieses Prinzips beruht darin, dass auch bei Änderung des Hubs durch die Verstellung der Exzentrizität die Ausgleichsmassen den geänderten Hub mitmachen

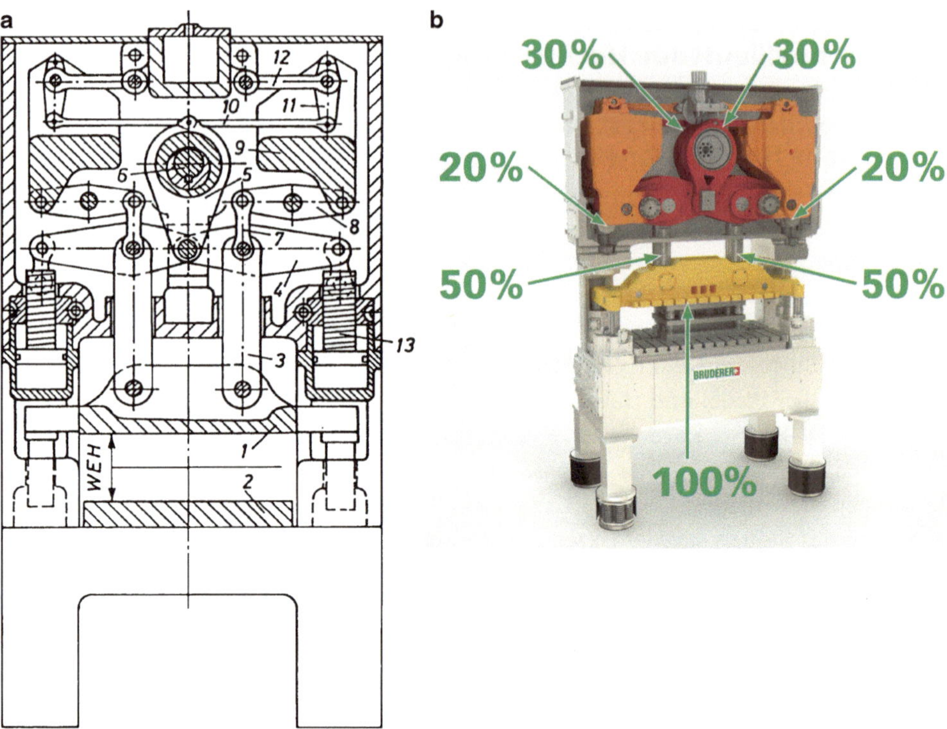

Abb. 17.3 Wirkweise einer Hochleistungspresse mit Massenausgleich mit Vierpunktantrieb des Stößels (**a** Prinzip BRUDERER) und der Darstellung der Lastverteilung (**b**)

und auch dann den vollkommenen Ausgleich herstellen. Bei Änderung der Werkzeugeinbauhöhe durch die Spindeln (13) bleibt die Ausgleichswirkung ebenfalls voll erhalten.

Ferner hat dieser Massenausgleich, der vorwiegend aus hin- und hergehenden Massen besteht, den Vorteil, dass er im Vergleich zu einem rotierenden Massenausgleich wenig rotierende Massen enthält. Dies bewirkt, dass er beim Bremsen (nach Abkoppelung der Schwungscheibe) viel weniger Energie enthält und der Stößel rasch zum Stillstand kommt.

Für die Berechnung der Ausgleichsgewichte wird nach Erfahrung ein mittleres Werkzeugoberteil-Gewicht eingerechnet. Um die Wirkung eventuell abweichender Werkzeugoberteil-Gewichte auf den Boden aufzufangen, werden die Maschinen zusätzlich auf dämpfende Federbeine gestellt. Dadurch werden auch die Stanzschläge auf den Boden unwirksam.

Schnelllaufende Hochleistungspressen arbeiten üblicherweise im Bereich der Hubfrequenzen zwischen 100 und 2500 Hub/min (Abb. 17.18a). Insbesondere für das Einrichten und Austesten von Stanzwerkzeugen mit 1 Hub/min oder für Hubfrequenzen im Dauerhubbetrieb bis zu 100 Hub/min gestattet die anflanschbare Getriebeeinheit die Nutzung auch solcher Hochleistungspressen (Abb. 17.4).

Abb. 17.4 Schaltbare Planetengetriebeeinheit (BPG) für Hubfrequenzen ab 1 Hub/min an einer schnelllaufenden Hochleistungspresse (**a**), BPG-Schnittdarstellung (**b**, [5] BRUDERER)

Vorteil dieser schaltbaren Planetengetriebeeinheit (BPG, [5]) ist, dass die Übersetzungsverhältnisse so gewählt werden können, dass im Schleichgang das durch die Getriebeuntersetzung vergrößerte Drehmoment des Antriebsmotors gleich groß oder größer ist, als im Normalbetrieb. Dadurch ist es möglich, die Hochleistungspresse sowohl im Normalbetrieb als auch im Schleichgang mit voller Stanzkraft zu betreiben. Mit einem Handrad sind kleinste Stößelbewegungen steuerbar.

17.5.2 Führungen für den Stößel in der Bandlaufebene

Von besonderer Wichtigkeit ist die Auftreffgenauigkeit des Stempels auf das Band oberhalb der Matrize, d. h. in der Bandlaufebene (Abb. 17.5). Deshalb ist es vorteilhaft, wenn die Führungen auch in der Bandlaufebene angeordnet sind. Bei einer exzentrisch beziehungsweise außermittig angreifenden Stanzkraft neigt sich der Stößel in den Führungen. Sind die Führungen oberhalb der Bandlaufebene (Abb. 17.5a), so ist die Auslenkung des

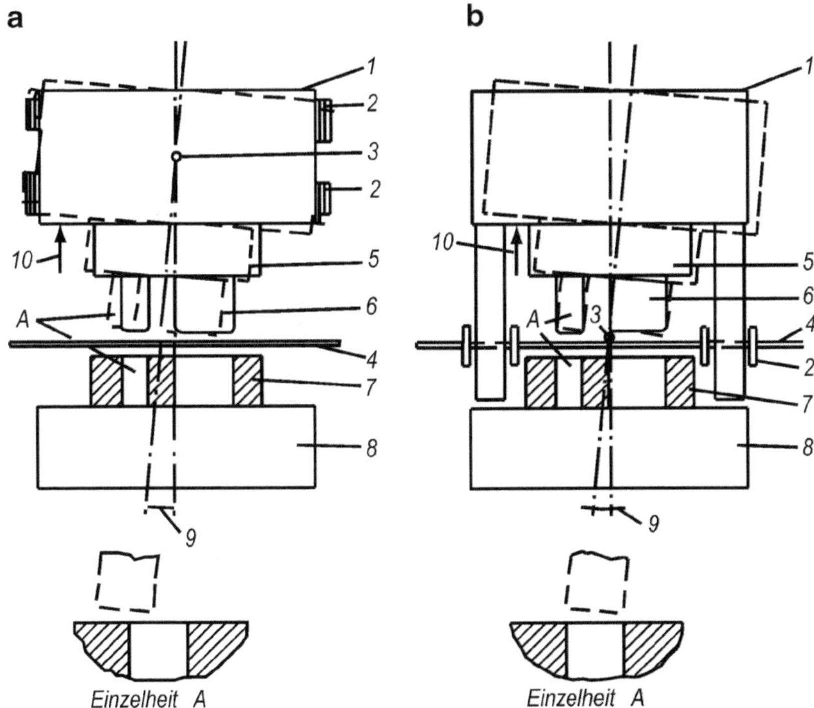

Abb. 17.5 **a** Schematische Darstellung einer Stößelführung *oberhalb* der Bandlaufebene, **b** schematische Darstellung einer Stößelführung in der Bandlaufebene, *1* Stößel, *2* Führungen, *3* Drehpunkt, *4* Band, *5* Werkzeug, *6* Stempel, *7* Matrize, *8* Aufspanntisch, *9* Auslenkung infolge exzentrischer Kraft *10*

Stempels an der Matrize größer als bei der Konstruktion nach dem Prinzip in Abb. 17.5b, bei der die Führungen und somit der Drehpunkt des Stößels in der Bandlaufebene liegt.

17.5.3 Thermisch neutrale Führungen

Während des Stanzens entsteht in den meisten Fällen eine Temperaturdifferenz zwischen Ober- und Unterwerkzeug, die sich auf Stößel und Aufspanntisch überträgt. Bereits bei einer Temperaturdifferenz von 1 K dehnt sich ein 1 m langer Stößel gegenüber dem Tisch um 0,01 mm aus. Bei Schneidspalten, die unter 0,01 mm liegen, ist das nicht mehr tragbar. Deshalb muss der Stößel thermisch neutral, d. h. in seiner Mitte zum Aufspanntisch bei jedem Temperaturunterschied genau stehen. Das erreicht man mit der in Abb. 17.6 angegebenen Konstruktionslösung und verhindert somit zumindest im Zentrumsbezirk Werkzeugverschiebungen.

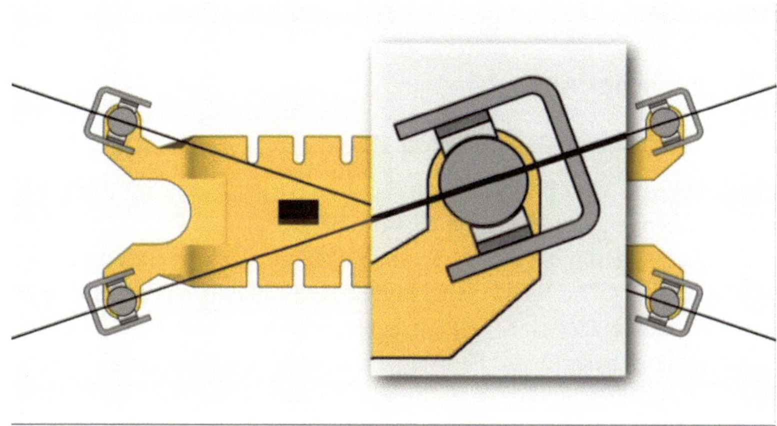

Abb. 17.6 Thermisch neutrale Stößelführung mit diagonal verschiebbaren Lagerschalen (Prinzip BRUDERER)

17.5.4 Vierpunktantrieb des Pressenstößels

Die Aufspannflächen des Stößels zum Aufspanntisch sollen sich unter Last auch bei außermittigem Lastangriff möglichst parallel zueinander bewegen. Deshalb ist vor allem bei großflächigem Werkzeug ein so genannter Vierpunktantrieb mit Einleitung der Presskraft an vier Punkten (Abb. 17.7) stets anderen Krafteinleitungen vorzuziehen.

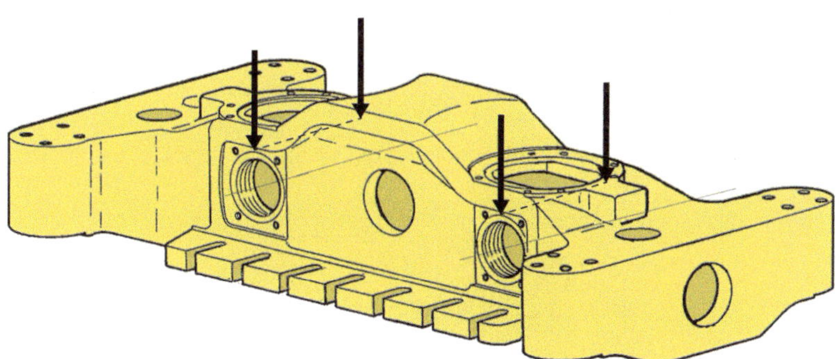

Abb. 17.7 Vierpunktantrieb des Pressenstößels

17.6 Konstruktive Lösungen für Feinstanzpressen

17.6.1 Mechanischer Antrieb

Den Aufbau einer mechanischen Presse zeigt nach Feintool [6, 7] schematisch Abb. 17.8. Die Antriebskraft wird vom Elektromotor über das Getriebe, das Schwungrad, die Kupplung, das Schneckengetriebe (1) und die Stirnräder auf die Kurbelwellen übertragen, die die Doppelkniehebel antreiben. Durch die unterschiedlichen Exzentrizitäten der zwei Kurbelwellen werden ungleiche Wege sinusartig, aber mit gleicher Frequenz ausgeführt. Die unteren Umkehrpunkte *UU* sind zeitlich zueinander verschoben. Dadurch entsteht im Doppelkniehebelantrieb der für das Feinstanzen erforderliche Stößelablauf mit festem Hub.

17.6.2 Hydraulischer Antrieb

Den Aufbau einer hydraulischen Presse zeigt nach Feintool [6, 7] schematisch Abb. 17.9. Ein Elektromotor treibt eine Axialkolbenpumpe, die über Ventile die Zylinder (2, 6, 7, 11)

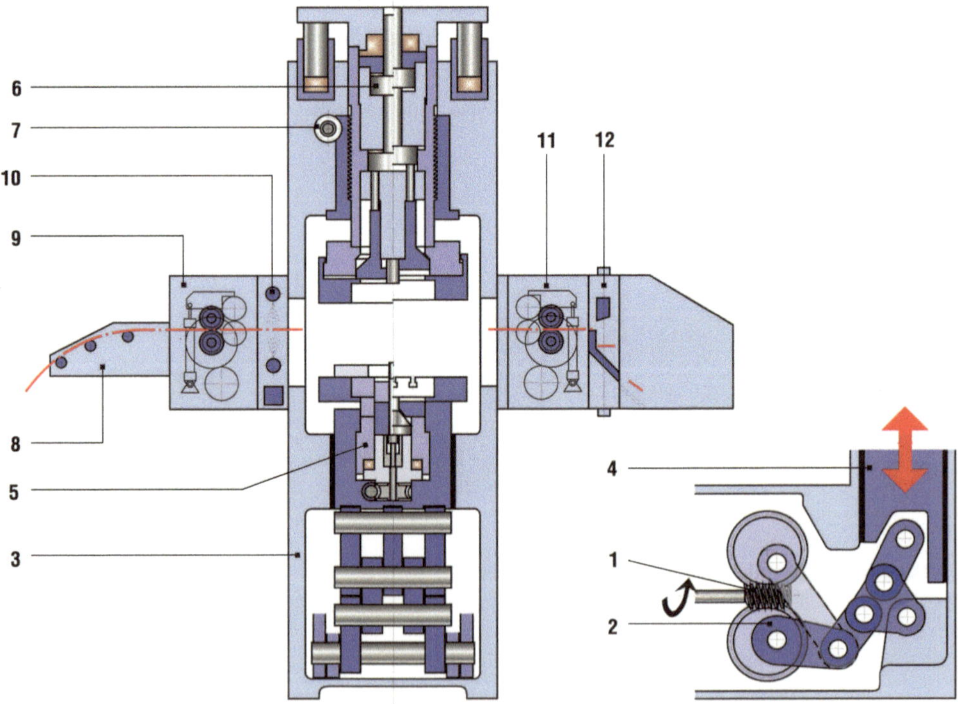

Abb. 17.8 Mechanische Feinschneidpresse (Feintool [6]). *1* Getriebe, *2* Doppelkniehebel, *3* Pressengestell, *4* Stößel, *5* Gegenhalterkolben, *6* Ringzackenkolben, *7* Werkzeughöhenverstellung, *8*, *9* Einlaufvorschub, *10* Sprühgerät, *11* Auslaufvorschub, *12* Abfalltrenner

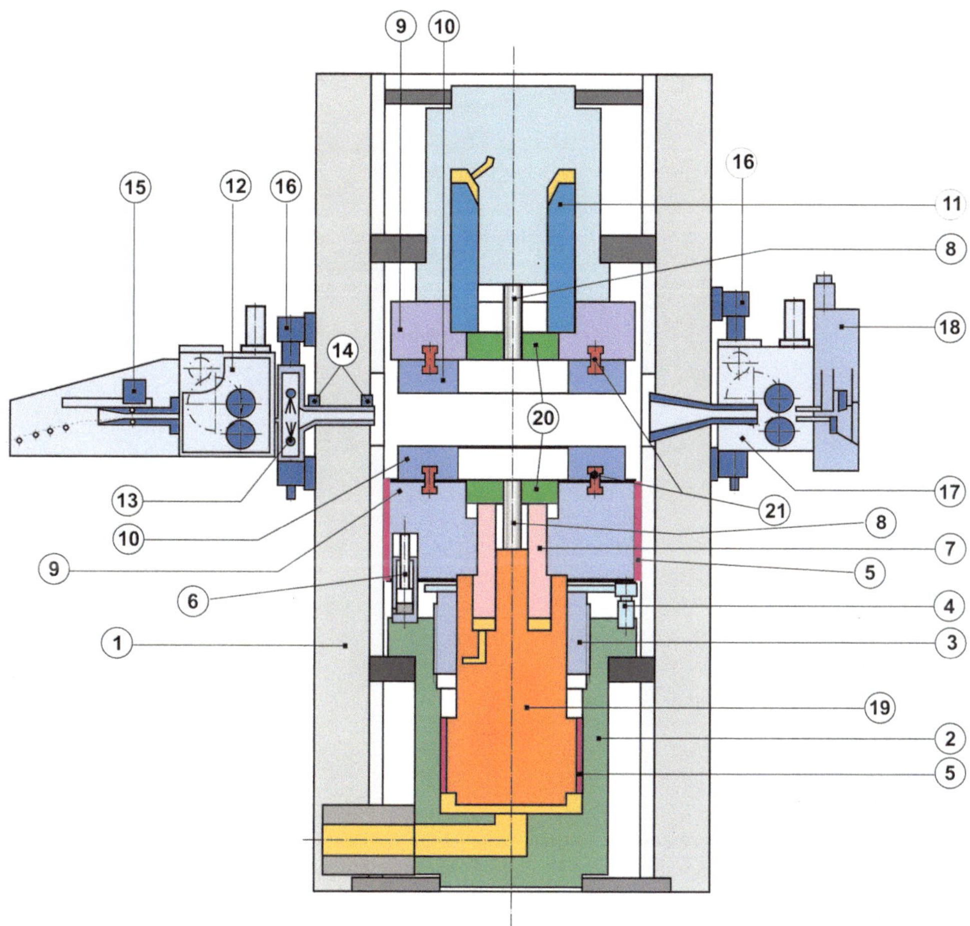

Abb. 17.9 Hydraulische Feinschneidpresse (Feintool [6]). *1* Pressenkörper, *2* Hauptzylinder, *3* Festanschlag des Stößels (verstellbar), *4* Stellmotor, *5* Stößelkolbenführung, *6* Schnellhubzylinder, *7* Gegenhalterkolben, *8* Mittenabstützbolzen, *9* Maschinentisch, *10* Werkzeugwechselplatten, *11* Ringzackenkolben, *12* Einlaufvorschub, *13* Rollenbandöler, *14* Material Positionssensoren, *15* Bandendekontrolle, *16* Vorschubhöhenverstellung, *17* Auslaufvorschub, *18* Abfalltrenner, *19* Stößelkolben, *20* Druckstück, *21* Hydraulische Werkzeugspannung

versorgt. Für die Eilbewegung des Schnellschließkolbens (6) wird das Öl dem Druckspeicher entnommen. Für das Schneiden liefert die Pumpe das Öl direkt in den Hauptarbeitszylinder (2). Ringzacken- und Gegendruckzylinder (7, 11) werden über Ventile gesteuert.

17.6.3 Servoantrieb

Den Aufbau einer servomechanischen Feinschneidpresse zeigt Abb. 17.10 (System Feintool [6]). Die Komplexität der Feinschneidteile nimmt zu und sie enthalten zunehmend

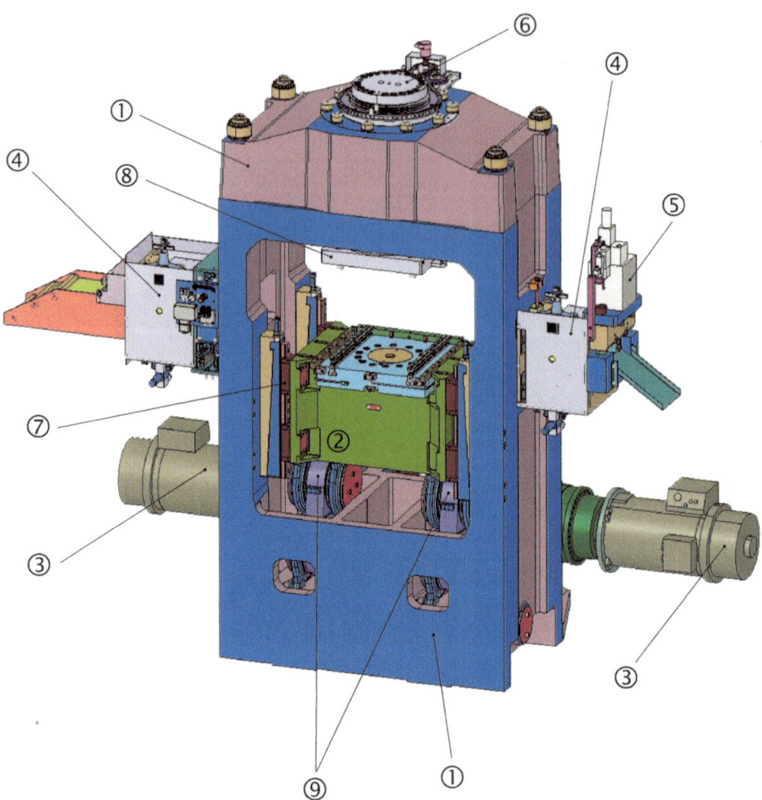

Abb. 17.10 Feinschneidpresse mit servomechanischen Antrieb (System Feintool, [6]). *1* Pressenkörper, *2* Pressenstößel, *3* Servomotor, *4* Einlauf-Auslaufvorschübe, *5* Abfalltrenner, *6* Einbauraumverstellung, *7* Stößelführung, *8* Feinschneidkopf, *9* Doppelkniehebel

mehr Funktionen. Dieser Trend führt zu umfangreichen Werkzeugen, bei denen die Schneidvorgänge in höchster Qualität mit Umformvorgängen (Biegen, Prägen, Durchsetzen) kombiniert werden [14, 15] sowie zur Entwicklung von servomechanischen Feinschneidpressen mit größtmöglicher Flexibilität im Bewegungsablauf.

Die servomechanische Feinschneidpresse wird von Servomotoren (3) angetrieben, die direkt ohne Kupplung und Schwungrad mit dem Exzenterrad verbunden sind. Durch die freie Regulierbarkeit der Motordrehzahlen können Bewegungs- und Kraftverläufe variiert und der Geschwindigkeits-Zeit-Verlauf an das jeweilige Werkzeugkonzept angepasst werden. Damit kann der gesamte Fertigungsprozess exakt kontrolliert werden und die Ausbringungsleistung gegenüber konventionellen Feinschneidpressen verdoppelt werden (System Feintool, bis zu 140 Hübe/min, Stößelhub bis 70 mm). Die Werkzeuge werden geschont, der Schnittschlag reduziert und die Verfügbarkeit der Gesamtanlage erhöht [6].

17.7 Konstruktive Lösungen für Stanzbiegeautomaten

17.7.1 Mechanische Stanzbiegeautomaten

Mechanische Stanzbiegeautomaten (Abb. 17.11) bestehen im Wesentlichen aus einem Grundgestell (1) und der darauf senkrecht stehenden Lochplatte (2). Im Inneren der Lochplatte läuft das Großrad (3), das zentral über einen Hauptantriebsmotor angetrieben wird. Es übernimmt den Antrieb aller auf der Maschinenvorder- und -rückseite montierten Bearbeitungsaggregate. Dazu zählen die Biegeaggregate (4) und die Zweipunkt-Exzenterpresse (5) (Stanzkraft bis 800 kN). Über Kurvenscheiben (6) wird die zentrale Antriebsbewegung in gesteuerte Linearbewegungen umgewandelt.

17.7.2 Servo-Stanzbiegeautomaten

Bei den Servo-Stanzbiegeautomaten (Abb. 17.12) sind alle Bewegungen durch Servoantriebe NC-gesteuert ausgeführt. Die Umformbewegungen übernehmen die Servo-Biegeaggregate (1) und die Servo-Spindelpresse (2) (Stanzkraft bis 800kN). Durch das automatische Servo-Verstellsystem zur Aggregatpositionierung (3) im Inneren der Maschine können die Biegeaggregate schnell und präzise per Knopfdruck positioniert werden. Die Vorteile spiegeln sich in der deutlichen Reduzierung der Rüstzeiten und Steigerung der Taktraten wieder. Durch die Intelligenz der Maschine in Verbindung mit dem LEANTOOL Standard-Baukastensystem [13] (Abb. 10.21) lassen sich Werkzeuge besonders einfach, schnell und günstig realisieren.

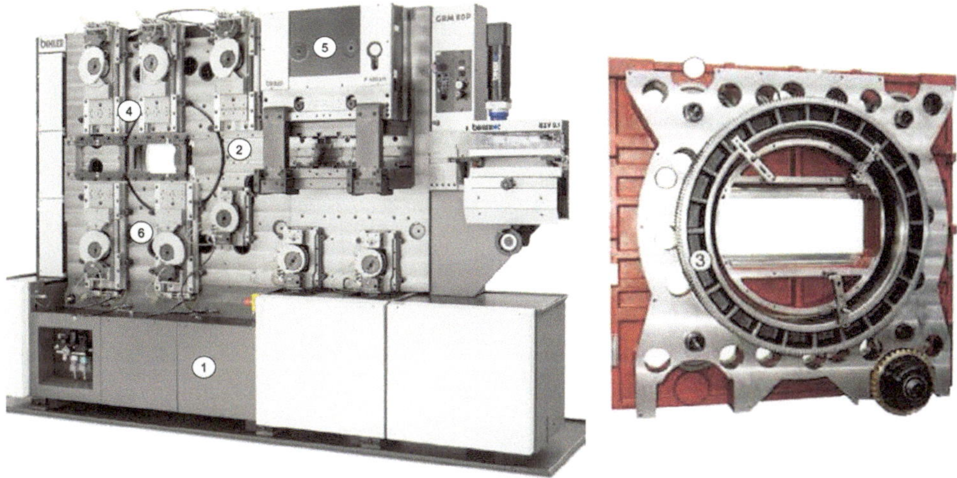

Abb. 17.11 Mechanischer Stanzbiegeautomat und Großrad (re) als zentraler Antrieb [1]

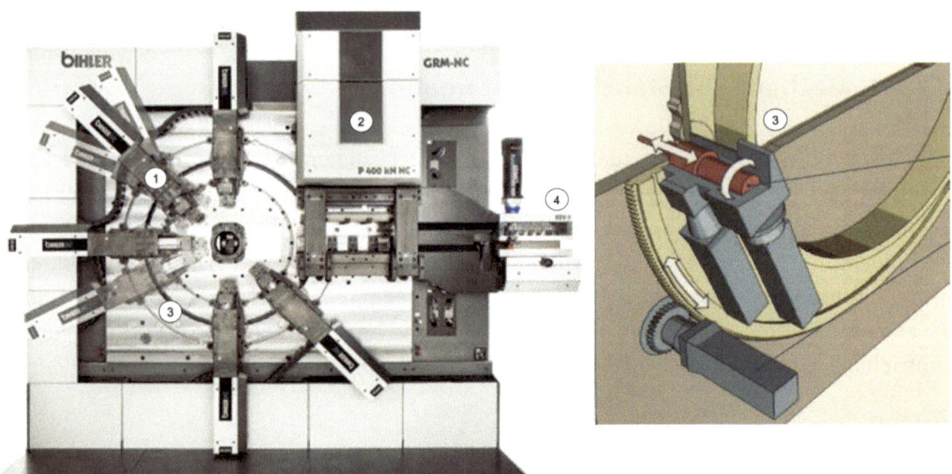

Abb. 17.12 Servo-Stanzbiegeautomat und Verstellantrieb zur Aggregatpositionierung [10, 11]

Die Stanzbiegeautomaten sind mit einem hochdynamischen Servo-Vorschubaggregat (4) (Abb. 17.12) für den Materialeinzug ausgestattet. Diese realisieren höchste Positioniergenauigkeit. Weitere Vorteile sind variable Vorschublängen von Null bis „unendlich" für ein großes Spektrum an Band- und Drahtmaterialien. Der hydraulische Klemmdruck ist je nach Materialbeschaffenheit frei einstellbar, Banddickentoleranzen werden automatisch kompensiert.

17.7.3 Servo-Produktions- und Montagesystem

Das Servo-Produktions- und Montagesystem (Abb. 17.13) stellt eine modulare Komplettlösung für die Baugruppenfertigung dar. Zahlreiche Prozesse wie Stanzen, Biegen,

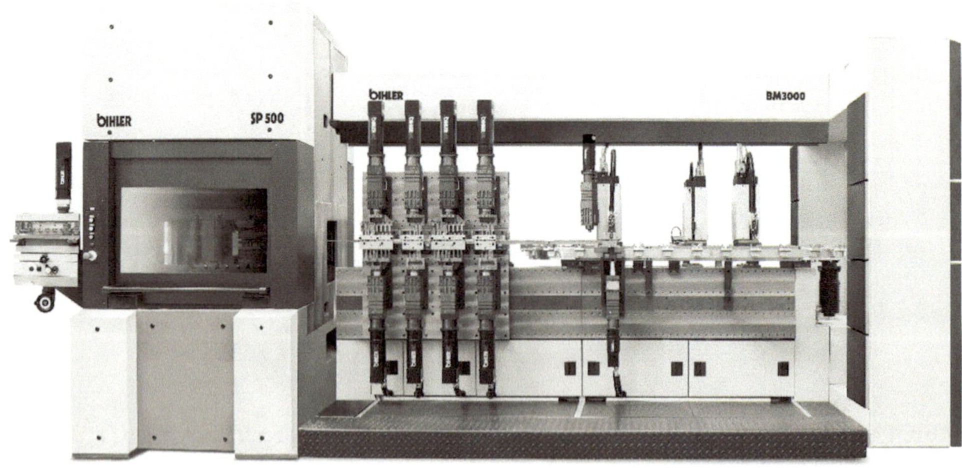

Abb. 17.13 Servo-Produktions- und Montagesystem [12]

Abb. 17.14 Sequentielle Baugruppenfertigung (**a**) vs. Komplettlösung mit dem Servo-Produktions- und Montagesystem (**b**, [12])

Schweißen, Gewindeformen, Fügen von Schrauben aber auch Zuführung und Weiterverarbeitung von Kunststoffteilen oder andern Schüttgütern lassen sich nach dem Baukastenprinzip auf einer Anlage vereinen (Abb. 17.14b) und ermöglichen somit eine leistungsstarke Fließfertigung vom Ausgangsmaterial bis zu einbaufertigen Baugruppe. Sequentielle Bearbeitungsschritte (Abb. 17.14a), die mit einem hohen Logistikaufwand verbunden sind, fallen somit weg, wodurch die Produktion vielfältigster Baugruppen selbst in Kleinserien effektiv abgebildet werden kann.

17.8 Pressengestelle

Maschinengestelle, auch Ständer oder Rahmen genannt, bestehen aus Tisch, Joch und vier Säulen, die bei Präzisionspressen in sogenannter O-Bauweise angeordnet sind (Abb. 17.15). Sie haben den Vorteil, dass sie bei Belastung nur geradlinige Verformung f_z infolge der Verformung durch Zug und symmetrische Biegeverformung f_R aufweisen, sodass der Stempel in die Matrize im Gegensatz zur C-Presse parallel eintaucht.

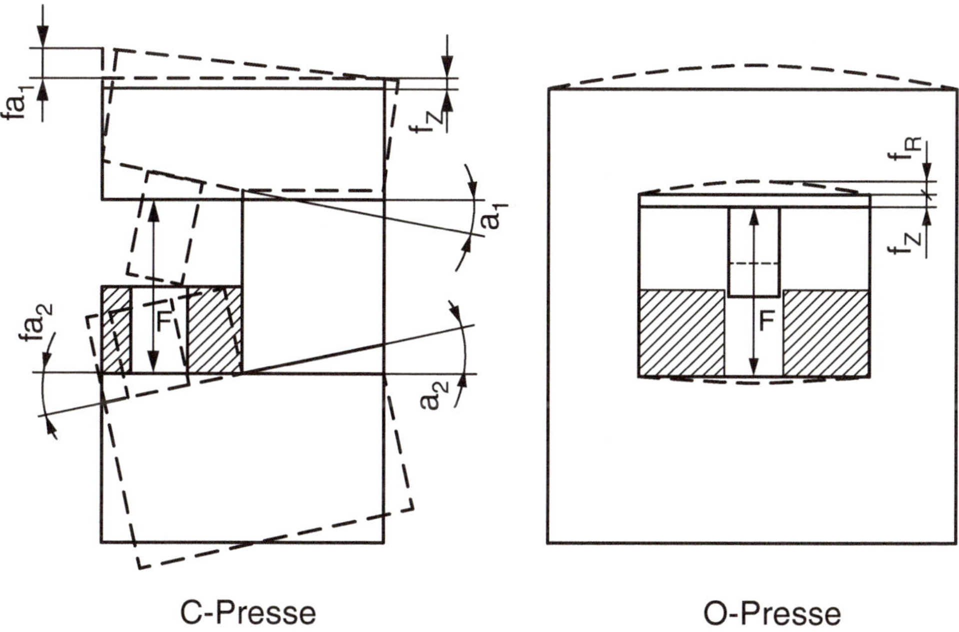

Abb. 17.15 Verformungen von Pressengestellen unter Presskraft F

17.9 Peripheriegeräte und Stanzzentren

Presse und Vorschubapparat bezeichnet man oft als eine Einheit mit dem Begriff Stanzautomat, im Bereich höchster Hubfrequenzen als Hochleistungsstanzautomat. Aber erst der Stanzautomat mit dem Werkzeug ergibt eine vollständige Stanz-Fertigungseinheit oder „Stanzinsel", die Stanzteile produzieren kann. Weitere Geräte um solche Einheit, die so genannte Peripheriegeräte sollen ermöglichen, den Maschinenbediener zu entlasten und die Stanzteilfertigung teilweise oder vollständig zu automatisieren. Bei den Peripheriegeräten handelt es sich hauptsächlich um Bandversorgungs- oder Bandentsorgungsgeräte, Stanzteilabführsysteme sowie Werkzeugwechseleinrichtungen Abb. 17.16.

Die in Abb. 17.17 um die Stanz-Fertigungseinheit angeordneten Peripheriegeräte können zu einem flexiblen, automatisch arbeitenden Stanzzentrum zusammengefügt werden, in dem bereits nach der Produktion einer kleinen Losgröße von etwa 5000 Stanzteilen die gesamte Produktion automatisch auf ein anderes Produkt umgestellt werden kann. Lediglich beim Einführen eines neuen Bandes, beim so genannten Anstanzen ist eine Fachaufsicht zugegen. In der Regel ist eine Stanz-Fertigungseinheit bestehend aus Stanzautomat (11) und Werkzeug mit einer senkrecht oder waagerecht arbeitenden Coilabrollstation (5), einer Richtmaschine (7) und einer Bandschlaufenstrecke (9) ausgestattet. Weitere Geräte wie Coilbeladestation (2), Coilmanipulator (3), Coilmagazineinheit (4), Bandeinführeinrichtung und Bandverdrehstrecke (6), Bandübergabetisch (8) sowie Werkzeugwechseleinrichtungen (14 … 19) und Stanzteilabtransportgeräte (13, 19, 20) dienen der teilweisen oder vollständigen Automatisierung.

Der Funktionsablauf des Stanzzentrums ist wie folgt:

Der Coilmanipulator (3) füllt und lehrt das Coilmagazin (4). Er entnimmt gebrauchte Coilkassetten der Abrollstation (5), holt die nächste Coilkassette aus dem Coilmagazin (4) und legt sie in die Abrollstation (5). Ein Greifer nimmt den Bandanfang und führt es zur Bandeinführ- und Verdrehstrecke (6). Von dort wird das Band um 90° gedreht und über die Richtmaschine (7) den in die Horizontale aufklappbaren Bandübergabetisch (8) zum Vorschubapparat (12) und ins Werkzeug durchgeführt.

Inzwischen hat der Werkzeugwechsler (14) das vom Werkzeuglager (16) mit dem Werkzeugmanipulator (17) geholte Werkzeug in die Stanzpresse eingeführt, nachdem er das vorher gebrauchte Werkzeug entnommen und im Werkzeugmagazin abgelegt hatte. Das Werkzeug wird vor der Bandeinführung gespannt.

Parallel werden in dieser Zeit auch die fertigen Stanzteile entnommen, der Abfall beseitigt und neue Behälter bereitgestellt.

Ein volles Umrüsten des Stanzzentrums dauert etwa 20 Minuten. Die Investitionskosten für das beschriebene, nahezu voll automatisch produzierende Stanzzentrum ist für eine bestimmte Palette von Stanzteilen geeignet. Deshalb sind vor dem Kauf eines solchen Systems sorgfältige Kosten-/Nutzen-Analysen zu erstellen.

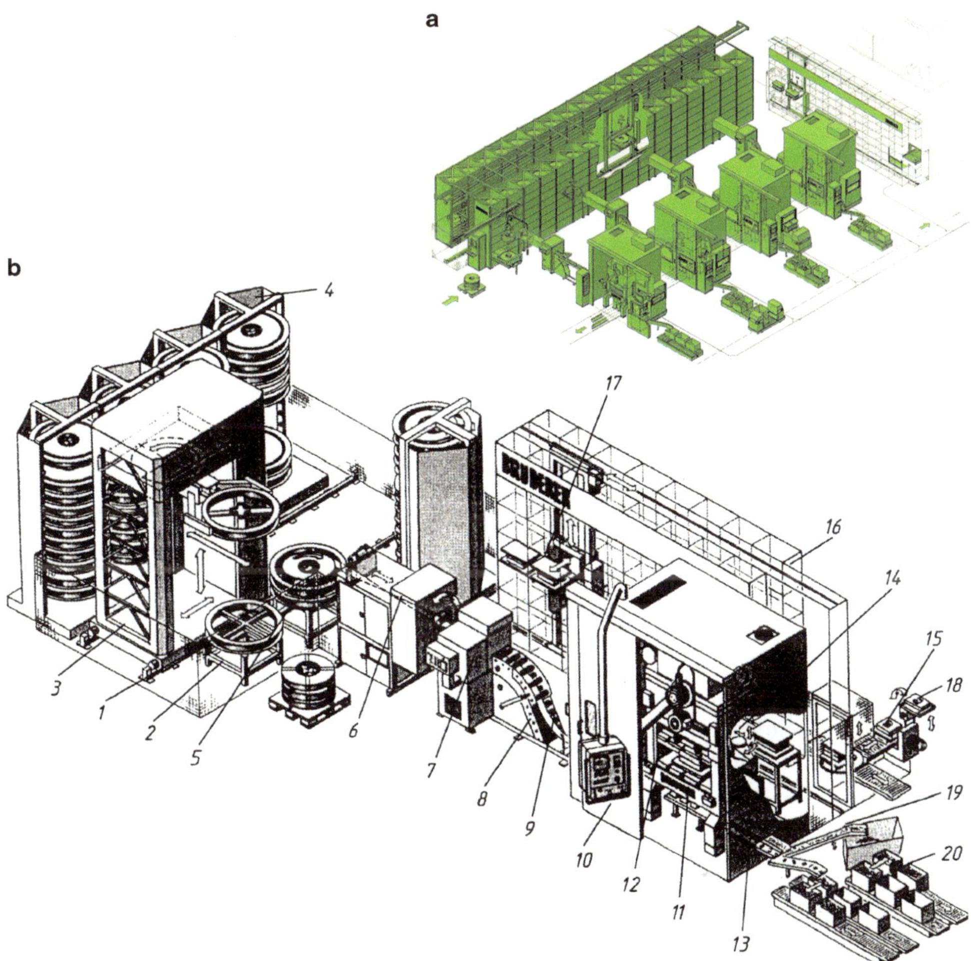

Abb. 17.16 Beispiel für ein flexibles Stanzzentrum (**a** Komplexanlage mit vier Zentren, **b** als Insellösung). *1* Coilkassette, *2* Coilbeladestation, *3* Coilmanipulator, *4* Coilmagazineinheit, *5* Abrollstation, *6* Bandeinführ- und Verdrehstrecke, *7* Richtmaschine, *8* Bandübergabetisch, *9* Bandschlaufenstrecke, *10* Schallschutzkabine, *11* Stanzpresse, *12* Vorschubapparat, *13* Förderbänder, *14* Werkzeugwechsler, *15* Übergabetisch, *16* Werkzeuglager, *17* Werkzeugmanipulator, *18* Werkzeugein-/Ausgabestation, *19* Behälterwechselanlage, *20* Stanzteiltransportkästen

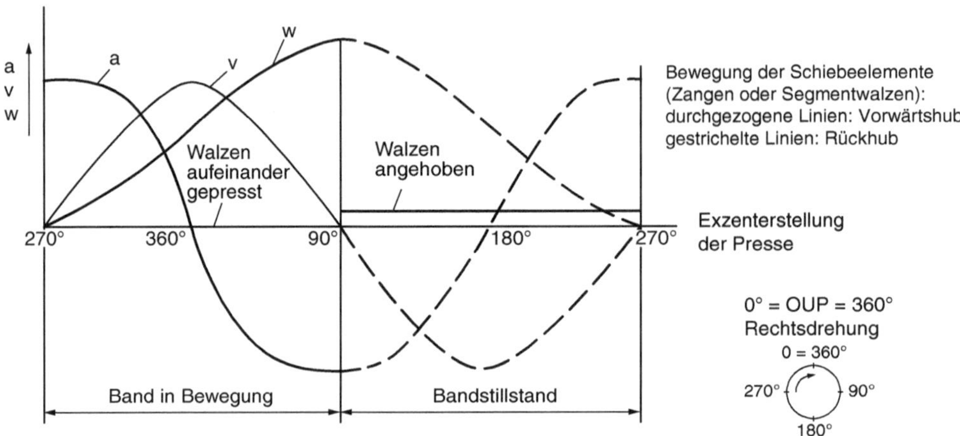

Abb. 17.17 Schematische Darstellung der Beschleunigung a, der Geschwindigkeit v und des Vorschubweges w im Vorschubapparat

17.10 Vorschubapparate

Vorschubapparate sind Geräte, die das zu verarbeitende Band – in der Regel vom Coil – in die Presse zwischen das Ober- und Unterwerkzeug in einer Zeit einschieben oder einziehen, in der der Stößel mit dem Oberwerkzeug aus dem Stanzteil vollständig ausgefahren ist. Das Band erreicht oft mittlere Geschwindigkeiten bis zu 96 m/min (1,6 m/s). Das bedeutet, dass es bei der intermittierenden Bewegung von 0 bis 5 m/s beschleunigt und auf null wieder abgebremst wird und das während einer *halben Umdrehung* der Exzenterwelle.

Am häufigsten werden folgende Vorschubapparate verwendet:

1. ***Walzen- oder Zangen-Vorschubapparate***, von der Exzenterwelle direkt d. h. synchron über mechanische Elemente angetrieben und
2. ***Servo-Walzen-Vorschubapparate***, die von reaktionsschnellen, frequenzgeregelten Elektromotoren (Servomotoren) angetrieben werden. Sie erzeugen ein hohes Drehmoment im Verhältnis zum eigenen Massenträgheitsmoment.

Hydraulisch und pneumatisch angetriebene Vorschubapparate werden nur in Sonderfällen für niedrigere Hubfrequenzen angewandt, da sie die hohen Beschleunigungen nicht erbringen. Besondere *Zangen-Vorschubapparate* werden für sehr empfindliche Bänder und mittlere Hubfrequenzen eingesetzt.

Für das Spannen des Bandes während des Vorschubes und das Klemmen während des Stillstandes werden unabhängig vom Antrieb volle Walzen bzw. Segmentwalzen oder Zangen benutzt. Dies richtet sich nach der Druckempfindlichkeit des Bandmaterials. Zangen drücken großflächig – günstig für empfindliche Werkstoffe –, Walzen spannen dagegen linienförmig mit mehr Druck, es können Marken oder Kratzer auf der Bandoberfläche entstehen. Bei Zangenvorschüben ist die maximale Vorschublänge begrenzt, sie sind weniger flexibel als Walzenvorschübe und die Abdichtung der linear bewegten Teile, die sich außerhalb des Ölraumes befinden, ist schwieriger realisierbar. Die Besonderheit eines oszillierenden Vorschubes ist, dass ein Klemmmechanismus das Band festhält während die Walze oder die fördernde Zange ihren Rückhub ausführt. Beim Servovorschub sind die Walzen ständig im Eingriff und dienen im Stillstand als Bandhalter.

Die *mechanisch* angetriebenen Vorschubapparate erlauben es, *größere Bandmaßen* zu bewegen.

Die Bewegungsverhältnisse der Vorschubwalzen eines mechanisch angetriebenen Walzen-Vorschubapparates zeigt schematisch Abb. 17.17 [8].

Das mechanische Prinzip ist in Abb. 17.18 [8] dargestellt. Der Antrieb der Vorschubwalzen erfolgt von der Exzenterwelle aus über eine Kardanwelle auf ein Kegelradpaar 1 bzw. 2. Die Kreisbewegung des Kegelrades 2 wird durch eine Planetenkurbel 3 in eine horizontale Geradbewegung umgewandelt und in die Schwinge 6 auf die obere und untere Walzenwelle 7 als Pendelbewegung weitergeleitet. Mit der Gewindespindel wird an Schwinge 6 die Vorschubgröße eingestellt. Durch wechselndes Anpressen und Abheben der oberen Walze 5 wird die Pendelbewegung der Walzenwellen 7 in eine intermittierende (zeitweise aussetzende) Vorschubbewegung des Bandes umgesetzt. Über Welle 4, Exzenter 8 und Hebel 9 wird der Zangenrahmen 10 und die Klemmleiste 11 abwechselnd betätigt. Wenn die Klemmleiste 11 das Band klemmt (im Stillstand) wird die Walze 5 angeho-

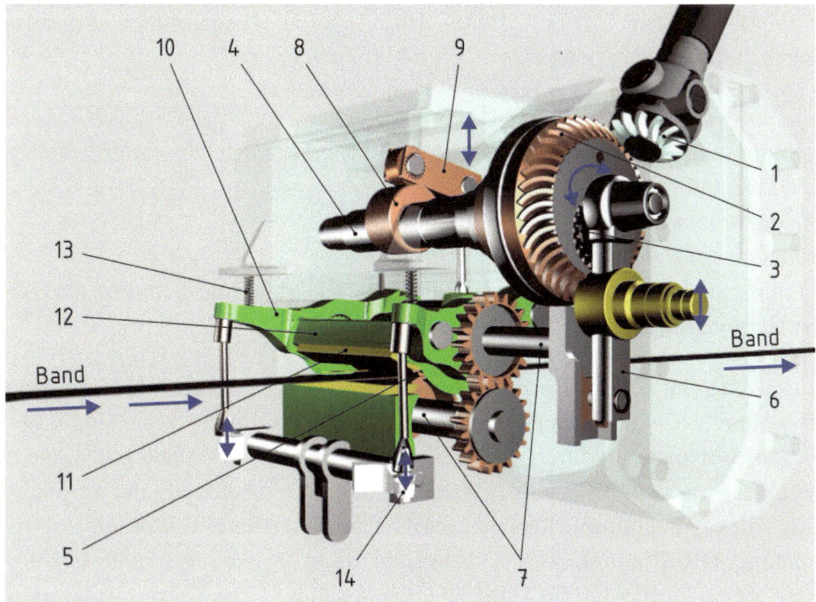

Abb. 17.18 Prinzip eines Walzen-Vorschubapparates (BRUDERER Bandvorschubapparat BBV). *1* Ritzel, *2* Kegelrad, *3* Planetenkurbel, *4* Antriebswelle, *5* Vorschubwalze, *6* Schwinge, *7* obere bzw. untere Walzenwelle, *8* Exzenter, *9* Walzenlüftungshebel, *10* Zangenrahmen, *11* Klemmleiste, *12* Hebel, *13* Feder, *14* Anschlag

ben und umgekehrt, wenn die Walze 5 während des Vorschiebens das Band einspannt wird die Klemmleiste 11 angehoben. Der Hebel 12 fixiert den Rahmen 10 in horizontaler Richtung. Feder 13 erzeugt den Druck aufs Band. Mit dem verschiebbaren Anschlag 14 kann der Rahmen 10 jeweils so angehoben werden, dass das Band in oberer Stellung des Stößels frei wird (Betrieb mit Zwischenlüftung).

Folgende Betriebsstellungen sind einstellbar:

1. ***Hochlüftung*** von Walze und Klemmleiste (mit Anschlag 14): Band ist frei.
2. ***Bandklemmung*** mit Klemmleiste, Walze ist oben.
3. ***Betrieb ohne Lüftung***: Bandvorschub in der Vorschubphase und Klemmung im Stillstand für Stanzen ohne Fangstifte (Walze 5 und Klemmleiste 11 abwechselnd unter Druck).
4. ***Betrieb mit Zwischenlüftung***: Bei Werkzeugen mit Fangstiften werden die Klemmleiste und obere Walze angehoben sobald die Fangstifte mit ihrem konischen Abschnitt das Band zu zentrieren beginnen. Der zylindrische Abschnitt schafft danach die richtige Lage für den Stanzvorgang.

Vorschubantriebe mit frequenzgeregeltem Antriebsmotor (Servo-Vorschubapparate) sind im mechanischen Aufbau einfacher. An der Motorachse sind die vollen, möglichst massearmen Antriebswalzen entweder direkt oder über ein möglichst spielfreies Getriebe angeschlossen. Die oben angegebenen Betriebsstellungen 1 bis 4 sind auch hier möglich, jedoch wird die Klemmung von der Walze auch im Stillstand vorgenommen. Das Einstellen der Banddicke wird mit besonderen Servomotoren vorgenommen. Sie dienen auch dem Abheben der Walzen beim *Betrieb mit Zwischenlüftung*.

Die Servo-Vorschubantriebe bieten folgende Vorteile [8]:

1. Variabler Vorschubwinkel, damit Hubfrequenzsteigerung,
2. Große Vorschublängen, bis „unendlich“,
3. Wählbare unterschiedliche Vorschub-Taktfolgen,
4. Asymmetrischer Walzen-Lüftwinkel,
5. Einstellung und Korrektur der Daten über Mensch-Maschine-Schnittstelle (HMI),
6. Hohe Hubfrequenzen über 2000 H/min.

Die Leistung der Servo-Vorschubapparate ist durch die zu beschleunigende Bandmaße bzw. durch Banddicke und Bandbreite begrenzt. Grundsätzlich sind Hubfrequenzen der Vorschubapparate durch die zu beschleunigende Bandmaße m (Masse des Bandes zwischen Werkzeug und halber Schlaufenlänge, ev. beidseits der Presse) und von der Länge des Vorschubschrittes begrenzt. Die Getriebeteile werden auf maximale Drehmomente (Kraft am Hebelarm) ausgelegt. Je größer der Vorschubschritt und/oder die Masse, desto kleiner ist die Hubfrequenz zu wählen. Das Leistungsdiagramm eines Walzen-Vorschubapparates zeigt Abb. 17.19. Es gilt in ähnlicher Form für alle Vorschubapparate.

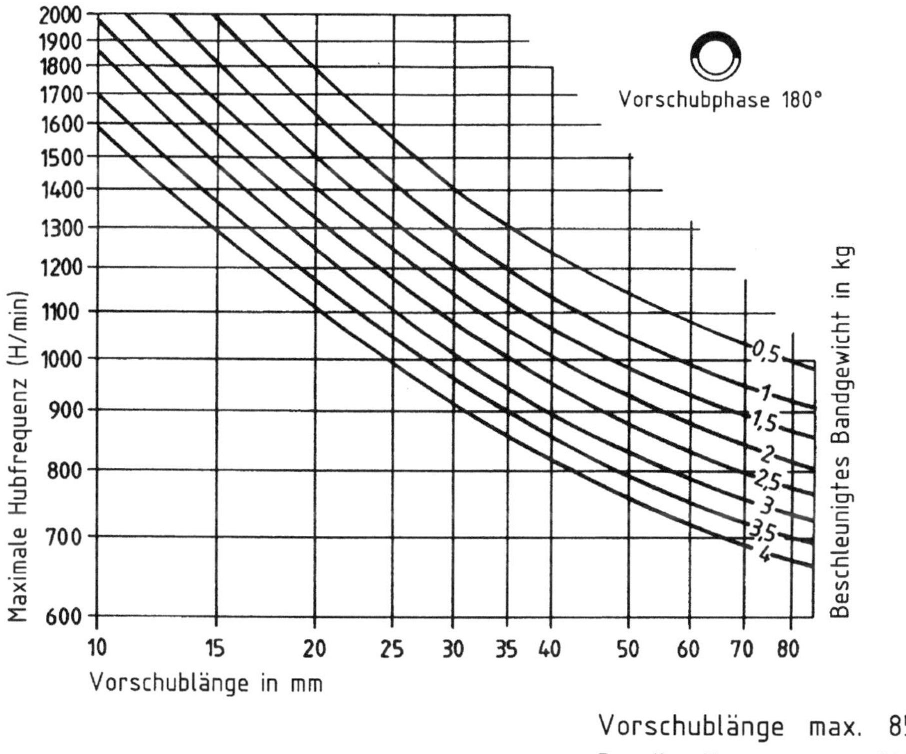

Vorschublänge max. 85 mm
Bandbreite max. 160 mm
Banddicke max. 4 mm

Das beschleunigte Bandgewicht entspricht dem Gewicht des Bandes zwischen A und B.

Wird ohne Aufwickelhaspel gearbeitet, so kann mit dem Gewicht von A bis zum Werkzeugende gerechnet werden.

Abb. 17.19 Leistungsdiagramm eines Vorschubapparates (Hubfrequenz bis 2000 H/min) und das beschleunigte Bandgewicht (nach BRUDERER [8])

Die Vorschubapparate sind integraler Bestandteil der Pressen und unterliegen ebenso einer ständigen Weiterentwicklung. Vorschubsysteme mit Servotechnik sind regelungstechnisch mit der Pressenwelle verbunden. Die Schrittlänge wird ständig überwacht und optimiert geregelt.

Werkzeugbezogene Parameter sind programmierbar und aus dem Speicher sofort abrufbar. Da der Vorschubwinkel stufenlos dem Werkzeug und dem Prozess angepasst werden kann, ist die Vorschubphase verstellbar und unabhängig vom oberen Totpunkt der Presse.

Moderne Vorschubapparate decken ein Spektrum der Bandbreiten für schmale Bänder (BRUDERER BSV 75) bis schwere Bänder bis 850 mm Breite (BSV 850) ab. Ein Beispiel für große Anlagen zeigt Abb. 17.20 (BSV 500). Diese verfügen über einen Schnellwechsel der Walzen, werden ölgekühlt oder bei höchsten Leistungen wassergekühlt.

Bei Walzen-Vorschubapparaten (Abb. 17.18) spannen die Einzugwalzen das Bandmaterial linienförmig mit hohem Druck. Dabei können Oberflächenmarkierungen entstehen oder der Einzug des Bandes gestaltet sich durch Schlupf ungleichmäßig. In der Praxis haben sich Beschichtungen auf den Einzugwalzen bewährt, die diese Nachteile vermeiden. Ideales Einzugsverhalten und reduzierter Schlupf (s. g. Grip) beim Weitertransport von Bandmaterial erreichen mit TOPOCROM – beschichtete Walzenelemente [9] und erzielen höhere Standmengen. Sehr gute Verschleißfestigkeit, Verhinderung von Ablagerungen wie z. B. Aluminium oder Zink, Belastbarkeit der beschichteten Walzen auf Biegung und Torsion sowie optimales Übertragen des Antriebmoments mittels Reibschluss sind wichtige Vorteile solcher Beschichtungen. Die Abb. 17.21 stellt den Schichtaufbau eines TOPOCROM-Systems dar. Die Oberflächenstrukturen werden zielgerichtet, je nach geforderten Funktionen und Eigenschaften des Bandmaterials definiert. Beschichtete Einzugwalzen kommen für verzinkte Bleche, geölte Bleche, Aluminiumbleche, Edelstahlbleche, lackierte Bleche oder Bleche mit Trockenschmierstoff zum Einsatz.

Abb. 17.20 Band-Servo-Vorschubapparat (BRUDERER, BSV500) für Bandbreiten bis 500 mm, Banddicken bis 8 mm, Hubzahl bis 900 H/min [8]

a

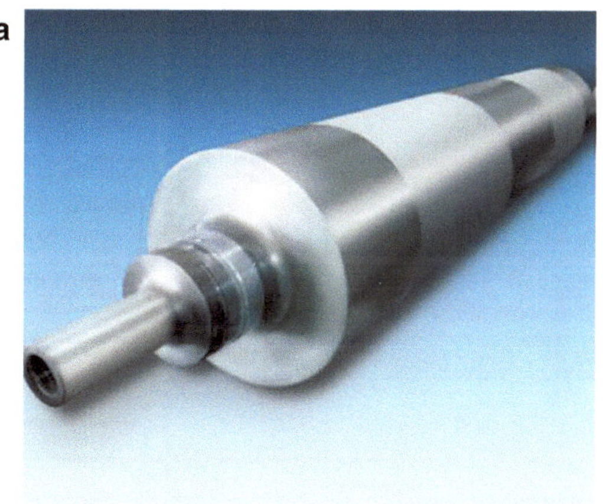

b

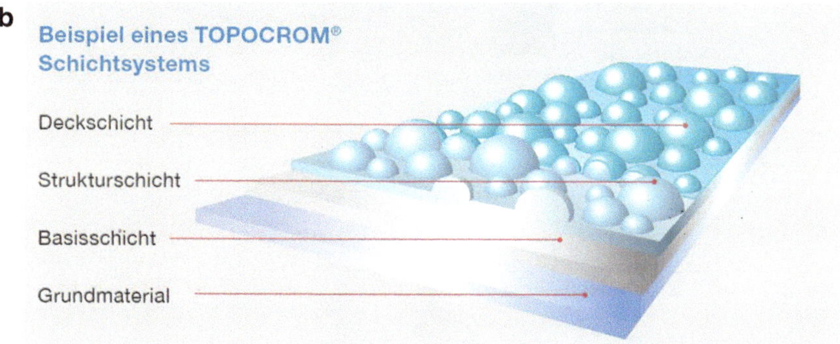

Abb. 17.21 Einzugwalzen in Vorschubapparaten (**a**) mit einer Oberflächenbeschichtung TOPOCROM (**b**, [9])

17.11 Steuerung von Stanzprozessen

Neuzeitliche Stanzpressensteuerungen enthalten vielfach als **Hardware** (Abb. 17.22a):

1. PC-basierte Steuerungen ohne rotierende Medien wie Lüfter oder Festplatten
2. Multitouch-fähiger Bildschirm für eine einfache, intuitive Bedienung
3. Speichermedien für Werkzeugdaten und kundenspezifische Einstellungen
4. Anschlüsse für Netzwerkverbindung und Anbindung weiterer Hardware-Komponenten über ein Bussystem oder Schnittstellen wie USB-Verbindungen (Abb. 17.22b)
5. Hardware für sicherheitsrelevante Funktionen (Not-Halt, Betriebsarten-Anwahl, Kupplung Ein/Aus, Überwachung von Schutzvorrichtungen)

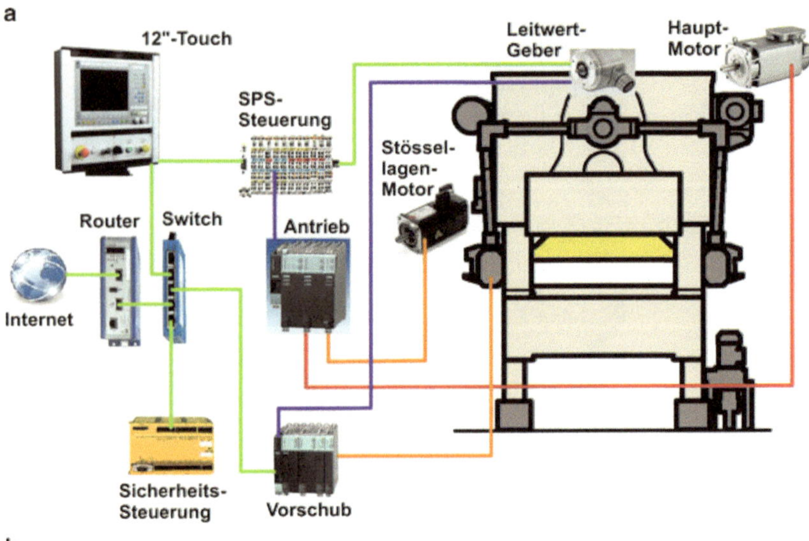

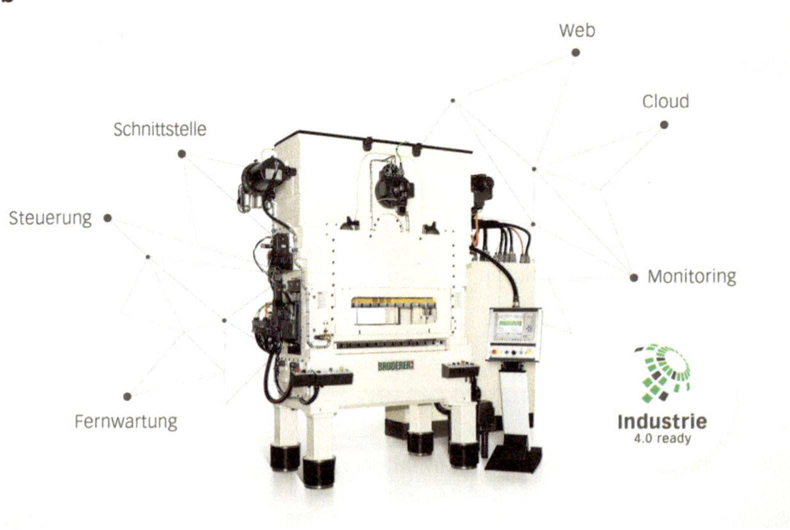

Abb. 17.22 Grundprinzip der Steuerung (**a**), Integrierte Digitalisierung der BRUDERER-Stanzpressen im Kontext von Industrie 4.0 (**b**)

In der **Software** sollten folgende Systeme installiert werden können:

1. Ein weltweit einsetzbares System mit maschinenbezogener Software, NC-Achsen mit Lagen- und Antriebsteuerung, Sicherheitssteuerung
2. Programmierbare Zählfunktionen und Betriebsstundenzähler
3. Mehrere Optionen wie z. B. Werkzeugsicherung, Presskraftmessung, dynamische Hub- und Vorschublängen-Anzeige mit Justiermöglichkeiten.

Für den Bediener soll das Programm eine Bedienerführung über Menüangebote für einzelne Funktionsgruppen enthalten. Die Soll- und Istwerte können verglichen, geändert oder abgefragt werden. Die Signalübertragung zwischen PC und Presse erfolgt über Buskabel (Abb. 17.22).

Beispiele für Menüangebote an Stanzpressen (Abb. 17.23) sind:

1. „Dauerhub“

   Damit kann man bedienen:

   Start und Stopp im oberen Umkehrpunkt OUP (auch OTP genannt), Hubfrequenzverstellung, (Drehzahlverstellung) Stößel-Schnellverstellung zur Werkzeugkontrolle, Laufende Anzeige der Hubfrequenz, Hubgröße oder der Stößelhöhe, Vorschublänge, Presskraft, Öl- und Luftdruck der Geräte, Anzeige der Zählerstände, Verstellung auch bei laufendem Stößelantrieb von: Hubfrequenz, Vorschublänge des Bandes und der Stößelhöhe, Laufende Berechnung des Stoppwinkels (Winkel nach der Einleitung des Stoppsignals bis zum Stillstands des Stößels), Ein- und Ausschalten von Ausblasventil, Bandschmierung und anderen Peripheriegeräten (als Option). Zugang zu verschiedenen Dateien wie Werkzeugdaten oder Auftragsübersicht.
2. „Einrichten“

   Es erlaubt:

   Bandwechsel und Werkzeugkontrollen im Einzelhub oder Tippbetrieb mit Anhalten im OUP oder beliebig, Stößel-Schnelllüftung (schnelles Heben und Senken des Stößels auf vorgegebene Stelle im unterem Umkehrpunkt UUP) zur Werkzeugkontrolle, die Einstellung und Anzeige der Hubfrequenz (1/min.), Hubhöhe, Vorschublänge und Presskraft, das Zu- und Abschalten z. B. der Bandendeüberwachung und weiterer Funktionen sowie weiterer Peripheriegeräte. Zusätzlich können mit einem Handrad

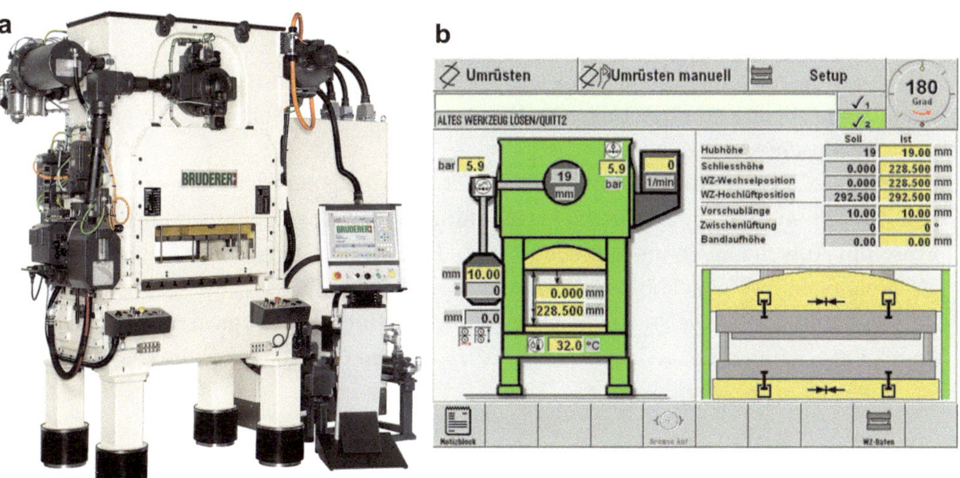

Abb. 17.23 BRUDERER-Stanzpresse mit Bedienmodul (**a**), Betriebsartenmaske für das „Umrüsten manuell“ der Werkzeuge (**b**)

langsamste Stößelbewegungen gesteuert werden und die Hochleistungstanzpresse mit der Planetengetriebeeinheit (BPG, Abb. 17.4) sowohl im Normalbetrieb als auch im Schleichgang mit voller Stanzkraft betrieben werden.

3. „Umrüsten manuell" (Abb. 17.23b)
   Dieses Programm ermöglicht
   einen weitgehend automatisierten Werkzeugwechsel durch die Festlegung der Reihenfolge der Maschinen-, Werkzeug-, und Peripheriefunktionen und Anwahl entsprechender Parameter, die in einem besonderem Menü „Werkzeugdaten" abgelegt werden müssen. Es können Standarddaten oder auf einzelne Werkzeuge bezogene Daten sein. Mit diesem Programm kann auch eine ***Stößel-Eintauchtiefen-Korrektur*** aktiviert werden, die die Stößelhöhe konstant hält, auch wenn sich die Massenkräfte bei Drehfrequenzänderung auf die Stößelstellung bemerkbar machen sollten.
4. „Hilfsfunktionen"
   Hier werden Testhub, Rückwärtslauf, Positionieren, Bremse öffnen oder schließen betätigt.
5. „Inbetriebnahme"
   Dieses Bedienfeld erscheint nach dem Einschalten der Steuerung und eröffnet dem Anwender in der Regel nach Eingabe eines Passwortes die Anwahl verschiedener oft mit dem Maschinenlieferanten vereinbarten Inbetriebnahme-Funktionen. Diese sind z. B. die Sprache wählen, das Definieren der Schritte für Werkzeug-Umrüstung, das Benennen der Fehlermeldungs-Eingänge, das Dazuschalten des Zubehörs, Datensicherung definieren usw.

Die sehr umfangreichen und flexiblen auf PC-Basis aufgebauten Steuerungen enthalten gegen das „Vergessen" auch Wartungsintervallanzeigen und können bei verketteten Anlagen von einer anderen Automatisierungseinrichtung maschinenfern gestartet und gegebenenfalls gesteuert werden. Sie verfügen dann über die entsprechenden Schnittstellen (auch WLAN-fähig).

Diese Steuerungen ermöglichen auch einem Bediener, der mit einem PC nicht vertraut ist und „nur" über Stanzkenntnisse verfügt, mit der Bedienerführung eine gute Handhabung der Maschineneinrichtungen.

Abb. 17.22a verdeutlicht als Beispiel das Grundprinzip der Steuerung auf PC-Basis. In Abb. 17.22b werden die vielfältigen Durchdringungen der Digitalisierung einer Stanzpresse mit Anwendungen im Internet gezeigt, die einen Austausch von Daten und Datenkombinationen in Wertschöpfungsketten gewährleistet.

Über Menüauswahl gelangt man zu den einzelnen Betriebsartenmasken, wie z. B. „Dauerhub" oder „Umrüsten" (Abb. 17.23b). Darin können die Ist- und Sollwerte verglichen, geändert oder eingegeben werden.

Literatur

1. Bihler on top: Magazin der Otto Bihler Maschinenfabrik GmbH & Co.KG, Halblech (2018)
2. Grote, K.-H., Feldhusen, J. (Hrsg.): Dubbel: Taschenbuch für den Maschinenbau, Kap. 20. Springer, Berlin (2014)
3. Mössner, M.: Ausgewählte Werkzeuge der Hochleistungsstanztechnik, Firma Kramski. In: Hochleistungswerkzeuge in der Stanztechnik. Lehrgang Nr. 25972/62.249 der Technischen Akademie Esslingen am 09./10.11.2000 (2000)
4. Hellwig, W.: Hochleistungs-Stanzautomaten mit Massenausgleich. Maschinenmarkt. **4**, 102 (1996)
5. Hafner, J. Th.: Getriebeeinheit und Anordnung für eine Stanzpresse, Bruderer AG Frasnacht, Patent EP 2 556 271 B1, 04.03.2015 (2015)
6. Feintool Schulungs-Kit: Grundlagen und Möglichkeiten des Feinschneidens. Feintool Technologie AG, Lyss (2014)
7. Schmidt, R.-A.: Umformen und Feinschneiden. Carl Hanser, München (2007)
8. BRUDERER Firmenpräsentation: Vorschubapparate Für jede Anwendung die richtige Lösung. BRUDERER AG Frasnacht, Schweiz (2017)
9. Langer, M.: Chrom in Bestform. TOPOCROM GmbH Stockach, Firmenschrift (2018)
10. Produktprospekt GRM Serie: Otto Bihler Maschinenfabrik GmbH & Co.KG,10/2016 (2016)
11. Produktprospekt RM-/GRM-NC/LEANTOOL: Otto Bihler Maschinenfabrik GmbH & Co.KG, 10/2018 (2018)
12. Produktprospekt Bimeric SP.: Otto Bihler Maschinenfabrik GmbH & Co.KG, 03/2015 (2015)
13. Planungs-WebApp: BIHLER Planning. www.bihlerplanning.de (2018)
14. Haack, J.: Feinschneiden. In: FEINTOOL-Handbuch. Feintool AG, Lyss (1977)
15. Birzer, F.: Umform- und Feinschneidtechnik. In: Hochleistungswerkzeuge in der Stanztechnik. Lehrgang Nr. 25972/62.249 der Technischen Akademie Esslingen am 09.10.11.2000 (2000)

18 Einbezug verschiedener Technologien in den Stanzprozess

Um komplexe Stanzteile vollständig herstellen zu können, werden in der neuzeitlichen Stanztechnik außer Schneiden und Umformen (Biegen, Ziehen, Prägen) auch Nieten, Schweißen (Widerstands- und Laserschweißen) und Gewindeformen bzw. -schneiden in einem Stanzprozess ausgeführt. Eine Übersicht darüber gibt in Kap. 2 die Tab. 2.4. Die Vielzahl der Folgen erfordert in der Bandlaufrichtung gesehen längere Werkzeuge und breitere Stanzpressen. Drei ausgewählte Beispiele für den Einbezug verschiedener Technologien in die Stanzfolge werden behandelt.

18.1 Stanzpaketieren mit Durchsetzungen

Unter Stanzpaketieren versteht man den Herstellvorgang aus Blechband für zusammenhängende Blechpakete wie Statoren und Rotoren für Elektromotoren in einem Stanzfolgewerkzeug. Im Gegensatz dazu wird das Paketieren von ausgestanzten Blechen außerhalb der Stanzmaschine in einer besonderen Maschine oder Vorrichtung vorgenommen. Die Blechpakethöhe ist beim Stanzpaketieren in der Stanzmaschine vorwählbar. Es lassen sich Pakete beliebiger Höhe erzeugen.

Üblicherweise werden beim Stanzpaketieren die Bleche in der letzten Stanzfolge (Abb. 18.1 und 18.3) aufeinandergestapelt und dort miteinander verbunden, wobei die Verbindungsmethoden verschiedener Art sein können. Nach einer gewissen Anzahl der Bleche wird die Verbindung unterbrochen, sodass aus dem Werkzeug einzelne Pakete abtransportiert werden können.

Ein bekanntes Verfahren des Fügens innerhalb des Stanzvorganges beruht auf dem Prinzip des Tiefens (Durchsetzungen) und Verpressens der aufeinander ausgestanzten Bleche. Abb. 18.2 zeigt den prinzipiellen Vorgang dieses Verfahrens. Das erste Blech eines Paketes wird an den Fügestellen voll durchgestanzt; die darauffolgenden Bleche werden

© Springer Fachmedien Wiesbaden GmbH, ein Teil von Springer Nature 2020

M. Kolbe, *Stanztechnik*, https://doi.org/10.1007/978-3-658-30401-0_18

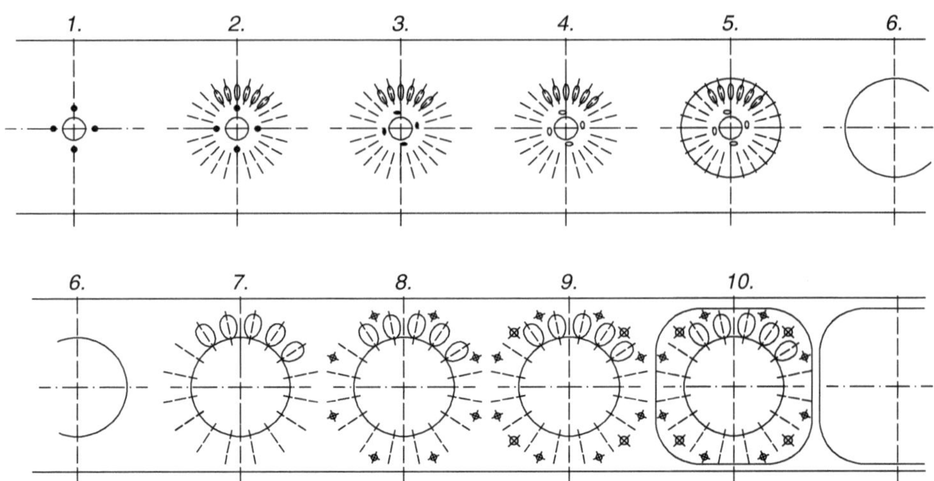

Abb. 18.1 Stanzpaketierfolge in einem Stanzpaketierwerkzeug. In der fünften Folge werden die Bleche für den Rotor, in der zehnten die Bleche des Stators ausgestanzt und aufeinander gepresst

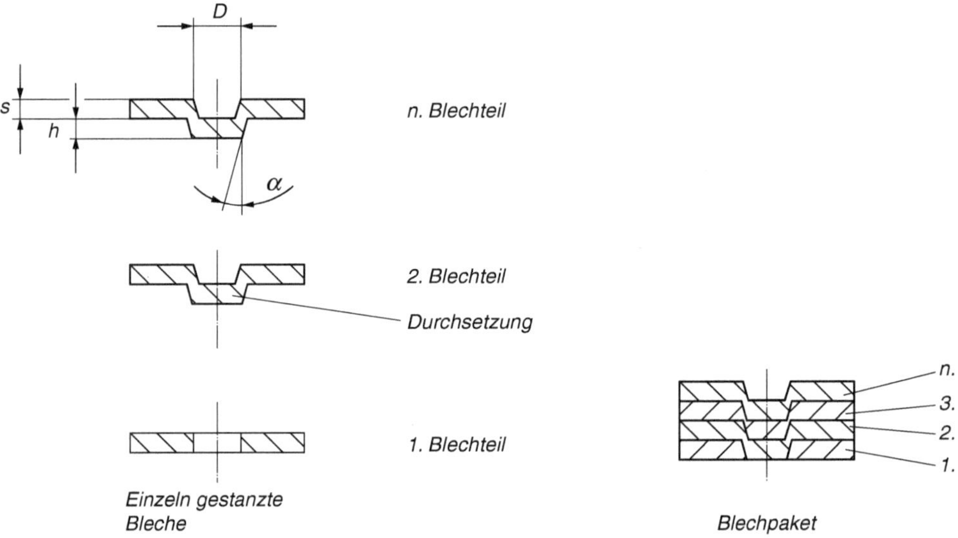

Abb. 18.2 Prinzip des Stanzpaketieren s von Blechteilen 1, 2, …, *n* mit Durchsetzungen. *D* Durchmesser der Durchsetzung, *s* Blechdicke, *h* Durchsetztiefe, α Einziehwinkel

nicht voll durchgestanzt, sondern erhalten Durchsetzungen, die ineinander gepresst werden. Infolge der Aufweitung entstehen dabei Radialkräfte in den Durchsetzungen, die den Zusammenhalt der einzelnen Bleche bewirken (Abb. 18.3). Voraussetzung für den Zusammenhalt ist eine hohe Präzision der Werkzeuge und der Stanzmaschine. Stempel und Matrize müssen in Toleranzen von ±2 µm hergestellt und in noch engeren Toleranzen von der Stanzmaschine geführt werden.

Abb. 18.3 Teil für die Elektroindustrie (Elektrobleche), Einzelbleche gratfrei gebürstet mit einer Blechdicke ab 0.2 mm (Feintool System Parts, DE-Jessen; René Gerber AG, CH-Lyss)

Dieses Paketieren hat die Aufgabe, das Handling der geblechten Pakete bei Transport und Montage von Motoren oder Transformatoren zu erleichtern. Der endgültige Zusammenhalt der geblechten Pakete wird in der Montage hergestellt. Beispielsweise wird der Rotor auf eine Welle aufgepresst und erhält so den erforderlichen Zusammenhalt.

18.2 Stanz-Laser-Paketieren

In Abb. 18.4 ist das System des Stanz-Laser-Paketierens dargestellt. Ausschnitt A verdeutlicht die Schweißweise zum Beispiel an der Innenwand eines Paketes. Jedesmal, wenn der Stempel nach dem Durchstanzen die Aufwärtsbewegung ausführt und die zu schweißende Stelle nicht vom vorschiebenden Band verdeckt wird, erfolgt ein Laserimpuls, der die Bleche an den Kanten miteinander verschweißt. Daraus ergibt sich die verblüffende Fertigungsart, dass man in Ausnehmungen beziehungsweise Bohrungen von 4 mm Durchmesser eine fortlaufende punktweise Schweißnaht herstellen kann.

Bei einer Anordnung von mehreren Fokussiereinrichtungen ist man in der Lage, innerhalb eines Stanzvorganges an mehreren Stellen eines Paketes gleichzeitig Bleche zu verschweißen (Abb. 18.5).

Im Dauerbetrieb kann man mit diesem Verfahren Hubfrequenzen bis zu 800 H/min erreichen.

Bei den weichmagnetischen Werkstoffen für Rotorpakete kommt es darauf an, dass die Ummagnetisierungsverluste so klein wie möglich gehalten werden. Bei der Ummagnetisierung entstehen Wirbelströme, die wiederum durch den lamellenartigen Aufbau der Pakete klein gehalten werden. Da eine metallische Verbindung der Bleche miteinander zwecks Handhabung nicht zu vermeiden ist, müssen diese metallischen Verbindungen dort platziert werden, wo die Magnetfelddichte am kleinsten ist. Außerdem sollen die Querschnitte der Verbindungen minimal sein.

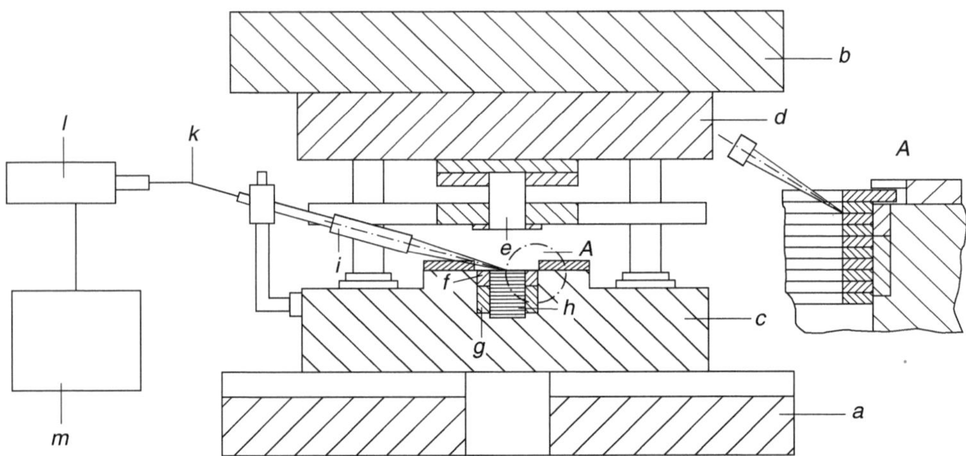

Abb. 18.4 Maschine und Werkzeug für das Stanz-Laser-Paketieren mit Ausschnitt A. *a* Maschinentisch, *b* Stößel, *c* Unterwerkzeug, *d* Oberwerkzeug, *e* Stempel, *f* Matrize, *g* Bremse, *h* Paket, *i* Fokussiereinrichtung, *k* Lichtleiterkabel, *l* Laser, *m* Laseraggregat

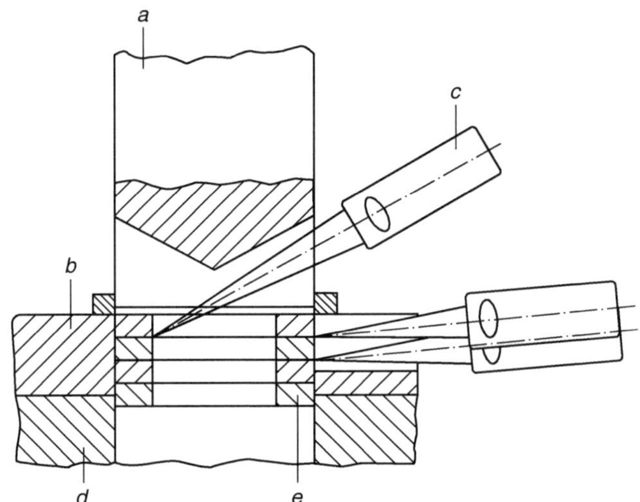

Abb. 18.5 Prinzip des Laserschweißens an den Kanten innerhalb eines Stanzvorganges. *a* Stempel, *b* Matrize, *c* Fokussiereinrichtung, *d* Bremse, *e* Paket

Die Schweißpunkte haben kleine Querschnitte und sind nach physikalischen Gesichtspunkten platziert. Deshalb werden sie im Rotor innen in der Bohrung angebracht, wo das Magnetfeld klein ist und wo ohnehin die Stahlwelle eingepresst wird. Dementsprechend kann man die Punkte am Stator außen setzen, wo die Magnetfelddichte am kleinsten ist.

Die Zusammenhangskraft der einzelnen Bleche zueinander richtet sich nach den Erfordernissen. In der Regel dient sie dem Zusammenhalt während des Transportes beziehungsweise des Montagehandlings.

Dafür genügen bei kleineren Paketen Abreißkräfte von 50 bis 100 N, die man mit zwei Punkten erreichen kann. Bei funktional bedingten größeren Kräften können größere Punkte an mehreren Stellen gesetzt werden.

Vorteilhaft beim *Stanz-Laser-Paketieren* ist, dass die Statoren seitlich abfallos gestanzt werden können, weil sie nicht mit so großer Kraft durch die sogenannte Bremse zwecks Einpressen der Durchsetzungen gedrückt werden müssen. Aus diesem Grund rechnet man mit 5 bis 10 % Bandmaterialeinsparung gegenüber dem Stanz-Paketieren mit Durchsetzungen. Andererseits fallen als einmalige Investition die Kosten für die Lasereinrichtung an. Verschleißteile sind die Lampen, die nach 10^6 bis 10^7 Blitzen ausgetauscht werden müssen.

18.3 Berechnung der erforderlichen Laserleistung

Für das Laserschweißen innerhalb der Stanzfolge eignet sich am besten ein gepulster Festkörperlaser, von dem die Energie zur Fokussiereinrichtung über Lichtleiterkabel übertragen werden kann. So wird der Laser nicht den harten Vibrationen beim Stanzen mit Beschleunigungswerten bis $a = 300\ \mathrm{m/s^2}$ ausgesetzt. Allerdings muss die Fokussiereinrichtung auf diese Erschütterungen hin konstruiert sein [1].

Beim Schweißen muss zunächst der Schweißpunkt geschmolzen werden. Daher ist seine Größe vorerst in Hinsicht auf die Festigkeit zu bestimmen. In der Regel werden die Schweißpunkte auf Zug, Druck oder/und Schub beansprucht. Torsionsbeanspruchung soll durch konstruktive Anordnung von zwei oder mehreren Punkten vermieden werden. Festigkeitsberechnungen können nach [2] erfolgen. Ist das Volumen des Schweißpunktes bestimmt, muss die erforderliche Schmelzenergie errechnet werden. Das Volumen des Schweißpunktes ist nach Abb. 18.6 annähernd ein Rotationsparabolid (zwischen Kegel und Halbkugel):

$$V = \frac{D^2 \cdot \pi}{8} \cdot a \quad \text{in mm}^3 \tag{18.1}$$

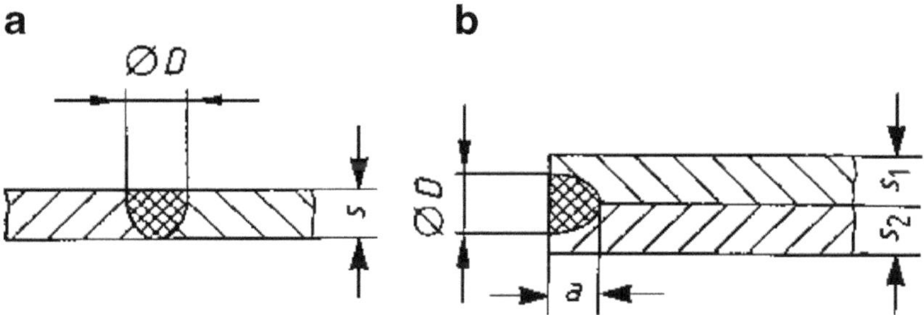

Abb. 18.6 Schweißpunkte **a** an anstoßenden Blechkanten, **b** an der Stirnseite aufeinandergelegter Bleche

Daraus die Masse (mit ρ als spezifische Masse in g/mm³)

$$m = V \cdot \rho \quad \text{in g} \tag{18.2}$$

Die gesamte aufzuwendende Wärmemenge zum Aufschmelzen des Volumens besteht aus der Aufwärmenergie bis zur Schmelztemperatur (Q_W) und der Schmelzenergie (Q_S):

$$Q_{ges} = Q_W + Q_S \quad \text{in J} (= \text{Nm} = \text{Ws}) \tag{18.3}$$

Es ist

$$Q_W = c_p \cdot m \cdot \Delta T \quad \text{in J} (= \text{Nm} = \text{Ws}) \tag{18.4}$$

wobei c_p die mittlere spezifische Wärme in J/(mm³ K), m die Masse in g und ΔT die Temperaturdifferenz zwischen der Raum- und der Schmelztemperatur in K ist.

Die Schmelzwärme Q_S errechnet sich zu:

$$Q_S = q_s \cdot m \quad \text{in J} \tag{18.5}$$

wobei die spezifische Wärme q_s in J/mm³ z. B. [3] zu entnehmen ist. Die Gesamtmenge pro definierten Schweißpunkt ist:

$$Q_{ges} = Q_W + Q_S \quad \text{in J} \tag{18.6}$$

Da beim Auftreffen des fokussierten Lichtstrahls auf den Werkstoff durch Reflektion und Wärmeleitung Wärmeverluste entstehen, muss mit einen Wirkungsgrad von 40 bis 70 % gerechnet werden. Die erforderliche Laserleistung ist dann

$$Q_{erf} = Q_{ges} / \eta \quad \text{in J} (= \text{Ws}) \tag{18.7}$$

Diese Wärmemenge soll möglichst mit einem Impuls in Rechteckform innerhalb von $t_p = 3 \ldots 10$ ms aufgebracht werden, wenn der Stempel sich in einer oberen Stellung befindet und das Blechband beim Vorschub den Schweißpunkt noch nicht verdeckt. Die erforderliche Pulsleistung ist damit:

$$P_p = Q_{erf} / t_p \quad \text{in W} \tag{18.8}$$

Die mittlere erforderliche Laserleistung bei der Hubfrequenz n in 1/min.

$$P_m = Q_{erf} \cdot n / 60 \quad \text{in W} \tag{18.9}$$

Diese Berechnungen sollen dem Laserhersteller helfen, den angemessenen Laser und die dazugehörige Steuerung auszuwählen.

Bei der Konstruktion und Einsatz der Werkzeuge ist darauf zu achten, dass der Fokus auf der Zylinderachse der Fokussiereinrichtung mit einer Genauigkeit von ±0,04 mm ausgerichtet sein muss. Die Brennweite soll nicht mehr als ±0,05 mm von der berechneten abweichen. Gegen die Verschmutzung der Fokussieroptik werden kombinierte Ausblas-

und Absaugvorrichtungen eingesetzt. Der Strahlenschutz ist besonders zu beachten. Der Strahlaustritt wird durch Blechabdeckungen und, falls Einblick ins Geschehen gewünscht ist, durch ein Sicherheitsglas (Laser-Schutzklasse 4), das für die Laserstrahlen undurchlässig ist, verhindert.

Berechnungsbeispiel 18.1

Berechnungsbeispiel zu 18.3: Es sollen zwei Bleche von 0,5 mm Dicke aus Stahl nach Abb. 18.6a mit der Stirnfläche anstoßend zusammengeschweißt werden. Blechdicke $s = a = 0{,}5$ mm; Schweißpunktdurchmesser $D = 0{,}9$ mm; Schmelzzeit $t_p = 4$ ms; es soll mit einer Hubfrequenz von $n = 800/\text{min}$ gearbeitet werden.

$$V = \frac{D^2 \cdot \pi}{8} \cdot a = \frac{0{,}9^2 \cdot \pi}{8} \cdot 0{,}5 = 0{,}159 \text{ mm}^3$$

$$m = V \cdot \rho = 0{,}159 \cdot 7{,}87 \cdot 10^{-3} = 0{,}0013 \text{ g}$$

Bei einer Erwärmung von der Raumtemperatur 20 °C auf die Schmelztemperatur von 1530 °C errechnet sich die benötigte Wärmemenge bis zum Schmelzpunkt zu:

$$Q_W = c_p \cdot m \cdot \Delta T = 0{,}465 \cdot 0{,}0013 - (1530 - 20) = 0{,}8789 \text{ J}(\text{Ws})$$

Und mit der spezifischen Schmelzwärme (Wert entnommen aus [3]): $q_s = 272{,}\ 1$ J/g wird folgende benötigte Schmelzwärme ermittelt:

$$Q_S = q_s \cdot m = 272{,}1 \cdot 0{,}0013 = 0{,}3537 \text{ J}(\text{Ws})$$

Somit ergibt sich die benötigte Gesamtwärmemenge zu:

$$Q_{ges} = Q_W + Q_S = 1{,}2326 \text{ J}(\text{Ws})$$

Die erforderliche Wärmemenge bei der Berücksichtigung eines Wirkungsgrades von $\eta = 0{,}5$ ist:

$$Q_{erf} = Q_{ges} / \eta = 1{,}2326 / 0{,}5 = 2{,}4652 \text{ J}(\text{Ws})$$

Die momentane Pulsleistung innerhalb einer Pulszeit von $t_p = 4$ ms ist:

$$P_p = Q_{erf} / t_p = 2{,}4652 / 0{,}004 = 616{,}3 \text{ W}$$

Und die mittlere Dauerleistung des Lasers ausgelegt für die Hubfrequenz von $n = 800/\text{min}$:

$$P_m = Q_{erf} \cdot n / 60 = 2{,}4652 \cdot 800 / 60 = 32{,}87 \text{ W}$$

Dies ist der Ausgangswert für den Laserhersteller, der noch nach seiner eigenen Erfahrung die Leitungsverluste und die Verluste durch Verschmutzung berücksichtigen muss. In der Regel wird an mehreren Punkten gleichzeitig geschweißt, sodass der gerechnete Leistungsbedarf für den Einzelpunkt mit der Anzahl der Punkte multipliziert werden muss. Zur Strahlerzeugung bedient man sich eines Lasers, dessen Strahl durch teildurchlässige Spiegel aufgeteilt wird.

18.4 Schneidkantenpräparation durch Bürsten

Für eine definierte Schneidkantenpräparation von Schneidstempeln und Matrizen ist die Bürst- und Poliertechnologie (Abb. 18.7, [4]) als kostengünstiges, prozesssicheres und bewährtes Verfahren anerkannt. Mit dieser Technologie werden nicht nur definierte Werkzeugradien im 0,01 mm Bereich erzeugt, sondern auch die Schneidkantenoberflächen poliert (Abb. 18.8). Positive Wirkungen sind bessere Schnittdaten des präparierten Werkzeugs und eine deutliche Standmengenerhöhung. Unter Standmenge versteht man bei Werkzeugen die Anzahl Werkstücke, die mit einem Werkzeug bearbeitet werden können, ohne dass dieses nachgearbeitet (z. B. nachgeschliffen) oder ersetzt werden muss. Sie beeinflusst wesentlich die erforderlichen Wartungsintervalle während der Lebensdauer eines

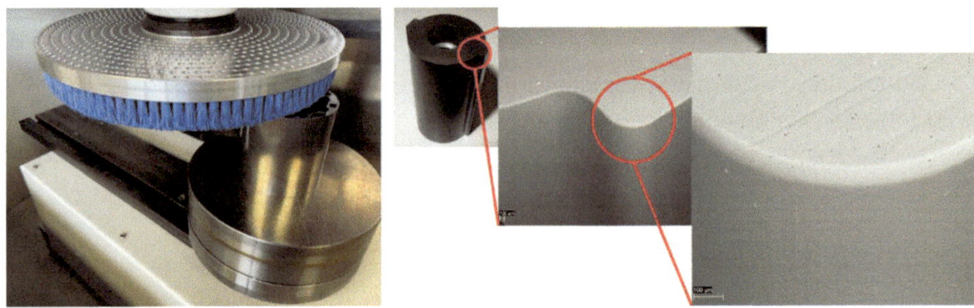

Abb. 18.7 Beschichteter Schneidstempel, Schneidkantenverrundung 0,03 mm gebürstet (Feintool Technologie AG; R. Gerber AG, Lyss, Schweiz [4])

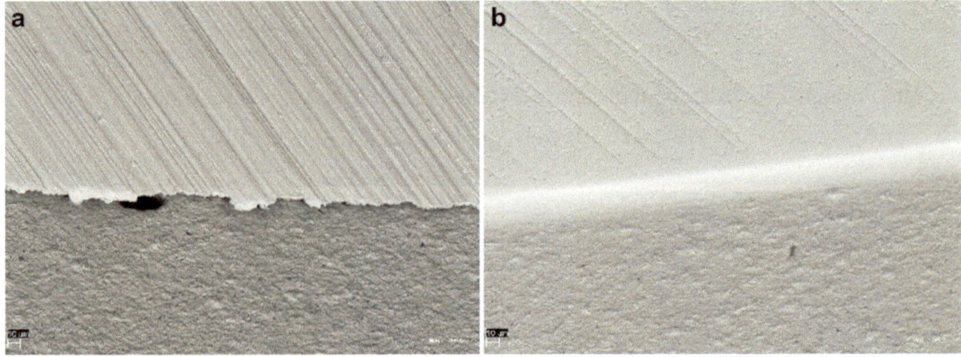

Abb. 18.8 Vergleich von Schneidkanten, ungebürstet (**a**) sowie mit Präparation durch Bürsten (**b**) (Feintool Technologie AG; R. Gerber AG, Lyss, Schweiz [4])

Werkzeugs und senkt die Wartungskosten eines Produktionsloses. Der am Schnittteil entstehende Grat wird vom Radius der Schneidkante an Stempel und Matrize beeinflusst. Die zulässige Grathöhe bzw. Gratbreite bestimmt also den Zeitpunkt der Wartung und somit das Ende der Standmenge. Ein gezieltes und prozesssicheres Schneidkantenpräparieren mit Bürsten erhöht die Standmenge um 30 bis 300 % [4].

Empfehlung zur Schneidkantenpräparation an den Schnittelementen für das Stanzen und Feinschneiden in Abhängigkeit der Teiledicke:

Blechdicke Stahlteil	Kantenradius Stempel, gebürstet	Fase Matrize, gebürstet
Dicke < 2 mm	R 0.01–0.02	0,2 × 45°
Dicke 2 bis 4 mm	R 0.035	0,3 × 45°
Dicke 4 bis 6 mm	R 0.05	0,5 × 45°
Dicke > 6 mm	R 0.06–0.10	0,6 × 45°

Der Prozess lässt eine Bürste, die mit einem Schleifmittel bestrichen ist oder die aus Borsten mit eingearbeiteten Schleifkörnern besteht, über das scharfkantige Schneidwerkzeug gleiten. So entsteht eine Kantenverrundung. Mit dem Bürst-Polierverfahren (Abb. 18.9, [4]) können Radien ab einer Größe von 5 µm bis zu ca. 200 µm reproduzierbar erzeugt werden. Beim Verrunden mit Bürsten entsteht kein Sekundärgrat. Ebenso wird das Bürsten eingesetzt, um Schneidwerkzeuge für das Beschichten vorzubereiten. Solch eine kleine Kantenverrundung sichert, dass die Beschichtung an dieser wichtigen Stelle maximale Haftung hat und nicht abplatzt. Die Verrundung ist durch die Einstellparameter des Bürstprozesses reproduzierbar herzustellen. Weitere Vorteile sind Konstanz im Resultat der Standmenge, Konstanz in der Teilequalität, Konstanz in der Schneidkantenpräparation, erhöhte Stabilität der Schneidkante sowie reduzierte Spannungen an der Schneidkante.

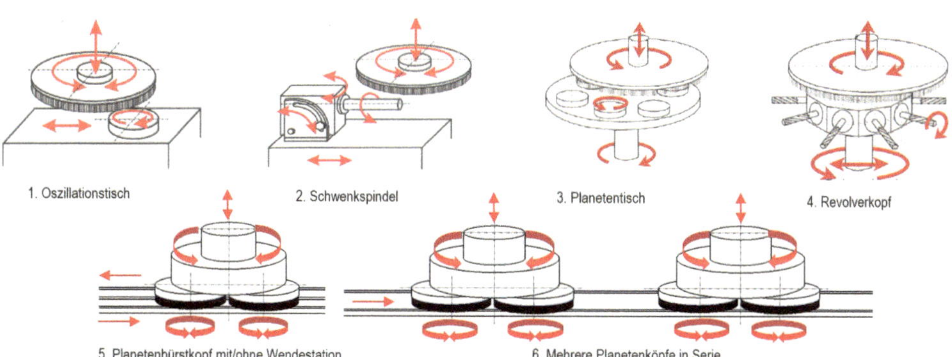

Abb. 18.9 Verfahrens- und Anlagenvarianten zum Schneidkantenpräparieren durch Bürsten (René Gerber AG, Lyss, Schweiz [4])

Literatur

1. Summerauer, L.: Kombination der Stanztechnik mit anderen Fertigungstechnologien. Firmenschrift der Firma BRUDERER, CH-9320 Frasnacht (2018)
2. Wittel, H., et al.: Roloff/Matek Maschinenelemente, 23. Aufl. Springer Vieweg, Wiesbaden (2017)
3. Grote, K.-H., Feldhusen, J. (Hrsg.): Dubbel: Taschenbuch für den Maschinenbau, Kap. 20. Springer, Berlin (2014)
4. Schori, M.: ‚Gerber' Bürsttechnologie im Einsatz in der Stanz- und Feinschneidindustrie. R. Gerber AG, Lyss (2019)

Appendix A. Glossar

In diesem Glossar finden sich zu den wichtigen relevanten Fachbegriffen eine Kurzerläuterung und der entsprechende englische Begriff.

Abschneiden (cutting off)	Zerteilen mit offener Schnittlinie
Abschneidwerkzeug (cutting off tool)	Werkzeug zum Abschneiden der Teile vom Streifen
Abstreckziehen (deep drawing with reducing wall thikness)	Weiterziehen eines Hohlkörpers zur Verringerung seiner Zargendicke
Abstreifkraft (stripping force)	Kraft für den Stempelrückzug aus dem Ziehteil
Anschlagzug (deep drawing, first step)	Tiefziehen eines ebenen Zuschnitts zum Ziehteil
Arbeitsvermögen (forming work, capacity)	Energiemenge, die bei einer Presse im Dauerhub dem Schwungrad pro Stößelhub entnommen werden darf
Ausschneiden, Lochen (blanking)	Zerteilen mit geschlossener Schnittlinie
Biegen (bend forming)	Biegeumformen fester Körper zu abgewinkelten oder ringförmigen Werkstücken
Blechhalter (blank holder)	Aktivteil im Ziehwerkzeug zur Verhinderung der Faltenbildung
Blechhalter, federnd (springy blank holder)	in Biege- und Stanzwerkzeugen verwendetes federndes Werkzeugelement zur Teilefixierung
Blechhalterkraft (blank holder force)	Kraft des Blechhalters auf Flansch
Blechhalterloses Tiefziehen (deep drawing without blank holder)	Spezielles Ziehverfahren ohne Nutzung eines Blechhalters
Bremswulst (brake bead)	steuert den Werkstofffluss beim Tiefziehen prismatischer Teile bzw. beim Karosserieteilziehen
Doppeltwirkende Presse (double acting press)	Presse mit dem Ziehstempel separat vorauseilendem Blechhalterstößel
Dynamikfaktor (dynamic factor)	Dient der Bestimmung der auf die Antriebsteile wirkenden Kraft
Einfach wirkende Presse (single acting press)	Presse mit gesondertem Ziehkissenantrieb beim Tiefziehen mit Blechhalter
Einhängestift (Put in pin)	Begrenzer des Streifenvorschubs
Einzugwalze (feeding roller)	Element in Vorschubapparaten zum Spannen, Klemmen und Vorschieben des Bandmaterials
Feinschneiden (fineblanking)	Ausschneiden/Lochen mit 100 % Glattschnitt

© Springer Fachmedien Wiesbaden GmbH, ein Teil von Springer Nature 2020

M. Kolbe, *Stanztechnik*, https://doi.org/10.1007/978-3-658-30401-0

Feinschneidwerkzeug (fine blanking tool)	Werkzeug zur Fertigung von Feinschneidteilen
Feinstanzen (fineblanking)	Feinschneiden in Kombination mit Umform- und Fügeverfahren
Fertigungsverfahren, Übersicht (manufacturing methods, overview)	Ordnungssystem nach DIN 8580
Flexibles Stanzzentrum (flexible stamping machine)	Komplexe Stanzanlage
Folgefeinschneidwerkzeug (progressive fine blanking tool)	Werkstückfertigung von Feinschneidteilen in mehreren hintereinander liegenden Arbeitsschritten
Folgeverbundwerkzeug (progressive tool)	Werkstückfertigung in mehreren hintereinander liegenden Arbeitsschritten
Formschlüssiges Biegen (tool bending)	Formschlüssiges Biegen mit Biegestempel und Biegegesenk; Präzises Gesenkbiegen (U- oder V-Biegen) mit Aufbringen eines Prägedrucks am Ende der Umformung
Freies Biegen (free bending)	Biegen ohne formgebende Werkzeuge
Gesamtfeinschneidwerkzeug (combined blanking and piercing fine blanking tool)	Werkstückfertigung von Feinschneidteilen mit Innen- und Außenkontur in einem Hub
Gesamtverbundwerkzeug (combined blanking and piercing tool)	Werkstückfertigung mit einem Stößelhub in untereinander liegenden Arbeitsstufen
Hartmetall (hard metal)	Spezielles Werkzeugmaterial, besonders zum Einsatz in der Hochleistungs-Stanztechnik
Hochleistungsstanzen (high performance stamping)	Stanzen bei hohen Hubzahlen bis zu 2500 Hub pro Minute
Hochleistungsstanzautomat (high performance stamping press)	Stanzpresse mit angebautem Vorschubautomat für Hubfrequenz bis zu 2500 Hub pro Minute
Hydraulische Feinschneidpresse (hydraulic fineblanking press)	speicherhydraulische Feinschneidpresse mit großem Hub
Insellösung eines Stanzautomaten (isolated stamping machine)	Autonom arbeitender Automat zur Produktion von Stanzteilen
Kraftmessung (force measurement)	Mittels Dehnungsmessstreifen ermittelt, die auf Werkzeugaktivteilen bzw. Maschinenständern aufgeklebt wurden
Kragendurchziehen (collar forming)	Aufstellen eines Durchzuges aus einer vorgelochten Platine
Linienschwerpunkt (Position of center of the stamping force)	Resultierende Wirkungslinie für den Kraftschwerpunkt zur Festlegung des Einspannzapfens
Lochwerkzeug (piercing tool)	Werkzeug, auch für mehrere Lochungen, in einem Hub
Massenausgleich an Stanzmaschinen (balancing of masses on stamping machines)	Kompensation von Kräften im Pressenantrieb (z. B. System BRUDERER)
Mechanische Feinschneidpresse (mechanical fineblanking press)	mechanisch angetriebene Feinschneidpresse mit robustem Verhalten und hoher Prozesssicherheit

Multifunktionsteile (complex multi-featured parts)	komplexe Bauteile nit hoher Funktionalität, durch Stanzen bzw. Feinstanzen hergestellt
Nachschneiden (shaving a cutted area)	Verbesserung der Schnittflächenqualität vorher geschnittener Flächen
Neutrale Faser (neutral axis)	Werkstoffschicht, in der Mitte des Blechs, die während des Biegens weder gestaucht noch gestreckt wird
Räderziehpresse (reducing press)	Spezialpresse, wirksam nach dem Rückstoßzug-Verfahren
Ringzacke (vee-ring)	Element im Feinschneidwerkzeug zum Aufbau hydrostatischer Druckspannungen in der Scherzone sowie zur Vermeidung horizontaler Werkstoffverschiebungen
Ringzackenkraft (vee-ring force)	Kraft mit der die Ringzacke beim Feinschneiden in den Werkstoff eingepresst wird
Rollbiegen (curling)	Biegeumformung, bei der ein vorgebogener oder angekippter Rand der Ausgangsform eingerollt wird
Rückfederung beim Biegen (springback)	Nach der plastischen Deformation freiwerdende elastische Spannungen im Umformteil
Säulengeführte Werkzeuge (pillar guided tool kit)	Werkzeugoberteil über mehrere Säulen zum Werkzeugunterteil geführt
Schmierung (lubrication)	Herabsetzung der Reibung durch Aufbringen von Schmierstoffen auf Werkzeuggleitflächen bzw. Blechoberfläche
Schneidarbeit (Cutting workcapacity)	Schneidkraft, mit der der Stempel durch den zu stanzenden Werkstoff auf den Schneidweg gedrückt wird
Schneiden (shear cutting)	Spanloses Zerteilen entlang einer Schnittlinie
Schneidkraft (cutting force)	Kraftbedarf zum Zerteilen
Schneidspalt (shearing gap, die clearance)	Kleinster Abstand zwischen den Schneiden von Stempel und Schneidplatte
Schneidwerkstoffe (Material of the punch tool)	beim Hochleistungsstanzen verwendeter Werkstoff für Werkzeugaktivelemente, vorwiegend Hartmetall
Schneidwerkzeug mit Plattenführung (guided punch tool)	Führungsplatte auf Werkzeugunterteil übernimmt Stempelführung
Schneidwerkzeug ohne Führung (free punch tool)	Stempel ohne Führungselemente zum Werkzeugunterteil
Schnittfläche (cut edges of parts)	Fläche in Blechdicke am Schnittteil mit unterschiedlichen Qualitätsmerkmalen (geschnitten, gerissen, Einzug, Grat)
Schnittlinie (cutting line)	(offene und geschlossene ~) Werkstoff wird an der Schnittlinie entlang zerteilt
Schwierigkeitsgrad (difficulty ratings of various features to evaluate a part)	Bewertbarkeit verschiedener geometrischer Formelemente eines Feinschnittteils
Seitenschneider (Side cutter)	Schneidwerkzeug zum Ausklinken des Vorschubmaßes vom Streifen

Servomechanische Feinschneidpresse (servo-mechanical fineblanking press)	Feinschneidpresse mit variabel einstellbaren Bewegungs- und Kraftverläufen
Stanzen (stamping)	Spanlose Fertigungsverfahren zur Fertigung komplexer Teile, integriert Schneiden mit Umform- und Fügeverfahren
Stanzautomat (Automatic stamping press)	Stanzpresse mit angebauten Vorschubautomat
Stanzwerkzeug, Überwachung (punching tool, control set)	Überlastungsschutz der Stanzmaschine und des Werkzeuges
Steg- und Randbreiten (web and margin width)	Mindestbreiten im Schnittstreifen zwischen Schnittlinien bzw. zwischen Schnittlinie und Streifenrand
Streifenführung (Strip guide)	in Hubrichtung angeordnete Führungselemente zur Streifenzentrierung
Tiefziehen (deep drawing)	Zugdruckumformen eines ebenen Blechzuschnittes zu einem Hohlkörper ohne gewollte Blechdickenänderung
Tiefziehverhältnis (deep drawing ratio)	Geometrisches Verhältnis aus Ronden- und Stempeldurchmesser
Umformverfahren, Übersicht (metal forming, overview)	Verfahrenseinteilung hinsichtlich Spannungseintrag in der Hauptumformzone: Druck-, Zug/Druck-, Zug-, Biege-, Schubspannungen
Verbundwerkzeuge (composite tool)	Vereinigung technologisch verschiedener Verfahren in einem Werkzeug
Vorschubapparat (feed unit (types: roller feed, gripper feed, servo feed))	Anlage zum Einschieben bzw. -ziehen des zu verarbeitenden Streifens in die Presse (Ausführungen: Walzen-, Zangen-, Servovorschubapparat)
Vorschubbegrenzungsarten (Feed length delimiter)	Möglichkeiten zur Streifen- oder Band-Vorschubbegrenzung
Werkzeug mit beweglichem Schneidstempel (moving-punch fineblanking tool)	Feinschneidwerkzeug vorzugsweise für kleinere bis mittelgroße Feinschnittteile
Werkzeug mit festem Schneidstempel (fixed-punch fineblancing tool)	Feinschneidwerkzeug auch für dicke und große Feinschnittteile
Werkzeugwerkstoffe (tool material)	Material des Umformwerkzeuges für Aktivelemente
Ziehspalt (drawing clearance)	Abstand zwischen Ziehring und Stempel während der Umformung
Zuschnitte für Tiefziehteile (preform for deep drawing parts)	Ebenes Blechteil für das Tiefziehen im Anschlagzug

Appendix B. Weiterführende Literatur

B.1. Zeitschriften

- Bänder, Bleche, Rohre. Vogel, Würzburg
- Blech InForm. Hanser, München
- Blech, Rohre, Profile. Meisenbach, Bamberg
- Maschinenmarkt. Vogel, Würzburg
- WT Werkstattechnik und Maschinenbau. Springer, Berlin
- WB Werkstatt und Betrieb. Hanser, München

B.2. Fachbücher

- Schmidt, R.-A.: Umformen und Feinschneiden. In: Handbuch für Verfahren. Hanser, München Wien (2007)
- Awiszus, B. et al.: Grundlagen der Fertigungstechnik, 7. Aufl. Hanser (2020)
- Neugebauer, R. (Hrsg.): Umform- und Zerteiltechnik. Berichte aus dem IWU, Bd. 31. Verlag Wissenschaftliche Scripten (2005)
- Nachschlagwerk Stahlschlüssel. Stahlschlüssel, Würzburg
- Einführung in die DIN-Normen. Beuth, Berlin
- Oehler, Keiser: Schnitt-Stanz- und Ziehwerkzeuge. Springer, Berlin (1966)
- Hubert, H.: Stanzereitechnik, Bd. I, II. Hanser, München
- Blechbearbeitung. VDI-Berichte, Bd. 1431. VDI, Düsseldorf (1998)
- Stanzwerkzeuge. DIN-Taschenbuch, Bd. 46, 7. Aufl. Beuth, Berlin (2000)
- Stanzteile. DIN-Taschenbuch, Bd. 67, 3. Aufl. Beuth, Berlin (1995)
- Räummaschinen, Pressen, Blechbearbeitungsmaschinen, Baueinheiten, Mehrspindelköpfe, Zubehör. DIN-Taschenbuch, Bd. 162, 2. Aufl. Beuth, Berlin (1989)
- Lange, K.: Blechverarbeitung. Umformtechnik, Bd. 3. Springer (1990)

© Springer Fachmedien Wiesbaden GmbH, ein Teil von Springer Nature 2020

M. Kolbe, *Stanztechnik*, https://doi.org/10.1007/978-3-658-30401-0

- Hellwig, W.: Wirtschaftliches Produzieren kleiner Blechformteile. VDI-Berichte, Bd. 1277. VDI (1996)
- Birzer, F., Maurer, C., Schaltegger, M., Schneeberger, M.: Feinschneiden und Umformen; wirtschaftliche Fertigung von Präzisionsteilen aus Blech. Bibliothek der Technik, Band 134 (Feintool Technologie AG). verlag moderne industrie (2014)
- Dietrich, J.: Praxis der Umformtechnik, 12. Aufl. Springer Vieweg (2018)
- Fritz, A., Schulze, G.: Fertigungstechnik, 11. Aufl. Springer Vieweg (2015)
- Wojahn, U.: Aufgabensammlung Fertigungstechnik, 2. Aufl. Springer Vieweg (2014)
- Krahn, H., Eh, D., Kaufmann, N., Vogel, H.: 1000 Konstruktionsbeispiele Werkzeugbau. Carl Hanser (2009)
- Hoffmann, H., Neugebauer, R., Spur, G.: Handbuch Umformen. Carl Hanser, München (2012)
- Klocke, F., König, W.: Fertigungsverfahren Umformen. Springer, Berlin, Heidelberg (2006)
- Behrens, B., Doege, E.: Handbuch der Umformtechnik, 3. Aufl. Springer, Berlin/Heidelberg (2016)
- Birkert, A., Haage, Stefan, Straub, M.: Umformtechnische Herstellung komplexer Karosserieteile, Springer Vieweg, Wiesbaden (2013)
- Kluge, S.: Prozesse der Blechumformung. Hanser, München (2020)
- Stan, C., Kolbe, M., et al.: Automobile der Zukunft Teil 1, Wissensplattform, FTZ e.V. an der Westsächsischen Hochschule, Zwickau (2019)

Stichwortverzeichnis

A
Abbiegen 13
Abhebestift 140
Abrundungsradius 163
Abschneiden 26
Abschneidwerkzeug
  Gestaltung 99
  Vorschubbegrenzung 101
Abstoßstift 140
Abstreckziehen 226
Abstreckziehring 226
Abstreifer, fester geschlossener 56
Abstreiferkraft 7
Abstreifkraft 37, 38, 78
Ansatzschraube 37
Anschlagwinkel 91
Anschlagzug 179
Anschneidanschlag 90
Antrieb
  mechanischer 368
Arbeitsvermögen
  Presse 359
Aufnahme für Zuschnitte 138
Aufschlagstück 64, 154
Ausklinkwerkzeug 60
Ausschneidwerkzeug 58
Ausschneidwerkzeug in Gesamtbauweise 72
Ausschneidwerkzeug ohne Führung 57
Ausschnitt
  symmetrischer 98
  unsymmetrischer 98
Ausschnittform 95
Ausstoßeranschlag 59
Ausstoßerstab 59
Ausstoßkraft 78
Auswerfer 141
  federnder 140

B
Bandführungselement 87
Bandlaufebene 55, 365, 366
Bandvorschub 91
Beschichtung Einzugswalze 380
Biegegesenk 138
Biegekantenform 129
Biegen
  formschlüssiges 127
  freies 123, 127
  symmetrisches 245
Biegeumform-Verfahren
  Übersicht 13
Biegeverfahren 123
Bildverarbeitung 350, 352
Blechhalter 177
Blechhalterkraft, erforderliche 142
Blechhaltung
  elastische 178
  starre 178
Bodenreißer 220
Bremswulst 180
Bürstentgraten 51
Bürstprozess 395

C
Cermet 303
C-Presse 373

© Springer Fachmedien Wiesbaden GmbH, ein Teil von Springer Nature 2020

M. Kolbe, *Stanztechnik*, https://doi.org/10.1007/978-3-658-30401-0

D

Dauerfestigkeitsschaubild 326
Doppelziehwerkzeug 202
Durchbruch
  Mindestabstand 297
Durchfallöffnung 66
Durchgangsrichtung 98
Dynamikfaktor 35

E

Einfließwulst 180
Einhängeplatte 90, 91
Einhängestift 90, 91
Einlaufkante
  Biegewerkzeug 136
Einspannzapfen 58, 108, 109
Einspannzapfen bei Umformwerkzeugen
  Lagebestimmung 155
Eintauchtiefe 362
Einteilung und Bauweise
  Verbundwerkzeug 231
Elastomer-Druckfeder 332, 333
Entfettung 173
Exzenterpresse 40

F

Faser, neutrale 130
Federanordnung 315
Federbeanspruchung 317
Federberechnung 322
Federführung 316
Feinschneiden 7, 27, 45
  Ablaufschema 26
Feinschneidfähigkeit 22
Feinschneidwerkzeug 305
  Werkstoffe 309
Feinstanzpresse
  hydraulischer Antrieb 368
  mechanischer Antrieb 368
  Servoantrieb 4, 368
Feinstanztechnik 1, 4
Fertigungstechnik 1
Fertigungsverfahren
  Übersicht 8
Fließfigur 216
Fließspannung, mittlere 159
Folgeschneidwerkzeug 62
Folgeverbundwerkzeug
  Aufbau 236
  in Modulbauweise 273, 274
Folgeverbundwerkzeug FVW 231
Folgeverbundwerkzeug in Plattenbauweise 250
Folgeverbundwerkzeug mit federnder
    Führungsplatte 254
Folgeverbundwerkzeug mit Säulengestell 253
Folgeziehwerkzeug 191
Formänderungsfestigkeit 159
Formbiegen 125
Formgebung gehärteter Teile 296
Formseitenschneider 94, 96
Freifläche 23
FVW in Plattenbauweise 250

G

Gasdruckfeder 334
Genauigkeit
  dynamische 361
  statische 361
Gesamtschneidwerkzeug 74, 77, 306
  mit Gummiabstreifer 80
Gesamtschwerpunkt 110, 111
Gesamtverbundwerkzeug 232
Gesenkwinkel im Biegewerkzeug 128
Glühtemperatur 171
Grenzstückzahl 15, 61
Grenzziehverhältnis 218
Großteilstanztechnik 4
Guldinsche Regel 182

H

Hakenanschlag 93
Hartmetall
  Einsatz 298, 300
  Konstruktionsregel 302
Hartmetalleinsatz 105
  Befestigungsmöglichkeit 106
Hartmetallstempel 105
Hochleistungspresse 363
Hochleistungsschneiden 45
Hochleistungsstanzautomat 374
Hochleistungsstanztechnik 1, 3
Hochleistungswerkzeug 321
  Anforderung 335
Hubbegrenzungsschraube 37, 141
Hubfrequenz 337
Hub-Kurbelwinkel-Kreis 256

I
Industrie 4.0 382
Innenaufnahme 139
Insellösung 375

K
Kalotte 108
Kaltaufhärtung 28
Kantenglättezug 83
Kantenglättezugwerkzeug 82
Keilbiegen 123
Keilbiegewerkzeug 139
Keiltriebstempel 147, 148, 150
Kleinststückzahl 15
Knickkurve 333
Konversionsschicht 168
Kopfplatte 64
Korrekturfaktor 40
Kragendurchziehen 240, 241
Kugelführung 71
Kunstharze im Biegewerkzeug 145
Kunstharzstempel 146
Kupplungszapfen 108, 109

L
Länge, gestreckte 130
Längenanschlag, federnder 26
Lagebestimmung 111
  Einspannzapfen 115
  Mehrfachschneidwerkzeuge 114
Laserleistung 391
Laserschneidtechnik 4
Linienschwerpunkt 114
Lochabfall
  Verhinderung des Hochreißens 43
Lochen 36
Lochereinheit 58
Lochstempel 60
Lochwerkzeug 58
Lochwerkzeug ohne Führung 59
Losgröße 16

M
Massenausgleich 363, 364
Maßtoleranz 27
Mehrfach-Abbiegen 14
Mehrfachbiegewerkzeug 143
Mindestfederweg 325
Mindestlochtiefe 74

N
Nachschneiden 83
Nachschneidstempel 84
Nachschneidwerkzeug 82, 83
Nibbelschneidtechnik 4
Niederhalter 166
Niederhalterdruck 166
Niederhalterkraft 166

O
O-Bauweise 373

P
Planetengetriebeeinheit 365, 384
Plattenführungswerkzeug 66, 74, 89
Prägekante 129
Pressennennkraft 177
Pressenstößel 59
Profilrollenführung 71
Prüfmerkmal 352
Prüfsystem 353, 354

Q
Quarzmehl 147
Quarzsand 147

R
Räderziehpresse 175
Randbreite 44
Rekristallisationsglühen 171
Rekristallisationsglühung 170
Richtmaße für Gesamtschneidwerkzeuge 76
Ringzackenkraft 11, 38
Rollbiegen 270
  Einflussgrößen 153
  waagerechtes 154
Rollbiegestufe 272
Rollbiegewerkzeug 153
Rondenhalbmesser 182
Rückfederung
  Ausgleich 128
Rückfederung beim Biegen 128

Rückstoßzug-Verfahren 175
Ruhekontakt 253, 255

S
Säulenanordnung 70
Säulenbefestigung 70
Säulenführung 68, 70
Säulengestellform 69
Säulengestell mit Kugelführung 68
Schiefermehl 147
Schmierbecken 64
Schneidarbeit 39
Schneidart
  Übersicht 10
Schneidbuchse 104
Schneidkante 24
  ebene 40
  geneigte 40
Schneidkantenabrundung 84
Schneidkantenpräparation 394
Schneidkraft 32
  Einflussgrößen 28
  -minderung 36
  spezifische 31
Schneidleistung 40
Schneidplatte 76, 102, 103
  mehrteilige 102
Schneidplatteneinsatz 104
Schneidspalt 41
Schneidstempel 55, 65
  Schärfen 239
Schneidverfahren 47
  Genauschneiden 47
  Hochgeschwindigkeitsscherschneiden 48
Schneidwerkstoff 339
Schneidwerkzeug
  ohne Führung 55
  säulengeführtes 72
Schneidwiderstand, spezifischer 19
Schnittflächenaufteilung 24
Schnittlinie
  geschlossene 23
  offene 23
Schnittteilform
  Bewertung 47
Schraubendruckfeder
  Wahl 266
Schrumpfring 104
Schutzgitter 64
Schwungradgröße 359
Seitenschneider 93
  mehrteiliger 102
Seitenschneiderabfall 95
Seitenschneiderform 95
Servoantrieb 369
Servo-Produktions- und Montagesystem 372
Siebel 165
Spannelement
  ziehendes 110
Spannen von Werkzeugen 107
Spannrahmen 83, 84
Spannring 104
Stahl, feinschneidbarer 20
Standmenge 16, 394, 395
Stanzautomat 357
Stanzbiegeautomat 275
Stanze 1, 7
Stanz-Laser-Paketieren 389, 390
Stanzpaketieren 388
Stanzpaketierfolge 388
Stanztechnik
  konventionelle 3
Stanzteil 1, 2
Stanzzentrum 374
  flexibeles 375
Stegbreite 44
Stempel
  mehrteiliger 102, 103
Stempelanordnung 95
Stempelführungsplatte 63, 65
Stempelhalteplatte 64
Stempelhöhe, versetzte 37
Stempelspiel 24, 41
Stempelwinkel 142
Streifeneinteilung
  Richtlinien 117
  in Schneidwerkzeugen 115
Streifenführung 87
  federnde 88
  feste 87
Streifenmittigkeit 89
Streifenvorschub 91
Streifenvorschubbewegung 88
Streifenzentrierung 87
Sucherspitze 60

Suchstempel 96, 97
Suchstift 96, 97

T
Teiltraktrixeinlauf 219
Tellerfeder 323
  Wahl 267
  wechselnd belastete 325
Tiefziehen 20
Tiefziehenergie 166
Tiefziehkraft 165
Tiefziehleistung 167
Tiefziehverfahren 157
Tiefziehverhältnis 158
Tiefziehvorgang 157
Traktrixkurve 217, 222
Trennstufen
  im Verbundwerkzeug 242

U
Überlaufweg 272
Umformkraft 135
  Berechnung 258, 263
Umformverfahren
  Übersicht 12
Umformwerkstoff 291
Umwandlungsspannung 293

V
Verbundwerkzeug 15, 86
  Ausschneiden-Ziehen-Lochen 281
Verbundwerkzeug mit federnder Schneidplatte 248
Vierpunktantrieb 367
Volltraktrixeinlauf 219
Vorbiegestempel 144
Vorschubapparat 374, 376, 379
Vorschubbegrenzung 90, 91

W
Wärmebehandlung 170
Wärmespannung 293
Warmbehandlung 172, 292
Wendestreifen 99
  Vorschubbegrenzung 98
Werkstoff für Tiefziehwerkzeuge 228
Werkzeug
  Konturgenauigkeit 338
Werkzeugentwurf 75
Werkzeuggestaltungsfehler 211
Werkzeugkonstruktion 15
  Berechnungsgrundlagen 208
  Richtlinie 296
Werkzeug mit Säulenführung 232
Werkzeugstahl, hochchromer 292
Werkzeugüberwachung 345
Werkzeugunterteil 63
Wippe 270
Wulstart 181

Z
Ziehen, blechhalterloses 224
Ziehfehler 210, 211, 220
Ziehpresse, mechanische
  Arbeitsweise 174
  Werkzeugaufbau 174
Ziehringinnenform 217
Ziehspalt 161
Ziehstößelgeschwindigkeit 160
Ziehverhältnis
  Einflussgrößen 160
Zugabstufung 200
Zuschnittermittlung für Ziehteile 181
Zuschnittlänge 130
Zwangsausstoßer 73, 74
Zwangsauswerferkopf 78
Zwischenlage 63